基层农产品质量安全检测人员指导用书

水产品兽药残留限量及检测方法查询手册

全国水产技术推广总站◎组编

中国农业出版社
北　京

主　　编： 于秀娟　冯东岳

副 主 编： 陈　艳　宋晨光

编写人员（按姓氏笔画排序）：

于秀娟　王联珠　冯东岳

宋晨光　陈　艳　穆迎春

前　　言

近年来，国务院有关部委陆续对水产专业及食品安全等相关标准规范进行了修订，同时又有一批新的标准规范颁布施行。在此背景下，我们结合水产养殖业绿色健康发展需要和实际工作要求，对相关标准规范系统梳理，形成便捷的查询手册。

为便于广大水产养殖从业者、专业技术人员、检测执法人员等熟悉和掌握相关标准规范，现将40种常用标准规范的全部条文分成限量类标准、检测类标准、养殖及用药规范类标准三大类，整理成《水产品兽药限量及检测方法查询手册》一书。本书既有助于在养殖生产过程及检测执法过程中借鉴参考，又方便日常工作中查询和翻阅，是切实提升服务水产品质量安全检验监测能力的必备工具书。

本书除作为专业技术人员用于日常工作的工具书外，也可作为相关水产从业者参考和学习用书。

特别声明：本着尊重原著的原则，除明显差错外，对标准中所涉及的有关量、符号、单位和编写体例均未做统一改动。

编　者

2020年6月

目　　录

第三部分 养殖及用药规范类标准

第一部分

限量类标准

ICS 65.100
G 25

中华人民共和国国家标准

GB 2763—2019

代替 GB 2763—2016、GB 2763.1—2018

食品安全国家标准
食品中农药最大残留限量

National food safety standard—
Maximum residue limits for pesticides in food

2019-08-15 发布　　　　2020-02-15 实施

中华人民共和国国家卫生健康委员会
中华人民共和国农业农村部　发布
国家市场监督管理总局

前 言

本标准按照 GB/T 1.1—2009 给出的规则起草。

本标准代替 GB 2763—2016《食品安全国家标准 食品中农药最大残留限量》和 GB 2763.1—2018《食品安全国家标准 食品中百草枯等43种农药最大残留限量》，与 GB 2763—2016 和 GB 2763.1—2018 相比的主要技术变化如下：

——对原标准中2,4-滴异辛酯等6种农药残留物定义，阿维菌素等21种农药每日允许摄入量等信息进行了修订；

——增加了2,4-滴二甲胺盐等51种农药，删除了氟吡禾灵1种农药，其最大残留限量合并到氟吡甲禾灵和高效氟吡甲禾灵；

——修订了代森联等5种农药的中、英文通用名；

——增加了2 967项农药最大残留限量；

——修订了28项农药最大残留限量值；

——将草铵膦等12种农药的部分限量值由临时限量修改为正式限量；

——将二氰蒽醌等17种农药的部分限量值由正式限量修改为临时限量；

——增加了45项检测方法标准，删除了17项检测方法标准，变更了9项检测方法标准；

——修订了规范性附录A，增加了羽扇豆等22种食品名称，修订了7种食品名称，修订了2种食品分类；

——修订了规范性附录B，增加了11种农药。

本标准所代替标准的历次版本发布情况为：

——GB 2763—2005、GB 2763—2012、GB 2763—2014、GB 2763—2016；

——GB 2763.1—2018。

食品安全国家标准　食品中农药最大残留限量

1　范围

本标准规定了食品中2,4-滴等483种农药7 107项最大残留限量。

本标准适用于与限量相关的食品。

食品类别及测定部位(见附录A)用于界定农药最大残留限量应用范围,仅适用于本标准。如某种农药的最大残留限量应用于某一食品类别时,在该食品类别下的所有食品均适用,有特别规定的除外。

豁免制定食品中最大残留限量标准的农药名单(见附录B)用于界定不需要制定食品中农药最大残留限量的范围。

2　规范性引用文件

下列文件对于本文件的应用是必不可少的。凡是注日期的引用文件,仅注日期的版本适用于本文件。凡是不注日期的引用文件,其最新版本(包括所有的修改单)适用于本文件。

在配套检测方法中选择满足检测要求的方法进行检测。在本标准发布后,新发布实施的食品安全国家标准(GB 23200)同样适用于相应参数的检测。

GB/T 5009.19　食品中有机氯农药多组分残留量的测定

GB/T 5009.20　食品中有机磷农药残留量的测定

GB/T 5009.21　粮、油、菜中甲萘威残留量的测定

GB/T 5009.36　粮食卫生标准的分析方法

GB/T 5009.102　植物性食品中辛硫磷农药残留量的测定

GB/T 5009.103　植物性食品中甲胺磷和乙酰甲胺磷农药残留量的测定

GB/T 5009.104　植物性食品中氨基甲酸酯类农药残留量的测定

GB/T 5009.105　黄瓜中百菌清残留量的测定

GB/T 5009.107　植物性食品中二嗪磷残留量的测定

GB/T 5009.110　植物性食品中氯氰菊酯、氰戊菊酯和溴氰菊酯残留量的测定

GB/T 5009.113　大米中杀虫环残留量的测定

GB/T 5009.114　大米中杀虫双残留量的测定

GB/T 5009.115　稻谷中三环唑残留量的测定

GB/T 5009.126　植物性食品中三唑酮残留量的测定

GB/T 5009.129　水果中乙氧基喹残留量的测定

GB/T 5009.130　大豆及谷物中氟磺胺草醚残留量的测定

GB/T 5009.131　植物性食品中亚胺硫磷残留量的测定

GB/T 5009.132　食品中莠去津残留量的测定

GB/T 5009.133　粮食中绿麦隆残留量的测定

GB/T 5009.134　大米中禾草敌残留量的测定

GB/T 5009.135　植物性食品中灭幼脲残留量的测定

GB/T 5009.136　植物性食品中五氯硝基苯残留量的测定

GB/T 5009.142　植物性食品中吡氟禾草灵、精吡氟禾草灵残留量的测定

GB/T 5009.143　蔬菜、水果、食用油中双甲脒残留量的测定

GB/T 5009.144　植物性食品中甲基异柳磷残留量的测定

GB/T 5009.145　植物性食品中有机磷和氨基甲酸酯类农药多种残留的测定

GB/T 5009.146　植物性食品中有机氯和拟除虫菊酯类农药多种残留量的测定

GB/T 5009.147 植物性食品中除虫脲残留量的测定

GB/T 5009.155 大米中稻瘟灵残留量的测定

GB/T 5009.160 水果中单甲脒残留量的测定

GB/T 5009.161 动物性食品中有机磷农药多组分残留量的测定

GB/T 5009.162 动物性食品中有机氯农药和拟除虫菊酯农药多组分残留量的测定

GB/T 5009.164 大米中丁草胺残留量的测定

GB/T 5009.165 粮食中 2,4-滴丁酯残留量的测定

GB/T 5009.172 大豆、花生、豆油、花生油中的氟乐灵残留量的测定

GB/T 5009.174 花生、大豆中异丙甲草胺残留量的测定

GB/T 5009.175 粮食和蔬菜中 2,4-滴残留量的测定

GB/T 5009.176 茶叶、水果、食用植物油中三氯杀螨醇残留量的测定

GB/T 5009.177 大米中敌稗残留量的测定

GB/T 5009.180 稻谷、花生仁中噁草酮残留量的测定

GB/T 5009.184 粮食、蔬菜中噻嗪酮残留量的测定

GB/T 5009.200 小麦中野燕枯残留量的测定

GB/T 5009.201 梨中烯唑醇残留量的测定

GB/T 5009.218 水果和蔬菜中多种农药残留量的测定

GB/T 5009.219 粮谷中矮壮素残留量的测定

GB/T 5009.220 粮谷中敌菌灵残留量的测定

GB/T 5009.221 粮谷中敌草快残留量的测定

GB/T 14553 粮食、水果和蔬菜中有机磷农药测定的气相色谱法

GB/T 14929.2 花生仁、棉籽油、花生油中涕灭威残留量测定方法

GB/T 19650 动物肌肉中 478 种农药及相关化学品残留量的测定 气相色谱-质谱法

GB/T 20769 水果和蔬菜中 450 种农药及相关化学品残留量的测定 液相色谱-串联质谱法

GB/T 20770 粮谷中 486 种农药及相关化学品残留量的测定 液相色谱-串联质谱法

GB/T 20771 蜂蜜中 486 种农药及相关化学品残留量的测定 液相色谱-串联质谱法

GB/T 20772 动物肌肉中 461 种农药及相关化学品残留量的测定 液相色谱-串联质谱法

GB/T 22243 大米、蔬菜、水果中氯氟吡氧乙酸残留量的测定

GB/T 22979 牛奶和奶粉中啶酰菌胺残留量的测定 气相色谱-质谱法

GB 23200.2 食品安全国家标准 除草剂残留量检测方法 第 2 部分:气相色谱-质谱法测定 粮谷及油籽中二苯醚类除草剂残留量

GB 23200.3 食品安全国家标准 除草剂残留量检测方法 第 3 部分:液相色谱-质谱/质谱法测定食品中环己酮类除草剂残留量

GB 23200.6 食品安全国家标准 除草剂残留量检测方法 第 6 部分:液相色谱-质谱/质谱法测定食品中杀草强残留量

GB 23200.8 食品安全国家标准 水果和蔬菜中 500 种农药及相关化学品残留量的测定 气相色谱-质谱法

GB 23200.9 食品安全国家标准 粮谷中 475 种农药及相关化学品残留量的测定 气相色谱-质谱法

GB 23200.11 食品安全国家标准 桑枝、金银花、枸杞子和荷叶中 413 种农药及相关化学品残留量的测定 液相色谱-质谱法

GB 23200.13 食品安全国家标准 茶叶中 448 种农药及相关化学品残留量的测定 液相色谱-质谱法

GB 23200.14 食品国家安全标准 果蔬汁和果酒中 512 种农药及相关化学品残留量的测定 液相色谱-质谱法

GB 23200.15　食品安全国家标准　食用菌中503种农药及相关化学品残留量的测定　气相色谱-质谱法

GB 23200.16　食品安全国家标准　水果和蔬菜中乙烯利残留量的测定　气相色谱法

GB 23200.19　食品安全国家标准　水果和蔬菜中阿维菌素残留量的测定　液相色谱法

GB 23200.20　食品安全国家标准　食品中阿维菌素残留量的测定　液相色谱-质谱/质谱法

GB 23200.22　食品安全国家标准　坚果及坚果制品中抑芽丹残留量的测定　液相色谱法

GB 23200.24　食品安全国家标准　粮谷和大豆中11种除草剂残留量的测定　气相色谱-质谱法

GB 23200.29　食品安全国家标准　水果和蔬菜中唑螨酯残留量的测定　液相色谱法

GB 23200.31　食品安全国家标准　食品中丙炔氟草胺残留量的测定　气相色谱-质谱法

GB 23200.32　食品安全国家标准　食品中丁酰肼残留量的测定　气相色谱-质谱法

GB 23200.33　食品安全国家标准　食品中解草嗪、莎稗磷、二丙烯草胺等110种农药残留量的测定　气相色谱-质谱法

GB 23200.34　食品安全国家标准　食品中涕灭砜威、吡唑醚菌酯、嘧菌酯等65种农药残留量的测定　液相色谱-质谱/质谱法

GB 23200.37　食品安全国家标准　食品中烯啶虫胺、呋虫胺等20种农药残留量的测定　液相色谱-质谱/质谱法

GB 23200.38　食品安全国家标准　植物源性食品中环己烯酮类除草剂残留量的测定　液相色谱-质谱/质谱法

GB 23200.39　食品安全国家标准　食品中噻虫嗪及其代谢物噻虫胺残留量的测定　液相色谱-质谱/质谱法

GB 23200.43　食品安全国家标准　粮谷及油籽中二氯喹啉酸残留量的测定　气相色谱法

GB 23200.45　食品安全国家标准　食品中除虫脲残留量的测定　液相色谱-质谱法

GB 23200.46　食品安全国家标准　食品中嘧霉胺、嘧菌胺、腈菌唑、嘧菌酯残留量的测定　气相色谱-质谱法

GB 23200.47　食品安全国家标准　食品中四螨嗪残留量的测定　气相色谱-质谱法

GB 23200.49　食品安全国家标准　食品中苯醚甲环唑残留量的测定　气相色谱-质谱法

GB 23200.50　食品安全国家标准　食品中吡啶类农药残留量的测定　液相色谱-质谱/质谱法

GB 23200.53　食品安全国家标准　食品中氟硅唑残留量的测定　气相色谱-质谱法

GB 23200.54　食品安全国家标准　食品中甲氧基丙烯酸酯类杀菌剂残留量的测定　气相色谱-质谱法

GB 23200.56　食品安全国家标准　食品中喹氧灵残留量的检测方法

GB 23200.57　食品安全国家标准　食品中乙草胺残留量的检测方法

GB 23200.62　食品安全国家标准　食品中氟烯草酸残留量的测定　气相色谱-质谱法

GB 23200.64　食品安全国家标准　食品中吡丙醚残留量的测定　液相色谱-质谱/质谱法

GB 23200.65　食品安全国家标准　食品中四氟醚唑残留量的检测方法

GB 23200.68　食品安全国家标准　食品中啶酰菌胺残留量的测定　气相色谱-质谱法

GB 23200.69　食品安全国家标准　食品中二硝基苯胺类农药残留量的测定　液相色谱-质谱/质谱法

GB 23200.70　食品安全国家标准　食品中三氟羧草醚残留量的测定　液相色谱-质谱/质谱法

GB 23200.72　食品安全国家标准　食品中苯酰胺类农药残留量的测定　气相色谱-质谱法

GB 23200.73　食品安全国家标准　食品中鱼藤酮和印楝素残留量的测定　液相色谱-质谱/质谱法

GB 23200.74　食品安全国家标准　食品中井冈霉素残留量的测定　液相色谱-质谱/质谱法

GB 23200.75　食品安全国家标准　食品中氟啶虫酰胺残留量的检测方法

GB 23200.76　食品安全国家标准　食品中氟苯虫酰胺残留量的测定　液相色谱-质谱/质谱法

GB 23200.83　食品安全国家标准　食品中异稻瘟净残留量的检测方法

GB 23200.104 食品安全国家标准 肉及肉制品中2甲4氯及2甲4氯丁酸残留量的测定 液相色谱-质谱法

GB 23200.108 食品安全国家标准 植物源性食品中草铵膦残留量的测定 液相色谱-质谱联用法

GB 23200.109 食品安全国家标准 植物源性食品中二氯吡啶酸残留量的测定 液相色谱-质谱法

GB 23200.110 食品安全国家标准 植物源性食品中氯吡脲残留量的测定 液相色谱-质谱联用法

GB 23200.111 食品安全国家标准 植物源性食品中唑嘧磺草胺残留量的测定 液相色谱-质谱联用法

GB 23200.112 食品安全国家标准 植物源性食品中9种氨基甲酸酯类农药及其代谢物残留量的测定 液相色谱-柱后衍生法

GB 23200.113 食品安全国家标准 植物源性食品中208种农药及其代谢物残留量的测定 气相色谱-质谱联用法

GB 23200.115 食品安全国家标准 鸡蛋中氟虫腈及其代谢物残留量的测定 液相色谱-质谱联用法

GB/T 23204 茶叶中519种农药及相关化学品残留量的测定 气相色谱-质谱法

GB/T 23210 牛奶和奶粉中511种农药及相关化学品残留量的测定 气相色谱-质谱法

GB/T 23211 牛奶和奶粉中493种农药及相关化学品残留量的测定 液相色谱-串联质谱法

GB/T 23376 茶叶中农药多残留测定 气相色谱-质谱法

GB/T 23379 水果、蔬菜及茶叶中吡虫啉残留的测定 高效液相色谱法

GB/T 23584 水果、蔬菜中啶虫脒残留量的测定 液相色谱-串联质谱法

GB/T 23750 植物性产品中草甘膦残留量的测定 气相色谱-质谱法

GB/T 23816 大豆中三嗪类除草剂残留量的测定

GB/T 23818 大豆中咪唑啉酮类除草剂残留量的测定

GB/T 25222 粮油检验 粮食中磷化物残留量的测定 分光光度法

GB 29707 食品安全国家标准 牛奶中双甲脒残留标志物残留量的测定 气相色谱法

NY/T 761 蔬菜和水果中有机磷、有机氯、拟除虫菊酯和氨基甲酸酯类农药多残留的测定

NY/T 1096 食品中草甘膦残留量测定

NY/T 1277 蔬菜中异菌脲残留量的测定 高效液相色谱法

NY/T 1379 蔬菜中334种农药多残留的测定 气相色谱质谱法和液相色谱质谱法

NY/T 1434 蔬菜中2,4-D等13种除草剂多残留的测定 液相色谱质谱法

NY/T 1453 蔬菜及水果中多菌灵等16种农药残留测定 液相色谱-质谱-质谱联用法

NY/T 1455 水果中腈菌唑残留量的测定 气相色谱法

NY/T 1456 水果中咪鲜胺残留量的测定 气相色谱法

NY/T 1616 土壤中9种磺酰脲类除草剂残留量的测定 液相色谱-质谱法

NY/T 1652 蔬菜、水果中克螨特残留量的测定 气相色谱法

NY/T 1679 植物性食品中氨基甲酸酯类农药残留的测定 液相色谱-串联质谱法

NY/T 1680 蔬菜水果中多菌灵等4种苯并咪唑类农药残留量的测定 高效液相色谱法

NY/T 1720 水果、蔬菜中杀铃脲等七种苯甲酰脲类农药残留量的测定 高效液相色谱法

NY/T 1722 蔬菜中敌菌灵残留量的测定 高效液相色谱法

NY/T 1725 蔬菜中灭蝇胺残留量的测定 高效液相色谱法

NY/T 2820 植物性食品中抑食肼、虫酰肼、甲氧虫酰肼、呋喃虫酰肼和环虫酰肼5种双酰肼类农药残留量的同时测定 液相色谱-质谱联用法

SN/T 0134 进出口食品中杀线威等12种氨基甲酸酯类农药残留量的检测方法 液相色谱-质谱/质谱法

SN 0139 出口粮谷中二硫代氨基甲酸酯残留量检验方法

SN 0157 出口水果中二硫代氨基甲酸酯残留量检验方法

SN/T 0162　出口水果中甲基硫菌灵、硫菌灵、多菌灵、苯菌灵、噻菌灵残留量的检测方法　高效液相色谱法

SN/T 0192　出口水果中溴螨酯残留量的检测方法

SN/T 0217　出口植物源性食品中多种菊酯残留量的检测方法　气相色谱-质谱法

SN/T 0293　出口植物源性食品中百草枯和敌草快残留量的测定　液相色谱-质谱/质谱法

SN/T 0519　进出口食品中丙环唑残留量的检测方法

SN/T 0525　出口水果、蔬菜中福美双残留量检测方法

SN 0592　出口粮谷及油籽中苯丁锡残留量检验方法

SN 0654　出口水果中克菌丹残留量检验方法

SN 0685　出口粮谷中霜霉威残留量检验方法

SN 0701　出口粮谷中磷胺残留量检验方法

SN/T 0931　出口粮谷中调环酸钙残留量检测方法　液相色谱法

SN/T 1477　出口食品中多效唑残留量检测方法

SN/T 1541　出口茶叶中二硫代氨基甲酸酯总残留量检验方法

SN/T 1605　进出口植物性产品中氰草津、氟草隆、莠去津、敌稗、利谷隆残留量检验方法　高效液相色谱法

SN/T 1606　进出口植物性产品中苯氧羧酸类除草剂残留量检验方法　气相色谱法

SN/T 1739　进出口粮谷和油籽中多种有机磷农药残留量的检测方法　气相色谱串联质谱法

SN/T 1923　进出口食品中草甘膦残留量的检测方法　液相色谱-质谱/质谱法

SN/T 1968　进出口食品中扑草净残留量检测方法　气相色谱-质谱法

SN/T 1969　进出口食品中联苯菊酯残留量的检测方法　气相色谱-质谱法

SN/T 1976　进出口水果和蔬菜中嘧菌酯残留量检测方法　气相色谱法

SN/T 1982　进出口食品中氟虫腈残留量检测方法　气相色谱-质谱法

SN/T 1986　进出口食品中溴虫腈残留量检测方法

SN/T 2095　进出口蔬菜中氟啶脲残留量检测方法　高效液相色谱法

SN/T 2147　进出口食品中硫线磷残留量的检测方法

SN/T 2151　进出口食品中生物苄呋菊酯、氟丙菊酯、联苯菊酯等 28 种农药残留量的检测方法　气相色谱-质谱法

SN/T 2152　进出口食品中氟铃脲残留量检测方法　高效液相色谱-质谱/质谱法

SN/T 2158　进出口食品中毒死蜱残留量检测方法

SN/T 2212　进出口粮谷中苄嘧磺隆残留量检测方法　液相色谱法

SN/T 2228　进出口食品中 31 种酸性除草剂残留量的检测方法　气相色谱-质谱法

SN/T 2229　进出口食品中稻瘟灵残留量检测方法

SN/T 2233　进出口食品中甲氰菊酯残留量检测方法

SN/T 2234　进出口食品中丙溴磷残留量检测方法　气相色谱法和气相色谱-质谱法

SN/T 2320　进出口食品中百菌清、苯氟磺胺、甲抑菌灵、克菌灵、灭菌丹、敌菌丹和四溴菊酯残留量的检测方法　气相色谱质谱法

SN/T 2324　进出口食品中抑草磷、毒死蜱、甲基毒死蜱等 33 种有机磷农药残留量的检测方法

SN/T 2325　进出口食品中四唑嘧磺隆、甲基苯苏呋安、醚磺隆等 45 种农药残留量的检测方法　高效液相色谱-质谱/质谱法

SN/T 2397　进出口食品中尼古丁残留量的检测方法

SN/T 2432　进出口食品中哒螨灵残留量的检测方法

SN/T 2441　进出口食品中涕灭威、涕灭威砜、涕灭威亚砜残留量检测方法　液相色谱-质谱/质谱法

SN/T 2540　进出口食品中苯甲酰脲类农药残留量的测定　液相色谱-质谱/质谱法

SN/T 2560　进出口食品中氨基甲酸酯类农药残留量的测定　液相色谱-质谱/质谱法

SN/T 2915　出口食品中甲草胺、乙草胺、甲基吡恶磷等160种农药残留量的检测方法　气相色谱-质谱法

SN/T 3539　出口食品中丁氟螨酯的测定

SN/T 3768　出口粮谷中多种有机磷农药残留量测定方法　气相色谱-质谱法

SN/T 3769　出口粮谷中敌百虫、辛硫磷残留量测定方法　液相色谱-质谱/质谱法

SN/T 3852　出口食品中氰氟虫腙残留量的测定　液相色谱-质谱/质谱法

SN/T 3859　出口食品中仲丁灵农药残留量的测定

SN/T 3860　出口食品中吡蚜酮残留量的测定　液相色谱-质谱/质谱法

SN/T 4264　出口食品中四聚乙醛残留量的检测方法　气相色谱-质谱法

SN/T 4558　出口食品中三环锡(三唑锡)和苯丁锡含量的测定

SN/T 4586　出口食品中噻苯隆残留量的检测方法　高效液相色谱法

YC/T 180　烟草及烟草制品　毒杀芬农药残留量的测定　气相色谱法

3　术语和定义

下列术语和定义适用于本文件。

3.1

残留物　residue definition

由于使用农药而在食品、农产品和动物饲料中出现的任何特定物质,包括被认为具有毒理学意义的农药衍生物,如农药转化物、代谢物、反应产物及杂质等。

3.2

最大残留限量　maximum residue limit(MRL)

在食品或农产品内部或表面法定允许的农药最大浓度,以每千克食品或农产品中农药残留的毫克数表示(mg/kg)。

3.3

再残留限量　extraneous maximum residue limit(EMRL)

一些持久性农药虽已禁用,但还长期存在环境中,从而再次在食品中形成残留,为控制这类农药残留物对食品的污染而制定其在食品中的残留限量,以每千克食品或农产品中农药残留的毫克数表示(mg/kg)。

3.4

每日允许摄入量　acceptable daily intake(ADI)

人类终生每日摄入某物质,而不产生可检测到的危害健康的估计量,以每千克体重可摄入的量表示(mg/kg bw)。

4　技术要求

4.1　2,4-滴和2,4-滴钠盐(2,4-D and 2,4-D Na)

4.1.1　主要用途:除草剂。

4.1.2　ADI:0.01 mg/kg bw。

4.1.3　残留物:2,4-滴。

4.1.4　最大残留限量:应符合表1的规定。

表 1

食品类别/名称	最大残留限量,mg/kg
谷物	
小麦	2
黑麦	2
玉米	0.05

表 1（续）

食品类别/名称	最大残留限量，mg/kg
谷物	
鲜食玉米	0.1
高粱	0.01
油料和油脂	
大豆	0.01
蔬菜	
大白菜	0.2
番茄	0.5
茄子	0.1
辣椒	0.1
马铃薯	0.2
玉米笋	0.05
水果	
柑橘类水果(柑、橘、橙除外)	1
柑	0.1
橘	0.1
橙	0.1
仁果类水果	0.01
核果类水果	0.05
浆果及其他小型水果	0.1
坚果	0.2
糖料	
甘蔗	0.05
食用菌	
蘑菇类(鲜)	0.1
哺乳动物肉类(海洋哺乳动物除外)	0.2*
哺乳动物内脏(海洋哺乳动物除外)	5*
禽肉类	0.05*
禽类内脏	0.05*
蛋类	0.01*
生乳	0.01*
* 该限量为临时限量。	

4.1.5 检测方法：谷物(高粱除外)、蔬菜、食用菌按照 GB/T 5009.175 规定的方法测定；高粱、油料和油脂、水果、坚果、糖料参照 NY/T 1434 规定的方法测定。

4.2 2,4-滴丁酯(2,4-D butylate)

4.2.1 主要用途：除草剂。

4.2.2 ADI：0.01 mg/kg bw。

4.2.3 残留物：2,4-滴丁酯。

4.2.4 最大残留限量：应符合表 2 的规定。

表 2

食品类别/名称	最大残留限量，mg/kg
谷物	
小麦	0.05
玉米	0.05
油料和油脂	
大豆	0.05
糖料	
甘蔗	0.05

4.2.5 检测方法：谷物按照 GB/T 5009.165、GB/T 5009.175 规定的方法测定；油脂和油料参照 GB/T

5009.165 规定的方法测定；糖料参照 GB/T 5009.175 规定的方法测定。

4.3 2,4-滴二甲胺盐(2,4-D-dimethylamine)

4.3.1 主要用途：除草剂。

4.3.2 ADI：0.01 mg/kg bw。

4.3.3 残留物：2,4-滴。

4.3.4 最大残留限量：应符合表 3 的规定。

表 3

食品类别/名称	最大残留限量，mg/kg
谷物	
稻谷	0.05
糙米	0.05
小麦	2

4.3.5 检测方法：谷物按照 SN/T 2228 规定的方法测定。

4.4 2,4-滴异辛酯(2,4-D-ethylhexyl)

4.4.1 主要用途：除草剂。

4.4.2 ADI：0.01 mg/kg bw。

4.4.3 残留物：2,4-滴异辛酯和 2,4-滴之和，以 2,4-滴异辛酯表示。

4.4.4 最大残留限量：应符合表 4 的规定。

表 4

食品类别/名称	最大残留限量，mg/kg
谷物	
小麦	2*
鲜食玉米	0.1*
玉米	0.1*
* 该限量为临时限量。	

4.5 2 甲 4 氯(钠)[MCPA(sodium)]

4.5.1 主要用途：除草剂。

4.5.2 ADI：0.1 mg/kg bw。

4.5.3 残留物：2 甲 4 氯。

4.5.4 最大残留限量：应符合表 5 的规定。

表 5

食品类别/名称	最大残留限量，mg/kg
谷物	
糙米	0.05
小麦	0.1
大麦	0.2
燕麦	0.2
黑麦	0.2
小黑麦	0.2
玉米	0.05
高粱	0.05
豌豆	0.01

表 5（续）

食品类别/名称	最大残留限量,mg/kg
油料和油脂	
亚麻籽	0.01
水果	
柑	0.1
橘	0.1
橙	0.1
苹果	0.05
糖料	
甘蔗	0.05
哺乳动物肉类(海洋哺乳动物除外)	0.1*
哺乳动物内脏(海洋哺乳动物除外)	3*
哺乳动物脂肪(乳脂肪除外)	0.2*
禽肉类	0.05*
禽类内脏	0.05*
禽类脂肪	0.05*
蛋类	0.05*
生乳	0.04*
* 该限量为临时限量。	

4.5.5 检测方法:谷物参照 SN/T 2228、NY/T 1434 规定的方法测定;油料和油脂参照 NY/T 1434 规定的方法测定;水果参照 SN/T 2228 规定的方法测定;糖料参照 SN/T 2228 规定的方法测定;动物源性食品按照 GB 23200.104 规定的方法测定。

4.6 2 甲 4 氯二甲胺盐(MCPA-dimethylammonium)

4.6.1 主要用途:除草剂。

4.6.2 ADI:0.1 mg/kg bw。

4.6.3 残留物:2 甲 4 氯。

4.6.4 最大残留限量:应符合表 6 的规定。

表 6

食品类别/名称	最大残留限量,mg/kg
糖料	
甘蔗	0.05

4.6.5 检测方法:糖料参照 SN/T 2228 规定的方法测定。

4.7 2 甲 4 氯异辛酯(MCPA-isooctyl)

4.7.1 主要用途:除草剂。

4.7.2 ADI:0.1 mg/kg bw。

4.7.3 残留物:2 甲 4 氯异辛酯。

4.7.4 最大残留限量:应符合表 7 的规定。

表 7

食品类别/名称	最大残留限量,mg/kg
谷物	
稻谷	0.05*
糙米	0.05*
小麦	0.1*
* 该限量为临时限量。	

4.8 **阿维菌素(abamectin)**

4.8.1 主要用途:杀虫剂。

4.8.2 ADI:0.001 mg/kg bw。

4.8.3 残留物:阿维菌素 B1a。

4.8.4 最大残留限量:应符合表 8 的规定。

表 8

食品类别/名称	最大残留限量,mg/kg
谷物	
糙米	0.02
小麦	0.01
油料和油脂	
棉籽	0.01
大豆	0.05
花生仁	0.05
蔬菜	
韭菜	0.05
葱	0.1
结球甘蓝	0.05
花椰菜	0.5
青花菜	0.05
芥蓝	0.02
菜薹	0.1
菠菜	0.05
小白菜	0.05
小油菜	0.1
青菜	0.05
苋菜	0.05
茼蒿	0.05
叶用莴苣	0.05
油麦菜	0.05
叶芥菜	0.2
芜菁叶	0.05
芹菜	0.05
小茴香	0.02
大白菜	0.05
番茄	0.02
茄子	0.2
甜椒	0.02
黄瓜	0.02
西葫芦	0.01
节瓜	0.02
豇豆	0.05
菜豆	0.1
菜用大豆	0.05
萝卜	0.01
芜菁	0.02
马铃薯	0.01
茭白	0.3
水果	
柑橘类水果(柑、橘、橙除外)	0.01
柑	0.02

表 8（续）

食品类别/名称	最大残留限量,mg/kg
水果	
橘	0.02
橙	0.02
苹果	0.02
梨	0.02
枣(鲜)	0.05
枸杞(鲜)	0.1
草莓	0.02
杨梅	0.02
瓜果类水果(西瓜除外)	0.01
西瓜	0.02
干制水果	
枸杞(干)	0.1
坚果	
杏仁	0.01
核桃	0.01
饮料类	
啤酒花	0.1
调味料	
干辣椒	0.2
胡椒	0.05

4.8.5 检测方法：谷物、干制水果按照 GB 23200.20 规定的方法测定；油料和油脂参照 GB 23200.20 规定的方法测定；蔬菜按照 GB 23200.19、GB 23200.20、NY/T 1379 规定的方法测定；水果按照 GB 23200.19、GB 23200.20 规定的方法测定；坚果、饮料类、调味料参照 GB 23200.19 规定的方法测定。

4.9 矮壮素(chlormequat)

4.9.1 主要用途：植物生长调节剂。

4.9.2 ADI：0.05 mg/kg bw。

4.9.3 残留物：矮壮素阳离子，以氯化物表示。

4.9.4 最大残留限量：应符合表 9 的规定。

表 9

食品类别/名称	最大残留限量,mg/kg
谷物	
小麦	5
大麦	2
燕麦	10
黑麦	3
小黑麦	3
玉米	5
小麦粉	2
小麦全粉	5
黑麦粉	3
黑麦全粉	4
油料和油脂	
油菜籽	5
棉籽	0.5
花生仁	0.2
菜籽毛油	0.1

表 9（续）

食品类别/名称	最大残留限量,mg/kg
蔬菜	
番茄	1
哺乳动物肉类(海洋哺乳动物除外)	
牛肉	0.2*
猪肉	0.2*
绵羊肉	0.2*
山羊肉	0.2*
哺乳动物内脏(海洋哺乳动物除外)	
牛肾	0.5*
猪肾	0.5*
绵羊肾	0.5*
山羊肾	0.5*
牛肝	0.1*
猪肝	0.1*
绵羊肝	0.1*
山羊肝	0.1*
禽肉类	0.04*
禽类内脏	0.1*
蛋类	0.1*
生乳	
牛奶	0.5*
绵羊奶	0.5*
山羊奶	0.5*
* 该限量为临时限量。	

4.9.5 检测方法:谷物按照 GB/T 5009.219 规定的方法测定;油料和油脂、蔬菜参照 GB/T 5009.219 规定的方法测定。

4.10 **氨氯吡啶酸(picloram)**

4.10.1 主要用途:除草剂。

4.10.2 ADI:0.3 mg/kg bw。

4.10.3 残留物:氨氯吡啶酸。

4.10.4 最大残留限量:应符合表 10 的规定。

表 10

食品类别/名称	最大残留限量,mg/kg
谷物	
小麦	0.2*
油料和油脂	
油菜籽	0.1*
* 该限量为临时限量。	

4.11 **氨氯吡啶酸三异丙醇胺盐[picloram-tris(2-hydroxypropyl)ammonium]**

4.11.1 主要用途:除草剂。

4.11.2 ADI:0.5 mg/kg bw。

4.11.3 残留物:氨氯吡啶酸。

4.11.4 最大残留限量:应符合表 11 的规定。

表 11

食品类别/名称	最大残留限量,mg/kg
谷物	
小麦	0.2*
* 该限量为临时限量。	

4.12 **氨唑草酮(amicarbazone)**

4.12.1 主要用途:除草剂。

4.12.2 ADI:0.023 mg/kg bw。

4.12.3 残留物:氨唑草酮。

4.12.4 最大残留限量:应符合表 12 的规定。

表 12

食品类别/名称	最大残留限量,mg/kg
谷物	
玉米	0.05*
鲜食玉米	0.05*
* 该限量为临时限量。	

4.13 **胺苯磺隆(ethametsulfuron)**

4.13.1 主要用途:除草剂。

4.13.2 ADI:0.2 mg/kg bw。

4.13.3 残留物:胺苯磺隆。

4.13.4 最大残留限量:应符合表 13 的规定。

表 13

食品类别/名称	最大残留限量,mg/kg
油料和油脂	
油菜籽	0.02

4.13.5 检测方法:油料和油脂参照 NY/T 1616 规定的方法测定。

4.14 **胺鲜酯(diethyl aminoethyl hexanoate)**

4.14.1 主要用途:植物生长调节剂。

4.14.2 ADI:0.023 mg/kg bw。

4.14.3 残留物:胺鲜酯。

4.14.4 最大残留限量:应符合表 14 的规定。

表 14

食品类别/名称	最大残留限量,mg/kg
谷物	
玉米	0.2*
油料和油脂	
大豆	0.05*
花生仁	0.1*
蔬菜	
普通白菜	0.05*

表 14（续）

食品类别/名称	最大残留限量,mg/kg
蔬菜	
大白菜	0.2*
菜用大豆	0.05*
* 该限量为临时限量。	

4.15 **百草枯(paraquat)**

4.15.1 主要用途:除草剂。

4.15.2 ADI:0.005 mg/kg bw。

4.15.3 残留物:百草枯阳离子,以二氯百草枯表示。

4.15.4 最大残留限量:应符合表 15 的规定。

表 15

食品类别/名称	最大残留限量,mg/kg
谷物	
稻谷	0.05
玉米	0.1
高粱	0.03
杂粮类	0.5
小麦粉	0.5
油料和油脂	
菜籽油	0.05*
棉籽	0.2*
大豆	0.5*
葵花籽	2*
蔬菜	
鳞茎类蔬菜	0.05*
芸薹属类蔬菜	0.05*
叶菜类蔬菜	0.05*
茄果类蔬菜	0.05*
瓜类蔬菜	0.05*
豆类蔬菜	0.05*
茎类蔬菜	0.05*
根茎类和薯芋类蔬菜	0.05*
水生类蔬菜	0.05*
芽菜类蔬菜	0.05*
其他类蔬菜	0.05*
水果	
柑橘类水果(柑、橘、橙除外)	0.02*
柑	0.2*
橘	0.2*
橙	0.2*
仁果类水果(苹果除外)	0.01*
苹果	0.05*
核果类水果	0.01*
浆果和其他小型水果	0.01*
橄榄	0.1*
皮不可食的热带和亚热带水果(香蕉除外)	0.01*
香蕉	0.02*
瓜果类水果	0.02*

表 15（续）

食品类别/名称	最大残留限量,mg/kg
坚果	0.05*
饮料类	
茶叶	0.2
啤酒花	0.1*
哺乳动物肉类(海洋哺乳动物除外)	0.005*
哺乳动物内脏(海洋哺乳动物除外)	0.05*
禽肉类	0.005*
禽类内脏	0.005*
蛋类	0.005*
生乳	0.005*
* 该限量为临时限量。	

4.15.5 检测方法:谷物、茶叶参照 SN/T 0293 规定的方法测定。

4.16 **百菌清(chlorothalonil)**

4.16.1 主要用途:杀菌剂。

4.16.2 ADI:0.02 mg/kg bw。

4.16.3 残留物:植物源性食品为百菌清;动物源性食品为 4-羟基-2,5,6-三氯异二苯腈。

4.16.4 最大残留限量:应符合表 16 的规定。

表 16

食品类别/名称	最大残留限量,mg/kg
谷物	
稻谷	0.2
小麦	0.1
鲜食玉米	5
杂粮类(绿豆、赤豆除外)	1
绿豆	0.2
赤豆	0.2
油料和油脂	
大豆	0.2
花生仁	0.05
蔬菜	
洋葱	10
抱子甘蓝	6
头状花序芸薹属类蔬菜	5
菠菜	5
普通白菜	5
叶用莴苣	5
芹菜	5
大白菜	5
番茄	5
樱桃番茄	7
茄子	5
辣椒	5
甜椒	5
黄瓜	5
腌制用小黄瓜	3
西葫芦	5
节瓜	5

表 16（续）

食品类别/名称	最大残留限量,mg/kg
蔬菜	
苦瓜	5
丝瓜	5
冬瓜	5
南瓜	5
笋瓜	5
豇豆	5
菜豆	5
食荚豌豆	7
菜用大豆	2
根茎类蔬菜	0.3
马铃薯	0.2
水果	
柑	1
橘	1
橙	1
苹果	1
梨	1
桃	0.2
樱桃	0.5
越橘	5
醋栗	20
葡萄	10
草莓	5
荔枝	0.2
香蕉	0.2
番木瓜	20
西瓜	5
甜瓜类水果	5
糖料	
甜菜	50
饮料类	
茶叶	10
食用菌	
蘑菇类(鲜)	5
调味料	
干辣椒	70
哺乳动物肉类(海洋哺乳动物除外)	0.02*
哺乳动物内脏(海洋哺乳动物除外)	0.2*
哺乳动物脂肪(乳脂肪除外)	0.07*
禽肉类	0.01*
禽类内脏	0.07*
禽类脂肪	0.01*
生乳	0.07*
* 该限量为临时限量。	

4.16.5 检测方法：谷物按照 SN/T 2320 规定的方法测定；油料和油脂、糖料、调味料参照 SN/T 2320 规定的方法测定；蔬菜按照 GB/T 5009.105、NY/T 761、SN/T 2320 规定的方法测定；水果、食用菌按照

GB/T 5009.105、NY/T 761 规定的方法测定；茶叶参照 NY/T 761 规定的方法测定。

4.17 保棉磷(azinphos-methyl)

4.17.1 主要用途：杀虫剂。

4.17.2 ADI：0.03 mg/kg bw。

4.17.3 残留物：保棉磷。

4.17.4 最大残留限量：应符合表 17 的规定。

表 17

食品类别/名称	最大残留限量，mg/kg
油料和油脂	
大豆	0.05
棉籽	0.2
蔬菜	
蔬菜(单列的除外)	0.5
花椰菜	1
青花菜	1
番茄	1
甜椒	1
黄瓜	0.2
马铃薯	0.05
水果	
水果(单列的除外)	1
苹果	2
梨	2
桃	2
樱桃	2
油桃	2
李子	2
蓝莓	5
越橘	0.1
西瓜	0.2
甜瓜类水果	0.2
干制水果	
李子干	2
坚果	
杏仁	0.05
山核桃	0.3
糖料	
甘蔗	0.2
调味料	
调味料(干辣椒除外)	0.5
干辣椒	10

4.17.5 检测方法：油料和油脂、马铃薯、坚果、糖料、调味料参照 SN/T 1739 规定的方法测定；蔬菜(马铃薯除外)、水果、干制水果按照 NY/T 761 规定的方法测定。

4.18 倍硫磷(fenthion)

4.18.1 主要用途：杀虫剂。

4.18.2 ADI：0.007 mg/kg bw。

4.18.3 残留物：倍硫磷及其氧类似物(亚砜、砜化合物)之和，以倍硫磷表示。

4.18.4 最大残留限量：应符合表 18 的规定。

表 18

食品类别/名称	最大残留限量,mg/kg
谷物	
稻谷	0.05
糙米	0.05
小麦	0.05
油料和油脂	
植物油(初榨橄榄油除外)	0.01
初榨橄榄油	1
蔬菜	
鳞茎类蔬菜	0.05
芸薹属类蔬菜(结球甘蓝除外)	0.05
结球甘蓝	2
叶菜类蔬菜	0.05
茄果类蔬菜	0.05
瓜类蔬菜	0.05
豆类蔬菜	0.05
茎类蔬菜	0.05
根茎类和薯芋类蔬菜	0.05
水生类蔬菜	0.05
芽菜类蔬菜	0.05
其他类蔬菜	0.05
水果	
柑橘类水果	0.05
仁果类水果	0.05
核果类水果(樱桃除外)	0.05
樱桃	2
浆果和其他小型水果	0.05
热带和亚热带水果(橄榄除外)	0.05
橄榄	1
瓜果类水果	0.05

4.18.5 检测方法:谷物按照 GB 23200.113 规定的方法测定;油料和油脂按照 GB 23200.113 规定的方法测定;蔬菜按照 GB 23200.8、GB 23200.113、GB/T 20769 规定的方法测定;水果按照 GB 23200.8、GB 23200.113 规定的方法测定。

4.19 苯并烯氟菌唑(benzovindiflupyr)

4.19.1 主要用途:杀菌剂。

4.19.2 ADI:0.05 mg/kg bw。

4.19.3 残留物:苯并烯氟菌唑。

4.19.4 最大残留限量:应符合表 19 的规定。

表 19

食品类别/名称	最大残留限量,mg/kg
油料和油脂	
大豆	0.08*
哺乳动物肉类(海洋哺乳动物除外)	0.03*
哺乳动物内脏(海洋哺乳动物除外)	0.1*

表 19（续）

食品类别/名称	最大残留限量，mg/kg
哺乳动物脂肪（乳脂肪除外）	0.03*
禽肉类	0.01*
禽类内脏	0.01*
禽类脂肪	0.01*
蛋类	0.01*
生乳	0.01*
* 该限量为临时限量。	

4.20 **苯丁锡（fenbutatin oxide）**

4.20.1 主要用途：杀螨剂。

4.20.2 ADI：0.03 mg/kg bw。

4.20.3 残留物：苯丁锡。

4.20.4 最大残留限量：应符合表 20 的规定。

表 20

食品类别/名称	最大残留限量，mg/kg
蔬菜	
番茄	1
黄瓜	0.5
水果	
柑	1
橘	1
橙	5
柠檬	5
柚	5
佛手柑	5
金橘	5
苹果	5
梨	5
山楂	5
枇杷	5
榅桲	5
樱桃	10
桃	7
李子	3
葡萄	5
草莓	10
香蕉	10
干制水果	
柑橘脯	25
李子干	10
葡萄干	20
坚果	
杏仁	0.5
核桃	0.5
山核桃	0.5
哺乳动物肉类（海洋哺乳动物除外）	0.05
哺乳动物内脏（海洋哺乳动物除外）	0.2
禽肉类	
鸡肉	0.05

表 20（续）

食品类别/名称	最大残留限量，mg/kg
禽类内脏	
鸡内脏	0.05
蛋类	0.05
生乳	0.05

4.20.5 检测方法：蔬菜、水果、干制水果、坚果参照 SN 0592 规定的方法测定；哺乳动物肉类（海洋哺乳动物除外）、哺乳动物内脏（海洋哺乳动物除外）、禽肉类、禽类内脏、蛋类按照 SN/T 4558 规定的方法测定；生乳参照 SN/T 4558 规定的方法测定。

4.21 苯氟磺胺(dichlofluanid)

4.21.1 主要用途：杀菌剂。

4.21.2 ADI：0.3 mg/kg bw。

4.21.3 残留物：苯氟磺胺。

4.21.4 最大残留限量：应符合表 21 的规定。

表 21

食品类别/名称	最大残留限量，mg/kg
蔬菜	
洋葱	0.1
叶用莴苣	10
番茄	2
辣椒	2
黄瓜	5
马铃薯	0.1
水果	
苹果	5
梨	5
桃	5
加仑子（黑、红、白）	15
悬钩子	7
醋栗（红、黑）	15
葡萄	15
草莓	10
调味料	
干辣椒	20

4.21.5 检测方法：蔬菜、水果、调味料参照 SN/T 2320 规定的方法测定。

4.22 苯磺隆(tribenuron-methyl)

4.22.1 主要用途：除草剂。

4.22.2 ADI：0.01 mg/kg bw。

4.22.3 残留物：苯磺隆。

4.22.4 最大残留量：应符合表 22 的规定。

表 22

食品类别/名称	最大残留限量，mg/kg
谷物	
小麦	0.05

4.22.5 检测方法：谷物按照 SN/T 2325 规定的方法测定。

4.23 **苯菌灵(benomyl)**

4.23.1 主要用途:杀菌剂。

4.23.2 ADI:0.1 mg/kg bw。

4.23.3 残留物:苯菌灵和多菌灵之和,以多菌灵表示。

4.23.4 最大残留限量:应符合表23的规定。

表23

食品类别/名称	最大残留限量,mg/kg
蔬菜	
芦笋	0.5*
水果	
柑	5*
橘	5*
橙	5*
苹果	5*
梨	3*
香蕉	2*
* 该限量为临时限量。	

4.23.5 检测方法:蔬菜、水果参照SN/T 0162规定的方法测定。

4.24 **苯菌酮(metrafenone)**

4.24.1 主要用途:杀菌剂。

4.24.2 ADI:0.3 mg/kg bw。

4.24.3 残留物:苯菌酮。

4.24.4 最大残留限量:应符合表24的规定。

表24

食品类别/名称	最大残留限量,mg/kg
谷物	
小麦	0.06*
大麦	0.5*
燕麦	0.5*
黑麦	0.06*
小黑麦	0.06*
小麦全粉	0.08*
蔬菜	
番茄	0.4*
辣椒	2*
甜椒	2*
黄瓜	0.2*
腌制用小黄瓜	0.2*
西葫芦	0.06*
豌豆	0.05*
水果	
葡萄	5*
草莓	0.6*
干制水果	
葡萄干	20*
食用菌	
蘑菇类(鲜)	0.5*

表 24（续）

食品类别/名称	最大残留限量，mg/kg
调味料	
干辣椒	20*
哺乳动物肉类(海洋哺乳动物除外)	0.01*
哺乳动物内脏(海洋哺乳动物除外)	0.01*
哺乳动物脂肪(乳脂肪除外)	0.01*
禽肉类	0.01*
禽类内脏	0.01*
禽类脂肪	0.01*
蛋类	0.01*
生乳	0.01*
* 该限量为临时限量。	

4.25 **苯硫威(fenothiocarb)**

4.25.1 主要用途：杀螨剂。

4.25.2 ADI：0.007 5 mg/kg bw。

4.25.3 残留物：苯硫威。

4.25.4 最大残留限量：应符合表 25 的规定。

表 25

食品类别/名称	最大残留限量，mg/kg
水果	
柑	0.5*
橘	0.5*
橙	0.5*
* 该限量为临时限量。	

4.25.5 检测方法：水果按照 GB 23200.8、GB 23200.113 规定的方法测定。

4.26 **苯螨特(benzoximate)**

4.26.1 主要用途：杀螨剂。

4.26.2 ADI：0.15 mg/kg bw。

4.26.3 残留物：苯螨特。

4.26.4 最大残留限量：应符合表 26 的规定。

表 26

食品类别/名称	最大残留限量，mg/kg
水果	
柑	0.3*
橘	0.3*
橙	0.3*
* 该限量为临时限量。	

4.26.5 检测方法：水果按照 GB/T 20769 规定的方法测定。

4.27 **苯醚甲环唑(difenoconazole)**

4.27.1 主要用途：杀菌剂。

4.27.2 ADI：0.01 mg/kg bw。

4.27.3 残留物：植物源性食品为苯醚甲环唑；动物源性食品为苯醚甲环唑与 1-[2-氯-4-(4-氯苯氧基)-苯

基]-2-(1,2,4-三唑)-1-基-乙醇的总和,以苯醚甲环唑表示。

4.27.4 最大残留限量:应符合表27的规定。

表27

食品类别/名称	最大残留限量,mg/kg
谷物	
糙米	0.5
小麦	0.1
玉米	0.1
杂粮类	0.02
油料和油脂	
油菜籽	0.05
棉籽	0.1
大豆	0.05
花生仁	0.2
葵花籽	0.02
蔬菜	
大蒜	0.2
洋葱	0.5
葱	0.3
韭葱	0.3
结球甘蓝	0.2
抱子甘蓝	0.2
花椰菜	0.2
青花菜	0.5
叶用莴苣	2
结球莴苣	2
芹菜	3
大白菜	1
茄果类蔬菜(番茄、辣椒除外)	0.6
番茄	0.5
辣椒	1
黄瓜	1
腌制用小黄瓜	0.2
西葫芦	0.2
菜豆	0.5
食荚豌豆	0.7
芦笋	0.03
胡萝卜	0.2
根芹菜	0.5
马铃薯	0.02
水果	
柑橘类水果(柑、橘、橙除外)	0.6
柑	0.2
橘	0.2
橙	0.2
苹果	0.5
梨	0.5
山楂	0.5
枇杷	0.5
榅桲	0.5
李子	0.2
桃	0.5

表 27（续）

食品类别/名称	最大残留限量，mg/kg
水果	
油桃	0.5
樱桃	0.2
葡萄	0.5
西番莲	0.05
橄榄	2
荔枝	0.5
芒果	0.2
石榴	0.1
香蕉	1
番木瓜	0.2
瓜果类水果（西瓜除外）	0.7
西瓜	0.1
干制水果	
李子干	0.2
葡萄干	6
坚果	0.03
糖料	
甜菜	0.2
饮料类	
茶叶	10
调味料	
干辣椒	5
药用植物	
人参	0.5
三七块根（干）	5
三七须根（干）	5
三七花（干）	10
哺乳动物肉类（海洋哺乳动物除外），以脂肪中残留量表示	0.2
哺乳动物内脏（海洋哺乳动物除外）	1.5
禽肉类，以脂肪中残留量表示	0.01
禽类内脏	0.01
蛋类	0.03
生乳	0.02

4.27.5 检测方法：谷物按照 GB 23200.9、GB 23200.113 规定的方法测定；油料和油脂按照 GB 23200.49、GB 23200.113 规定的方法测定；蔬菜、水果、干制水果、茶叶按照 GB 23200.8、GB 23200.49、GB 23200.113、GB/T 5009.218 规定的方法测定；坚果、糖料、药用植物参照 GB 23200.8、GB 23200.49、GB 23200.113、GB/T 5009.218 规定的方法测定；调味料按照 GB 23200.113 规定的方法测定；哺乳动物肉类（海洋哺乳动物除外）、哺乳动物内脏（海洋哺乳动物除外）、禽肉类、禽类内脏按照 GB 23200.49 规定的方法测定；蛋类、生乳参照 GB 23200.49 规定的方法测定。

4.28 苯嘧磺草胺（saflufenacil）

4.28.1 主要用途：除草剂。

4.28.2 ADI：0.05 mg/kg bw。

4.28.3 残留物：苯嘧磺草胺。

4.28.4 最大残留限量：应符合表 28 的规定。

表 28

食品类别/名称	最大残留限量,mg/kg
谷物	
稻谷	0.01*
小麦	0.01*
玉米	0.01*
高粱	0.01*
粟	0.01*
杂粮类	0.3*
油料和油脂	
油菜籽	0.6*
棉籽	0.2*
葵花籽	0.7*
蔬菜	
豆类蔬菜	0.01*
水果	
柑橘类水果(柑、橘、橙除外)	0.01*
柑	0.05*
橘	0.05*
橙	0.05*
仁果类水果	0.01*
核果类水果	0.01*
葡萄	0.01*
香蕉	0.01*
坚果	0.01*
饮料类	
咖啡豆	0.01*
哺乳动物肉类(海洋哺乳动物除外)	0.01*
哺乳动物内脏(海洋哺乳动物除外)	0.3*
哺乳动物脂肪(乳脂肪除外)	0.01*
生乳	0.01*
* 该限量为临时限量。	

4.29 苯嗪草酮(metamitron)

4.29.1 主要用途:除草剂。

4.29.2 ADI:0.03 mg/kg bw。

4.29.3 残留物:苯嗪草酮。

4.29.4 最大残留限量:应符合表 29 的规定。

表 29

食品类别/名称	最大残留限量,mg/kg
糖料	
甜菜	0.1

4.29.5 检测方法:糖料参照 GB 23200.34、GB/T 20769 规定的方法进行检测。

4.30 苯噻酰草胺(mefenacet)

4.30.1 主要用途:除草剂。

4.30.2 ADI:0.007 mg/kg bw。

4.30.3 残留物：苯噻酰草胺。

4.30.4 最大残留限量：应符合表 30 的规定。

表 30

食品类别/名称	最大残留限量，mg/kg
谷物	
糙米	0.05

4.30.5 检测方法：谷物按照 GB 23200.9、GB 23200.24、GB 23200.113、GB/T 20770 规定的方法测定。

4.31 苯霜灵(benalaxyl)

4.31.1 主要用途：杀菌剂。

4.31.2 ADI：0.07 mg/kg bw。

4.31.3 残留物：苯霜灵。

4.31.4 最大残留限量：应符合表 31 的规定。

表 31

食品类别/名称	最大残留限量，mg/kg
蔬菜	
洋葱	0.02
结球莴苣	1
番茄	0.2
马铃薯	0.02
水果	
葡萄	0.3
西瓜	0.1
甜瓜类水果	0.3

4.31.5 检测方法：蔬菜、水果按照 GB 23200.8、GB 23200.113、GB/T 20769 规定的方法测定。

4.32 苯酰菌胺(zoxamide)

4.32.1 主要用途：杀菌剂。

4.32.2 ADI：0.5 mg/kg bw。

4.32.3 残留物：苯酰菌胺。

4.32.4 最大残留限量：应符合表 32 的规定。

表 32

食品类别/名称	最大残留限量，mg/kg
蔬菜	
番茄	2
瓜类蔬菜	2
马铃薯	0.02
水果	
葡萄	5
瓜果类水果	2
干制水果	
葡萄干	15

4.32.5 检测方法：蔬菜、水果、干制水果按照 GB 23200.8、GB/T 20769 规定的方法测定。

4.33 苯线磷(fenamiphos)

4.33.1 主要用途：杀虫剂。

4.33.2 ADI:0.000 8 mg/kg bw。

4.33.3 残留物:苯线磷及其氧类似物(亚砜、砜化合物)之和,以苯线磷表示。

4.33.4 最大残留限量:应符合表 33 的规定。

表 33

食品类别/名称	最大残留限量,mg/kg
谷物	
稻谷	0.02
糙米	0.02
麦类	0.02
旱粮类	0.02
杂粮类	0.02
油料和油脂	
棉籽	0.05
大豆	0.02
花生仁	0.02
花生毛油	0.02
棉籽毛油	0.05
花生油	0.02
蔬菜	
鳞茎类蔬菜	0.02
芸薹属类蔬菜	0.02
叶菜类蔬菜	0.02
茄果类蔬菜	0.02
瓜类蔬菜	0.02
豆类蔬菜	0.02
茎类蔬菜	0.02
根茎类和薯芋类蔬菜	0.02
水生类蔬菜	0.02
芽菜类蔬菜	0.02
其他类蔬菜	0.02
水果	
柑橘类水果	0.02
仁果类水果	0.02
核果类水果	0.02
浆果和其他小型水果	0.02
热带和亚热带水果	0.02
瓜果类水果	0.02
哺乳动物肉类(海洋哺乳动物除外)	0.01*
哺乳动物内脏(海洋哺乳动物除外)	0.01*
禽肉类	0.01*
禽类内脏	0.01*
蛋类	0.01*
生乳	0.005*
* 该限量为临时限量。	

4.33.5 检测方法:谷物按照 GB/T 20770 规定的方法测定;油料和油脂参照 GB/T 20770 规定的方法测定;蔬菜、水果按照 GB 23200.8 规定的方法测定。

4.34 苯锈啶(fenpropidin)

4.34.1 主要用途:杀菌剂。

4.34.2 ADI:0.02 mg/kg bw。

4.34.3 残留物：苯锈啶。

4.34.4 最大残留限量：应符合表34的规定。

表34

食品类别/名称	最大残留限量，mg/kg
谷物	
小麦	1

4.34.5 检测方法：谷物按照 GB/T 20770 规定的方法测定。

4.35 苯唑草酮(topramezone)

4.35.1 主要用途：除草剂。

4.35.2 ADI：0.004 mg/kg bw。

4.35.3 残留物：苯唑草酮。

4.35.4 最大残留限量：应符合表35的规定。

表35

食品类别/名称	最大残留限量，mg/kg
谷物	
玉米	0.05*
鲜食玉米	0.05*
* 该限量为临时限量。	

4.36 吡丙醚(pyriproxyfen)

4.36.1 主要用途：杀虫剂。

4.36.2 ADI：0.1 mg/kg bw。

4.36.3 残留物：吡丙醚。

4.36.4 最大残留限量：应符合表36的规定。

表36

食品类别/名称	最大残留限量，mg/kg
油料和油脂	
棉籽	0.05
棉籽毛油	0.01
棉籽油	0.01
蔬菜	
结球甘蓝	3
番茄	1
水果	
柑橘类水果(柑、橘、橙除外)	0.5
柑	2
橘	2
橙	2
哺乳动物肉类(海洋哺乳动物除外)，以脂肪中残留量表示	
牛肉	0.01
山羊肉	0.01
哺乳动物内脏(海洋哺乳动物除外)	
牛内脏	0.01
山羊内脏	0.01

4.36.5 检测方法：油料和油脂按照 GB 23200.113 规定的方法测定；蔬菜、水果按照 GB 23200.8、GB

23200.113 规定的方法测定;哺乳动物肉类(海洋哺乳动物除外)、哺乳动物内脏(海洋哺乳动物除外)按照 GB 23200.64 规定的方法测定。

4.37 吡草醚(pyraflufen-ethyl)

4.37.1 主要用途:除草剂。

4.37.2 ADI:0.2 mg/kg bw。

4.37.3 残留物:吡草醚。

4.37.4 最大残留限量:应符合表 37 的规定。

表 37

食品类别/名称	最大残留限量,mg/kg
谷物	
小麦	0.03
油料和油脂	
棉籽	0.1
水果	
苹果	0.03

4.37.5 检测方法:谷物按照 GB 23200.9 规定的方法测定;油料和油脂参照 GB 23200.9 规定的方法测定;水果按照 GB 23200.8、NY/T 1379 规定的方法测定。

4.38 吡虫啉(imidacloprid)

4.38.1 主要用途:杀虫剂。

4.38.2 ADI:0.06 mg/kg bw。

4.38.3 残留物:植物源性食品为吡虫啉;动物源性食品为吡虫啉及其含 6-氯-吡啶基的代谢物之和,以吡虫啉表示。

4.38.4 最大残留限量:应符合表 38 的规定。

表 38

食品类别/名称	最大残留限量,mg/kg
谷物	
糙米	0.05
小麦	0.05
玉米	0.05
鲜食玉米	0.05
高粱	0.05
粟	0.05
杂粮类	2
油料和油脂	
棉籽	0.5
大豆	0.05
花生仁	0.5
葵花籽	0.05
蔬菜	
洋葱	0.1
韭菜	1
葱	2
结球甘蓝	1
花椰菜	1
青花菜	1
芥蓝	1
菜薹	0.5

表 38（续）

食品类别/名称	最大残留限量，mg/kg
蔬菜	
菠菜	5
普通白菜	0.5
叶用莴苣	1
结球莴苣	2
萝卜叶	5
芹菜	5
大白菜	0.2
番茄	1
茄子	1
辣椒	1
甜椒	0.2
黄瓜	1
西葫芦	1
节瓜	0.5
苦瓜	0.1
丝瓜	0.5
豆类蔬菜（蚕豆、菜用大豆、菜豆和食荚豌豆除外）	2
菜豆	0.1
食荚豌豆	5
菜用大豆	0.1
根茎类蔬菜（胡萝卜除外）	0.5
胡萝卜	0.2
马铃薯	0.5
莲子（鲜）	0.05
莲藕	0.05
竹笋	0.1
水果	
柑	1
橘	1
橙	1
柠檬	1
柚	1
佛手柑	1
金橘	1
苹果	0.5
梨	0.5
桃	0.5
油桃	0.5
杏	0.5
李子	0.2
樱桃	0.5
浆果和其他小型水果（越橘、葡萄和草莓除外）	5
越橘	0.05
葡萄	1
草莓	0.5
芒果	0.2
石榴	1
香蕉	0.05
瓜果类水果	0.2

表 38（续）

食品类别/名称	最大残留限量，mg/kg
干制水果	
枸杞(干)	1
坚果	0.01
糖料	
甘蔗	0.2
饮料类	
茶叶	0.5
咖啡豆	1
啤酒花	10
菊花(鲜)	1
菊花(干)	2
调味料	
干辣椒	10
哺乳动物肉类(海洋哺乳动物除外)	0.1*
哺乳动物内脏(海洋哺乳动物除外)	0.3*
禽肉类	0.02*
禽类内脏	0.05*
蛋类	0.02*
生乳	0.1*
* 该限量为临时限量。	

4.38.5 检测方法：谷物按照 GB/T 20770 规定的方法测定；油料和油脂参照 GB/T 20769、GB/T 20770 规定的方法测定；蔬菜、水果、干制水果按照 GB/T 20769、GB/T 23379 规定的方法测定；坚果、调味料参照 GB/T 20769 规定的方法测定；糖料参照 GB/T 23379 规定的方法测定；饮料类参照 GB/T 20769、GB/T 23379、NY/T 1379 规定的方法测定。

4.39 吡氟禾草灵和精吡氟禾草灵(fluazifop and fluazifop-P-butyl)

4.39.1 主要用途：除草剂。

4.39.2 ADI：0.004 mg/kg bw。

4.39.3 残留物：吡氟禾草灵及其代谢物吡氟禾草酸之和，以吡氟禾草灵表示。

4.39.4 最大残留限量：应符合表 39 的规定。

表 39

食品类别/名称	最大残留限量，mg/kg
油料和油脂	
棉籽	0.1
大豆	0.5
花生仁	0.1
糖料	
甜菜	0.5

4.39.5 检测方法：油料和油脂、糖料按照 GB/T 5009.142 规定的方法测定。

4.40 吡氟酰草胺(diflufenican)

4.40.1 主要用途：除草剂。

4.40.2 ADI：0.2 mg/kg bw。

4.40.3 残留物：吡氟酰草胺。

4.40.4 最大残留限量：应符合表 40 的规定。

表 40

食品类别/名称	最大残留限量,mg/kg
谷物	
小麦	0.05

4.40.5 检测方法:谷物按照 GB 23200.24 规定的方法测定。

4.41 吡嘧磺隆(pyrazosulfuron-ethyl)

4.41.1 主要用途:除草剂。

4.41.2 ADI:0.043 mg/kg bw。

4.41.3 残留物:吡嘧磺隆。

4.41.4 最大残留限量:应符合表 41 的规定。

表 41

食品类别/名称	最大残留限量,mg/kg
谷物	
糙米	0.1

4.41.5 检测方法:谷物按照 SN/T 2325 规定的方法测定。

4.42 吡噻菌胺(penthiopyrad)

4.42.1 主要用途:杀菌剂。

4.42.2 ADI:0.1 mg/kg bw。

4.42.3 残留物:植物源性食品为吡噻菌胺;动物源性食品为吡噻菌胺与代谢物 1-甲基-3-(三氟甲基)-1H-吡唑-4-甲酰胺之和,以吡噻菌胺表示。

4.42.4 最大残留限量:应符合表 42 的规定。

表 42

食品类别/名称	最大残留限量,mg/kg
谷物	
小麦	0.1*
大麦	0.2*
燕麦	0.2*
黑麦	0.1*
小黑麦	0.1*
玉米	0.01*
高粱	0.8*
粟	0.8*
杂粮类	3*
玉米粉	0.05*
麦胚	0.2*
油料和油脂	
油菜籽	0.5*
棉籽	0.5*
大豆	0.3*
花生仁	0.05*
葵花籽	1.5*
菜籽毛油	1*
玉米毛油	0.15*
菜籽油	1*
花生油	0.5*

表 42（续）

食品类别/名称	最大残留限量，mg/kg
蔬菜	
洋葱	0.7*
葱	4*
结球甘蓝	4*
头状花序芸薹属类蔬菜	5*
茄果类蔬菜	2*
豆类蔬菜	0.3*
萝卜	3*
胡萝卜	0.6*
马铃薯	0.05*
玉米笋	0.02*
水果	
仁果类水果	0.4*
核果类水果	4*
草莓	3*
坚果	0.05*
糖料	
甜菜	0.5*
调味料	
干辣椒	14*
哺乳动物肉类(海洋哺乳动物除外)	0.04*
哺乳动物内脏(海洋哺乳动物除外)	0.08*
哺乳动物脂肪(乳脂肪除外)	0.05*
禽肉类	0.03*
禽类内脏	0.03*
禽类脂肪	0.03*
蛋类	0.03*
生乳	0.04*
* 该限量为临时限量。	

4.43 吡蚜酮(pymetrozine)

4.43.1 主要用途：杀虫剂。

4.43.2 ADI：0.03 mg/kg bw。

4.43.3 残留物：吡蚜酮。

4.43.4 最大残留限量：应符合表 43 的规定。

表 43

食品类别/名称	最大残留限量，mg/kg
谷物	
稻谷	1
糙米	0.2
小麦	0.02
油料和油脂	
棉籽	0.1
蔬菜	
结球甘蓝	0.2
菠菜	15
黄瓜	1
莲子(鲜)	0.02
莲藕	0.02

表 43（续）

食品类别/名称	最大残留限量,mg/kg
饮料类	
茶叶	2

4.43.5 检测方法:谷物按照 GB/T 20770 规定的方法测定;油料和油脂参照 GB/T 20770 的方法测定;蔬菜按照 SN/T 3860 规定的方法测定;茶叶按照 GB 23200.13 规定的方法测定。

4.44 吡唑草胺(metazachlor)

4.44.1 主要用途:除草剂。

4.44.2 ADI:0.08 mg/kg bw。

4.44.3 残留物:吡唑草胺。

4.44.4 最大残留限量:应符合表 44 的规定。

表 44

食品类别/名称	最大残留限量,mg/kg
油料和油脂	
油菜籽	0.5

4.44.5 检测方法:油料和油脂参照 GB/T 20770 规定的方法测定。

4.45 吡唑醚菌酯(pyraclostrobin)

4.45.1 主要用途:杀菌剂。

4.45.2 ADI:0.03 mg/kg bw。

4.45.3 残留物:吡唑醚菌酯。

4.45.4 最大残留限量:应符合表 45 的规定。

表 45

食品类别/名称	最大残留限量,mg/kg
谷物	
小麦	0.2
大麦	1
燕麦	1
黑麦	0.2
小黑麦	0.2
高粱	0.5
杂粮类(豌豆、小扁豆除外)	0.2
豌豆	0.3
小扁豆	0.5
油料和油脂	
油籽类(棉籽、大豆、花生仁除外)	0.4
棉籽	0.1
大豆	0.2
花生仁	0.05
蔬菜	
洋葱	1.5
韭葱	0.7
结球甘蓝	0.5
抱子甘蓝	0.3
羽衣甘蓝	1
头状花序芸薹属类蔬菜	0.1

表 45（续）

食品类别/名称	最大残留限量，mg/kg
蔬菜	
叶用莴苣	2
萝卜叶	20
大白菜	5
茄果类蔬菜（番茄除外）	0.5
番茄	1
黄瓜	0.5
食荚豌豆	0.02
朝鲜蓟	2
萝卜	0.5
胡萝卜	0.5
马铃薯	0.02
山药	0.2
水果	
柑橘类水果（柑、橘、橙除外）	2
苹果	0.5
桃	1
油桃	0.3
杏	0.3
枣（鲜）	1
李子	0.8
樱桃	3
黑莓	3
蓝莓	4
醋栗	3
葡萄	2
草莓	2
杨梅	3
荔枝	0.1
芒果	0.05
香蕉	1
番木瓜	0.15
西瓜	0.5
甜瓜类水果（哈密瓜除外）	0.5
哈密瓜	0.2
干制水果	
李子干	0.8
葡萄干	5
坚果	
坚果（开心果除外）	0.02
开心果	1
糖料	
甜菜	0.2
饮料类	
茶叶	10
咖啡豆	0.3
啤酒花	15
哺乳动物肉类（海洋哺乳动物除外），以脂肪中的残留量计	0.5*
哺乳动物内脏（海洋哺乳动物除外）	0.05*

表 45（续）

食品类别/名称	最大残留限量,mg/kg
禽肉类	0.05*
禽类内脏	0.05*
蛋类	0.05*
生乳	0.03*
* 该限量为临时限量。	

4.45.5 检测方法：谷物按照 GB 23200.113、GB/T 20770 规定的方法测定；油料和油脂按照 GB 23200.113 规定的方法测定；蔬菜、水果、干制水果按照 GB 23200.8 规定的方法测定；坚果、糖料参照 GB 23200.113、GB/T 20770 规定的方法测定；饮料类按照 GB 23200.113 规定的方法测定。

4.46 吡唑萘菌胺(isopyrazam)

4.46.1 主要用途：杀菌剂。

4.46.2 ADI：0.06 mg/kg bw。

4.46.3 残留物：吡唑萘菌胺(异构体之和)。

4.46.4 最大残留限量：应符合表 46 的规定。

表 46

食品类别/名称	最大残留限量,mg/kg
谷物	
小麦	0.03*
大麦	0.07*
黑麦	0.03*
小黑麦	0.03*
蔬菜	
黄瓜	0.5*
水果	
香蕉	0.06*
哺乳动物肉类(海洋哺乳动物除外)	0.01*
哺乳动物内脏(海洋哺乳动物除外)	0.02*
哺乳动物脂肪(乳脂肪除外)	0.01*
禽肉类	0.01*
禽类内脏	0.01*
禽类脂肪	0.01*
蛋类	0.01*
生乳	0.01*
* 该限量为临时限量。	

4.47 苄嘧磺隆(bensulfuron-methyl)

4.47.1 主要用途：除草剂。

4.47.2 ADI：0.2 mg/kg bw。

4.47.3 残留物：苄嘧磺隆。

4.47.4 最大残留限量：应符合表 47 的规定。

表 47

食品类别/名称	最大残留限量,mg/kg
谷物	
大米	0.05
糙米	0.05
小麦	0.02

表 47（续）

食品类别/名称	最大残留限量，mg/kg
水果	
柑	0.02
橘	0.02
橙	0.02

4.47.5 检测方法：谷物按照 SN/T 2212、SN/T 2325 规定的方法测定；水果参照 NY/T 1379、SN/T 2212、SN/T 2325 规定的方法测定。

4.48 丙草胺（pretilachlor）

4.48.1 主要用途：除草剂。

4.48.2 ADI：0.018 mg/kg bw。

4.48.3 残留物：丙草胺。

4.48.4 最大残留限量：应符合表 48 的规定。

表 48

食品类别/名称	最大残留限量，mg/kg
谷物	
大米	0.1
小麦	0.05

4.48.5 检测方法：谷物按照 GB 23200.24、GB 23200.113 规定的方法测定。

4.49 丙环唑（propiconazole）

4.49.1 主要用途：杀菌剂。

4.49.2 ADI：0.07 mg/kg bw。

4.49.3 残留物：丙环唑。

4.49.4 最大残留限量：应符合表 49 的规定。

表 49

食品类别/名称	最大残留限量，mg/kg
谷物	
糙米	0.1
小麦	0.05
大麦	0.2
黑麦	0.02
小黑麦	0.02
玉米	0.05
油料和油脂	
油菜籽	0.02
大豆	0.2
花生仁	0.1
蔬菜	
番茄	3
茭白	0.1
蒲菜	0.05
莲子（鲜）	0.05
菱角	0.05
芡实	0.05
莲藕	0.05

表 49（续）

食品类别/名称	最大残留限量，mg/kg
蔬菜	
荸荠	0.05
慈姑	0.05
玉米笋	0.05
水果	
橙	9
苹果	0.1
桃	5
枣(鲜)	5
李子	0.6
越橘	0.3
香蕉	1
菠萝	0.02
干制水果	
李子干	0.6
坚果	
山核桃	0.02
糖料	
甘蔗	0.02
甜菜	0.02
饮料类	
咖啡豆	0.02
药用植物	
人参(鲜)	0.1
人参(干)	0.1
哺乳动物肉类(海洋哺乳动物除外)，以脂肪中的残留量计	0.01
哺乳动物内脏(海洋哺乳动物除外)	0.5
禽肉类	0.01
禽类脂肪	0.01
蛋类	0.01
生乳	0.01

4.49.5 检测方法：谷物按照 GB 23200.9、GB 23200.113、GB/T 20770 规定的方法测定；油料和油脂、饮料类按照 GB 23200.113 规定的方法测定；蔬菜、水果按照 GB 23200.8、GB 23200.113、GB/T 20769 规定的方法测定；干制水果按照 GB 23200.8、GB 23200.113 规定的方法测定；糖类、坚果参照 GB 23200.113、SN/T 0519 规定的方法测定；药用植物参照 GB 23200.113、GB/T 20769 规定的方法测定；动物源性食品参照 GB/T 20772 规定的方法测定。

4.50 丙硫多菌灵(albendazole)

4.50.1 主要用途：杀菌剂。

4.50.2 ADI：0.05 mg/kg bw。

4.50.3 残留物：丙硫多菌灵。

4.50.4 最大残留限量：应符合表 50 的规定。

表 50

食品类别/名称	最大残留限量，mg/kg
谷物	
稻谷	0.1*
糙米	0.1*

表 50（续）

食品类别/名称	最大残留限量，mg/kg
水果	
香蕉	0.2*
西瓜	0.05*
* 该限量为临时限量。	

4.51 丙硫菌唑(prothioconazole)

4.51.1 主要用途：杀菌剂。

4.51.2 ADI：0.01 mg/kg bw。

4.51.3 残留物：脱硫丙硫菌唑。

4.51.4 最大残留限量：应符合表 51 的规定。

表 51

食品类别/名称	最大残留限量，mg/kg
谷物	
小麦	0.1*
大麦	0.2*
燕麦	0.05*
黑麦	0.05*
小黑麦	0.05*
玉米	0.1*
杂粮类	1*
油料和油脂	
油菜籽	0.1*
大豆	1*
花生仁	0.02*
蔬菜	
茄果类蔬菜	0.2*
马铃薯	0.02*
玉米笋	0.02*
水果	
越橘	0.15*
糖料	
甜菜	0.3*
哺乳动物肉类(海洋哺乳动物除外)	0.01*
哺乳动物内脏(海洋哺乳动物除外)	0.5*
生乳	0.004*
* 该限量为临时限量。	

4.52 丙硫克百威(benfuracarb)

4.52.1 主要用途：杀虫剂。

4.52.2 ADI：0.01 mg/kg bw。

4.52.3 残留物：丙硫克百威。

4.52.4 最大残留限量：应符合表 52 的规定。

表 52

食品类别/名称	最大残留限量，mg/kg
谷物	
大米	0.2

表 52（续）

食品类别/名称	最大残留限量，mg/kg
谷物	
糙米	0.2
鲜食玉米	0.05
玉米	0.05
油料和油脂	
棉籽	0.5*
棉籽油	0.05*
* 该限量为临时限量。	

4.52.5 检测方法：谷物按照 SN/T 2915 规定的方法测定。

4.53 丙嗪嘧磺隆(propyrisulfuron)

4.53.1 主要用途：除草剂。

4.53.2 ADI：0.011 mg/kg bw。

4.53.3 残留物：丙嗪嘧磺隆。

4.53.4 最大残留限量：应符合表 53 的规定。

表 53

食品类别/名称	最大残留限量，mg/kg
谷物	
稻谷	0.05*
糙米	0.05*
* 该限量为临时限量。	

4.54 丙炔噁草酮(oxadiargyl)

4.54.1 主要用途：除草剂。

4.54.2 ADI：0.008 mg/kg bw。

4.54.3 残留物：丙炔噁草酮。

4.54.4 最大残留限量：应符合表 54 的规定。

表 54

食品类别/名称	最大残留限量，mg/kg
谷物	
糙米	0.02*
蔬菜	
马铃薯	0.02*
* 该限量为临时限量。	

4.55 丙炔氟草胺(flumioxazin)

4.55.1 主要用途：除草剂。

4.55.2 ADI：0.02 mg/kg bw。

4.55.3 残留物：丙炔氟草胺。

4.55.4 最大残留限量：应符合表 55 的规定。

表 55

食品类别/名称	最大残留限量，mg/kg
油料和油脂	
大豆	0.02
花生仁	0.02

表 55（续）

食品类别/名称	最大残留限量,mg/kg
水果	
柑	0.05
橘	0.05
橙	0.05

4.55.5 检测方法：油料和油脂按照 GB 23200.31 规定的方法测定；水果按照 GB 23200.8 规定的方法测定。

4.56 **丙森锌(propineb)**

4.56.1 主要用途：杀菌剂。

4.56.2 ADI：0.007 mg/kg bw。

4.56.3 残留物：二硫代氨基甲酸盐(或酯)，以二硫化碳表示。

4.56.4 最大残留限量：应符合表 56 的规定。

表 56

食品类别/名称	最大残留限量,mg/kg
谷物	
稻谷	2
糙米	1
玉米	0.1
鲜食玉米	1
蔬菜	
大蒜	0.5
洋葱	0.5
葱	0.5
韭葱	0.5
大白菜	50
番茄	5
甜椒	2
黄瓜	5
西葫芦	3
南瓜	0.2
笋瓜	0.1
芦笋	2
胡萝卜	5
马铃薯	0.5
玉米笋	0.1
水果	
柑	3
橘	3
橙	3
苹果	5
梨	5
山楂	5
枇杷	5
榅桲	5
核果类水果(樱桃除外)	7
樱桃	0.2
越橘	5
葡萄	5

表 56（续）

食品类别/名称	最大残留限量，mg/kg
水果	
草莓	5
芒果	2
香蕉	1
番木瓜	5
西瓜	1
坚果	
杏仁	0.1
山核桃	0.1
糖料	
甜菜	0.5
调味料	
胡椒	0.1
豆蔻	0.1
孜然	10
小茴香籽	0.1
芫荽籽	0.1
药用植物	
人参	0.3
三七块根(干)	3
三七须根(干)	3

4.56.5 检测方法：谷物按照 SN 0139 规定的方法测定；蔬菜参照 SN 0139、SN 0157、SN/T 1541 规定的方法测定；水果、坚果、糖料、调味料、药用植物参照 SN 0157、SN/T 1541 规定的方法测定。

4.57 **丙溴磷(profenofos)**

4.57.1 主要用途：杀虫剂。

4.57.2 ADI：0.03 mg/kg bw。

4.57.3 残留物：丙溴磷。

4.57.4 最大残留限量：应符合表 57 的规定。

表 57

食品类别/名称	最大残留限量，mg/kg
谷物	
糙米	0.02
油料和油脂	
棉籽	1
棉籽油	0.05
蔬菜	
结球甘蓝	0.5
花椰菜	2
芥蓝	2
普通白菜	5
萝卜叶	5
番茄	10
辣椒	3
萝卜	1
马铃薯	0.05
甘薯	0.05

表 57（续）

食品类别/名称	最大残留限量，mg/kg
水果	
柑	0.2
橘	0.2
橙	0.2
苹果	0.05
芒果	0.2
山竹	10
饮料类	
茶叶	0.5
调味料	
干辣椒	20
果类调味料	0.07
根茎类调味料	0.05
哺乳动物肉类（海洋哺乳动物除外），以脂肪中的残留量计	0.05
哺乳动物内脏（海洋哺乳动物除外）	0.05
禽肉类	0.05
禽类内脏	0.05
蛋类	0.02
生乳	0.01

4.57.5 检测方法：谷物按照 GB 23200.113、GB/T 20770、SN/T 2234 规定的方法测定；油料和油脂按照 GB 23200.113 规定的方法测定；蔬菜、水果按照 GB 23200.8、GB 23200.113、NY/T 761、SN/T 2234 规定的方法测定；茶叶按照 GB 23200.13、GB 23200.113 规定的方法测定；调味料按照 GB 23200.113 规定的方法测定；动物源性食品参照 SN/T 2234 规定的方法测定。

4.58 草铵膦（glufosinate-ammonium）

4.58.1 主要用途：除草剂。

4.58.2 ADI：0.01 mg/kg bw。

4.58.3 残留物：植物源性食品为草铵膦；动物源性食品为草铵膦母体及其代谢物 N-乙酰基草铵膦、3-（甲基膦基）丙酸的总和。

4.58.4 最大残留限量：应符合表 58 的规定。

表 58

食品类别/名称	最大残留限量，mg/kg
谷物	
稻谷	0.9*
玉米	0.1*
豌豆	0.05*
油料和油脂	
油菜籽	1.5*
棉籽	5*
大豆	2*
菜籽毛油	0.05*
蔬菜	
洋葱	0.1*
叶用莴苣	0.4*
结球莴苣	0.4*
番茄	0.5*

表 58（续）

食品类别/名称	最大残留限量，mg/kg
蔬菜	
豇豆	0.5*
食荚豌豆	0.1*
菜用大豆	0.05*
芦笋	0.1*
胡萝卜	0.3*
马铃薯	0.1*
水果	
柑橘类水果（柑、橘、橙除外）	0.05
柑	0.5
橘	0.5
橙	0.5
仁果类水果	0.1
核果类水果[枣（鲜）除外]	0.15
枣（鲜）	0.1
蓝莓	0.1
加仑子（黑、红、白）	1
悬钩子	0.1
醋栗（红、黑）	0.1
葡萄	0.1
猕猴桃	0.6
草莓	0.3
热带和亚热带水果（香蕉、番木瓜除外）	0.1
香蕉	0.2
番木瓜	0.2
干制水果	
李子干	0.3*
坚果	0.1*
糖料	
甜菜	1.5*
饮料类	
茶叶	0.5*
咖啡豆	0.2*
哺乳动物肉类（海洋哺乳动物除外）	0.05*
哺乳动物内脏（海洋哺乳动物除外）	3*
禽肉类	0.05*
禽类内脏	0.1*
蛋类	0.05*
生乳	0.02*
* 该限量为临时限量。	

4.58.5 检测方法：水果按照 GB 23200.108 规定的方法测定。

4.59 草除灵（benazolin-ethyl）

4.59.1 主要用途：除草剂。

4.59.2 ADI：0.006 mg/kg bw。

4.59.3 残留物：草除灵。

4.59.4 最大残留限量：应符合表 59 的规定。

表 59

食品类别/名称	最大残留限量,mg/kg
油料和油脂	
油菜籽	0.2*
* 该限量为临时限量。	

4.60 草甘膦(glyphosate)

4.60.1 主要用途:除草剂。

4.60.2 ADI:1 mg/kg bw。

4.60.3 残留物:草甘膦。

4.60.4 最大残留限量:应符合表 60 的规定。

表 60

食品类别/名称	最大残留限量,mg/kg
谷物	
稻谷	0.1
小麦	5
玉米	1
鲜食玉米	1
杂粮类(豌豆、小扁豆除外)	2
豌豆	5
小扁豆	5
小麦粉	0.5
全麦粉	5
油料和油脂	
油菜籽	2
葵花籽	7
棉籽油	0.05
蔬菜	
百合	0.2
玉米笋	3
水果	
柑橘类水果(柑、橘、橙除外)	0.1
柑	0.5
橘	0.5
橙	0.5
仁果类水果(苹果除外)	0.1
苹果	0.5
核果类水果	0.1
浆果和其他小型水果	0.1
热带和亚热带水果	0.1
瓜果类水果	0.1
糖料	
甘蔗	2
饮料类	
茶叶	1

4.60.5 检测方法:谷物、油料和油脂按照 GB/T 23750、SN/T 1923 规定的方法测定;蔬菜、茶叶按照 SN/T 1923 规定的方法测定;水果按照 GB/T 23750、NY/T 1096、SN/T 1923 规定的方法测定;糖料按照 GB/T 23750 规定的方法测定。

4.61 虫螨腈(chlorfenapyr)

4.61.1 主要用途:杀虫剂。

4.61.2 ADI:0.03 mg/kg bw。

4.61.3 残留物:虫螨腈。

4.61.4 最大残留限量:应符合表 61 的规定。

表 61

食品类别/名称	最大残留限量,mg/kg
蔬菜	
结球甘蓝	1
芥蓝	0.1
普通白菜	10
大白菜	2
茄子	1
黄瓜	0.5
水果	
桑葚	2
饮料类	
茶叶	20

4.61.5 检测方法:蔬菜按照 GB 23200.8、NY/T 1379、SN/T 1986 规定的方法测定;水果按照 SN/T 1986 规定的方法测定;茶叶按照 GB/T 23204 规定的方法测定。

4.62 虫酰肼(tebufenozide)

4.62.1 主要用途:杀虫剂。

4.62.2 ADI:0.02 mg/kg bw。

4.62.3 残留物:虫酰肼。

4.62.4 最大残留限量:应符合表 62 的规定。

表 62

食品类别/名称	最大残留限量,mg/kg
谷物	
稻谷	5
糙米	2
油料和油脂	
油菜籽	2
蔬菜	
结球甘蓝	1
花椰菜	10
青花菜	0.5
芥蓝	10
菜薹	10
叶菜类蔬菜(茎用莴苣叶、大白菜除外)	10
茎用莴苣叶	20
大白菜	0.5
番茄	1
辣椒	1

表 62（续）

食品类别/名称	最大残留限量,mg/kg
蔬菜	
茎用莴苣	5
萝卜	2
胡萝卜	5
芜菁	1
水果	
柑橘类水果	2
仁果类水果(苹果除外)	1
苹果	3
桃	0.5
油桃	0.5
蓝莓	3
醋栗(红、黑)	2
越橘	0.5
葡萄	2
猕猴桃	0.5
鳄梨	1
干制水果	
葡萄干	2
坚果	
杏仁	0.05
核桃	0.05
山核桃	0.01
糖料	
甘蔗	1
调味料	
薄荷	20
干辣椒	10
哺乳动物肉类(海洋哺乳动物除外),以脂肪中的残留量计	0.05
哺乳动物内脏(海洋哺乳动物除外)	0.02
禽肉类	0.02
蛋类	0.02
生乳	
生乳(牛乳除外)	0.01
牛乳	0.05

4.62.5 检测方法：谷物、水果、干制水果参照 GB/T 20769 规定的方法测定；蔬菜按照 GB/T 20769 规定的方法测定；油料和油脂、坚果、糖料、调味料参照 GB 23200.34、GB/T 20770 规定的方法测定；动物源性食品参照 GB/T 23211 规定的方法测定。

4.63 除虫菊素(pyrethrins)

4.63.1 主要用途：杀虫剂。

4.63.2 ADI：0.04 mg/kg bw。

4.63.3 残留物：除虫菊素Ⅰ与除虫菊素Ⅱ之和。

4.63.4 最大残留限量:应符合表 63 的规定。

表 63

食品类别/名称	最大残留限量,mg/kg
谷物	
稻谷	0.3
小麦	0.3
玉米	0.3
高粱	0.3
粟	0.3
杂粮类	0.1
油料和油脂	
花生仁	0.5
蔬菜	
结球甘蓝	1
花椰菜	1
青花菜	1
芥蓝	2
菠菜	5
普通白菜	5
茼蒿	5
叶用莴苣	5
油麦菜	1
萝卜叶	1
芜菁叶	1
芹菜	1
小茴香	1
大白菜	1
茄果类蔬菜	0.05
根茎类和薯芋类蔬菜(萝卜、胡萝卜、芜菁除外)	0.05
萝卜	1
胡萝卜	1
芜菁	1
水果	
柑橘类水果	0.05
干制水果	0.2
坚果	0.5
调味料	
干辣椒	0.5

4.63.5 检测方法:谷物、油料和油脂、坚果、调味料参照 GB/T 20769 规定的方法测定;蔬菜按照 GB/T 20769 规定的方法测定;水果、干制水果按照 GB/T 20769 规定的方法测定。

4.64 除虫脲(diflubenzuron)

4.64.1 主要用途:杀虫剂。

4.64.2 ADI:0.02 mg/kg bw。

4.64.3 残留物:除虫脲。

4.64.4 最大残留限量:应符合表 64 的规定。

表 64

食品类别/名称	最大残留限量,mg/kg
谷物	
稻谷	0.01
小麦	0.2
大麦	0.05
燕麦	0.05
小黑麦	0.05
玉米	0.2
油料和油脂	
棉籽	0.2
花生仁	0.1
蔬菜	
结球甘蓝	2
花椰菜	1
青花菜	3
芥蓝	2
菜薹	7
菠菜	1
普通白菜	1
叶用莴苣	1
叶芥菜	10
萝卜叶	7
大白菜	1
辣椒	3
甜椒	0.7
萝卜	1
水果	
柑橘类水果(柑、橘、橙、柚、柠檬除外)	0.5
柑	1
橘	1
橙	1
柚	1
柠檬	1
苹果	5
梨	1
山楂	5
枇杷	5
榅桲	5
桃	0.5
油桃	0.5
李子	0.5
干制水果	
李子干	0.5
坚果	0.2
饮料类	
茶叶	20
食用菌	
蘑菇类(鲜)	0.3

表 64（续）

食品类别/名称	最大残留限量，mg/kg
调味料	
干辣椒	20
哺乳动物肉类（海洋哺乳动物除外），以脂肪中的残留量计	0.1*
哺乳动物内脏（海洋哺乳动物除外）	0.1*
禽肉类	0.05*
禽类脂肪	0.05*
蛋类	0.05*
生乳	0.02*
* 该限量为临时限量。	

4.64.5 检测方法：谷物按照 GB/T 5009.147 规定的方法测定；油料和油脂按照 GB 23200.45 规定的方法测定；蔬菜、水果按照 GB/T 5009.147、NY/T 1720 规定的方法测定；干制水果按照 NY/T 1720 规定的方法测定；坚果、调味料参照 GB/T 5009.147 规定的方法测定；茶叶、食用菌参照 GB/T 5009.147、NY/T 1720 规定的方法测定。

4.65 春雷霉素（kasugamycin）

4.65.1 主要用途：杀菌剂。

4.65.2 ADI：0.113 mg/kg bw。

4.65.3 残留物：春雷霉素。

4.65.4 最大残留限量：应符合表 65 的规定。

表 65

食品类别/名称	最大残留限量，mg/kg
谷物	
糙米	0.1*
蔬菜	
番茄	0.05*
辣椒	0.1*
黄瓜	0.2*
水果	
柑	0.1*
橘	0.1*
橙	0.1*
荔枝	0.05*
西瓜	0.1*
* 该限量为临时限量。	

4.66 哒螨灵（pyridaben）

4.66.1 主要用途：杀螨剂。

4.66.2 ADI：0.01 mg/kg bw。

4.66.3 残留物：哒螨灵。

4.66.4 最大残留限量:应符合表 66 的规定。

表 66

食品类别/名称	最大残留限量,mg/kg
谷物	
稻谷	1
糙米	0.1
油料和油脂	
棉籽	0.1
大豆	0.1
蔬菜	
结球甘蓝	2
辣椒	2
黄瓜	0.1
水果	
柑	2
橘	2
橙	2
苹果	2
枸杞(鲜)	3
干制水果	
枸杞(干)	3
饮料类	
茶叶	5

4.66.5 检测方法:谷物按照 GB 23200.9、GB 23200.113 规定的方法测定;油料和油脂按照 GB 23200.113 规定的方法测定;蔬菜按照 GB 23200.113、GB/T 20769 规定的方法测定;水果、干制水果按照 GB 23200.8、GB 23200.113、GB/T 20769 规定的方法测定;茶叶按照 GB 23200.113、GB/T 23204、SN/T 2432 规定的方法测定。

4.67 哒嗪硫磷(pyridaphenthion)

4.67.1 主要用途:杀虫剂。

4.67.2 ADI:0.000 85 mg/kg bw。

4.67.3 残留物:哒嗪硫磷。

4.67.4 最大残留限量:应符合表 67 的规定。

表 67

食品类别/名称	最大残留限量,mg/kg
蔬菜	
结球甘蓝	0.3

4.67.5 检测方法:蔬菜按照 GB 23200.8、GB 23200.113 规定的方法测定。

4.68 代森铵(amobam)

4.68.1 主要用途:杀菌剂。

4.68.2 ADI:0.03 mg/kg bw。

4.68.3 残留物:二硫代氨基甲酸盐(或酯),以二硫化碳表示。

4.68.4 最大残留限量:应符合表 68 的规定。

表 68

食品类别/名称	最大残留限量,mg/kg
谷物	
稻谷	2
糙米	1
玉米	0.1
鲜食玉米	1
蔬菜	
大白菜	50
黄瓜	5
甘薯	0.5
水果	
橙	3
苹果	5
梨	5
山楂	5
枇杷	5
榅桲	5
樱桃	0.2
越橘	5
葡萄	5
草莓	5
芒果	2
香蕉	1
番木瓜	5
西瓜	1
调味料	
胡椒	0.1
豆蔻	0.1
孜然	10
小茴香籽	0.1
芫荽籽	0.1
药用植物	
人参	0.3

4.68.5 检测方法:谷物、蔬菜参照 SN/T 1541 规定的方法测定;水果按照 SN 0157 规定的方法测定;调味料、药用植物参照 SN 0157、SN/T 1541 规定的方法测定。

4.69 代森联(metiram)

4.69.1 主要用途:杀菌剂。

4.69.2 ADI:0.03 mg/kg bw。

4.69.3 残留物:二硫代氨基甲酸盐(或酯),以二硫化碳表示。

4.69.4 最大残留限量:应符合表 69 的规定。

表 69

食品类别/名称	最大残留限量,mg/kg
谷物	
小麦	1
大麦	1

表 69（续）

食品类别/名称	最大残留限量，mg/kg
蔬菜	
大蒜	0.5
洋葱	0.5
葱	0.5
青蒜	0.5
蒜薹	2
韭葱	0.5
结球莴苣	0.5
大白菜	50
番茄	5
辣椒	10
甜椒	2
西葫芦	3
南瓜	0.2
笋瓜	0.1
胡萝卜	5
姜	1
马铃薯	0.5
玉米笋	0.1
水果	
柑	3
橘	3
橙	3
苹果	5
梨	5
山楂	5
枇杷	5
榅桲	5
核果类水果(桃、樱桃除外)	7
桃	5
樱桃	0.2
越橘	5
加仑子(黑、红、白)	10
醋栗	10
葡萄	5
草莓	5
香蕉	1
番木瓜	5
西瓜	1
甜瓜类水果	0.5
坚果	
杏仁	0.1
山核桃	0.1
糖料	
甜菜	0.5
饮料类	
啤酒花	30
调味料	
干辣椒	20
胡椒	0.1
豆蔻	0.1
孜然	10
小茴香籽	0.1
芫荽籽	0.1
药用植物	
人参	0.3

4.69.5 检测方法:谷物按照 SN 0139 规定的方法测定;蔬菜参照 SN 0139、SN 0157、SN/T 1541 规定的方法测定;水果按照 SN 0157 规定的方法测定;坚果、糖料、调味料参照 SN 0157 规定的方法测定;饮料类参照 SN/T 1541 规定的方法测定;药用植物参照 SN 0157、SN/T 1541 规定的方法测定。

4.70 代森锰锌(mancozeb)

4.70.1 主要用途:杀菌剂。

4.70.2 ADI:0.03 mg/kg bw。

4.70.3 残留物:二硫代氨基甲酸盐(或酯),以二硫化碳表示。

4.70.4 最大残留限量:应符合表 70 的规定。

表 70

食品类别/名称	最大残留限量,mg/kg
谷物	
小麦	1
大麦	1
鲜食玉米	1
油料和油脂	
棉籽	0.1
花生仁	0.1
蔬菜	
大蒜	0.5
洋葱	0.5
葱	0.5
韭葱	0.5
花椰菜	2
大白菜	50
番茄	5
茄子	1
辣椒	10
甜椒	2
黄秋葵	2
黄瓜	5
西葫芦	3
南瓜	0.2
笋瓜	0.1
豇豆	3
菜豆	3
食荚豌豆	3
扁豆	3
芦笋	2
胡萝卜	5
马铃薯	0.5
甘薯	0.5
木薯	0.5
山药	0.5
玉米笋	0.1
水果	
柑	3
橘	3
橙	3
苹果	5
梨	5

表 70（续）

食品类别/名称	最大残留限量，mg/kg
水果	
山楂	5
枇杷	5
榅桲	5
枣(鲜)	2
樱桃	0.2
黑莓	5
越橘	5
醋栗	10
葡萄	5
猕猴桃	2
草莓	5
荔枝	5
芒果	2
香蕉	1
番木瓜	5
菠萝	2
西瓜	1
坚果	
杏仁	0.1
山核桃	0.1
糖料	
甜菜	0.5
食用菌	
蘑菇类(鲜)	5
调味料	
干辣椒	20
胡椒	0.1
豆蔻	0.1
孜然	10
小茴香籽	0.1
芫荽籽	0.1
药用植物	
人参	0.3
三七块根(干)	3
三七须根(干)	3

4.70.5 检测方法：谷物按照 SN 0139 规定的方法测定；油料和油脂参照 SN 0139、SN/T 1541 规定的方法测定；蔬菜参照 SN 0157、SN/T 1541 规定的方法测定；水果按照 SN 0157 规定的方法测定；坚果、糖料、调味料、药用植物参照 SN/T 1541 规定的方法测定；食用菌参照 SN 0157 规定的方法测定。

4.71 代森锌(zineb)

4.71.1 主要用途：杀菌剂。

4.71.2 ADI：0.03 mg/kg bw。

4.71.3 残留物：二硫代氨基甲酸盐(或酯)，以二硫化碳表示。

4.71.4 最大残留限量：应符合表 71 的规定。

表 71

食品类别/名称	最大残留限量,mg/kg
油料和油脂	
油菜籽	10
花生仁	0.1
蔬菜	
大蒜	0.5
洋葱	0.5
葱	0.5
韭葱	0.5
结球甘蓝	5
大白菜	50
番茄	5
茄子	1
辣椒	10
甜椒	2
黄瓜	5
西葫芦	3
南瓜	0.2
笋瓜	0.1
芦笋	2
茎用莴苣	30
萝卜	1
胡萝卜	5
马铃薯	0.5
玉米笋	0.1
水果	
柑	3
橘	3
橙	3
苹果	5
樱桃	0.2
西瓜	1
坚果	
杏仁	0.1
山核桃	0.1
糖料	
甜菜	0.5
调味料	
干辣椒	20
胡椒	0.1
豆蔻	0.1
孜然	10
小茴香籽	0.1
芫荽籽	0.1
药用植物	
人参	0.3

4.71.5 检测方法:油料和油脂参照 SN 0139、SN/T 1541 规定的方法测定;蔬菜参照 SN 0139、SN 0157、SN/T 1541 规定的方法测定;水果按照 SN 0157 规定的方法测定;坚果、糖料、调味料、药用植物参照 SN/T 1541 规定的方法测定。

4.72 单甲脒和单甲脒盐酸盐(semiamitraz and semiamitraz chloride)

4.72.1 主要用途:杀虫剂。

4.72.2 ADI:0.004 mg/kg bw。

4.72.3 残留物:单甲脒。

4.72.4 最大残留限量:应符合表72的规定。

表72

食品类别/名称	最大残留限量,mg/kg
水果	
柑	0.5
橘	0.5
橙	0.5
苹果	0.5
梨	0.5

4.72.5 检测方法:水果按照GB/T 5009.160规定的方法测定。

4.73 单嘧磺隆(monosulfuron)

4.73.1 主要用途:除草剂。

4.73.2 ADI:0.12 mg/kg bw。

4.73.3 残留物:单嘧磺隆。

4.73.4 最大残留限量:应符合表73的规定。

表73

食品类别/名称	最大残留限量,mg/kg
谷物	
小麦	0.1*
粟	0.1*
* 该限量为临时限量。	

4.74 单氰胺(cyanamide)

4.74.1 主要用途:植物生长调节剂。

4.74.2 ADI:0.002 mg/kg bw。

4.74.3 残留物:单氰胺。

4.74.4 最大残留限量:应符合表74的规定。

表74

食品类别/名称	最大残留限量,mg/kg
水果	
葡萄	0.05*
* 该限量为临时限量。	

4.75 稻丰散(phenthoate)

4.75.1 主要用途:杀虫剂。

4.75.2 ADI:0.003 mg/kg bw。

4.75.3 残留物:稻丰散。

4.75.4 最大残留限量:应符合表75的规定。

表 75

食品类别/名称	最大残留限量,mg/kg
谷物	
糙米	0.2
大米	0.05
蔬菜	
节瓜	0.1
水果	
柑	1
橘	1
橙	1
调味料	
种子类调味料	7

4.75.5 检测方法:谷物按照 GB/T 5009.20 规定的方法测定;蔬菜、水果按照 GB 23200.8、GB/T 5009.20、GB/T 20769 规定的方法测定;调味料参照 GB/T 5009.20 规定的方法测定。

4.76 稻瘟灵(isoprothiolane)

4.76.1 主要用途:杀菌剂。

4.76.2 ADI:0.1 mg/kg bw。

4.76.3 残留物:稻瘟灵。

4.76.4 最大残留限量:应符合表 76 的规定。

表 76

食品类别/名称	最大残留限量,mg/kg
谷物	
大米	1
水果	
西瓜	0.1

4.76.5 检测方法:谷物按照 GB 23200.113、GB/T 5009.155 规定的方法测定;水果按照 GB 23200.113 规定的方法测定。

4.77 稻瘟酰胺(fenoxanil)

4.77.1 主要用途:杀菌剂。

4.77.2 ADI:0.007 mg/kg bw 。

4.77.3 残留物:稻瘟酰胺。

4.77.4 最大残留限量:应符合表 77 的规定。

表 77

食品类别/名称	最大残留限量,mg/kg
谷物	
糙米	1

4.77.5 检测方法:谷物按照 GB 23200.9、GB/T 20770 规定的方法测定。

4.78 敌百虫(trichlorfon)

4.78.1 主要用途:杀虫剂。

4.78.2 ADI:0.002 mg/kg bw。

4.78.3 残留物:敌百虫。

4.78.4 最大残留限量:应符合表 78 的规定。

表 78

食品类别/名称	最大残留限量,mg/kg
谷物	
稻谷	0.1
糙米	0.1
小麦	0.1
油料和油脂	
棉籽	0.1
花生仁	0.1
大豆	0.1
蔬菜	
鳞茎类蔬菜	0.2
芸薹属类蔬菜(结球甘蓝、花椰菜、青花菜、芥蓝除外)	0.2
结球甘蓝	0.1
花椰菜	0.1
青花菜	0.5
芥蓝	1
叶菜类蔬菜(普通白菜、大白菜除外)	0.2
普通白菜	0.1
大白菜	2
茄果类蔬菜	0.2
瓜类蔬菜	0.2
豆类蔬菜(菜用大豆除外)	0.2
菜用大豆	0.1
茎类蔬菜(茎用莴苣除外)	0.2
茎用莴苣	1
根茎类和薯芋类蔬菜(萝卜、胡萝卜除外)	0.2
萝卜	0.5
胡萝卜	0.5
水生类蔬菜	0.2
芽菜类蔬菜	0.2
其他类蔬菜	0.2
水果	
柑橘类水果	0.2
仁果类水果	0.2
核果类水果(枣除外)	0.2
枣(鲜)	0.3
浆果和其他小型水果	0.2
热带和亚热带水果	0.2
瓜果类水果	0.2
糖料	
甘蔗	0.1
饮料类	
茶叶	2

4.78.5 检测方法:谷物按照 GB/T 20770 规定的方法测定;油料和油脂参照 GB/T 20770 规定的方法测定;蔬菜、水果按照 GB/T 20769、NY/T 761 规定的方法测定;糖料参照 GB/T 20769 规定的方法测定;茶叶参照 NY/T 761 规定的方法测定。

4.79 **敌稗(propanil)**

4.79.1 主要用途:除草剂。

4.79.2 ADI:0.2 mg/kg bw。

4.79.3 残留物:敌稗。

4.79.4 最大残留限量:应符合表 79 的规定。

表 79

食品类别/名称	最大残留限量,mg/kg
谷物	
大米	2

4.79.5 检测方法:谷物按照 GB 23200.113、GB/T 5009.177 规定的方法测定。

4.80 **敌草胺(napropamide)**

4.80.1 主要用途:除草剂。

4.80.2 ADI:0.3 mg/kg bw。

4.80.3 残留物:敌草胺。

4.80.4 最大残留限量:应符合表 80 的规定。

表 80

食品类别/名称	最大残留限量,mg/kg
油料和油脂	
棉籽	0.05
水果	
西瓜	0.05

4.80.5 检测方法:油料和油脂参照 GB 23200.14 规定的方法测定;水果按照 GB 23200.8 规定的方法测定。

4.81 **敌草腈(dichlobenil)**

4.81.1 主要用途:除草剂。

4.81.2 ADI:0.01 mg/kg bw。

4.81.3 残留物:2,6-二氯苯甲酰胺。

4.81.4 最大残留限量:应符合表 81 的规定。

表 81

食品类别/名称	最大残留限量,mg/kg
谷物	
稻谷	0.01*
麦类	0.01*
旱粮类	0.01*
杂粮类	0.01*
蔬菜	
洋葱	0.01*
葱	0.02*
结球甘蓝	0.05*
抱子甘蓝	0.05*
叶菜类蔬菜(芹菜除外)	0.3*
芹菜	0.07*
茄果类蔬菜	0.01*
瓜类蔬菜	0.01*

表 81（续）

食品类别/名称	最大残留限量，mg/kg
水果	
藤蔓和灌木类水果	0.2*
葡萄	0.05*
瓜果类水果	0.01*
干制水果	
葡萄干	0.15*
饮料类	
葡萄汁	0.07*
调味料	
干辣椒	0.01*
* 该限量为临时限量。	

4.82 敌草快(diquat)

4.82.1 主要用途：除草剂。

4.82.2 ADI：0.006 mg/kg bw。

4.82.3 残留物：敌草快阳离子，以二溴化合物表示。

4.82.4 最大残留限量：应符合表 82 的规定。

表 82

食品类别/名称	最大残留限量，mg/kg
谷物	
糙米	1
小麦	2
燕麦	2
玉米	0.05
高粱	2
杂粮类(豌豆除外)	0.2
豌豆	0.3
小麦粉	0.5
全麦粉	2
油料和油脂	
油菜籽	1
棉籽	0.1
大豆	0.2
葵花籽	1
植物油	0.05
蔬菜	
茄果类蔬菜	0.01
马铃薯	0.05
甘薯	0.05
木薯	0.05
山药	0.05
水果	
柑橘类水果(柑、橘、橙除外)	0.02
柑	0.1
橘	0.1
橙	0.1
仁果类水果(苹果除外)	0.02
苹果	0.1

表 82（续）

食品类别/名称	最大残留限量，mg/kg
水果	
核果类水果	0.02
草莓	0.05
香蕉	0.02
坚果	
腰果	0.02
糖料	
甘蔗	0.05
饮料类	
咖啡豆	0.02
哺乳动物肉类(海洋哺乳动物除外)	0.05*
哺乳动物内脏(海洋哺乳动物除外)	0.05*
禽肉类	0.05*
禽类内脏	0.05*
蛋类	0.05*
生乳	0.01*
* 该限量为临时限量。	

4.82.5 检测方法：谷物按照 GB/T 5009.221、SN/T 0293 规定的方法测定；油料和油脂、蔬菜、水果按照 SN/T 0293 规定的方法测定；坚果、饮料类参照 GB/T 5009.221、SN/T 0293 规定的方法测定；糖料参照 GB/T 5009.221 规定的方法测定。

4.83 敌草隆(diuron)

4.83.1 主要用途：除草剂。

4.83.2 ADI：0.001 mg/kg bw。

4.83.3 残留物：敌草隆。

4.83.4 最大残留限量：应符合表 83 的规定。

表 83

食品类别/名称	最大残留限量，mg/kg
油料和油脂	
棉籽	0.1
糖料	
甘蔗	0.1

4.83.5 检测方法：油料和油脂参照 GB/T 20770 规定的方法测定；糖料按照 GB/T 20769 规定的方法测定。

4.84 敌敌畏(dichlorvos)

4.84.1 主要用途：杀虫剂。

4.84.2 ADI：0.004 mg/kg bw。

4.84.3 残留物：敌敌畏。

4.84.4 最大残留限量：应符合表 84 的规定。

表 84

食品类别/名称	最大残留限量，mg/kg
谷物	
稻谷	0.1
糙米	0.2
麦类	0.1

表 84（续）

食品类别/名称	最大残留限量，mg/kg
谷物	
玉米	0.2
旱粮类	0.1
杂粮类	0.1
油料和油脂	
棉籽	0.1
大豆	0.1
蔬菜	
鳞茎类蔬菜	0.2
芸薹属类蔬菜（结球甘蓝、花椰菜、青花菜、芥蓝、菜薹除外）	0.2
结球甘蓝	0.5
花椰菜	0.1
青花菜	0.1
芥蓝	0.1
菜薹	0.1
叶菜类蔬菜（菠菜、普通白菜、茎用莴苣叶、大白菜除外）	0.2
菠菜	0.5
普通白菜	0.1
茎用莴苣叶	0.3
大白菜	0.5
茄果类蔬菜	0.2
瓜类蔬菜	0.2
豆类蔬菜	0.2
茎类蔬菜（茎用莴苣除外）	0.2
茎用莴苣	0.1
根茎类和薯芋类蔬菜（萝卜、胡萝卜除外）	0.2
萝卜	0.5
胡萝卜	0.5
水生类蔬菜	0.2
芽菜类蔬菜	0.2
其他类蔬菜	0.2
水果	
柑橘类水果	0.2
仁果类水果（苹果除外）	0.2
苹果	0.1
核果类水果（桃除外）	0.2
桃	0.1
浆果和其他小型水果	0.2
热带和亚热带水果	0.2
瓜果类水果	0.2
调味料	0.1
哺乳动物肉类（海洋哺乳动物除外）	0.01*
哺乳动物内脏（海洋哺乳动物除外）	0.01*
哺乳动物脂肪（乳脂肪除外）	0.01*
禽肉类	0.01*
禽类内脏	0.01*
禽类脂肪	0.01*
蛋类	0.01*
生乳	0.01*
* 该限量为临时限量。	

4.84.5 检测方法：谷物按照 GB 23200.113、GB/T 5009.20、SN/T 2324 规定的方法测定；油料和油脂按

照 GB 23200.113、GB/T 5009.20 规定的方法测定；蔬菜、水果按照 GB 23200.8、GB 23200.113、GB/T 5009.20、NY/T 761 规定的方法测定；调味料按照 GB 23200.113 规定的方法测定。

4.85 **敌磺钠(fenaminosulf)**

4.85.1 主要用途：杀菌剂。

4.85.2 ADI：0.02 mg/kg bw。

4.85.3 残留物：敌磺钠。

4.85.4 最大残留限量：应符合表 85 的规定。

表 85

食品类别/名称	最大残留限量，mg/kg
谷物	
稻谷	0.5*
糙米	0.5*
油料和油脂	
棉籽	0.1*
蔬菜	
大白菜	0.2*
番茄	0.1*
黄瓜	0.5*
马铃薯	0.1*
水果	
西瓜	0.1*
糖料	
甜菜	0.1*
* 该限量为临时限量。	

4.86 **敌菌灵(anilazine)**

4.86.1 主要用途：杀菌剂。

4.86.2 ADI：0.1 mg/kg bw。

4.86.3 残留物：敌菌灵。

4.86.4 最大残留限量：应符合表 86 的规定。

表 86

食品类别/名称	最大残留限量，mg/kg
谷物	
稻谷	0.2
蔬菜	
番茄	10
黄瓜	10

4.86.5 检测方法：谷物按照 GB/T 5009.220 规定的方法测定；蔬菜按照 NY/T 1722 规定的方法测定。

4.87 **敌螨普(dinocap)**

4.87.1 主要用途：杀菌剂。

4.87.2 ADI：0.008 mg/kg bw。

4.87.3 残留物：敌螨普的异构体和敌螨普酚的总量，以敌螨普表示。

4.87.4 最大残留限量：应符合表 87 的规定。

表 87

食品类别/名称	最大残留限量，mg/kg
蔬菜	
番茄	0.3*
辣椒	0.2*
瓜类蔬菜(西葫芦、黄瓜除外)	0.05*
西葫芦	0.07*
黄瓜	0.07*
水果	
苹果	0.2*
桃	0.1*
葡萄	0.5*
草莓	0.5*
瓜果类水果(甜瓜类水果除外)	0.05*
甜瓜类水果	0.5*
调味料	
干辣椒	2*
* 该限量为临时限量。	

4.88 **敌瘟磷(edifenphos)**

4.88.1 主要用途：杀菌剂。

4.88.2 ADI：0.003 mg/kg bw。

4.88.3 残留物：敌瘟磷。

4.88.4 最大残留限量：应符合表 88 的规定。

表 88

食品类别/名称	最大残留限量，mg/kg
谷物	
大米	0.1
糙米	0.2

4.88.5 检测方法：谷物按照 GB 23200.113、GB/T 20770、SN/T 2324 规定的方法测定。

4.89 **地虫硫磷(fonofos)**

4.89.1 主要用途：杀虫剂。

4.89.2 ADI：0.002 mg/kg bw。

4.89.3 残留物：地虫硫磷。

4.89.4 最大残留限量：应符合表 89 的规定。

表 89

食品类别/名称	最大残留限量，mg/kg
谷物	
稻谷	0.05
麦类	0.05
旱粮类	0.05
杂粮类	0.05
油料和油脂	
大豆	0.05
花生仁	0.05
蔬菜	
鳞茎类蔬菜	0.01

表 89（续）

食品类别/名称	最大残留限量,mg/kg
蔬菜	
芸薹属类蔬菜	0.01
叶菜类蔬菜	0.01
茄果类蔬菜	0.01
瓜类蔬菜	0.01
豆类蔬菜	0.01
茎类蔬菜	0.01
根茎类和薯芋类蔬菜	0.01
水生类蔬菜	0.01
芽菜类蔬菜	0.01
其他类蔬菜	0.01
水果	
柑橘类水果	0.01
仁果类水果	0.01
核果类水果	0.01
浆果和其他小型水果	0.01
热带和亚热带水果	0.01
瓜果类水果	0.01
糖料	
甘蔗	0.1

4.89.5 检测方法：谷物按照 GB 23200.113、GB/T 20770 规定的方法测定；油料和油脂按照 GB 23200.113 规定的方法测定；蔬菜、水果按照 GB 23200.8、GB 23200.113 规定的方法测定；糖料参照 GB 23200.8、GB 23200.113、GB/T 20769、NY/T 761 规定的方法测定。

4.90 丁苯吗啉(fenpropimorph)

4.90.1 主要用途：杀菌剂。

4.90.2 ADI：0.003 mg/kg bw。

4.90.3 残留物：丁苯吗啉。

4.90.4 最大残留限量：应符合表 90 的规定。

表 90

食品类别/名称	最大残留限量,mg/kg
谷物	
小麦	0.5
大麦	0.5
燕麦	0.5
黑麦	0.5
水果	
香蕉	2
糖料	
甜菜	0.05
哺乳动物肉类(海洋哺乳动物除外)	0.02
哺乳动物内脏(海洋哺乳动物除外)	
牛肝	0.3
猪肝	0.3
羊肝	0.3
牛肾	0.05
猪肾	0.05
羊肾	0.05

表 90（续）

食品类别/名称	最大残留限量,mg/kg
哺乳动物脂肪(乳脂肪除外)	0.01
禽肉类	0.01
禽类内脏	0.01
禽类脂肪	0.01
蛋类	0.01
生乳	0.01

4.90.5　检测方法:谷物按照 GB 23200.37、GB/T 20770 规定的方法测定;水果、糖料参照 GB 23200.37、GB/T 20769 规定的方法测定;哺乳动物肉类(海洋哺乳动物除外)、哺乳动物内脏(海洋哺乳动物除外)、哺乳动物脂肪(乳脂肪除外)、禽肉类、禽类内脏、禽类脂肪、蛋类参照 GB/T 23210 规定的方法测定;生乳按照 GB/T 23210 规定的方法测定。

4.91　丁吡吗啉(pyrimorph)

4.91.1　主要用途:杀菌剂。

4.91.2　ADI:0.01 mg/kg bw。

4.91.3　残留物:丁吡吗啉。

4.91.4　最大残留限量:应符合表 91 的规定。

表 91

食品类别/名称	最大残留限量,mg/kg
蔬菜	
番茄	10*
黄瓜	10*
* 该限量为临时限量。	

4.92　丁草胺(butachlor)

4.92.1　主要用途:除草剂。

4.92.2　ADI:0.1 mg/kg bw。

4.92.3　残留物:丁草胺。

4.92.4　最大残留限量:应符合表 92 的规定。

表 92

食品类别/名称	最大残留限量,mg/kg
谷物	
大米	0.5
玉米	0.5
油料和油脂	
棉籽	0.2

4.92.5　检测方法:谷物按照 GB 23200.9、GB 23200.113、GB/T 5009.164、GB/T 20770 规定的方法测定;油料和油脂按照 GB 23200.113 规定的方法测定。

4.93　丁虫腈(flufiprole)

4.93.1　主要用途:杀虫剂。

4.93.2　ADI:0.008 mg/kg bw。

4.93.3　残留物:丁虫腈。

4.93.4　最大残留限量:应符合表 93 的规定。

表 93

食品类别/名称	最大残留限量,mg/kg
谷物	
稻谷	0.1*
糙米	0.02*
蔬菜	
结球甘蓝	0.1*
* 该限量为临时限量。	

4.94 **丁氟螨酯(cyflumetofen)**

4.94.1 主要用途:杀螨剂。

4.94.2 ADI:0.1 mg/kg bw。

4.94.3 残留物:丁氟螨酯。

4.94.4 最大残留限量:应符合表 94 的规定。

表 94

食品类别/名称	最大残留限量,mg/kg
蔬菜	
番茄	0.3
水果	
柑橘类水果(柑、橘、橙除外)	0.3
柑	5
橘	5
橙	5
仁果类水果	0.4
葡萄	0.6
草莓	0.6
干制水果	
葡萄干	1.5
坚果	0.01

4.94.5 检测方法:蔬菜、水果、干制水果按照 SN/T 3539 规定的方法测定;坚果参照 SN/T 3539 规定的方法测定。

4.95 **丁硫克百威(carbosulfan)**

4.95.1 主要用途:杀虫剂。

4.95.2 ADI:0.01 mg/kg bw。

4.95.3 残留物:丁硫克百威。

4.95.4 最大残留限量:应符合表 95 的规定。

表 95

食品类别/名称	最大残留限量,mg/kg
谷物	
稻谷	0.5
糙米	0.5
小麦	0.1
玉米	0.1
高粱	0.1
粟	0.1

表 95（续）

食品类别/名称	最大残留限量,mg/kg
油料和油脂	
棉籽	0.05
大豆	0.1
花生仁	0.05
蔬菜	
韭菜	0.05
结球甘蓝	1
菠菜	0.05
普通白菜	0.05
芹菜	0.05
大白菜	0.05
番茄	0.1
茄子	0.1
辣椒	0.1
甜椒	0.1
黄秋葵	0.1
黄瓜	0.2
节瓜	1
菜用大豆	0.1
甘薯	1
水果	
柑	1
橘	1
橙	0.1
柠檬	0.1
柚	0.1
苹果	0.2
糖料	
甘蔗	0.1
甜菜	0.3
调味料	
根茎类调味料	0.1
果类调味料	0.07
哺乳动物肉类(海洋哺乳动物除外),以脂肪中的残留量计	0.05
哺乳动物内脏(海洋哺乳动物除外)	0.05
禽肉类	0.05
禽类内脏	0.05
蛋类	0.05

4.95.5 检测方法:谷物按照 GB 23200.33 规定的方法测定;油料和油脂参照 GB 23200.13、GB 23200.33 规定的方法测定;蔬菜、水果按照 GB 23200.13 规定的方法测定;糖料参照 GB/T 23200.13、GB 23200.33 规定的方法测定;调味料参照 GB 23200.33 规定的方法测定;哺乳动物肉类、禽肉类按照 GB/T 19650 规定的方法测定;哺乳动物内脏、禽类内脏、蛋类参照 GB/T 19650 规定的方法测定。

4.96 丁醚脲(diafenthiuron)

4.96.1 主要用途:杀虫剂/杀螨剂。

4.96.2 ADI:0.003 mg/kg bw。

4.96.3 残留物:丁醚脲。

4.96.4 最大残留限量:应符合表 96 的规定。

表 96

食品类别/名称	最大残留限量,mg/kg
油料和油脂	
棉籽	0.2*
蔬菜	
结球甘蓝	2*
普通白菜	1*
水果	
柑	0.2*
橘	0.2*
橙	0.2*
苹果	0.2*
饮料类	
茶叶	5*
* 该限量为临时限量。	

4.97 **丁噻隆(tebuthiuron)**

4.97.1 主要用途:除草剂。

4.97.2 ADI :0.14 mg/kg bw。

4.97.3 残留物:丁噻隆。

4.97.4 最大残留限量:应符合表 97 的规定。

表 97

食品类别/名称	最大残留限量,mg/kg
糖料	
甘蔗	0.2*
* 该限量为临时限量。	

4.98 **丁酰肼(daminozide)**

4.98.1 主要用途:植物生长调节剂。

4.98.2 ADI:0.5 mg/kg bw。

4.98.3 残留物:丁酰肼和 1,1-二甲基联氨之和,以丁酰肼表示。

4.98.4 最大残留限量:应符合表 98 的规定。

表 98

食品类别/名称	最大残留限量,mg/kg
油料和油脂	
花生仁	0.05

4.98.5 检测方法:油料和油脂按照 GB 23200.32 规定的方法测定。

4.99 **丁香菌酯(coumoxystrobin)**

4.99.1 主要用途:杀菌剂。

4.99.2 ADI:0.045 mg/kg bw。

4.99.3 残留物:丁香菌酯。

4.99.4 最大残留限量:应符合表 99 的规定。

表 99

食品类别/名称	最大残留限量,mg/kg
谷物	
稻谷	0.5*
糙米	0.2*
蔬菜	
黄瓜	0.5*
水果	
苹果	0.2*
* 该限量为临时限量。	

4.100 **啶虫脒(acetamiprid)**

4.100.1 主要用途:杀虫剂。

4.100.2 ADI:0.07 mg/kg bw。

4.100.3 残留物:啶虫脒。

4.100.4 最大残留限量:应符合表 100 的规定。

表 100

食品类别/名称	最大残留限量,mg/kg
谷物	
糙米	0.5
小麦	0.5
油料和油脂	
棉籽	0.1
蔬菜	
鳞茎类蔬菜(葱除外)	0.02
葱	5
结球甘蓝	0.5
头状花序芸薹属类蔬菜(花椰菜、青花菜除外)	0.4
花椰菜	0.5
青花菜	0.1
芥蓝	5
菜薹	3
叶菜类蔬菜(菠菜、普通白菜、茎用莴苣叶、芹菜、大白菜除外)	1.5
菠菜	5
普通白菜	1
茎用莴苣叶	5
芹菜	3
大白菜	1
茄果类蔬菜(番茄、茄子除外)	0.2
番茄	1
茄子	1
黄瓜	1
节瓜	0.2
荚可食豆类蔬菜(食荚豌豆除外)	0.4
食荚豌豆	0.3
荚不可食豆类蔬菜	0.3
茎用莴苣	1

表 100（续）

食品类别/名称	最大残留限量,mg/kg
蔬菜	
萝卜	0.5
莲子(鲜)	0.05
莲藕	0.05
水果	
柑橘类水果(柑、橘、橙除外)	2
柑	0.5
橘	0.5
橙	0.5
仁果类水果(苹果除外)	2
苹果	0.8
核果类水果	2
浆果和其他小型水果[枸杞(鲜)除外]	2
枸杞(鲜)	1
热带和亚热带水果	2
瓜果类水果(西瓜除外)	2
西瓜	0.2
干制水果	
李子干	0.6
枸杞(干)	2
坚果	0.06
饮料类	
茶叶	10
调味料	
干辣椒	2
哺乳动物肉类(海洋哺乳动物除外)	0.5
哺乳动物内脏(海洋哺乳动物除外)	1
哺乳动物脂肪(乳脂肪除外)	0.3
禽肉类	0.01
禽类内脏	0.05
蛋类	0.01
生乳	0.02

4.100.5 检测方法：谷物按照 GB/T 20770 规定的方法测定；油料和油脂参照 GB/T 20770 规定的方法测定；蔬菜、水果按照 GB/T 20769、GB/T 23584 规定的方法测定；干制水果按照 GB/T 20769 规定的方法测定；坚果、调味料参照 GB/T 23584 规定的方法测定；茶叶参照 GB/T 20769 规定的方法测定；哺乳动物肉类(海洋哺乳动物除外)、禽肉类按照 GB/T 20772 规定的方法测定；哺乳动物内脏(海洋哺乳动物除外)、哺乳动物脂肪(乳脂肪除外)、禽类内脏、蛋类、生乳参照 GB/T 20772 规定的方法测定。

4.101 啶菌噁唑(pyrisoxazole)

4.101.1 主要用途：杀菌剂。

4.101.2 ADI：0.1 mg/kg bw。

4.101.3 残留物：啶菌噁唑。

4.101.4 最大残留限量：应符合表 101 的规定。

表 101

食品类别/名称	最大残留限量,mg/kg
蔬菜	
番茄	1*
* 该限量为临时限量。	

4.102 **啶酰菌胺(boscalid)**

4.102.1 主要用途:杀菌剂。

4.102.2 ADI:0.04 mg/kg bw。

4.102.3 残留物:啶酰菌胺。

4.102.4 最大残留限量:应符合表102的规定。

表102

食品类别/名称	最大残留限量,mg/kg
谷物	
稻谷	0.1
小麦	0.5
大麦	0.5
燕麦	0.5
黑麦	0.5
玉米	0.1
高粱	0.1
粟	0.1
杂粮类	3
油料和油脂	
油籽类(油菜籽除外)	1
油菜籽	2
蔬菜	
鳞茎类蔬菜	5
芸薹属类蔬菜	5
茄果类蔬菜(番茄除外)	3
番茄	2
瓜类蔬菜(黄瓜除外)	3
黄瓜	5
豆类蔬菜	3
根茎类蔬菜	2
马铃薯	1
水果	
柑橘类水果	2
苹果	2
核果类水果	3
浆果和其他小型水果(葡萄、猕猴桃、草莓除外)	10
葡萄	5
猕猴桃	5
草莓	3
甜瓜类水果	3
干制水果	
柑橘脯	6
葡萄干	10
坚果	
坚果(开心果除外)	0.05*
开心果	1*
饮料类	
咖啡豆	0.05
啤酒花	60
调味料	
干辣椒	10

表 102（续）

食品类别/名称	最大残留限量，mg/kg
哺乳动物肉类（海洋哺乳动物除外），以脂肪中的残留量计	0.7
哺乳动物内脏（海洋哺乳动物除外）	0.2
禽肉类	0.02
禽类内脏	0.02
禽类脂肪	0.02
蛋类	0.02
生乳	0.1

4.102.5 检测方法：谷物按照 GB/T 20770 规定的方法测定；油料和油脂参照 GB/T 20769、GB/T 20770 规定的方法测定；蔬菜按照 GB 23200.68、GB/T 20769 规定的方法测定；水果、干制水果按照 GB/T 20769 规定的方法测定；坚果、饮料类参照 GB 23200.50 规定的方法测定；调味料参照 GB/T 20769 规定的方法测定；哺乳动物肉类（海洋哺乳动物除外）、哺乳动物内脏（海洋哺乳动物除外）、禽肉类、禽类内脏、禽类脂肪、蛋类参照 GB/T 22979 规定的方法测定；生乳按照 GB/T 22979 规定的方法测定。

4.103 啶氧菌酯（picoxystrobin）

4.103.1 主要用途：杀菌剂。

4.103.2 ADI：0.09 mg/kg bw。

4.103.3 残留物：啶氧菌酯。

4.103.4 最大残留限量：应符合表 103 的规定。

表 103

食品类别/名称	最大残留限量，mg/kg
谷物	
小麦	0.07
蔬菜	
番茄	1
辣椒	0.5
水果	
枣（鲜）	5
葡萄	1
西瓜	0.05

4.103.5 检测方法：谷物按照 GB 23200.9 规定的方法测定；蔬菜参照 GB 23200.54 规定的方法测定；水果按照 GB 23200.8、GB/T 20769 规定的方法测定。

4.104 毒草胺（propachlor）

4.104.1 主要用途：除草剂。

4.104.2 ADI：0.54 mg/kg bw。

4.104.3 残留物：毒草胺。

4.104.4 最大残留限量：应符合表 104 的规定。

表 104

食品类别/名称	最大残留限量，mg/kg
谷物	
稻谷	0.05
糙米	0.05

4.104.5 检测方法：谷物按照 GB 23200.34 规定的方法测定。

4.105 **毒氟磷(dufulin)**

4.105.1 主要用途:杀菌剂。

4.105.2 ADI:0.54 mg/kg bw。

4.105.3 残留物:毒氟磷。

4.105.4 最大残留限量:应符合表105的规定。

表105

食品类别/名称	最大残留限量,mg/kg
谷物	
稻谷	5*
糙米	1*
蔬菜	
番茄	3*
* 该限量为临时限量。	

4.106 **毒死蜱(chlorpyrifos)**

4.106.1 主要用途:杀虫剂。

4.106.2 ADI:0.01 mg/kg bw。

4.106.3 残留物:毒死蜱。

4.106.4 最大残留限量:应符合表106的规定。

表106

食品类别/名称	最大残留限量,mg/kg
谷物	
稻谷	0.5
小麦	0.5
玉米	0.05
小麦粉	0.1
油料和油脂	
棉籽	0.3
大豆	0.1
花生仁	0.2
大豆油	0.03
棉籽油	0.05
玉米油	0.2
蔬菜	
韭菜	0.1
结球甘蓝	1
花椰菜	1
菠菜	0.1
普通白菜	0.1
叶用莴苣	0.1
芹菜	0.05
大白菜	0.1
番茄	0.5
黄瓜	0.1
菜豆	1
食荚豌豆	0.01
芦笋	0.05
朝鲜蓟	0.05

表 106（续）

食品类别/名称	最大残留限量，mg/kg
蔬菜	
萝卜	1
胡萝卜	1
根芹菜	1
芋	1
水果	
柑	1
橘	1
橙	2
柠檬	2
柚	2
佛手柑	1
金橘	1
苹果	1
梨	1
山楂	1
枇杷	1
榅桲	1
桃	3
李子	0.5
越橘	1
葡萄	0.5
草莓	0.3
荔枝	1
龙眼	1
香蕉	2
干制水果	
李子干	0.5
葡萄干	0.1
坚果	
杏仁	0.05
核桃	0.05
山核桃	0.05
饮料类	
茶叶	2
咖啡豆	0.05
糖料	
甜菜	1
甘蔗	0.05
调味料	
果类调味料	1
种子类调味料	5
根茎类调味料	1
哺乳动物肉类(海洋哺乳动物除外)，以脂肪中残留量表示	
牛肉	1
羊肉	1
猪肉	0.02
哺乳动物内脏(海洋哺乳动物除外)	
猪内脏	0.01
羊内脏	0.01
牛肾	0.01
牛肝	0.01

表 106（续）

食品类别/名称	最大残留限量，mg/kg
禽肉类	0.01
禽类内脏	0.01
禽类脂肪	0.01
蛋类	0.01
生乳	0.02

4.106.5 检测方法：谷物按照 GB 23200.113、GB/T 5009.145、SN/T 2158 规定的方法测定；油料和油脂按照 GB 23200.113 规定的方法测定；蔬菜按照 GB 23200.8、GB 23200.113、NY/T 761、SN/T 2158 规定的方法测定；水果按照 GB 23200.8、GB 23200.113、NY/T 761、SN/T 2158 规定的方法测定；干制水果按照 GB 23200.8、GB 23200.113、NY/T 761 规定的方法测定；坚果参照 GB 23200.113、SN/T 2158 规定的方法测定；糖料参照 GB 23200.113、NY/T 761 规定的方法测定；饮料类、调味料按照 GB 23200.113 规定的方法测定；哺乳动物肉类（海洋哺乳动物除外）、禽肉类按照 GB/T 20772 规定的方法测定；哺乳动物内脏（海洋哺乳动物除外）、禽类内脏、禽类脂肪、蛋类、生乳参照 GB/T 20772 规定的方法测定。

4.107 对硫磷（parathion）

4.107.1 主要用途：杀虫剂。

4.107.2 ADI：0.004 mg/kg bw。

4.107.3 残留物：对硫磷。

4.107.4 最大残留限量：应符合表 107 的规定。

表 107

食品类别/名称	最大残留限量，mg/kg
谷物	
稻谷	0.1
麦类	0.1
旱粮类	0.1
杂粮类	0.1
油料和油脂	
大豆	0.1
棉籽油	0.1
蔬菜	
鳞茎类蔬菜	0.01
芸薹属类蔬菜	0.01
叶菜类蔬菜	0.01
茄果类蔬菜	0.01
瓜类蔬菜	0.01
豆类蔬菜	0.01
茎类蔬菜	0.01
根茎类和薯芋类蔬菜	0.01
水生类蔬菜	0.01
芽菜类蔬菜	0.01
其他类蔬菜	0.01
水果	
柑橘类水果	0.01
仁果类水果	0.01
核果类水果	0.01
浆果和其他小型水果	0.01
热带和亚热带水果	0.01
瓜果类水果	0.01

4.107.5 检测方法：谷物、蔬菜、水果按照 GB 23200.113、GB/T 5009.145 规定的方法测定；油料和油脂按照 GB 23200.113 规定的方法测定。

4.108 多果定(dodine)

4.108.1 主要用途：杀菌剂。

4.108.2 ADI：0.1 mg/kg bw。

4.108.3 残留物：多果定。

4.108.4 最大残留限量：应符合表 108 的规定。

表 108

食品类别/名称	最大残留限量，mg/kg
水果	
仁果类水果	5*
桃	5*
油桃	5*
樱桃	3*
* 该限量为临时限量。	

4.109 多菌灵(carbendazim)

4.109.1 主要用途：杀菌剂。

4.109.2 ADI：0.03 mg/kg bw。

4.109.3 残留物：多菌灵。

4.109.4 最大残留限量：应符合表 109 的规定。

表 109

食品类别/名称	最大残留限量，mg/kg
谷物	
大米	2
小麦	0.5
大麦	0.5
黑麦	0.05
玉米	0.5
杂粮类	0.5
油料和油脂	
油菜籽	0.1
棉籽	0.1
大豆	0.2
花生仁	0.1
蔬菜	
韭菜	2
抱子甘蓝	0.5
结球莴苣	5
番茄	3
茄子	3
辣椒	2
黄瓜	2
腌制用小黄瓜	0.05
西葫芦	0.5
菜豆	0.5
菜用大豆	0.2
食荚豌豆	0.02

表 109（续）

食品类别/名称	最大残留限量，mg/kg
蔬菜	
芦笋	0.5
胡萝卜	0.2
莲子(鲜)	0.2
莲藕	0.2
水果	
柑	5
橘	5
橙	5
柠檬	0.5
柚	0.5
苹果	5
梨	3
山楂	3
枇杷	3
榅桲	3
桃	2
油桃	2
李子	0.5
杏	2
樱桃	0.5
枣(鲜)	0.5
浆果和其他小型水果(黑莓、醋栗、葡萄、草莓、猕猴桃除外)	1
黑莓	0.5
醋栗	0.5
葡萄	3
草莓	0.5
猕猴桃	0.5
橄榄	0.5
无花果	0.5
荔枝	0.5
芒果	0.5
香蕉	2
菠萝	0.5
西瓜	2
干制水果	
李子干	0.5
坚果	0.1
糖料	
甜菜	0.1
饮料类	
茶叶	5
咖啡豆	0.1
调味料	
干辣椒	20
果类调味料	0.1
根茎类调味料	0.1
药用植物	
三七块根(干)	1
三七须根(干)	1

表 109（续）

食品类别/名称	最大残留限量，mg/kg
哺乳动物肉类（海洋哺乳动物除外）	
牛肉	0.05
哺乳动物内脏（海洋哺乳动物除外）	0.05
禽肉类	0.05
禽类脂肪	0.05
蛋类	0.05
生乳	0.05

4.109.5 检测方法：谷物按照 GB/T 20770 规定的方法测定；油料和油脂、糖料参照 NY/T 1680 规定的方法测定；蔬菜、水果、干制水果按照 GB/T 20769、NY/T 1453 规定的方法测定；坚果、调味料参照 GB/T 20770 规定的方法测定；饮料类参照 GB/T 20769、NY/T 1453 规定的方法测定；药用植物参照 GB/T 20769 规定的方法测定；哺乳动物肉类（海洋哺乳动物除外）、禽肉类按照 GB/T 20772 规定的方法测定；哺乳动物内脏（海洋哺乳动物除外）、禽类脂肪、蛋类、生乳参照 GB/T 20772 规定的方法测定。

4.110 多抗霉素（polyoxins）

4.110.1 主要用途：杀菌剂。

4.110.2 ADI：10 mg/kg bw。

4.110.3 残留物：多抗霉素 B。

4.110.4 最大残留限量：应符合表 110 的规定。

表 110

食品类别/名称	最大残留限量，mg/kg
谷物	
小麦	0.5*
蔬菜	
黄瓜	0.5*
马铃薯	0.5*
水果	
苹果	0.5*
梨	0.1*
葡萄	10*
* 该限量为临时限量。	

4.111 多杀霉素（spinosad）

4.111.1 主要用途：杀虫剂。

4.111.2 ADI：0.02 mg/kg bw。

4.111.3 残留物：多杀霉素 A 和多杀霉素 D 之和。

4.111.4 最大残留限量：应符合表 111 的规定。

表 111

食品类别/名称	最大残留限量，mg/kg
谷物	
稻谷	1
糙米	0.5
麦类	1
旱粮类	1
油料和油脂	
棉籽	0.1
大豆	0.01

表 111（续）

食品类别/名称	最大残留限量，mg/kg
蔬菜	
洋葱	0.1*
葱	4*
芸薹属类蔬菜	2*
叶菜类蔬菜（芹菜、大白菜除外）	10*
芹菜	2*
大白菜	0.5*
番茄	1*
茄子	1*
辣椒	1*
甜椒	1*
黄秋葵	1*
瓜类蔬菜	0.2*
豆类蔬菜	0.3*
马铃薯	0.01*
玉米笋	0.01*
水果	
柑橘类水果	0.3*
苹果	0.1*
核果类水果	0.2*
越橘	0.02*
黑莓	1*
蓝莓	0.4*
醋栗（红、黑）	1*
露莓（包括波森莓和罗甘莓）	1*
葡萄	0.5*
西番莲	0.7*
猕猴桃	0.05*
瓜果类水果	0.2*
干制水果	
葡萄干	1*
坚果	0.07
哺乳动物肉类（海洋哺乳动物除外），以脂肪中的残留量表示	
哺乳动物肉类（牛肉除外）	2*
牛肉	3*
哺乳动物内脏（海洋哺乳动物除外）	
哺乳动物内脏（牛肾、牛肝除外）	0.5*
牛肾	1*
牛肝	2*
禽肉类，以脂肪中残留量表示	0.2*
蛋类	0.01*
生乳	1*
* 该限量为临时限量。	

4.111.5 检测方法：谷物、油料和油脂、坚果参照 NY/T 1379 规定的方法测定。

4.112 多效唑(paclobutrazol)

4.112.1 主要用途：植物生长调节剂。

4.112.2 ADI：0.1 mg/kg bw。

4.112.3 残留物:多效唑。

4.112.4 最大残留限量:应符合表112的规定。

表112

食品类别/名称	最大残留限量,mg/kg
谷物	
稻谷	0.5
小麦	0.5
油料和油脂	
油菜籽	0.2
大豆	0.05
花生仁	0.5
菜籽油	0.5
蔬菜	
菜用大豆	0.05
水果	
苹果	0.5
荔枝	0.5
芒果	0.05

4.112.5 检测方法:谷物按照GB 23200.113、SN/T 1477规定的方法测定;油料和油脂按照GB 23200.113规定的方法测定;蔬菜、水果按照GB 23200.8、GB 23200.113、GB/T 20769、GB/T 20770规定的方法测定。

4.113 **嗯草酮(oxadiazon)**

4.113.1 主要用途:除草剂。

4.113.2 ADI:0.003 6 mg/kg bw。

4.113.3 残留物:嗯草酮。

4.113.4 最大残留限量:应符合表113的规定。

表113

食品类别/名称	最大残留限量,mg/kg
谷物	
稻谷	0.05
糙米	0.05
油料和油脂	
棉籽	0.1
大豆	0.05
花生仁	0.1
蔬菜	
大蒜	0.1
蒜薹	0.05
菜用大豆	0.05

4.113.5 检测方法:谷物按照GB 23200.113、GB/T 5009.180规定的方法测定;油料和油脂按照GB 23200.113规定的方法测定;蔬菜按照GB 23200.8、GB 23200.113、NY/T 1379规定的方法测定。

4.114 **嗯霉灵(hymexazol)**

4.114.1 主要用途:杀菌剂。

4.114.2 ADI:0.2 mg/kg bw。

4.114.3 残留物:嗯霉灵。

4.114.4 最大残留限量:应符合表114的规定。

表 114

食品类别/名称	最大残留限量,mg/kg
谷物	
糙米	0.1*
蔬菜	
辣椒	1*
黄瓜	0.5*
水果	
西瓜	0.5*
糖料	
甜菜	0.1*
药用植物	
人参(鲜)	1*
人参(干)	0.1*
* 该限量为临时限量。	

4.115 **嘧嗪草酮(oxaziclomefone)**

4.115.1 主要用途:除草剂。

4.115.2 ADI:0.009 1 mg/kg bw。

4.115.3 残留物:嘧嗪草酮。

4.115.4 最大残留限量:应符合表 115 的规定。

表 115

食品类别/名称	最大残留限量,mg/kg
谷物	
糙米	0.05

4.115.5 检测方法:谷物按照 GB 23200.34 规定的方法测定。

4.116 **噁霜灵(oxadixyl)**

4.116.1 主要用途:杀菌剂。

4.116.2 ADI:0.01 mg/kg bw。

4.116.3 残留物:噁霜灵。

4.116.4 最大残留限量:应符合表 116 的规定。

表 116

食品类别/名称	最大残留限量,mg/kg
蔬菜	
黄瓜	5

4.116.5 检测方法:蔬菜按照 GB 23200.8、GB 23200.113、NY/T 1379 规定的方法测定。

4.117 **噁唑菌酮(famoxadone)**

4.117.1 主要用途:杀菌剂。

4.117.2 ADI:0.006 mg/kg bw。

4.117.3 残留物:噁唑菌酮。

4.117.4 最大残留限量:应符合表117的规定。

表117

食品类别/名称	最大残留限量,mg/kg
谷物	
小麦	0.1
大麦	0.2
蔬菜	
大白菜	2
番茄	2
辣椒	3
黄瓜	1
西葫芦	0.2
马铃薯	0.5
水果	
柑	1
橘	1
橙	1
柠檬	1
柚	1
苹果	0.2
梨	0.2
葡萄	5
香蕉	0.5
西瓜	0.2
干制水果	
葡萄干	5
哺乳动物肉类(海洋哺乳动物除外)	0.5*
哺乳动物内脏(海洋哺乳动物除外)	0.5*
禽肉类	0.01*
禽类内脏	0.01*
蛋类	0.01*
生乳	0.03*
* 该限量为临时限量。	

4.117.5 检测方法:谷物参照GB/T 20769规定的方法检测;蔬菜、水果按照GB/T 20769规定的方法检测;干制水果参照GB/T 20769规定的方法检测。

4.118 **噁唑酰草胺(metamifop)**

4.118.1 主要用途:除草剂。

4.118.2 ADI:0.017 mg/kg bw。

4.118.3 残留物:噁唑酰草胺。

4.118.4 最大残留限量:应符合表118的规定。

表118

食品类别/名称	最大残留限量,mg/kg
谷物	
稻谷	0.05*
糙米	0.05*
* 该限量为临时限量。	

4.119 **二苯胺(diphenylamine)**

4.119.1 主要用途:杀菌剂。

4.119.2 ADI:0.08 mg/kg bw。

4.119.3 残留物:二苯胺。

4.119.4 最大残留限量:应符合表119的规定。

表119

食品类别/名称	最大残留限量,mg/kg
水果	
苹果	5
梨	5
哺乳动物肉类(海洋哺乳动物除外)	
牛肉	0.01
哺乳动物内脏(海洋哺乳动物除外)	
牛肝	0.05
牛肾	0.01
生乳	0.01

4.119.5 检测方法:水果按照GB 23200.8、GB 23200.113规定的方法测定;动物源性食品参照GB/T 19650规定的方法测定。

4.120 二甲戊灵(pendimethalin)

4.120.1 主要用途:除草剂。

4.120.2 ADI:0.1 mg/kg bw。

4.120.3 残留物:二甲戊灵。

4.120.4 最大残留限量:应符合表120的规定。

表120

食品类别/名称	最大残留限量,mg/kg
谷物	
稻谷	0.2
糙米	0.1
玉米	0.1
油料和油脂	
棉籽	0.1
花生仁	0.1
蔬菜	
大蒜	0.1
韭菜	0.2
结球甘蓝	0.2
普通白菜	0.2
叶用莴苣	0.1
菠菜	0.2
芹菜	0.2
大白菜	0.2
马铃薯	0.3

4.120.5 检测方法:谷物按照GB 23200.9、GB 23200.24、GB 23200.113规定的方法测定;油料和油脂按照GB 23200.113规定的方法测定;蔬菜按照GB 23200.8、GB 23200.113、NY/T 1379规定的方法测定。

4.121 二氯吡啶酸(clopyralid)

4.121.1 主要用途:除草剂。

4.121.2 ADI:0.15 mg/kg bw。

4.121.3 残留物:二氯吡啶酸。

4.121.4 最大残留限量:应符合表 121 的规定。

表 121

食品类别/名称	最大残留限量,mg/kg
谷物	
小麦	2
玉米	1
油料和油脂	
油菜籽	2
糖料	
甜菜	2

4.121.5 检测方法:谷物、油料和油脂按照 GB 23200.109 规定的方法测定;糖料参照 GB 23200.109、NY/T 1434 规定的方法测定。

4.122 **二氯喹啉酸(quinclorac)**

4.122.1 主要用途:除草剂。

4.122.2 ADI:0.4 mg/kg bw。

4.122.3 残留物:二氯喹啉酸。

4.122.4 最大残留限量:应符合表 122 的规定。

表 122

食品类别/名称	最大残留限量,mg/kg
谷物	
糙米	1
高粱	0.1

4.122.5 检测方法:谷物按照 GB 23200.43 规定的方法测定。

4.123 **二嗪磷(diazinon)**

4.123.1 主要用途:杀虫剂。

4.123.2 ADI:0.005 mg/kg bw。

4.123.3 残留物:二嗪磷。

4.123.4 最大残留限量:应符合表 123 的规定。

表 123

食品类别/名称	最大残留限量,mg/kg
谷物	
稻谷	0.1
小麦	0.1
玉米	0.02
油料和油脂	
棉籽	0.2
花生仁	0.5
蔬菜	
洋葱	0.05
葱	1
结球甘蓝	0.5
球茎甘蓝	0.2
羽衣甘蓝	0.05

表 123（续）

食品类别/名称	最大残留限量,mg/kg
蔬菜	
花椰菜	1
青花菜	0.5
菠菜	0.5
普通白菜	0.2
叶用莴苣	0.5
结球莴苣	0.5
大白菜	0.05
番茄	0.5
甜椒	0.05
黄瓜	0.1
西葫芦	0.05
菜豆	0.2
食荚豌豆	0.2
萝卜	0.1
胡萝卜	0.5
马铃薯	0.01
玉米笋	0.02
水果	
仁果类水果	0.3
桃	0.2
樱桃	1
李子	1
哈密瓜	0.2
加仑子(黑、红、白)	0.2
黑莓	0.1
醋栗(红、黑)	0.2
越橘	0.2
波森莓	0.1
猕猴桃	0.2
草莓	0.1
菠萝	0.1
干制水果	
李子干	2
坚果	
杏仁	0.05
核桃	0.01
糖料	
甘蔗	0.1
甜菜	0.1
饮料类	
啤酒花	0.5
调味料	
干辣椒	0.5
果类调味料	0.1
种子类调味料	5
根茎类调味料	0.5
哺乳动物肉类(海洋哺乳动物除外)	
猪肉	2*
牛肉	2*
羊肉	2*

表 123（续）

食品类别/名称	最大残留限量，mg/kg
哺乳动物内脏（海洋哺乳动物除外）	
猪肝	0.03*
牛肝	0.03*
羊肝	0.03*
猪肾	0.03*
牛肾	0.03*
羊肾	0.03*
禽肉类	
鸡肉	0.02*
禽类内脏	
鸡内脏	0.02*
蛋类	
鸡蛋	0.02*
生乳	0.02*
* 该限量为临时限量。	

4.123.5 检测方法：谷物按照 GB 23200.113、GB/T 5009.107 规定的方法测定，油料和油脂按照 GB 23200.113 规定的方法测定；蔬菜按照 GB 23200.8、GB 23200.113、GB/T 20769、GB/T 5009.107 规定的方法测定；水果、干制水果按照 GB 23200.113、GB/T 20769、GB/T 5009.107、NY/T 761 规定的方法测定；坚果参照 GB 23200.113、NY/T 761 规定的方法测定；糖料参照 GB 23200.8、GB 23200.113、NY/T 761 规定的方法测定；饮料类、调味料按照 GB 23200.113 规定的方法测定。

4.124 二氰蒽醌（dithianon）

4.124.1 主要用途：杀菌剂。

4.124.2 ADI：0.01 mg/kg bw。

4.124.3 残留物：二氰蒽醌。

4.124.4 最大残留限量：应符合表 124 的规定。

表 124

食品类别/名称	最大残留限量，mg/kg
蔬菜	
辣椒	2*
山药	1*
水果	
柑	3*
橘	3*
橙	3*
柚	3*
仁果类水果（苹果、梨除外）	1*
苹果	5*
梨	2*
桃	2*
油桃	2*
杏	2*
枣（鲜）	2*
李子	2*
樱桃	2*
青梅	2*
加仑子（黑、红、白）	2*

表 124（续）

食品类别/名称	最大残留限量,mg/kg
水果	
葡萄	2*
酿酒葡萄	5*
西瓜	1*
干制水果	
葡萄干	3.5*
坚果	
杏仁	0.05*
* 该限量为临时限量。	

4.125 **粉唑醇(flutriafol)**

4.125.1 主要用途:杀菌剂。

4.125.2 ADI:0.01 mg/kg bw。

4.125.3 残留物:粉唑醇。

4.125.4 最大残留限量:应符合表 125 的规定。

表 125

食品类别/名称	最大残留限量,mg/kg
谷物	
稻谷	1
糙米	0.5
小麦	0.5
油料和油脂	
大豆	0.4
花生仁	0.15
蔬菜	
甜椒	1
水果	
仁果类水果	0.3
葡萄	0.8
草莓	1
香蕉	0.3
干制水果	
葡萄干	2
饮料类	
咖啡豆	0.15
调味料	
干辣椒	10

4.125.5 检测方法:谷物按照 GB 23200.9、GB/T 20770 规定的方法测定;油料和油脂、饮料类、调味料参照 GB/T 20769 规定的方法测定;蔬菜、水果、干制水果按照 GB/T 20769 规定的方法测定。

4.126 **砜嘧磺隆(rimsulfuron)**

4.126.1 主要用途:除草剂。

4.126.2 ADI:0.1 mg/kg bw。

4.126.3 残留物:砜嘧磺隆。

4.126.4 最大残留限量:应符合表 126 的规定。

表 126

食品类别/名称	最大残留限量,mg/kg
谷物	
玉米	0.1
蔬菜	
马铃薯	0.1

4.126.5 检测方法:谷物按照 SN/T 2325 规定的方法测定;蔬菜参照 SN/T 2325 规定的方法测定。

4.127 呋草酮(flurtamone)

4.127.1 主要用途:除草剂。

4.127.2 ADI:0.03 mg/kg bw。

4.127.3 残留物:呋草酮。

4.127.4 最大残留限量:应符合表 127 的规定。

表 127

食品类别/名称	最大残留限量,mg/kg
谷物	
小麦	0.05

4.127.5 检测方法:谷物按照 GB/T 20770 规定的方法测定。

4.128 呋虫胺(dinotefuran)

4.128.1 主要用途:杀虫剂。

4.128.2 ADI:0.2 mg/kg bw。

4.128.3 残留物:植物源性食品为呋虫胺;动物源性食品为呋虫胺与 1-甲基-3-(四氢-3-呋喃甲基)脲之和,以呋虫胺表示。

4.128.4 最大残留限量:应符合表 128 的规定。

表 128

食品类别/名称	最大残留限量,mg/kg
谷物	
稻谷	10
糙米	5
油料和油脂	
棉籽	1
蔬菜	
洋葱	0.1
葱	4
芸薹属类蔬菜	2
叶菜类蔬菜(芹菜除外)	6
芹菜	0.6
茄果类蔬菜	0.5
黄瓜	2
豆瓣菜	7
水果	
桃	0.8
油桃	0.8
越橘	0.15
葡萄	0.9
西瓜	1

表 128（续）

食品类别/名称	最大残留限量,mg/kg
干制水果	
葡萄干	3
饮料类	
茶叶	20
调味料	
干辣椒	5
哺乳动物肉类(海洋哺乳动物除外)	0.1*
哺乳动物内脏(海洋哺乳动物除外)	0.1*
禽肉类	0.02*
禽类内脏	0.02*
蛋类	0.02*
生乳	0.1*
* 该限量为临时限量。	

4.128.5 检测方法：谷物按照 GB 23200.37、GB/T 20770 规定的方法测定；油料和油脂参照 GB 23200.37、GB/T 20770 规定的方法测定；蔬菜参照 GB 23200.37、GB/T 20769 规定的方法测定；水果、干制水果参照 GB 23200.37、GB/T 20769 规定的方法测定；茶叶参照 GB/T 20770 规定的方法测定；调味料参照 GB 23200.37 规定的方法测定。

4.129 呋喃虫酰肼(furan tebufenozide)

4.129.1 主要用途：杀虫剂。

4.129.2 ADI：0.29 mg/kg bw。

4.129.3 残留物：呋喃虫酰肼。

4.129.4 最大残留限量：应符合表 129 的规定。

表 129

食品类别/名称	最大残留限量,mg/kg
蔬菜	
结球甘蓝	0.05

4.129.5 检测方法：蔬菜按照 NY/T 2820 规定的方法测定。

4.130 伏杀硫磷(phosalone)

4.130.1 主要用途：杀虫剂。

4.130.2 ADI：0.02 mg/kg bw。

4.130.3 残留物：伏杀硫磷。

4.130.4 最大残留限量：应符合表 130 的规定。

表 130

食品类别/名称	最大残留限量,mg/kg
油料和油脂	
棉籽油	0.1
蔬菜	
菠菜	1
普通白菜	1
叶用莴苣	1
大白菜	1
水果	
仁果类水果	2
核果类水果	2

表 130（续）

食品类别/名称	最大残留限量，mg/kg
坚果	
杏仁	0.1
榛子	0.05
核桃	0.05
调味料	
果类调味料	2
种子类调味料	2
根茎类调味料	3

4.130.5 检测方法：油料和油脂、调味料按照 GB 23200.113 规定的方法测定；蔬菜、水果按照 GB 23200.8、GB 23200.113、NY/T 761 规定的方法测定；坚果参照 GB 23200.9、GB 23200.113、GB/T 20770 规定的方法测定。

4.131 氟胺磺隆(triflusulfuron-methyl)

4.131.1 主要用途：除草剂。

4.131.2 ADI：0.04 mg/kg bw。

4.131.3 残留物：氟胺磺隆。

4.131.4 最大残留限量：应符合表 131 的规定。

表 131

食品类别/名称	最大残留限量，mg/kg
糖料	
甜菜	0.02*
* 该限量为临时限量。	

4.132 氟胺氰菊酯(tau-fluvalinate)

4.132.1 主要用途：杀虫剂。

4.132.2 ADI：0.005 mg/kg bw。

4.132.3 残留物：氟胺氰菊酯。

4.132.4 最大残留限量：应符合表 132 的规定。

表 132

食品类别/名称	最大残留限量，mg/kg
油料和油脂	
棉籽油	0.2
蔬菜	
韭菜	0.5
结球甘蓝	0.5
花椰菜	0.5
菠菜	0.5
普通白菜	0.5
芹菜	0.5
大白菜	0.5

4.132.5 检测方法：油料和油脂按照 GB 23200.113 规定的方法测定；蔬菜按照 GB 23200.113、NY/T 761 规定的方法测定。

4.133 氟苯虫酰胺(flubendiamide)

4.133.1 主要用途：杀虫剂。

4.133.2 ADI:0.02 mg/kg bw。

4.133.3 残留物:氟苯虫酰胺。

4.133.4 最大残留限量:应符合表 133 的规定。

表 133

食品类别/名称	最大残留限量,mg/kg
谷物	
稻谷	0.5*
糙米	0.2*
玉米	0.02*
杂粮类	1*
油料和油脂	
棉籽	1.5*
蔬菜	
结球甘蓝	0.2*
叶用莴苣	7*
结球莴苣	5*
芹菜	5*
大白菜	10*
番茄	2*
辣椒	0.7*
豆类蔬菜	2*
玉米笋	0.02*
水果	
仁果类水果	0.8*
核果类水果	2*
葡萄	2*
坚果	0.1*
糖料	
甘蔗	0.2*
调味料	
干辣椒	7*
哺乳动物肉类(海洋哺乳动物除外),以脂肪中的残留量表示	2
哺乳动物内脏(海洋哺乳动物除外)	1
生乳	0.1
* 该限量为临时限量。	

4.133.5 检测方法:哺乳动物肉类(海洋哺乳动物除外)、哺乳动物内脏(海洋哺乳动物除外)、生乳按照 GB 23200.76 规定的方法测定。

4.134 **氟苯脲(teflubenzuron)**

4.134.1 主要用途:杀虫剂。

4.134.2 ADI:0.01 mg/kg bw。

4.134.3 残留物:氟苯脲。

4.134.4 最大残留限量:应符合表 134 的规定。

表 134

食品类别/名称	最大残留限量,mg/kg
蔬菜	
韭菜	0.5
结球甘蓝	0.5

表 134（续）

食品类别/名称	最大残留限量，mg/kg
蔬菜	
抱子甘蓝	0.5
菠菜	0.5
普通白菜	0.5
芹菜	0.5
大白菜	0.5
马铃薯	0.05
水果	
柑	0.5
橘	0.5
橙	0.5
仁果类水果	1
李子	0.1
干制水果	
李子干	0.1

4.134.5 检测方法：蔬菜、水果、干制水果按照 NY/T 1453 规定的方法测定。

4.135 氟吡磺隆(flucetosulfuron)

4.135.1 主要用途：除草剂。

4.135.2 ADI：0.041 mg/kg bw。

4.135.3 残留物：氟吡磺隆。

4.135.4 最大残留限量：应符合表 135 的规定。

表 135

食品类别/名称	最大残留限量，mg/kg
谷物	
糙米	0.05*
* 该限量为临时限量。	

4.136 氟吡甲禾灵和高效氟吡甲禾灵(haloxyfop-methyl and haloxyfop-P-methyl)

4.136.1 主要用途：除草剂。

4.136.2 ADI：0.000 7 mg/kg bw。

4.136.3 残留物：氟吡甲禾灵、氟吡禾灵及其共轭物之和，以氟吡甲禾灵表示。

4.136.4 最大残留限量：应符合表 136 的规定。

表 136

食品类别/名称	最大残留限量，mg/kg
谷物	
杂粮类(豌豆、鹰嘴豆除外)	3*
豌豆	0.2*
鹰嘴豆	0.05*
油料和油脂	
油菜籽	3*
棉籽	0.2*
大豆	0.1*
花生仁	0.1*
葵花籽	0.05*
植物油	1*

表 136（续）

食品类别/名称	最大残留限量，mg/kg
蔬菜	
洋葱	0.2*
结球甘蓝	0.2*
豆类蔬菜[食荚豌豆、豌豆(鲜)、菜豆和菜用大豆除外]	0.5*
食荚豌豆	0.7*
豌豆(鲜)	1*
马铃薯	0.1*
水果	
柑橘类水果	0.02*
仁果类水果	0.02*
核果类水果	0.02*
葡萄	0.02*
香蕉	0.02*
西瓜	0.1*
糖料	
甜菜	0.4*
饮料类	
咖啡豆	0.02*
* 该限量为临时限量。	

4.137 氟吡菌胺(fluopicolide)

4.137.1 主要用途：杀菌剂。

4.137.2 ADI：0.08 mg/kg bw。

4.137.3 残留物：氟吡菌胺。

4.137.4 最大残留限量：应符合表 137 的规定。

表 137

食品类别/名称	最大残留限量，mg/kg
蔬菜	
洋葱	1*
结球甘蓝	7*
抱子甘蓝	0.2*
头状花序芸薹属类蔬菜	2*
叶菜类蔬菜(芹菜、大白菜除外)	30*
芹菜	20*
大白菜	0.5*
茄果类蔬菜(番茄、辣椒除外)	0.5*
番茄	2*
辣椒	0.1*
瓜类蔬菜(黄瓜除外)	1*
黄瓜	0.5*
马铃薯	0.05*
水果	
葡萄	2*
西瓜	0.1*
干制水果	
葡萄干	10*
调味料	
干辣椒	7*

表 137（续）

食品类别/名称	最大残留限量，mg/kg
哺乳动物肉类(海洋哺乳动物除外)，以脂肪中的残留量表示	0.01*
哺乳动物内脏(海洋哺乳动物除外)	0.01*
禽肉类	0.01*
禽类内脏	0.01*
蛋类	0.01*
生乳	0.02*
* 该限量为临时限量。	

4.138 **氟吡菌酰胺(fluopyram)**

4.138.1 主要用途：杀菌剂。

4.138.2 ADI：0.01 mg/kg bw。

4.138.3 残留物：氟吡菌酰胺。

4.138.4 最大残留限量：应符合表 138 的规定。

表 138

食品类别/名称	最大残留限量，mg/kg
谷物	
杂粮类	0.07*
油料和油脂	
油菜籽	1*
棉籽	0.01*
大豆	0.05*
花生仁	0.03*
蔬菜	
大蒜	0.07*
洋葱	0.07*
韭葱	0.15*
结球甘蓝	0.15*
抱子甘蓝	0.3*
花椰菜	0.09*
青花菜	0.3*
番茄	1*
辣椒	2*
黄瓜	0.5*
荚可食类豆类蔬菜(食荚豌豆除外)	1*
食荚豌豆	0.2*
荚不可食类豆类蔬菜	0.2*
芦笋	0.01*
胡萝卜	0.4*
马铃薯	0.03*
水果	
仁果类水果	0.5*
桃	1*
油桃	1*
杏	1*
李子	0.5*
樱桃	0.7*
黑莓	3*
覆盆子	3*

表 138（续）

食品类别/名称	最大残留限量,mg/kg
水果	
葡萄	2*
草莓	0.4*
香蕉	0.3*
干制水果	
葡萄干	5*
坚果	0.04*
糖料	
甜菜	0.04*
* 该限量为临时限量。	

4.139 氟虫腈(fipronil)

4.139.1 主要用途:杀虫剂。

4.139.2 ADI:0.000 2 mg/kg bw。

4.139.3 残留物:氟虫腈、氟甲腈、氟虫腈砜、氟虫腈硫醚之和,以氟虫腈表示。

4.139.4 最大残留限量:应符合表 139 的规定。

表 139

食品类别/名称	最大残留限量,mg/kg
谷物	
糙米	0.02
小麦	0.002
大麦	0.002
燕麦	0.002
黑麦	0.002
小黑麦	0.002
玉米	0.1
鲜食玉米	0.1
油料和油脂	
花生仁	0.02
葵花籽	0.002
蔬菜	
鳞茎类蔬菜	0.02
芸薹属类蔬菜	0.02
叶菜类蔬菜	0.02
茄果类蔬菜	0.02
瓜类蔬菜	0.02
豆类蔬菜	0.02
茎类蔬菜	0.02
根茎类和薯芋类蔬菜	0.02
水生类蔬菜	0.02
芽菜类蔬菜	0.02
其他类蔬菜	0.02
水果	
柑橘类水果	0.02
仁果类水果	0.02
核果类水果	0.02
浆果和其他小型水果	0.02
热带和亚热带水果(香蕉除外)	0.02
香蕉	0.005
瓜果类水果	0.02

表 139（续）

食品类别/名称	最大残留限量，mg/kg
糖料	
甘蔗	0.02
甜菜	0.02
食用菌	
蘑菇	0.02
哺乳动物内脏（海洋哺乳动物除外）	
牛肝	0.1*
牛肾	0.02*
禽肉类	0.01*
禽类内脏	0.02*
蛋类	0.02
生乳	
牛奶	0.02*
* 该限量为临时限量。	

4.139.5 检测方法：谷物按照 GB 23200.34 规定的方法测定；油料和油脂参照 SN/T 1982 规定的方法测定；蔬菜按照 SN/T 1982 规定的方法测定；水果参照 GB 23200.34、NY/T 1379 规定的方法测定；糖料、食用菌参照 NY/T 1379 规定的方法测定；蛋类按照 GB 23200.115 规定的方法测定。

4.140 氟虫脲（flufenoxuron）

4.140.1 主要用途：杀虫剂。

4.140.2 ADI：0.04 mg/kg bw。

4.140.3 残留物：氟虫脲。

4.140.4 最大残留限量：应符合表 140 的规定。

表 140

食品类别/名称	最大残留限量，mg/kg
水果	
柑	0.5
橘	0.5
橙	0.5
柠檬	0.5
柚	0.5
苹果	1
梨	1
饮料类	
茶叶	20

4.140.5 检测方法：水果按照 GB/T 20769 规定的方法测定；茶叶按照 GB/T 23204 规定的方法测定。

4.141 氟啶胺（fluazinam）

4.141.1 主要用途：杀菌剂。

4.141.2 ADI：0.01 mg/kg bw。

4.141.3 残留物：氟啶胺。

4.141.4 最大残留限量：应符合表 141 的规定。

表 141

食品类别/名称	最大残留限量,mg/kg
蔬菜	
大白菜	0.2
辣椒	3
黄瓜	0.3
马铃薯	0.5
水果	
苹果	2

4.141.5 检测方法:蔬菜、水果参照 GB 23200.34 规定的方法测定。

4.142 氟啶虫胺腈(sulfoxaflor)

4.142.1 主要用途:杀虫剂。

4.142.2 ADI:0.05 mg/kg bw。

4.142.3 残留物:氟啶虫胺腈。

4.142.4 最大残留限量:应符合表 142 的规定。

表 142

食品类别/名称	最大残留限量,mg/kg
谷物	
稻谷	5*
糙米	2*
小麦	0.2*
大麦	0.6*
小黑麦	0.2*
杂粮类	0.3*
油料和油脂	
油菜籽	0.15*
棉籽	0.4*
大豆	0.3*
蔬菜	
大蒜	0.01*
洋葱	0.01*
葱	0.7*
结球甘蓝	0.4*
花椰菜	0.04*
青花菜	3*
叶菜类蔬菜(芹菜除外)	6*
芹菜	1.5*
茄果类蔬菜	1.5*
瓜类蔬菜	0.5*
根茎类蔬菜(胡萝卜除外)	0.03*
胡萝卜	0.05*
水果	
柑	2*
橘	2*
橙	2*
柠檬	0.4*
柚	0.15*
仁果类水果(苹果除外)	0.3*
苹果	0.5*

表 142（续）

食品类别/名称	最大残留限量，mg/kg
水果	
桃	0.4*
油桃	0.4*
杏	0.4*
李子	0.5*
樱桃	1.5*
葡萄	2*
草莓	0.5*
瓜果类水果	0.5*
干制水果	
葡萄干	6*
调味料	
干辣椒	15*
哺乳动物肉类(海洋哺乳动物除外)	0.3*
哺乳动物内脏(海洋哺乳动物除外)	0.6*
哺乳动物脂肪(乳脂肪除外)	0.1*
禽肉类	0.1*
禽类内脏	0.3*
禽类脂肪	0.03*
蛋类	0.1*
生乳	0.2*
* 该限量为临时限量。	

4.143 **氟啶虫酰胺(flonicamid)**

4.143.1 主要用途：杀虫剂。

4.143.2 ADI：0.07 mg/kg bw。

4.143.3 残留物：氟啶虫酰胺。

4.143.4 最大残留限量：应符合表 143 的规定。

表 143

食品类别/名称	最大残留限量，mg/kg
谷物	
稻谷	0.5
糙米	0.1
玉米	0.7
蔬菜	
黄瓜	1*
马铃薯	0.2*
水果	
苹果	1
* 该限量为临时限量。	

4.143.5 检测方法：谷物、水果按照 GB 23200.75 规定的方法测定。

4.144 **氟啶脲(chlorfluazuron)**

4.144.1 主要用途：杀虫剂。

4.144.2 ADI：0.005 mg/kg bw。

4.144.3 残留物：氟啶脲。

4.144.4 最大残留限量：应符合表 144 的规定。

表 144

食品类别/名称	最大残留限量,mg/kg
油料和油脂	
棉籽	0.1
蔬菜	
韭菜	1
结球甘蓝	2
花椰菜	2
青花菜	7
芥蓝	7
菜薹	5
菠菜	10
普通白菜	7
茎用莴苣叶	20
球茎茴香	0.1
大白菜	2
茎用莴苣	1
萝卜	0.1
胡萝卜	0.1
芜菁	0.1
根芹菜	0.1
芋	0.1
水果	
柑	0.5
橘	0.5
橙	0.5
糖料	
甜菜	0.1

4.144.5 检测方法:油料和油脂参照 GB 23200.8 规定的方法测定;蔬菜、糖料按照 GB 23200.8、GB/T 20769、SN/T 2095 规定的方法测定;水果按照 GB 23200.8、SN/T 2095 规定的方法测定。

4.145 氟硅唑(flusilazole)

4.145.1 主要用途:杀菌剂。

4.145.2 ADI:0.007 mg/kg bw。

4.145.3 残留物:氟硅唑。

4.145.4 最大残留限量:应符合表 145 的规定。

表 145

食品类别/名称	最大残留限量,mg/kg
谷物	
稻谷	0.2
麦类	0.2
旱粮类	0.2
油料和油脂	
油菜籽	0.1
大豆	0.05
葵花籽	0.1
大豆油	0.1
蔬菜	
番茄	0.2
黄瓜	1

表 145（续）

食品类别/名称	最大残留限量，mg/kg
蔬菜	
刀豆	0.2
玉米笋	0.01
水果	
柑	2
橘	2
橙	2
仁果类水果（苹果、梨除外）	0.3
苹果	0.2
梨	0.2
桃	0.2
油桃	0.2
杏	0.2
葡萄	0.5
香蕉	1
干制水果	
葡萄干	0.3
糖料	
甜菜	0.05
哺乳动物肉类（海洋哺乳动物除外），以脂肪中的残留量表示	1
哺乳动物内脏（海洋哺乳动物除外）	2
禽肉类	0.2
禽类内脏	0.2
蛋类	0.1
生乳	0.05

4.145.5 检测方法：谷物按照 GB 23200.9、GB/T 20770 规定的方法测定；油料和油脂参照 GB 23200.9、GB/T 20770 规定的方法测定；蔬菜、水果、干制水果按照 GB 23200.8、GB 23200.53、GB/T 20769 规定的方法测定；糖料参照 GB 23200.8、GB 23200.53、GB/T 20769 规定的方法测定；哺乳动物肉类（海洋哺乳动物除外）、哺乳动物内脏（海洋哺乳动物除外）、禽肉类、禽类内脏、蛋类参照 GB/T 20772；生乳参照 GB/T 20771 规定的方法测定。

4.146 氟环唑（epoxiconazole）

4.146.1 主要用途：杀菌剂。

4.146.2 ADI：0.02 mg/kg bw。

4.146.3 残留物：氟环唑。

4.146.4 最大残留限量：应符合表 146 的规定。

表 146

食品类别/名称	最大残留限量，mg/kg
谷物	
糙米	0.5
小麦	0.05
玉米	0.1
油料和油脂	
大豆	0.3
花生仁	0.05
蔬菜	
菜用大豆	2
水果	
苹果	0.5
葡萄	0.5
香蕉	3

4.146.5 检测方法：谷物按照 GB 23200.113、GB/T 20770 规定的方法测定；油料和油脂按照 GB 23200.113 规定的方法测定；蔬菜、水果按照 GB 23200.8、GB 23200.113、GB/T 20769 规定的方法测定。

4.147 氟磺胺草醚(fomesafen)

4.147.1 主要用途：除草剂。

4.147.2 ADI：0.002 5 mg/kg bw。

4.147.3 残留物：氟磺胺草醚。

4.147.4 最大残留限量：应符合表 147 的规定。

表 147

食品类别/名称	最大残留限量，mg/kg
谷物	
绿豆	0.05
油料和油脂	
大豆	0.1
花生仁	0.2

4.147.5 检测方法：谷物、油料和油脂按照 GB/T 5009.130 规定的方法测定。

4.148 氟节胺(flumetralin)

4.148.1 主要用途：植物生长调节剂。

4.148.2 ADI：0.5 mg/kg bw。

4.148.3 残留物：氟节胺。

4.148.4 最大残留限量：应符合表 148 的规定。

表 148

食品类别/名称	最大残留限量，mg/kg
油料和油脂	
棉籽	1

4.148.5 检测方法：油料和油脂参照 GB 23200.8 规定的方法测定。

4.149 氟菌唑(triflumizole)

4.149.1 主要用途：杀菌剂。

4.149.2 ADI：0.04 mg/kg bw。

4.149.3 残留物：氟菌唑及其代谢物[4-氯-α，α，α-三氟- N-(1-氨基-2-丙氧基亚乙基)-o-甲苯胺]之和，以氟菌唑表示。

4.149.4 最大残留限量：应符合表 149 的规定。

表 149

食品类别/名称	最大残留限量，mg/kg
蔬菜	
黄瓜	0.2*
水果	
梨	0.5*
樱桃	4*
葡萄	3*
草莓	2*
番木瓜	2*
西瓜	0.2*
饮料类	
啤酒花	30*
* 该限量为临时限量。	

4.150 **氟乐灵(trifluralin)**

4.150.1 主要用途:除草剂。

4.150.2 ADI:0.025 mg/kg bw。

4.150.3 残留物:氟乐灵。

4.150.4 最大残留限量:应符合表150的规定。

表150

食品类别/名称	最大残留限量,mg/kg
谷物	
玉米	0.05
油料和油脂	
棉籽	0.05
大豆	0.05
花生仁	0.05
大豆油	0.05
花生油	0.05
蔬菜	
辣椒	0.05

4.150.5 检测方法:谷物按照GB 23200.9的方法测定;油料和油脂按照GB/T 5009.172规定的方法测定;蔬菜按照GB 23200.8规定的方法测定。

4.151 **氟铃脲(hexaflumuron)**

4.151.1 主要用途:杀虫剂。

4.151.2 ADI:0.02 mg/kg bw。

4.151.3 残留物:氟铃脲。

4.151.4 最大残留限量值:应符合表151的规定。

表151

食品类别/名称	最大残留限量,mg/kg
油料和油脂	
棉籽	0.1
蔬菜	
结球甘蓝	0.5

4.151.5 检测方法:油料和油脂参照GB 23200.8、NY/T 1720规定的方法测定;蔬菜按照GB/T 20769、NY/T 1720、SN/T 2152规定的方法测定。

4.152 **氟氯氰菊酯和高效氟氯氰菊酯(cyfluthrin and beta-cyfluthrin)**

4.152.1 主要用途:杀虫剂。

4.152.2 ADI:0.04 mg/kg bw。

4.152.3 残留物:氟氯氰菊酯(异构体之和)。

4.152.4 最大残留限量:应符合表152的规定。

表152

食品类别/名称	最大残留限量,mg/kg
谷物	
小麦	0.5
油料和油脂	
油菜籽	0.07

表 152（续）

食品类别/名称	最大残留限量，mg/kg
油料和油脂	
棉籽	0.05
大豆	0.03
棉籽毛油	1
蔬菜	
韭菜	0.5
结球甘蓝	0.5
花椰菜	0.1
青花菜	2
芥蓝	3
菠菜	0.5
普通白菜	0.5
芹菜	0.5
大白菜	0.5
番茄	0.2
茄子	0.2
辣椒	0.2
节瓜	0.5
马铃薯	0.01
水果	
柑橘类水果	0.3
苹果	0.5
梨	0.1
枣（鲜）	0.3
干制水果	
柑橘脯	2
饮料类	
茶叶	1
食用菌	
蘑菇类（鲜）	0.3
调味料	
干辣椒	1
果类调味料	0.03
根茎类调味料	0.05
哺乳动物肉类（海洋哺乳动物除外），以脂肪中的残留量表示	0.2*
哺乳动物内脏（海洋哺乳动物除外）	0.02*
禽肉类	0.01*
禽类内脏	0.01*
蛋类	0.01*
生乳	0.01*
* 该限量为临时限量。	

4.152.5 检测方法：谷物按照 GB 23200.113 规定的方法进行测定；油料和油脂按照 GB 23200.113 规定的方法进行测定；蔬菜、水果、干制水果、食用菌按照 GB 23200.8、GB 23200.113、GB/T 5009.146、NY/T 761 规定的方法测定；茶叶按照 GB 23200.113、GB/T 23204 规定的方法测定；调味料按照 GB 23200.113 规定的方法测定。

4.153 **氟吗啉（flumorph）**

4.153.1 主要用途：杀菌剂。

4.153.2 ADI：0.16 mg/kg bw。

4.153.3 残留物：氟吗啉。

4.153.4 最大残留限量：应符合表153的规定。

表153

食品类别/名称	最大残留限量，mg/kg
蔬菜	
番茄	10*
黄瓜	2*
马铃薯	0.5*
水果	
葡萄	5*
荔枝	0.1*
* 该限量为临时限量。	

4.154 氟氰戊菊酯(flucythrinate)

4.154.1 主要用途：杀虫剂。

4.154.2 ADI：0.02 mg/kg bw。

4.154.3 残留物：氟氰戊菊酯。

4.154.4 最大残留限量：应符合表154的规定。

表154

食品类别/名称	最大残留限量，mg/kg
谷物	
鲜食玉米	0.2
绿豆	0.05
赤豆	0.05
油料和油脂	
大豆	0.05
棉籽油	0.2
蔬菜	
结球甘蓝	0.5
花椰菜	0.5
番茄	0.2
茄子	0.2
辣椒	0.2
萝卜	0.05
胡萝卜	0.05
山药	0.05
马铃薯	0.05
水果	
苹果	0.5
梨	0.5
糖料	
甜菜	0.05
饮料类	
茶叶	20
食用菌	
蘑菇类(鲜)	0.2

4.154.5 检测方法：谷物按照GB 23200.9、GB 23200.113规定的方法测定；油料和油脂按照GB 23200.113规定的方法测定；蔬菜、水果、食用菌按照GB 23200.113、NY/T 761规定的方法测定；糖类参照GB 23200.9、GB 23200.113规定的方法测定；茶叶按照GB/T 23200.113、GB/T 23204规定的方法测定。

4.155 **氟噻草胺(flufenacet)**

4.155.1 主要用途:除草剂。

4.155.2 ADI:0.005 mg/kg bw。

4.155.3 残留物:氟噻草胺和其代谢物 N-氟苯基-N-异丙基之和,以氟噻草胺表示。

4.155.4 最大残留限量:应符合表 155 的规定。

表 155

食品类别/名称	最大残留限量,mg/kg
谷物	
小麦	0.5*
* 该限量为临时限量。	

4.156 **氟烯草酸(flumiclorac)**

4.156.1 主要用途:除草剂。

4.156.2 ADI:1 mg/kg bw。

4.156.3 残留物:氟烯草酸。

4.156.4 最大残留限量:应符合表 156 的规定。

表 156

食品类别/名称	最大残留限量,mg/kg
油料和油脂	
棉籽	0.05

4.156.5 检测方法:油料和油脂参照 GB 23200.62 规定的方法测定。

4.157 **氟酰胺(flutolanil)**

4.157.1 主要用途:杀菌剂。

4.157.2 ADI:0.09 mg/kg bw。

4.157.3 残留物:氟酰胺。

4.157.4 最大残留限量:应符合表 157 的规定。

表 157

食品类别/名称	最大残留限量,mg/kg
谷物	
大米	1
糙米	2
油料和油脂	
花生仁	0.5
蔬菜	
叶芥菜	0.07

4.157.5 检测方法:谷物按照 GB 23200.9、GB 23200.113 规定的方法测定;油料和油脂按照 GB 23200.113 规定的方法测定;蔬菜按照 GB 23200.8、GB 23200.113 规定的方法测定。

4.158 **氟酰脲(novaluron)**

4.158.1 主要用途:杀虫剂。

4.158.2 ADI:0.01 mg/kg bw。

4.158.3 残留物:氟酰脲。

4.158.4 最大残留限量:应符合表 158 的规定。

表 158

食品类别/名称	最大残留限量,mg/kg
谷物	
杂粮类	0.1
油料和油脂	
棉籽	0.5
蔬菜	
芸薹属类蔬菜	0.7
叶芥菜	25
茄果类蔬菜(番茄除外)	0.7
番茄	0.02
菜豆	0.7
菜用大豆	0.01
马铃薯	0.01
水果	
仁果类水果	3
核果类水果	7
蓝莓	7
草莓	0.5
干制水果	
李子干	3
糖料	
甘蔗	0.5
甜菜	15
哺乳动物肉类(海洋哺乳动物除外),以脂肪中的残留量表示	10
哺乳动物内脏(海洋哺乳动物除外)	0.7
禽肉类,以脂肪中的残留量表示	0.5
禽类内脏	0.1
蛋类	0.1
生乳	0.4

4.158.5 检测方法:谷物、油料和油脂、蔬菜、水果、干制水果、糖料参照 GB 23200.34 规定的方法测定;哺乳动物肉类(海洋哺乳动物除外)、哺乳动物内脏(海洋哺乳动物除外)、禽肉类、禽类内脏、蛋类、生乳按照 SN/T 2540 规定的方法测定。

4.159 氟唑环菌胺(sedaxane)

4.159.1 主要用途:杀菌剂。

4.159.2 ADI:0.1 mg/kg bw。

4.159.3 残留物:氟唑环菌胺

4.159.4 最大残留限量:应符合表 159 的规定。

表 159

食品类别/名称	最大残留限量,mg/kg
谷物	
稻谷	0.01*
小麦	0.01*
大麦	0.01*
燕麦	0.01*
黑麦	0.01*
小黑麦	0.01*
旱粮类	0.01*

表 159（续）

食品类别/名称	最大残留限量,mg/kg
油料和油脂	
大豆	0.01*
油菜籽	0.01*
蔬菜	
马铃薯	0.02*
玉米笋	0.01*
* 该限量为临时限量。	

4.160 **氟唑磺隆(flucarbazone-sodium)**

4.160.1 主要用途:除草剂。

4.160.2 ADI:0.36 mg/kg bw。

4.160.3 残留物:氟唑磺隆。

4.160.4 最大残留限量:应符合表 160 的规定。

表 160

食品类别/名称	最大残留限量,mg/kg
谷物	
小麦	0.01*
* 该限量为临时限量。	

4.161 **氟唑菌酰胺(fluxapyroxad)**

4.161.1 主要用途:杀菌剂。

4.161.2 ADI:0.02 mg/kg bw。

4.161.3 残留物:氟唑菌酰胺。

4.161.4 最大残留限量:应符合表 161 的规定。

表 161

食品类别/名称	最大残留限量,mg/kg
谷物	
稻谷	5*
糙米	1*
小麦	0.3*
大麦	2*
燕麦	2*
黑麦	0.3*
小黑麦	0.3*
玉米	0.01*
杂粮类(豌豆、小扁豆、鹰嘴豆除外)	0.3*
豌豆	0.4*
小扁豆	0.4*
鹰嘴豆	0.4*
油料和油脂	
油籽类(棉籽、大豆、花生仁除外)	0.8*
棉籽	0.01*
大豆	0.15*
花生仁	0.01*

表 161（续）

食品类别/名称	最大残留限量,mg/kg
蔬菜	
茄果类蔬菜(辣椒、番茄除外)	0.6*
黄瓜	0.3*
菜用大豆	0.5*
玉米笋	0.15*
水果	
仁果类水果	0.9*
核果类水果	2*
香蕉	0.5*
干制水果	
李子干	5*
糖料	
甜菜	0.15*
调味料	
干辣椒	6*
* 该限量为临时限量。	

4.162 **福美双(thiram)**

4.162.1 主要用途:杀菌剂。

4.162.2 ADI:0.01 mg/kg bw。

4.162.3 残留物:二硫代氨基甲酸盐(或酯),以二硫化碳表示。

4.162.4 最大残留限量:应符合表 162 的规定。

表 162

食品类别/名称	最大残留限量,mg/kg
谷物	
稻谷	2
糙米	1
小麦	1
大麦	1
燕麦	1
黑麦	1
小黑麦	1
玉米	0.1
绿豆	0.2
油料和油脂	
棉籽	0.1
大豆	0.3
葵花籽	0.2
蔬菜	
大蒜	0.5
洋葱	0.5
葱	0.5
韭葱	0.5
番茄	5
甜椒	2
黄瓜	5
西葫芦	3
南瓜	0.2

表 162（续）

食品类别/名称	最大残留限量，mg/kg
蔬菜	
笋瓜	0.1
芦笋	2
胡萝卜	5
马铃薯	0.5
玉米笋	0.1
水果	
橙	3
苹果	5
梨	5
山楂	5
枇杷	5
榅桲	5
樱桃	0.2
越橘	5
葡萄	5
草莓	5
芒果	2
香蕉	1
番木瓜	5
坚果	
杏仁	0.1
山核桃	0.1
食用菌	
蘑菇类(鲜)	5
调味料	
胡椒	0.1
豆蔻	0.1
孜然	10
小茴香籽	0.1
芫荽籽	0.1
药用植物	
人参	0.3

4.162.5 检测方法：谷物按照 SN 0139 规定的方法测定；油料和油脂参照 SN 0139 规定的方法测定；蔬菜参照 SN 0157、SN/T 0525、SN/T 1541 规定的方法测定；水果按照 SN 0157 规定的方法测定；坚果、调味料、药用植物参照 SN/T 1541 规定的方法测定；食用菌参照 SN 0157 规定的方法测定。

4.163 福美锌(ziram)

4.163.1 主要用途：杀菌剂。

4.163.2 ADI：0.003 mg/kg bw。

4.163.3 残留物：二硫代氨基甲酸盐(或酯)，以二硫化碳表示。

4.163.4 最大残留限量：应符合表 163 的规定。

表 163

食品类别/名称	最大残留限量，mg/kg
油料和油脂	
棉籽	0.1
蔬菜	
番茄	5

表 163（续）

食品类别/名称	最大残留限量,mg/kg
蔬菜	
辣椒	10
黄瓜	5
水果	
橙	3
苹果	5
梨	5
山楂	5
枇杷	5
榅桲	5
樱桃	0.2
越橘	5
葡萄	5
草莓	5
芒果	2
香蕉	1
番木瓜	5
西瓜	1
调味料	
胡椒	0.1
豆蔻	0.1
孜然	10
小茴香籽	0.1
芫荽籽	0.1
药用植物	
人参	0.3

4.163.5 检测方法：油料和油脂、调味料、药用植物参照 SN/T 1541 规定的方法测定；蔬菜、水果参照 SN 0157、SN/T 1541 规定的方法测定。

4.164 腐霉利(procymidone)

4.164.1 主要用途：杀菌剂。

4.164.2 ADI：0.1 mg/kg bw。

4.164.3 残留物：腐霉利。

4.164.4 最大残留限量：应符合表 164 的规定。

表 164

食品类别/名称	最大残留限量,mg/kg
谷物	
鲜食玉米	5
油料和油脂	
油菜籽	2
植物油	0.5
蔬菜	
韭菜	0.2
番茄	2
茄子	5
辣椒	5
黄瓜	2
水果	
葡萄	5
草莓	10
食用菌	
蘑菇类(鲜)	5

4.164.5 检测方法：谷物按照 GB 23200.9、GB 23200.113 规定的方法测定；油料和油脂按照 GB 23200.113 规定的方法测定；蔬菜、水果、食用菌按照 GB 23200.8、GB 23200.113、NY/T 761 规定的方法测定。

4.165 复硝酚钠(sodium nitrophenolate)

4.165.1 主要用途：植物生长调节剂。

4.165.2 ADI：0.003 mg/kg bw。

4.165.3 残留物：5-硝基邻甲氧基苯酚钠、邻硝基苯酚钠和对硝基苯酚钠之和。

4.165.4 最大残留限量：应符合表 165 的规定。

表 165

食品类别/名称	最大残留限量/(mg/kg)
谷物	
小麦	0.2*
油料和油脂	
大豆	0.1*
蔬菜	
番茄	0.1*
马铃薯	0.1*
水果	
柑	0.1*
橘	0.1*
橙	0.1*
* 该限量为临时限量。	

4.166 咯菌腈(fludioxonil)

4.166.1 主要用途：杀菌剂。

4.166.2 ADI：0.4 mg/kg bw。

4.166.3 残留物：咯菌腈。

4.166.4 最大残留限量：应符合表 166 的规定。

表 166

食品类别/名称	最大残留限量，mg/kg
谷物	
稻谷	0.05
糙米	0.05
小麦	0.05
大麦	0.05
燕麦	0.05
黑麦	0.05
小黑麦	0.05
旱粮类	0.05
杂粮类	0.5
油料和油脂	
油菜籽	0.02
棉籽	0.05
大豆	0.05
花生仁	0.05
葵花籽	0.05
蔬菜	
洋葱	0.5

表 166（续）

食品类别/名称	最大残留限量，mg/kg
蔬菜	
结球甘蓝	2
青花菜	0.7
菠菜	30
叶用莴苣	40
结球莴苣	10
叶芥菜	10
萝卜叶	20
番茄	3
茄子	0.3
辣椒	1
黄瓜	0.5
西葫芦	0.5
菜豆	0.6
食荚豌豆	0.3
荚不可食类豆类蔬菜（菜用大豆除外）	0.03
菜用大豆	0.05
萝卜	0.3
马铃薯	0.05
甘薯	10
山药	10
豆瓣菜	10
玉米笋	0.01
水果	
柑橘类水果	10
仁果类水果	5
核果类水果	5
黑莓	5
蓝莓	2
醋栗	5
露莓	5
葡萄	2
猕猴桃	15
草莓	3
芒果	2
石榴	2
鳄梨	0.4
西瓜	0.05
坚果	
开心果	0.2
调味料	
罗勒	9
干辣椒	4

4.166.5 检测方法：谷物按照 GB 23200.9、GB 23200.113、GB/T 20770 规定的方法测定；油料和油脂按照 GB 23200.113 规定的方法测定；蔬菜、水果按照 GB 23200.8、GB 23200.113、GB/T 20769 规定的方法测定；坚果参照 GB 23200.113、GB/T 20769 规定的方法测定；调味料按照 GB 23200.113 规定的方法测定。

4.167 硅噻菌胺（silthiofam）

4.167.1 主要用途：杀菌剂。

4.167.2 ADI：0.064 mg/kg bw。

4.167.3 残留物：硅噻菌胺。

4.167.4 最大残留限量：应符合表167的规定。

表 167

食品类别/名称	最大残留限量，mg/kg
谷物	
小麦	0.01*
* 该限量为临时限量。	

4.168 禾草丹（thiobencarb）

4.168.1 主要用途：除草剂。

4.168.2 ADI：0.007 mg/kg bw。

4.168.3 残留物：禾草丹。

4.168.4 最大残留限量：应符合表168的规定。

表 168

食品类别/名称	最大残留限量，mg/kg
谷物	
糙米	0.2

4.168.5 检测方法：谷物按照GB 23200.113规定的方法测定。

4.169 禾草敌（molinate）

4.169.1 主要用途：除草剂。

4.169.2 ADI：0.001 mg/kg bw。

4.169.3 残留物：禾草敌。

4.169.4 最大残留限量：应符合表169的规定。

表 169

食品类别/名称	最大残留限量，mg/kg
谷物	
大米	0.1
糙米	0.1

4.169.5 检测方法：谷物按照GB 23200.113、GB/T 5009.134规定的方法测定。

4.170 禾草灵（diclofop-methyl）

4.170.1 主要用途：除草剂。

4.170.2 ADI：0.002 3 mg/kg bw。

4.170.3 残留物：禾草灵。

4.170.4 最大残留限量：应符合表170的规定。

表 170

食品类别/名称	最大残留限量，mg/kg
谷物	
小麦	0.1
糖料	
甜菜	0.1

4.170.5 检测方法：谷物按照GB 23200.113规定的方法测定；糖料参照GB 23200.8、GB 23200.113规

定的方法测定。

4.171 **环丙嘧磺隆(cyclosulfamuron)**

4.171.1 主要用途:除草剂。

4.171.2 ADI:0.015 mg/kg bw。

4.171.3 残留物:环丙嘧磺隆。

4.171.4 最大残留限量:应符合表171的规定。

表171

食品类别/名称	最大残留限量,mg/kg
谷物	
糙米	0.1*
* 该限量为临时限量。	

4.171.5 检测方法:谷物按照SN/T 2325规定的方法测定。

4.172 **环丙唑醇(cyproconazole)**

4.172.1 主要用途:杀菌剂。

4.172.2 ADI:0.02 mg/kg bw。

4.172.3 残留物:环丙唑醇。

4.172.4 最大残留限量:应符合表172的规定。

表172

食品类别/名称	最大残留限量,mg/kg
谷物	
稻谷	0.08
小麦	0.2
玉米	0.01
高粱	0.08
粟	0.08
杂粮类	0.02
油料和油脂	
油菜籽	0.4
大豆	0.07
大豆油	0.1
蔬菜	
食荚豌豆	0.01
糖料	
甜菜	0.05
饮料类	
咖啡豆	0.07

4.172.5 检测方法:谷物按照GB 23200.9、GB 23200.113、GB/T 20770规定的方法测定;油料和油脂按照GB 23200.113规定的方法测定;蔬菜按照GB 23200.8、GB 23200.113规定的方法测定;糖料参照GB 23200.113、GB/T 20770规定的方法测定;饮料类按照GB 23200.113规定的方法测定。

4.173 **环嗪酮(hexazinone)**

4.173.1 主要用途:除草剂。

4.173.2 ADI:0.05 mg/kg bw。

4.173.3 残留物:环嗪酮。

4.173.4 最大残留限量:应符合表173的规定。

表 173

食品类别/名称	最大残留限量,mg/kg
糖料	
甘蔗	0.5

4.173.5 检测方法:糖料按照 GB/T 20769 规定的方法测定。

4.174 **环酰菌胺(fenhexamid)**

4.174.1 主要用途:杀菌剂。

4.174.2 ADI:0.2 mg/kg bw。

4.174.3 残留物:环酰菌胺。

4.174.4 最大残留限量:应符合表 174 的规定。

表 174

食品类别/名称	最大残留限量,mg/kg
蔬菜	
叶用莴苣	30*
结球莴苣	30*
黄瓜	1*
腌制用小黄瓜	1*
番茄	2*
茄子	2*
辣椒	2*
西葫芦	1*
水果	
李子	1*
杏	10*
樱桃	7*
桃	10*
油桃	10*
越橘	5*
黑莓	15*
蓝莓	5*
加仑子(黑、红、白)	5*
悬钩子	5*
桑葚	5*
唐棣	5*
露莓(包括罗甘莓和波森莓)	15*
醋栗(红、黑)	15*
葡萄	15*
猕猴桃	15*
草莓	10*
干制水果	
李子干	1*
葡萄干	25*
坚果	
杏仁	0.02*
* 该限量为临时限量。	

4.175 **环酯草醚(pyriftalid)**

4.175.1 主要用途:除草剂。

4.175.2 ADI:0.005 6 mg/kg bw。

4.175.3 残留物:环酯草醚。

4.175.4 最大残留限量:应符合表175的规定。

表 175

食品类别/名称	最大残留限量,mg/kg
谷物	
稻谷	0.1
糙米	0.1

4.175.5 检测方法:谷物参照GB 23200.9、GB/T 20770规定的方法测定。

4.176 磺草酮(sulcotrione)

4.176.1 主要用途:除草剂。

4.176.2 ADI:0.000 4 mg/kg bw。

4.176.3 残留物:磺草酮。

4.176.4 最大残留限量:应符合表176的规定。

表 176

食品类别/名称	最大残留限量,mg/kg
谷物	
玉米	0.05[a]
[a] 该限量为临时限量。	

4.177 灰瘟素(blasticidin-S)

4.177.1 主要用途:杀菌剂。

4.177.2 ADI:0.01 mg/kg bw。

4.177.3 残留物:灰瘟素。

4.177.4 最大残留限量:应符合表177的规定。

表 177

食品类别/名称	最大残留限量,mg/kg
谷物	
糙米	0.1[a]
[a] 该限量为临时限量。	

4.178 己唑醇(hexaconazole)

4.178.1 主要用途:杀菌剂。

4.178.2 ADI:0.005 mg/kg bw。

4.178.3 残留物:己唑醇。

4.178.4 最大残留限量:应符合表178的规定。

表 178

食品类别/名称	最大残留限量,mg/kg
谷物	
糙米	0.1
小麦	0.1
蔬菜	
番茄	0.5
黄瓜	1

表 178（续）

食品类别/名称	最大残留限量,mg/kg
水果	
苹果	0.5
梨	0.5
葡萄	0.1
西瓜	0.05

4.178.5 检测方法：谷物按照 GB 23200.8、GB 23200.113、GB/T 20770 规定的方法测定；蔬菜、水果按照 GB 23200.8、GB 23200.113 规定的方法测定。

4.179 甲氨基阿维菌素苯甲酸盐(emamectin benzoate)

4.179.1 主要用途：杀虫剂。

4.179.2 ADI：0.000 5 mg/kg bw。

4.179.3 残留物：甲氨基阿维菌素 B1a。

4.179.4 最大残留限量：应符合表 179 的规定。

表 179

食品类别/名称	最大残留限量,mg/kg
谷物	
糙米	0.02
油料和油脂	
油菜籽	0.005
棉籽	0.02
大豆	0.05
蔬菜	
葱	0.1
结球甘蓝	0.1
花椰菜	0.05
青花菜	0.2
芥蓝	0.05
菜薹	0.05
菠菜	0.2
普通白菜	0.1
茎用莴苣叶	0.1
叶芥菜	0.2
萝卜叶	0.05
大白菜	0.05
茄果类蔬菜	0.02
瓜类蔬菜(黄瓜除外)	0.007
黄瓜	0.02
豆类蔬菜(菜用大豆除外)	0.015
菜用大豆	0.1
茎用莴苣	0.05
萝卜	0.02
胡萝卜	0.02
芋	0.02
茭白	0.1
水果	
柑	0.01
橘	0.01
橙	0.01

表 179（续）

食品类别/名称	最大残留限量,mg/kg
水果	
苹果	0.02
梨	0.02
山楂	0.02
枇杷	0.05
榅桲	0.02
桃	0.03
油桃	0.03
葡萄	0.03
饮料类	
茶叶	0.5
食用菌	
蘑菇类(鲜)	0.05
调味料	
干辣椒	0.2
哺乳动物肉类(海洋哺乳动物除外)	0.004*
哺乳动物内脏(海洋哺乳动物除外)	0.08*
哺乳动物脂肪(乳脂肪除外)	0.02*
生乳	0.002*
* 该限量为临时限量。	

4.179.5 检测方法：谷物、油料和油脂、茶叶、调味料参照 GB/T 20769 规定的方法测定；蔬菜、水果、食用菌按照 GB/T 20769 规定的方法测定。

4.180 甲胺磷(methamidophos)

4.180.1 主要用途：杀虫剂。

4.180.2 ADI：0.004 mg/kg bw。

4.180.3 残留物：甲胺磷。

4.180.4 最大残留限量：应符合表 180 的规定。

表 180

食品类别/名称	最大残留限量,mg/kg
谷物	
糙米	0.5
麦类	0.05
旱粮类	0.05
杂粮类	0.05
油料和油脂	
棉籽	0.1
蔬菜	
鳞茎类蔬菜	0.05
芸薹属类蔬菜	0.05
叶菜类蔬菜	0.05
茄果类蔬菜	0.05
瓜类蔬菜	0.05
豆类蔬菜	0.05
茎类蔬菜	0.05
根茎类和薯芋类蔬菜(萝卜除外)	0.05
萝卜	0.1
水生类蔬菜	0.05
芽菜类蔬菜	0.05
其他类蔬菜	0.05

表 180（续）

食品类别/名称	最大残留限量，mg/kg
水果	
柑橘类水果	0.05
仁果类水果	0.05
核果类水果	0.05
浆果和其他小型水果	0.05
热带和亚热带水果	0.05
瓜果类水果	0.05
糖料	
甜菜	0.02
饮料类	
茶叶	0.05
哺乳动物肉类(海洋哺乳动物除外)	0.01
哺乳动物内脏(海洋哺乳动物除外)	0.01
禽肉类	0.01
禽类内脏	0.01
蛋类	0.01
生乳	0.02

4.180.5 检测方法：谷物按照 GB 23200.113、GB/T 5009.103、GB/T 20770 规定的方法测定；油料和油脂按照 GB 23200.113、GB/T 5009.103 规定的方法测定；蔬菜、水果按照 GB 23200.113、GB/T 5009.103、NY/T 761 规定的方法测定；糖料参照 GB 23200.113、GB/T 20769 规定的方法测定；茶叶按照 GB 23200.113 规定的方法测定；动物源性食品参照 GB/T 20772 规定的方法测定。

4.181 甲拌磷(phorate)

4.181.1 主要用途：杀虫剂。

4.181.2 ADI：0.000 7 mg/kg bw。

4.181.3 残留物：甲拌磷及其氧类似物(亚砜、砜)之和，以甲拌磷表示。

4.181.4 最大残留限量：应符合表 181 的规定。

表 181

食品类别/名称	最大残留限量，mg/kg
谷物	
稻谷	0.05
糙米	0.05
小麦	0.02
大麦	0.02
燕麦	0.02
黑麦	0.02
小黑麦	0.02
旱粮类(玉米除外)	0.02
玉米	0.05
杂粮类	0.05
油料和油脂	
棉籽	0.05
大豆	0.05
花生仁	0.1
玉米毛油	0.1
花生油	0.05
玉米油	0.02

表 181（续）

食品类别/名称	最大残留限量,mg/kg
蔬菜	
鳞茎类蔬菜	0.01
芸薹属类蔬菜	0.01
叶菜类蔬菜	0.01
茄果类蔬菜	0.01
瓜类蔬菜	0.01
豆类蔬菜	0.01
茎类蔬菜	0.01
根茎类和薯芋类蔬菜	0.01
水生类蔬菜	0.01
芽菜类蔬菜	0.01
其他类蔬菜	0.01
水果	
柑橘类水果	0.01
仁果类水果	0.01
核果类水果	0.01
浆果和其他小型水果	0.01
热带和亚热带水果	0.01
瓜果类水果	0.01
糖料	
甘蔗	0.01
甜菜	0.05
饮料类	
茶叶	0.01
咖啡豆	0.05
调味料	
果类调味料	0.1
种子类调味料	0.5
根茎类调味料	0.1
哺乳动物肉类(海洋哺乳动物除外)	0.02
哺乳动物内脏(海洋哺乳动物除外)	0.02
禽肉类	0.05
蛋类	0.05
生乳	0.01

4.181.5 检测方法：谷物按照 GB 23200.113 规定的方法测定；油料和油脂按照 GB 23200.113 规定的方法测定；蔬菜、水果按照 GB 23200.113 规定的方法测定；糖料参照 GB 23200.113、GB/T 20769 规定的方法测定；饮料类(茶叶除外)、调味料按照 GB 23200.113 的方法测定；茶叶按照 GB 23200.113、GB/T 23204 规定的方法测定；哺乳动物肉类(海洋哺乳动物除外)、哺乳动物内脏(海洋哺乳动物除外)、禽肉类、蛋类参照 GB/T 23210 规定的方法测定；生乳按照 GB/T 23210 规定的方法测定。

4.182 甲苯氟磺胺(tolylfluanid)

4.182.1 主要用途：杀菌剂。

4.182.2 ADI：0.08 mg/kg bw。

4.182.3 残留物：甲苯氟磺胺。

4.182.4 最大残留限量：应符合表 182 的规定。

表 182

食品类别/名称	最大残留限量,mg/kg
蔬菜	
韭葱	2
结球莴苣	15
番茄	3
甜椒	2
黄瓜	1
水果	
仁果类水果	5
黑莓	5
加仑子(黑、红、白)	0.5
醋栗(红、黑)	5
葡萄	3
草莓	5
饮料类	
啤酒花	50
调味料	
干辣椒	20

4.182.5 检测方法:蔬菜、水果按照 GB 23200.8 规定的方法测定;饮料类、调味料参照 GB 23200.8 规定的方法测定。

4.183 **甲草胺(alachlor)**

4.183.1 主要用途:除草剂。

4.183.2 ADI:0.01 mg/kg bw。

4.183.3 残留物:甲草胺。

4.183.4 最大残留限量:应符合表 183 的规定。

表 183

食品类别/名称	最大残留限量,mg/kg
谷物	
糙米	0.05
玉米	0.2
油料和油脂	
棉籽	0.02
大豆	0.2
花生仁	0.05
蔬菜	
葱	0.05
姜	0.05

4.183.5 检测方法:谷物按照 GB 23200.9、GB 23200.113、GB/T 20770 规定的方法测定;油料和油脂按照 GB 23200.113 规定的方法测定;蔬菜按照 GB 23200.113、GB/T 20769 规定的方法测定。

4.184 **甲磺草胺(sulfentrazone)**

4.184.1 主要用途:除草剂。

4.184.2 ADI:0.14 mg/kg bw。

4.184.3 残留物:甲磺草胺。

4.184.4 最大残留限量:应符合表 184 的规定。

表 184

食品类别/名称	最大残留限量,mg/kg
糖料	
甘蔗	0.05*
* 该限量为临时限量。	

4.185 **甲磺隆(metsulfuron-methyl)**

4.185.1 主要用途:除草剂。

4.185.2 ADI:0.25 mg/kg bw。

4.185.3 残留物:甲磺隆。

4.185.4 最大残留限量:应符合表 185 的规定。

表 185

食品类别/名称	最大残留限量,mg/kg
谷物	
糙米	0.05
小麦	0.05

4.185.5 检测方法:谷物按照 SN/T 2325 规定的方法测定。

4.186 **甲基碘磺隆钠盐(iodosulfuron-methyl-sodium)**

4.186.1 主要用途:除草剂。

4.186.2 ADI:0.03 mg/kg bw。

4.186.3 残留物:甲基碘磺隆钠盐。

4.186.4 最大残留限量:应符合表 186 的规定。

表 186

食品类别/名称	最大残留限量,mg/kg
谷物	
小麦	0.02*
* 该限量为临时限量。	

4.187 **甲基毒死蜱(chlorpyrifos-methyl)**

4.187.1 主要用途:杀虫剂。

4.187.2 ADI:0.01 mg/kg bw。

4.187.3 残留物:甲基毒死蜱。

4.187.4 最大残留限量:应符合表 187 的规定。

表 187

食品类别/名称	最大残留限量,mg/kg
谷物	
稻谷	5*
麦类	5*
旱粮类	5*
杂粮类	5*
成品粮	5*
油料和油脂	
棉籽	0.02*
大豆	5*

表 187（续）

食品类别/名称	最大残留限量,mg/kg
蔬菜	
结球甘蓝	0.1*
薯类蔬菜	5*
哺乳动物肉类(海洋哺乳动物除外),以脂肪中的残留量表示	0.1
哺乳动物内脏(海洋哺乳动物除外)	0.01
禽肉类,以脂肪中残留量表示	0.01
禽类内脏	0.01
禽类脂肪	0.01
蛋类	0.01
生乳	0.01
* 该限量为临时限量。	

4.187.5 检测方法:谷物按照 GB 23200.9、GB 23200.113 规定的方法测定;油料和油脂按照 GB 23200.113 规定的方法测定;蔬菜按照 GB 23200.8、GB 23200.113、GB/T 20769、NY/T 761 规定的方法测定;哺乳动物肉类(海洋哺乳动物除外)、禽肉类按照 GB/T 20772 规定的方法测定;哺乳动物肉类(海洋哺乳动物除外)、禽类内脏、蛋类参照 GB/T 20772 规定的方法测定;生乳按照 GB/T 23210 规定的方法测定。

4.188 甲基对硫磷(parathion-methyl)

4.188.1 主要用途:杀虫剂。

4.188.2 ADI:0.003 mg/kg bw。

4.188.3 残留物:甲基对硫磷。

4.188.4 最大残留限量:应符合表 188 的规定。

表 188

食品类别/名称	最大残留限量,mg/kg
谷物	
稻谷	0.2
麦类	0.02
旱粮类	0.02
杂粮类	0.02
油料和油脂	
棉籽油	0.02
蔬菜	
鳞茎类蔬菜	0.02
芸薹属类蔬菜	0.02
叶菜类蔬菜	0.02
茄果类蔬菜	0.02
瓜类蔬菜	0.02
豆类蔬菜	0.02
茎类蔬菜	0.02
根茎类和薯芋类蔬菜	0.02
水生类蔬菜	0.02
芽菜类蔬菜	0.02
其他类蔬菜	0.02
水果	
柑橘类水果	0.02
仁果类水果	0.01
核果类水果	0.02

表 188（续）

食品类别/名称	最大残留限量，mg/kg
水果	
浆果和其他小型水果	0.02
热带和亚热带水果	0.02
瓜果类水果	0.02
糖料	
甜菜	0.02
甘蔗	0.02
饮料类	
茶叶	0.02

4.188.5 检测方法：谷物按照 GB 23200.113、GB/T 5009.20 规定的方法测定；油料和油脂按照 GB 23200.113 规定的方法测定；蔬菜、水果按照 GB 23200.113、NY/T 761 规定的方法测定；糖料参照 GB 23200.113、NY/T 761 规定的方法测定；茶叶按照 GB 23200.113、GB/T 23204 规定的方法测定。

4.189 甲基二磺隆(mesosulfuron-methyl)

4.189.1 主要用途：除草剂。

4.189.2 ADI：1.55 mg/kg bw。

4.189.3 残留物：甲基二磺隆。

4.189.4 最大残留限量：应符合表 189 的规定。

表 189

食品类别/名称	最大残留限量，mg/kg
谷物	
小麦	0.02*
* 该限量为临时限量。	

4.190 甲基立枯磷(tolclofos-methyl)

4.190.1 主要用途：杀菌剂。

4.190.2 ADI：0.07 mg/kg bw。

4.190.3 残留物：甲基立枯磷。

4.190.4 最大残留限量：应符合表 190 的规定。

表 190

食品类别/名称	最大残留限量，mg/kg
谷物	
糙米	0.05
油料和油脂	
棉籽	0.05
蔬菜	
结球莴苣	2
叶用莴苣	2
萝卜	0.1
马铃薯	0.2

4.190.5 检测方法：谷物按照 GB 23200.9、GB 23200.113、SN/T 2324 规定的方法测定；油料和油脂按照 GB 23200.113 规定的方法测定；蔬菜按照 GB 23200.8、GB 23200.113 规定的方法测定。

4.191 甲基硫环磷(phosfolan-methyl)

4.191.1 主要用途：杀虫剂。

4.191.2 残留物：甲基硫环磷。

4.191.3 最大残留限量:应符合表 191 的规定。

表 191

食品类别/名称	最大残留限量,mg/kg
谷物	
稻谷	0.03*
麦类	0.03*
旱粮类	0.03*
杂粮类	0.03*
油料和油脂	
棉籽	0.03*
大豆	0.03*
蔬菜	
鳞茎类蔬菜	0.03*
芸薹属类蔬菜	0.03*
叶菜类蔬菜	0.03*
茄果类蔬菜	0.03*
瓜类蔬菜	0.03*
豆类蔬菜	0.03*
茎类蔬菜	0.03*
根茎类和薯芋类蔬菜	0.03*
水生类蔬菜	0.03*
芽菜类蔬菜	0.03*
其他类蔬菜	0.03*
水果	
柑橘类水果	0.03*
仁果类水果	0.03*
核果类水果	0.03*
浆果和其他小型水果	0.03*
热带和亚热带水果	0.03*
瓜果类水果	0.03*
糖料	
甜菜	0.03*
甘蔗	0.03*
饮料类	
茶叶	0.03*

* 该限量为临时限量。

4.191.4 检测方法:谷物、油料和油脂、糖料、茶叶参照 NY/T 761 规定的方法测定;蔬菜、水果按照 NY/T 761 规定的方法测定。

4.192 甲基硫菌灵(thiophanate-methyl)

4.192.1 主要用途:杀菌剂。

4.192.2 ADI:0.09 mg/kg bw。

4.192.3 残留物:甲基硫菌灵和多菌灵之和,以多菌灵表示。

4.192.4 最大残留限量:应符合表 192 的规定。

表 192

食品类别/名称	最大残留限量,mg/kg
谷物	
糙米	1
小麦	0.5

表 192(续)

食品类别/名称	最大残留限量,mg/kg
油料和油脂	
花生仁	0.1
油菜籽	0.1
蔬菜	
番茄	3
茄子	3
辣椒	2
甜椒	2
黄秋葵	2
黄瓜	2
芦笋	0.5
甘薯	0.1
水果	
柑	5
橘	5
橙	5
苹果	5
梨	3
葡萄	3
西瓜	2

4.192.5 检测方法:谷物按照 NY/T 1680 规定的方法测定;油料和油脂参照 NY/T 1680 规定的方法测定;蔬菜、水果按照 NY/T 1680 规定的方法测定。

4.193 甲基嘧啶磷(pirimiphos-methyl)

4.193.1 主要用途:杀虫剂。

4.193.2 ADI:0.03 mg/kg bw。

4.193.3 残留物:甲基嘧啶磷。

4.193.4 最大残留限量:应符合表 193 的规定。

表 193

食品类别/名称	最大残留限量,mg/kg
谷物	
稻谷	5
糙米	2
大米	1
小麦	5
小麦粉	2
全麦粉	5
调味料	
果类调味料	0.5
种子类调味料	3
哺乳动物肉类(海洋哺乳动物除外)	0.01
哺乳动物内脏(海洋哺乳动物除外)	0.01
禽肉类	0.01
禽类内脏	0.01
蛋类	0.01
生乳	0.01

4.193.5 检测方法:谷物按照 GB 23200.113、GB/T 5009.145 规定的方法测定;调味料按照 GB 23200.113 规定的方法测定;哺乳动物肉类(海洋哺乳动物除外)、哺乳动物内脏(海洋哺乳动物除外)、禽

肉类、禽类内脏、蛋类按照 GB/T 20772 规定的方法测定；生乳按照 GB/T 23210 规定的方法测定。

4.194 **甲基异柳磷(isofenphos-methyl)**

4.194.1 主要用途：杀虫剂。

4.194.2 ADI：0.003 mg/kg bw。

4.194.3 残留物：甲基异柳磷。

4.194.4 最大残留限量：应符合表 194 的规定。

表 194

食品类别/名称	最大残留限量，mg/kg
谷物	
糙米	0.02*
玉米	0.02*
麦类	0.02*
旱粮类	0.02*
杂粮类	0.02*
油料和油脂	
大豆	0.02*
花生仁	0.05*
蔬菜	
鳞茎类蔬菜	0.01*
芸薹属类蔬菜	0.01*
叶菜类蔬菜	0.01*
茄果类蔬菜	0.01*
瓜类蔬菜	0.01*
豆类蔬菜	0.01*
茎类蔬菜	0.01*
根茎类和薯芋类蔬菜（甘薯除外）	0.01*
甘薯	0.05*
水生类蔬菜	0.01*
芽菜类蔬菜	0.01*
其他类蔬菜	0.01*
水果	
柑橘类水果	0.01*
仁果类水果	0.01*
核果类水果	0.01*
浆果和其他小型水果	0.01*
热带和亚热带水果	0.01*
瓜果类水果	0.01*
糖料	
甜菜	0.05*
甘蔗	0.02*
* 该限量为临时限量。	

4.194.5 检测方法：谷物、油料和油脂、蔬菜、水果按照 GB 23200.113、GB/T 5009.144 规定的方法测定；糖料参照 GB 23200.113、GB/T 5009.144 规定的方法测定。

4.195 **甲硫威(methiocarb)**

4.195.1 主要用途：杀软体动物剂。

4.195.2 ADI：0.02 mg/kg bw。

4.195.3 残留物：甲硫威、甲硫威砜和甲硫威亚砜之和，以甲硫威表示。

4.195.4 最大残留限量：应符合表 195 的规定。

表 195

食品类别/名称	最大残留限量,mg/kg
谷物	
小麦	0.05*
大麦	0.05*
玉米	0.05*
豌豆	0.1*
油料和油脂	
油菜籽	0.05*
葵花籽	0.05*
蔬菜	
洋葱	0.5*
韭葱	0.5*
结球甘蓝	0.1*
抱子甘蓝	0.05*
花椰菜	0.1*
结球莴苣	0.05*
甜椒	2*
食荚豌豆	0.1*
朝鲜蓟	0.05*
马铃薯	0.05*
水果	
草莓	1*
甜瓜类水果	0.2*
坚果	
榛子	0.05*
糖料	
甜菜	0.05*
调味料	
果类调味料	0.07*
根茎类调味料	0.1*
* 该限量为临时限量。	

4.196 **甲咪唑烟酸(imazapic)**

4.196.1 主要用途:除草剂。

4.196.2 ADI:0.7 mg/kg bw。

4.196.3 残留物:甲咪唑烟酸。

4.196.4 最大残留限量:应符合表 196 的规定。

表 196

食品类别/名称	最大残留限量,mg/kg
谷物	
稻谷	0.05
小麦	0.05
玉米	0.01
油料和油脂	
油菜籽	0.05
花生仁	0.1
糖料	
甘蔗	0.05

4.196.5 检测方法:谷物按照 GB/T 20770 规定的方法测定;油料和油脂、糖料参照 GB/T 20770 规定的

方法测定。

4.197 **甲萘威(carbaryl)**

4.197.1 主要用途:杀虫剂。

4.197.2 ADI:0.008 mg/kg bw。

4.197.3 残留物:甲萘威。

4.197.4 最大残留限量:应符合表197的规定。

表197

食品类别/名称	最大残留限量,mg/kg
谷物	
玉米	0.02
鲜食玉米	0.02
大米	1
油料和油脂	
大豆	1
棉籽	1
蔬菜	
鳞茎类蔬菜	1
芸薹属类蔬菜(结球甘蓝除外)	1
结球甘蓝	2
叶菜类蔬菜(普通白菜除外)	1
普通白菜	5
茄果类蔬菜(辣椒除外)	1
辣椒	0.5
瓜类蔬菜	1
豆类蔬菜	1
茎类蔬菜	1
根茎类和薯芋类蔬菜(胡萝卜、甘薯除外)	1
胡萝卜	0.5
甘薯	0.02
水生类蔬菜	1
芽菜类蔬菜	1
其他类蔬菜(玉米笋除外)	1
玉米笋	0.1
饮料类	
茶叶	5
哺乳动物肉类(海洋哺乳动物除外)	0.05
哺乳动物内脏(海洋哺乳动物除外)	
猪肝	1
牛肝	1
羊肝	1
猪肾	3
牛肾	3
羊肾	3
生乳	0.05

4.197.5 检测方法:谷物、油料和油脂按照GB 23200.112、GB/T 5009.21规定的方法测定;蔬菜按照GB 23200.112、GB/T 5009.145、GB/T 20769、NY/T 761规定的方法测定;茶叶按照GB 23200.13、GB 23200.112规定的方法测定;哺乳动物肉类(海洋哺乳动物除外)、哺乳动物内脏(海洋哺乳动物除外)参照GB/T 20772规定的方法测定;生乳参照GB/T 23210规定的方法测定。

4.198 甲哌鎓(mepiquat chloride)

4.198.1 主要用途:植物生长调节剂。

4.198.2 ADI:0.195 mg/kg bw。

4.198.3 残留物:甲哌鎓阳离子,以甲哌鎓表示。

4.198.4 最大残留限量:应符合表 198 的规定。

表 198

食品类别/名称	最大残留限量,mg/kg
谷物	
小麦	0.5*
油料和油脂	
棉籽	1*
大豆	0.05*
蔬菜	
马铃薯	3*
甘薯	5*
* 该限量为临时限量。	

4.199 甲氰菊酯(fenpropathrin)

4.199.1 主要用途:杀虫剂。

4.199.2 ADI:0.03 mg/kg bw。

4.199.3 残留物:甲氰菊酯。

4.199.4 最大残留限量:应符合表 199 的规定。

表 199

食品类别/名称	最大残留限量,mg/kg
谷物	
小麦	0.1
油料和油脂	
棉籽	1
大豆	0.1
棉籽毛油	3
蔬菜	
韭菜	1
结球甘蓝	0.5
花椰菜	1
青花菜	5
芥蓝	3
菜薹	3
菠菜	1
普通白菜	1
茼蒿	7
叶用莴苣	0.5
茎用莴苣叶	7
芹菜	1
大白菜	1
番茄	1
茄子	0.2
辣椒	1
甜椒	1
腌制用小黄瓜	0.2
茎用莴苣	1
萝卜	0.5

表 199（续）

食品类别/名称	最大残留限量,mg/kg
水果	
柑	5
橘	5
橙	5
柠檬	5
柚	5
佛手柑	5
金橘	5
苹果	5
梨	5
山楂	5
枇杷	5
榅桲	5
核果类水果(李子除外)	5
李子	1
浆果和其他小型水果(草莓除外)	5
草莓	2
热带和亚热带水果	5
瓜果类水果	5
干制水果	
李子干	3
坚果	0.15
饮料类	
茶叶	5
咖啡豆	0.03
调味料	
干辣椒	10

4.199.5 检测方法：谷物、油料和油脂按照 GB 23200.9、GB 23200.113、GB/T 20770、SN/T 2233 规定的方法测定；蔬菜按照 GB 23200.8、GB 23200.113、NY/T 761、SN/T 2233 规定的方法测定；水果、干制水果按照 GB 23200.113、NY/T 761 规定的方法测定；坚果参照 GB 23200.9、GB 23200.113 规定的方法测定；饮料类(茶叶除外)按照 GB 23200.113 规定的方法测定；茶叶按照 GB 23200.113、GB/T 23376 规定的方法测定；调味料按照 GB 23200.113 规定的方法测定。

4.200 甲霜灵和精甲霜灵(metalaxyl and metalaxyl-M)

4.200.1 主要用途：杀菌剂。

4.200.2 ADI：0.08 mg/kg bw。

4.200.3 残留物：甲霜灵。

4.200.4 最大残留限量：应符合表 200 的规定。

表 200

食品类别/名称	最大残留限量,mg/kg
谷物	
糙米	0.1
麦类	0.05
旱粮类	0.05
油料和油脂	
棉籽	0.05
大豆	0.05

表 200（续）

食品类别/名称	最大残留限量，mg/kg
油料和油脂	
花生仁	0.1
葵花籽	0.05
蔬菜	
洋葱	2
结球甘蓝	0.5
抱子甘蓝	0.2
花椰菜	2
青花菜	0.5
菠菜	2
结球莴苣	2
番茄	0.5
辣椒	0.5
黄瓜	0.5
西葫芦	0.2
笋瓜	0.2
食荚豌豆	0.05
菜用大豆	0.05
芦笋	0.05
胡萝卜	0.05
马铃薯	0.05
水果	
柑橘类水果	5
仁果类水果	1
醋栗（红、黑）	0.2
葡萄	1
荔枝	0.5
鳄梨	0.2
西瓜	0.2
甜瓜类水果	0.2
糖料	
甜菜	0.05
饮料类	
可可豆	0.2
啤酒花	10
调味料	
种子类调味料	5

4.200.5　检测方法：谷物按照 GB 23200.9、GB 23200.113、GB/T 20770 规定的方法测定；油料和油脂、饮料类、调味料按照 GB 23200.113 规定的方法测定；蔬菜、水果按照 GB 23200.8、GB 23200.113、GB/T 20769 规定的方法测定；糖料参照 GB 23200.9、GB 23200.113、GB/T 20770 规定的方法测定。

4.201　甲羧除草醚（bifenox）

4.201.1　主要用途：除草剂。

4.201.2　ADI：0.3 mg/kg bw。

4.201.3　残留物：甲羧除草醚。

4.201.4　最大残留限量：应符合表 201 的规定。

表 201

食品类别/名称	最大残留限量,mg/kg
油料和油脂	
大豆	0.05
蔬菜	
菜用大豆	0.1

4.201.5 检测方法:油料和油脂、蔬菜按照 GB 23200.113 规定的方法测定。

4.202 甲氧虫酰肼(methoxyfenozide)

4.202.1 主要用途:杀虫剂。

4.202.2 ADI:0.1 mg/kg bw。

4.202.3 残留物:甲氧虫酰肼。

4.202.4 最大残留限量:应符合表 202 的规定。

表 202

食品类别/名称	最大残留限量,mg/kg
谷物	
稻谷	0.2
糙米	0.1
玉米	0.02
豌豆	5
豇豆	5
油料和油脂	
棉籽	7
大豆	0.5
花生仁	0.03
花生油	0.1
蔬菜	
结球甘蓝	2
青花菜	3
萝卜叶	7
芹菜	15
茄果类蔬菜(番茄、辣椒除外)	0.3
番茄	2
辣椒	2
豆类蔬菜(食荚豌豆除外)	0.3
食荚豌豆	2
萝卜	0.4
胡萝卜	0.5
甘薯	0.02
玉米笋	0.02
水果	
柑橘类水果	2
仁果类水果(苹果除外)	2
苹果	3
核果类水果	2
蓝莓	4
越橘	0.7
葡萄	1
草莓	2
鳄梨	0.7
番木瓜	1

表 202（续）

食品类别/名称	最大残留限量,mg/kg
干制水果	
李子干	2
葡萄干	2
坚果	0.1
糖料	
甜菜	0.3

4.202.5 检测方法：谷物按照 GB/T 20770 规定的方法测定；油料和油脂、坚果、糖料参照 GB/T 20769 规定的方法测定；蔬菜、水果、干制水果按照 GB/T 20769 规定的方法测定。

4.203 甲氧咪草烟(imazamox)

4.203.1 主要用途：除草剂。

4.203.2 ADI：3 mg/kg bw。

4.203.3 残留物：甲氧咪草烟。

4.203.4 最大残留限量：应符合表 203 的规定。

表 203

食品类别/名称	最大残留限量,mg/kg
谷物	
稻谷	0.01*
小麦	0.05*
杂粮类(小扁豆除外)	0.05*
小扁豆	0.2*
麦胚	0.1*
油料和油脂	
油菜籽	0.05*
大豆	0.1*
花生仁	0.01*
葵花籽	0.3*
蔬菜	
荚可食类豆类蔬菜	0.05*
* 该限量为临时限量。	

4.204 腈苯唑(fenbuconazole)

4.204.1 主要用途：杀菌剂。

4.204.2 ADI：0.03 mg/kg bw。

4.204.3 残留物：腈苯唑。

4.204.4 最大残留限量：应符合表 204 的规定。

表 204

食品类别/名称	最大残留限量,mg/kg
谷物	
糙米	0.1
小麦	0.1
大麦	0.2
黑麦	0.1

表 204（续）

食品类别/名称	最大残留限量，mg/kg
油料和油脂	
油菜籽	0.05
花生仁	0.1
葵花籽	0.05
蔬菜	
辣椒	0.6
黄瓜	0.2
西葫芦	0.05
水果	
柑橘类水果（柠檬除外）	0.5
柠檬	1
仁果类水果	0.1
桃	0.5
杏	0.5
李子	0.3
樱桃	1
蓝莓	0.5
越橘	1
葡萄	1
香蕉	0.05
甜瓜类水果	0.2
干制水果	
柑橘脯	4
坚果	0.01
调味料	
干辣椒	2

4.204.5 检测方法：谷物按照 GB 23200.9、GB 23200.113、GB/T 20770 规定的方法测定；油料和油脂、调味料按照 GB 23200.113 规定的方法测定；蔬菜、水果按照 GB 23200.8、GB 23200.113、GB/T 20769 规定的方法测定；坚果参照 GB 23200.9、GB 23200.113 规定的方法测定；干制水果按照 GB 23200.113、GB/T 20769 规定的方法测定。

4.205 腈菌唑（myclobutanil）

4.205.1 主要用途：杀菌剂。

4.205.2 ADI：0.03 mg/kg bw。

4.205.3 残留物：腈菌唑。

4.205.4 最大残留限量：应符合表 205 的规定。

表 205

食品类别/名称	最大残留限量，mg/kg
谷物	
麦类	0.1
玉米	0.02
粟	0.02
高粱	0.02
蔬菜	
鳞茎类蔬菜	0.06
叶菜类蔬菜	0.05
茄果类蔬菜（番茄、辣椒除外）	0.2

表 205(续)

食品类别/名称	最大残留限量,mg/kg
蔬菜	
番茄	1
辣椒	3
黄瓜	1
荚可食类豆类蔬菜(豇豆除外)	0.8
豇豆	2
根茎类蔬菜	0.06
水果	
柑	5
橘	5
橙	5
苹果	0.5
梨	0.5
山楂	0.5
枇杷	0.5
榅桲	0.5
核果类水果(桃、油桃、杏、李子除外)	2
桃	3
油桃	3
杏	3
李子	0.2
樱桃	3
加仑子(黑、红、白)	0.9
醋栗	0.5
葡萄	1
草莓	1
荔枝	0.5
香蕉	2
干制水果	
李子干	0.5
葡萄干	6
饮料类	
啤酒花	2
调味料	
干辣椒	20

4.205.5 检测方法:谷物按照 GB 23200.113、GB/T 20770 规定的方法测定;蔬菜、水果、干制水果按照 GB 23200.8、GB 23200.113、GB/T 20769、NY/T 1455 规定的方法测定;饮料类按照 GB 23200.113 规定的方法测定;调味料按照 GB 23200.113 规定的方法测定。

4.206 精噁唑禾草灵(fenoxaprop-P-ethyl)

4.206.1 主要用途:除草剂。

4.206.2 ADI:0.002 5 mg/kg bw。

4.206.3 残留物:噁唑禾草灵。

4.206.4 最大残留限量:应符合表 206 的规定。

表 206

食品类别/名称	最大残留限量,mg/kg
谷物	
糙米	0.1
麦类(小麦、大麦除外)	0.1
小麦	0.05
大麦	0.2
油料和油脂	
油菜籽	0.5
棉籽	0.02
花生仁	0.1
蔬菜	
花椰菜	0.1
青花菜	0.1

4.206.5 检测方法:谷物、油料和油脂参照 NY/T 1379 规定的方法测定;蔬菜按照 NY/T 1379 规定的方法测定。

4.207 精二甲吩草胺(dimethenamid-P)

4.207.1 主要用途:除草剂。

4.207.2 ADI:0.07 mg/kg bw。

4.207.3 残留物:精二甲吩草胺及其对映体之和。

4.207.4 最大残留限量:应符合表 207 的规定。

表 207

食品类别/名称	最大残留限量,mg/kg
谷物	
玉米	0.01
高粱	0.01
杂粮类	0.01
油料和油脂	
花生仁	0.01
大豆	0.01
蔬菜	
大蒜	0.01
洋葱	0.01
葱	0.01
马铃薯	0.01
甘薯	0.01
根甜菜	0.01
玉米笋	0.01
糖料	
甜菜	0.01

4.207.5 检测方法:谷物、油料和油脂、糖料参照 GB 23200.9、GB/T 20770 规定的方法测定;蔬菜按照 GB 23200.8、GB/T 20769、NY/T 1379 规定的方法测定。

4.208 井冈霉素(jiangangmycin)

4.208.1 主要用途:杀菌剂。

4.208.2 ADI:0.1 mg/kg bw。

4.208.3 残留物:井冈霉素。

4.208.4 最大残留限量:应符合表 208 的规定。

表 208

食品类别/名称	最大残留限量,mg/kg
谷物	
稻谷	0.5
糙米	0.5
小麦	0.5
水果	
苹果	1
饮料类	
菊花(鲜)	1
菊花(干)	2
药用植物	
白术	0.5
石斛(鲜)	0.1
石斛(干)	1

4.208.5 检测方法:谷物、水果、饮料类按照 GB 23200.74 规定的方法测定;药用植物参照 GB 23200.74 规定的方法测定。

4.209 **久效磷(monocrotophos)**

4.209.1 主要用途:杀虫剂。

4.209.2 ADI:0.000 6 mg/kg bw。

4.209.3 残留物:久效磷。

4.209.4 最大残留限量:应符合表 209 的规定。

表 209

食品类别/名称	最大残留限量,mg/kg
谷物	
稻谷	0.02
麦类	0.02
旱粮类	0.02
杂粮类	0.02
油料和油脂	
大豆	0.03
棉籽油	0.05
蔬菜	
鳞茎类蔬菜	0.03
芸薹属类蔬菜	0.03
叶菜类蔬菜	0.03
茄果类蔬菜	0.03
瓜类蔬菜	0.03
豆类蔬菜	0.03
茎类蔬菜	0.03
根茎类和薯芋类蔬菜	0.03
水生类蔬菜	0.03
芽菜类蔬菜	0.03
其他类蔬菜	0.03

表 209（续）

食品类别/名称	最大残留限量,mg/kg
水果	
柑橘类水果	0.03
仁果类水果	0.03
核果类水果	0.03
浆果和其他小型水果	0.03
热带和亚热带水果	0.03
瓜果类水果	0.03
糖料	
甜菜	0.02
甘蔗	0.02

4.209.5 检测方法：谷物、油料和油脂按照 GB 23200.113、GB/T 5009.20 规定的方法测定；蔬菜、水果按照 GB 23200.113、NY/T 761 规定的方法测定；糖料参照 GB 23200.113、NY/T 761 规定的方法测定。

4.210 **抗倒酯(trinexapac-ethyl)**

4.210.1 主要用途：植物生长调节剂。

4.210.2 ADI：0.3 mg/kg bw。

4.210.3 残留物：抗倒酸。

4.210.4 最大残留限量：应符合表 210 的规定。

表 210

食品类别/名称	最大残留限量,mg/kg
谷物	
小麦	0.05*
大麦	3*
燕麦	3*
小黑麦	3*
油料和油脂	
油菜籽	1.5
糖料	
甘蔗	0.5
* 该限量为临时限量。	

4.211 **抗蚜威(pirimicarb)**

4.211.1 主要用途：杀虫剂。

4.211.2 ADI：0.02 mg/kg bw。

4.211.3 残留物：抗蚜威。

4.211.4 最大残留限量：应符合表 211 的规定。

表 211

食品类别/名称	最大残留限量,mg/kg
谷物	
稻谷	0.05
小麦	0.05
大麦	0.05
燕麦	0.05
黑麦	0.05
旱粮类	0.05
杂粮类	0.2

表 211（续）

食品类别/名称	最大残留限量，mg/kg
油料和油脂	
油菜籽	0.2
大豆	0.05
葵花籽	0.1
蔬菜	
大蒜	0.1
洋葱	0.1
芸薹属类蔬菜（羽衣甘蓝、结球甘蓝、花椰菜除外）	0.5
羽衣甘蓝	0.3
结球甘蓝	1
花椰菜	1
普通白菜	5
叶用莴苣	5
结球莴苣	5
大白菜	1
茄果类蔬菜	0.5
瓜类蔬菜	1
豆类蔬菜	0.7
芦笋	0.01
朝鲜蓟	5
根茎类和薯芋类蔬菜	0.05
水果	
柑橘类水果	3
仁果类水果	1
桃	0.5
油桃	0.5
李子	0.5
杏	0.5
樱桃	0.5
枣（鲜）	0.5
浆果及其他小型水果	1
瓜果类水果（甜瓜类水果除外）	1
甜瓜类水果	0.2
调味料	
干辣椒	20
种子类调味料	5

4.211.5 检测方法：谷物按照 GB 23200.9、GB 23200.113、GB/T 20770、SN/T 0134 规定的方法测定；油料和油脂按照 GB 23200.113 规定的方法测定；蔬菜按照 GB 23200.8、GB 23200.113、GB/T 20769、SN/T 0134 规定的方法测定；水果按照 GB 23200.8、GB 23200.113、NY/T 1379、SN/T 0134 规定的方法测定；调味料按照 GB 23200.113 规定的方法测定。

4.212 克百威（carbofuran）

4.212.1 主要用途：杀虫剂。

4.212.2 ADI：0.001 mg/kg bw。

4.212.3 残留物：克百威及 3-羟基克百威之和，以克百威表示。

4.212.4 最大残留限量：应符合表 212 的规定。

表 212

食品类别/名称	最大残留限量,mg/kg
谷物	
糙米	0.1
麦类	0.05
旱粮类	0.05
杂粮类	0.05
油料和油脂	
油菜籽	0.05
棉籽	0.1
大豆	0.2
花生仁	0.2
葵花籽	0.1
蔬菜	
鳞茎类蔬菜	0.02
芸薹属类蔬菜	0.02
叶菜类蔬菜	0.02
茄果类蔬菜	0.02
瓜类蔬菜	0.02
豆类蔬菜	0.02
茎类蔬菜	0.02
根茎类和薯芋类蔬菜(马铃薯除外)	0.02
马铃薯	0.1
水生类蔬菜	0.02
芽菜类蔬菜	0.02
其他类蔬菜	0.02
水果	
柑橘类水果	0.02
仁果类水果	0.02
核果类水果	0.02
浆果和其他小型水果	0.02
热带和亚热带水果	0.02
瓜果类水果	0.02
糖料	
甘蔗	0.1
甜菜	0.1
饮料类	
茶叶	0.05
调味料	
根茎类调味料	0.1
哺乳动物肉类(海洋哺乳动物除外)	
猪肉	0.05*
牛肉	0.05*
羊肉	0.05*
马肉	0.05*
哺乳动物内脏(海洋哺乳动物除外)	
猪内脏	0.05*
牛内脏	0.05*
羊内脏	0.05*
马内脏	0.05*
哺乳动物脂肪	
猪脂肪	0.05*
牛脂肪	0.05*
羊脂肪	0.05*
马脂肪	0.05*
* 该限量为临时限量。	

4.212.5 检测方法：谷物、油料和油脂、调味料按照 GB 23200.112 的方法测定；蔬菜、水果按照 GB 23200.112、NY/T 761 规定的方法测定；糖料参照 GB 23200.112、NY/T 761 规定的方法测定；茶叶按照 GB 23200.112 规定的方法测定。

4.213 克菌丹(captan)

4.213.1 主要用途：杀菌剂。

4.213.2 ADI：0.1 mg/kg bw。

4.213.3 残留物：克菌丹。

4.213.4 最大残留限量：应符合表 213 的规定。

表 213

食品类别/名称	最大残留限量，mg/kg
谷物	
玉米	0.05
鲜食玉米	0.05
蔬菜	
番茄	5
辣椒	5
黄瓜	5
马铃薯	0.05
水果	
柑	5
橘	5
橙	5
苹果	15
梨	15
山楂	15
枇杷	15
榅桲	15
桃	20
油桃	3
李子	10
樱桃	25
蓝莓	20
醋栗(红、黑)	20
葡萄	5
草莓	15
甜瓜类水果	10
干制水果	
李子干	10
葡萄干	2
坚果	
杏仁	0.3
调味料	
根茎类调味料	0.05

4.213.5 检测方法：谷物、调味料参照 GB 23200.8 规定的方法测定；蔬菜、水果、干制水果按照 GB 23200.8、SN 0654 规定的方法测定；坚果参照 GB 23200.8、SN 0654 规定的方法测定。

4.214 苦参碱(matrine)

4.214.1 主要用途：杀虫剂。

4.214.2 ADI：0.1 mg/kg bw。

4.214.3 残留物：苦参碱。

4.214.4 最大残留限量：应符合表 214 的规定。

表 214

食品类别/名称	最大残留限量,mg/kg
蔬菜	
结球甘蓝	5*
黄瓜	5*
水果	
柑	1*
橘	1*
橙	1*
梨	5*
* 该限量为临时限量。	

4.215 喹禾糠酯(quizalofop-P-tefuryl)

4.215.1 主要用途:除草剂。

4.215.2 ADI:0.013 mg/kg bw。

4.215.3 残留物:喹禾糠酯和喹禾灵酸之和,以喹禾灵酸计。

4.215.4 最大残留限量:应符合表 215 的规定。

表 215

食品类别/名称	最大残留限量,mg/kg
油料和油脂	
大豆	0.1*
蔬菜	
菜用大豆	0.1*
* 该限量为临时限量。	

4.216 喹禾灵和精喹禾灵(quizalofop and quizalofop-P-ethyl)

4.216.1 主要用途:除草剂。

4.216.2 ADI:0.000 9 mg/kg bw。

4.216.3 残留物:喹禾灵。

4.216.4 最大残留限量:应符合表 216 的规定。

表 216

食品类别/名称	最大残留限量,mg/kg
谷物	
赤豆	0.1
油料和油脂	
油菜籽	0.1
芝麻	0.1
棉籽	0.05
大豆	0.1
花生仁	0.1
蔬菜	
大白菜	0.5
菜用大豆	0.2
马铃薯	0.05
水果	
西瓜	0.2
糖料	
甜菜	0.1

4.216.5 检测方法:谷物按照 GB/T 20770 规定的方法测定;油料和油脂、糖料参照 GB/T 20770、SN/T 2228 规定的方法测定;蔬菜、水果按照 GB/T 20769 规定的方法测定。

4.217 喹啉铜(oxine-copper)

4.217.1 主要用途:杀菌剂。

4.217.2 ADI:0.02 mg/kg bw。

4.217.3 残留物:喹啉铜。

4.217.4 最大残留限量:应符合表 217 的规定。

表 217

食品类别/名称	最大残留限量,mg/kg
蔬菜	
番茄	2*
黄瓜	2*
水果	
苹果	2*
葡萄	3*
杨梅	5*
荔枝	5*
坚果	
山核桃	0.5*
药用植物	
石斛(鲜)	3*
石斛(干)	3*
* 该限量为临时限量。	

4.218 喹硫磷(quinalphos)

4.218.1 主要用途:杀虫剂。

4.218.2 ADI:0.000 5 mg/kg bw。

4.218.3 残留物:喹硫磷。

4.218.4 最大残留限量:应符合表 218 的规定。

表 218

食品类别/名称	最大残留限量,mg/kg
谷物	
稻谷	2*
糙米	1*
大米	0.2*
油料和油脂	
棉籽	0.05*
水果	
柑	0.5*
橘	0.5*
橙	0.5*
* 该限量为临时限量。	

4.218.5 检测方法:谷物按照 GB 23200.9、GB 23200.113、GB/T 5009.20 规定的方法测定;油料和油脂按照 GB 23200.113 规定的方法测定;水果按照 GB 23200.113、NY/T 761 规定的方法测定。

4.219 喹螨醚(fenazaquin)

4.219.1 主要用途:杀螨剂。

4.219.2 ADI:0.05 mg/kg bw。

4.219.3 残留物:喹螨醚。

4.219.4 最大残留限量:应符合表 219 的规定。

表 219

食品类别/名称	最大残留限量,mg/kg
饮料类	
茶叶	15

4.219.5 检测方法:茶叶按照 GB 23200.13、GB/T 23204 规定的方法测定。

4.220 **喹氧灵(quinoxyfen)**

4.220.1 主要用途:杀菌剂。

4.220.2 ADI:0.2 mg/kg bw。

4.220.3 残留物:喹氧灵。

4.220.4 最大残留限量:应符合表 220 的规定。

表 220

食品类别/名称	最大残留限量,mg/kg
谷物	
小麦	0.01
大麦	0.01
蔬菜	
结球莴苣	8
叶用莴苣	20
辣椒	1
水果	
樱桃	0.4
加仑子(黑)	1
葡萄	2
草莓	1
甜瓜类水果	0.1
糖料	
甜菜	0.03
调味料	
干辣椒	10
饮料类	
啤酒花	1
哺乳动物肉类(海洋哺乳动物除外),以脂肪中的残留量表示	0.2
哺乳动物内脏(海洋哺乳动物除外)	0.01
禽肉类,以脂肪中残留量表示	0.02
禽类脂肪	0.02
蛋类	0.01
生乳	0.01

4.220.5 检测方法:谷物、蔬菜、水果、调味料、饮料类按照 GB 23200.113 规定的方法测定;糖料参照 GB 23200.113 规定的方法测定;动物源性食品参照 GB 23200.56 规定的方法测定。

4.221 **乐果(dimethoate)**

4.221.1 主要用途:杀虫剂。

4.221.2 ADI:0.002 mg/kg bw。

4.221.3 残留物:乐果。

4.221.4 最大残留限量:应符合表 221 的规定。

表 221

食品类别/名称	最大残留限量,mg/kg
谷物	
稻谷	0.05*
小麦	0.05*
鲜食玉米	0.5*
油料和油脂	
大豆	0.05*
植物油	0.05*
蔬菜	
大蒜	0.2*
洋葱	0.2*
韭菜	0.2*
葱	0.2*
百合	0.2*
结球甘蓝	1*
抱子甘蓝	0.2*
皱叶甘蓝	0.05*
花椰菜	1*
芥蓝	2*
菜薹	3*
菠菜	1*
普通白菜	1*
叶用莴苣	1*
大白菜	1*
番茄	0.5*
茄子	0.5*
辣椒	0.5*
西葫芦	2*
苦瓜	3*
豌豆	0.5*
菜豆	0.5*
蚕豆	0.5*
扁豆	0.5*
豇豆	0.5*
食荚豌豆	0.5*
芹菜	0.5*
芦笋	0.5*
朝鲜蓟	0.5*
萝卜	0.5*
胡萝卜	0.5*
芜菁	2*
马铃薯	0.5*
甘薯	0.05*
山药	0.5*
水果	
柑	2*
橘	2*
橙	2*
柠檬	2*
柚	2*

表 221（续）

食品类别/名称	最大残留限量，mg/kg
水果	
苹果	1*
梨	1*
桃	2*
油桃	2*
李子	2*
杏	2*
樱桃	2*
枣(鲜)	2*
橄榄	0.5*
芒果	1*
糖料	
甜菜	0.5*
食用菌	
蘑菇类(鲜)	0.5*
调味料	
干辣椒	3*
果类调味料	0.5*
种子类调味料	5*
根茎类调味料	0.1*
哺乳动物肉类(海洋哺乳动物除外)	
猪肉	0.05*
牛肉	0.05*
羊肉	0.05*
马肉	0.05*
哺乳动物内脏(海洋哺乳动物除外)	
牛内脏	0.05*
羊内脏	0.05*
哺乳动物脂肪(乳脂肪除外)	0.05*
禽肉类	0.05*
禽类内脏	0.05*
禽类脂肪	0.05*
蛋类	0.05*
生乳	
牛奶	0.05*
羊奶	0.05*
* 该限量为临时限量。	

4.221.5 检测方法：谷物、油料和油脂按照 GB 23200.113、GB/T 5009.20 规定的方法测定；蔬菜、水果、食用菌按照 GB 23200.113、GB/T 5009.145、GB/T 20769、NY/T 761 规定的方法测定；糖料参照 GB 23200.113、NY/T 761 规定的方法测定；调味料按照 GB 23200.113 规定的方法测定；哺乳动物肉类(海洋哺乳动物除外)按照 GB/T 20772 规定的方法测定；哺乳动物内脏(海洋哺乳动物除外)、哺乳动物类脂肪(乳脂肪除外)、禽肉类、禽类脂肪、禽类内脏、蛋类、生乳参照 GB/T 20772 规定的方法测定。

4.222 联苯肼酯(bifenazate)

4.222.1 主要用途：杀螨剂。

4.222.2 ADI：0.01 mg/kg bw。

4.222.3 残留物：植物源性食品为联苯肼酯；动物源性食品为联苯肼酯和联苯肼酯-二氮烯{二氮烯羧酸，2-[4-甲氧基-(1,1′-联苯基-3-基)-1-甲基乙酯}之和，以联苯肼酯表示。

4.222.4 最大残留限量：应符合表 222 的规定。

表 222

食品类别/名称	最大残留限量,mg/kg
谷物	
杂粮类	0.3
油料和油脂	
棉籽	0.3
蔬菜	
番茄	0.5
辣椒	3
甜椒	2
瓜类蔬菜	0.5
豆类蔬菜	7
水果	
柑	0.7
橘	0.7
橙	0.7
仁果类水果(苹果除外)	0.7
苹果	0.2
核果类水果	2
黑莓	7
露莓(包括波森莓和罗甘莓)	7
醋栗(红、黑)	7
葡萄	0.7
草莓	2
番木瓜	1
瓜果类水果	0.5
干制水果	
葡萄干	2
坚果	0.2
饮料类	
啤酒花	20
调味料	
薄荷	40
哺乳动物肉类(海洋哺乳动物除外),以脂肪中的残留量表示	0.05*
哺乳动物内脏(海洋哺乳动物除外)	0.01*
禽肉类,以脂肪中的残留量表示	0.01*
禽类内脏	0.01*
蛋类	0.01*
生乳	0.01*
乳脂肪	0.05*
* 该限量为临时限量。	

4.222.5 检测方法:谷物、油料和油脂、坚果、饮料类、调味料参照 GB 23200.34 标准规定的方法测定;蔬菜、水果、干制水果按照 GB 23200.8 规定的方法测定。

4.223 联苯菊酯(bifenthrin)

4.223.1 主要用途:杀虫/杀螨剂。

4.223.2 ADI:0.01 mg/kg bw。

4.223.3 残留物:联苯菊酯(异构体之和)。

4.223.4 最大残留限量:应符合表 223 的规定。

表 223

食品类别/名称	最大残留限量,mg/kg
谷物	
小麦	0.5
大麦	0.05
玉米	0.05
杂粮类	0.3
油料和油脂	
棉籽	0.5
大豆	0.3
油菜籽	0.05
食用菜籽油	0.1
蔬菜	
芸薹属类蔬菜(结球甘蓝除外)	0.4
结球甘蓝	0.2
叶芥菜	4
萝卜叶	4
番茄	0.5
茄子	0.3
辣椒	0.5
黄瓜	0.5
根茎类和薯芋类蔬菜	0.05
水果	
柑	0.05
橘	0.05
橙	0.05
柠檬	0.05
柚	0.05
苹果	0.5
梨	0.5
黑莓	1
露莓(包括波森莓和罗甘莓)	1
醋栗(红、黑)	1
草莓	1
香蕉	0.1
坚果	0.05
糖料	
甘蔗	0.05
饮料类	
茶叶	5
啤酒花	20
调味料	
干辣椒	5
果类调味料	0.03
根茎类调味料	0.05
哺乳动物肉类(海洋哺乳动物除外),以脂肪中残留量表示	3
哺乳动物内脏(海洋哺乳动物除外)	0.2
生乳	0.2
乳脂肪	3

4.223.5 检测方法:谷物按照 GB 23200.113、SN/T 2151 规定的方法测定;油料和油脂按照 GB

23200.113 规定的方法测定；蔬菜、水果按照 GB 23200.113、GB/T 5009.146、NY/T 761、SN/T 1969 规定的方法测定；坚果参照 GB 23200.113、NY/T 761 标准规定的方法测定；糖料参照 GB 23200.8、GB 23200.113、NY/T 761 规定的方法测定；饮料类按照 GB 23200.113、SN/T 1969 规定的方法测定；调味料按照 GB 23200.113 规定的方法测定；哺乳动物肉类（海洋哺乳动物除外）、哺乳动物内脏（海洋哺乳动物除外）按照 SN/T 1969 规定的方法测定；生乳、乳脂肪参照 SN/T 1969 规定的方法测定。

4.224 联苯三唑醇(bitertanol)

4.224.1 主要用途：杀菌剂。

4.224.2 ADI：0.01 mg/kg bw。

4.224.3 残留物：联苯三唑醇。

4.224.4 最大残留限量：应符合表 224 的规定。

表 224

食品类别/名称	最大残留限量，mg/kg
谷物	
小麦	0.05
大麦	0.05
燕麦	0.05
黑麦	0.05
小黑麦	0.05
油料和油脂	
花生仁	0.1
蔬菜	
番茄	3
黄瓜	0.5
水果	
仁果类水果	2
桃	1
油桃	1
杏	1
李子	2
樱桃	1
香蕉	0.5
干制水果	
李子干	2
哺乳动物肉类（海洋哺乳动物除外），以脂肪中残留量表示	0.05
哺乳动物内脏（海洋哺乳动物除外）	0.05
禽肉类	0.01
禽类内脏	0.01
蛋类	0.01
生乳	0.05

4.224.5 检测方法：谷物按照 GB 23200.9、GB/T 20770 规定的方法测定；油料和油脂参照 GB 23200.9、GB/T 207710 规定的方法测定；蔬菜、水果、干制水果按照 GB 23200.8、GB/T 20769 规定的方法测定；哺乳动物肉类（海洋哺乳动物除外）、禽肉类按照 GB/T 20772 规定的方法测定；哺乳动物内脏（海洋哺乳动物除外）、禽类内脏参照 GB/T 20772 规定的方法测定；蛋类参照 GB/T 23211 规定的方法测定；生乳按照 GB/T 23211 规定的方法测定。

4.225 邻苯基苯酚(2-phenylphenol)

4.225.1 主要用途：杀菌剂。

4.225.2 ADI：0.4 mg/kg bw。

4.225.3 残留物:邻苯基苯酚和邻苯基苯酚钠之和,以邻苯基苯酚表示。

4.225.4 最大残留限量:应符合表225的规定。

表225

食品类别/名称	最大残留限量,mg/kg
水果	
柑橘类水果	10
梨	20
干制水果	
柑橘脯	60
饮料类	
橙汁	0.5

4.225.5 检测方法:水果、干制水果、饮料类按照GB 23200.8规定的方法测定。

4.226 磷胺(phosphamidon)

4.226.1 主要用途:杀虫剂。

4.226.2 ADI:0.000 5 mg/kg bw。

4.226.3 残留物:磷胺。

4.226.4 最大残留限量:应符合表226的规定。

表226

食品类别/名称	最大残留限量,mg/kg
谷物	
稻谷	0.02
蔬菜	
鳞茎类蔬菜	0.05
芸薹属类蔬菜	0.05
叶菜类蔬菜	0.05
茄果类蔬菜	0.05
瓜类蔬菜	0.05
豆类蔬菜	0.05
茎类蔬菜	0.05
根茎类和薯芋类蔬菜	0.05
水生类蔬菜	0.05
芽菜类蔬菜	0.05
其他类蔬菜	0.05
水果	
柑橘类水果	0.05
仁果类水果	0.05
核果类水果	0.05
浆果和其他小型水果	0.05
热带和亚热带水果	0.05
瓜果类水果	0.05

4.226.5 检测方法:谷物按照GB 23200.113、SN 0701规定的方法测定;蔬菜、水果按照GB 23200.113、NY/T 761规定的方法测定。

4.227 磷化铝(aluminium phosphide)

4.227.1 主要用途:杀虫剂。

4.227.2 ADI:0.011 mg/kg bw。

4.227.3 残留物:磷化氢。

4.227.4 最大残留限量:应符合表227的规定。

表227

食品类别/名称	最大残留限量,mg/kg
谷物	
稻谷	0.05
麦类	0.05
旱粮类	0.05
杂粮类	0.05
成品粮	0.05
油料和油脂	
大豆	0.05
蔬菜	
薯类蔬菜	0.05

4.227.5 检测方法:谷物、油料和油脂按照GB/T 5009.36、GB/T 25222规定的方法测定;蔬菜参照GB/T 5009.36规定的方法测定。

4.228 **磷化镁(megnesium phosphide)**

4.228.1 主要用途:杀虫剂。

4.228.2 ADI:0.011 mg/kg bw。

4.228.3 残留物:磷化氢。

4.228.4 最大残留限量:应符合表228的规定。

表228

食品类别/名称	最大残留限量,mg/kg
谷物	
稻谷	0.05

4.228.5 检测方法:谷物按照GB/T 5009.36、GB/T 25222规定的方法测定。

4.229 **磷化氢(hydrogen phosphide)**

4.229.1 主要用途:杀虫剂。

4.229.2 ADI:0.011 mg/kg bw。

4.229.3 残留物:磷化氢。

4.229.4 最大残留限量:应符合表229的规定。

表229

食品类别/名称	最大残留限量,mg/kg
干制蔬菜	0.01
干制水果	0.01
坚果	0.01
饮料类	
可可豆	0.01
调味料	0.01

4.229.5 检测方法:干制蔬菜、干制水果、坚果、饮料类和调味料参照GB/T 5009.36规定的方法测定。

4.230 **硫丹(endosulfan)**

4.230.1 主要用途:杀虫剂。

4.230.2 ADI:0.006 mg/kg bw。

4.230.3 残留物:α-硫丹和β-硫丹及硫丹硫酸酯之和。

4.230.4 最大残留限量：应符合表 230 的规定。

表 230

食品类别/名称	最大残留限量，mg/kg
油料和油脂	
棉籽	0.05
大豆	0.05
大豆毛油	0.05
蔬菜	
黄瓜	0.05*
甘薯	0.05*
芋	0.05*
马铃薯	0.05*
水果	
苹果	0.05*
梨	0.05*
荔枝	0.05*
瓜果类水果	0.05*
坚果	
榛子	0.02
澳洲坚果	0.02
糖料	
甘蔗	0.05
饮料类	
茶叶	10
咖啡豆	0.2
可可豆	0.2
调味料	
果类调味料	5
种子类调味料	1
根茎类调味料	0.5
哺乳动物肉类(海洋哺乳动物除外)，以脂肪中残留量表示	0.2
哺乳动物内脏(海洋哺乳动物除外)	
猪肝	0.1
牛肝	0.1
羊肝	0.1
猪肾	0.03
牛肾	0.03
羊肾	0.03
禽肉类	0.03
禽类内脏	0.03
蛋类	0.03
生乳	0.01
* 该限量为临时限量。	

4.230.5 检测方法：油料和油脂、坚果、糖料、饮料类、调味料参照 GB/T 5009.19 规定的方法测定；动物源性食品按照 GB/T 5009.19、GB/T 5009.162 规定的方法测定。

4.231 硫环磷(phosfolan)

4.231.1 主要用途：杀虫剂。

4.231.2 ADI：0.005 mg/kg bw。

4.231.3 残留物：硫环磷。

4.231.4 最大残留限量：应符合表 231 的规定。

表 231

食品类别/名称	最大残留限量,mg/kg
谷物	
小麦	0.03
油料和油脂	
大豆	0.03
蔬菜	
鳞茎类蔬菜	0.03
芸薹属类蔬菜	0.03
叶菜类蔬菜	0.03
茄果类蔬菜	0.03
瓜类蔬菜	0.03
豆类蔬菜	0.03
茎类蔬菜	0.03
根茎类和薯芋类蔬菜	0.03
水生类蔬菜	0.03
芽菜类蔬菜	0.03
其他类蔬菜	0.03
水果	
柑橘类水果	0.03
仁果类水果	0.03
核果类水果	0.03
浆果和其他小型水果	0.03
热带和亚热带水果	0.03
瓜果类水果	0.03
饮料类	
茶叶	0.03

4.231.5 检测方法:谷物按照 GB 23200.113、GB/T 20770 规定的方法测定;油料和油脂按照 GB 23200.113 规定的方法测定;蔬菜、水果按照 GB 23200.113、NY/T 761 规定的方法测定;茶叶按照 GB 23200.13、GB 23200.113 规定的方法测定。

4.232 硫双威(thiodicarb)

4.232.1 主要用途:杀虫剂。

4.232.2 ADI:0.03 mg/kg bw。

4.232.3 残留物:硫双威。

4.232.4 最大残留限量:应符合表 232 的规定。

表 232

食品类别/名称	最大残留限量,mg/kg
油料和油脂	
棉籽油	0.1
蔬菜	
结球甘蓝	1

4.232.5 检测方法:油料和油脂、蔬菜参照 GB/T 20770 规定的方法测定。

4.233 硫酸链霉素(streptomycin sesquissulfate)

4.233.1 主要用途:杀菌剂。

4.233.2 ADI:0.05 mg/kg bw。

4.233.3 残留物:链霉素和双氢链霉素的总和,以链霉素表示。

4.233.4 最大残留限量:应符合表 233 的规定。

表 233

食品类别/名称	最大残留限量，mg/kg
蔬菜	
大白菜	1*
* 该限量为临时限量。	

4.234 **硫酰氟(sulfuryl fluoride)**

4.234.1 主要用途：杀虫剂。

4.234.2 ADI：0.01 mg/kg bw。

4.234.3 残留物：硫酰氟。

4.234.4 最大残留限量：应符合表 234 的规定。

表 234

食品类别/名称	最大残留限量，mg/kg
谷物	
稻谷	0.05*
糙米	0.1*
大米	0.1*
小麦	0.1*
旱粮类	0.05*
黑麦粉	0.1*
黑麦全粉	0.1*
小麦粉	0.1*
全麦粉	0.1*
玉米粉	0.1*
玉米糁	0.1*
麦胚	0.1*
蔬菜	
黄瓜	0.05*
干制水果	0.06*
坚果	3*
* 该限量为临时限量。	

4.235 **硫线磷(cadusafos)**

4.235.1 主要用途：杀虫剂。

4.235.2 ADI：0.000 5 mg/kg bw。

4.235.3 残留物：硫线磷。

4.235.4 最大残留限量：应符合表 235 的规定。

表 235

食品类别/名称	最大残留限量，mg/kg
谷物	
稻谷	0.02
麦类	0.02
旱粮类	0.02
杂粮类	0.02
油料和油脂	
大豆	0.02
花生仁	0.02

表 235（续）

食品类别/名称	最大残留限量,mg/kg
蔬菜	
鳞茎类蔬菜	0.02
芸薹属类蔬菜	0.02
叶菜类蔬菜	0.02
茄果类蔬菜	0.02
瓜类蔬菜	0.02
豆类蔬菜	0.02
茎类蔬菜	0.02
根茎类和薯芋类蔬菜	0.02
水生类蔬菜	0.02
芽菜类蔬菜	0.02
其他类蔬菜	0.02
水果	
柑橘类水果	0.005
仁果类水果	0.02
核果类水果	0.02
浆果和其他小型水果	0.02
热带和亚热带水果	0.02
糖料	
甘蔗	0.005

4.235.5 检测方法：谷物按照 GB/T 20770 规定的方法测定；油料和油脂参照 GB/T 20770 规定的方法测定；蔬菜、水果按照 GB/T 20769 规定的方法测定；糖料参照 SN/T 2147 规定的方法测定。

4.236 螺虫乙酯(spirotetramat)

4.236.1 主要用途：杀虫剂。

4.236.2 ADI：0.05 mg/kg bw。

4.236.3 残留物：螺虫乙酯及其烯醇类代谢产物之和，以螺虫乙酯表示。

4.236.4 最大残留限量：应符合表 236 的规定。

表 236

食品类别/名称	最大残留限量,mg/kg
谷物	
杂粮类	2*
油料和油脂	
棉籽	0.4*
大豆	4*
蔬菜	
洋葱	0.4*
结球甘蓝	2*
花椰菜	1*
叶菜类蔬菜(芹菜除外)	7*
芹菜	4*
茄果类蔬菜(辣椒除外)	1*
辣椒	2*
瓜类蔬菜(黄瓜除外)	0.2*
黄瓜	1*
豆类蔬菜	1.5*
朝鲜蓟	1*
马铃薯	0.8*

表 236（续）

食品类别/名称	最大残留限量,mg/kg
水果	
柑橘类水果(柑、橘、橙除外)	0.5*
柑	1*
橘	1*
橙	1*
仁果类水果(苹果除外)	0.7*
苹果	1*
核果类水果	3*
浆果和其他小型水果(越橘、葡萄、猕猴桃除外)	1.5*
越橘	0.2*
葡萄	2*
猕猴桃	0.02*
荔枝	15*
芒果	0.3*
番木瓜	0.4*
瓜果类水果	0.2*
干制水果	
李子干	5*
葡萄干	4*
坚果	0.5*
饮料类	
啤酒花	15*
调味料	
干辣椒	15*
哺乳动物肉类(海洋哺乳动物除外)	0.05*
哺乳动物内脏(海洋哺乳动物除外)	1*
禽肉类	0.01*
禽类内脏	0.01*
蛋类	0.01*
生乳	0.005*
* 该限量为临时限量。	

4.237 **螺螨酯(spirodiclofen)**

4.237.1 主要用途:杀螨剂。

4.237.2 ADI:0.01 mg/kg bw。

4.237.3 残留物:螺螨酯。

4.237.4 最大残留限量:应符合表 237 的规定。

表 237

食品类别/名称	最大残留限量,mg/kg
油料和油脂	
棉籽	0.02
蔬菜	
番茄	0.5
甜椒	0.2
黄瓜	0.07
腌制用小黄瓜	0.07
水果	
柑橘类水果(柑、橘、橙除外)	0.4

表 237(续)

食品类别/名称	最大残留限量,mg/kg
水果	
柑	0.5
橘	0.5
橙	0.5
仁果类水果(苹果除外)	0.8
苹果	0.5
桃	2
油桃	2
杏	2
枣(鲜)	2
李子	2
樱桃	2
青梅	2
蓝莓	4
醋栗	1
葡萄	0.2
草莓	2
鳄梨	0.9
番木瓜	0.03
干制水果	
葡萄干	0.3
坚果	0.05
饮料类	
咖啡豆	0.03
啤酒花	40
哺乳动物肉类(海洋哺乳动物除外),以脂肪中残留量表示	0.01
哺乳动物内脏(海洋哺乳动物除外)	0.05
生乳	0.004

4.237.5 检测方法:油料和油脂参照 GB 23200.9 规定的方法测定;蔬菜、干制水果按照 GB/T 20769 规定的方法测定;水果按照 GB 23200.8、GB/T 20769 规定的方法测定;坚果、饮料类参照 GB/T 20769 规定的方法测定;哺乳动物肉类(海洋哺乳动物除外)按照 GB/T 20772 规定的方法测定;哺乳动物内脏(海洋哺乳动物除外)参照 GB/T 20772 规定的方法测定;生乳按照 GB/T 23211 规定的方法测定。

4.238 **绿麦隆(chlortoluron)**

4.238.1 主要用途:除草剂。

4.238.2 ADI:0.04 mg/kg bw。

4.238.3 残留物:绿麦隆。

4.238.4 最大残留限量:应符合表 238 的规定。

表 238

食品类别/名称	最大残留限量,mg/kg
谷物	
麦类	0.1
玉米	0.1
油料和油脂	
大豆	0.1

4.238.5 检测方法：谷物、油料和油脂按照 GB/T 5009.133 规定的方法测定。

4.239 **氯氨吡啶酸(aminopyralid)**

4.239.1 主要用途：除草剂。

4.239.2 ADI：0.9 mg/kg bw。

4.239.3 残留物：氯氨吡啶酸及其能被水解的共轭物，以氯氨吡啶酸表示。

4.239.4 最大残留限量：应符合表 239 的规定。

表 239

食品类别/名称	最大残留限量，mg/kg
谷物	
小麦	0.1*
大麦	0.1*
燕麦	0.1*
小黑麦	0.1*
哺乳动物肉类(海洋哺乳动物除外)	0.1*
哺乳动物内脏(海洋哺乳动物除外)	
哺乳动物内脏(猪肾、牛肾、羊肾除外)	0.05*
猪肾	1*
牛肾	1*
羊肾	1*
禽肉类	0.01*
禽类内脏	0.01*
蛋类	0.01*
生乳	0.02*
* 该限量为临时限量。	

4.240 **氯苯胺灵(chlorpropham)**

4.240.1 主要用途：植物生长调节剂。

4.240.2 ADI：0.05 mg/kg bw。

4.240.3 残留物：氯苯胺灵。

4.240.4 最大残留限量：应符合表 240 的规定。

表 240

食品类别/名称	最大残留限量，mg/kg
蔬菜	
马铃薯	30
哺乳动物肉类(海洋哺乳动物除外)	
牛肉	0.1
哺乳动物内脏(海洋哺乳动物除外)	
牛内脏	0.01*
生乳	0.01
乳脂肪	0.02
* 该限量为临时限量。	

4.240.5 检测方法：蔬菜按照 GB 23200.9、GB 23200.113 规定的方法测定；哺乳动物肉类(海洋哺乳动物除外)按照 GB/T 19650 规定的方法测定；生乳按照 GB/T 23210 规定的方法测定；乳脂肪参照 GB/T 23210 规定的方法测定。

4.241 **氯苯嘧啶醇(fenarimol)**

4.241.1 主要用途：杀菌剂。

4.241.2 ADI：0.01 mg/kg bw。

4.241.3 残留物：氯苯嘧啶醇。

4.241.4 最大残留限量:应符合表 241 的规定。

表 241

食品类别/名称	最大残留限量,mg/kg
蔬菜	
甜椒	0.5
朝鲜蓟	0.1
水果	
苹果	0.3
梨	0.3
山楂	0.3
枇杷	0.3
榅桲	0.3
桃	0.5
樱桃	1
葡萄	0.3
草莓	1
香蕉	0.2
甜瓜类水果	0.05
干制水果	
葡萄干	0.2
饮料类	
啤酒花	5
坚果	
山核桃	0.02
调味料	
干辣椒	5
哺乳动物肉类(海洋哺乳动物除外)	
牛肉	0.02
哺乳动物内脏(海洋哺乳动物除外)	
牛肝	0.05*
牛肾	0.02*
* 该限量为临时限量。	

4.241.5 检测方法:蔬菜、水果、干制水果、饮料类按照 GB 23200.8、GB 23200.113、GB/T 20769 规定的方法测定;坚果参照 GB 23200.8、GB 23200.113、GB/T 20769 规定的方法测定;调味料按照 GB 23200.113 规定的方法测定;哺乳动物肉类(海洋哺乳动物除外)按照 GB/T 20772 规定的方法测定。

4.242 氯吡嘧磺隆(halosulfuron-methyl)

4.242.1 主要用途:除草剂。

4.242.2 ADI:0.1 mg/kg bw。

4.242.3 残留物:氯吡嘧磺隆。

4.242.4 最大残留限量:应符合表 242 的规定。

表 242

食品类别/名称	最大残留限量,mg/kg
谷物	
玉米	0.05
高粱	0.02
蔬菜	
番茄	0.05

4.242.5 检测方法:谷物按照 SN/T 2325 规定的方法测定;蔬菜参照 SN/T 2325 规定的方法测定。

4.243 **氯吡脲(forchlorfenuron)**

4.243.1 主要用途:植物生长调节剂。

4.243.2 ADI:0.07 mg/kg bw。

4.243.3 残留物:氯吡脲。

4.243.4 最大残留限量:应符合表243的规定。

表243

食品类别/名称	最大残留限量,mg/kg
蔬菜	
黄瓜	0.1
水果	
橙	0.05
枇杷	0.05
猕猴桃	0.05
葡萄	0.05
西瓜	0.1
甜瓜类水果	0.1

4.243.5 检测方法:蔬菜、水果按照GB 23200.110规定的方法测定。

4.244 **氯丙嘧啶酸(aminocyclopyrachlor)**

4.244.1 主要用途:除草剂。

4.244.2 ADI:3 mg/kg bw。

4.244.3 残留物:氯丙嘧啶酸。

4.244.4 最大残留限量:应符合表244的规定。

表244

食品类别/名称	最大残留限量,mg/kg
哺乳动物肉类(海洋哺乳动物除外)	0.01*
哺乳动物内脏(海洋哺乳动物除外)	0.3*
哺乳动物脂肪(乳脂肪除外)	0.03*
生乳	0.02*
* 该限量为临时限量。	

4.245 **氯虫苯甲酰胺(chlorantraniliprole)**

4.245.1 主要用途:杀虫剂。

4.245.2 ADI:2 mg/kg bw。

4.245.3 残留物:氯虫苯甲酰胺。

4.245.4 最大残留限量:应符合表245的规定。

表245

食品类别/名称	最大残留限量,mg/kg
谷物	
稻谷	0.5*
麦类	0.02*
旱粮类	0.02*
杂粮类	0.02*
成品粮(糙米、大米除外)	0.02*
糙米	0.5*
大米	0.04*

表 245（续）

食品类别/名称	最大残留限量，mg/kg
油料和油脂	
油菜籽	2*
棉籽	0.3*
大豆	0.05*
葵花籽	2*
蔬菜	
芸薹属类蔬菜	2*
叶菜类蔬菜(萝卜叶、芹菜除外)	20*
萝卜叶	40*
芹菜	7*
茄果类蔬菜	0.6*
瓜类蔬菜	0.3*
荚可食类豆类蔬菜(豇豆、食荚豌豆除外)	0.8*
豇豆	1*
食荚豌豆	0.05*
菜用大豆	2*
朝鲜蓟	2*
根茎类和薯芋类蔬菜(萝卜、胡萝卜除外)	0.02*
萝卜	0.5*
胡萝卜	0.08*
玉米笋	0.01*
水果	
柑橘类水果	0.5*
仁果类水果(苹果除外)	0.4*
苹果	2*
核果类水果	1*
浆果及其他小型水果	1*
石榴	0.4*
瓜果类水果	0.3*
坚果	0.02*
糖料	
甘蔗	0.05*
饮料类	
咖啡豆	0.05*
啤酒花	40*
调味料	
薄荷	15*
干辣椒	5*
哺乳动物肉类(海洋哺乳动物除外)，以脂肪中残留量表示	0.2*
哺乳动物内脏(海洋哺乳动物除外)	0.01*
哺乳动物脂肪(乳脂肪除外)	0.2*
禽肉类，以脂肪中残留量表示	0.01*
禽类内脏	0.01*
禽类脂肪	0.01*
蛋类	0.2*
生乳	0.05*
乳脂肪	0.2*
* 该限量为临时限量。	

4.246 氯啶菌酯(triclopyricarb)

4.246.1 主要用途：杀菌剂。

4.246.2 ADI：0.05 mg/kg bw。

4.246.3 残留物：氯啶菌酯。

4.246.4 最大残留限量：应符合表 246 的规定。

表 246

食品类别/名称	最大残留限量，mg/kg
谷物	
稻谷	5*
糙米	2*
小麦	0.2*
油料和油脂	
油菜籽	0.5*
* 该限量为临时限量。	

4.247 氯氟吡氧乙酸和氯氟吡氧乙酸异辛酯（fluroxypyr and fluroxypyr-meptyl）

4.247.1 主要用途：除草剂。

4.247.2 ADI：1 mg/kg bw。

4.247.3 残留物：氯氟吡氧乙酸。

4.247.4 最大残留限量：应符合表 247 的规定。

表 247

食品类别/名称	最大残留限量，mg/kg
谷物	
稻谷	0.2
小麦	0.2
玉米	0.5

4.247.5 检测方法：谷物按照 GB/T 22243 规定的方法测定。

4.248 氯氟氰菊酯和高效氯氟氰菊酯（cyhalothrin and lambda-cyhalothrin）

4.248.1 主要用途：杀虫剂。

4.248.2 ADI：0.02 mg/kg bw。

4.248.3 残留物：氯氟氰菊酯（异构体之和）。

4.248.4 最大残留限量：应符合表 248 的规定。

表 248

食品类别/名称	最大残留限量，mg/kg
谷物	
糙米	1
小麦	0.05
大麦	0.5
燕麦	0.05
黑麦	0.05
小黑麦	0.05
玉米	0.02
鲜食玉米	0.2
杂粮类	0.05
油料和油脂	
含油种籽（大豆、棉籽除外）	0.2
棉籽	0.05

表 248（续）

食品类别/名称	最大残留限量，mg/kg
油料和油脂	
大豆	0.02
棉籽油	0.02
蔬菜	
韭菜	0.5
鳞茎类蔬菜	0.2
结球甘蓝	1
头状花序芸薹属类蔬菜（青花菜除外）	0.5
青花菜	2
芥蓝	2
菜薹	1
菠菜	2
普通白菜	2
苋菜	5
茼蒿	5
叶用莴苣	2
茎用莴苣叶	2
油麦菜	2
芹菜	0.5
大白菜	1
茄果类蔬菜（番茄、茄子、辣椒除外）	0.3
番茄	0.2
茄子	0.2
辣椒	0.2
瓜类蔬菜（黄瓜除外）	0.05
黄瓜	1
豆类蔬菜	0.2
芦笋	0.02
茎用莴苣	0.2
根茎类和薯芋类蔬菜（马铃薯除外）	0.01
马铃薯	0.02
水果	
柑	0.2
橘	0.2
橙	0.2
柠檬	0.2
柚	0.2
佛手柑	0.2
金橘	0.2
苹果	0.2
梨	0.2
山楂	0.2
枇杷	0.2
榅桲	0.2
桃	0.5
油桃	0.5
杏	0.5
李子	0.2
樱桃	0.3
浆果及其他小型水果[枸杞（鲜）除外]	0.2
枸杞（鲜）	0.5

表 248（续）

食品类别/名称	最大残留限量，mg/kg
水果	
橄榄	1
荔枝	0.1
芒果	0.2
瓜果类水果	0.05
干制水果	
李子干	0.2
葡萄干	0.3
枸杞(干)	0.1
坚果	0.01
糖料	
甘蔗	0.05
饮料类	
茶叶	15
食用菌	
蘑菇类(鲜)	0.5
调味料	
干辣椒	3
哺乳动物肉类(海洋哺乳动物除外)，以脂肪中残留量表示	0.05
哺乳动物内脏(海洋哺乳动物除外)	
猪肾	0.2
牛肾	0.2
绵羊肾	0.2
山羊肾	0.2
猪肝	0.05
牛肝	0.05
绵羊肝	0.05
山羊肝	0.05
生乳	0.2

4.248.5 检测方法：谷物按照 GB 23200.9、GB 23200.113、GB/T 5009.146、SN/T 2151 规定的方法测定；油料和油脂、调味料按照 GB 23200.113 规定的方法测定；蔬菜、水果、干制水果按照 GB 23200.8、GB 23200.113、GB/T 5009.146、NY/T 761 规定的方法测定；坚果、糖料参照 GB 23200.9、GB 23200.113、GB/T 5009.146、SN/T 2151 规定的方法测定；茶叶按照 GB 23200.113 规定的方法测定；食用菌按照 GB 23200.113、GB/T 5009.146、NY/T 761 规定的方法测定；哺乳动物肉类(海洋哺乳动物除外)、哺乳动物内脏(海洋哺乳动物除外)参照 GB/T 23210 规定的方法测定；生乳按照 GB/T 23210 规定的方法测定。

4.249 **氯化苦(chloropicrin)**

4.249.1 主要用途：熏蒸剂。

4.249.2 ADI：0.001 mg/kg bw。

4.249.3 残留物：氯化苦。

4.249.4 最大残留限量：应符合表 249 的规定。

表 249

食品类别/名称	最大残留限量，mg/kg
谷物	
稻谷	0.1
麦类	0.1
旱粮类	0.1
杂粮类	0.1

表 249（续）

食品类别/名称	最大残留限量，mg/kg
油料和油脂	
大豆	0.1
花生仁	0.05
蔬菜	
茄子	0.05*
姜	0.05*
其他薯芋类蔬菜	0.1
水果	
草莓	0.05*
甜瓜类水果	0.05*
* 该限量为临时限量。	

4.249.5 检测方法：谷物按照 GB/T 5009.36 规定的方法测定；油料和油脂、蔬菜、水果参照 GB/T 5009.36 规定的方法测定。

4.250 **氯磺隆(chlorsulfuron)**

4.250.1 主要用途：除草剂。

4.250.2 ADI：0.2 mg/kg bw。

4.250.3 残留物：氯磺隆。

4.250.4 最大残留限量：应符合表 250 的规定。

表 250

食品类别/名称	最大残留限量，mg/kg
谷物	
小麦	0.1

4.250.5 检测方法：谷物按照 GB/T 20770 规定的方法测定。

4.251 **氯菊酯(permethrin)**

4.251.1 主要用途：杀虫剂。

4.251.2 ADI：0.05 mg/kg bw。

4.251.3 残留物：氯菊酯(异构体之和)。

4.251.4 最大残留限量：应符合表 251 的规定。

表 251

食品类别/名称	最大残留限量，mg/kg
谷物	
稻谷	2
麦类	2
旱粮类	2
杂粮类	2
小麦粉	0.5
麦胚	2
全麦粉	2
油料和油脂	
油菜籽	0.05
棉籽	0.5
大豆	2
花生仁	0.1

表 251（续）

食品类别/名称	最大残留限量，mg/kg
油料和油脂	
葵花籽	1
大豆毛油	0.1
葵花籽毛油	1
棉籽油	0.1
蔬菜	
鳞茎类蔬菜(韭葱、葱除外)	1
韭葱	0.5
葱	0.5
芸薹属类蔬菜(单列的除外)	1
结球甘蓝	5
球茎甘蓝	0.1
羽衣甘蓝	5
花椰菜	0.5
青花菜	2
芥蓝	5
菜薹	0.5
叶菜类蔬菜(菠菜、结球莴苣、芹菜、大白菜除外)	1
菠菜	2
结球莴苣	2
芹菜	2
大白菜	5
茄果类蔬菜	1
瓜类蔬菜(黄瓜、腌制用小黄瓜、西葫芦、笋瓜除外)	1
黄瓜	0.5
腌制用小黄瓜	0.5
西葫芦	0.5
笋瓜	0.5
豆类蔬菜(食荚豌豆除外)	1
食荚豌豆	0.1
茎类蔬菜	1
根茎类和薯芋类蔬菜(萝卜、胡萝卜、马铃薯除外)	1
萝卜	0.1
胡萝卜	0.1
马铃薯	0.05
水生类蔬菜	1
芽菜类蔬菜	1
其他类蔬菜(玉米笋除外)	1
玉米笋	0.1
水果	
柑橘类水果	2
仁果类水果	2
核果类水果	2
浆果和其他小型水果(单列的除外)	2
黑莓	1
醋栗(红、黑)	1
露莓(包括波森莓和罗甘莓)	1
草莓	1
热带和亚热带水果(柿子、橄榄除外)	2
柿子	1
橄榄	1
瓜果类水果	2

表 251(续)

食品类别/名称	最大残留限量,mg/kg
坚果	
杏仁	0.1
开心果	0.05
糖料	
甜菜	0.05
饮料类	
茶叶	20
咖啡豆	0.05
啤酒花	50
食用菌	
蘑菇类(鲜)	0.1
调味料	
调味料(干辣椒、山葵除外)	0.05
干辣椒	10
山葵	0.5
哺乳动物肉类(海洋哺乳动物除外),以脂肪中残留量表示	1
哺乳动物内脏(海洋哺乳动物除外)	0.1
禽肉类	0.1
蛋类	0.1

4.251.5 检测方法:谷物按照 GB 23200.113、GB/T 5009.146、SN/T 2151 规定的方法测定;油料和油脂按照 GB 23200.113 规定的方法测定;蔬菜、水果按照 GB 23200.8、GB 23200.113、NY/T 761 规定的方法测定;坚果、糖料参照 GB 23200.113、GB/T 5009.146、SN/T 2151 规定的方法测定;饮料类(茶叶除外)、调味料、食用菌按照 GB 23200.113 规定的方法测定;茶叶按照 GB 23200.113、GB/T 23204 规定的方法测定;哺乳动物肉类(海洋哺乳动物除外)、禽肉类、蛋类按照 GB/T 5009.162 规定的方法测定;哺乳动物内脏(海洋哺乳动物除外)参照 GB/T 5009.162 规定的方法测定。

4.252 氯嘧磺隆(chlorimuron-ethyl)

4.252.1 主要用途:除草剂。

4.252.2 ADI:0.09 mg/kg bw。

4.252.3 残留物:氯嘧磺隆。

4.252.4 最大残留限量:应符合表 252 的规定。

表 252

食品类别/名称	最大残留限量,mg/kg
油料和油脂	
大豆	0.02

4.252.5 检测方法:油料和油脂参照 GB/T 20770 规定的方法测定。

4.253 氯氰菊酯和高效氯氰菊酯(cypermethrin and beta-cypermethrin)

4.253.1 主要用途:杀虫剂。

4.253.2 ADI:0.02 mg/kg bw。

4.253.3 残留物:氯氰菊酯(异构体之和)。

4.253.4 最大残留限量：应符合表 253 的规定。

表 253

食品类别/名称	最大残留限量，mg/kg
谷物	
谷物（单列的除外）	0.3
稻谷	2
小麦	0.2
大麦	2
黑麦	2
燕麦	2
玉米	0.05
鲜食玉米	0.5
杂粮类	0.05
油料和油脂	
小型油籽类	0.1
棉籽	0.2
大型油籽类（大豆除外）	0.1
大豆	0.05
初榨橄榄油	0.5
精炼橄榄油	0.5
蔬菜	
洋葱	0.01
韭菜	1
葱	2
韭葱	0.05
芸薹属类蔬菜（结球甘蓝、菜薹除外）	1
结球甘蓝	5
菜薹	5
叶菜类蔬菜（单列的除外）	0.7
菠菜	2
普通白菜	2
苋菜	3
茼蒿	7
叶用莴苣	2
茎用莴苣叶	5
油麦菜	7
芹菜	1
大白菜	2
番茄	0.5
樱桃番茄	2
茄子	0.5
辣椒	0.5
甜椒	2
黄秋葵	0.5
瓜类蔬菜（黄瓜除外）	0.07
黄瓜	0.2
豆类蔬菜（单列的除外）	0.7
豇豆	0.5
菜豆	0.5
食荚豌豆	0.5

表 253（续）

食品类别/名称	最大残留限量,mg/kg
蔬菜	
扁豆	0.5
蚕豆	0.5
豌豆	0.5
芦笋	0.4
朝鲜蓟	0.1
茎用莴苣	0.3
根茎类和薯芋类蔬菜	0.01
玉米笋	0.05
水果	
柑橘类水果(柑、橘、橙、柠檬、柚除外)	0.3
柑	1
橘	1
橙	2
柠檬	2
柚	2
仁果类水果(苹果、梨除外)	0.7
苹果	2
梨	2
核果类水果(桃除外)	2
桃	1
葡萄	0.2
草莓	0.07
橄榄	0.05
杨桃	0.2
荔枝	0.5
龙眼	0.5
芒果	0.7
番木瓜	0.5
榴莲	1
瓜果类水果	0.07
干制水果	
葡萄干	0.5
枸杞(干)	2
坚果	0.05
糖料	
甘蔗	0.2
甜菜	0.1
饮料类	
茶叶	20
咖啡豆	0.05
食用菌	
蘑菇类(鲜)	0.5
调味料	
干辣椒	10

表 253（续）

食品类别/名称	最大残留限量,mg/kg
调味料	
果类调味料	0.1
根茎类调味料	0.2
哺乳动物肉类(海洋哺乳动物除外),以脂肪中残留量表示	2
哺乳动物内脏(海洋哺乳动物除外)	0.05
禽肉类,以脂肪中残留量表示	0.1
禽类内脏	0.05
禽类脂肪	0.1
蛋类	0.01
生乳	0.05
乳脂肪	0.5

4.253.5 检测方法:谷物按照 GB 23200.9、GB 23200.113、GB/T 5009.110 规定的方法测定;油料和油脂、调味料按照 GB 23200.113 规定的方法测定;蔬菜、水果、干制水果、食用菌按照 GB 23200.8、GB 23200.113、GB/T 5009.146、NY/T 761 规定的方法测定;坚果、糖料参照 GB 23200.9、GB 23200.113、GB/T 5009.110、GB/T 5009.146 规定的方法测定;饮料类按照 GB 23200.113、GB/T 23204 规定的方法测定;哺乳动物肉类(海洋哺乳动物除外)、禽肉类、蛋类按照 GB/T 5009.162 规定的方法测定;哺乳动物内脏(海洋哺乳动物除外)、禽类内脏、禽类脂肪参照 GB/T 5009.162 规定的方法测定;生乳、乳脂肪参照 GB/T 23210 规定的方法测定。

4.254 氯噻啉(imidaclothiz)

4.254.1 主要用途:杀虫剂。

4.254.2 ADI:0.025 mg/kg bw。

4.254.3 残留物:氯噻啉。

4.254.4 最大残留限量:应符合表 254 的规定。

表 254

食品类别/名称	最大残留限量,mg/kg
谷物	
稻谷	0.1*
糙米	0.1*
小麦	0.2*
蔬菜	
结球甘蓝	0.5*
番茄	0.2*
水果	
柑	0.2*
橘	0.2*
橙	0.2*
饮料类	
茶叶	3*
* 该限量为临时限量。	

4.255 氯硝胺(dicloran)

4.255.1 主要用途:杀菌剂。

4.255.2 ADI:0.01 mg/kg bw。

4.255.3 残留物:氯硝胺。

4.255.4 最大残留限量:应符合表 255 的规定。

表 255

食品类别/名称	最大残留限量,mg/kg
蔬菜	
洋葱	0.2
胡萝卜	15
水果	
桃	7
油桃	7
葡萄	7

4.255.5 检测方法:蔬菜按照 GB 23200.8、GB 23200.113、GB/T 20769、NY/T 1379 规定的方法测定;水果按照 GB 23200.8、GB 23200.113、GB/T 20769 规定的方法测定。

4.256 氯溴异氰尿酸(chloroisobromine cyanuric acid)

4.256.1 主要用途:杀菌剂。

4.256.2 ADI:0.007 mg/kg bw。

4.256.3 残留物:氯溴异氰尿酸,以氰尿酸计。

4.256.4 最大残留限量:应符合表 256 的规定。

表 256

食品类别/名称	最大残留限量,mg/kg
谷物	
稻谷	0.2*
糙米	0.2*
蔬菜	
大白菜	0.2*
辣椒	5*
* 该限量为临时限量。	

4.257 氯唑磷(isazofos)

4.257.1 主要用途:杀虫剂。

4.257.2 ADI:0.000 05 mg/kg bw。

4.257.3 残留物:氯唑磷。

4.257.4 最大残留限量:应符合表 257 的规定。

表 257

食品类别/名称	最大残留限量,mg/kg
谷物	
糙米	0.05
蔬菜	
鳞茎类蔬菜	0.01
芸薹属类蔬菜	0.01
叶菜类蔬菜	0.01
茄果类蔬菜	0.01
瓜类蔬菜	0.01
豆类蔬菜	0.01
茎类蔬菜	0.01
根茎类和薯芋类蔬菜	0.01
水生类蔬菜	0.01
芽菜类蔬菜	0.01
其他类蔬菜	0.01

表 257（续）

食品类别/名称	最大残留限量,mg/kg
水果	
柑橘类水果	0.01
仁果类水果	0.01
核果类水果	0.01
浆果和其他小型水果	0.01
热带和亚热带水果	0.01
瓜果类水果	0.01
饮料类	
茶叶	0.01

4.257.5 检测方法：谷物按照 GB 23200.9、GB 23200.113 规定的方法测定；蔬菜、水果按照 GB 23200.113、GB/T 20769 规定的方法测定；茶叶按照 GB 23200.113、GB/T 23204 规定的方法测定。

4.258 马拉硫磷(malathion)

4.258.1 主要用途：杀虫剂。

4.258.2 ADI：0.3 mg/kg bw。

4.258.3 残留物：马拉硫磷。

4.258.4 最大残留限量：应符合表 258 的规定。

表 258

食品类别/名称	最大残留限量,mg/kg
谷物	
稻谷	8
糙米	1
大米	0.1
麦类	8
旱粮类(鲜食玉米、高粱除外)	8
鲜食玉米	0.5
高粱	3
杂粮类	8
油料和油脂	
棉籽	0.05
大豆	8
花生仁	0.05
棉籽毛油	13
棉籽油	13
蔬菜	
大蒜	0.5
洋葱	1
葱	5
结球甘蓝	0.5
花椰菜	0.5
青花菜	1
芥蓝	5
菜薹	7
菠菜	2
普通白菜	8
叶用莴苣	8
茎用莴苣叶	8

表 258（续）

食品类别/名称	最大残留限量,mg/kg
蔬菜	
叶芥菜	2
芜菁叶	5
芹菜	1
大白菜	8
番茄	0.5
樱桃番茄	1
茄子	0.5
辣椒	0.5
黄瓜	0.2
西葫芦	0.1
豇豆	2
菜豆	2
食荚豌豆	2
扁豆	2
蚕豆	2
豌豆	2
芦笋	1
茎用莴苣	1
芜菁	0.2
萝卜	0.5
胡萝卜	0.5
山药	0.5
马铃薯	0.5
甘薯	8
芋	8
玉米笋	0.02
水果	
柑	2
橘	2
橙	4
柠檬	4
柚	4
苹果	2
梨	2
桃	6
油桃	6
杏	6
枣(鲜)	6
李子	6
樱桃	6
蓝莓	10
越橘	1
桑葚	1
葡萄	8
草莓	1
无花果	0.2
荔枝	0.5
干制水果	
干制无花果	1

表 258（续）

食品类别/名称	最大残留限量，mg/kg
糖料	
甜菜	0.5
食用菌	
蘑菇类（鲜）	0.5
饮料类	
番茄汁	0.01
调味料	
干辣椒	1
果类调味料	1
种子类调味料	2
根茎类调味料	0.5

4.258.5 检测方法：谷物按照 GB 23200.9、GB 23200.113、GB/T 5009.145 规定的方法测定；油料和油脂按照 GB 23200.113、GB/T 5009.145 规定的方法测定；蔬菜、水果、干制水果、食用菌、饮料类按照 GB 23200.8、GB 23200.113、GB/T 20769、NY/T 761 规定的方法测定；糖料参照 GB 23200.113、NY/T 761 规定的方法测定；调味料按照 GB 23200.113 规定的方法测定。

4.259 **麦草畏(dicamba)**

4.259.1 主要用途：除草剂。

4.259.2 ADI：0.3 mg/kg bw。

4.259.3 残留物：植物源性食品为麦草畏；动物源性食品为麦草畏和 3,6-二氯水杨酸之和，以麦草畏表示。

4.259.4 最大残留限量：应符合表 259 的规定。

表 259

食品类别/名称	最大残留限量，mg/kg
谷物	
小麦	0.5
大麦	7
玉米	0.5
高粱	4
油料和油脂	
棉籽	0.04
大豆	10
蔬菜	
芦笋	5
玉米笋	0.02
糖料	
甘蔗	1
哺乳动物肉类（海洋哺乳动物除外）	0.03*
哺乳动物内脏（海洋哺乳动物除外）	0.7*
哺乳动物脂肪（乳脂肪除外）	0.07*
禽肉类	0.02*
禽类脂肪	0.04*
禽类内脏	0.07*
蛋类	0.01*
生乳	0.2*
* 该限量为临时限量。	

4.259.5 检测方法：谷物按照 SN/T 1606、SN/T 2228 规定的方法测定；油料和油脂按照 SN/T 1606 规

定的方法测定;蔬菜、糖料参照 SN/T 1606 规定的方法测定。

4.260 **咪鲜胺和咪鲜胺锰盐(prochloraz and prochloraz-manganese chloride complex)**

4.260.1 主要用途:杀菌剂。

4.260.2 ADI:0.01 mg/kg bw。

4.260.3 残留物:咪鲜胺及其含有 2,4,6-三氯苯酚部分的代谢产物之和,以咪鲜胺表示。

4.260.4 最大残留限量:应符合表 260 的规定。

表 260

食品类别/名称	最大残留限量,mg/kg
谷物	
稻谷	0.5
麦类(小麦除外)	2
小麦	0.5
旱粮类	2
油料和油脂	
油菜籽	0.5
亚麻籽	0.05
葵花籽	0.5
葵花籽毛油	1
蔬菜	
大蒜	0.1
蒜薹	2
菜薹	2
辣椒	2
黄瓜	1
茭白	0.5
水果	
柑橘类水果(柑、橘、橙除外)	10
柑	5
橘	5
橙	5
苹果	2
梨	0.2
枣(鲜)	3
葡萄	2
皮不可食热带和亚热带水果(单列的除外)	7
荔枝	2
龙眼	5
芒果	2
香蕉	5
西瓜	0.1
食用菌	
蘑菇类(鲜)	2
调味料	
胡椒(黑、白)	10
药用植物	
石斛(鲜)	15*
石斛(干)	20*
哺乳动物肉类(海洋哺乳动物除外),以脂肪中的残留量表示	0.5*
哺乳动物内脏(海洋哺乳动物除外)	10*

表 260（续）

食品类别/名称	最大残留限量,mg/kg
禽肉类	0.05*
禽类内脏	0.2*
蛋类	0.1*
生乳	0.05*
* 该限量为临时限量。	

4.260.5 检测方法:谷物、油料和油脂、调味料参照 NY/T 1456 规定的方法测定;蔬菜、水果按照 NY/T 1456 规定的方法测定;食用菌按照 NY/T 1456 规定的方法测定。

4.261 咪唑菌酮(fenamidone)

4.261.1 主要用途:杀菌剂。

4.261.2 ADI:0.03 mg/kg bw。

4.261.3 残留物:咪唑菌酮。

4.261.4 最大残留限量:应符合表 261 的规定。

表 261

食品类别/名称	最大残留限量,mg/kg
油料和油脂	
棉籽	0.02
葵花籽	0.02
蔬菜	
大蒜	0.15
洋葱	0.15
葱	3
韭葱	0.3
结球甘蓝	0.9
花椰菜	4
叶用莴苣	0.9
结球莴苣	20
菊苣	0.01
芹菜	40
茄果类蔬菜(辣椒除外)	1.5
辣椒	4
荚可食类豆类蔬菜	0.8
胡萝卜	0.2
马铃薯	0.02
水果	
葡萄	0.6
草莓	0.04
调味料	
干辣椒	30
哺乳动物肉类(海洋哺乳动物除外),以脂肪中残留量表示	0.01*
哺乳动物内脏(海洋哺乳动物除外)	0.01*
禽肉类,以脂肪中残留量表示	0.01*
禽类内脏	0.01*
禽类脂肪	0.01*

表 261（续）

食品类别/名称	最大残留限量，mg/kg
蛋类	0.01*
生乳	0.01
乳脂肪	0.02
* 该限量为临时限量。	

4.261.5 检测方法：油料和油脂按照 GB 23200.113 规定的方法测定；蔬菜、水果按照 GB 23200.8、GB 23200.113 规定的方法测定；调味料按照 GB 23200.113 规定的方法测定；生乳、乳脂肪按照 GB/T 23210 规定的方法测定。

4.262 咪唑喹啉酸(imazaquin)

4.262.1 主要用途：除草剂。

4.262.2 ADI：0.25 mg/kg bw。

4.262.3 残留物：咪唑喹啉酸。

4.262.4 最大残留限量：应符合表 262 的规定。

表 262

食品类别/名称	最大残留限量，mg/kg
油料和油脂	
大豆	0.05

4.262.5 检测方法：油料和油脂按照 GB/T 23818 规定的方法测定。

4.263 咪唑烟酸(imazapyr)

4.263.1 主要用途：除草剂。

4.263.2 ADI：3 mg/kg bw。

4.263.3 残留物：咪唑烟酸。

4.263.4 最大残留限量：应符合表 263 的规定。

表 263

食品类别/名称	最大残留限量，mg/kg
谷物	
小麦	0.05
玉米	0.05
小扁豆	0.3
油料和油脂	
油菜籽	0.05
葵花籽	0.08
哺乳动物肉类(海洋哺乳动物除外)	0.05*
哺乳动物内脏(海洋哺乳动物除外)	0.2*
哺乳动物脂肪(乳脂肪除外)	0.05*
禽肉类	0.01*
禽类内脏	0.01*
禽类脂肪	0.01*
蛋类	0.01*
生乳	0.01*
* 该限量为临时限量。	

4.263.5 检测方法：谷物参照 GB/T 23818 规定的方法测定；油料和油脂按照 GB/T 23818 规定的方法测定。

4.264 **咪唑乙烟酸(imazethapyr)**

4.264.1 主要用途:除草剂。

4.264.2 ADI:0.6 mg/kg bw。

4.264.3 残留物:咪唑乙烟酸。

4.264.4 最大残留限量:应符合表 264 的规定。

表 264

食品类别/名称	最大残留限量,mg/kg
油料和油脂	
大豆	0.1

4.264.5 检测方法:油料和油脂按照 GB/T 23818 规定的方法测定。

4.265 **醚苯磺隆(triasulfuron)**

4.265.1 主要用途:除草剂。

4.265.2 ADI:0.01 mg/kg bw。

4.265.3 残留物:醚苯磺隆。

4.265.4 最大残留限量:应符合表 265 的规定。

表 265

食品类别/名称	最大残留限量,mg/kg
谷物	
小麦	0.05

4.265.5 检测方法:谷物按照 SN/T 2325 规定的方法测定。

4.266 **醚磺隆(cinosulfuron)**

4.266.1 主要用途:除草剂。

4.266.2 ADI:0.077 mg/kg bw。

4.266.3 残留物:醚磺隆。

4.266.4 最大残留限量:应符合表 266 的规定。

表 266

食品类别/名称	最大残留限量,mg/kg
谷物	
糙米	0.1

4.266.5 检测方法:谷物按照 SN/T 2325 规定的方法测定。

4.267 **醚菊酯(etofenprox)**

4.267.1 主要用途:杀虫剂。

4.267.2 ADI:0.03 mg/kg bw。

4.267.3 残留物:醚菊酯。

4.267.4 最大残留限量:应符合表 267 的规定。

表 267

食品类别/名称	最大残留限量,mg/kg
谷物	
糙米	0.01
玉米	0.05
杂粮类	0.05

表 267（续）

食品类别/名称	最大残留限量，mg/kg
油料和油脂	
油菜籽	0.01
水果	
苹果	0.6
梨	0.6
桃	0.6
油桃	0.6
葡萄	4
干制水果	
葡萄干	8
蔬菜	
韭菜	1
结球甘蓝	0.5
菠菜	1
普通白菜	1
萝卜叶	5
芹菜	1
大白菜	1
萝卜	1
饮料类	
茶叶	50
哺乳动物肉类(海洋哺乳动物除外)，以脂肪中残留量表示	0.5*
哺乳动物内脏(海洋哺乳动物除外)	0.05*
禽肉类	0.01*
禽类内脏	0.01*
蛋类	0.01*
生乳	0.02*
* 该限量为临时限量。	

4.267.5 检测方法：谷物按照 GB 23200.9、SN/T 2151 规定的方法测定；油料和油脂参照 GB 23200.9 规定的方法测定；蔬菜参照 GB 23200.8、SN/T 2151 规定的方法测定；水果、干制水果按照 GB 23200.8 规定的方法测定；茶叶按照 GB 23200.13 规定的方法测定。

4.268 醚菌酯(kresoxim-methyl)

4.268.1 主要用途：杀菌剂。

4.268.2 ADI：0.4 mg/kg bw。

4.268.3 残留物：植物源性食品为醚菌酯；动物源性食品为 E-甲基-2-甲氧基亚氨基-2-[2-(o-甲苯氧基)苯基]醋酸盐，以醚菌酯表示。

4.268.4 最大残留限量：应符合表 268 的规定。

表 268

食品类别/名称	最大残留限量，mg/kg
谷物	
稻谷	1
糙米	0.1
小麦	0.05
大麦	0.1
黑麦	0.05

表 268（续）

食品类别/名称	最大残留限量，mg/kg
油料和油脂	
初榨橄榄油	0.7
蔬菜	
葱	0.2
黄瓜	0.5
水果	
橙	0.5
柚	0.5
苹果	0.2
梨	0.2
山楂	0.2
枇杷	0.2
榅桲	0.2
枣（鲜）	1
葡萄	1
草莓	2
橄榄	0.2
西瓜	0.02
甜瓜类水果	1
干制水果	
葡萄干	2
药用植物	
人参（鲜）	0.1
人参（干）	0.1
哺乳动物肉类（海洋哺乳动物除外）	0.05*
哺乳动物内脏（海洋哺乳动物除外）	0.05*
哺乳动物脂肪（乳脂肪除外）	0.05*
禽肉类	0.05*
生乳	0.01*
* 该限量为临时限量。	

4.268.5 检测方法：谷物按照 GB 23200.9、GB/T 20770 规定的方法测定；油料和油脂参照 GB 23200.9 规定的方法测定；蔬菜按照 GB 23200.8、GB/T 20769 规定的方法测定；水果按照 GB 23200.8、GB/T 20769 规定的方法测定；干制水果按照 GB/T 20769 规定的方法测定；药用植物参照 GB/T 20769 规定的方法测定。

4.269 嘧苯胺磺隆（orthosulfamuron）

4.269.1 主要用途：除草剂。

4.269.2 ADI：0.05 mg/kg bw。

4.269.3 残留物：嘧苯胺磺隆。

4.269.4 最大残留限量：应符合表 269 的规定。

表 269

食品类别/名称	最大残留限量，mg/kg
谷物	
稻谷	0.05*
糙米	0.05*
* 该限量为临时限量。	

4.270 嘧草醚（pyriminobac-methyl）

4.270.1 主要用途：除草剂。

4.270.2 ADI：0.02 mg/kg bw。

4.270.3 残留物：嘧草醚。

4.270.4 最大残留限量：应符合表 270 的规定。

表 270

食品类别/名称	最大残留限量，mg/kg
谷物	
稻谷	0.2*
糙米	0.1*
* 该限量为临时限量。	

4.271 **嘧啶肟草醚(pyribenzoxim)**

4.271.1 主要用途：除草剂。

4.271.2 ADI：2.5 mg/kg bw。

4.271.3 残留物：嘧啶肟草醚。

4.271.4 最大残留限量：应符合表 271 的规定。

表 271

食品类别/名称	最大残留限量，mg/kg
谷物	
稻谷	0.05*
糙米	0.05*
* 该限量为临时限量。	

4.272 **嘧菌环胺(cyprodinil)**

4.272.1 主要用途：杀菌剂。

4.272.2 ADI：0.03 mg/kg bw。

4.272.3 残留物：嘧菌环胺。

4.272.4 最大残留限量：应符合表 272 的规定。

表 272

食品类别/名称	最大残留限量，mg/kg
谷物	
稻谷	0.2
糙米	0.2
小麦	0.5
大麦	3
杂粮类	0.2
蔬菜	
洋葱	0.3
结球甘蓝	0.7
青花菜	2
结球莴苣	10
叶用莴苣	10
叶芥菜	15
茄果类蔬菜(番茄、茄子、甜椒除外)	2

表 272（续）

食品类别/名称	最大残留限量，mg/kg
蔬菜	
番茄	0.5
茄子	0.2
甜椒	0.5
黄瓜	0.2
西葫芦	0.2
豆类蔬菜（荚可食类豆类蔬菜除外）	0.5
荚可食类豆类蔬菜	0.7
萝卜	0.3
胡萝卜	0.7
水果	
苹果	2
梨	1
山楂	2
枇杷	2
榅桲	2
核果类水果	2
浆果和其他小型水果[醋栗（红、黑）、葡萄、草莓除外]	10
醋栗（红、黑）	0.5
葡萄	20
草莓	2
芒果	2
鳄梨	1
干制水果	
李子干	5
葡萄干	5
坚果	
杏仁	0.02
调味料	
罗勒	40
干辣椒	9
哺乳动物肉类（海洋哺乳动物除外），以脂肪中残留量表示	0.01*
哺乳动物内脏（海洋哺乳动物除外）	0.01*
禽肉类，以脂肪中残留量表示	0.01*
禽类内脏	0.01*
蛋类	0.01*
生乳	0.000 4*
* 该限量为临时限量。	

4.272.5 检测方法：谷物按照 GB 23200.9、GB 23200.113、GB/T 20770 规定的方法测定；蔬菜按照 GB 23200.8、GB 23200.113、GB/T 20769、NY/T 1379 规定的方法测定；水果、干制水果按照 GB 23200.8、GB 23200.113、GB/T 20769 规定的方法测定；坚果参照 GB 23200.9、GB 23200.113、GB/T 20769 规定的方法测定；调味料按照 GB 23200.113 规定的方法测定。

4.273 嘧菌酯（azoxystrobin）

4.273.1 主要用途：杀菌剂。

4.273.2 ADI：0.2 mg/kg bw。

4.273.3 残留物：嘧菌酯。

4.273.4 最大残留限量：应符合表 273 的规定。

表 273

食品类别/名称	最大残留限量,mg/kg
谷物	
稻谷	1
糙米	0.5
小麦	0.5
大麦	1.5
燕麦	1.5
黑麦	0.2
小黑麦	0.2
玉米	0.02
油料和油脂	
棉籽	0.05
大豆	0.5
花生仁	0.5
葵花籽	0.5
玉米油	0.1
蔬菜	
鳞茎类蔬菜	1
芸薹属类蔬菜(花椰菜除外)	5
花椰菜	1
蕹菜	10
叶用莴苣	3
菊苣	0.3
芹菜	5
茄果类蔬菜(辣椒除外)	3
辣椒	2
瓜类蔬菜(黄瓜、丝瓜除外)	1
黄瓜	0.5
丝瓜	2
豆类蔬菜	3
芦笋	0.01
朝鲜蓟	5
根茎类蔬菜	1
马铃薯	0.1
芋	0.2
莲子(鲜)	0.05
莲藕	0.05
水果	
柑	1
橘	1
橙	1
枇杷	2
桃	2
油桃	2
杏	2

表 273（续）

食品类别/名称	最大残留限量，mg/kg
水果	
枣(鲜)	2
李子	2
樱桃	2
青梅	2
浆果和其他小型水果(越橘、草莓除外)	5
越橘	0.5
草莓	10
杨桃	0.1
荔枝	0.5
芒果	1
香蕉	2
番木瓜	0.3
西瓜	1
坚果	
坚果(开心果除外)	0.01
开心果	1
饮料类	
咖啡豆	0.03
啤酒花	30
调味料	
干辣椒	30
药用植物	
人参	1
哺乳动物肉类(海洋哺乳动物除外)，以脂肪中残留量表示	0.05
哺乳动物内脏(海洋哺乳动物除外)	0.07*
禽肉类	0.01
禽类内脏	0.01*
蛋类	0.01*
生乳	0.01*
乳脂肪	0.03*
* 该限量为临时限量。	

4.273.5 检测方法：谷物按照 GB/T 20770 规定的方法测定；油料和油脂、药用植物参照 GB 23200.46、GB/T 20770、NY/T 1453 规定的方法测定；蔬菜、水果按照 GB 23200.54、NY/T 1453、SN/T 1976 规定的方法测定；坚果、调味料参照 GB 23200.11 规定的方法测定；饮料类参照 GB 23200.14 规定的方法测定；哺乳动物肉类(海洋哺乳动物除外)、禽肉类按照 GB 23200.46 规定的方法测定。

4.274 嘧霉胺(pyrimethanil)

4.274.1 主要用途：杀菌剂。

4.274.2 ADI：0.2 mg/kg bw。

4.274.3 残留物：植物源性食品为嘧霉胺；动物源性食品为嘧霉胺和 2-苯胺基-4，6-二甲基嘧啶-5-羟基之和，以嘧霉胺表示(生乳)；嘧霉胺和 2-(4-羟基苯胺)-4，6-二甲基嘧啶之和，以嘧霉胺表示(哺乳动物肉类、内脏)。

4.274.4 最大残留限量：应符合表 274 的规定。

表 274

食品类别/名称	最大残留限量,mg/kg
谷物	
豌豆	0.5
蔬菜	
洋葱	0.2
葱	3
结球莴苣	3
番茄	1
黄瓜	2
菜豆	3
胡萝卜	1
马铃薯	0.05
水果	
柑橘类水果	7
仁果类水果(梨除外)	7
梨	1
桃	4
油桃	4
杏	3
李子	2
樱桃	4
浆果和其他小型水果(葡萄、草莓除外)	3
葡萄	4
草莓	7
香蕉	0.1
干制水果	
李子干	2
葡萄干	5
坚果	
杏仁	0.2
药用植物	
人参	1.5
哺乳动物肉类(海洋哺乳动物除外)	0.05
哺乳动物内脏(海洋哺乳动物除外)	0.1*
生乳	0.01*
* 该限量为临时限量。	

4.274.5 检测方法:谷物按照 GB 23200.9、GB 23200.113、GB/T 20770 规定的方法测定;蔬菜、水果、干制水果按照 GB 23200.8、GB 23200.113、GB/T 20769 规定的方法测定;坚果参照 GB 23200.9、GB 23200.113、GB/T 20770 规定的方法测定;药用植物参照 GB 23200.113、GB/T 20769 规定的方法测定。

4.275 棉隆(dazomet)

4.275.1 主要用途:杀线虫剂。

4.275.2 ADI:0.01 mg/kg bw(棉隆)、0.004 mg/kg bw(异硫氰酸甲酯)。

4.275.3 残留物:棉隆及其代谢物异硫氰酸甲酯之和,以异硫氰酸甲酯表示。

4.275.4 最大残留限量:应符合表 275 的规定。

表 275

食品类别/名称	最大残留限量,mg/kg
蔬菜	
番茄	0.02*
姜	2*
* 该限量为临时限量。	

4.276 **灭草松(bentazone)**

4.276.1 主要用途:除草剂。

4.276.2 ADI:0.09 mg/kg bw。

4.276.3 残留物:植物源性食品为灭草松,6-羟基灭草松及8-羟基灭草松之和,以灭草松表示;动物源性食品为灭草松。

4.276.4 最大残留限量:应符合表276的规定。

表 276

食品类别/名称	最大残留限量,mg/kg
谷物	
稻谷	0.1*
麦类	0.1*
玉米	0.2*
高粱	0.1*
粟	0.01*
杂粮类	0.05*
油料和油脂	
亚麻籽	0.1*
大豆	0.05*
花生仁	0.05*
蔬菜	
洋葱	0.1*
葱	0.08*
荚可食豆类蔬菜(菜豆除外)	0.01*
菜豆	0.2
荚不可食豆类蔬菜[利马豆、豌豆(鲜)除外]	0.01*
利马豆	0.05*
豌豆(鲜)	0.2*
马铃薯	0.1*
玉米笋	0.01*
调味料	
薄荷	0.1*
禽肉类,以脂肪中残留量表示	0.03*
禽类内脏	0.07*
蛋类	0.01*
生乳	0.01*
* 该限量为临时限量。	

4.277 **灭多威(methomyl)**

4.277.1 主要用途:杀虫剂。

4.277.2 ADI:0.02 mg/kg bw。

4.277.3 残留物:灭多威。

4.277.4 最大残留限量:应符合表277的规定。

表 277

食品类别/名称	最大残留限量,mg/kg
谷物	
麦类(大麦、燕麦除外)	0.2
大麦	2
燕麦	0.02
旱粮类	0.05
杂粮类	0.2
油料和油脂	
油菜籽	0.05
棉籽	0.5
大豆	0.2
大豆毛油	0.2
大豆油	0.2
棉籽油	0.04
玉米油	0.02
蔬菜	
鳞茎类蔬菜	0.2
芸薹属类蔬菜	0.2
叶菜类蔬菜	0.2
茄果类蔬菜	0.2
瓜类蔬菜	0.2
豆类蔬菜	0.2
茎类蔬菜	0.2
根茎类和薯芋类蔬菜	0.2
水生类蔬菜	0.2
芽菜类蔬菜	0.2
其他类蔬菜	0.2
水果	
仁果类水果	0.2
柑橘类水果	0.2
核果类水果	0.2
浆果和其他小型水果	0.2
热带和亚热带水果	0.2
瓜果类水果	0.2
糖料	
甜菜	0.2
甘蔗	0.2
饮料类	
茶叶	0.2
调味料	
薄荷	0.5
果类调味料	0.07
哺乳动物肉类(海洋哺乳动物除外)	0.02*
哺乳动物内脏(海洋哺乳动物除外)	0.02*
禽肉类	0.02*
禽类内脏	0.02*
蛋类	0.02*
生乳	0.02*

* 该限量为临时限量。

4.277.5 检测方法:谷物、油料和油脂按照 GB 23200.112、SN/T 0134 规定的方法测定;蔬菜、水果按照

GB 23200.112、NY/T 761 规定的方法测定；糖料参照 GB 23200.112、NY/T 761 规定的方法测定；茶叶按照 GB 23200.112 规定的方法测定；调味料按照 GB 23200.112 规定的方法测定。

4.278 **灭菌丹(folpet)**

4.278.1 主要用途：杀菌剂。

4.278.2 ADI：0.1 mg/kg bw。

4.278.3 残留物：灭菌丹。

4.278.4 最大残留限量：应符合表 278 的规定。

表 278

食品类别/名称	最大残留限量，mg/kg
蔬菜	
洋葱	1
结球莴苣	50
番茄	3
黄瓜	1
马铃薯	0.1
水果	
苹果	10
葡萄	10
草莓	5
甜瓜类水果	3
干制水果	
葡萄干	40

4.278.5 检测方法：蔬菜、水果、干制水果按照 GB/T 20769、SN/T 2320 规定的方法测定。

4.279 **灭线磷(ethoprophos)**

4.279.1 主要用途：杀线虫剂。

4.279.2 ADI：0.000 4 mg/kg bw。

4.279.3 残留物：灭线磷。

4.279.4 最大残留限量：应符合表 279 的规定。

表 279

食品类别/名称	最大残留限量，mg/kg
谷物	
糙米	0.02
麦类	0.05
旱粮类	0.05
杂粮类	0.05
油料和油脂	
大豆	0.05
花生仁	0.02
蔬菜	
鳞茎类蔬菜	0.02
芸薹属类蔬菜	0.02
叶菜类蔬菜	0.02
茄果类蔬菜	0.02
瓜类蔬菜	0.02
豆类蔬菜	0.02
茎类蔬菜	0.02
根茎类和薯芋类蔬菜	0.02

表 279（续）

食品类别/名称	最大残留限量，mg/kg
蔬菜	
水生类蔬菜	0.02
芽菜类蔬菜	0.02
其他类蔬菜	0.02
水果	
柑橘类水果	0.02
仁果类水果	0.02
核果类水果	0.02
浆果和其他小型水果	0.02
热带和亚热带水果	0.02
瓜果类水果	0.02
糖料	
甘蔗	0.02
饮料类	
茶叶	0.05
哺乳动物肉类（海洋哺乳动物除外）	0.01
哺乳动物内脏（海洋哺乳动物除外）	0.01
生乳	0.01

4.279.5 检测方法：谷物按照 GB 23200.113 规定的方法测定；油料和油脂按照 GB 23200.113、SN/T 3768 规定的方法测定；蔬菜、水果按照 GB 23200.113、NY/T 761 规定的方法测定；糖类参照 GB 23200.113、NY/T 761 规定的方法测定；茶叶按照 GB 23200.13、GB/T 23204 规定的方法测定；哺乳动物肉类（海洋哺乳动物除外）按照 GB/T 20772 规定的方法测定；哺乳动物内脏（海洋哺乳动物除外）参照 GB/T 20772 规定的方法测定；生乳按照 GB/T 23211 规定的方法测定。

4.280 灭锈胺（mepronil）

4.280.1 主要用途：杀菌剂。

4.280.2 ADI：0.05 mg/kg bw。

4.280.3 残留物：灭锈胺。

4.280.4 最大残留限量：应符合表 280 的规定。

表 280

食品类别/名称	最大残留限量，mg/kg
谷物	
糙米	0.2*

4.280.5 检测方法：谷物按照 GB 23200.9 规定的方法测定。

4.281 灭蝇胺（cyromazine）

4.281.1 主要用途：杀虫剂。

4.281.2 ADI：0.06 mg/kg bw。

4.281.3 残留物：灭蝇胺。

4.281.4 最大残留限量：应符合表 281 的规定。

表 281

食品类别/名称	最大残留限量，mg/kg
谷物	
杂粮类	3

表 281（续）

食品类别/名称	最大残留限量，mg/kg
蔬菜	
洋葱	0.1
葱	3
青花菜	1
叶用莴苣	4
结球莴苣	4
叶芥菜	10
芹菜	4
黄瓜	1
西葫芦	2
豇豆	0.5
菜豆	0.5
食荚豌豆	0.5
扁豆	0.5
蚕豆	0.5
豌豆	0.5
朝鲜蓟	3
水果	
芒果	0.5
瓜果类水果(西瓜除外)	0.5
食用菌	
蘑菇类(鲜)(平菇除外)	7
平菇	1
调味料	
干辣椒	10
哺乳动物肉类(海洋哺乳动物除外)	0.3*
哺乳动物内脏(海洋哺乳动物除外)	0.3*
禽肉类	0.1*
禽类内脏	0.2*
蛋类	0.3*
生乳	0.01
* 该限量为临时限量。	

4.281.5 检测方法：谷物、水果、调味料参照 NY/T 1725 规定的方法测定；蔬菜按照 NY/T 1725 规定的方法测定；食用菌按照 GB/T 20769 规定的方法测定；生乳按照 GB/T 23211 规定的方法测定。

4.282 **灭幼脲(chlorbenzuron)**

4.282.1 主要用途：杀虫剂。

4.282.2 ADI：1.25 mg/kg bw。

4.282.3 残留物：灭幼脲。

4.282.4 最大残留限量：应符合表 282 的规定。

表 282

食品类别/名称	最大残留限量，mg/kg
谷物	
小麦	3
粟	3
蔬菜	
结球甘蓝	3
花椰菜	3

表 282（续）

食品类别/名称	最大残留限量，mg/kg
蔬菜	
青花菜	15
芥蓝	30
菜薹	30
菠菜	30
普通白菜	30
萝卜	5
水果	
苹果	2

4.282.5 检测方法：谷物按照 GB/T 5009.135 规定的方法测定；蔬菜按照 GB/T 5009.135、GB/T 20769 规定的方法测定；水果按照 GB/T 20769 规定的方法测定。

4.283 萘乙酸和萘乙酸钠(1-naphthylacetic acid and sodium 1-naphthalacitic acid)

4.283.1 主要用途：植物生长调节剂。

4.283.2 ADI：0.15 mg/kg bw。

4.283.3 残留物：萘乙酸。

4.283.4 最大残留限量：应符合表 283 的规定。

表 283

食品类别/名称	最大残留限量，mg/kg
谷物	
糙米	0.1
小麦	0.05
玉米	0.05
鲜食玉米	0.05
油料和油脂	
棉籽	0.05
大豆	0.05
花生仁	0.05
蔬菜	
大蒜	0.05
蒜薹	0.05
番茄	0.1
黄瓜	0.1
姜	0.05
马铃薯	0.05
甘薯	0.05
水果	
柑	0.05
橘	0.05
橙	0.05
苹果	0.1
葡萄	0.1
荔枝	0.05

4.283.5 检测方法：谷物按照 SN/T 2228 规定的方法测定；油料和油脂参照 SN/T 2228 规定的方法测定；蔬菜、水果参照 SN/T 2228 规定的方法测定。

4.284 内吸磷(demeton)

4.284.1 主要用途：杀虫/杀螨剂。

4.284.2　ADI：0.000 04 mg/kg bw。

4.284.3　残留物：内吸磷。

4.284.4　最大残留限量：应符合表 284 的规定。

表 284

食品类别/名称	最大残留限量，mg/kg
油料和油脂	
棉籽	0.02
花生仁	0.02
蔬菜	
鳞茎类蔬菜	0.02
芸薹属类蔬菜	0.02
叶菜类蔬菜	0.02
茄果类蔬菜	0.02
瓜类蔬菜	0.02
豆类蔬菜	0.02
茎类蔬菜	0.02
根茎类和薯芋类蔬菜	0.02
水生类蔬菜	0.02
芽菜类蔬菜	0.02
其他类蔬菜	0.02
水果	
柑橘类水果	0.02
仁果类水果	0.02
核果类水果	0.02
浆果和其他小型水果	0.02
热带和亚热带水果	0.02
瓜果类水果	0.02
饮料类	
茶叶	0.05

4.284.5　检测方法：油料和油脂参照 GB/T 20770 规定的方法测定；蔬菜、水果按照 GB/T 20769 规定的方法测定；茶叶按照 GB 23200.13、GB/T 23204 规定的方法测定。

4.285　宁南霉素(ningnanmycin)

4.285.1　主要用途：杀菌剂。

4.285.2　ADI：0.24 mg/kg bw。

4.285.3　残留物：宁南霉素。

4.285.4　最大残留限量：应符合表 285 的规定。

表 285

食品类别/名称	最大残留限量，mg/kg
谷物	
稻谷	0.2*
糙米	0.2*
蔬菜	
番茄	1*
黄瓜	1*
水果	
苹果	1*
香蕉	0.5*
* 该限量为临时限量。	

4.286 **哌草丹(dimepiperate)**

4.286.1 主要用途:除草剂。

4.286.2 ADI:0.001 mg/kg bw。

4.286.3 残留物:哌草丹。

4.286.4 最大残留限量:应符合表286的规定。

表 286

食品类别/名称	最大残留限量,mg/kg
谷物	
糙米	0.05*
* 该限量为临时限量。	

4.286.5 检测方法:谷物参照NY/T 1379规定的方法测定。

4.287 **扑草净(prometryn)**

4.287.1 主要用途:除草剂。

4.287.2 ADI:0.04 mg/kg bw。

4.287.3 残留物:扑草净。

4.287.4 最大残留限量:应符合表287的规定。

表 287

食品类别/名称	最大残留限量,mg/kg
谷物	
稻谷	0.05
糙米	0.05
玉米	0.02
鲜食玉米	0.02
粟	0.05
油料和油脂	
棉籽	0.05
大豆	0.05
花生仁	0.1
蔬菜	
大蒜	0.05
南瓜	0.1
菜用大豆	0.05

4.287.5 检测方法:谷物按照GB 23200.9、GB 23200.113、GB/T 20770、SN/T 1968规定的方法测定;油料和油脂按照GB 23200.113、SN/T 1968规定的方法测定;蔬菜按照GB 23200.113、GB/T 20769、SN/T 1968规定的方法测定。

4.288 **嗪氨灵(triforine)**

4.288.1 主要用途:杀菌剂。

4.288.2 ADI:0.03 mg/kg bw。

4.288.3 残留物:嗪氨灵和三氯乙醛之和,以嗪氨灵表示。

4.288.4 最大残留限量:应符合表288的规定。

表 288

食品类别/名称	最大残留限量,mg/kg
谷物	
稻谷	0.1*
麦类	0.1*
旱粮类	0.1*
蔬菜	
抱子甘蓝	0.2*
番茄	0.5*
茄子	1*
瓜类蔬菜	0.5*
菜豆	1*
水果	
苹果	2*
桃	5*
樱桃	2*
李子	2*
蓝莓	1*
加仑子(黑、红、白)	1*
悬钩子	1*
草莓	1*
瓜果类水果	0.5*
干制水果	
李子干	2*
哺乳动物肉类(海洋哺乳动物除外)	0.01*
哺乳动物内脏(海洋哺乳动物除外)	0.01*
哺乳动物脂肪(乳脂肪除外)	0.01*
生乳	0.01*
* 该限量为临时限量。	

4.289 **嗪吡嘧磺隆(metazosulfuron)**

4.289.1 主要用途:除草剂。

4.289.2 ADI:0.027 mg/kg bw。

4.289.3 残留物:嗪吡嘧磺隆。

4.289.4 最大残留限量:应符合表 289 的规定。

表 289

食品类别/名称	最大残留限量,mg/kg
谷物	
稻谷	0.05*
糙米	0.05*
* 该限量为临时限量。	

4.290 **嗪草酸甲酯(fluthiacet-methyl)**

4.290.1 主要用途:除草剂。

4.290.2 ADI:0.001 mg/kg bw。

4.290.3 残留物:嗪草酸甲酯。

4.290.4 最大残留限量:应符合表290的规定。

表290

食品类别/名称	最大残留限量,mg/kg
谷物	
玉米	0.05*
鲜食玉米	0.05*
* 该限量为临时限量。	

4.291 嗪草酮(metribuzin)

4.291.1 主要用途:除草剂。

4.291.2 ADI:0.013 mg/kg bw。

4.291.3 残留物:嗪草酮。

4.291.4 最大残留限量:应符合表291的规定。

表291

食品类别/名称	最大残留限量,mg/kg
谷物	
玉米	0.05
油料和油脂	
大豆	0.05
蔬菜	
马铃薯	0.2

4.291.5 检测方法:谷物按照GB 23200.9、GB 23200.113规定的方法测定;油料和油脂按照GB 23200.113规定的方法测定;蔬菜按照GB 23200.8、GB 23200.113规定的方法测定。

4.292 氰草津(cyanazine)

4.292.1 主要用途:除草剂。

4.292.2 ADI:0.002 mg/kg bw。

4.292.3 残留物:氰草津。

4.292.4 最大残留限量:应符合表292的规定。

表292

食品类别/名称	最大残留限量,mg/kg
谷物	
玉米	0.05
糖料	
甘蔗	0.05

4.292.5 检测方法:谷物、糖料参照SN/T 1605规定的方法测定。

4.293 氰氟草酯(cyhalofop-butyl)

4.293.1 主要用途:除草剂。

4.293.2 ADI:0.01 mg/kg bw。

4.293.3 残留物:氰氟草酯及氰氟草酸之和。

4.293.4 最大残留限量:应符合表293的规定。

表 293

食品类别/名称	最大残留限量,mg/kg
谷物	
糙米	0.1*
* 该限量为临时限量。	

4.294 **氰氟虫腙(metaflumizone)**

4.294.1 主要用途:杀虫剂。

4.294.2 ADI:0.1 mg/kg bw。

4.294.3 残留物:氰氟虫腙,E-异构体和 Z-异构体之和。

4.294.4 最大残留限量:应符合表 294 的规定。

表 294

食品类别/名称	最大残留限量,mg/kg
谷物	
稻谷	0.5*
糙米	0.1*
蔬菜	
结球甘蓝	2
抱子甘蓝	0.8
白菜	6
结球莴苣	7
番茄	0.6
茄子	0.6
辣椒	0.6
马铃薯	0.02
调味料	
干辣椒	6*
哺乳动物肉类(海洋哺乳动物除外),以脂肪中残留量表示	0.02*
哺乳动物内脏(海洋哺乳动物除外)	0.02*
生乳	0.01
* 该限量为临时限量。	

4.294.5 检测方法:蔬菜、生乳参照 SN/T 3852 规定的方法测定。

4.295 **氰霜唑(cyazofamid)**

4.295.1 主要用途:杀菌剂。

4.295.2 ADI:0.2 mg/kg bw。

4.295.3 残留物:氰霜唑及其代谢物 4-氯-5-(4-甲苯基)-1H-咪唑-2 腈之和。

4.295.4 最大残留限量:应符合表 295 的规定。

表 295

食品类别/名称	最大残留限量,mg/kg
蔬菜	
番茄	2*
黄瓜	0.5*
马铃薯	0.02*
水果	
葡萄	1*

表 295（续）

食品类别/名称	最大残留限量,mg/kg
水果	
荔枝	0.02*
西瓜	0.5*
* 该限量为临时限量。	

4.296 **氰戊菊酯和 S-氰戊菊酯(fenvalerate and esfenvalerate)**

4.296.1 主要用途:杀虫剂。

4.296.2 ADI:0.02 mg/kg bw。

4.296.3 残留物:氰戊菊酯(异构体之和)。

4.296.4 最大残留限量:应符合表 296 的规定。

表 296

食品类别/名称	最大残留限量,mg/kg
谷物	
小麦	2
玉米	0.02
鲜食玉米	0.2
小麦粉	0.2
全麦粉	2
油料和油脂	
棉籽	0.2
大豆	0.1
花生仁	0.1
棉籽油	0.1
蔬菜	
洋葱	0.5
葱	2
结球甘蓝	0.5
花椰菜	0.5
青花菜	5
芥蓝	7
菜薹	10
菠菜	1
普通白菜	1
苋菜	5
茼蒿	10
叶用莴苣	1
茎用莴苣叶	7
甘薯叶	7
大白菜	3
番茄	0.2
樱桃番茄	1
茄子	0.2
辣椒	0.2
黄瓜	0.2
西葫芦	0.2
丝瓜	0.2
南瓜	0.2
菜豆	3
菜用大豆	2

表 296（续）

食品类别/名称	最大残留限量，mg/kg
蔬菜	
茎用莴苣	1
萝卜	0.05
胡萝卜	0.05
马铃薯	0.05
甘薯	0.05
山药	0.05
水果	
柑橘类水果（柑、橘、橙除外）	0.2
柑	1
橘	1
橙	1
仁果类水果（苹果、梨除外）	0.2
苹果	1
梨	1
核果类水果（桃除外）	0.2
桃	1
浆果和其他小型水果	0.2
热带和亚热带水果（芒果除外）	0.2
芒果	1.5
瓜果类水果	0.2
糖料	
甜菜	0.05
饮料类	
茶叶	0.1
食用菌	
蘑菇类（鲜）	0.2
调味料	
果类调味料	0.03
根茎类调味料	0.05
哺乳动物肉类（海洋哺乳动物除外），以脂肪中残留量表示	1
哺乳动物内脏（海洋哺乳动物除外）	0.02
禽肉类，以脂肪中残留量表示	0.01
禽类内脏	0.01
蛋类	0.01
生乳	0.1

4.296.5 检测方法：谷物按照 GB 23200.113、GB/T 5009.110 规定的方法测定；油料和油脂、食用菌按照 GB 23200.113 规定的方法测定；蔬菜、水果按照 GB 23200.8、GB 23200.113、NY/T 761 规定的方法测定；糖料参照 GB 23200.113、GB/T 5009.110 规定的方法测定；茶叶按照 GB 23200.113、GB/T 23204 规定的方法测定；调味料按照 GB 23200.113 规定的方法测定；哺乳动物肉类（海洋哺乳动物除外）、哺乳动物内脏（海洋哺乳动物除外）、禽肉类、禽类内脏、蛋类、生乳按照 GB/T 5009.162 规定的方法测定。

4.297 氰烯菌酯（phenamacril）

4.297.1 主要用途：杀菌剂。

4.297.2 ADI：0.28 mg/kg bw。

4.297.3 残留物：氰烯菌酯。

4.297.4 最大残留限量：应符合表 297 的规定。

表 297

食品类别/名称	最大残留限量,mg/kg
谷物	
小麦	0.05*
* 该限量为临时限量。	

4.298 **炔苯酰草胺(propyzamide)**

4.298.1 主要用途:除草剂。

4.298.2 ADI:0.02 mg/kg bw。

4.298.3 残留物:炔苯酰草胺。

4.298.4 最大残留限量:应符合表 298 的规定。

表 298

食品类别/名称	最大残留限量,mg/kg
蔬菜	
叶用莴苣	0.05
姜	0.2

4.298.5 检测方法:蔬菜按照 GB 23200.113、GB/T 20769 规定的方法测定。

4.299 **炔草酯(clodinafop-propargyl)**

4.299.1 主要用途:除草剂。

4.299.2 ADI:0.000 3 mg/kg bw。

4.299.3 残留物:炔草酯及炔草酸之和。

4.299.4 最大残留限量:应符合表 299 的规定。

表 299

食品类别/名称	最大残留限量,mg/kg
谷物	
小麦	0.1*
* 该限量为临时限量。	

4.300 **炔螨特(propargite)**

4.300.1 主要用途:杀螨剂。

4.300.2 ADI:0.01 mg/kg bw。

4.300.3 残留物:炔螨特。

4.300.4 最大残留限量:应符合表 300 的规定。

表 300

食品类别/名称	最大残留限量,mg/kg
油料和油脂	
棉籽	0.1
棉籽油	0.1
蔬菜	
菠菜	2
普通白菜	2

表 300（续）

食品类别/名称	最大残留限量，mg/kg
蔬菜	
叶用莴苣	2
大白菜	2
水果	
柑	5
橘	5
橙	5
柠檬	5
柚	5
苹果	5
梨	5
桑葚	10
哺乳动物肉类（海洋哺乳动物除外），以脂肪中残留量表示	0.1
哺乳动物内脏（海洋哺乳动物除外）	0.1
禽肉类，以脂肪中残留量表示	0.1
禽类内脏	0.1
蛋类	0.1
生乳	0.1

4.300.5 检测方法：油料和油脂参照 GB 23200.9、NY/T 1652；蔬菜按照 NY/T 1652 规定的方法测定；水果按照 GB 23200.8；NY/T 1652 规定的方法测定；哺乳动物肉类（海洋哺乳动物除外）、哺乳动物内脏（海洋哺乳动物除外）、禽肉类、禽类内脏、蛋类参照 GB/T 23211 规定的方法测定；生乳按照 GB/T 23211 规定的方法测定。

4.301 乳氟禾草灵（lactofen）

4.301.1 主要用途：除草剂。

4.301.2 ADI：0.008 mg/kg bw。

4.301.3 残留物：乳氟禾草灵。

4.301.4 最大残留限量：应符合表 301 的规定。

表 301

食品类别/名称	最大残留限量，mg/kg
油料和油脂	
大豆	0.05
花生仁	0.05

4.301.5 检测方法：油料和油脂参照 GB/T 20769 规定的方法测定。

4.302 噻苯隆（thidiazuron）

4.302.1 主要用途：植物生长调节剂。

4.302.2 ADI：0.04 mg/kg bw。

4.302.3 残留物：噻苯隆。

4.302.4 最大残留限量：应符合表 302 的规定。

表 302

食品类别/名称	最大残留限量，mg/kg
油料和油脂	
棉籽	1
蔬菜	
黄瓜	0.05
水果	
苹果	0.05
葡萄	0.05
甜瓜类水果	0.05

4.302.5 检测方法：油料和油脂、蔬菜、水果按照 SN/T 4586 规定的方法测定。

4.303 **噻草酮(cycloxydim)**

4.303.1 主要用途：除草剂。

4.303.2 ADI：0.07 mg/kg bw。

4.303.3 残留物：噻草酮及其可以被氧化成 3-(3-磺酰基-四氢噻喃基)-戊二酸-S-二氧化物和 3-羟基-3-(3-磺酰基-四氢噻喃基)-戊二酸-S-二氧化物的代谢物和降解产物，以噻草酮表示。

4.303.4 最大残留限量：应符合表 303 的规定。

表 303

食品类别/名称	最大残留限量，mg/kg
谷物	
稻谷	0.09*
玉米	0.2*
油料和油脂	
油菜籽	7*
亚麻籽	7*
葵花籽	6*
蔬菜	
洋葱	3*
韭葱	4*
芸薹属类蔬菜(羽衣甘蓝除外)	9*
羽衣甘蓝	3*
叶用莴苣	1.5*
结球莴苣	1.5*
番茄	1.5*
菜豆	1*
胡萝卜	5*
根芹菜	1*
芜菁	0.2*
马铃薯	3*
水果	
仁果类水果	0.09*
核果类水果	0.09*
葡萄	0.3*
草莓	3*
糖料	
甜菜	0.2*
哺乳动物肉类(海洋哺乳动物除外)	0.06

表 303（续）

食品类别/名称	最大残留限量,mg/kg
哺乳动物内脏(海洋哺乳动物除外)	0.5
哺乳动物脂肪(乳脂肪除外)	0.1
禽肉类	0.03
禽类内脏	0.02
禽类脂肪	0.03
蛋类	0.15
生乳	0.02
* 该限量为临时限量。	

4.303.5 检测方法:谷物、蔬菜、水果参照 GB 23200.38 规定的方法测定;油料和油脂、糖料参照 GB 23200.3 规定的方法测定;哺乳动物肉类(海洋哺乳动物除外)、哺乳动物内脏(海洋哺乳动物除外)、哺乳动物脂肪(乳脂肪除外)、禽肉类、禽类内脏、禽类脂肪、蛋类参照 GB/T 23211 规定的方法测定;生乳按照 GB/T 23211 规定的方法测定。

4.304 **噻虫胺(clothianidin)**

4.304.1 主要用途:杀虫剂。

4.304.2 ADI:0.1 mg/kg bw。

4.304.3 残留物:噻虫胺。

4.304.4 最大残留限量:应符合表 304 的规定。

表 304

食品类别/名称	最大残留限量,mg/kg
谷物	
稻谷	0.5
糙米	0.2
小麦	0.02
大麦	0.04
玉米	0.02
高粱	0.01
杂粮类	0.02
油料和油脂	
油籽类	0.02
蔬菜	
芸薹属类蔬菜(结球甘蓝除外)	0.2
结球甘蓝	0.5
叶菜类蔬菜(芹菜除外)	2
芹菜	0.04
茄果类蔬菜(番茄除外)	0.05
番茄	1
豆类蔬菜	0.01
朝鲜蓟	0.05
根茎类蔬菜	0.2
玉米笋	0.01
水果	
柑橘类水果(柑、橘、橙除外)	0.07
柑	0.5
橘	0.5
橙	0.5
仁果类水果	0.4

表 304（续）

食品类别/名称	最大残留限量，mg/kg
水果	
核果类水果	0.2
浆果和其他小型水果（葡萄除外）	0.07
葡萄	0.7
芒果	0.04
鳄梨	0.03
香蕉	0.02
番木瓜	0.01
菠萝	0.01
干制水果	
李子干	0.2
葡萄干	1
坚果	
山核桃	0.01
糖料	
甘蔗	0.05
饮料类	
茶叶	10
咖啡豆	0.05
可可豆	0.02
啤酒花	0.07
葡萄汁	0.2
调味料	
薄荷	0.3
干辣椒	0.5
哺乳动物肉类（海洋哺乳动物除外）	0.02
哺乳动物内脏（海洋哺乳动物除外）	
猪肝	0.2
牛肝	0.2
绵羊肝	0.2
山羊肝	0.2
哺乳动物脂肪（乳脂肪除外）	0.02
禽肉类	0.01
禽类内脏	0.1
禽类脂肪	0.01
蛋类	0.01
生乳	0.02

4.304.5 检测方法：谷物按照 GB 23200.39、GB/T 20770 中规定的方法测定；油料和油脂、干制水果、饮料类、调味料、哺乳动物内脏（海洋哺乳动物除外）、哺乳动物脂肪（乳脂肪除外）、禽肉类、蛋类、哺乳动物肉类（海洋哺乳动物除外）、禽类内脏、生乳按照 GB 23200.39 规定的方法测定；蔬菜、水果按照 GB 23200.39、GB/T 20769 规定的方法测定；坚果参照 GB 23200.39 规定的方法测定；糖料参照 GB 23200.39、GB/T 20769 规定的方法测定。

4.305 **噻虫啉（thiacloprid）**

4.305.1 主要用途：杀虫剂。

4.305.2 ADI：0.01 mg/kg bw。

4.305.3 残留物：噻虫啉。

4.305.4 最大残留限量：应符合表 305 的规定。

表 305

食品类别/名称	最大残留限量,mg/kg
谷物	
稻谷	10
糙米	0.2
小麦	0.1
油料和油脂	
油菜籽	0.5
芥菜籽	0.5
棉籽	0.02
蔬菜	
结球甘蓝	0.5
番茄	0.5
茄子	0.7
甜椒	1
黄瓜	1
西葫芦	0.3
笋瓜	0.2
马铃薯	0.02
水果	
仁果类水果	0.7
核果类水果	0.5
浆果及其他小型水果(猕猴桃除外)	1
猕猴桃	0.2
西瓜	0.2
甜瓜类水果	0.2
坚果	0.02
饮料类	
茶叶	10
哺乳动物肉类(海洋哺乳动物除外)	0.1*
哺乳动物内脏(海洋哺乳动物除外)	0.5*
禽肉类	0.02*
禽类内脏	0.02*
蛋类	0.02*
生乳	0.05*
* 该限量为临时限量。	

4.305.5 检测方法:谷物按照 GB/T 20770 规定的方法测定;油料和油脂、坚果参照 GB/T 20770 规定的方法测定;蔬菜、水果按照 GB/T 20769 规定的方法测定;茶叶按照 GB 23200.13 规定的方法测定。

4.306 **噻虫嗪(thiamethoxam)**

4.306.1 主要用途:杀虫剂。

4.306.2 ADI:0.08 mg/kg bw。

4.306.3 残留物:噻虫嗪。

4.306.4 最大残留限量:应符合表 306 的规定。

表 306

食品类别/名称	最大残留限量,mg/kg
谷物	
糙米	0.1
小麦	0.1
大麦	0.4

表 306（续）

食品类别/名称	最大残留限量，mg/kg
谷物	
玉米	0.05
鲜食玉米	0.05
油料和油脂	
油籽类(油菜籽、花生仁除外)	0.02
油菜籽	0.05
花生仁	0.05
蔬菜	
芸薹属类蔬菜(结球甘蓝除外)	5
结球甘蓝	0.2
叶菜类蔬菜(菠菜、芹菜除外)	3
菠菜	5
芹菜	1
茄果类蔬菜(番茄、茄子、辣椒除外)	0.7
番茄	1
茄子	0.5
辣椒	1
黄瓜	0.5
节瓜	1
丝瓜	0.2
荚可食类豆类蔬菜	0.3
荚不可食类豆类蔬菜	0.01
朝鲜蓟	0.5
根茎类蔬菜	0.3
马铃薯	0.2
玉米笋	0.01
水果	
柑橘类水果(柑、橘、橙除外)	0.5
苹果	0.3
梨	0.3
山楂	0.3
枇杷	0.3
榅桲	0.3
核果类水果	1
浆果和其他小型水果(葡萄除外)	0.5
鳄梨	0.5
香蕉	0.02
番木瓜	0.01
菠萝	0.01
西瓜	0.2
坚果	
山核桃	0.01
糖料	
甘蔗	0.1
饮料类	
茶叶	10
咖啡豆	0.2
可可豆	0.02
啤酒花	0.09
调味料	
薄荷	1.5
干辣椒	7

表 306（续）

食品类别/名称	最大残留限量，mg/kg
哺乳动物肉类(海洋哺乳动物除外)	0.02
哺乳动物内脏(海洋哺乳动物除外)	0.01
禽肉类	0.01
禽类内脏	0.01
蛋类	0.01
生乳	0.05

4.306.5 检测方法：谷物按照 GB 23200.9、GB/T 20770 规定的方法测定；油料和油脂、哺乳动物肉类(海洋哺乳动物除外)、禽类内脏、生乳按照 GB 23200.39 规定的方法测定；蔬菜按照 GB 23200.8、GB 23200.39、GB/T 20769 规定的方法测定；水果按照 GB 23200.8、GB/T 20769 规定的方法测定；坚果、饮料类(茶叶除外)、调味料参照 GB 23200.11 规定的方法测定；糖料参照 GB 23200.9 规定的方法测定；茶叶参照 GB 23200.11、GB/T 20770 规定的方法测定；哺乳动物内脏(海洋哺乳动物除外)、禽肉类、蛋类参照 GB 23200.39 规定的方法测定。

4.307 噻吩磺隆(thifensulfuron-methyl)

4.307.1 主要用途：除草剂。

4.307.2 ADI：0.07 mg/kg bw。

4.307.3 残留物：噻吩磺隆。

4.307.4 最大残留限量：应符合表 307 的规定。

表 307

食品类别/名称	最大残留限量，mg/kg
谷物	
小麦	0.05
玉米	0.05
油料和油脂	
大豆	0.05
花生仁	0.05

4.307.5 检测方法：谷物按照 GB/T 20770 规定的方法测定；油料和油脂参照 GB/T 20770 规定的方法测定。

4.308 噻呋酰胺(thifluzamide)

4.308.1 主要用途：杀菌剂。

4.308.2 ADI：0.014 mg/kg bw。

4.308.3 残留物：噻呋酰胺。

4.308.4 最大残留限量：应符合表 308 的规定。

表 308

食品类别/名称	最大残留限量，mg/kg
谷物	
稻谷	7
糙米	3
油料和油脂	
花生仁	0.3

表 308（续）

食品类别/名称	最大残留限量,mg/kg
蔬菜	
马铃薯	2
药用植物	
石斛(鲜)	2
石斛(干)	10

4.308.5 检测方法:谷物按照 GB 23200.9 规定的方法测定;油料和油脂、蔬菜、药用植物参照 GB 23200.9 规定的方法测定。

4.309 **噻节因(dimethipin)**

4.309.1 主要用途:植物生长调节剂。

4.309.2 ADI:0.02 mg/kg bw。

4.309.3 残留物:噻节因。

4.309.4 最大残留限量:应符合表 309 的规定。

表 309

食品类别/名称	最大残留限量,mg/kg
油料和油脂	
油菜籽	0.2
棉籽	1
葵花籽	1
棉籽毛油	0.1
食用棉籽油	0.1
蔬菜	
马铃薯	0.05
哺乳动物肉类(海洋哺乳动物除外)	0.01
哺乳动物内脏(海洋哺乳动物除外)	0.01
禽肉类	0.01
禽类内脏	0.01
蛋类	0.01
生乳	0.01

4.309.5 检测方法:油料和油脂按照 GB/T 23210 规定的方法测定;蔬菜按照 NY/T 1379 规定的方法测定;哺乳动物肉类(海洋哺乳动物除外)、哺乳动物内脏(海洋哺乳动物除外)、禽肉类、禽类内脏、蛋类、生乳参照 GB/T 20771 规定的方法测定。

4.310 **噻菌灵(thiabendazole)**

4.310.1 主要用途:杀菌剂。

4.310.2 ADI:0.1 mg/kg bw。

4.310.3 残留物:植物源性食品为噻菌灵;动物源性食品为噻菌灵与 5-羟基噻菌灵之和。

4.310.4 最大残留限量:应符合表 310 的规定。

表 310

食品类别/名称	最大残留限量,mg/kg
蔬菜	
菊苣	0.05
马铃薯	15

表 310（续）

食品类别/名称	最大残留限量,mg/kg
水果	
柑	10
橘	10
橙	10
柠檬	10
柚	10
仁果类水果	3
葡萄	5
芒果	5
鳄梨	15
番木瓜	10
香蕉	5
食用菌	
蘑菇类(鲜)	5
哺乳动物肉类(海洋哺乳动物除外)	
牛肉	0.1
哺乳动物内脏(海洋哺乳动物除外)	
牛肾	1
牛肝	0.3
禽肉类	0.05
蛋类	0.1
生乳	
牛奶	0.2

4.310.5 检测方法:蔬菜、水果按照 GB/T 20769、NY/T 1453、NY/T 1680 规定的方法测定;食用菌按照 GB/T 20769、NY/T 1453、NY/T 1680 规定的方法测定;哺乳动物肉类(海洋哺乳动物除外)、禽肉类按照 GB/T 20772 规定的方法测定;哺乳动物内脏(海洋哺乳动物除外)、蛋类参照 GB/T 20772 规定的方法测定;生乳按照 GB/T 23211 规定的方法测定。

4.311 噻菌铜(thiediazole copper)

4.311.1 主要用途:杀菌剂。

4.311.2 ADI:0.000 78 mg/kg bw。

4.311.3 残留物:2-氨基-5-巯基-1,3,4-噻二唑,以噻菌铜表示。

4.311.4 最大残留限量:应符合表 311 的规定。

表 311

食品类别/名称	最大残留限量,mg/kg
蔬菜	
大白菜	0.1*
番茄	0.5*
* 该限量为临时限量。	

4.312 噻螨酮(hexythiazox)

4.312.1 主要用途:杀螨剂。

4.312.2 ADI:0.03 mg/kg bw。

4.312.3 残留物:植物源性食品为噻螨酮;动物源性食品为噻螨酮和反式-5-(4-氯苯基)-4-甲基-2-四氢噻

唑-3-氨基脲、反式-5-(4-氯苯基)-4-甲基-2-四氢噻唑、反式-5-(4-氯苯基 l)-N-(顺式-3-羟基环己基)-4-甲基-2-四氢噻唑-3-氨基脲、反式-5-(4-氯苯基)-N-(反式-3-羟基环己基 l)-4-甲基-2-四氢噻唑-3-氨基脲、反式-5-(4-氯苯基)-N-(顺式-4-羟基环己基)-4-甲基 l-2-四氢噻唑-3-氨基脲、反式-5-(4-氯苯基)-N-(反式-4-羟基环己基)-4-甲基 l-2-四氢噻唑-3-氨基脲、反式-5-(4-氯苯基)-4-甲基-N-(4-环己酮基)-2-四氢噻唑-3-氨基脲、反式-5-(4-氯苯基)-N-(3,4-二羟环己基 l)-4-甲基 l-2-四氢噻唑-3-胺脲基之和,以噻螨酮表示。

4.312.4 最大残留限量:应符合表 312 的规定。

表 312

食品类别/名称	最大残留限量,mg/kg
油料和油脂	
棉籽	0.05
蔬菜	
番茄	0.1
茄子	0.1
瓜类蔬菜	0.05
水果	
柑	0.5
橘	0.5
橙	0.5
柠檬	0.5
柚	0.5
仁果类水果(苹果、梨除外)	0.4
苹果	0.5
梨	0.5
核果类水果(枣除外)	0.3
枣(鲜)	2
葡萄	1
草莓	0.5
瓜果类水果	0.05
干制水果	
李子干	1
葡萄干	1
坚果	0.05
饮料类	
啤酒花	3
茶叶	15
哺乳动物肉类(海洋哺乳动物除外),以脂肪中残留量表示	0.05*
哺乳动物内脏(海洋哺乳动物除外)	0.05*
哺乳动物脂肪(乳脂肪除外)	0.05*
禽肉类,以脂肪中残留量表示	0.05*
禽类内脏	0.05*
蛋类	0.05*
生乳	0.05*
乳脂肪	0.05*
* 该限量为临时限量。	

4.312.5 检测方法:油料和油脂参照 GB/T 20770 规定的方法测定;蔬菜、水果、干制水果按照 GB 23200.8、GB/T 20769 规定的方法测定;坚果、饮料类参照 GB 23200.8、GB/T 20769 规定的方法测定。

4.313 噻霉酮(benziothiazolinone)

4.313.1 主要用途:杀菌剂。

4.313.2 ADI:0.017 mg/kg bw。

4.313.3 残留物:噻霉酮。

4.313.4 最大残留限量:应符合表313的规定。

表313

食品类别/名称	最大残留限量,mg/kg
谷物	
稻谷	1*
糙米	0.5*
小麦	0.2*
蔬菜	
黄瓜	0.1*
水果	
苹果	0.05*
* 该限量为临时限量。	

4.314 噻嗪酮(buprofezin)

4.314.1 主要用途:杀虫剂。

4.314.2 ADI:0.009 mg/kg bw。

4.314.3 残留物:噻嗪酮。

4.314.4 最大残留限量:应符合表314的规定。

表314

食品类别/名称	最大残留限量,mg/kg
谷物	
稻谷	0.3
糙米	0.3
蔬菜	
番茄	2
辣椒	2
瓜类蔬菜	0.7
水果	
柑	0.5
橘	0.5
橙	0.5
柠檬	0.5
柚	0.5
苹果	3
梨	6
桃	9
油桃	9
李子	2
樱桃	2
葡萄	1
草莓	3
橄榄	5
芒果	0.1
香蕉	0.3
干制水果	
柑橘脯	2
李子干	2
葡萄干	2

表 314（续）

食品类别/名称	最大残留限量，mg/kg
坚果	
杏仁	0.05
饮料类	
茶叶	10
咖啡豆	0.4
调味料	
干辣椒	10
哺乳动物肉类（海洋哺乳动物除外）	0.05
哺乳动物内脏（海洋哺乳动物除外）	0.05
生乳	0.01

4.314.5 检测方法：谷物按照 GB 23200.34、GB/T 5009.184 规定的方法测定；蔬菜、水果、干制水果按照 GB 23200.8、GB/T 20769 规定的方法测定；坚果、调味料参照 GB/T 20769 规定的方法测定；饮料类（茶叶除外）参照 GB/T 23376 规定的方法测定；茶叶按照 GB/T 23376 规定的方法测定；哺乳动物肉类（海洋哺乳动物除外）按照 GB/T 20772 规定的方法测定；哺乳动物内脏（海洋哺乳动物除外）参照 GB/T 20772 规定的方法测定；生乳按照 GB/T 23211 规定的方法测定。

4.315 噻酮磺隆（thiencarbazone-methyl）

4.315.1 主要用途：除草剂。

4.315.2 ADI：0.23 mg/kg bw。

4.315.3 残留物：噻酮磺隆。

4.315.4 最大残留限量：应符合表 315 的规定。

表 315

食品类别/名称	最大残留限量，mg/kg
谷物	
玉米	0.05*
鲜食玉米	0.05*
* 该限量为临时限量。	

4.316 噻唑磷（fosthiazate）

4.316.1 主要用途：杀线虫剂。

4.316.2 ADI：0.004 mg/kg bw。

4.316.3 残留物：噻唑磷。

4.316.4 最大残留限量：应符合表 316 的规定。

表 316

食品类别/名称	最大残留限量，mg/kg
蔬菜	
番茄	0.05
黄瓜	0.2
马铃薯	0.1
水果	
香蕉	0.05
西瓜	0.1
糖料	
甘蔗	0.05

4.316.5 检测方法：蔬菜、水果按照 GB 23200.113、GB/T 20769 规定的方法测定；糖料参照 GB 23200.113、GB/T 20769 规定的方法测定。

4.317 噻唑锌(zinc thiazole)

4.317.1 主要用途：杀菌剂。

4.317.2 ADI：0.01 mg/kg bw。

4.317.3 残留物：2-氨基-5-巯基-1,3,4-噻二唑。

4.317.4 最大残留限量：应符合表 317 的规定。

表 317

食品类别/名称	最大残留限量，mg/kg
谷物	
稻谷	0.2*
糙米	0.2*
蔬菜	
黄瓜	0.5*
芋	0.2*
水果	
柑	0.5*
橘	0.5*
橙	0.5*
桃	1*
* 该限量为临时限量。	

4.318 三苯基氢氧化锡(fentin hydroxide)

4.318.1 主要用途：杀菌剂。

4.318.2 ADI：0.000 5 mg/kg bw。

4.318.3 残留物：三苯基氢氧化锡。

4.318.4 最大残留限量：应符合表 318 的规定。

表 318

食品类别/名称	最大残留限量，mg/kg
蔬菜	
马铃薯	0.1*
* 该限量为临时限量。	

4.319 三苯基乙酸锡(fentin acetate)

4.319.1 主要用途：杀菌剂。

4.319.2 ADI：0.000 5 mg/kg bw。

4.319.3 残留物：三苯基乙酸锡。

4.319.4 最大残留限量：应符合表 319 的规定。

表 319

食品类别/名称	最大残留限量，mg/kg
谷物	
稻谷	5*
糙米	0.05*
糖料	
甜菜	0.1*
* 该限量为临时限量。	

4.320 三氟甲吡醚(pyridalyl)

4.320.1 主要用途:杀虫剂。

4.320.2 ADI:0.03 mg/kg bw。

4.320.3 残留物:三氟甲吡醚。

4.320.4 最大残留限量:应符合表 320 的规定。

表 320

食品类别/名称	最大残留限量,mg/kg
蔬菜	
结球甘蓝	3*
* 该限量为临时限量。	

4.321 三氟羧草醚(acifluorfen)

4.321.1 主要用途:除草剂。

4.321.2 ADI:0.013 mg/kg bw。

4.321.3 残留物:三氟羧草醚。

4.321.4 最大残留限量:应符合表 321 的规定。

表 321

食品类别/名称	最大残留限量,mg/kg
油料和油脂	
花生仁	0.1
大豆	0.1

4.321.5 检测方法:油料和油脂参照 GB 23200.70、SN/T 2228 规定的方法测定。

4.322 三环锡(cyhexatin)

4.322.1 主要用途:杀螨剂。

4.322.2 ADI:0.003 mg/kg bw。

4.322.3 残留物:三环锡。

4.322.4 最大残留限量:应符合表 322 的规定。

表 322

食品类别/名称	最大残留限量,mg/kg
水果	
橙	0.2
加仑子(黑、红、白)	0.1
葡萄	0.3
调味料	
干辣椒	5

4.322.5 检测方法:水果按照 SN/T 4558 规定的方法测定;调味料参照 SN/T 4558 规定的方法测定。

4.323 三环唑(tricyclazole)

4.323.1 主要用途:杀菌剂。

4.323.2 ADI:0.04 mg/kg bw。

4.323.3 残留物:三环唑。

4.323.4 最大残留限量:应符合表 323 的规定。

表 323

食品类别/名称	最大残留限量,mg/kg
谷物	
稻谷	2
蔬菜	
菜薹	2

4.323.5 检测方法:谷物按照 GB/T 5009.115 规定的方法测定;蔬菜按照 NY/T 1379 规定的方法测定。

4.324 **三甲苯草酮(tralkoxydim)**

4.324.1 主要用途:除草剂。

4.324.2 ADI:0.005 mg/kg bw。

4.324.3 残留物:三甲苯草酮。

4.324.4 最大残留限量:应符合表 324 的规定。

表 324

食品类别/名称	最大残留限量,mg/kg
谷物	
小麦	0.02

4.324.5 检测方法:谷物参照 GB 23200.3 规定的方法测定。

4.325 **三氯吡氧乙酸(triclopyr)**

4.325.1 主要用途:除草剂。

4.325.2 ADI:0.03 mg/kg bw。

4.325.3 残留物:三氯吡氧乙酸。

4.325.4 最大残留限量:应符合表 325 的规定。

表 325

食品类别/名称	最大残留限量,mg/kg
油料和油脂	
油菜籽	0.5

4.325.5 检测方法:油料和油脂参照 GB/T 20769 规定的方法测定。

4.326 **三氯杀螨醇(dicofol)**

4.326.1 主要用途:杀螨剂。

4.326.2 ADI:0.002 mg/kg bw。

4.326.3 残留物:三氯杀螨醇(o,p′-异构体和 p,p′-异构体之和)。

4.326.4 最大残留限量:应符合表 326 规定。

表 326

食品类别/名称	最大残留限量,mg/kg
油料和油脂	
棉籽油	0.5
水果	
柑	1
橘	1
橙	1

表 326（续）

食品类别/名称	最大残留限量,mg/kg
水果	
柠檬	1
柚	1
苹果	1
梨	1
饮料类	
茶叶	0.2

4.326.5 检测方法：油料和油脂按照 GB 23200.113、GB/T 5009.176 规定的方法测定；水果按照 GB 23200.113、NY/T 761 规定的方法测定；茶叶按照 GB 23200.113、GB/T 5009.176 规定的方法测定。

4.327 三氯杀螨砜(tetradifon)

4.327.1 主要用途：杀螨剂。

4.327.2 ADI：0.02 mg/kg bw。

4.327.3 残留物：三氯杀螨砜。

4.327.4 最大残留限量：应符合表 327 的规定。

表 327

食品类别/名称	最大残留限量,mg/kg
水果	
苹果	2

4.327.5 检测方法：水果按照 GB 23200.113、NY/T 1379 规定的方法测定。

4.328 三乙膦酸铝(fosetyl-aluminium)

4.328.1 主要用途：杀菌剂。

4.328.2 ADI：1 mg/kg bw。

4.328.3 残留物：乙基磷酸和亚磷酸及其盐之和，以乙基磷酸表示。

4.328.4 最大残留限量：应符合表 328 的规定。

表 328

食品类别/名称	最大残留限量,mg/kg
蔬菜	
黄瓜	30[a]
水果	
苹果	30[a]
葡萄	10[a]
荔枝	1[a]
[a] 该限量为临时限量。	

4.329 三唑醇(triadimenol)

4.329.1 主要用途：杀菌剂。

4.329.2 ADI：0.03 mg/kg bw。

4.329.3 残留物：三唑酮和三唑醇之和。

4.329.4 最大残留限量：应符合表 329 的规定。

表 329

食品类别/名称	最大残留限量,mg/kg
谷物	
稻谷	0.5
糙米	0.05
小麦	0.2
大麦	0.2
燕麦	0.2
黑麦	0.2
小黑麦	0.2
旱粮类(玉米、高粱除外)	0.2
玉米	0.5
高粱	0.1
蔬菜	
茄果类蔬菜	1
瓜类蔬菜	0.2
朝鲜蓟	0.7
水果	
苹果	1
加仑子(黑、红、白)	0.7
葡萄	0.3
草莓	0.7
香蕉	1
菠萝	5
瓜果类水果	0.2
干制水果	
葡萄干	10
糖料	
甜菜	0.1
饮料类	
咖啡豆	0.5
调味料	
干辣椒	5
哺乳动物肉类(海洋哺乳动物除外)	0.02*
哺乳动物内脏(海洋哺乳动物除外)	0.01*
禽肉类	0.01*
禽类内脏	0.01*
蛋类	0.01*
生乳	0.01*
* 该限量为临时限量。	

4.329.5 检测方法:谷物按照 GB 23200.9、GB 23200.113 规定的方法测定;蔬菜、水果、干制水果按照 GB 23200.8、GB 23200.113 规定的方法测定;糖料参照 GB 23200.113、GB/T 20769 规定的方法测定;饮料类按照 GB 23200.113 规定的方法测定;调味料按照 GB 23200.113 规定的方法测定。

4.330 **三唑磷(triazophos)**

4.330.1 主要用途:杀虫剂。

4.330.2 ADI:0.001 mg/kg bw。

4.330.3 残留物:三唑磷。

4.330.4 最大残留限量:应符合表 330 的规定。

表 330

食品类别/名称	最大残留限量,mg/kg
谷物	
稻谷	0.05
小麦	0.05
大麦	0.05
燕麦	0.05
黑麦	0.05
小黑麦	0.05
旱粮类	0.05
大米	0.6
油料和油脂	
棉籽	0.1
棉籽毛油	1
蔬菜	
结球甘蓝	0.1
节瓜	0.1
水果	
柑	0.2
橘	0.2
橙	0.2
苹果	0.2
荔枝	0.2
调味料	
果类调味料	0.07
根茎类调味料	0.1

4.330.5 检测方法:谷物按照 GB 23200.9、GB 23200.113、GB/T 20770 规定的方法测定;油料和油脂按照 GB 23200.113 规定的方法测定;蔬菜、水果按照 GB 23200.113、NY/T 761 规定的方法测定;调味料按照 GB 23200.113 规定的方法测定。

4.331 三唑酮(triadimefon)

4.331.1 主要用途:杀菌剂。

4.331.2 ADI:0.03 mg/kg bw。

4.331.3 残留物:三唑酮和三唑醇之和。

4.331.4 最大残留限量:应符合表 331 的规定。

表 331

食品类别/名称	最大残留限量,mg/kg
谷物	
稻谷	0.5
小麦	0.2
大麦	0.2
燕麦	0.2
黑麦	0.2
小黑麦	0.2
旱粮类(玉米除外)	0.2
玉米	0.5
油料和油脂	
油菜籽	0.2
棉籽	0.05

表 331（续）

食品类别/名称	最大残留限量,mg/kg
蔬菜	
结球甘蓝	0.05
茄果类蔬菜	1
瓜类蔬菜(黄瓜除外)	0.2
黄瓜	0.1
豌豆	0.05
朝鲜蓟	0.7
水果	
柑	1
橘	1
橙	1
苹果	1
梨	0.5
加仑子(黑、红、白)	0.7
葡萄	0.3
草莓	0.7
荔枝	0.05
香蕉	1
菠萝	5
瓜果类水果	0.2
干制水果	
葡萄干	10
糖料	
甜菜	0.1
饮料类	
咖啡豆	0.5
调味料	
干辣椒	5
哺乳动物肉类(海洋哺乳动物除外)	0.02*
哺乳动物内脏(海洋哺乳动物除外)	0.01*
禽肉类	0.01*
禽类内脏	0.01*
蛋类	0.01*
生乳	0.01*
* 该限量为临时限量。	

4.331.5 检测方法：谷物按照 GB 23200.9、GB 23200.113、GB/T 5009.126、GB/T 20770 规定的方法测定；油料和油脂按照 GB 23200.113 规定的方法测定；蔬菜、水果、干制水果按照 GB 23200.8、GB 23200.113、GB/T 20769 规定的方法测定；糖料参照 GB 23200.113、GB/T 5009.126 规定的方法测定；饮料类、调味料按照 GB 23200.113 规定的方法测定。

4.332 三唑锡(azocyclotin)

4.332.1 主要用途：杀螨剂。

4.332.2 ADI：0.003 mg/kg bw。

4.332.3 残留物：三环锡。

4.332.4 最大残留限量：应符合表 332 的规定。

表 332

食品类别/名称	最大残留限量,mg/kg
水果	
柑	2
橘	2
橙	0.2
柠檬	0.2
柚	0.2
苹果	0.5
梨	0.2
加仑子(黑、红、白)	0.1
葡萄	0.3

4.332.5 检测方法:水果按照 SN/T 4558 规定的方法测定。

4.333 杀草强(amitrole)

4.333.1 主要用途:除草剂。

4.333.2 ADI:0.002 mg/kg bw。

4.333.3 残留物:杀草强。

4.333.4 最大残留限量:应符合表 333 的规定。

表 333

食品类别/名称	最大残留限量,mg/kg
水果	
仁果类水果	0.05
核果类水果	0.05
葡萄	0.05

4.333.5 检测方法:水果按照 GB 23200.6 规定的方法测定。

4.334 杀虫单(thiosultap-monosodium)

4.334.1 主要用途:杀虫剂。

4.334.2 ADI:0.01 mg/kg bw。

4.334.3 残留物:沙蚕毒素。

4.334.4 最大残留限量:应符合表 334 的规定。

表 334

食品类别/名称	最大残留限量,mg/kg
谷物	
糙米	1
蔬菜	
结球甘蓝	0.5*
普通白菜	1*
黄瓜	2*
番茄	1*
菜豆	2*
水果	
苹果	1*
糖料	
甘蔗	0.1*
* 该限量为临时限量。	

4.334.5 检测方法：谷物按照 GB/T 5009.114 规定的方法测定。

4.335 **杀虫环(thiocyclam)**

4.335.1 主要用途：杀虫剂。

4.335.2 ADI：0.05 mg/kg bw。

4.335.3 残留物：杀虫环。

4.335.4 最大残留限量：应符合表 335 的规定。

表 335

食品类别/名称	最大残留限量，mg/kg
谷物	
大米	0.2
蔬菜	
结球甘蓝	0.2
节瓜	0.2

4.335.5 检测方法：谷物按照 GB/T 5009.113 规定的方法测定；蔬菜参照 GB/T 5009.113、GB/T 5009.114 规定的方法检测。

4.336 **杀虫脒(chlordimeform)**

4.336.1 主要用途：杀虫剂。

4.336.2 ADI：0.001 mg/kg bw。

4.336.3 残留物：杀虫脒。

4.336.4 最大残留限量：应符合表 336 的规定。

表 336

食品类别/名称	最大残留限量，mg/kg
谷物	
稻谷	0.01
糙米	0.01
麦类	0.01
旱粮类	0.01
杂粮类	0.01
油料和油脂	
棉籽	0.01
蔬菜	
鳞茎类蔬菜	0.01
芸薹属类蔬菜	0.01
叶菜类蔬菜	0.01
茄果类蔬菜	0.01
瓜类蔬菜	0.01
豆类蔬菜	0.01
茎类蔬菜	0.01
根茎类和薯芋类蔬菜	0.01
水生类蔬菜	0.01
芽菜类蔬菜	0.01
其他类蔬菜	0.01
水果	
柑橘类水果	0.01
仁果类水果	0.01
核果类水果	0.01

表 336（续）

食品类别/名称	最大残留限量,mg/kg
水果	
浆果和其他小型水果	0.01
热带和亚热带水果	0.01
瓜果类水果	0.01

4.336.5 检测方法:谷物按照 GB/T 20770 规定的方法测定;油料和油脂参照 GB/T 20770 规定的方法测定;蔬菜、水果按照 GB/T 20769 规定的方法测定。

4.337 杀虫双(thiosultap-disodium)

4.337.1 主要用途:杀虫剂。

4.337.2 ADI:0.01 mg/kg bw。

4.337.3 残留物:沙蚕毒素。

4.337.4 最大残留限量:应符合表 337 的规定。

表 337

食品类别/名称	最大残留限量,mg/kg
谷物	
稻谷	1
糙米	1
小麦	0.2
玉米	0.2
鲜食玉米	0.2
大米	0.2
蔬菜	
结球甘蓝	0.5
普通白菜	1
番茄	1
水果	
苹果	1*
糖料	
甘蔗	0.1*
* 该限量为临时限量。	

4.337.5 检测方法:谷物按照 GB/T 5009.114 规定的方法测定,蔬菜参照 GB/T 5009.114 规定的方法测定。

4.338 杀铃脲(triflumuron)

4.338.1 主要用途:杀虫剂。

4.338.2 ADI:0.014 mg/kg bw。

4.338.3 残留物:杀铃脲。

4.338.4 最大残留限量:应符合表 338 的规定。

表 338

食品类别/名称	最大残留限量,mg/kg
蔬菜	
结球甘蓝	0.2
水果	
柑	0.05
橘	0.05
橙	0.05
苹果	0.1

4.338.5 检测方法:蔬菜按照 GB/T 20769 规定的方法测定;水果按照 GB/T 20769、NY/T 1720 规定的方法测定。

4.339 杀螺胺乙醇胺盐(niclosamide-olamine)

4.339.1 主要用途:杀虫剂。

4.339.2 ADI:1 mg/kg bw 。

4.339.3 残留物:杀螺胺。

4.339.4 最大残留限量:应符合表 339 的规定。

表 339

食品类别/名称	最大残留限量,mg/kg
谷物	
稻谷	2*
糙米	0.5*
* 该限量为临时限量。	

4.340 杀螟丹(cartap)

4.340.1 主要用途:杀虫剂。

4.340.2 ADI:0.1 mg/kg bw。

4.340.3 残留物:杀螟丹。

4.340.4 最大残留限量:应符合表 340 的规定。

表 340

食品类别/名称	最大残留限量,mg/kg
谷物	
大米	0.1
糙米	0.1
蔬菜	
结球甘蓝	0.5
大白菜	3
水果	
柑	3
橘	3
橙	3
饮料类	
茶叶	20
糖料	
甘蔗	0.1

4.340.5 检测方法:谷物按照 GB/T 20770 规定的方法测定;蔬菜、水果按照 GB/T 20769 规定的方法测定;糖料、茶叶参照 GB/T 20769 规定的方法测定。

4.341 杀螟硫磷(fenitrothion)

4.341.1 主要用途:杀虫剂。

4.341.2 ADI:0.006 mg/kg bw。

4.341.3 残留物:杀螟硫磷。

4.341.4 最大残留限量:应符合表 341 的规定。

表 341

食品类别/名称	最大残留限量,mg/kg
谷物	
稻谷	5*
麦类	5*
小麦粉	1*
全麦粉	5*
旱粮类	5*
杂粮类	5*
大米	1*
油料和油脂	
大豆	5*
棉籽	0.1*
蔬菜	
鳞茎类蔬菜	0.5*
芸薹属类蔬菜(结球甘蓝除外)	0.5*
结球甘蓝	0.2*
叶菜类蔬菜	0.5*
茄果类蔬菜	0.5*
瓜类蔬菜	0.5*
豆类蔬菜	0.5*
茎类蔬菜	0.5*
根茎类和薯芋类蔬菜	0.5*
水生类蔬菜	0.5*
芽菜类蔬菜	0.5*
其他类蔬菜	0.5*
水果	
柑橘类水果	0.5*
仁果类水果	0.5*
核果类水果	0.5*
浆果和其他小型水果	0.5*
热带和亚热带水果	0.5*
瓜果类水果	0.5*
饮料类	
茶叶	0.5*
调味料	
果类调味料	1
种子类调味料	7
根茎类调味料	0.1
哺乳动物肉类(海洋哺乳动物除外)	0.05
哺乳动物内脏(海洋哺乳动物除外)	0.05
禽肉类	0.05
蛋类	0.05
生乳	0.01
* 该限量为临时限量。	

4.341.5 检测方法:谷物按照 GB 23200.113、GB/T 5009.20、GB/T 14553 规定的方法测定;油料和油脂按照 GB 23200.113 规定的方法测定;蔬菜、水果按照 GB 23200.113、GB/T 14553、GB/T 20769、NY/T 761 规定的方法测定;茶叶按照 GB 23200.113 规定的方法测定;调味料按照 GB 23200.113 规定的方法测定;哺乳动物肉类(海洋哺乳动物除外)、哺乳动物内脏(海洋哺乳动物除外)、禽肉类、蛋类、生乳按照 GB/T 5009.161 规定的方法测定。

4.342 杀扑磷(methidathion)

4.342.1 主要用途:杀虫剂。

4.342.2 ADI:0.001 mg/kg bw。

4.342.3 残留物:杀扑磷。

4.342.4 最大残留限量:应符合表342的规定。

表342

食品类别/名称	最大残留限量,mg/kg
谷物	
稻谷	0.05
糙米	0.05
麦类	0.05
旱粮类	0.05
杂粮类	0.05
蔬菜	
鳞茎类蔬菜	0.05
芸薹属类蔬菜	0.05
叶菜类蔬菜	0.05
茄果类蔬菜	0.05
瓜类蔬菜	0.05
豆类蔬菜	0.05
茎类蔬菜	0.05
根茎类和薯芋类蔬菜	0.05
水生类蔬菜	0.05
芽菜类蔬菜	0.05
其他类蔬菜	0.05
水果	
柑橘类水果(柑、橘、橙除外)	0.05
柑	2
橘	2
橙	2
仁果类水果	0.05
核果类水果	0.05
浆果和其他小型水果	0.05
热带和亚热带水果	0.05
瓜果类水果	0.05
哺乳动物肉类(海洋哺乳动物除外)	
猪肉	0.02
牛肉	0.02
绵羊肉	0.02
山羊肉	0.02
哺乳动物内脏(海洋哺乳动物除外)	
猪内脏	0.02
牛内脏	0.02
绵羊内脏	0.02
山羊内脏	0.02
哺乳动物脂肪(乳脂肪除外)	
猪脂肪	0.02
牛脂肪	0.02
绵羊脂肪	0.02
山羊脂肪	0.02

表 342（续）

食品类别/名称	最大残留限量,mg/kg
禽肉类	0.02
禽类脂肪	0.02
禽类内脏	0.02
蛋类	0.02
生乳	0.001

4.342.5 检测方法:谷物按照 GB 23200.113 规定的方法测定;蔬菜按照 GB 23200.113、NY/T 761 规定的方法测定;水果按照 GB 23200.8、GB 23200.113、GB/T 14553、NY/T 761 规定的方法测定;哺乳动物肉类(海洋哺乳动物除外)、哺乳动物内脏(海洋哺乳动物除外)、哺乳动物脂肪(乳脂肪除外)、禽肉类、禽类脂肪、禽类内脏按照 GB/T 20772 规定的方法测定;蛋类、生乳参照 GB/T 20772 规定的方法测定。

4.343 杀线威(oxamyl)

4.343.1 主要用途:杀虫剂。

4.343.2 ADI:0.009 mg/kg bw。

4.343.3 残留物:杀线威和杀线威肟之和,以杀线威表示。

4.343.4 最大残留限量:应符合表 343 的规定。

表 343

食品类别/名称	最大残留限量,mg/kg
油料和油脂	
棉籽	0.2*
花生仁	0.05*
蔬菜	
番茄	2*
甜椒	2*
黄瓜	2*
胡萝卜	0.1*
马铃薯	0.1*
水果	
柑橘类水果	5*
甜瓜类水果	2*
调味料	
果类调味料	0.07*
根茎类调味料	0.05*
哺乳动物肉类(海洋哺乳动物除外)	0.02*
哺乳动物内脏(海洋哺乳动物除外)	
猪内脏	0.02*
牛内脏	0.02*
绵羊内脏	0.02*
山羊内脏	0.02*
马内脏	0.02*
禽肉类	0.02*
禽类内脏	0.02*
蛋类	0.02*
生乳	0.02*
* 该限量为临时限量。	

4.344 莎稗磷(anilofos)

4.344.1 主要用途:除草剂。

4.344.2 ADI:0.001 mg/kg bw。

4.344.3 残留物:莎稗磷。

4.344.4 最大残留限量:应符合表 344 的规定。

表 344

食品类别/名称	最大残留限量,mg/kg
谷物	
稻谷	0.1
糙米	0.1

4.344.5 检测方法:谷物按照 GB 23200.113 规定的方法测定。

4.345 申嗪霉素(phenazino-1-carboxylic acid)

4.345.1 主要用途:杀菌剂。

4.345.2 ADI:0.002 8 mg/kg bw。

4.345.3 残留物:申嗪霉素。

4.345.4 最大残留限量:应符合表 345 的规定。

表 345

食品类别/名称	最大残留限量,mg/kg
蔬菜	
辣椒	0.1*
黄瓜	0.3*
* 该限量为临时限量。	

4.346 生物苄呋菊酯(bioresmethrin)

4.346.1 主要用途:杀虫剂。

4.346.2 ADI:0.03 mg/kg bw。

4.346.3 残留物:生物苄呋菊酯。

4.346.4 最大残留限量:应符合表 346 的规定。

表 346

食品类别/名称	最大残留限量,mg/kg
谷物	
小麦	1
小麦粉	1
全麦粉	1
麦胚	3

4.346.5 检测方法:谷物按照 GB/T 20770、SN/T 2151 规定的方法测定。

4.347 虱螨脲(lufenuron)

4.347.1 主要用途:杀虫剂。

4.347.2 ADI:0.02 mg/kg bw。

4.347.3 残留物:虱螨脲。

4.347.4 最大残留限量:应符合表 347 的规定。

表 347

食品类别/名称	最大残留限量,mg/kg
油料和油脂	
棉籽	0.05*

表 347（续）

食品类别/名称	最大残留限量,mg/kg
蔬菜	
结球甘蓝	1*
水果	
柑	0.5
橘	0.5
橙	0.5
苹果	1
* 该限量为临时限量。	

4.347.5 检测方法:水果按照 GB/T 20769 规定的方法测定。

4.348 **双草醚(bispyribac-sodium)**

4.348.1 主要用途:除草剂。

4.348.2 ADI:0.01 mg/kg bw。

4.348.3 残留物:双草醚。

4.348.4 最大残留限量:应符合表 348 的规定。

表 348

食品类别/名称	最大残留限量,mg/kg
谷物	
稻谷	0.1*
糙米	0.1*
* 该限量为临时限量。	

4.349 **双氟磺草胺(florasulam)**

4.349.1 主要用途:除草剂。

4.349.2 ADI:0.05 mg/kg bw。

4.349.3 残留物:双氟磺草胺。

4.349.4 最大残留限量:应符合表 349 的规定。

表 349

食品类别/名称	最大残留限量,mg/kg
谷物	
小麦	0.01

4.349.5 检测方法:谷物参照 GB/T 20769 规定的方法测定。

4.350 **双胍三辛烷基苯磺酸盐[iminoctadinetris(albesilate)]**

4.350.1 主要用途:杀菌剂。

4.350.2 ADI:0.009 mg/kg bw。

4.350.3 残留物:双胍辛胺。

4.350.4 最大残留限量:应符合表 350 的规定。

表 350

食品类别/名称	最大残留限量,mg/kg
蔬菜	
番茄	1*
黄瓜	2*
芦笋	1*

表 350（续）

食品类别/名称	最大残留限量,mg/kg
水果	
柑	3*
橘	3*
橙	3*
苹果	2*
葡萄	1*
西瓜	0.2*
* 该限量为临时限量。	

4.351 **双甲脒(amitraz)**

4.351.1 主要用途:杀螨剂。

4.351.2 ADI:0.01 mg/kg bw。

4.351.3 残留物:双甲脒及 N-(2,4-二甲苯基)-N′-甲基甲脒之和,以双甲脒表示。

4.351.4 最大残留限量:应符合表 351 的规定。

表 351

食品类别/名称	最大残留限量,mg/kg
谷物	
鲜食玉米	0.5
油料和油脂	
棉籽	0.5
棉籽油	0.05
蔬菜	
番茄	0.5
茄子	0.5
辣椒	0.5
黄瓜	0.5
水果	
柑	0.5
橘	0.5
橙	0.5
柠檬	0.5
柚	0.5
苹果	0.5
梨	0.5
山楂	0.5
枇杷	0.5
榅桲	0.5
桃	0.5
樱桃	0.5
食用菌	
蘑菇类(鲜)	0.5
哺乳动物肉类(海洋哺乳动物除外)	
猪肉	0.05*
牛肉	0.05*
绵羊肉	0.1*
哺乳动物内脏(海洋哺乳动物除外)	
猪内脏	0.2*
牛内脏	0.2*
绵羊内脏	0.2*
生乳	0.01
* 该限量为临时限量。	

4.351.5 检测方法：谷物、油料和油脂、蔬菜、水果、食用菌按照 GB/T 5009.143 规定的方法测定；生乳按照 GB 29707 规定的方法测定。

4.352 双炔酰菌胺(mandipropamid)

4.352.1 主要用途：杀菌剂。

4.352.2 ADI：0.2 mg/kg bw。

4.352.3 残留物：双炔酰菌胺。

4.352.4 最大残留限量：应符合表 352 的规定。

表 352

食品类别/名称	最大残留限量，mg/kg
蔬菜	
洋葱	0.1*
葱	7*
结球甘蓝	3*
青花菜	2*
叶菜类(芹菜除外)	25*
芹菜	20*
番茄	0.3*
辣椒	1*
黄瓜	0.2*
西葫芦	0.2*
马铃薯	0.01*
水果	
葡萄	2*
荔枝	0.2*
西瓜	0.2*
甜瓜类水果	0.5*
干制水果	
葡萄干	5*
饮料类	
啤酒花	90*
调味料	
干辣椒	10*
* 该限量为临时限量。	

4.353 霜霉威和霜霉威盐酸盐(propamocarb and propamocarb hydrochloride)

4.353.1 主要用途：杀菌剂。

4.353.2 ADI：0.4 mg/kg bw。

4.353.3 残留物：霜霉威。

4.353.4 最大残留限量：应符合表 353 的规定。

表 353

食品类别/名称	最大残留限量，mg/kg
谷物	
稻谷	0.2
糙米	0.1
蔬菜	
洋葱	2
韭葱	30
抱子甘蓝	2
花椰菜	0.2

表 353（续）

食品类别/名称	最大残留限量，mg/kg
蔬菜	
青花菜	3
菠菜	100
大白菜	10
菊苣	2
番茄	2
茄子	0.3
辣椒	2
甜椒	3
瓜类蔬菜	5
萝卜	1
马铃薯	0.3
水果	
葡萄	2
瓜果类水果	5
调味料	
干辣椒	10
药用植物	
元胡（鲜）	2
元胡（干）	2
哺乳动物肉类（海洋哺乳动物除外）	0.01
哺乳动物内脏（海洋哺乳动物除外）	0.01
禽肉类	0.01
禽类脂肪	0.01
禽类内脏	0.01
蛋类	0.01
生乳	0.01

4.353.5 检测方法：谷物按照 GB/T 20770 规定的方法测定；蔬菜按照 GB/T 20769、NY/T 1379 规定的方法测定；水果按照 GB/T 20769 规定的方法测定；调味料参照 SN 0685 规定的方法测定；药用植物参照 GB/T 20769 规定的方法测定；哺乳动物肉类（海洋哺乳动物除外）、禽肉类按照 GB/T 20772 规定的方法测定；哺乳动物内脏（海洋哺乳动物除外）、禽类脂肪、禽类内脏、蛋类参照 GB/T 20772 规定的方法测定；生乳按照 GB/T 23211 规定的方法测定。

4.354 霜脲氰（cymoxanil）

4.354.1 主要用途：杀菌剂。

4.354.2 ADI：0.013 mg/kg bw。

4.354.3 残留物：霜脲氰。

4.354.4 最大残留限量：应符合表 354 的规定。

表 354

食品类别/名称	最大残留限量，mg/kg
蔬菜	
番茄	1
辣椒	0.2
黄瓜	0.5
马铃薯	0.5
水果	
葡萄	0.5
荔枝	0.1

4.354.5 检测方法：蔬菜、水果按照 GB/T 20769 规定的方法测定。

4.355 水胺硫磷(isocarbophos)

4.355.1 主要用途：杀虫剂。

4.355.2 ADI：0.003 mg/kg bw。

4.355.3 残留物：水胺硫磷。

4.355.4 最大残留限量：应符合表 355 的规定。

表 355

食品类别/名称	最大残留限量，mg/kg
谷物	
稻谷	0.05
糙米	0.05
麦类	0.05
旱粮类	0.05
杂粮类	0.05
油料和油脂	
棉籽	0.05
花生仁	0.05
蔬菜	
鳞茎类蔬菜	0.05
芸薹属类蔬菜	0.05
叶菜类蔬菜	0.05
茄果类蔬菜	0.05
瓜类蔬菜	0.05
豆类蔬菜	0.05
茎类蔬菜	0.05
根茎类和薯芋类蔬菜	0.05
水生类蔬菜	0.05
芽菜类蔬菜	0.05
其他类蔬菜	0.05
水果	
柑橘类水果	0.02
仁果类水果	0.01
核果类水果	0.05
浆果和其他小型水果	0.05
热带和亚热带水果	0.05
瓜果类水果	0.05
糖料	
甜菜	0.05
甘蔗	0.05
饮料类	
茶叶	0.05

4.355.5 检测方法：谷物按照 GB 23200.9、GB 23200.113 规定的方法测定；油料和油脂按照 GB 23200.113 规定的方法测定；蔬菜按照 GB 23200.113、NY/T 761 规定的方法测定；水果按照 GB 23200.113、GB/T 5009.20 规定的方法测定；糖料参照 GB 23200.113、NY/T 761 规定的方法测定；茶叶按照 GB 23200.113、GB/T 23204 规定的方法测定。

4.356 四氟醚唑(tetraconazole)

4.356.1 主要用途：杀菌剂。

4.356.2 ADI：0.004 mg/kg bw。

4.356.3　残留物:四氟醚唑

4.356.4　最大残留限量:应符合表356的规定。

表356

食品类别/名称	最大残留限量,mg/kg
蔬菜	
黄瓜	0.5
水果	
草莓	3

4.356.5　检测方法:蔬菜、水果按照GB 23200.8、GB 23200.65、GB 23200.113、GB/T 20769规定的方法测定。

4.357　**四聚乙醛(metaldehyde)**

4.357.1　主要用途:杀螺剂。

4.357.2　ADI:0.1 mg/kg bw。

4.357.3　残留物:四聚乙醛。

4.357.4　最大残留限量:应符合表357的规定。

表357

食品类别/名称	最大残留限量,mg/kg
谷物	
糙米	0.2*
油料和油脂	
棉籽	0.2*
蔬菜	
韭菜	1*
结球甘蓝	2*
菠菜	1*
普通白菜	3*
苋菜	3*
茼蒿	10*
叶用莴苣	3*
茎用莴苣叶	10*
油麦菜	5*
芜菁叶	7*
芹菜	1*
小茴香	2*
大白菜	1*
番茄	0.5*
茎用莴苣	3*
芜菁	3*
药用植物	
石斛(鲜)	0.2
石斛(干)	0.5
* 该限量为临时限量。	

4.357.5　检测方法:药用植物参照SN/T 4264规定的方法测定。

4.358　**四氯苯酞(phthalide)**

4.358.1　主要用途:杀菌剂。

4.358.2　ADI:0.15 mg/kg bw。

4.358.3 残留物:四氯苯酞。

4.358.4 最大残留限量:应符合表358的规定。

表358

食品类别/名称	最大残留限量,mg/kg
谷物	
稻谷	0.5*
糙米	1*
* 该限量为临时限量。	

4.358.5 检测方法:谷物按照GB 23200.9规定的方法测定。

4.359 四氯硝基苯(tecnazene)

4.359.1 主要用途:杀菌剂/植物生长调节剂。

4.359.2 ADI:0.02 mg/kg bw。

4.359.3 残留物:四氯硝基苯。

4.359.4 最大残留限量:应符合表359的规定。

表359

食品类别/名称	最大残留限量,mg/kg
蔬菜	
马铃薯	20

4.359.5 检测方法:蔬菜按照GB 23200.8、GB 23200.113规定的方法测定。

4.360 四螨嗪(clofentezine)

4.360.1 主要用途:杀螨剂。

4.360.2 ADI:0.02 mg/kg bw。

4.360.3 残留物:植物源性食品为四螨嗪;动物源性食品为四螨嗪和含2-氯苯基结构的所有代谢物,以四螨嗪表示。

4.360.4 最大残留限量:应符合表360的规定。

表360

食品类别/名称	最大残留限量,mg/kg
蔬菜	
番茄	0.5
黄瓜	0.5
水果	
柑	0.5
橘	0.5
橙	0.5
柠檬	0.5
柚	0.5
佛手柑	0.5
金橘	0.5
苹果	0.5
梨	0.5
山楂	0.5
枇杷	0.5
榅桲	0.5
核果类水果(枣除外)	0.5

表 360（续）

食品类别/名称	最大残留限量,mg/kg
水果	
枣(鲜)	1
加仑子(黑、红、白)	0.2
葡萄	2
草莓	2
甜瓜类水果	0.1
干制水果	
葡萄干	2
坚果	0.5
哺乳动物肉类(海洋哺乳动物除外)	0.05*
哺乳动物内脏(海洋哺乳动物除外)	0.05*
禽肉类	0.05*
禽类内脏	0.05*
蛋类	0.05*
生乳	0.05*

* 该限量为临时限量。

4.360.5 检测方法：蔬菜、水果、干制水果按照 GB 23200.47、GB/T 20769 规定的方法测定；坚果参照 GB/T 20769 规定的方法测定。

4.361 **特丁津(terbuthylazine)**

4.361.1 主要用途：除草剂。

4.361.2 ADI：0.003 mg/kg bw。

4.361.3 残留物：特丁津。

4.361.4 最大残留限量：应符合表 361 的规定。

表 361

食品类别/名称	最大残留限量,mg/kg
谷物	
小麦	0.05
鲜食玉米	0.1
玉米	0.1

4.361.5 检测方法：谷物按照 GB 23200.9、GB 23200.113、GB/T 20770 规定的方法测定。

4.362 **特丁硫磷(terbufos)**

4.362.1 主要用途：杀虫剂。

4.362.2 ADI：0.000 6 mg/kg bw。

4.362.3 残留物：特丁硫磷及其氧类似物(亚砜、砜)之和，以特丁硫磷表示。

4.362.4 最大残留限量：应符合表 362 的规定。

表 362

食品类别/名称	最大残留限量,mg/kg
谷物	
稻谷	0.01*
麦类	0.01*
旱粮类	0.01*
杂粮类	0.01*
油料和油脂	
棉籽	0.01*
花生仁	0.02*

表 362（续）

食品类别/名称	最大残留限量,mg/kg
蔬菜	
鳞茎类蔬菜	0.01*
芸薹属类蔬菜	0.01*
叶菜类蔬菜	0.01*
茄果类蔬菜	0.01*
瓜类蔬菜	0.01*
豆类蔬菜	0.01*
茎类蔬菜	0.01*
根茎类和薯芋类蔬菜	0.01*
水生类蔬菜	0.01*
芽菜类蔬菜	0.01*
其他类蔬菜	0.01*
水果	
柑橘类水果	0.01*
仁果类水果	0.01*
核果类水果	0.01*
浆果和其他小型水果	0.01*
热带和亚热带水果	0.01*
瓜果类水果	0.01*
糖料	
甘蔗	0.01*
甜菜	0.01*
饮料类	
茶叶	0.01*
哺乳动物肉类(海洋哺乳动物除外)	0.05*
哺乳动物内脏(海洋哺乳动物除外)	0.05*
禽肉类	0.05*
禽类内脏	0.05*
蛋类	0.01*
生乳	0.01*
* 该限量为临时限量。	

4.363 涕灭威(aldicarb)

4.363.1 主要用途:杀虫剂。

4.363.2 ADI:0.003 mg/kg bw。

4.363.3 残留物:涕灭威及其氧类似物(亚砜、砜)之和,以涕灭威表示。

4.363.4 最大残留限量:应符合表 363 的规定。

表 363

食品类别/名称	最大残留限量,mg/kg
谷物	
小麦	0.02
大麦	0.02
玉米	0.05
油料和油脂	
棉籽	0.1
大豆	0.02
花生仁	0.02

表 363（续）

食品类别/名称	最大残留限量，mg/kg
油料和油脂	
葵花籽	0.05
棉籽油	0.01
花生油	0.01
蔬菜	
鳞茎类蔬菜	0.03
芸薹属类蔬菜	0.03
叶菜类蔬菜	0.03
茄果类蔬菜	0.03
瓜类蔬菜	0.03
豆类蔬菜	0.03
茎类蔬菜	0.03
根茎类和薯芋类蔬菜（甘薯、马铃薯、木薯、山药除外）	0.03
马铃薯	0.1
甘薯	0.1
山药	0.1
木薯	0.1
水生类蔬菜	0.03
芽菜类蔬菜	0.03
其他类蔬菜	0.03
水果	
柑橘类水果	0.02
仁果类水果	0.02
核果类水果	0.02
浆果和其他小型水果	0.02
热带和亚热带水果	0.02
瓜果类水果	0.02
糖料	
甜菜	0.05
调味料	
果类调味料	0.07
根茎类调味料	0.02
哺乳动物肉类（海洋哺乳动物除外）	0.01
生乳	0.01

4.363.5 检测方法：谷物、调味料按照 GB 23200.112 规定的方法测定；油料和油脂按照 GB 23200.112、GB/T 14929.2 规定的方法测定；蔬菜、水果按照 GB 23200.112、NY/T 761 规定的方法测定；糖料参照 GB 23200.112、SN/T 2441 规定的方法测定；哺乳动物肉类（海洋哺乳动物除外）、生乳按照 SN/T 2560 规定的方法测定。

4.364 甜菜安(desmedipham)

4.364.1 主要用途：除草剂。

4.364.2 ADI：0.04 mg/kg bw。

4.364.3 残留物：甜菜安。

4.364.4 最大残留限量：应符合表 364 的规定。

表 364

食品类别/名称	最大残留限量,mg/kg
糖料	
甜菜	0.1*
* 该限量为临时限量。	

4.365 **甜菜宁(phenmedipham)**

4.365.1 主要用途:除草剂。

4.365.2 ADI:0.03 mg/kg bw。

4.365.3 残留物:甜菜宁。

4.365.4 最大残留限量:应符合表 365 的规定。

表 365

食品类别/名称	最大残留限量,mg/kg
糖料	
甜菜	0.1

4.365.5 检测方法:糖料按照 GB/T 20769 规定的方法测定。

4.366 **调环酸钙(prohexadione-calcium)**

4.366.1 主要用途:植物生长调节剂。

4.366.2 ADI:0.2 mg/kg bw。

4.366.3 残留物:调环酸,以调环酸钙表示。

4.366.4 最大残留限量:应符合表 366 的规定。

表 366

食品类别/名称	最大残留限量,mg/kg
谷物	
稻谷	0.05
糙米	0.05

4.366.5 检测方法:谷物参照 SN/T 0931 规定的方法测定。

4.367 **威百亩(metam-sodium)**

4.367.1 主要用途:杀线虫剂。

4.367.2 ADI:0.001 mg/kg bw。

4.367.3 残留物:威百亩。

4.367.4 最大残留限量:应符合表 367 的规定。

表 367

食品类别/名称	最大残留限量,mg/kg
蔬菜	
黄瓜	0.05*
* 该限量为临时限量。	

4.368 **萎锈灵(carboxin)**

4.368.1 主要用途:杀菌剂。

4.368.2 ADI:0.008 mg/kg bw。

4.368.3 残留物:萎锈灵。

4.368.4 最大残留限量：应符合表368的规定。

表368

食品类别/名称	最大残留限量，mg/kg
谷物	
糙米	0.2
小麦	0.05
玉米	0.2
油料和油脂	
棉籽	0.2
大豆	0.2
蔬菜	
菜用大豆	0.2

4.368.5 检测方法：谷物按照GB 23200.9规定的方法测定；油料和油脂参照GB 23200.9规定的方法测定；蔬菜按照NY/T 1379规定的方法测定。

4.369 肟菌酯(trifloxystrobin)

4.369.1 主要用途：杀菌剂。

4.369.2 ADI：0.04 mg/kg bw。

4.369.3 残留物：肟菌酯。

4.369.4 最大残留限量：应符合表369的规定。

表369

食品类别/名称	最大残留限量，mg/kg
谷物	
稻谷	0.1
糙米	0.1
小麦	0.2
大麦	0.5
玉米	0.02
油料和油脂	
花生仁	0.02
初榨橄榄油	0.9
精炼橄榄油	1.2
蔬菜	
韭菜	0.7
结球甘蓝	0.5
抱子甘蓝	0.5
结球莴苣	15
萝卜叶	15
芹菜	1
番茄	0.7
茄子	0.7
辣椒	0.5
甜椒	0.3
黄瓜	0.3
芦笋	0.05
胡萝卜	0.1
萝卜	0.08
马铃薯	0.2

表 369（续）

食品类别/名称	最大残留限量，mg/kg
水果	
柑	0.5
橘	0.5
橙	0.5
柠檬	0.5
柚	0.5
佛手柑	0.5
金橘	0.5
苹果	0.7
梨	0.7
山楂	0.7
枇杷	0.7
榅桲	0.7
核果类水果	3
葡萄	3
草莓	1
橄榄	0.3
香蕉	0.1
番木瓜	0.6
西瓜	0.2
干制水果	
葡萄干	5
坚果	0.02
糖料	
甜菜	0.05
饮料类	
啤酒花	40

4.369.5 检测方法：谷物按照 GB 23200.113 规定的方法测定；油料和油脂按照 GB 23200.113 规定的方法测定；蔬菜、水果按照 GB 23200.8、GB 23200.113、GB/T 20769 规定的方法测定；干制水果按照 GB 23200.8、GB 23200.113 规定的方法测定；坚果、糖料参照 GB 23200.8、GB 23200.113 规定的方法测定；饮料类按照 GB 23200.113 规定的方法测定。

4.370 五氟磺草胺(penoxsulam)

4.370.1 主要用途：除草剂。

4.370.2 ADI：0.147 mg/kg bw。

4.370.3 残留物：五氟磺草胺。

4.370.4 最大残留限量：应符合表 370 的规定。

表 370

食品类别/名称	最大残留限量，mg/kg
谷物	
稻谷	0.02*
糙米	0.02*
* 该限量为临时限量。	

4.371 五氯硝基苯(quintozene)

4.371.1 主要用途：杀菌剂。

4.371.2 ADI：0.01 mg/kg bw。

4.371.3 残留物:植物源性食品为五氯硝基苯;动物源性食品为五氯硝基苯、五氯苯胺和五氯苯醚之和。

4.371.4 最大残留限量:应符合表 371 的规定。

表 371

食品类别/名称	最大残留限量,mg/kg
谷物	
小麦	0.01
大麦	0.01
玉米	0.01
鲜食玉米	0.1
杂粮类(豌豆除外)	0.02
豌豆	0.01
油料和油脂	
棉籽	0.01
大豆	0.01
花生仁	0.5
棉籽油	0.01
蔬菜	
结球甘蓝	0.1
花椰菜	0.05
番茄	0.1
茄子	0.1
辣椒	0.1
甜椒	0.05
菜豆	0.1
马铃薯	0.2
水果	
西瓜	0.02
糖料	
甜菜	0.01
食用菌	
蘑菇类(鲜)	0.1
调味料	
干辣椒	0.1
果类调味料	0.02
种子类调味料	0.1
根茎类调味料	2
禽肉类	0.1
禽类内脏	0.1
蛋类	0.03

4.371.5 检测方法:谷物、蔬菜按照 GB 23200.113、GB/T 5009.19、GB/T 5009.136 规定的方法测定;油料和油脂、食用菌、调味料按照 GB 23200.113 规定的方法测定;水果按照 GB 23200.8、GB 23200.113、NY/T 761 规定的方法测定;糖料参照 GB 23200.113、GB/T 5009.19、GB/T 5009.136 规定的方法测定;动物源性食品按照 GB/T 5009.19、GB/T 5009.162 规定的方法测定。

4.372 戊菌唑(penconazole)

4.372.1 主要用途:杀菌剂。

4.372.2 ADI:0.03 mg/kg bw。

4.372.3 残留物:戊菌唑。

4.372.4 最大残留限量:应符合表 372 的规定。

表 372

食品类别/名称	最大残留限量,mg/kg
蔬菜	
黄瓜	0.1
番茄	0.2
水果	
仁果类水果	0.2
桃	0.1
油桃	0.1
葡萄	0.2
草莓	0.1
甜瓜类水果	0.1
干制水果	
葡萄干	0.5
饮料类	
啤酒花	0.5

4.372.5 检测方法:蔬菜、水果、干制水果按照 GB 23200.8、GB 23200.113、GB/T 20769 规定的方法测定;饮料类按照 GB 23200.113 规定的方法测定。

4.373 **戊唑醇(tebuconazole)**

4.373.1 主要用途:杀菌剂。

4.373.2 ADI:0.03 mg/kg bw。

4.373.3 残留物:戊唑醇。

4.373.4 最大残留限量:应符合表 373 的规定。

表 373

食品类别/名称	最大残留限量,mg/kg
谷物	
糙米	0.5
小麦	0.05
大麦	2
燕麦	2
黑麦	0.15
小黑麦	0.15
高粱	0.05
杂粮类	0.3
油料和油脂	
油菜籽	0.3
棉籽	2
花生仁	0.1
大豆	0.05
蔬菜	
大蒜	0.1
洋葱	0.1
韭葱	0.7
结球甘蓝	1
抱子甘蓝	0.3
花椰菜	0.05
青花菜	0.2
结球莴苣	5
大白菜	7

表 373（续）

食品类别/名称	最大残留限量，mg/kg
蔬菜	
番茄	2
茄子	0.1
辣椒	2
甜椒	1
黄瓜	1
西葫芦	0.2
苦瓜	2
朝鲜蓟	0.6
胡萝卜	0.4
玉米笋	0.6
水果	
柑	2
橘	2
橙	2
苹果	2
梨	0.5
山楂	0.5
枇杷	0.5
榅桲	0.5
桃	2
油桃	2
杏	2
李子	1
樱桃	4
桑葚	1.5
葡萄	2
西番莲	0.1
橄榄	0.05
芒果	0.05
番木瓜	2
香蕉	3
西瓜	0.1
甜瓜类水果	0.15
干制水果	
李子干	3
坚果	0.05
饮料类	
咖啡豆	0.1
啤酒花	40
调味料	
干辣椒	10
药用植物	
三七块根（干）	3
三七须根（干）	15

4.373.5 检测方法：谷物按照 GB 23200.113、GB/T 20770 规定的方法测定；油料和油脂、饮料类按照 GB 23200.113 规定的方法测定；蔬菜按照 GB 23200.8、GB 23200.113、GB/T 20769 规定的方法测定；水果、干制水果、调味料按照 GB 23200.8、GB 23200.113、GB/T 20769 规定的方法测定；坚果、药用植物参照 GB 23200.113、GB/T 20770 规定的方法测定。

4.374 **西草净(simetryn)**

4.374.1 主要用途:除草剂。

4.374.2 ADI:0.025 mg/kg bw。

4.374.3 残留物:西草净。

4.374.4 最大残留限量:应符合表 374 的规定。

表 374

食品类别/名称	最大残留限量,mg/kg
谷物	
糙米	0.05
油料和油脂	
花生仁	0.05

4.374.5 检测方法:谷物按照 GB/T 20770 规定的方法测定;油料和油脂参照 GB/T 20770 规定的方法测定。

4.375 **西玛津(simazine)**

4.375.1 主要用途:除草剂。

4.375.2 ADI:0.018 mg/kg bw。

4.375.3 残留物:西玛津。

4.375.4 最大残留限量:应符合表 375 的规定。

表 375

食品类别/名称	最大残留限量,mg/kg
谷物	
玉米	0.1
糖料	
甘蔗	0.5
水果	
苹果	0.2
梨	0.05
饮料类	
茶叶	0.05

4.375.5 检测方法:谷物按照 GB 23200.113 规定的方法测定;水果按照 GB/T 23200.8、GB 23200.113 规定的方法测定;糖料参照 GB 23200.8、GB 23200.113、NY/T 761、NY/T 1379 规定的方法测定;茶叶按照 GB 23200.113 规定的方法测定。

4.376 **烯丙苯噻唑(probenazole)**

4.376.1 主要用途:杀菌剂。

4.376.2 ADI:0.07 mg/kg bw。

4.376.3 残留物:烯丙苯噻唑。

4.376.4 最大残留限量:应符合表 376 的规定。

表 376

食品类别/名称	最大残留限量,mg/kg
谷物	
稻谷	1*
糙米	1*
* 该限量为临时限量。	

4.377 **烯草酮(clethodim)**

4.377.1 主要用途:除草剂。

4.377.2 ADI:0.01 mg/kg bw。

4.377.3 残留物:烯草酮及代谢物亚砜、砜之和,以烯草酮表示。

4.377.4 最大残留限量:应符合表377的规定。

表377

食品类别/名称	最大残留限量,mg/kg
谷物	
杂粮类	2*
油料和油脂	
油菜籽	0.5*
棉籽	0.5*
大豆	0.1*
花生仁	5*
葵花籽	0.5*
大豆毛油	1*
菜籽毛油	0.5*
棉籽毛油	0.5*
葵花籽毛油	0.1*
大豆油	0.5*
菜籽油	0.5*
食用棉籽油	0.5*
蔬菜	
大蒜	0.5
洋葱	0.5
番茄	1
豆类蔬菜	0.5
马铃薯	0.5
糖料	
甜菜	0.1
* 该限量为临时限量。	

4.377.5 检测方法:蔬菜按照GB 23200.8规定的方法测定;糖料参照GB 23200.8规定的方法测定。

4.378 **烯虫酯(methoprene)**

4.378.1 主要用途:杀虫剂。

4.378.2 ADI:0.09 mg/kg bw。

4.378.3 残留物:烯虫酯。

4.378.4 最大残留限量:应符合表378的规定。

表378

食品类别/名称	最大残留限量,mg/kg
谷物	
稻谷	10

4.378.5 检测方法:谷物按照GB 23200.9、GB 23200.113规定的方法测定。

4.379 **烯啶虫胺(nitenpyram)**

4.379.1 主要用途:杀虫剂。

4.379.2 ADI:0.53 mg/kg bw。

4.379.3 残留物:烯啶虫胺。

4.379.4 最大残留限量:应符合表379的规定。

表 379

食品类别/名称	最大残留限量,mg/kg
谷物	
稻谷	0.5*
糙米	0.1*
油料和油脂	
棉籽	0.05*
蔬菜	
结球甘蓝	0.2*
水果	
柑	0.5*
橘	0.5*
橙	0.5*
* 该限量为临时限量。	

4.379.5 检测方法:谷物按照 GB/T 20770 规定的方法测定;油料和油脂参照 GB/T 20769 规定的方法测定;蔬菜、水果按照 GB/T 20769 规定的方法测定。

4.380 烯禾啶(sethoxydim)

4.380.1 主要用途:除草剂。

4.380.2 ADI:0.14 mg/kg bw。

4.380.3 残留物:烯禾啶。

4.380.4 最大残留限量:应符合表 380 的规定。

表 380

食品类别/名称	最大残留限量,mg/kg
油料和油脂	
油菜籽	0.5
亚麻籽	0.5
棉籽	0.5
大豆	2
花生仁	2
糖料	
甜菜	0.5

4.380.5 检测方法:油料和油脂、糖料参照 GB 23200.9、GB/T 20770 规定的方法测定。

4.381 烯肟菌胺(fenaminstrobin)

4.381.1 主要用途:杀菌剂。

4.381.2 ADI:0.069 mg/kg bw。

4.381.3 残留物:烯肟菌胺。

4.381.4 最大残留限量:应符合表 381 的规定。

表 381

食品类别/名称	最大残留限量,mg/kg
谷物	
稻谷	1*
糙米	1*
小麦	0.1*
蔬菜	
黄瓜	1*
* 该限量为临时限量。	

4.382 烯肟菌酯(enestroburin)

4.382.1 主要用途:杀菌剂。

4.382.2 ADI:0.024 mg/kg bw。

4.382.3 残留物:烯肟菌酯。

4.382.4 最大残留限量:应符合表 382 的规定。

表 382

食品类别/名称	最大残留限量,mg/kg
蔬菜	
黄瓜	1*
* 该限量为临时限量。	

4.383 烯酰吗啉(dimethomorph)

4.383.1 主要用途:杀菌剂。

4.383.2 ADI:0.2 mg/kg bw。

4.383.3 残留物:烯酰吗啉。

4.383.4 最大残留限量:应符合表 383 的规定。

表 383

食品类别/名称	最大残留限量,mg/kg
蔬菜	
大蒜	0.6
洋葱	0.6
葱	9
韭葱	0.8
结球甘蓝	2
青花菜	1
菠菜	30
结球莴苣	10
野苣	10
芋头叶	10
芹菜	15
茄果类蔬菜(辣椒除外)	1
辣椒	3
瓜类蔬菜(黄瓜除外)	0.5
黄瓜	5
食荚豌豆	0.15
荚不可食类豆类蔬菜	0.7
朝鲜蓟	2
马铃薯	0.05
水果	
葡萄	5
草莓	0.05
菠萝	0.01
瓜果类水果	0.5
干制水果	
葡萄干	5
饮料类	
啤酒花	80
调味料	
干辣椒	5

4.383.5 检测方法:蔬菜、水果、干制水果按照 GB/T 20769 规定的方法测定;饮料类、调味料参照 GB/T 20769 规定的方法测定。

4.384 **烯效唑(uniconazole)**

4.384.1 主要用途:植物生长调节剂。

4.384.2 ADI:0.02 mg/kg bw。

4.384.3 残留物:烯效唑。

4.384.4 最大残留限量:应符合表 384 的规定。

表 384

食品类别/名称	最大残留限量,mg/kg
谷物	
糙米	0.1
小麦	0.05
油料和油脂	
花生仁	0.05
油菜籽	0.05

4.384.5 检测方法:谷物按照 GB 23200.9、GB/T 20770 规定的方法测定,油料和油脂参照 GB 23200.9、GB/T 20770 规定的方法测定。

4.385 **烯唑醇(diniconazole)**

4.385.1 主要用途:杀菌剂。

4.385.2 ADI:0.005 mg/kg bw。

4.385.3 残留物:烯唑醇。

4.385.4 最大残留限量:应符合表 385 的规定。

表 385

食品类别/名称	最大残留限量,mg/kg
谷物	
稻谷	0.05
小麦	0.2
玉米	0.05
高粱	0.05
粟	0.05
稷	0.05
油料和油脂	
花生仁	0.5
蔬菜	
芦笋	0.5
水果	
柑	1
橘	1
橙	1
苹果	0.2
梨	0.1
葡萄	0.2
香蕉	2

4.385.5 检测方法:谷物按照 GB 23200.113、GB/T 20770 规定的方法测定;油料和油脂按照 GB 23200.113 规定的方法测定;蔬菜、水果按照 GB 23200.113、GB/T 5009.201、GB/T 20769 规定的方法测定。

4.386 **酰嘧磺隆(amidosulfuron)**

4.386.1 主要用途:除草剂。

4.386.2 ADI:0.2 mg/kg bw。

4.386.3 残留物:酰嘧磺隆。

4.386.4 最大残留限量:应符合表 386 的规定。

表 386

食品类别/名称	最大残留限量,mg/kg
谷物	
麦类	0.01*
* 该限量为临时限量。	

4.387 **硝苯菌酯(meptyldinocap)**

4.387.1 主要用途:杀菌剂。

4.387.2 ADI:0.02 mg/kg bw。

4.387.3 残留物:硝苯菌酯。

4.387.4 最大残留限量:应符合表 387 的规定。

表 387

食品类别/名称	最大残留限量,mg/kg
蔬菜	
黄瓜	2*
西葫芦	0.07*
水果	
葡萄	0.2*
草莓	0.3*
瓜果类水果(西瓜除外)	0.5*
* 该限量为临时限量。	

4.388 **硝磺草酮(mesotrione)**

4.388.1 主要用途:除草剂。

4.388.2 ADI:0.5 mg/kg bw。

4.388.3 残留物:硝磺草酮。

4.388.4 最大残留限量:应符合表 388 的规定。

表 388

食品类别/名称	最大残留限量,mg/kg
谷物	
稻谷	0.05
糙米	0.05
燕麦	0.01
玉米	0.01
高粱	0.01
粟	0.01
油料和油脂	
亚麻籽	0.01
大豆	0.03
蔬菜	
黄秋葵	0.01

表 388（续）

食品类别/名称	最大残留限量,mg/kg
蔬菜	
芦笋	0.01
大黄	0.01
玉米笋	0.01
水果	
浆果和其他小型水果	0.01
糖料	
甘蔗	0.05

4.388.5 检测方法：谷物按照 GB/T 20770 规定的方法测定；油料和油脂参照 GB/T 20770 规定的方法测定；蔬菜、水果按照 GB/T 20769 规定的方法测定；糖料参照 GB/T 20769 规定的方法测定。

4.389 辛菌胺(xinjunan)

4.389.1 主要用途：杀菌剂。

4.389.2 ADI：0.028 mg/kg bw。

4.389.3 残留物：辛菌胺。

4.389.4 最大残留限量：应符合表 389 的规定。

表 389

食品类别/名称	最大残留限量,mg/kg
蔬菜	
番茄	0.5*
辣椒	0.2*
水果	
苹果	0.1*
油料和油脂	
棉籽	0.1*
* 该限量为临时限量。	

4.390 辛硫磷(phoxim)

4.390.1 主要用途：杀虫剂。

4.390.2 ADI：0.004 mg/kg bw。

4.390.3 残留物：辛硫磷。

4.390.4 最大残留限量：应符合表 390 的规定。

表 390

食品类别/名称	最大残留限量,mg/kg
谷物	
稻谷	0.05
麦类	0.05
旱粮类(玉米、鲜食玉米除外)	0.05
玉米	0.1
鲜食玉米	0.1
杂粮类	0.05
油料和油脂	
油菜籽	0.1
棉籽	0.1
大豆	0.05
花生仁	0.05

表 390（续）

食品类别/名称	最大残留限量，mg/kg
蔬菜	
鳞茎类蔬菜(大蒜除外)	0.05
大蒜	0.1
芸薹属类蔬菜(结球甘蓝除外)	0.05
结球甘蓝	0.1
叶菜类蔬菜(普通白菜除外)	0.05
普通白菜	0.1
茄果类蔬菜	0.05
瓜类蔬菜	0.05
豆类蔬菜	0.05
茎类蔬菜	0.05
根茎类和薯芋类蔬菜	0.05
水生类蔬菜	0.05
芽菜类蔬菜	0.05
其他类蔬菜	0.05
水果	
柑橘类水果	0.05
苹果	0.3
梨	0.05
山楂	0.05
枇杷	0.05
榅桲	0.05
核果类水果	0.05
浆果和其他小型水果	0.05
热带和亚热带水果	0.05
瓜果类水果	0.05
糖料	
甘蔗	0.05
饮料类	
茶叶	0.2

4.390.5 检测方法：谷物按照 GB/T 5009.102、SN/T 3769 规定的方法测定；油料和油脂参照 GB/T 5009.102、GB/T 20769、SN/T 3769 规定的方法测定；蔬菜、水果按照 GB/T 5009.102、GB/T 20769 规定的方法测定；糖料参照 GB/T 5009.102、GB/T 20769 规定的方法测定；茶叶参照 GB/T 20769 规定的方法测定。

4.391 **辛酰溴苯腈(bromoxynil octanoate)**

4.391.1 主要用途：除草剂。

4.391.2 ADI：0.015 mg/kg bw。

4.391.3 残留物：辛酰溴苯腈。

4.391.4 最大残留限量：应符合表 391 的规定。

表 391

食品类别/名称	最大残留限量，mg/kg
谷物	
小麦	0.1*
玉米	0.05*
蔬菜	
青蒜	0.1*

表 391（续）

食品类别/名称	最大残留限量,mg/kg
蔬菜	
蒜薹	0.1*
大蒜	0.1*
* 该限量为临时限量。	

4.392 **溴苯腈(bromoxynil)**

4.392.1 主要用途:除草剂。

4.392.2 ADI:0.01 mg/kg bw。

4.392.3 残留物:溴苯腈。

4.392.4 最大残留限量:应符合表 392 的规定。

表 392

食品类别/名称	最大残留限量,mg/kg
谷物	
小麦	0.05
玉米	0.1

4.392.5 检测方法:谷物按照 SN/T 2228 规定的方法测定。

4.393 **溴甲烷(methyl bromide)**

4.393.1 主要用途:熏蒸剂。

4.393.2 ADI:1 mg/kg bw。

4.393.3 残留物:溴甲烷。

4.393.4 最大残留限量:应符合表 393 的规定。

表 393

食品类别/名称	最大残留限量,mg/kg
谷物	
稻谷	5*
麦类	5*
旱粮类	5*
杂粮类	5*
成品粮	5*
油料和油脂	
大豆	5*
蔬菜	
薯类蔬菜	5*
水果	
草莓	30*
* 该限量为临时限量。	

4.394 **溴菌腈(bromothalonil)**

4.394.1 主要用途:杀菌剂。

4.394.2 ADI:0.001 mg/kg bw。

4.394.3 残留物:溴菌腈。

4.394.4 最大残留限量:应符合表 394 的规定。

表 394

食品类别/名称	最大残留限量,mg/kg
水果	
柑	0.5*
橘	0.5*
橙	0.5*
苹果	0.2*
蔬菜	
黄瓜	0.5*
* 该限量为临时限量。	

4.395 **溴螨酯(bromopropylate)**

4.395.1 主要用途:杀螨剂。

4.395.2 ADI:0.03 mg/kg bw。

4.395.3 残留物:溴螨酯。

4.395.4 最大残留限量:应符合表 395 的规定。

表 395

食品类别/名称	最大残留限量,mg/kg
蔬菜	
黄瓜	0.5
西葫芦	0.5
菜豆	3
水果	
柑	2
橘	2
橙	2
柠檬	2
柚	2
苹果	2
梨	2
山楂	2
枇杷	2
榅桲	2
李子	2
葡萄	2
草莓	2
甜瓜类水果	0.5
干制水果	
李子干	2

4.395.5 检测方法:蔬菜按照 GB 23200.8、GB 23200.113、NY/T 1379 规定的方法测定;水果、干制水果按照 GB 23200.8、GB 23200.113、SN/T 0192 规定的方法测定。

4.396 **溴氰虫酰胺(cyantraniliprole)**

4.396.1 主要用途:杀虫剂。

4.396.2 ADI:0.03 mg/kg bw。

4.396.3 残留物:溴氰虫酰胺。

4.396.4 最大残留限量:应符合表 396 的规定。

表 396

食品类别/名称	最大残留限量,mg/kg
谷物	
稻谷	0.2*
糙米	0.2*
蔬菜	
大蒜	0.05*
洋葱	0.05*
葱	8*
芸薹属类蔬菜(结球甘蓝除外)	2*
结球甘蓝	0.5*
叶菜类蔬菜(普通白菜、结球莴苣、芹菜除外)	20*
普通白菜	7*
结球莴苣	5*
芹菜	15*
茄果类蔬菜(番茄、辣椒除外)	0.5*
番茄	0.2*
辣椒	1*
黄瓜	0.2*
根茎类蔬菜	0.05*
马铃薯	0.05*
水果	
仁果类水果	0.8*
桃	1.5*
李子	0.5*
樱桃	6*
浆果和其他小型水果	4*
干制水果	
李子干	0.5*
饮料类	
咖啡豆	0.03*
调味料	
干辣椒	5*
* 该限量为临时限量。	

4.397 溴氰菊酯(deltamethrin)

4.397.1 主要用途:杀虫剂。

4.397.2 ADI:0.01 mg/kg bw。

4.397.3 残留物:溴氰菊酯(异构体之和)。

4.397.4 最大残留限量:应符合表 397 的规定。

表 397

食品类别/名称	最大残留限量,mg/kg
谷物	
稻谷	0.5
麦类	0.5
旱粮类(鲜食玉米除外)	0.5
鲜食玉米	0.2
杂粮类(豌豆、小扁豆除外)	0.5

表 397（续）

食品类别/名称	最大残留限量，mg/kg
谷物	
豌豆	1
小扁豆	1
成品粮(小麦粉除外)	0.5
小麦粉	0.2
油料和油脂	
油菜籽	0.1
棉籽	0.1
大豆	0.05
花生仁	0.01
葵花籽	0.05
蔬菜	
洋葱	0.05
韭葱	0.2
结球甘蓝	0.5
花椰菜	0.5
青花菜	0.5
菠菜	0.5
普通白菜	0.5
茼蒿	2
叶用莴苣	2
油麦菜	2
芹菜	2
大白菜	0.5
番茄	0.2
茄子	0.2
辣椒	0.2
豆类蔬菜	0.2
萝卜	0.2
胡萝卜	0.2
根芹菜	0.2
芜菁	0.2
马铃薯	0.01
甘薯	0.5
芋	0.2
玉米笋	0.02
水果	
柑橘类水果(单列的除外)	0.02
柑	0.05
橘	0.05
橙	0.05
柠檬	0.05
柚	0.05
苹果	0.1
梨	0.1
桃	0.05
油桃	0.05
杏	0.05
枣(鲜)	0.05
李子	0.05
樱桃	0.05

表 397（续）

食品类别/名称	最大残留限量，mg/kg
水果	
青梅	0.05
葡萄	0.2
猕猴桃	0.05
草莓	0.2
橄榄	1
荔枝	0.05
芒果	0.05
香蕉	0.05
菠萝	0.05
干制水果	
李子干	0.05
坚果	
榛子	0.02
核桃	0.02
饮料类	
茶叶	10
食用菌	
蘑菇类(鲜)	0.2
调味料	
果类调味料	0.03
根茎类调味料	0.5

4.397.5 检测方法：谷物、油料和油脂按照 GB 23200.9、GB 23200.113、GB/T 5009.110 规定的方法测定；蔬菜按照 GB 23200.8、GB 23200.113、NY/T 761、SN/T 0217 规定的方法测定；水果、干制水果、食用菌按照 GB 23200.113、NY/T 761 规定的方法测定；坚果参照 GB 23200.9、GB 23200.113、GB/T 5009.110 规定的方法测定；茶叶按照 GB 23200.113、GB/T 5009.110 规定的方法测定；调味料按照 GB 23200.113 规定的方法测定。

4.398 溴硝醇(bronopol)

4.398.1 主要用途：杀菌剂。

4.398.2 ADI：0.02 mg/kg bw。

4.398.3 残留物：溴硝醇。

4.398.4 最大残留限量：应符合表 398 的规定。

表 398

食品类别/名称	最大残留限量，mg/kg
谷物	
稻谷	0.2*
糙米	0.2*
* 该限量为临时限量。	

4.399 蚜灭磷(vamidothion)

4.399.1 主要用途：杀虫剂。

4.399.2 ADI：0.008 mg/kg bw。

4.399.3 残留物：蚜灭磷。

4.399.4 最大残留限量：应符合表 399 的规定。

表 399

食品类别/名称	最大残留限量,mg/kg
水果	
苹果	1
梨	1

4.399.5 检测方法:水果按照 GB/T 20769 规定的方法测定。

4.400 **亚胺硫磷(phosmet)**

4.400.1 主要用途:杀虫剂。

4.400.2 ADI:0.01 mg/kg bw。

4.400.3 残留物:亚胺硫磷。

4.400.4 最大残留限量:应符合表 400 的规定。

表 400

食品类别/名称	最大残留限量,mg/kg
谷物	
稻谷	0.5
玉米	0.05
油料和油脂	
棉籽	0.05
蔬菜	
大白菜	0.5
马铃薯	0.05
水果	
柑	5
橘	5
橙	5
柠檬	5
柚	5
仁果类水果	3
桃	10
油桃	10
杏	10
蓝莓	10
越橘	3
葡萄	10
坚果	0.2

4.400.5 检测方法:谷物按照 GB 23200.113、GB/T 5009.131 规定的方法测定;油料和油脂按照 GB 23200.113 规定的方法测定;蔬菜按照 GB 23200.113、GB/T 5009.131、NY/T 761 规定的方法测定;水果按照 GB 23200.8、GB 23200.113、GB/T 20769、NY/T 761 规定的方法测定;坚果参照 GB 23200.8、GB 23200.113、GB/T 20770 规定的方法测定。

4.401 **亚胺唑(imibenconazole)**

4.401.1 主要用途:杀菌剂。

4.401.2 ADI:0.009 8 mg/kg bw。

4.401.3 残留物:亚胺唑。

4.401.4 最大残留限量:应符合表 401 的规定。

表 401

食品类别/名称	最大残留限量,mg/kg
水果	
柑	1*
橘	1*
橙	1*
苹果	1*
青梅	3*
葡萄	3*
* 该限量为临时限量。	

4.402 **亚砜磷(oxydemeton-methyl)**

4.402.1 主要用途:杀虫剂。

4.402.2 ADI:0.000 3 mg/kg bw。

4.402.3 残留物:亚砜磷、甲基内吸磷和砜吸磷之和,以亚砜磷表示。

4.402.4 最大残留限量:应符合表 402 的规定。

表 402

食品类别/名称	最大残留限量,mg/kg
谷物	
小麦	0.02*
大麦	0.02*
黑麦	0.02*
杂粮类	0.1*
油料和油脂	
棉籽	0.05*
蔬菜	
球茎甘蓝	0.05*
羽衣甘蓝	0.01*
花椰菜	0.01*
马铃薯	0.01*
水果	
梨	0.05*
柠檬	0.2*
糖料	
甜菜	0.01*
* 该限量为临时限量。	

4.403 **烟碱(nicotine)**

4.403.1 主要用途:杀虫剂。

4.403.2 ADI:0.000 8 mg/kg bw。

4.403.3 残留物:烟碱。

4.403.4 最大残留限量:应符合表 403 的规定。

表 403

食品类别/名称	最大残留限量,mg/kg
油料和油脂	
棉籽	0.05*
蔬菜	
结球甘蓝	0.2

表 403（续）

食品类别/名称	最大残留限量，mg/kg
水果	
柑	0.2
橘	0.2
橙	0.2
* 该限量为临时限量。	

4.403.5 检测方法：蔬菜、水果按 GB/T 20769、SN/T 2397 规定的方法测定。

4.404 **烟嘧磺隆(nicosulfuron)**

4.404.1 主要用途：除草剂。

4.404.2 ADI：2 mg/kg bw。

4.404.3 残留物：烟嘧磺隆。

4.404.4 最大残留限量：应符合表 404 的规定。

表 404

食品类别/名称	最大残留限量，mg/kg
谷物	
玉米	0.1

4.404.5 检测方法：谷物参照 NY/T 1616 规定的方法测定。

4.405 **盐酸吗啉胍(moroxydine hydrochloride)**

4.405.1 主要用途：杀菌剂。

4.405.2 ADI：0.1 mg/kg bw。

4.405.3 残留物：吗啉胍。

4.405.4 最大残留限量：应符合表 405 的规定。

表 405

食品类别/名称	最大残留限量，mg/kg
蔬菜	
番茄	5*
* 该限量为临时限量。	

4.406 **氧乐果(omethoate)**

4.406.1 主要用途：杀虫剂。

4.406.2 ADI：0.000 3 mg/kg bw。

4.406.3 残留物：氧乐果。

4.406.4 最大残留限量：应符合表 406 的规定。

表 406

食品类别/名称	最大残留限量，mg/kg
谷物	
麦类	0.02
旱粮类	0.05
杂粮类	0.05
油料和油脂	
棉籽	0.02
大豆	0.05

表 406（续）

食品类别/名称	最大残留限量,mg/kg
蔬菜	
鳞茎类蔬菜	0.02
芸薹属类蔬菜	0.02
叶菜类蔬菜	0.02
茄果类蔬菜	0.02
瓜类蔬菜	0.02
豆类蔬菜	0.02
茎类蔬菜	0.02
根茎类和薯芋类蔬菜	0.02
水生类蔬菜	0.02
芽菜类蔬菜	0.02
其他类蔬菜	0.02
水果	
柑橘类水果	0.02
仁果类水果	0.02
核果类水果	0.02
浆果和其他小型水果	0.02
热带和亚热带水果	0.02
瓜果类水果	0.02
糖料	
甜菜	0.05
甘蔗	0.05
饮料类	
茶叶	0.05
调味料	
果类调味料	0.01
根茎类调味料	0.05

4.406.5 检测方法：谷物按照 GB 23200.113、GB/T 20770 规定的方法测定；油料和油脂按照 GB 23200.113 规定的方法测定；蔬菜、水果按照 GB 23200.113、NY/T 761、NY/T 1379 规定的方法测定；糖料参照 GB 23200.113、GB/T 20770、NY/T 761 规定的方法测定；茶叶按照 GB 23200.13、GB 23200.113 规定的方法测定；调味料按照 GB 23200.113 规定的方法测定。

4.407 野麦畏(triallate)

4.407.1 主要用途：除草剂。

4.407.2 ADI：0.025 mg/kg bw。

4.407.3 残留物：野麦畏。

4.407.4 最大残留限量：应符合表 407 的规定。

表 407

食品类别/名称	最大残留限量,mg/kg
谷物	
小麦	0.05

4.407.5 检测方法：谷物按照 GB 23200.113、GB/T 20770 规定的方法测定。

4.408 野燕枯(difenzoquat)

4.408.1 主要用途：除草剂。

4.408.2 ADI：0.25 mg/kg bw。

4.408.3 残留物：野燕枯。

4.408.4 最大残留限量:应符合表 408 的规定。

表 408

食品类别/名称	最大残留限量,mg/kg
谷物	
麦类	0.1

4.408.5 检测方法:谷物按照 GB/T 5009.200 规定的方法测定。

4.409 依维菌素(ivermectin)

4.409.1 主要用途:杀虫剂。

4.409.2 ADI:0.001 mg/kg bw。

4.409.3 残留物:依维菌素。

4.409.4 最大残留限量:应符合表 409 规定。

表 409

食品类别/名称	最大残留限量,mg/kg
蔬菜	
结球甘蓝	0.02*
水果	
草莓	0.1*
* 该限量为临时限量。	

4.410 乙拌磷(disulfoton)

4.410.1 主要用途:杀虫剂。

4.410.2 ADI:0.000 3 mg/kg bw。

4.410.3 残留物:乙拌磷,硫醇式-内吸磷以及它们的亚砜化物和砜化物之和,以乙拌磷表示。

4.410.4 最大残留限量:应符合表 410 的规定。

表 410

食品类别/名称	最大残留限量,mg/kg
谷物	
燕麦	0.02
玉米	0.02
鲜食玉米	0.02
豌豆	0.02
蔬菜	
芦笋	0.02
玉米笋	0.02
调味料	0.05

4.410.5 检测方法:谷物、调味料参照 GB/T 20769 规定的方法测定;蔬菜按照 GB/T 20769 规定的方法测定。

4.411 乙草胺(acetochlor)

4.411.1 主要用途:除草剂。

4.411.2 ADI:0.01 mg/kg bw。

4.411.3 残留物:乙草胺。

4.411.4 最大残留限量:应符合表 411 的规定。

表 411

食品类别/名称	最大残留限量,mg/kg
谷物	
糙米	0.05
玉米	0.05
油料和油脂	
大豆	0.1
油菜籽	0.2
花生仁	0.1
蔬菜	
大蒜	0.05
姜	0.05
马铃薯	0.1

4.411.5 检测方法:谷物按照 GB 23200.9、GB 23200.57、GB 23200.113、GB/T 20770 规定的方法测定;油料和油脂按照 GB 23200.57、GB 23200.113 规定的方法测定;蔬菜按照 GB 23200.113、GB/T 20769 规定的方法测定。

4.412 乙虫腈(ethiprole)

4.412.1 主要用途:杀虫剂。

4.412.2 ADI:0.005 mg/kg bw。

4.412.3 残留物:乙虫腈。

4.412.4 最大残留限量:应符合表 412 的规定。

表 412

食品类别/名称	最大残留限量,mg/kg
谷物	
糙米	0.2

4.412.5 检测方法:谷物参照 GB/T 20769 规定的方法测定。

4.413 乙基多杀菌素(spinetoram)

4.413.1 主要用途:杀虫剂。

4.413.2 ADI:0.05 mg/kg bw。

4.413.3 残留物:乙基多杀菌素。

4.413.4 最大残留限量:应符合表 413 的规定。

表 413

食品类别/名称	最大残留限量,mg/kg
谷物	
稻谷	0.5*
糙米	0.2*
蔬菜	
洋葱	0.8*
葱	0.8*
芸薹属类蔬菜(结球甘蓝除外)	0.3*
结球甘蓝	0.5*
菠菜	8*
叶用莴苣	10*
结球莴苣	10*
芹菜	6*

表 413（续）

食品类别/名称	最大残留限量,mg/kg
蔬菜	
番茄	0.06*
茄子	0.1*
豆类蔬菜(蚕豆、菜用大豆和豇豆除外)	0.05*
豇豆	0.1*
水果	
橙	0.07*
仁果类水果	0.05*
桃	0.3*
油桃	0.3*
蓝莓	0.2*
覆盆子	0.8*
葡萄	0.3*
杨梅	1*
坚果	0.01*
糖料	
甜菜	0.01*
* 该限量为临时限量。	

4.414 **乙硫磷(ethion)**

4.414.1 主要用途:杀虫剂。

4.414.2 ADI:0.002 mg/kg bw。

4.414.3 残留物:乙硫磷。

4.414.4 最大残留限量:应符合表 414 的规定。

表 414

食品类别/名称	最大残留限量,mg/kg
谷物	
稻谷	0.2
油料和油脂	
棉籽油	0.5
调味料	
果类调味料	5
种子类调味料	3
根茎类调味料	0.3

4.414.5 检测方法:谷物按照 GB 23200.113、GB/T 5009.20 规定的方法测定;油料和油脂、调味料按照 GB 23200.113 规定的方法测定。

4.415 **乙螨唑(etoxazole)**

4.415.1 主要用途:杀螨剂。

4.415.2 ADI:0.05 mg/kg bw。

4.415.3 残留物:乙螨唑。

4.415.4 最大残留限量:应符合表 415 的规定。

表 415

食品类别/名称	最大残留限量,mg/kg
蔬菜	
黄瓜	0.02

表 415（续）

食品类别/名称	最大残留限量，mg/kg
水果	
柑橘类水果（柑、橘、橙除外）	0.1
柑	0.5
橘	0.5
橙	0.5
仁果类水果（苹果除外）	0.07
苹果	0.1
葡萄	0.5
坚果	0.01
饮料类	
茶叶	15
啤酒花	15
调味料	
薄荷	15

4.415.5 检测方法：蔬菜、水果按照 GB 23200.8、GB 23200.113 规定的方法测定；坚果参照 GB 23200.8、GB 23200.113 规定的方法测定；饮料类、调味料按照 GB 23200.113 规定的方法测定。

4.416 乙霉威(diethofencarb)

4.416.1 主要用途：杀菌剂。

4.416.2 ADI：0.004 mg/kg bw。

4.416.3 残留物：乙霉威。

4.416.4 最大残留限量：应符合表 416 的规定。

表 416

食品类别/名称	最大残留限量，mg/kg
蔬菜	
番茄	1
黄瓜	5

4.416.5 检测方法：蔬菜按照 GB/T 20769 规定的方法测定。

4.417 乙嘧酚(ethirimol)

4.417.1 主要用途：杀菌剂。

4.417.2 ADI：0.035 mg/kg bw。

4.417.3 残留物：乙嘧酚。

4.417.4 最大残留限量：应符合表 417 的规定。

表 417

食品类别/名称	最大残留限量，mg/kg
蔬菜	
黄瓜	1
水果	
苹果	0.1

4.417.5 检测方法：蔬菜、水果按照 GB/T 20769 规定的方法测定。

4.418 乙嘧酚磺酸酯(bupirimate)

4.418.1 主要用途：杀菌剂。

4.418.2 ADI：0.05 mg/kg bw。

4.418.3 残留物：乙嘧酚磺酸酯。

4.418.4 最大残留限量：应符合表 418 的规定。

表 418

食品类别/名称	最大残留限量，mg/kg
水果	
葡萄	0.5

4.418.5 检测方法：水果按照 GB 23200.113、GB/T 20769 规定的方法测定。

4.419 乙蒜素（ethylicin）

4.419.1 主要用途：杀菌剂。

4.419.2 ADI：0.001 mg/kg bw。

4.419.3 残留物：乙蒜素。

4.419.4 最大残留限量：应符合表 419 的规定。

表 419

食品类别/名称	最大残留限量，mg/kg
谷物	
稻谷	0.05*
糙米	0.05*
油料和油脂	
棉籽	0.05*
大豆	0.1*
蔬菜	
黄瓜	0.1*
菜用大豆	0.1*
水果	
苹果	0.2*
* 该限量为临时限量。	

4.420 乙羧氟草醚（fluoroglycofen-ethyl）

4.420.1 主要用途：除草剂。

4.420.2 ADI：0.01 mg/kg bw。

4.420.3 残留物：乙羧氟草醚。

4.420.4 最大残留限量：应符合表 420 的规定。

表 420

食品类别/名称	最大残留限量，mg/kg
谷物	
小麦	0.05
油料和油脂	
棉籽	0.05
花生仁	0.05
大豆	0.05

4.420.5 检测方法：谷物、油料和油脂按照 GB 23200.2 规定的方法测定。

4.421 乙烯菌核利（vinclozolin）

4.421.1 主要用途：杀菌剂。

4.421.2 ADI：0.01 mg/kg bw。

4.421.3 残留物:乙烯菌核利及其所有含3,5-二氯苯胺部分的代谢产物之和,以乙烯菌核利表示。

4.421.4 最大残留限量:应符合表421的规定。

表421

食品类别/名称	最大残留限量,mg/kg
蔬菜	
番茄	3*
黄瓜	1*
调味料	0.05*
* 该限量为临时限量。	

4.422 乙烯利(ethephon)

4.422.1 主要用途:植物生长调节剂。

4.422.2 ADI:0.05 mg/kg bw。

4.422.3 残留物:乙烯利。

4.422.4 最大残留限量:应符合表422的规定。

表422

食品类别/名称	最大残留限量,mg/kg
谷物	
小麦	1
大麦	1
黑麦	1
玉米	0.5
油料和油脂	
棉籽	2
蔬菜	
番茄	2
辣椒	5
水果	
苹果	5
樱桃	10
蓝莓	20
葡萄	1
猕猴桃	2
柿子	30
荔枝	2
芒果	2
香蕉	2
菠萝	2
哈密瓜	1
干制水果	
葡萄干	5
干制无花果	10
无花果蜜饯	10
坚果	
榛子	0.2
核桃	0.5
调味料	
干辣椒	50

4.422.5 检测方法:谷物、油料和油脂、坚果、调味料参照GB 23200.16规定的方法测定;蔬菜、水果、干

制水果按照 GB 23200.16 规定的方法测定。

4.423 乙酰甲胺磷(acephate)

4.423.1 主要用途:杀虫剂。

4.423.2 ADI:0.03 mg/kg bw。

4.423.3 残留物:乙酰甲胺磷。

4.423.4 最大残留限量:应符合表 423 的规定。

表 423

食品类别/名称	最大残留限量,mg/kg
谷物	
糙米	1
小麦	0.2
玉米	0.2
油料和油脂	
棉籽	2
大豆	0.3
蔬菜	
鳞茎类蔬菜	1
芸薹属类蔬菜	1
叶菜类蔬菜	1
茄果类蔬菜	1
瓜类蔬菜	1
豆类蔬菜	1
茎类蔬菜(朝鲜蓟除外)	1
朝鲜蓟	0.3
根茎类和薯芋类蔬菜	1
水生类蔬菜	1
芽菜类蔬菜	1
其他类蔬菜	1
水果	
柑橘类水果	0.5
仁果类水果	0.5
核果类水果	0.5
浆果和其他小型水果	0.5
热带和亚热带水果	0.5
瓜果类水果	0.5
饮料类	
茶叶	0.1
调味料	
调味料(干辣椒除外)	0.2
干辣椒	50

4.423.5 检测方法:谷物、油料和油脂按照 GB 23200.113、GB/T 5009.103、SN/T 3768 规定的方法测定;蔬菜按照 GB 23200.113、GB/T 5009.103、GB/T 5009.145、NY/T 761 规定的方法测定;水果按照 GB 23200.113、NY/T 761 规定的方法测定;茶叶、调味料按照 GB 23200.113 规定的方法测定。

4.424 乙氧呋草黄(ethofumesate)

4.424.1 主要用途:除草剂。

4.424.2 ADI:1 mg/kg bw。

4.424.3 残留物:乙氧呋草黄。

4.424.4 最大残留限量:应符合表 424 的规定。

表 424

食品类别/名称	最大残留限量,mg/kg
糖料	
甜菜	0.1

4.424.5 检测方法:糖料参照 GB 23200.8、GB 23200.113 规定的方法测定。

4.425 乙氧氟草醚(oxyfluorfen)

4.425.1 主要用途:除草剂。

4.425.2 ADI:0.03 mg/kg bw。

4.425.3 残留物:乙氧氟草醚。

4.425.4 最大残留限量:应符合表 425 的规定。

表 425

食品类别/名称	最大残留限量,mg/kg
谷物	
糙米	0.05
油料和油脂	
棉籽	0.05
蔬菜	
大蒜	0.05
青蒜	0.1
蒜薹	0.1
姜	0.05
水果	
苹果	0.05

4.425.5 检测方法:谷物按照 GB 23200.9、GB 23200.113、GB/T 20770 规定的方法测定;油料和油脂按照 GB 23200.2、GB 23200.113 规定的方法测定;蔬菜、水果按照 GB 23200.8、GB 23200.113、GB/T 20769 规定的方法测定。

4.426 乙氧磺隆(ethoxysulfuron)

4.426.1 主要用途:除草剂。

4.426.2 ADI:0.04 mg/kg bw。

4.426.3 残留物:乙氧磺隆。

4.426.4 最大残留限量:应符合表 426 的规定。

表 426

食品类别/名称	最大残留限量,mg/kg
谷物	
糙米	0.05

4.426.5 检测方法:谷物按照 GB/T 20770 规定的方法测定。

4.427 乙氧喹啉(ethoxyquin)

4.427.1 主要用途:杀菌剂。

4.427.2 ADI:0.005 mg/kg bw。

4.427.3 残留物:乙氧喹啉。

4.427.4 最大残留限量:应符合表 427 的规定。

表 427

食品类别/名称	最大残留限量,mg/kg
水果	
梨	3

4.427.5 检测方法:水果按照 GB/T 5009.129 规定的方法测定。

4.428 **异丙草胺(propisochlor)**

4.428.1 主要用途:除草剂。

4.428.2 ADI:0.013 mg/kg bw。

4.428.3 残留物:异丙草胺。

4.428.4 最大残留限量:应符合表 428 的规定。

表 428

食品类别/名称	最大残留限量,mg/kg
谷物	
稻谷	0.05*
糙米	0.05*
玉米	0.1*
油料和油脂	
大豆	0.1*
花生仁	0.05*
蔬菜	
菜用大豆	0.1*
甘薯	0.05*
* 该限量为临时限量。	

4.428.5 检测方法:谷物按照 GB 23200.9、GB/T 20770 规定的方法测定;油料和油脂、蔬菜参照 GB 23200.9 规定的方法测定。

4.429 **异丙甲草胺和精异丙甲草胺(metolachlor and S-metolachlor)**

4.429.1 主要用途:除草剂。

4.429.2 ADI:0.1 mg/kg bw。

4.429.3 残留物:异丙甲草胺。

4.429.4 最大残留限量:应符合表 429 的规定。

表 429

食品类别/名称	最大残留限量,mg/kg
谷物	
糙米	0.1
玉米	0.1
高粱	0.05
油料和油脂	
油菜籽	0.1
芝麻	0.1
棉籽	0.1
大豆	0.5
花生仁	0.5
蔬菜	
结球甘蓝	0.1
番茄	0.1

表 429（续）

食品类别/名称	最大残留限量，mg/kg
蔬菜	
南瓜	0.05
菜豆	0.05
菜用大豆	0.1
水果	
枣（鲜）	0.05
糖料	
甘蔗	0.05
甜菜	0.1

4.429.5 检测方法：谷物按照 GB 23200.9、GB 23200.113、GB/T 20770 规定的方法测定；油料和油脂按照 GB 23200.113、GB/T 5009.174 规定的方法测定；蔬菜按照 GB 23200.8、GB 23200.113、GB/T 20769 规定的方法测定；水果按照 GB 23200.8、GB 23200.113 规定的方法测定；糖料参照 GB 23200.9、GB 23200.113 规定的方法测定。

4.430 异丙隆（isoproturon）

4.430.1 主要用途：除草剂。

4.430.2 ADI：0.015 mg/kg bw。

4.430.3 残留物：异丙隆。

4.430.4 最大残留限量：应符合表 430 的规定。

表 430

食品类别/名称	最大残留限量，mg/kg
谷物	
糙米	0.05
小麦	0.05

4.430.5 检测方法：谷物按照 GB/T 20770 规定的方法测定。

4.431 异丙威（isoprocarb）

4.431.1 主要用途：杀虫剂。

4.431.2 ADI：0.002 mg/kg bw。

4.431.3 残留物：异丙威。

4.431.4 最大残留限量：应符合表 431 的规定。

表 431

食品类别/名称	最大残留限量，mg/kg
谷物	
大米	0.2
蔬菜	
黄瓜	0.5

4.431.5 检测方法：谷物按照 GB 23200.112、GB 23200.113、GB/T 5009.104 规定的方法测定；蔬菜按照 GB 23200.112、GB 23200.113、NY/T 761 规定的方法测定。

4.432 异稻瘟净（iprobenfos）

4.432.1 主要用途：杀菌剂。

4.432.2 ADI：0.035 mg/kg bw。

4.432.3 残留物：异稻瘟净。

4.432.4 最大残留限量：应符合表 432 的规定。

表 432

食品类别/名称	最大残留限量,mg/kg
谷物	
糙米	0.5

4.432.5 检测方法:谷物按照 GB 23200.9、GB 23200.83、GB 23200.113、GB/T 20770 规定的方法测定。

4.433 **异噁草酮(clomazone)**

4.433.1 主要用途:除草剂。

4.433.2 ADI:0.133 mg/kg bw。

4.433.3 残留物:异噁草酮。

4.433.4 最大残留限量:应符合表 433 的规定。

表 433

食品类别/名称	最大残留限量,mg/kg
谷物	
糙米	0.02
油料和油脂	
油菜籽	0.1
大豆	0.05
蔬菜	
南瓜	0.05
菜用大豆	0.05
马铃薯	0.02
糖料	
甘蔗	0.1

4.433.5 检测方法:谷物按照 GB 23200.9、GB 23200.113 规定的方法测定;油料和油脂按照 GB 23200.113 规定的方法测定;蔬菜按照 GB 23200.8、GB 23200.113 规定的方法测定;糖料参照 GB 23200.9、GB 23200.113 规定的方法测定。

4.434 **异噁唑草酮(isoxaflutole)**

4.434.1 主要用途:除草剂。

4.434.2 ADI:0.02 mg/kg bw。

4.434.3 残留物:异噁唑草酮与其二酮腈代谢物之和,以异噁唑草酮表示。

4.434.4 最大残留限量:应符合表 434 的规定。

表 434

食品类别/名称	最大残留限量,mg/kg
谷物	
玉米	0.02*
鲜食玉米	0.02*
鹰嘴豆	0.01*
蔬菜	
玉米笋	0.02*
糖料	
甘蔗	0.01*
* 该限量为临时限量。	

4.435 **异菌脲(iprodione)**

4.435.1 主要用途:杀菌剂。

4.435.2 ADI：0.06 mg/kg bw。

4.435.3 残留物：异菌脲。

4.435.4 最大残留限量：应符合表 435 的规定。

表 435

食品类别/名称	最大残留限量，mg/kg
谷物	
糙米	10
大麦	2
杂粮类	0.1
油料和油脂	
油菜籽	2
蔬菜	
洋葱	0.2
番茄	5
辣椒	5
黄瓜	2
菜用大豆	2
胡萝卜	10
水果	
苹果	5
梨	5
山楂	5
枇杷	5
榅桲	5
桃	10
樱桃	10
黑莓	30
醋栗	30
葡萄	10
猕猴桃	5
香蕉	10
坚果	
杏仁	0.2
糖料	
甜菜	0.1
调味料	
种子类调味料	0.05
根茎类调味料	0.1

4.435.5 检测方法：谷物按照 GB 23200.113、NY/T 761 规定的方法测定；油料和油脂按照 GB 23200.113 规定的方法测定；坚果按照 GB 23200.9、GB 23200.113 规定的方法测定；蔬菜、水果按照 GB 23200.8、GB 23200.113、NY/T 761、NY/T 1277 规定的方法测定；糖料参照 GB 23200.113、GB/T 5009.218 规定的方法测定；调味料按照 GB 23200.113 规定的方法测定。

4.436 抑霉唑(imazalil)

4.436.1 主要用途：杀菌剂。

4.436.2 ADI：0.03 mg/kg bw。

4.436.3 残留物：抑霉唑。

4.436.4 最大残留限量：应符合表 436 的规定。

表 436

食品类别/名称	最大残留限量,mg/kg
谷物	
小麦	0.01
蔬菜	
番茄	0.5
黄瓜	0.5
腌制用小黄瓜	0.5
马铃薯	5
水果	
柑	5
橘	5
橙	5
柠檬	5
柚	5
苹果	5
梨	5
山楂	5
枇杷	5
榅桲	5
醋栗(红、黑)	2
葡萄	5
草莓	2
柿子	2
香蕉	2
甜瓜类水果	2

4.436.5 检测方法:谷物按照 GB 23200.113、GB/T 20770 规定的方法测定;蔬菜、水果按照 GB 23200.8、GB 23200.113、GB/T 20769 规定的方法测定。

4.437 **抑芽丹(maleic hydrazide)**

4.437.1 主要用途:植物生长调节剂/除草剂。

4.437.2 ADI:0.3 mg/kg bw。

4.437.3 残留物:抑芽丹。

4.437.4 最大残留限量:应符合表 437 的规定。

表 437

食品类别/名称	最大残留限量,mg/kg
蔬菜	
大蒜	15
洋葱	15
葱	15
马铃薯	50

4.437.5 检测方法:蔬菜参照 GB 23200.22 规定的方法测定。

4.438 **吲唑磺菌胺(amisulbrom)**

4.438.1 主要用途:杀菌剂。

4.438.2 ADI:0.1 mg/kg bw。

4.438.3 残留物:吲唑磺菌胺。

4.438.4 最大残留限量:应符合表 438 的规定。

表 438

食品类别/名称	最大残留限量,mg/kg
谷物	
稻谷	0.05*
糙米	0.05*
* 该限量为临时限量。	

4.439 **印楝素(azadirachtin)**

4.439.1 主要用途:杀虫剂。

4.439.2 ADI:0.1 mg/kg bw。

4.439.3 残留物:印楝素。

4.439.4 最大残留限量:应符合表 439 的规定。

表 439

食品类别/名称	最大残留限量,mg/kg
蔬菜	
结球甘蓝	0.1
饮料类	
茶叶	1

4.439.5 检测方法:蔬菜、茶叶按照 GB 23200.73 规定的方法测定。

4.440 **茚虫威(indoxacarb)**

4.440.1 主要用途:杀虫剂。

4.440.2 ADI:0.01 mg/kg bw。

4.440.3 残留物:茚虫威。

4.440.4 最大残留限量:应符合表 440 的规定。

表 440

食品类别/名称	最大残留限量,mg/kg
谷物	
稻谷	0.1
糙米	0.1
绿豆	0.2
鹰嘴豆	0.2
豇豆	0.1
油料和油脂	
棉籽	0.1
大豆	0.5
花生仁	0.02
蔬菜	
结球甘蓝	3
花椰菜	1
青花菜	0.5
芥蓝	2
菜薹	3
菠菜	3
普通白菜	2
叶用莴苣	10
结球莴苣	7
茄果类蔬菜(辣椒除外)	0.5

表 440（续）

食品类别/名称	最大残留限量，mg/kg
蔬菜	
辣椒	0.3
马铃薯	0.02
玉米笋	0.02
水果	
苹果	0.5
梨	0.2
核果类水果	1
越橘	1
葡萄	2
干制水果	
李子干	3
葡萄干	5
饮料类	
茶叶	5
调味料	
薄荷	15

4.440.5 检测方法：谷物按照 GB/T 20770 规定的方法测定；油料和油脂、调味料参照 GB/T 20770 规定的方法测定；蔬菜、水果、干制水果按照 GB/T 20769 规定的方法测定；茶叶按照 GB 23200.13 规定的方法测定。

4.441 蝇毒磷(coumaphos)

4.441.1 主要用途：杀虫剂。

4.441.2 ADI：0.000 3 mg/kg bw。

4.441.3 残留物：蝇毒磷。

4.441.4 最大残留限量：应符合表 441 的规定。

表 441

食品类别/名称	最大残留限量，mg/kg
蔬菜	
鳞茎类蔬菜	0.05
芸薹属类蔬菜	0.05
叶菜类蔬菜	0.05
茄果类蔬菜	0.05
瓜类蔬菜	0.05
豆类蔬菜	0.05
茎类蔬菜	0.05
根茎类和薯芋类蔬菜	0.05
水生类蔬菜	0.05
芽菜类蔬菜	0.05
其他类蔬菜	0.05
水果	
柑橘类水果	0.05
仁果类水果	0.05
核果类水果	0.05
浆果和其他小型水果	0.05
热带和亚热带水果	0.05
瓜果类水果	0.05

4.441.5 检测方法：蔬菜、水果按照 GB 23200.8、GB 23200.113 规定的方法测定。

4.442 **莠灭净(ametryn)**

4.442.1 主要用途:除草剂。

4.442.2 ADI:0.072 mg/kg bw。

4.442.3 残留物:莠灭净。

4.442.4 最大残留限量:应符合表442的规定。

表442

食品类别/名称	最大残留限量,mg/kg
水果	
菠萝	0.2
糖料	
甘蔗	0.05

4.442.5 检测方法:水果按照GB 23200.8、GB 23200.113规定的方法测定;糖料参照GB 23200.113、GB/T 23816规定的方法测定。

4.443 **莠去津(atrazine)**

4.443.1 主要用途:除草剂。

4.443.2 ADI:0.02 mg/kg bw。

4.443.3 残留物:莠去津。

4.443.4 最大残留限量:应符合表443的规定。

表443

食品类别/名称	最大残留限量,mg/kg
谷物	
玉米	0.05
高粱	0.05
稷	0.05
蔬菜	
葱	0.05
姜	0.05
水果	
苹果	0.05
梨	0.05
葡萄	0.05
糖料	
甘蔗	0.05
饮料类	
茶叶	0.1

4.443.5 检测方法:谷物按照GB 23200.113、GB/T 5009.132规定的方法测定;蔬菜、水果按照GB 23200.8、GB 23200.113、GB/T 20769、NY/T 761规定的方法测定;糖料按照GB/T 5009.132规定的方法测定;茶叶按照GB 23200.113规定的方法测定。

4.444 **鱼藤酮(rotenone)**

4.444.1 主要用途:杀虫剂。

4.444.2 ADI:0.000 4 mg/kg bw。

4.444.3 残留物:鱼藤酮。

4.444.4 最大残留限量:应符合表444的规定。

表 444

食品类别/名称	最大残留限量,mg/kg
蔬菜	
结球甘蓝	0.5

4.444.5 检测方法:蔬菜参照 GB/T 20769 规定的方法测定。

4.445 **增效醚(piperonyl butoxide)**

4.445.1 主要用途:增效剂。

4.445.2 ADI:0.2 mg/kg bw。

4.445.3 残留物:增效醚。

4.445.4 最大残留限量:应符合表 445 的规定。

表 445

食品类别/名称	最大残留限量,mg/kg
谷物	
稻谷	30
麦类	30
麦胚	90
旱粮类	30
杂粮类	0.2
小麦粉	10
全麦粉	30
油料和油脂	
大豆	0.2
花生仁	1
玉米毛油	80
蔬菜	
菠菜	50
叶用莴苣	50
叶芥菜	50
萝卜叶	50
番茄	2
辣椒	2
瓜类蔬菜	1
根茎类和薯芋类蔬菜	0.5
水果	
柑橘类水果	5
瓜果类水果	1
干制水果	0.2
饮料类	
番茄汁	0.3
橙汁	0.05
调味料	
干辣椒	20

4.445.5 检测方法:谷物按照 GB 23200.34、GB 23200.113 规定的方法测定;蔬菜、水果、干制水果、饮料类按照 GB 23200.8、GB 23200.113 规定的方法测定;油料和油脂、调味料按照 GB 23200.113 规定的方法测定。

4.446 **治螟磷(sulfotep)**

4.446.1 主要用途:杀虫剂。

4.446.2 ADI:0.001 mg/kg bw。

4.446.3 残留物:治螟磷。

4.446.4 最大残留限量:应符合表 446 的规定。

表 446

食品类别/名称	最大残留限量,mg/kg
蔬菜	
鳞茎类蔬菜	0.01
芸薹属类蔬菜	0.01
叶菜类蔬菜	0.01
茄果类蔬菜	0.01
瓜类蔬菜	0.01
豆类蔬菜	0.01
茎类蔬菜	0.01
根茎类和薯芋类蔬菜	0.01
水生类蔬菜	0.01
芽菜类蔬菜	0.01
其他类蔬菜	0.01
水果	
柑橘类水果	0.01
仁果类水果	0.01
核果类水果	0.01
浆果和其他小型水果	0.01
热带和亚热带水果	0.01
瓜果类水果	0.01

4.446.5 检测方法:蔬菜、水果按照 GB 23200.8、GB 23200.113、NY/T 761 规定的方法测定。

4.447 种菌唑(ipconazole)

4.447.1 主要用途:杀菌剂。

4.447.2 ADI:0.015 mg/kg bw。

4.447.3 残留物:种菌唑。

4.447.4 最大残留限量:应符合表 447 的规定。

表 447

食品类别/名称	最大残留限量,mg/kg
谷物	
玉米	0.01*
鲜食玉米	0.01*
油料和油脂	
棉籽	0.01*
* 该限量为临时限量。	

4.448 仲丁灵(butralin)

4.448.1 主要用途:除草剂。

4.448.2 ADI:0.2 mg/kg bw。

4.448.3 残留物:仲丁灵。

4.448.4 最大残留限量:应符合表 448 的规定。

表 448

食品类别/名称	最大残留限量,mg/kg
谷物	
稻谷	0.05
糙米	0.05
油料和油脂	
棉籽	0.05
大豆	0.02
花生仁	0.05
蔬菜	
番茄	0.1
辣椒	0.05
菜用大豆	0.05
水果	
西瓜	0.1

4.448.5 检测方法:谷物按照 GB/T 20770 规定的方法测定;油脂和油料参照 GB 23200.9、GB/T 20770、SN/T 3859 规定的方法测定;蔬菜按照 GB 23200.8、GB 23200.69、GB/T 20769 规定的方法测定;水果按照 GB 23200.69、GB/T 20769 规定的方法测定。

4.449 **仲丁威(fenobucarb)**

4.449.1 主要用途:杀虫剂。

4.449.2 ADI:0.06 mg/kg bw。

4.449.3 残留物:仲丁威。

4.449.4 最大残留限量:应符合表 449 的规定。

表 449

食品类别/名称	最大残留限量,mg/kg
谷物	
稻谷	0.5
蔬菜	
结球甘蓝	1
节瓜	0.05

4.449.5 检测方法:谷物按照 GB 23200.112、GB 23200.113、GB/T 5009.145 规定的方法测定;蔬菜按照 GB 23200.112、GB 23200.113、NY/T 761、NY/T 1679、SN/T 2560 规定的方法测定。

4.450 **唑胺菌酯(pyrametostrobin)**

4.450.1 主要用途:杀菌剂。

4.450.2 ADI:0.004 mg/kg bw。

4.450.3 残留物:唑胺菌酯。

4.450.4 最大残留限量:应符合表 450 的规定。

表 450

食品类别/名称	最大残留限量,mg/kg
蔬菜	
黄瓜	1*
* 该限量为临时限量。	

4.451 **唑草酮(carfentrazone-ethyl)**

4.451.1 主要用途:除草剂。

4.451.2 ADI:0.03 mg/kg bw。

4.451.3 残留物:唑草酮。

4.451.4 最大残留限量:应符合表451的规定。

表451

食品类别/名称	最大残留限量,mg/kg
谷物	
糙米	0.1
小麦	0.1
糖料	
甘蔗	0.05

4.451.5 检测方法:谷物、糖料参照GB 23200.15规定的方法测定。

4.452 唑虫酰胺(tolfenpyrad)

4.452.1 主要用途:杀虫剂。

4.452.2 ADI:0.006 mg/kg bw。

4.452.3 残留物:唑虫酰胺。

4.452.4 最大残留限量:应符合表452的规定。

表452

食品类别/名称	最大残留限量,mg/kg
蔬菜	
结球甘蓝	0.5
大白菜	0.5
茄子	0.5
饮料类	
茶叶	50

4.452.5 检测方法:蔬菜按照GB/T 20769规定的方法测定;茶叶参照GB/T 20769规定的方法测定。

4.453 唑菌酯(pyraoxystrobin)

4.453.1 主要用途:杀菌剂。

4.453.2 ADI:0.001 3 mg/kg bw。

4.453.3 残留物:唑菌酯。

4.453.4 最大残留限量:应符合表453的规定。

表453

食品类别/名称	最大残留限量,mg/kg
蔬菜	
黄瓜	1[a]
[a] 该限量为临时限量。	

4.454 唑啉草酯(pinoxaden)

4.454.1 主要用途:除草剂。

4.454.2 ADI:0.1 mg/kg bw。

4.454.3 残留物:唑啉草酯。

4.454.4 最大残留限量:应符合表454的规定。

表 454

食品类别/名称	最大残留限量,mg/kg
谷物	
小麦	0.1*
* 该限量为临时限量。	

4.455 **唑螨酯(fenpyroximate)**

4.455.1 主要用途:杀螨剂。

4.455.2 ADI:0.01 mg/kg bw。

4.455.3 残留物:唑螨酯。

4.455.4 最大残留限量:应符合表 455 的规定。

表 455

食品类别/名称	最大残留限量,mg/kg
油料和油脂	
棉籽	0.1
蔬菜	
茄果类蔬菜	0.2
黄瓜	0.3
菜豆	0.4
马铃薯	0.05
水果	
柑橘类水果(柑、橘、橙除外)	0.5
柑	0.2
橘	0.2
橙	0.2
苹果	0.3
梨	0.3
山楂	0.3
枇杷	0.3
榅桲	0.3
核果类水果(樱桃除外)	0.4
樱桃	2
枸杞(鲜)	0.5
葡萄	0.1
草莓	0.8
鳄梨	0.2
干制水果	
李子干	0.7
葡萄干	0.3
枸杞(干)	2
坚果	0.05
饮料类	
啤酒花	10
调味料	
干辣椒	1

4.455.5 检测方法:油料和油脂参照 GB 23200.9、GB/T 20770 规定的方法测定;蔬菜、干制水果按照 GB/T 20769 规定的方法测定;水果按照 GB 23200.8、GB 23200.29、GB/T 20769 规定的方法测定;坚果、饮料类、调味料参照 GB/T 20769 规定的方法测定。

4.456 唑嘧磺草胺(flumetsulam)

4.456.1 主要用途:除草剂。

4.456.2 ADI:1 mg/kg bw。

4.456.3 残留物:唑嘧磺草胺。

4.456.4 最大残留限量:应符合表456的规定。

表456

食品类别/名称	最大残留限量,mg/kg
谷物	
小麦	0.05
玉米	0.05
油料和油脂	
大豆	0.05

4.456.5 检测方法:谷物、油料和油脂按照GB 23200.113规定的方法测定。

4.457 唑嘧菌胺(ametoctradin)

4.457.1 主要用途:杀菌剂。

4.457.2 ADI:10 mg/kg bw。

4.457.3 残留物:唑嘧菌胺。

4.457.4 最大残留限量:应符合表457的规定。

表457

食品类别/名称	最大残留限量,mg/kg
蔬菜	
黄瓜	1*
马铃薯	0.05*
水果	
葡萄	2*
* 该限量为临时限量。	

4.458 艾氏剂(aldrin)

4.458.1 主要用途:杀虫剂。

4.458.2 ADI:0.000 1 mg/kg bw。

4.458.3 残留物:艾氏剂。

4.458.4 再残留限量:应符合表458规定。

表458

食品类别/名称	再残留限量,mg/kg
谷物	
稻谷	0.02
麦类	0.02
旱粮类	0.02
杂粮类	0.02
成品粮	0.02
油料和油脂	
大豆	0.05
蔬菜	
鳞茎类蔬菜	0.05
芸薹属类蔬菜	0.05
叶菜类蔬菜	0.05

表 458（续）

食品类别/名称	再残留限量,mg/kg
蔬菜	
茄果类蔬菜	0.05
瓜类蔬菜	0.05
豆类蔬菜	0.05
茎类蔬菜	0.05
根茎类和薯芋类蔬菜	0.05
水生类蔬菜	0.05
芽菜类蔬菜	0.05
其他类蔬菜	0.05
水果	
柑橘类水果	0.05
仁果类水果	0.05
核果类水果	0.05
浆果和其他小型水果	0.05
热带和亚热带水果	0.05
瓜果类水果	0.05
哺乳动物肉类(海洋哺乳动物除外)	0.2(以脂肪计)
禽肉类	0.2(以脂肪计)
蛋类	0.1
生乳	0.006

4.458.5 检测方法:植物源性食品(蔬菜、水果除外)按照 GB 23200.113、GB/T 5009.19 规定的方法测定;蔬菜、水果按照 GB 23200.113、GB/T 5009.19、NY/T 761 规定的方法测定;动物源性食品按照 GB/T 5009.19、GB/T 5009.162 规定的方法测定。

4.459 滴滴涕(DDT)

4.459.1 主要用途:杀虫剂。

4.459.2 ADI:0.01 mg/kg bw。

4.459.3 残留物:p,p′-滴滴涕、o,p′-滴滴涕、p,p′-滴滴伊和 p,p′-滴滴滴之和。

4.459.4 再残留限量:应符合表 459 的规定。

表 459

食品类别/名称	再残留限量,mg/kg
谷物	
稻谷	0.1
麦类	0.1
旱粮类	0.1
杂粮类	0.05
成品粮	0.05
油料和油脂	
大豆	0.05
蔬菜	
鳞茎类蔬菜	0.05
芸薹属类蔬菜	0.05
叶菜类蔬菜	0.05
茄果类蔬菜	0.05
瓜类蔬菜	0.05
豆类蔬菜	0.05
茎类蔬菜	0.05
根茎类和薯芋类蔬菜(胡萝卜除外)	0.05

表 459（续）

食品类别/名称	再残留限量，mg/kg
蔬菜	
胡萝卜	0.2
水生类蔬菜	0.05
芽菜类蔬菜	0.05
其他类蔬菜	0.05
水果	
柑橘类水果	0.05
仁果类水果	0.05
核果类水果	0.05
浆果和其他小型水果	0.05
热带和亚热带水果	0.05
瓜果类水果	0.05
饮料类	
茶叶	0.2
哺乳动物肉类及其制品	
脂肪含量10%以下	0.2(以原样计)
脂肪含量10%及以上	2(以脂肪计)
水产品	0.5
蛋类	0.1
生乳	0.02

4.459.5 检测方法：植物源性食品(蔬菜、水果除外)按照 GB 23200.113、GB/T 5009.19 规定的方法测定；蔬菜、水果按照 GB 23200.113、GB/T 5009.19、NY/T 761 规定的方法测定；动物源性食品按照 GB/T 5009.19、GB/T 5009.162 规定的方法测定。

4.460 狄氏剂(dieldrin)

4.460.1 主要用途：杀虫剂。

4.460.2 ADI：0.000 1 mg/kg bw。

4.460.3 残留物：狄氏剂。

4.460.4 再残留限量：应符合表 460 的规定。

表 460

食品类别/名称	再残留限量，mg/kg
谷物	
稻谷	0.02
麦类	0.02
旱粮类	0.02
杂粮类	0.02
成品粮	0.02
油料和油脂	
大豆	0.05
蔬菜	
鳞茎类蔬菜	0.05
芸薹属类蔬菜	0.05
叶菜类蔬菜	0.05
茄果类蔬菜	0.05
瓜类蔬菜	0.05
豆类蔬菜	0.05
茎类蔬菜	0.05
根茎类和薯芋类蔬菜	0.05

表 460（续）

食品类别/名称	再残留限量，mg/kg
蔬菜	
水生类蔬菜	0.05
芽菜类蔬菜	0.05
其他类蔬菜	0.05
水果	
柑橘类水果	0.02
仁果类水果	0.02
核果类水果	0.02
浆果和其他小型水果	0.02
热带和亚热带水果	0.02
瓜果类水果	0.02
哺乳动物肉类（海洋哺乳动物除外）	0.2（以脂肪计）
禽肉类	0.2（以脂肪计）
蛋类（鲜）	0.1
生乳	0.006

4.460.5 检测方法：植物源性食品（蔬菜、水果除外）按照 GB 23200.113、GB/T 5009.19 规定的方法测定；蔬菜、水果按照 GB 23200.113、GB/T 5009.19、NY/T 761 规定的方法测定；动物源性食品按照 GB/T 5009.19、GB/T 5009.162 规定的方法测定。

4.461 **毒杀芬（camphechlor）**

4.461.1 主要用途：杀虫剂。

4.461.2 ADI：0.000 25 mg/kg bw。

4.461.3 残留物：毒杀芬。

4.461.4 再残留限量：应符合表 461 的规定。

表 461

食品类别/名称	再残留限量，mg/kg
谷物	
稻谷	0.01*
麦类	0.01*
旱粮类	0.01*
杂粮类	0.01*
油料和油脂	
大豆	0.01*
蔬菜	
鳞茎类蔬菜	0.05*
芸薹属类蔬菜	0.05*
叶菜类蔬菜	0.05*
茄果类蔬菜	0.05*
瓜类蔬菜	0.05*
豆类蔬菜	0.05*
茎类蔬菜	0.05*
根茎类和薯芋类蔬菜	0.05*
水生类蔬菜	0.05*
芽菜类蔬菜	0.05*
其他类蔬菜	0.05*
水果	
柑橘类水果	0.05*
仁果类水果	0.05*

表 461（续）

食品类别/名称	再残留限量,mg/kg
水果	
核果类水果	0.05*
浆果和其他小型水果	0.05*
热带和亚热带水果	0.05*
瓜果类水果	0.05*
* 该限量为临时限量。	

4.461.5 检测方法：谷物、油料和油脂、蔬菜、水果参照 YC/T 180 规定的方法测定。

4.462 **林丹(lindane)**

4.462.1 主要用途：杀虫剂。

4.462.2 ADI：0.005 mg/kg bw。

4.462.3 残留物：林丹。

4.462.4 再残留限量：应符合表 462 的规定。

表 462

食品类别/名称	再残留限量,mg/kg
谷物	
小麦	0.05
大麦	0.01
燕麦	0.01
黑麦	0.01
玉米	0.01
鲜食玉米	0.01
高粱	0.01
哺乳动物肉类(海洋哺乳动物除外)	
脂肪含量 10%以下	0.1(以原样计)
脂肪含量 10%及以上	1(以脂肪计)
可食用内脏(哺乳动物)	0.01
禽肉类	
家禽肉(脂肪)	0.05
禽类内脏	
可食用家禽内脏	0.01
蛋类	0.1
生乳	0.01

4.462.5 检测方法：植物源性食品按照 GB/T 5009.19、GB/T 5009.146 规定的方法测定；动物源性食品按照 GB/T 5009.19、GB/T 5009.162 规定的方法测定。

4.463 **六六六(HCH)**

4.463.1 主要用途：杀虫剂。

4.463.2 ADI：0.005 mg/kg bw。

4.463.3 残留物：α-六六六、β-六六六、γ-六六六和 δ-六六六之和。

4.463.4 再残留限量：应符合表 463 的规定。

表 463

食品类别/名称	再残留限量,mg/kg
谷物	
稻谷	0.05
麦类	0.05

表 463（续）

食品类别/名称	再残留限量,mg/kg
谷物	
旱粮类	0.05
杂粮类	0.05
成品粮	0.05
油料和油脂	
大豆	0.05
蔬菜	
鳞茎类蔬菜	0.05
芸薹属类蔬菜	0.05
叶菜类蔬菜	0.05
茄果类蔬菜	0.05
瓜类蔬菜	0.05
豆类蔬菜	0.05
茎类蔬菜	0.05
根茎类和薯芋类蔬菜	0.05
水生类蔬菜	0.05
芽菜类蔬菜	0.05
其他类蔬菜	0.05
水果	
柑橘类水果	0.05
仁果类水果	0.05
核果类水果	0.05
浆果和其他小型水果	0.05
热带和亚热带水果	0.05
瓜果类水果	0.05
饮料类	
茶叶	0.2
哺乳动物肉类及其制品(海洋哺乳动物除外)	
脂肪含量10%以下	0.1(以原样计)
脂肪含量10%及以上	1(以脂肪计)
水产品	0.1
蛋类	0.1
生乳	0.02

4.463.5 检测方法：植物源性食品(蔬菜、水果除外)按照GB 23200.113、GB/T 5009.19规定的方法测定；蔬菜、水果按照GB 23200.113、GB/T 5009.19、NY/T 761规定的方法测定；动物源性食品按照GB/T 5009.19、GB/T 5009.162规定的方法测定。

4.464 **氯丹(chlordane)**

4.464.1 主要用途：杀虫剂。

4.464.2 ADI：0.000 5 mg/kg bw。

4.464.3 残留物：植物源性食品为顺式氯丹、反式氯丹之和；动物源性食品为顺式氯丹、反式氯丹与氧氯丹之和。

4.464.4 再残留限量：应符合表464的规定。

表 464

食品类别/名称	再残留限量,mg/kg
谷物	0.02
油料和油脂	
大豆	0.02

表 464（续）

食品类别/名称	再残留限量，mg/kg
油料和油脂	
植物毛油	0.05
植物油	0.02
蔬菜	
鳞茎类蔬菜	0.02
芸薹属类蔬菜	0.02
叶菜类蔬菜	0.02
茄果类蔬菜	0.02
瓜类蔬菜	0.02
豆类蔬菜	0.02
茎类蔬菜	0.02
根茎类和薯芋类蔬菜	0.02
水生类蔬菜	0.02
芽菜类蔬菜	0.02
其他类蔬菜	0.02
水果	
柑橘类水果	0.02
仁果类水果	0.02
核果类水果	0.02
浆果和其他小型水果	0.02
热带和亚热带水果	0.02
瓜果类水果	0.02
坚果	0.02
哺乳动物肉类(海洋哺乳动物除外)	0.05(以脂肪计)
禽肉类	0.5(以脂肪计)
蛋类	0.02
生乳	0.002

4.464.5　检测方法：植物源性食品按照 GB/T 5009.19 规定的方法测定；动物源性食品按照 GB/T 5009.19、GB/T 5009.162 规定的方法测定。

4.465　**灭蚁灵(mirex)**

4.465.1　主要用途：杀虫剂。

4.465.2　ADI：0.000 2 mg/kg bw。

4.465.3　残留物：灭蚁灵。

4.465.4　再残留限量：应符合表 465 的规定。

表 465

食品类别/名称	再残留限量，mg/kg
谷物	
稻谷	0.01
麦类	0.01
旱粮类	0.01
杂粮类	0.01
油料和油脂	
大豆	0.01
蔬菜	
鳞茎类蔬菜	0.01
芸薹属类蔬菜	0.01
叶菜类蔬菜	0.01
茄果类蔬菜	0.01

表 465（续）

食品类别/名称	再残留限量,mg/kg
蔬菜	
瓜类蔬菜	0.01
豆类蔬菜	0.01
茎类蔬菜	0.01
根茎类和薯芋类蔬菜	0.01
水生类蔬菜	0.01
芽菜类蔬菜	0.01
其他类蔬菜	0.01
水果	
柑橘类水果	0.01
仁果类水果	0.01
核果类水果	0.01
浆果和其他小型水果	0.01
热带和亚热带水果	0.01
瓜果类水果	0.01

4.465.5 检测方法：谷物、油料和油脂、蔬菜、水果按照 GB/T 5009.19 规定的方法测定。

4.466 **七氯(heptachlor)**

4.466.1 主要用途：杀虫剂。

4.466.2 ADI：0.000 1 mg/kg bw。

4.466.3 残留物：七氯与环氧七氯之和。

4.466.4 再残留限量：应符合表 466 的规定。

表 466

食品类别/名称	再残留限量,mg/kg
谷物	
稻谷	0.02
麦类	0.02
旱粮类	0.02
杂粮类	0.02
成品粮	0.02
油料和油脂	
棉籽	0.02
大豆	0.02
大豆毛油	0.05
大豆油	0.02
蔬菜	
鳞茎类蔬菜	0.02
芸薹属类蔬菜	0.02
叶菜类蔬菜	0.02
茄果类蔬菜	0.02
瓜类蔬菜	0.02
豆类蔬菜	0.02
茎类蔬菜	0.02
根茎类和薯芋类蔬菜	0.02
水生类蔬菜	0.02
芽菜类蔬菜	0.02
其他类蔬菜	0.02

表 466（续）

食品类别/名称	再残留限量，mg/kg
水果	
柑橘类水果	0.01
仁果类水果	0.01
核果类水果	0.01
浆果和其他小型水果	0.01
热带和亚热带水果	0.01
瓜果类水果	0.01
禽肉类	0.2
哺乳动物肉类(海洋哺乳动物除外)	0.2
蛋类	0.05
生乳	0.006

4.466.5 检测方法：植物源性食品(蔬菜、水果除外)按照 GB/T 5009.19 规定的方法测定；蔬菜、水果按照 GB/T 5009.19 规定的方法测定；动物源性食品按照 GB/T 5009.19、GB/T 5009.162 规定的方法测定。

4.467 异狄氏剂(endrin)

4.467.1 主要用途：杀虫剂。

4.467.2 ADI：0.000 2 mg/kg bw。

4.467.3 残留物：异狄氏剂与异狄氏剂醛、酮之和。

4.467.4 再残留限量：应符合表 467 的规定。

表 467

食品类别/名称	再残留限量，mg/kg
谷物	
稻谷	0.01
麦类	0.01
旱粮类	0.01
杂粮类	0.01
油料和油脂	
大豆	0.01
蔬菜	
鳞茎类蔬菜	0.05
芸薹属类蔬菜	0.05
叶菜类蔬菜	0.05
茄果类蔬菜	0.05
瓜类蔬菜	0.05
豆类蔬菜	0.05
茎类蔬菜	0.05
根茎类和薯芋类蔬菜	0.05
水生类蔬菜	0.05
芽菜类蔬菜	0.05
其他类蔬菜	0.05

表 467（续）

食品类别/名称	再残留限量,mg/kg
水果	
柑橘类水果	0.05
仁果类水果	0.05
核果类水果	0.05
浆果和其他小型水果	0.05
热带和亚热带水果	0.05
瓜果类水果	0.05
哺乳动物肉类(海洋哺乳动物除外)	0.1(以脂肪计)

4.467.5 检测方法：植物源性食品(蔬菜、水果除外)按照 GB/T 5009.19 规定的方法测定；蔬菜、水果按照GB/T 5009.19 规定的方法测定；动物源性食品按照 GB/T 5009.19、GB/T 5009.162 规定的方法测定。

附　录　A
（规范性附录）
食品类别及测定部位

食品类别及测定部位见表 A.1。

表 A.1

食品类别	类别说明	测定部位
谷物	稻类 稻谷等	整粒
	麦类 小麦、大麦、燕麦、黑麦、小黑麦等	整粒
	旱粮类 玉米、鲜食玉米、高粱、粟、稷、薏仁、荞麦等	整粒，鲜食玉米（包括玉米粒和轴）
	杂粮类 绿豆、豌豆、赤豆、小扁豆、鹰嘴豆、羽扇豆、豇豆、利马豆等	整粒
	成品粮 大米粉、小麦粉、全麦粉、玉米糁、玉米粉、高粱米、大麦粉、荞麦粉、莜麦粉、甘薯粉、高粱粉、黑麦粉、黑麦全粉、大米、糙米、麦胚等	
油料和油脂	小型油籽类 油菜籽、芝麻、亚麻籽、芥菜籽等	整粒
	中型油籽类 棉籽等	整粒
	大型油籽类 大豆、花生仁、葵花籽、油茶籽等	整粒
	油脂 植物毛油：大豆毛油、菜籽毛油、花生毛油、棉籽毛油、玉米毛油、葵花籽毛油等 植物油：大豆油、菜籽油、花生油、棉籽油、初榨橄榄油、精炼橄榄油、葵花籽油、玉米油等	
蔬菜（鳞茎类）	鳞茎葱类 大蒜、洋葱、薤等	可食部分
	绿叶葱类 韭菜、葱、青蒜、蒜薹、韭葱等	整株
	百合	鳞茎头
蔬菜（芸薹属类）	结球芸薹属 结球甘蓝、球茎甘蓝、抱子甘蓝、赤球甘蓝、羽衣甘蓝、皱叶甘蓝等	整棵
	头状花序芸薹属 花椰菜、青花菜等	整棵，去除叶
	茎类芸薹属 芥蓝、菜薹、茎芥菜等	整棵，去除根
蔬菜（叶菜类）	绿叶类 菠菜、普通白菜（小白菜、小油菜、青菜）、苋菜、蕹菜、茼蒿、大叶茼蒿、叶用莴苣、结球莴苣、苦苣、野苣、落葵、油麦菜、叶芥菜、萝卜叶、芜菁叶、菊苣、芋头叶、茎用莴苣叶、甘薯叶等	整棵，去除根
	叶柄类 芹菜、小茴香、球茎茴香等	整棵，去除根
	大白菜	整棵，去除根

表 A.1（续）

食品类别	类别说明	测定部位
蔬菜（茄果类）	番茄类 番茄、樱桃番茄等	全果(去柄)
	其他茄果类 茄子、辣椒、甜椒、黄秋葵、酸浆等	全果(去柄)
蔬菜（瓜类）	黄瓜、腌制用小黄瓜	全瓜(去柄)
	小型瓜类 西葫芦、节瓜、苦瓜、丝瓜、线瓜、瓠瓜等	全瓜(去柄)
	大型瓜类 冬瓜、南瓜、笋瓜等	全瓜(去柄)
蔬菜（豆类）	荚可食类 豇豆、菜豆、食荚豌豆、四棱豆、扁豆、刀豆等	全豆(带荚)
	荚不可食类 菜用大豆、蚕豆、豌豆、利马豆等	全豆(去荚)
蔬菜（茎类）	芦笋、朝鲜蓟、大黄、茎用莴苣等	整棵
蔬菜（根茎类和薯芋类）	根茎类 萝卜、胡萝卜、根甜菜、根芹菜、根芥菜、姜、辣根、芜菁、桔梗等	整棵，去除顶部叶及叶柄
	马铃薯	全薯
	其他薯芋类 甘薯、山药、牛蒡、木薯、芋、葛、魔芋等	全薯
蔬菜（水生类）	茎叶类 水芹、豆瓣菜、茭白、蒲菜等	整棵，茭白去除外皮
	果实类 菱角、芡实、莲子等	全果(去壳)
	根类 莲藕、荸荠、慈姑等	整棵
蔬菜（芽菜类）	绿豆芽、黄豆芽、萝卜芽、苜蓿芽、花椒芽、香椿芽等	全部
蔬菜（其他类）	黄花菜、竹笋、仙人掌、玉米笋等	全部
干制蔬菜	脱水蔬菜、萝卜干等	全部
水果（柑橘类）	柑、橘、橙、柠檬、柚、佛手柑、金橘等	全果(去柄)
水果（仁果类）	苹果、梨、山楂、枇杷、榅桲等	全果(去柄)，枇杷、山楂参照核果
水果（核果类）	桃、油桃、杏、枣(鲜)、李子、樱桃、青梅等	全果(去柄和果核)，残留量计算应计入果核的重量
水果（浆果和其他小型水果）	藤蔓和灌木类 枸杞(鲜)、黑莓、蓝莓、覆盆子、越橘、加仑子、悬钩子、醋栗、桑葚、唐棣、露莓(包括波森莓和罗甘莓)等	全果(去柄)
	小型攀缘类 皮可食：葡萄(鲜食葡萄和酿酒葡萄)、树番茄、五味子等 皮不可食：猕猴桃、西番莲等	全果(去柄)
	草莓	全果(去柄)
水果（热带和亚热带水果）	皮可食 柿子、杨梅、橄榄、无花果、杨桃、莲雾等	全果(去柄)，杨梅、橄榄检测果肉部分，残留量计算应计入果核的重量
	皮不可食 小型果：荔枝、龙眼、红毛丹等	全果(去柄和果核)，残留量计算应计入果核的重量
	中型果：芒果、石榴、鳄梨、番荔枝、番石榴、黄皮、山竹等	全果，鳄梨和芒果去除核，山竹测定果肉，残留量计算应计入果核的重量

表 A.1（续）

食品类别	类别说明	测定部位
水果（热带和亚热带水果）	大型果：香蕉、番木瓜、椰子等	香蕉测定全蕉；番木瓜测定去除果核的所有部分，残留量计算应计入果核的重量；椰子测定椰汁和椰肉
	带刺果：菠萝、菠萝蜜、榴莲、火龙果等	菠萝、火龙果去除叶冠部分；菠萝蜜、榴莲测定果肉，残留量计算应计入果核的重量
水果（瓜果类）	西瓜	全瓜
	甜瓜类 薄皮甜瓜、网纹甜瓜、哈密瓜、白兰瓜、香瓜等	全瓜
干制水果	柑橘脯、李子干、葡萄干、干制无花果、无花果蜜饯、枣（干）、枸杞（干）等	全果（测定果肉，残留量计算应计入果核的重量）
坚果	小粒坚果 杏仁、榛子、腰果、松仁、开心果等	全果（去壳）
	大粒坚果 核桃、板栗、山核桃、澳洲坚果等	全果（去壳）
糖料	甘蔗	整根甘蔗，去除顶部叶及叶柄
	甜菜	整根甜菜，去除顶部叶及叶柄
饮料类	茶叶	
	咖啡豆、可可豆	
	啤酒花	
	菊花、玫瑰花等	
	果汁 蔬菜汁：番茄汁等 水果汁：橙汁、苹果汁、葡萄汁等	
食用菌	蘑菇类 香菇、金针菇、平菇、茶树菇、竹荪、草菇、羊肚菌、牛肝菌、口蘑、松茸、双孢蘑菇、猴头菇、白灵菇、杏鲍菇等	整棵
	木耳类 木耳、银耳、金耳、毛木耳、石耳等	整棵
调味料	叶类 芫荽、薄荷、罗勒、艾蒿、紫苏、留兰香、月桂、欧芹、迷迭香、香茅等	整棵，去除根
	干辣椒	全果（去柄）
	果类 花椒、胡椒、豆蔻、孜然等	全果
	种子类 芥末、八角茴香、小茴香籽、芫荽籽等	果实整粒
	根茎类 桂皮、山葵等	整棵
药用植物	根茎类 人参、三七、天麻、甘草、半夏、当归、白术、元胡等	根、茎部分
	叶及茎秆类 车前草、鱼腥草、艾、蒿、石斛等	茎、叶部分
	花及果实类 金银花、银杏等	花、果实部分
动物源性食品	哺乳动物肉类（海洋哺乳动物除外） 猪、牛、羊、驴、马肉等	肉（去除骨），包括脂肪含量小于10%的脂肪组织
	哺乳动物内脏（海洋哺乳动物除外） 心、肝、肾、舌、胃等	肉（去除骨），包括脂肪含量小于10%的脂肪组织
	哺乳动物脂肪（海洋哺乳动物除外） 猪、牛、羊、驴、马脂肪等	

表 A.1（续）

食品类别	类别说明	测定部位
动物源性食品	禽肉类 鸡、鸭、鹅肉等	肉（去除骨）
	禽类内脏 鸡、鸭、鹅内脏等	整付
	蛋类	整枚（去壳）
	生乳 牛、羊、马等生乳	
	乳脂肪	
	水产品	可食部分，去除骨和鳞

附 录 B
(规范性附录)
豁免制定食品中最大残留限量标准的农药名单

豁免制定食品中最大残留限量标准的农药名单见表 B.1。

表 B.1

序号	农药中文通用名称	农药英文通用名称
1	苏云金杆菌	*Bacillus thuringiensis*
2	荧光假单胞杆菌	*Pseudomonas fluorescens*
3	枯草芽孢杆菌	*Bacillus subtilis*
4	蜡质芽孢杆菌	*Bacillus cereus*
5	地衣芽孢杆菌	*Bacillus licheniformis*
6	短稳杆菌	*Empedobacter brevis*
7	多黏类芽孢杆菌	*Paenibacillus polymyza*
8	放射土壤杆菌	*Agrobacterium radibacter*
9	木霉菌	*Trichoderma* spp.
10	白僵菌	*Beauveria* spp.
11	淡紫拟青霉	*Paecilomyces lilacinus*
12	厚孢轮枝菌(厚垣轮枝孢菌)	*Verticillium chlamydosporium*
13	耳霉菌	*Conidioblous thromboides*
14	绿僵菌	*Metarhizium anisopliae*
15	寡雄腐霉菌	*Pythium oligadrum*
16	菜青虫颗粒体病毒	*Pieris rapae* granulosis virus (PrGV)
17	茶尺蠖核型多角体病毒	*Ectropis obliqua* nuclear polyhedrosis virus(EoNPV)
18	松毛虫质型多角体病毒	*Dendrolimus punctatus* cytoplasmic polyhedrosis virus(DpCPV)
19	甜菜夜蛾核型多角体病毒	*Spodoptera litura* nuclear polyhedrosis virus(SpltNPV)
20	黏虫颗粒体病毒	*Pseudaletia unipuncta* granulosis virus(PuGV)
21	小菜蛾颗粒体病毒	*Plutella xylostella* granulosis virus (PxGV)
22	斜纹夜蛾核型多角体病毒	*Spodoptera litura* nuclear polyhedrosis (SINPV)
23	棉铃虫核型多角体病毒	*Helicoverpa armigera* nuclear polyhedrosis virus(HaNPV)
24	苜蓿银纹夜蛾核型多角体病毒	*Autographa californica* nuclear polyhedrosis virus(AcNPV)

表 B.1（续）

序号	农药中文通用名称	农药英文通用名称
25	三十烷醇	triacontanol
26	地中海实蝇引诱剂	trimedlure
27	聚半乳糖醛酸酶	polygalacturonase
28	超敏蛋白	harpin protein
29	S-诱抗素	S-abscisic acid
30	香菇多糖	lentinan
31	几丁聚糖	chltosan
32	葡聚烯糖	glucosan
33	氨基寡糖素	oligosaccharins
34	解淀粉芽孢杆菌	*Bacillus amyloliquefaciens*
35	甲基营养型芽孢杆菌	*Bacillus methylotrophicus*
36	甘蓝夜蛾核型多角体病毒	*Mamestra brassicae nuclear polyhedrosis virus*(MbNPV)
37	极细链格孢激活蛋白	plant activator protein
38	蝗虫微孢子虫	*Nosema locustae*
39	低聚糖素	oligosaccharide
40	小盾壳霉	*Coniothyrium minitans*
41	Z-8-十二碳烯乙酯	Z-8-dodecen-1-yl acetate
42	E-8-十二碳烯乙酯	E-8-dodecen-1-yl acetate
43	Z-8-十二碳烯醇	Z-8-dodecen-1-ol
44	混合脂肪酸	mixed fatty acids

索　引

农药中文通用名称索引

C

D

农药英文通用名称索引

D

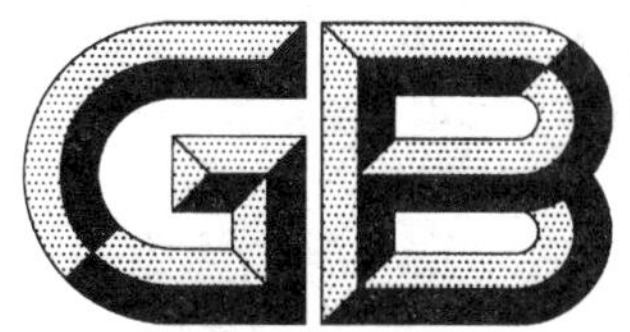

中华人民共和国国家标准

GB 31650—2019

食品安全国家标准
食品中兽药最大残留限量

National food safety standard—
Maximum residue limits for veterinary drugs in foods

2019-09-06 发布　　　　2020-04-01 实施

中华人民共和国农业农村部
中华人民共和国国家卫生健康委员会　发布
国家市场监督管理总局

前 言

本标准按照GB/T 1.1—2009给出的规则起草。

本标准代替农业部公告第235号《动物性食品中兽药最高残留限量》相关部分。与农业部公告第235号相比，除编辑性修改外主要变化如下：

——增加了“可食下水”和“其他食品动物”的术语定义；

——增加了阿维拉霉素等13种兽药及残留限量；

——增加了阿苯达唑等28种兽药的残留限量；

——增加了阿莫西林等15种兽药的日允许摄入量；

——增加了醋酸等73种允许用于食品动物，但不需要制定残留限量的兽药；

——修订了乙酰异戊酰泰乐菌素等17种兽药的中文名称或英文名称；

——修订了安普霉素等9种兽药的日允许摄入量；

——修订了阿苯达唑等15种兽药的残留标志物；

——修订了阿维菌素等29种兽药的靶组织和残留限量；

——修订了阿莫西林等23种兽药的使用规定；

——删除了蝇毒磷的残留限量；

——删除了氨丙啉等6种允许用于食品动物，但不需要制定残留限量的兽药；

——不再收载禁止药物及化合物清单。

食品安全国家标准 食品中兽药最大残留限量

1 范围

本标准规定了动物性食品中阿苯达唑等104种(类)兽药的最大残留限量;规定了醋酸等154种允许用于食品动物,但不需要制定残留限量的兽药;规定了氯丙嗪等9种允许作治疗用,但不得在动物性食品中检出的兽药。

本标准适用于与最大残留限量相关的动物性食品。

2 规范性引用文件

下列文件对于本文件的应用是必不可少的。凡是注日期的引用文件,仅注日期的版本适用于本文件。凡是不注日期的引用文件,其最新版本(包括所有的修改单)适用于本文件。

3 术语和定义

下列术语和定义适用于本文件。

3.1

兽药残留 veterinary drug residue

对食品动物用药后,动物产品的任何可食用部分中所有与药物有关的物质的残留,包括药物原型或/和其代谢产物。

3.2

总残留 total residue

对食品动物用药后,动物产品的任何可食用部分中药物原型或/和其所有代谢产物的总和。

3.3

日允许摄入量 acceptable daily intake(ADI)

人的一生中每日从食物或饮水中摄取某种物质而对其健康没有明显危害的量,以人体重为基础计算,单位:μg/kg bw。

3.4

最大残留限量 maximum residue limit(MRL)

对食品动物用药后,允许存在于食物表面或内部的该兽药残留的最高量/浓度(以鲜重计,单位:μg/kg)。

3.5

食品动物 food-producing animal

各种供人食用或其产品供人食用的动物。

3.6

鱼 fish

包括鱼纲(pisce)、软骨鱼(elasmobranch)和圆口鱼(cyclostome)的水生冷血动物,不包括水生哺乳动物、无脊椎动物和两栖动物。

注:此定义可适用于某些无脊椎动物,特别是头足动物(cephalopod)。

3.7

家禽 poultry

包括鸡、火鸡、鸭、鹅、鸽和鹌鹑等在内的家养的禽。

3.8

动物性食品 animal derived food

供人食用的动物组织以及蛋、奶和蜂蜜等初级动物性产品。

3.9

可食性组织　edible tissues

全部可食用的动物组织,包括肌肉、脂肪以及肝、肾等脏器。

3.10

皮+脂　skin with fat

带脂肪的可食皮肤。

3.11

皮+肉　muscle with skin

一般特指鱼的带皮肌肉组织。

3.12

副产品　byproducts

除肌肉、脂肪以外的所有可食组织,包括肝、肾等。

3.13

可食下水　edible offal

除肌肉、脂肪、肝、肾以外的可食部分。

3.14

肌肉　muscle

仅指肌肉组织。

3.15

蛋　egg

家养母禽所产的带壳蛋。

3.16

奶　milk

由正常乳房分泌而得,经一次或多次挤奶,既无加入也未经提取的奶。

注:此术语可用于处理过但未改变其组分的奶,或根据国家立法已将脂肪含量标准化处理过的奶。

3.17

其他食品动物　all other food-producing species

各品种项下明确规定的动物种类以外的其他所有食品动物。

4 技术要求

4.1 已批准动物性食品中最大残留限量规定的兽药

4.1.1 阿苯达唑(albendazole)

4.1.1.1 兽药分类:抗线虫药。

4.1.1.2 ADI:0 μg/kg bw～50 μg/kg bw。

4.1.1.3 残留标志物:奶中为阿苯达唑亚砜、阿苯达唑砜、阿苯达唑-2-氨基砜和阿苯达唑之和(sum of albendazole sulphoxide, albendazole sulphone, and albendazole 2-amino sulphone, expressed as albendazole);除奶外,其他靶组织为阿苯达唑-2-氨基砜(albendazole 2-amino sulfone)。

4.1.1.4 最大残留限量:应符合表1的规定。

表1

动物种类	靶组织	残留限量,μg/kg
所有食品动物	肌肉	100
	脂肪	100

表 1(续)

动物种类	靶组织	残留限量,μg/kg
所有食品动物	肝	5 000
	肾	5 000
	奶	100

4.1.2 **双甲脒(amitraz)**

4.1.2.1 兽药分类:杀虫药。

4.1.2.2 ADI:0 μg/kg bw～3 μg/kg bw。

4.1.2.3 残留标志物:双甲脒+2,4-二甲基苯胺的总和(sum of amitraz and all meta-bolites containing the 2,4-DMA moiety, expressed as amitraz)。

4.1.2.4 最大残留限量:应符合表 2 的规定。

表 2

动物种类	靶组织	残留限量,μg/kg
牛	脂肪	200
	肝	200
	肾	200
	奶	10
绵羊	脂肪	400
	肝	100
	肾	200
	奶	10
山羊	脂肪	200
	肝	100
	肾	200
	奶	10
猪	脂肪	400
	肝	200
	肾	200
蜜蜂	蜂蜜	200

4.1.3 **阿莫西林(amoxicillin)**

4.1.3.1 兽药分类:β-内酰胺类抗生素。

4.1.3.2 ADI:0 μg/kg bw～2 μg/kg bw,微生物学 ADI。

4.1.3.3 残留标志物:阿莫西林(amoxicillin)。

4.1.3.4 最大残留限量:应符合表 3 的规定。

表 3

动物种类	靶组织	残留限量,μg/kg
所有食品动物(产蛋期禁用)	肌肉	50
	脂肪	50
	肝	50
	肾	50
	奶	4
鱼	皮+肉	50

4.1.4 **氨苄西林(ampicillin)**

4.1.4.1 兽药分类:β-内酰胺类抗生素。

4.1.4.2 ADI: 0 μg/kg bw～3 μg/kg bw,微生物学 ADI。

4.1.4.3 残留标志物：氨苄西林（ampicillin）。

4.1.4.4 最大残留限量：应符合表4的规定。

表4

动物种类	靶组织	残留限量，μg/kg
所有食品动物（产蛋期禁用）	肌肉	50
	脂肪	50
	肝	50
	肾	50
	奶	4
鱼	皮＋肉	50

4.1.5 氨丙啉（amprolium）

4.1.5.1 兽药分类：抗球虫药。

4.1.5.2 ADI：0 μg/kg bw～100 μg/kg bw。

4.1.5.3 残留标志物：氨丙啉（amprolium）。

4.1.5.4 最大残留限量：应符合表5的规定。

表5

动物种类	靶组织	残留限量，μg/kg
牛	肌肉	500
	脂肪	2 000
	肝	500
	肾	500
鸡、火鸡	肌肉	500
	肝	1 000
	肾	1 000
	蛋	4 000

4.1.6 安普霉素（apramycin）

4.1.6.1 兽药分类：氨基糖苷类抗生素。

4.1.6.2 ADI：0 μg/kg bw～25 μg/kg bw。

4.1.6.3 残留标志物：安普霉素（apramycin）。

4.1.6.4 最大残留限量：应符合表6的规定。

表6

动物种类	靶组织	残留限量，μg/kg
猪	肾	100

4.1.7 氨苯胂酸、洛克沙胂（arsanilic acid，roxarsone）

4.1.7.1 兽药分类：合成抗菌药。

4.1.7.2 残留标志物：总砷计。

4.1.7.3 最大残留限量：应符合表7的规定。

表 7

动物种类	靶组织	残留限量，μg/kg
猪	肌肉	500
	肝	2 000
	肾	2 000
	副产品	500
鸡、火鸡	肌肉	500
	副产品	500
	蛋	500

4.1.8 **阿维菌素(avermectin)**

4.1.8.1 兽药分类：抗线虫药。

4.1.8.2 ADI：0 μg/kg bw～2 μg/kg bw。

4.1.8.3 残留标志物：阿维菌素 B_{1a}(avermectin B_{1a})。

4.1.8.4 最大残留限量：应符合表 8 的规定。

表 8

动物种类	靶组织	残留限量，μg/kg
牛(泌乳期禁用)	脂肪	100
	肝	100
	肾	50
羊(泌乳期禁用)	肌肉	20
	脂肪	50
	肝	25
	肾	20

4.1.9 **阿维拉霉素(avilamycin)**

4.1.9.1 兽药分类：寡糖类抗生素。

4.1.9.2 ADI：0 μg/kg bw～2 000 μg/kg bw。

4.1.9.3 残留标志物：二氯异苔酸[dichloroisoeverninic acid(DIA)]。

4.1.9.4 最大残留限量：应符合表 9 的规定。

表 9

动物种类	靶组织	残留限量，μg/kg
猪、兔	肌肉	200
	脂肪	200
	肝	300
	肾	200
鸡、火鸡(产蛋期禁用)	肌肉	200
	皮＋脂	200
	肝	300
	肾	200

4.1.10 **氮哌酮(azaperone)**

4.1.10.1 兽药分类：镇静剂。

4.1.10.2 ADI：0 μg/kg bw～6 μg/kg bw。

4.1.10.3 残留标志物：氮哌酮与氮哌醇之和(sum of azaperone and azaperol)。

4.1.10.4 最大残留限量：应符合表 10 的规定。

表 10

动物种类	靶组织	残留限量,μg/kg
猪	肌肉	60
	脂肪	60
	肝	100
	肾	100

4.1.11 **杆菌肽(bacitracin)**

4.1.11.1 兽药分类:多肽类抗生素。

4.1.11.2 ADI:0 μg/kg bw～50 μg/kg bw。

4.1.11.3 残留标志物:杆菌肽A、杆菌肽B和杆菌肽C之和(sum of bacitracin A, bacitracin B and bacitracin C)。

4.1.11.4 最大残留限量:应符合表11的规定。

表 11

动物种类	靶组织	残留限量,μg/kg
牛、猪、家禽	可食组织	500
牛	奶	500
家禽	蛋	500

4.1.12 **青霉素、普鲁卡因青霉素(benzylpenicillin, procaine benzylpenicillin)**

4.1.12.1 兽药分类:β-内酰胺类抗生素。

4.1.12.2 ADI:0 μg penicillin/(人・d)～30 μg penicillin/(人・d)。

4.1.12.3 残留标志物:青霉素(benzylpenicillin)。

4.1.12.4 最大残留限量:应符合表12的规定。

表 12

动物种类	靶组织	残留限量,μg/kg
牛、猪、家禽(产蛋期禁用)	肌肉	50
	肝	50
	肾	50
牛	奶	4
鱼	皮+肉	50

4.1.13 **倍他米松(betamethasone)**

4.1.13.1 兽药分类:糖皮质激素类药。

4.1.13.2 ADI:0 μg/kg bw～0.015 μg/kg bw。

4.1.13.3 残留标志物:倍他米松(betamethasone)。

4.1.13.4 最大残留限量:应符合表13的规定。

表 13

动物种类	靶组织	残留限量,μg/kg
牛、猪	肌肉	0.75
	肝	2
	肾	0.75
牛	奶	0.3

4.1.14 **卡拉洛尔(carazolol)**

4.1.14.1 兽药分类:抗肾上腺素类药。

4.1.14.2 ADI:0 μg/kg bw～0.1 μg/kg bw。

4.1.14.3 残留标志物:卡拉洛尔(carazolol)。

4.1.14.4 最大残留限量:应符合表14的规定。

表14

动物种类	靶组织	残留限量,μg/kg
猪	肌肉	5
	皮	5
	脂肪	5
	肝	25
	肾	25

4.1.15 头孢氨苄(cefalexin)

4.1.15.1 兽药分类:头孢菌素类抗生素。

4.1.15.2 ADI:0 μg/kg bw～54.4 μg/kg bw。

4.1.15.3 残留标志物:头孢氨苄(cefalexin)。

4.1.15.4 最大残留限量:应符合表15的规定。

表15

动物种类	靶组织	残留限量,μg/kg
牛	肌肉	200
	脂肪	200
	肝	200
	肾	1 000
	奶	100

4.1.16 头孢喹肟(cefquinome)

4.1.16.1 兽药分类:头孢菌素类抗生素。

4.1.16.2 ADI:0 μg/kg bw～3.8 μg/kg bw。

4.1.16.3 残留标志物:头孢喹肟(cefquinome)。

4.1.16.4 最大残留限量:应符合表16的规定。

表16

动物种类	靶组织	残留限量,μg/kg
牛、猪	肌肉	50
	脂肪	50
	肝	100
	肾	200
牛	奶	20

4.1.17 头孢噻呋(ceftiofur)

4.1.17.1 兽药分类:头孢菌素类抗生素。

4.1.17.2 ADI:0 μg/kg bw～50 μg/kg bw。

4.1.17.3 残留标志物:去呋喃甲酰基头孢噻呋(desfuroylceftiofur)。

4.1.17.4 最大残留限量:应符合表17的规定。

表 17

动物种类	靶组织	残留限量,μg/kg
牛、猪	肌肉	1 000
	脂肪	2 000
	肝	2 000
	肾	6 000
牛	奶	100

4.1.18 克拉维酸(clavulanic acid)

4.1.18.1 兽药分类:β-内酰胺酶抑制剂。

4.1.18.2 ADI:0 μg/kg bw～50 μg/kg bw。

4.1.18.3 残留标志物:克拉维酸(clavulanic acid)。

4.1.18.4 最大残留限量:应符合表 18 的规定。

表 18

动物种类	靶组织	残留限量,μg/kg
牛、猪	肌肉	100
	脂肪	100
	肝	200
	肾	400
牛	奶	200

4.1.19 氯羟吡啶(clopidol)

4.1.19.1 兽药分类:抗球虫药。

4.1.19.2 残留标志物:氯羟吡啶(clopidol)。

4.1.19.3 最大残留限量:应符合表 19 的规定。

表 19

动物种类	靶组织	残留限量,μg/kg
牛、羊	肌肉	200
	肝	1 500
	肾	3 000
	奶	20
猪	可食组织	200
鸡、火鸡	肌肉	5 000
	肝	15 000
	肾	15 000

4.1.20 氯氰碘柳胺(closantel)

4.1.20.1 兽药分类:抗吸虫药。

4.1.20.2 ADI:0 μg/kg bw～30 μg/kg bw。

4.1.20.3 残留标志物:氯氰碘柳胺(closantel)。

4.1.20.4 最大残留限量:应符合表 20 的规定。

表 20

动物种类	靶组织	残留限量,μg/kg
牛	肌肉	1 000
	脂肪	3 000
	肝	1 000
	肾	3 000

表 20(续)

动物种类	靶组织	残留限量,μg/kg
羊	肌肉	1 500
	脂肪	2 000
	肝	1 500
	肾	5 000
牛、羊	奶	45

4.1.21 **氯唑西林(cloxacillin)**

4.1.21.1 兽药分类:β-内酰胺类抗生素。

4.1.21.2 ADI:0 μg/kg bw～200 μg/kg bw。

4.1.21.3 残留标志物:氯唑西林(cloxacillin)。

4.1.21.4 最大残留限量:应符合表 21 的规定。

表 21

动物种类	靶组织	残留限量,μg/kg
所有食品动物(产蛋期禁用)	肌肉	300
	脂肪	300
	肝	300
	肾	300
	奶	30
鱼	皮+肉	300

4.1.22 **黏菌素(colistin)**

4.1.22.1 兽药分类:多肽类抗生素。

4.1.22.2 ADI:0 μg/kg bw～7 μg/kg bw。

4.1.22.3 残留标志物:黏菌素 A 与黏菌素 B 之和(sum of colistin A and colistin B)。

4.1.22.4 最大残留限量:应符合表 22 的规定。

表 22

动物种类	靶组织	残留限量,μg/kg
牛、羊、猪、兔	肌肉	150
	脂肪	150
	肝	150
	肾	200
鸡、火鸡	肌肉	150
	皮+脂	150
	肝	150
	肾	200
鸡	蛋	300
牛、羊	奶	50

4.1.23 **氟氯氰菊酯(cyfluthrin)**

4.1.23.1 兽药分类:杀虫药。

4.1.23.2 ADI:0 μg/kg bw～20 μg/kg bw。

4.1.23.3 残留标志物:氟氯氰菊酯(cyfluthrin)。

4.1.23.4 最大残留限量:应符合表 23 的规定。

表 23

动物种类	靶组织	残留限量,μg/kg
牛	肌肉	20
	脂肪	200
	肝	20
	肾	20
	奶	40

4.1.24 **三氟氯氰菊酯(cyhalothrin)**

4.1.24.1 兽药分类:杀虫药。

4.1.24.2 ADI:0 μg/kg bw~5 μg/kg bw。

4.1.24.3 残留标志物:三氟氯氰菊酯(cyhalothrin)。

4.1.24.4 最大残留限量:应符合表 24 的规定。

表 24

动物种类	靶组织	残留限量,μg/kg
牛、猪	肌肉	20
	脂肪	400
	肝	20
	肾	20
牛	奶	30
绵羊	肌肉	20
	脂肪	400
	肝	50
	肾	20

4.1.25 **氯氰菊酯、α-氯氰菊酯(cypermethrin and alpha-cypermethrin)**

4.1.25.1 兽药分类:杀虫药。

4.1.25.2 ADI:0 μg/kg bw~20 μg/kg bw。

4.1.25.3 残留标志物:氯氰菊酯总和[total of cypermethrin residues(resulting from the use of cypermethrin or alpha-cypermethrin as veterinary drugs)]。

4.1.25.4 最大残留限量:应符合表 25 的规定。

表 25

动物种类	靶组织	残留限量,μg/kg
牛、绵羊	肌肉	50
	脂肪	1 000
	肝	50
	肾	50
牛	奶	100
鱼	皮+肉	50

4.1.26 **环丙氨嗪(cyromazine)**

4.1.26.1 兽药分类:杀虫药。

4.1.26.2 ADI:0 μg/kg bw~20 μg/kg bw。

4.1.26.3 残留标志物:环丙氨嗪(cyromazine)。

4.1.26.4 最大残留限量:应符合表 26 的规定。

表 26

动物种类	靶组织	残留限量,μg/kg
羊(泌乳期禁用)	肌肉	300
	脂肪	300
	肝	300
	肾	300
家禽	肌肉	50
	脂肪	50
	副产品	50

4.1.27 **达氟沙星(danofloxacin)**

4.1.27.1 兽药分类:喹诺酮类合成抗菌药。

4.1.27.2 ADI:0 μg/kg bw～20 μg/kg bw。

4.1.27.3 残留标志物:达氟沙星(danofloxacin)。

4.1.27.4 最大残留限量:应符合表 27 的规定。

表 27

动物种类	靶组织	残留限量,μg/kg
牛、羊	肌肉	200
	脂肪	100
	肝	400
	肾	400
	奶	30
家禽(产蛋期禁用)	肌肉	200
	脂肪	100
	肝	400
	肾	400
猪	肌肉	100
	脂肪	100
	肝	50
	肾	200
鱼	皮+肉	100

4.1.28 **癸氧喹酯(decoquinate)**

4.1.28.1 兽药分类:抗球虫药。

4.1.28.2 ADI:0 μg/kg bw～75 μg/kg bw。

4.1.28.3 残留标志物:癸氧喹酯(decoquinate)。

4.1.28.4 最大残留限量:应符合表 28 的规定。

表 28

动物种类	靶组织	残留限量,μg/kg
鸡	肌肉	1 000
	可食组织	2 000

4.1.29 **溴氰菊酯(deltamethrin)**

4.1.29.1 兽药分类:杀虫药。

4.1.29.2 ADI:0 μg/kg bw～10 μg/kg bw。

4.1.29.3 残留标志物:溴氰菊酯(deltamethrin)。

4.1.29.4 最大残留限量:应符合表 29 的规定。

表 29

动物种类	靶组织	残留限量,μg/kg
牛、羊	肌肉	30
	脂肪	500
	肝	50
	肾	50
牛	奶	30
鸡	肌肉	30
	皮+脂	500
	肝	50
	肾	50
	蛋	30
鱼	皮+肉	30

4.1.30 **越霉素 A(destomycin A)**

4.1.30.1 兽药分类:抗线虫药。

4.1.30.2 残留标志物:越霉素 A(destomycin A)。

4.1.30.3 最大残留限量:应符合表 30 的规定。

表 30

动物种类	靶组织	残留限量,μg/kg
猪、鸡	可食组织	2 000

4.1.31 **地塞米松(dexamethasone)**

4.1.31.1 兽药分类:糖皮质激素类药。

4.1.31.2 ADI:0 μg/kg bw~0.015 μg/kg bw。

4.1.31.3 残留标志物:地塞米松(dexamethasone)。

4.1.31.4 最大残留限量:应符合表 31 的规定。

表 31

动物种类	靶组织	残留限量,μg/kg
牛、猪、马	肌肉	1.0
	肝	2.0
	肾	1.0
牛	奶	0.3

4.1.32 **二嗪农(diazinon)**

4.1.32.1 兽药分类:杀虫药。

4.1.32.2 ADI:0 μg/kg bw~2 μg/kg bw。

4.1.32.3 残留标志物:二嗪农(diazinon)。

4.1.32.4 最大残留限量:应符合表 32 的规定。

表 32

动物种类	靶组织	残留限量,μg/kg
牛、羊	奶	20
牛、猪、羊	肌肉	20
	脂肪	700
	肝	20
	肾	20

4.1.33 **敌敌畏(dichlorvos)**

4.1.33.1 兽药分类:杀虫药。

4.1.33.2 ADI:0 μg/kg bw～4 μg/kg bw。

4.1.33.3 残留标志物:敌敌畏(dichlorvos)。

4.1.33.4 最大残留限量:应符合表33的规定。

表33

动物种类	靶组织	残留限量,μg/kg
猪	肌肉	100
	脂肪	100
	副产品	100

4.1.34 **地克珠利(diclazuril)**

4.1.34.1 兽药分类:抗球虫药。

4.1.34.2 ADI:0 μg/kg bw～30 μg/kg bw。

4.1.34.3 残留标志物:地克珠利(diclazuril)。

4.1.34.4 最大残留限量:应符合表34的规定。

表34

动物种类	靶组织	残留限量,μg/kg
绵羊、兔	肌肉	500
	脂肪	1 000
	肝	3 000
	肾	2 000
家禽(产蛋期禁用)	肌肉	500
	皮+脂	1 000
	肝	3 000
	肾	2 000

4.1.35 **地昔尼尔(dicyclanil)**

4.1.35.1 兽药分类:驱虫药。

4.1.35.2 ADI:0 μg/kg bw～7 μg/kg bw。

4.1.35.3 残留标志物:地昔尼尔(dicyclanil)。

4.1.35.4 最大残留限量:应符合表35的规定。

表35

动物种类	靶组织	残留限量,μg/kg
绵羊	肌肉	150
	脂肪	200
	肝	125
	肾	125

4.1.36 **二氟沙星(difloxacin)**

4.1.36.1 兽药分类:喹诺酮类合成抗菌药。

4.1.36.2 ADI:0 μg/kg bw～10 μg/kg bw。

4.1.36.3 残留标志物:二氟沙星(difloxacin)。

4.1.36.4 最大残留限量:应符合表36的规定。

表 36

动物种类	靶组织	残留限量，μg/kg
牛、羊（泌乳期禁用）	肌肉	400
	脂肪	100
	肝	1 400
	肾	800
猪	肌肉	400
	脂肪	100
	肝	800
	肾	800
家禽（产蛋期禁用）	肌肉	300
	皮+脂	400
	肝	1 900
	肾	600
其他动物	肌肉	300
	脂肪	100
	肝	800
	肾	600
鱼	皮+肉	300

4.1.37 **三氮脒（diminazene）**

4.1.37.1 兽药分类：抗锥虫药。

4.1.37.2 ADI：0 μg/kg bw～100 μg/kg bw。

4.1.37.3 残留标志物：三氮脒（diminazene）。

4.1.37.4 最大残留限量：应符合表 37 的规定。

表 37

动物种类	靶组织	残留限量，μg/kg
牛	肌肉	500
	肝	12 000
	肾	6 000
	奶	150

4.1.38 **二硝托胺（dinitolmide）**

4.1.38.1 兽药分类：抗球虫药。

4.1.38.2 残留标志物：二硝托胺及其代谢物（dinitolmide and its metabolite 3-amino-5-nitro-o-toluamide）。

4.1.38.3 最大残留限量：应符合表 38 的规定。

表 38

动物种类	靶组织	残留限量，μg/kg
鸡	肌肉	3 000
	脂肪	2 000
	肝	6 000
	肾	6 000
火鸡	肌肉	3 000
	肝	3 000

4.1.39 **多拉菌素（doramectin）**

4.1.39.1 兽药分类：抗线虫药。

4.1.39.2 ADI:0 μg/kg bw～1 μg/kg bw。

4.1.39.3 残留标志物:多拉菌素(doramectin)。

4.1.39.4 最大残留限量:应符合表39的规定。

表 39

动物种类	靶组织	残留限量,μg/kg
牛	肌肉	10
	脂肪	150
	肝	100
	肾	30
	奶	15
羊	肌肉	40
	脂肪	150
	肝	100
	肾	60
猪	肌肉	5
	脂肪	150
	肝	100
	肾	30

4.1.40 多西环素(doxycycline)

4.1.40.1 兽药分类:四环素类抗生素。

4.1.40.2 ADI:0 μg/kg bw～3 μg/kg bw。

4.1.40.3 残留标志物:多西环素(doxycycline)。

4.1.40.4 最大残留限量:应符合表40的规定。

表 40

动物种类	靶组织	残留限量,μg/kg
牛(泌乳期禁用)	肌肉	100
	脂肪	300
	肝	300
	肾	600
猪	肌肉	100
	皮+脂	300
	肝	300
	肾	600
家禽(产蛋期禁用)	肌肉	100
	皮+脂	300
	肝	300
	肾	600
鱼	皮+肉	100

4.1.41 恩诺沙星(enrofloxacin)

4.1.41.1 兽药分类:喹诺酮类合成抗菌药。

4.1.41.2 ADI:0 μg/kg bw～6.2 μg/kg bw。

4.1.41.3 残留标志物:恩诺沙星与环丙沙星之和(sum of enrofloxacin and ciprofloxacin)。

4.1.41.4 最大残留限量:应符合表41的规定。

表41

动物种类	靶组织	残留限量,μg/kg
牛、羊	肌肉	100
	脂肪	100
	肝	300
	肾	200
	奶	100
猪、兔	肌肉	100
	脂肪	100
	肝	200
	肾	300
家禽(产蛋期禁用)	肌肉	100
	皮+脂	100
	肝	200
	肾	300
其他动物	肌肉	100
	脂肪	100
	肝	200
	肾	200
鱼	皮+肉	100

4.1.42 乙酰氨基阿维菌素(eprinomectin)

4.1.42.1 兽药分类:抗线虫药。

4.1.42.2 ADI:0 μg/kg bw~10 μg/kg bw。

4.1.42.3 残留标志物:乙酰氨基阿维菌素 B_{1a}(eprinomectin B_{1a})。

4.1.42.4 最大残留限量:应符合表42的规定。

表42

动物种类	靶组织	残留限量,μg/kg
牛	肌肉	100
	脂肪	250
	肝	2000
	肾	300
	奶	20

4.1.43 红霉素(erythromycin)

4.1.43.1 兽药分类:大环内酯类抗生素。

4.1.43.2 ADI:0 μg/kg bw~0.7 μg/kg bw。

4.1.43.3 残留标志物:红霉素A(erythromycin A)。

4.1.43.4 最大残留限量:应符合表43的规定。

表43

动物种类	靶组织	残留限量,μg/kg
鸡、火鸡	肌肉	100
	脂肪	100
	肝	100
	肾	100
鸡	蛋	50

表 43(续)

动物种类	靶组织	残留限量,μg/kg
其他动物	肌肉	200
	脂肪	200
	肝	200
	肾	200
	奶	40
	蛋	150
鱼	皮+肉	200

4.1.44 **乙氧酰胺苯甲酯(ethopabate)**

4.1.44.1 兽药分类:抗球虫药。

4.1.44.2 残留标志物:metaphenetidine。

4.1.44.3 最大残留限量:应符合表 44 的规定。

表 44

动物种类	靶组织	残留限量,μg/kg
鸡	肌肉	500
	肝	1 500
	肾	1 500

4.1.45 **非班太尔、芬苯达唑、奥芬达唑(febantel,fenbendazole,oxfendazole)**

4.1.45.1 兽药分类:抗线虫药。

4.1.45.2 ADI:0 μg/kg bw~7 μg/kg bw。

4.1.45.3 残留标志物:芬苯达唑、奥芬达唑和奥芬达唑砜的总和,以奥芬达唑砜等效物表示(sum of fenbendazole,oxfendazole and oxfendazole suphone,expressed as oxfendazole sulphone equivalents)。

4.1.45.4 最大残留限量:应符合表 45 的规定。

表 45

动物种类	靶组织	残留限量,μg/kg
牛、羊、猪、马	肌肉	100
	脂肪	100
	肝	500
	肾	100
牛、羊	奶	100
家禽	肌肉	50(仅芬苯达唑)
	皮+脂	50(仅芬苯达唑)
	肝	500(仅芬苯达唑)
	肾	50(仅芬苯达唑)
	蛋	1300(仅芬苯达唑)

4.1.46 **倍硫磷(fenthion)**

4.1.46.1 兽药分类:杀虫药。

4.1.46.2 ADI:0 μg/kg bw~7 μg/kg bw。

4.1.46.3 残留标志物:倍硫磷及代谢产物(fenthion and metabolites)。

4.1.46.4 最大残留限量:应符合表 46 的规定。

表 46

动物种类	靶组织	残留限量,μg/kg
牛、猪、家禽	肌肉	100
	脂肪	100
	副产品	100

4.1.47 **氰戊菊酯(fenvalerate)**

4.1.47.1 兽药分类:杀虫药。

4.1.47.2 ADI:0 μg/kg bw～20 μg/kg bw。

4.1.47.3 残留标志物:氰戊菊酯异构体之和[fenvalerate(sum of RR,SS,RS and SR isomers)]。

4.1.47.4 最大残留限量:应符合表 47 的规定。

表 47

动物种类	靶组织	残留限量,μg/kg
牛	肌肉	25
	脂肪	250
	肝	25
	肾	25
	奶	40

4.1.48 **氟苯尼考(florfenicol)**

4.1.48.1 兽药分类:酰胺醇类抗生素。

4.1.48.2 ADI:0 μg/kg bw～3 μg/kg bw。

4.1.48.3 残留标志物:氟苯尼考与氟苯尼考胺之和(sum of florfenicol and florfenicol-amine)。

4.1.48.4 最大残留限量:应符合表 48 的规定。

表 48

动物种类	靶组织	残留限量,μg/kg
牛、羊(泌乳期禁用)	肌肉	200
	肝	3 000
	肾	300
猪	肌肉	300
	皮+脂	500
	肝	2 000
	肾	500
家禽(产蛋期禁用)	肌肉	100
	皮+脂	200
	肝	2 500
	肾	750
其他动物	肌肉	100
	脂肪	200
	肝	2 000
	肾	300
鱼	皮+肉	1 000

4.1.49 **氟佐隆(fluazuron)**

4.1.49.1 兽药分类:驱虫药。

4.1.49.2 ADI:0 μg/kg bw～40 μg/kg bw。

4.1.49.3 残留标志物:氟佐隆(fluazuron)。

4.1.49.4 最大残留限量:应符合表 49 的规定。

表 49

动物种类	靶组织	残留限量,μg/kg
牛	肌肉	200
	脂肪	7 000
	肝	500
	肾	500

4.1.50 氟苯达唑(flubendazole)

4.1.50.1 兽药分类:抗线虫药。

4.1.50.2 ADI:0 μg/kg bw～12 μg/kg bw。

4.1.50.3 残留标志物:氟苯达唑(flubendazole)。

4.1.50.4 最大残留限量:应符合表 50 的规定。

表 50

动物种类	靶组织	残留限量,μg/kg
猪	肌肉	10
	肝	10
家禽	肌肉	200
	肝	500
	蛋	400

4.1.51 醋酸氟孕酮(flugestone acetate)

4.1.51.1 兽药分类:性激素类药。

4.1.51.2 ADI:0 μg/kg bw～0.03 μg/kg bw。

4.1.51.3 残留标志物:醋酸氟孕酮(flugestone acetate)。

4.1.51.4 最大残留限量:应符合表 51 的规定。

表 51

动物种类	靶组织	残留限量,μg/kg
羊	肌肉	0.5
	脂肪	0.5
	肝	0.5
	肾	0.5
	奶	1

4.1.52 氟甲喹(flumequine)

4.1.52.1 兽药分类:喹诺酮类合成抗菌药。

4.1.52.2 ADI:0 μg/kg bw～30 μg/kg bw。

4.1.52.3 残留标志物:氟甲喹(flumequine)。

4.1.52.4 最大残留限量:应符合表 52 的规定。

表 52

动物种类	靶组织	残留限量,μg/kg
牛、羊、猪	肌肉	500
	脂肪	1 000
	肝	500
	肾	3 000

表 52(续)

动物种类	靶组织	残留限量,μg/kg
牛、羊	奶	50
鸡(产蛋期禁用)	肌肉	500
	皮+脂	1 000
	肝	500
	肾	3 000
鱼	皮+肉	500

4.1.53 **氟氯苯氰菊酯(flumethrin)**

4.1.53.1 兽药分类:杀虫药。

4.1.53.2 ADI:0 μg/kg bw~1.8 μg/kg bw。

4.1.53.3 残留标志物:氟氯苯氰菊酯[flumethrin(sum of trans-Z-isomers)]。

4.1.53.4 最大残留限量:应符合表 53 的规定。

表 53

动物种类	靶组织	残留限量,μg/kg
牛	肌肉	10
	脂肪	150
	肝	20
	肾	10
	奶	30
羊(泌乳期禁用)	肌肉	10
	脂肪	150
	肝	20
	肾	10

4.1.54 **氟胺氰菊酯(fluvalinate)**

4.1.54.1 兽药分类:杀虫药。

4.1.54.2 ADI:0 μg/kg bw~0.5 μg/kg bw。

4.1.54.3 残留标志物:氟胺氰菊酯(fluvalinate)。

4.1.54.4 最大残留限量:应符合表 54 的规定。

表 54

动物种类	靶组织	残留限量,μg/kg
所有食品动物	肌肉	10
	脂肪	10
	副产品	10
蜜蜂	蜂蜜	50

4.1.55 **庆大霉素(gentamicin)**

4.1.55.1 兽药分类:氨基糖苷类抗生素。

4.1.55.2 ADI:0 μg/kg bw~20 μg/kg bw。

4.1.55.3 残留标志物:庆大霉素(gentamicin)。

4.1.55.4 最大残留限量:应符合表 55 的规定。

表 55

动物种类	靶组织	残留限量,μg/kg
牛、猪	肌肉	100
	脂肪	100
	肝	2 000
	肾	5 000
牛	奶	200
鸡、火鸡	可食组织	100

4.1.56 常山酮(halofuginone)

4.1.56.1 兽药分类:抗球虫药。

4.1.56.2 ADI:0 μg/kg bw～0.3 μg/kg bw。

4.1.56.3 残留标志物:常山酮(halofuginone)。

4.1.56.4 最大残留限量:应符合表 56 的规定。

表 56

动物种类	靶组织	残留限量,μg/kg
牛(泌乳期禁用)	肌肉	10
	脂肪	25
	肝	30
	肾	30
鸡、火鸡	肌肉	100
	皮+脂	200
	肝	130

4.1.57 咪多卡(imidocarb)

4.1.57.1 兽药分类:抗梨形虫药。

4.1.57.2 ADI:0 μg/kg bw～10 μg/kg bw。

4.1.57.3 残留标志物:咪多卡(imidocarb)。

4.1.57.4 最大残留限量:应符合表 57 的规定。

表 57

动物种类	靶组织	残留限量,μg/kg
牛	肌肉	300
	脂肪	50
	肝	1 500
	肾	2 000
	奶	50

4.1.58 氮氨菲啶(isometamidium)

4.1.58.1 兽药分类:抗锥虫药。

4.1.58.2 ADI:0 μg/kg bw～100 μg/kg bw。

4.1.58.3 残留标志物:氮氨菲啶(isometamidium)。

4.1.58.4 最大残留限量:应符合表 58 的规定。

表 58

动物种类	靶组织	残留限量,μg/kg
牛	肌肉	100
	脂肪	100
	肝	500
	肾	1 000
	奶	100

4.1.59 **伊维菌素(ivermectin)**

4.1.59.1 兽药分类:抗线虫药。

4.1.59.2 ADI:0 μg/kg bw～10 μg/kg bw。

4.1.59.3 残留标志物:22,23-二氢阿维菌素 B_{1a}[22,23-dihydro-avermectin B_{1a}(H_2B_{1a})]。

4.1.59.4 最大残留限量:应符合表 59 的规定。

表 59

动物种类	靶组织	残留限量,μg/kg
牛	肌肉	30
	脂肪	100
	肝	100
	肾	30
	奶	10
猪、羊	肌肉	30
	脂肪	100
	肝	100
	肾	30

4.1.60 **卡那霉素(kanamycin)**

4.1.60.1 兽药分类:氨基糖苷类抗生素。

4.1.60.2 ADI:0 μg/kg bw～8 μg/kg bw,微生物学 ADI。

4.1.60.3 残留标示物:卡那霉素 A(kanamycin A)。

4.1.60.4 最大残留限量:应符合表 60 的规定。

表 60

动物种类	靶组织	残留限量,μg/kg
所有食品动物(产蛋期禁用,不包括鱼)	肌肉	100
	皮+脂	100
	肝	600
	肾	2 500
	奶	150

4.1.61 **吉他霉素(kitasamycin)**

4.1.61.1 兽药分类:大环内酯类抗生素。

4.1.61.2 ADI:0 μg/kg bw～500 μg/kg bw。

4.1.61.3 残留标志物:吉他霉素(kitasamycin)。

4.1.61.4 最大残留限量:应符合表 61 的规定。

表 61

动物种类	靶组织	残留限量,μg/kg
猪、家禽	肌肉	200
	肝	200
	肾	200
	可食下水	200

4.1.62 **拉沙洛西(lasalocid)**

4.1.62.1 兽药分类:抗球虫药。

4.1.62.2 ADI:0 μg/kg bw~10 μg/kg bw。

4.1.62.3 残留标志物:拉沙洛西(lasalocid)。

4.1.62.4 最大残留限量:应符合表 62 的规定。

表 62

动物种类	靶组织	残留限量,μg/kg
牛	肝	700
鸡	皮+脂	1 200
	肝	400
火鸡	皮+脂	400
	肝	400
羊	肝	1 000
兔	肝	700

4.1.63 **左旋咪唑(levamisole)**

4.1.63.1 兽药分类:抗线虫药。

4.1.63.2 ADI:0 μg/kg bw~6 μg/kg bw。

4.1.63.3 残留标志物:左旋咪唑(levamisole)。

4.1.63.4 最大残留限量:应符合表 63 的规定。

表 63

动物种类	靶组织	残留限量,μg/kg
牛、羊、猪、家禽(泌乳期禁用、产蛋期禁用)	肌肉	10
	脂肪	10
	肝	100
	肾	10

4.1.64 **林可霉素(lincomycin)**

4.1.64.1 兽药分类:林可胺类抗生素。

4.1.64.2 ADI:0 μg/kg bw~30 μg/kg bw。

4.1.64.3 残留标志物:林可霉素(lincomycin)。

4.1.64.4 最大残留限量:应符合表 64 的规定。

表 64

动物种类	靶组织	残留限量,μg/kg
牛、羊	肌肉	100
	脂肪	50
	肝	500
	肾	1 500
	奶	150

表 64(续)

动物种类	靶组织	残留限量,μg/kg
猪	肌肉	200
	脂肪	100
	肝	500
	肾	1 500
家禽	肌肉	200
	脂肪	100
	肝	500
	肾	500
鸡	蛋	50
鱼	皮+肉	100

4.1.65 马度米星铵(maduramicin ammonium)

4.1.65.1 兽药分类:抗球虫药。

4.1.65.2 ADI:0 μg/kg bw~1 μg/kg bw。

4.1.65.3 残留标志物:马度米星铵(maduramicin ammonium)。

4.1.65.4 最大残留限量:应符合表 65 的规定。

表 65

动物种类	靶组织	残留限量,μg/kg
鸡	肌肉	240
	脂肪	480
	皮	480
	肝	720

4.1.66 马拉硫磷(malathion)

4.1.66.1 兽药分类:杀虫药。

4.1.66.2 ADI:0 μg/kg bw~300 μg/kg bw。

4.1.66.3 残留标志物:马拉硫磷(malathion)。

4.1.66.4 最大残留限量:应符合表 66 的规定。

表 66

动物种类	靶组织	残留限量,μg/kg
牛、羊、猪、家禽、马	肌肉	4 000
	脂肪	4 000
	副产品	4 000

4.1.67 甲苯咪唑(mebendazole)

4.1.67.1 兽药分类:抗线虫药。

4.1.67.2 ADI:0 μg/kg bw~12.5 μg/kg bw。

4.1.67.3 残留标志物:甲苯咪唑等效物总和(sum of mebendazole methyl [5-(1-hydroxy, 1-phenyl) methyl-1H-benzimidazol-2-yl] carbamate and (2-amino-1H-benzi-midazol-5-yl) phenylme-thanon epressed as mebendazole equivalents)。

4.1.67.4 最大残留限量:应符合表 67 的规定。

表 67

动物种类	靶组织	残留限量,μg/kg
羊、马(泌乳期禁用)	肌肉	60
	脂肪	60
	肝	400
	肾	60

4.1.68 **安乃近(metamizole)**

4.1.68.1 兽药分类:解热镇痛抗炎药。

4.1.68.2 ADI:0 μg/kg bw～10 μg/kg bw。

4.1.68.3 残留标志物:4-氨甲基-安替比林(4-aminomethyl-antipyrine)。

4.1.68.4 最大残留限量:应符合表 68 的规定。

表 68

动物种类	靶组织	残留限量,μg/kg
牛、羊、猪、马	肌肉	100
	脂肪	100
	肝	100
	肾	100
牛、羊	奶	50

4.1.69 **莫能菌素(monensin)**

4.1.69.1 兽药分类:抗球虫药。

4.1.69.2 ADI:0 μg/kg bw～10 μg/kg bw。

4.1.69.3 残留标志物:莫能菌素(monensin)。

4.1.69.4 最大残留限量:应符合表 69 的规定。

表 69

动物种类	靶组织	残留限量,μg/kg
牛、羊	肌肉	10
	脂肪	100
	肾	10
羊	肝	20
牛	肝	100
	奶	2
鸡、火鸡、鹌鹑	肌肉	10
	脂肪	100
	肝	10
	肾	10

4.1.70 **莫昔克丁(moxidectin)**

4.1.70.1 兽药分类:抗线虫药。

4.1.70.2 ADI:0 μg/kg bw～2 μg/kg bw。

4.1.70.3 残留标志物:莫昔克丁(moxidectin)。

4.1.70.4 最大残留限量:应符合表 70 的规定。

表 70

动物种类	靶组织	残留限量,μg/kg
牛	肌肉	20
	脂肪	500
	肝	100
	肾	50
绵羊	肌肉	50
	脂肪	500
	肝	100
	肾	50
牛、绵羊	奶	40
鹿	肌肉	20
	脂肪	500
	肝	100
	肾	50

4.1.71 **甲基盐霉素(narasin)**

4.1.71.1 兽药分类:抗球虫药。

4.1.71.2 ADI:0 μg/kg bw～5 μg/kg bw。

4.1.71.3 残留标志物:甲基盐霉素 A(narasin A)。

4.1.71.4 最大残留限量:应符合表 71 的规定。

表 71

动物种类	靶组织	残留限量,μg/kg
牛、猪	肌肉	15
	脂肪	50
	肝	50
	肾	15
鸡	肌肉	15
	皮+脂	50
	肝	50
	肾	15

4.1.72 **新霉素(neomycin)**

4.1.72.1 兽药分类:氨基糖苷类抗生素。

4.1.72.2 ADI:0 μg/kg bw～60 μg/kg bw。

4.1.72.3 残留标志物:新霉素 B(neomycin B)。

4.1.72.4 最大残留限量:应符合表 72 的规定。

表 72

动物种类	靶组织	残留限量,μg/kg
所有食品动物	肌肉	500
	脂肪	500
	肝	5 500
	肾	9 000
	奶	1 500
	蛋	500
鱼	皮+肉	500

4.1.73 **尼卡巴嗪(nicarbazin)**

4.1.73.1 兽药分类:抗球虫药。

4.1.73.2 ADI:0 μg/kg bw～400 μg/kg bw。

4.1.73.3 残留标志物:4,4-二硝基均二苯脲[N,N'-bis-(4-nitrophenyl) urea]。

4.1.73.4 最大残留限量:应符合表 73 的规定。

表 73

<table>
<tr><th>动物种类</th><th>靶组织</th><th>残留限量,μg/kg</th></tr>
<tr><td rowspan="4">鸡</td><td>肌肉</td><td>200</td></tr>
<tr><td>皮+脂</td><td>200</td></tr>
<tr><td>肝</td><td>200</td></tr>
<tr><td>肾</td><td>200</td></tr>
</table>

4.1.74 硝碘酚腈(nitroxinil)

4.1.74.1 兽药分类:抗吸虫药。

4.1.74.2 ADI:0 μg/kg bw～5 μg/kg bw。

4.1.74.3 残留标志物:硝碘酚腈(nitroxinil)。

4.1.74.4 最大残留限量:应符合表 74 的规定。

表 74

<table>
<tr><th>动物种类</th><th>靶组织</th><th>残留限量,μg/kg</th></tr>
<tr><td rowspan="5">牛、羊</td><td>肌肉</td><td>400</td></tr>
<tr><td>脂肪</td><td>200</td></tr>
<tr><td>肝</td><td>20</td></tr>
<tr><td>肾</td><td>400</td></tr>
<tr><td>奶</td><td>20</td></tr>
</table>

4.1.75 喹乙醇(olaquindox)

4.1.75.1 兽药分类:合成抗菌药。

4.1.75.2 ADI:0 μg/kg bw～3 μg/kg bw。

4.1.75.3 残留标志物:3-甲基喹噁啉-2-羧酸(3-methyl-quinoxaline-2-carboxylic acid,MQCA)。

4.1.75.4 最大残留限量:应符合表 75 的规定。

表 75

<table>
<tr><th>动物种类</th><th>靶组织</th><th>残留限量,μg/kg</th></tr>
<tr><td rowspan="2">猪</td><td>肌肉</td><td>4</td></tr>
<tr><td>肝</td><td>50</td></tr>
</table>

4.1.76 苯唑西林(oxacillin)

4.1.76.1 兽药分类:β-内酰胺类抗生素。

4.1.76.2 残留标志物:苯唑西林(oxacillin)。

4.1.76.3 最大残留限量:应符合表 76 的规定。

表 76

<table>
<tr><th>动物种类</th><th>靶组织</th><th>残留限量,μg/kg</th></tr>
<tr><td rowspan="5">所有食品动物(产蛋期禁用)</td><td>肌肉</td><td>300</td></tr>
<tr><td>脂肪</td><td>300</td></tr>
<tr><td>肝</td><td>300</td></tr>
<tr><td>肾</td><td>300</td></tr>
<tr><td>奶</td><td>30</td></tr>
<tr><td>鱼</td><td>皮+肉</td><td>300</td></tr>
</table>

4.1.77 **奥苯达唑(oxibendazole)**

4.1.77.1 兽药分类:抗线虫药。

4.1.77.2 ADI:0 μg/kg bw~60 μg/kg bw。

4.1.77.3 残留标志物:奥苯达唑(oxibendazole)。

4.1.77.4 最大残留限量:应符合表 77 的规定。

表 77

动物种类	靶组织	残留限量,μg/kg
猪	肌肉	100
	皮+脂	500
	肝	200
	肾	100

4.1.78 **噁喹酸(oxolinic acid)**

4.1.78.1 兽药分类:喹诺酮类合成抗菌药。

4.1.78.2 ADI:0 μg/kg bw~2.5 μg/kg bw。

4.1.78.3 残留标志物:噁喹酸(oxolinic acid)。

4.1.78.4 最大残留限量:应符合表 78 的规定。

表 78

动物种类	靶组织	残留限量,μg/kg
牛、猪、鸡(产蛋期禁用)	肌肉	100
	脂肪	50
	肝	150
	肾	150
鱼	皮+肉	100

4.1.79 **土霉素、金霉素、四环素(oxytetracycline,chlortetracycline,tetracycline)**

4.1.79.1 兽药分类:四环素类抗生素。

4.1.79.2 ADI:0 μg/kg bw~30 μg/kg bw。

4.1.79.3 残留标志物:土霉素、金霉素、四环素单个或组合(oxytetracycline,chlortetracycline,tetracycline,parent drugs, singly or in combination)。

4.1.79.4 最大残留限量:应符合表 79 的规定。

表 79

动物种类	靶组织	残留限量,μg/kg
牛、羊、猪、家禽	肌肉	200
	肝	600
	肾	1 200
牛、羊	奶	100
家禽	蛋	400
鱼	皮+肉	200
虾	肌肉	200

4.1.80 **辛硫磷(phoxim)**

4.1.80.1 兽药分类:杀虫药。

4.1.80.2 ADI:0 μg/kg bw~4 μg/kg bw。

4.1.80.3 残留标志物:辛硫磷(phoxim)。

4.1.80.4 最大残留限量:应符合表 80 的规定。

表 80

动物种类	靶组织	残留限量,μg/kg
猪、羊	肌肉	50
	脂肪	400
	肝	50
	肾	50

4.1.81 哌嗪(piperazine)

4.1.81.1 兽药分类:抗线虫药。

4.1.81.2 ADI:0 μg/kg bw～250 μg/kg bw。

4.1.81.3 残留标志物:哌嗪(piperazine)。

4.1.81.4 最大残留限量:应符合表 81 的规定。

表 81

动物种类	靶组织	残留限量,μg/kg
猪	肌肉	400
	皮＋脂	800
	肝	2 000
	肾	1 000
鸡	蛋	2 000

4.1.82 吡利霉素(pirlimycin)

4.1.82.1 兽药分类:林可胺类抗生素。

4.1.82.2 ADI:0 μg/kg bw～8 μg/kg bw。

4.1.82.3 残留标志物:吡利霉素(pirlimycin)。

4.1.82.4 最大残留限量:应符合表 82 的规定。

表 82

动物种类	靶组织	残留限量,μg/kg
牛	肌肉	100
	脂肪	100
	肝	1 000
	肾	400
	奶	200

4.1.83 巴胺磷(propetamphos)

4.1.83.1 兽药分类:杀虫药。

4.1.83.2 ADI:0 μg/kg bw～0.5 μg/kg bw。

4.1.83.3 残留标志物:巴胺磷与脱异丙基巴胺磷之和(sum of residues of propetamphos and desisopropyl-propetamphos)。

4.1.83.4 最大残留限量:应符合表 83 的规定。

表 83

动物种类	靶组织	残留限量,μg/kg
羊(泌乳期禁用)	脂肪	90
	肾	90

4.1.84 **碘醚柳胺(rafoxanide)**

4.1.84.1 兽药分类:抗吸虫药。

4.1.84.2 ADI:0 μg/kg bw~2 μg/kg bw。

4.1.84.3 残留标志物:碘醚柳胺(rafoxanide)。

4.1.84.4 最大残留限量:应符合表 84 的规定。

表 84

动物种类	靶组织	残留限量,μg/kg
牛	肌肉	30
	脂肪	30
	肝	10
	肾	40
羊	肌肉	100
	脂肪	250
	肝	150
	肾	150
牛、羊	奶	10

4.1.85 **氯苯胍(robenidine)**

4.1.85.1 兽药分类:抗球虫药。

4.1.85.2 ADI:0 μg/kg bw~5 μg/kg bw。

4.1.85.3 残留标志物:氯苯胍(robenidine)。

4.1.85.4 最大残留限量:应符合表 85 的规定。

表 85

动物种类	靶组织	残留限量,μg/kg
鸡	皮+脂	200
	其他可食组织	100

4.1.86 **盐霉素(salinomycin)**

4.1.86.1 兽药分类:抗球虫药。

4.1.86.2 ADI:0 μg/kg bw~5 μg/kg bw。

4.1.86.3 残留标志物:盐霉素(salinomycin)。

4.1.86.4 最大残留限量:应符合表 86 的规定。

表 86

动物种类	靶组织	残留限量,μg/kg
鸡	肌肉	600
	皮+脂	1 200
	肝	1 800

4.1.87 **沙拉沙星(sarafloxacin)**

4.1.87.1 兽药分类:喹诺酮类合成抗菌药。

4.1.87.2 ADI:0 μg/kg bw~0.3 μg/kg bw。

4.1.87.3 残留标志物:沙拉沙星(sarafloxacin)。

4.1.87.4 最大残留限量:应符合表 87 的规定。

表 87

动物种类	靶组织	残留限量,μg/kg
鸡、火鸡(产蛋期禁用)	肌肉	10
	脂肪	20
	肝	80
	肾	80
鱼	皮+肉	30

4.1.88 **赛杜霉素(semduramicin)**

4.1.88.1 兽药分类:抗球虫药。

4.1.88.2 ADI:0 μg/kg bw~180 μg/kg bw。

4.1.88.3 残留标志物:赛杜霉素(semduramicin)。

4.1.88.4 最大残留限量:应符合表 88 的规定。

表 88

动物种类	靶组织	残留限量,μg/kg
鸡	肌肉	130
	肝	400

4.1.89 **大观霉素(spectinomycin)**

4.1.89.1 兽药分类:氨基糖苷类抗生素。

4.1.89.2 ADI:0 μg/kg bw~40 μg/kg bw。

4.1.89.3 残留标志物:大观霉素(spectinomycin)。

4.1.89.4 最大残留限量:应符合表 89 的规定。

表 89

动物种类	靶组织	残留限量,μg/kg
牛、羊、猪、鸡	肌肉	500
	脂肪	2 000
	肝	2 000
	肾	5 000
牛	奶	200
鸡	蛋	2 000

4.1.90 **螺旋霉素(spiramycin)**

4.1.90.1 兽药分类:大环内酯类抗生素。

4.1.90.2 ADI:0 μg/kg bw~50 μg/kg bw。

4.1.90.3 残留标志物:牛、鸡为螺旋霉素和新螺旋霉素总量;猪为螺旋霉素等效物(即抗生素的效价残留)[cattle and chickens,sum of spiramycin and neospiramycin; pigs,spiramycin equivalents (antimicrobially active residues)]。

4.1.90.4 最大残留限量:应符合表 90 的规定。

表 90

动物种类	靶组织	残留限量,μg/kg
牛、猪	肌肉	200
	脂肪	300
	肝	600
	肾	300

表 90（续）

动物种类	靶组织	残留限量，μg/kg
牛	奶	200
鸡	肌肉	200
	脂肪	300
	肝	600
	肾	800

4.1.91 **链霉素、双氢链霉素（streptomycin，dihydrostreptomycin）**

4.1.91.1 兽药分类：氨基糖苷类抗生素。

4.1.91.2 ADI：0 μg/kg bw～50 μg/kg bw。

4.1.91.3 残留标志物：链霉素、双氢链霉素总量（sum of streptomycin and dihydrostreptomycin）。

4.1.91.4 最大残留限量：应符合表 91 的规定。

表 91

动物种类	靶组织	残留限量，μg/kg
牛、羊、猪、鸡	肌肉	600
	脂肪	600
	肝	600
	肾	1 000
牛、羊	奶	200

4.1.92 **磺胺二甲嘧啶（sulfadimidine）**

4.1.92.1 兽药分类：磺胺类合成抗菌药。

4.1.92.2 ADI：0 μg/kg bw～50 μg/kg bw。

4.1.92.3 残留标志物：磺胺二甲嘧啶（sulfadimidine）。

4.1.92.4 最大残留限量：应符合表 92 的规定。

表 92

动物种类	靶组织	残留限量，μg/kg
所有食品动物（产蛋期禁用）	肌肉	100
	脂肪	100
	肝	100
	肾	100
牛	奶	25

4.1.93 **磺胺类（sulfonamides）**

4.1.93.1 兽药分类：磺胺类合成抗菌药。

4.1.93.2 ADI：0 μg/kg bw～50 μg/kg bw。

4.1.93.3 残留标志物：兽药原型之和（sum of parent drug）。

4.1.93.4 最大残留限量：应符合表 93 的规定。

表 93

动物种类	靶组织	残留限量，μg/kg
所有食品动物（产蛋期禁用）	肌肉	100
	脂肪	100
	肝	100
	肾	100

表 93（续）

动物种类	靶组织	残留限量，μg/kg
牛、羊	奶	100（除磺胺二甲嘧啶）
鱼	皮＋肉	100

4.1.94 **噻苯达唑（thiabendazole）**

4.1.94.1 兽药分类：抗线虫药。

4.1.94.2 ADI：0 μg/kg bw～100 μg/kg bw。

4.1.94.3 残留标志物：噻苯达唑与5-羟基噻苯达唑之和（sum of thiabendazole and 5-hydroxythiabendazole）。

4.1.94.4 最大残留限量：应符合表94的规定。

表 94

动物种类	靶组织	残留限量，μg/kg
牛、猪、羊	肌肉	100
	脂肪	100
	肝	100
	肾	100
牛、羊	奶	100

4.1.95 **甲砜霉素（thiamphenicol）**

4.1.95.1 兽药分类：酰胺醇类抗生素。

4.1.95.2 ADI：0 μg/kg bw～5 μg/kg bw。

4.1.95.3 残留标志物：甲砜霉素（thiamphenicol）。

4.1.95.4 最大残留限量：应符合表95的规定。

表 95

动物种类	靶组织	残留限量，μg/kg
牛、羊、猪	肌肉	50
	脂肪	50
	肝	50
	肾	50
牛	奶	50
家禽（产蛋期禁用）	肌肉	50
	皮＋脂	50
	肝	50
	肾	50
鱼	皮＋肉	50

4.1.96 **泰妙菌素（tiamulin）**

4.1.96.1 兽药分类：抗生素。

4.1.96.2 ADI：0 μg/kg bw～30 μg/kg bw。

4.1.96.3 残留标志物：可被水解为8-α-羟基妙林的代谢物总和（sum of metabolites that may be hydrolysed to 8-α-hydroxymutilin）；鸡蛋为泰妙菌素（tiamulin）。

4.1.96.4 最大残留限量：应符合表96的规定。

表 96

动物种类	靶组织	残留限量,μg/kg
猪、兔	肌肉	100
	肝	500
鸡	肌肉	100
	皮+脂	100
	肝	1 000
	蛋	1 000
火鸡	肌肉	100
	皮+脂	100
	肝	300

4.1.97 替米考星(tilmicosin)

4.1.97.1 兽药分类:大环内酯类抗生素。

4.1.97.2 ADI:0 μg/kg bw～40 μg/kg bw。

4.1.97.3 残留标志物:替米考星(tilmicosin)。

4.1.97.4 最大残留限量:应符合表 97 的规定。

表 97

动物种类	靶组织	残留限量,μg/kg
牛、羊	肌肉	100
	脂肪	100
	肝	1 000
	肾	300
	奶	50
猪	肌肉	100
	脂肪	100
	肝	1 500
	肾	1 000
鸡(产蛋期禁用)	肌肉	150
	皮+脂	250
	肝	2 400
	肾	600
火鸡	肌肉	100
	皮+脂	250
	肝	1 400
	肾	1 200

4.1.98 托曲珠利(toltrazuril)

4.1.98.1 兽药分类:抗球虫药。

4.1.98.2 ADI:0 μg/kg bw～2 μg/kg bw。

4.1.98.3 残留标志物:托曲珠利砜(toltrazuril sulfone)

4.1.98.4 最大残留限量:应符合表 98 的规定。

表 98

动物种类	靶组织	残留限量,μg/kg
家禽(产蛋期禁用)	肌肉	100
	皮+脂	200
	肝	600
	肾	400

表 98(续)

动物种类	靶组织	残留限量,μg/kg
所有哺乳类食品动物(泌乳期禁用)	肌肉	100
	脂肪	150
	肝	500
	肾	250

4.1.99 **敌百虫(trichlorfon)**

4.1.99.1 兽药分类:抗线虫药。

4.1.99.2 ADI:0 μg/kg bw～2 μg/kg bw。

4.1.99.3 残留标志物:敌百虫(trichlorfon)。

4.1.99.4 最大残留限量:应符合表 99 的规定。

表 99

动物种类	靶组织	残留限量,μg/kg
牛	肌肉	50
	脂肪	50
	肝	50
	肾	50
	奶	50

4.1.100 **三氯苯达唑(triclabendazole)**

4.1.100.1 兽药分类:抗吸虫药。

4.1.100.2 ADI:0 μg/kg bw～3 μg/kg bw。

4.1.100.3 残留标志物:三氯苯达唑酮(ketotriclabnedazole)。

4.1.100.4 最大残留限量:应符合表 100 的规定。

表 100

动物种类	靶组织	残留限量,μg/kg
牛	肌肉	250
	脂肪	100
	肝	850
	肾	400
羊	肌肉	200
	脂肪	100
	肝	300
	肾	200
牛、羊	奶	10

4.1.101 **甲氧苄啶(trimethoprim)**

4.1.101.1 兽药分类:抗菌增效剂。

4.1.101.2 ADI:0 μg/kg bw～4.2 μg/kg bw。

4.1.101.3 残留标志物:甲氧苄啶(trimethoprim)。

4.1.101.4 最大残留限量:应符合表 101 的规定。

表 101

动物种类	靶组织	残留限量,μg/kg
牛	肌肉	50
	脂肪	50
	肝	50
	肾	50
	奶	50
猪、家禽(产蛋期禁用)	肌肉	50
	皮+脂	50
	肝	50
	肾	50
马	肌肉	100
	脂肪	100
	肝	100
	肾	100
鱼	皮+肉	50

4.1.102 泰乐菌素(tylosin)

4.1.102.1 兽药分类:大环内酯类抗生素。

4.1.102.2 ADI:0 μg/kg bw～30 μg/kg bw。

4.1.102.3 残标志物:泰乐菌素 A(tylosin A)。

4.1.102.4 最大残留限量:应符合表 102 的规定。

表 102

动物种类	靶组织	残留限量,μg/kg
牛、猪、鸡、火鸡	肌肉	100
	脂肪	100
	肝	100
	肾	100
牛	奶	100
鸡	蛋	300

4.1.103 泰万菌素(tylvalosin)

4.1.103.1 兽药分类:大环内酯类抗生素。

4.1.103.2 ADI:0 μg/kg bw～2.07 μg/kg bw。

4.1.103.3 残留标志物:蛋为泰万菌素(tylvalosin);除蛋外,其他靶组织为泰万菌素和 3-O-乙酰泰乐菌素的总和(sum of tylvalosin and 3-O-acetyltylosin)。

4.1.103.4 最大残留限量:应符合表 103 的规定。

表 103

动物种类	靶组织	残留限量,μg/kg
猪	肌肉	50
	皮+脂	50
	肝	50
	肾	50
家禽	皮+脂	50
	肝	50
	蛋	200

4.1.104 维吉尼亚霉素(virginiamycin)

4.1.104.1 兽药分类：多肽类抗生素。

4.1.104.2 ADI：0 μg/kg bw～250 μg/kg bw。

4.1.104.3 残留标志物：维吉尼亚霉素 M_1（virginiamycin M_1）。

4.1.104.4 最大残留限量：应符合表104的规定。

表 104

动物种类	靶组织	残留限量，μg/kg
猪	肌肉	100
	皮	400
	脂肪	400
	肝	300
	肾	400
家禽	肌肉	100
	皮+脂	400
	肝	300
	肾	400

4.2 允许用于食品动物，但不需要制定残留限量的兽药

4.2.1 醋酸（acetic acid）

动物种类：牛、马。

4.2.2 安络血（adrenosem）

动物种类：马、牛、羊、猪。

4.2.3 氢氧化铝（aluminium hydroxide）

动物种类：所有食品动物。

4.2.4 氯化铵（ammonium chloride）

动物种类：马、牛、羊、猪。

4.2.5 安普霉素（apramycin）

4.2.5.1 动物种类：仅作口服用时为兔、绵羊、猪、鸡。

4.2.5.2 其他规定：绵羊为泌乳期禁用，鸡为产蛋期禁用。

4.2.6 青蒿琥酯（artesunate）

动物种类：牛。

4.2.7 阿司匹林（aspirin）

4.2.7.1 动物种类：牛、猪、鸡、马、羊。

4.2.7.2 其他规定：泌乳期禁用，产蛋期禁用。

4.2.8 阿托品（atropine）

动物种类：所有食品动物。

4.2.9 甲基吡啶磷（azamethiphos）

动物种类：鲑。

4.2.10 苯扎溴铵（benzalkonium bromide）

动物种类：所有食品动物。

4.2.11 小檗碱（berberine）

动物种类：马、牛、羊、猪、驼。

4.2.12 甜菜碱（betaine）

动物种类：所有食品动物。

4.2.13 碱式碳酸铋（bismuth subcarbonate）

4.2.13.1 动物种类:所有食品动物。

4.2.13.2 其他规定:仅作口服用。

4.2.14 **碱式硝酸铋(bismuth subnitrate)**

4.2.14.1 动物种类:所有食品动物。

4.2.14.2 其他规定:仅作口服用。

4.2.15 **硼砂(borax)**

动物种类:所有食品动物。

4.2.16 **硼酸及其盐(boric acid and borates)**

动物种类:所有食品动物。

4.2.17 **咖啡因(caffeine)**

动物种类:所有食品动物。

4.2.18 **硼葡萄糖酸钙(calcium borogluconate)**

动物种类:所有食品动物。

4.2.19 **碳酸钙(calcium carbonate)**

动物种类:所有食品动物。

4.2.20 **氯化钙(calcium chloride)**

动物种类:所有食品动物。

4.2.21 **葡萄糖酸钙(calcium gluconate)**

动物种类:所有食品动物。

4.2.22 **磷酸氢钙(calcium hydrogen phosphate)**

动物种类:马、牛、羊、猪。

4.2.23 **次氯酸钙(calcium hypochlorite)**

动物种类:所有食品动物。

4.2.24 **泛酸钙(calcium pantothenate)**

动物种类:所有食品动物。

4.2.25 **过氧化钙(calcium peroxide)**

动物种类:水产动物。

4.2.26 **磷酸钙(calcium phosphate)**

动物种类:所有食品动物。

4.2.27 **硫酸钙(calcium sulphate)**

动物种类:所有食品动物。

4.2.28 **樟脑(camphor)**

4.2.28.1 动物种类:所有食品动物。

4.2.28.2 其他规定:仅作外用。

4.2.29 **氯己定(chlorhexidine)**

4.2.29.1 动物种类:所有食品动物。

4.2.29.2 其他规定:仅作外用。

4.2.30 **含氯石灰(chlorinated lime)**

4.2.30.1 动物种类:所有食品动物。

4.2.30.2 其他规定:仅作外用。

4.2.31 **亚氯酸钠(chlorite sodium)**

动物种类:所有食品动物。

4.2.32 **氯甲酚(chlorocresol)**
动物种类:所有食品动物。
4.2.33 **胆碱(choline)**
动物种类:所有食品动物。
4.2.34 **枸橼酸(citrate)**
动物种类:所有食品动物。
4.2.35 **氯前列醇(cloprostenol)**
动物种类:牛、猪、羊、马。
4.2.36 **硫酸铜(copper sulfate)**
动物种类:所有食品动物。
4.2.37 **可的松(cortisone)**
动物种类:马、牛、猪、羊。
4.2.38 **甲酚(cresol)**
动物种类:所有食品动物。
4.2.39 **癸甲溴铵(deciquam)**
动物种类:所有食品动物。
4.2.40 **癸氧喹酯(decoquinate)**
4.2.40.1 动物种类:牛、绵羊。
4.2.40.2 其他规定:仅口服用,产奶动物禁用。
4.2.41 **地克珠利(diclazuril)**
4.2.41.1 动物种类:山羊、猪。
4.2.41.2 其他规定:仅口服用。
4.2.42 **二巯基丙醇(dimercaprol)**
动物种类:所有哺乳类食品动物。
4.2.43 **二甲硅油(dimethicone)**
动物种类:牛、羊。
4.2.44 **度米芬(domiphen)**
4.2.44.1 动物种类:所有食品动物。
4.2.44.2 仅作外用。
4.2.45 **干酵母(dried yeast)**
动物种类:牛、羊、猪。
4.2.46 **肾上腺素(epinephrine)**
动物种类:所有食品动物。
4.2.47 **马来酸麦角新碱(ergometrine maleate)**
4.2.47.1 动物种类:所有哺乳类食品动物。
4.2.47.2 其他规定:仅用于临产动物。
4.2.48 **酚磺乙胺(etamsylate)**
动物种类:马、牛、羊、猪。
4.2.49 **乙醇(ethanol)**
4.2.49.1 动物种类:所有食品动物。
4.2.49.2 其他规定:仅作赋型剂用。
4.2.50 **硫酸亚铁(ferrous sulphate)**

动物种类:所有食品动物。

4.2.51 **氟氯苯氰菊酯(flumethrin)**

4.2.51.1 动物种类:蜜蜂。

4.2.51.2 其他规定:蜂蜜。

4.2.52 **氟轻松(fluocinonide)**

动物种类:所有食品动物。

4.2.53 **叶酸(folic acid)**

动物种类:所有食品动物。

4.2.54 **促卵泡激素(各种动物天然 FSH 及其化学合成类似物)[follicle stimulating hormone (natural FSH from all species and their synthetic analogues)]**

动物种类:所有食品动物。

4.2.55 **甲醛(formaldehyde)**

动物种类:所有食品动物。

4.2.56 **甲酸(formic acid)**

动物种类:所有食品动物。

4.2.57 **明胶(gelatin)**

动物种类:所有食品动物。

4.2.58 **葡萄糖(glucose)**

动物种类:马、牛、羊、猪。

4.2.59 **戊二醛(glutaraldehyde)**

动物种类:所有食品动物。

4.2.60 **甘油(glycerol)**

动物种类:所有食品动物。

4.2.61 **垂体促性腺激素释放激素(gonadotrophin releasing hormone)**

动物种类:所有食品动物。

4.2.62 **月苄三甲氯铵(halimide)**

动物种类:所有食品动物。

4.2.63 **绒促性素(human chorion gonadotrophin)**

动物种类:所有食品动物

4.2.64 **盐酸(hydrochloric acid)**

4.2.64.1 动物种类:所有食品动物。

4.2.64.2 其他规定:仅作赋型剂用。

4.2.65 **氢氯噻嗪(hydrochlorothiazide)**

动物种类:牛。

4.2.66 **氢化可的松(hydrocortisone)**

4.2.66.1 动物种类:所有食品动物。

4.2.66.2 其他规定:仅作外用。

4.2.67 **过氧化氢(hydrogen peroxide)**

动物种类:所有食品动物。

4.2.68 **鱼石脂(ichthammol)**

动物种类:所有食品动物。

4.2.69 **苯噁唑(idazoxan)**

动物种类:鹿。

4.2.70 **碘和碘无机化合物包括:碘化钠和钾、碘酸钠和钾(iodine and iodine inorganic compounds including:sodium and potassium-iodide,sodium and potassium-iodate)**

动物种类:所有食品动物。

4.2.71 **右旋糖酐铁(iron dextran)**

动物种类:所有食品动物。

4.2.72 **白陶土(kaolin)**

动物种类:马、牛、羊、猪。

4.2.73 **氯胺酮(ketamine)**

动物种类:所有食品动物。

4.2.74 **乳酶生(lactasin)**

动物种类:羊、猪、驹、犊。

4.2.75 **乳酸(lactic acid)**

动物种类:所有食品动物。

4.2.76 **利多卡因(lidocaine)**

4.2.76.1 动物种类:马。

4.2.76.2 其他规定:仅作局部麻醉用。

4.2.77 **促黄体激素(各种动物天然 LH 及其化学合成类似物)[luteinising hormone (natural LH from all species and their synthetic analogues)]**

动物种类:所有食品动物。

4.2.78 **氯化镁(magnesium chloride)**

动物种类:所有食品动物。

4.2.79 **氧化镁(magnesium oxide)**

动物种类:所有食品动物。

4.2.80 **硫酸镁(magnesium sulfate)**

动物种类:马、牛、羊、猪。

4.2.81 **甘露醇(mannitol)**

动物种类:所有食品动物。

4.2.82 **药用炭(medicinal charcoal)**

动物种类:马、牛、羊、猪。

4.2.83 **甲萘醌(menadione)**

动物种类:所有食品动物。

4.2.84 **蛋氨酸碘(methionine iodine)**

动物种类:所有食品动物。

4.2.85 **亚甲蓝(methylthioninium chloride)**

动物种类:牛、羊、猪。

4.2.86 **萘普生(naproxen)**

动物种类:马。

4.2.87 **新斯的明(neostigmine)**

动物种类:所有食品动物。

4.2.88 **中性电解氧化水(neutralized eletrolyzed oxidized water)**

动物种类:所有食品动物。

4.2.89 **烟酰胺(nicotinamide)**

动物种类:所有哺乳类食品动物。

4.2.90 **烟酸(nicotinic acid)**

动物种类:所有哺乳类食品动物。

4.2.91 **去甲肾上腺素(norepinephrine bitartrate)**

动物种类:马、牛、猪、羊。

4.2.92 **辛氨乙甘酸(octicine)**

动物种类:所有食品动物。

4.2.93 **缩宫素(oxytocin)**

动物种类:所有哺乳类食品动物。

4.2.94 **对乙酰氨基酚(paracetamol)**

4.2.94.1 动物种类:猪。

4.2.94.2 其他规定:仅作口服用。

4.2.95 **石蜡(paraffin)**

动物种类:马、牛、羊、猪。

4.2.96 **胃蛋白酶(pepsin)**

动物种类:所有食品动物。

4.2.97 **过氧乙酸(peracetic acid)**

动物种类:所有食品动物。

4.2.98 **苯酚(phenol)**

动物种类:所有食品动物。

4.2.99 **聚乙二醇(分子量为200～10 000)[polyethylene glycols (molecular weight ranging from 200 to 10 000)]**

动物种类:所有食品动物。

4.2.100 **吐温-80(polysorbate 80)**

动物种类:所有食品动物。

4.2.101 **垂体后叶(posterior pituitary)**

动物种类:马、牛、羊、猪。

4.2.102 **硫酸铝钾(potassium aluminium sulfate)**

动物种类:水产动物。

4.2.103 **氯化钾(potassium chloride)**

动物种类:所有食品动物。

4.2.104 **高锰酸钾(potassium permanganate)**

动物种类:所有食品动物。

4.2.105 **过硫酸氢钾(potassium peroxymonosulphate)**

动物种类:所有食品动物。

4.2.106 **硫酸钾(potassium sulfate)**

动物种类:马、牛、羊、猪。

4.2.107 **聚维酮碘(povidone iodine)**

动物种类:所有食品动物。

4.2.108 **碘解磷定(pralidoxime iodide)**

动物种类:所有哺乳类食品动物。

4.2.109 **吡喹酮(praziquantel)**

4.2.109.1 动物种类:绵羊、马。

4.2.109.2 其他规定:仅用于非泌乳绵羊。

4.2.110 **普鲁卡因(procaine)**

动物种类:所有食品动物。

4.2.111 **黄体酮(progesterone)**

4.2.111.1 动物种类:母马、母牛、母羊。

4.2.111.2 其他规定:泌乳期禁用。

4.2.112 **双羟萘酸噻嘧啶(pyrantel embonate)**

动物种类:马。

4.2.113 **溶葡萄球菌酶(recombinant lysostaphin)**

动物种类:奶牛、猪。

4.2.114 **水杨酸(salicylic acid)**

4.2.114.1 动物种类:除鱼外所有食品动物。

4.2.114.2 其他规定:仅作外用。

4.2.115 **东莨菪碱(scoplamine)**

动物种类:牛、羊、猪。

4.2.116 **血促性素(serum gonadotrophin)**

动物种类:马、牛、羊、猪、兔。

4.2.117 **碳酸氢钠(sodium bicarbonate)**

动物种类:马、牛、羊、猪。

4.2.118 **溴化钠(sodium bromide)**

4.2.118.1 动物种类:所有哺乳类食品动物。

4.2.118.2 其他规定:仅作外用。

4.2.119 **氯化钠(sodium chloride)**

动物种类:所有食品动物。

4.2.120 **二氯异氰脲酸钠(sodium dichloroisocyanurate)**

动物种类:所有哺乳类食品动物和禽类。

4.2.121 **二巯丙磺钠(sodium dimercaptopropanesulfonate)**

动物种类:马、牛、猪、羊。

4.2.122 **氢氧化钠(sodium hydroxide)**

动物种类:所有食品动物。

4.2.123 **乳酸钠(sodium lactate)**

动物种类:马、牛、羊、猪。

4.2.124 **亚硝酸钠(sodium nitrite)**

动物种类:马、牛、羊、猪。

4.2.125 **过硼酸钠(sodium perborate)**

动物种类:水产动物。

4.2.126 **过碳酸钠(sodium percarbonate)**

动物种类:水产动物。

4.2.127 **高碘酸钠(sodium periodate)**

4.2.127.1 动物种类:所有食品动物。

4.2.127.2 其他规定:仅作外用。

4.2.128 **焦亚硫酸钠(sodium pyrosulphite)**

动物种类:所有食品动物。

4.2.129 **水杨酸钠(sodium salicylate)**

4.2.129.1 动物种类:除鱼外所有食品动物。

4.2.129.2 其他规定:仅作外用,泌乳期禁用。

4.2.130 **亚硒酸钠(sodium selenite)**

动物种类:所有食品动物。

4.2.131 **硬脂酸钠(sodium stearate)**

动物种类:所有食品动物。

4.2.132 **硫酸钠(sodium sulfate)**

动物种类:马、牛、羊、猪。

4.2.133 **硫代硫酸钠(sodium thiosulphate)**

动物种类:所有食品动物。

4.2.134 **软皂(soft soap)**

动物种类:所有食品动物。

4.2.135 **脱水山梨醇三油酸酯(司盘85)(sorbitan trioleate)**

动物种类:所有食品动物。

4.2.136 **山梨醇(sorbitol)**

动物种类:马、牛、羊、猪。

4.2.137 **士的宁(strychnine)**

4.2.137.1 动物种类:牛。

4.2.137.2 其他规定:仅作口服用,剂量最大0.1 mg/kg bw。

4.2.138 **愈创木酚磺酸钾(sulfogaiacol)**

动物种类:所有食品动物。

4.2.139 **硫(sulphur)**

动物种类:牛、猪、山羊、绵羊、马。

4.2.140 **丁卡因(tetracaine)**

4.2.140.1 动物种类:所有食品动物。

4.2.140.2 其他规定:仅作麻醉剂用。

4.2.141 **硫喷妥钠(thiopental sodium)**

4.2.141.1 动物种类:所有食品动物。

4.2.141.2 其他规定:仅作静脉注射用。

4.2.142 **维生素A(vitamin A)**

动物种类:所有食品动物。

4.2.143 **维生素 B_1(vitamin B_1)**

动物种类:所有食品动物。

4.2.144 **维生素 B_{12}(vitamin B_{12})**

动物种类:所有食品动物。

4.2.145 **维生素 B_2(vitamin B_2)**

动物种类:所有食品动物。

4.2.146 **维生素 B_6(vitamin B_6)**

动物种类:所有食品动物。

4.2.147 **维生素C(vitamin C)**

动物种类:所有食品动物。

4.2.148 维生素 D(vitamin D)

动物种类:所有食品动物。

4.2.149 维生素 E(vitamin E)

动物种类:所有食品动物。

4.2.150 维生素 K_1(vitamin K_1)

动物种类:犊。

4.2.151 赛拉嗪(xylazine)

4.2.151.1 动物种类:牛、马。

4.2.151.2 其他规定:泌乳期除外。

4.2.152 赛拉唑(xylazole)

动物种类:马、牛、羊、鹿。

4.2.153 氧化锌(zinc oxide)

动物种类:所有食品动物。

4.2.154 硫酸锌(zinc sulphate)

动物种类:所有食品动物。

4.3 允许作治疗用,但不得在动物性食品中检出的兽药

4.3.1 氯丙嗪(chlorpromazine)

4.3.1.1 残留标志物:氯丙嗪(chlorpromazine)。

4.3.1.2 动物种类:所有食品动物。

4.3.1.3 靶组织:所有可食组织。

4.3.2 地西泮(安定)(diazepam)

4.3.2.1 残留标志物:地西泮(diazepam)。

4.3.2.2 动物种类:所有食品动物。

4.3.2.3 靶组织:所有可食组织。

4.3.3 地美硝唑(dimetridazole)

4.3.3.1 残留标志物:地美硝唑(dimetridazole)。

4.3.3.2 动物种类:所有食品动物。

4.3.3.3 靶组织:所有可食组织。

4.3.4 苯甲酸雌二醇(estradiol benzoate)

4.3.4.1 残留标志物:雌二醇(estradiol)。

4.3.4.2 动物种类:所有食品动物。

4.3.4.3 靶组织:所有可食组织。

4.3.5 潮霉素 B(hygromycin B)

4.3.5.1 残留标志物:潮霉素 B(hygromycin B)。

4.3.5.2 动物种类:猪、鸡。

4.3.5.3 靶组织:可食组织、鸡蛋。

4.3.6 甲硝唑(metronidazole)

4.3.6.1 残留标志物:甲硝唑(metronidazole)。

4.3.6.2 动物种类:所有食品动物。

4.3.6.3 靶组织:所有可食组织。

4.3.7 苯丙酸诺龙(nadrolone phenylpropionate)

4.3.7.1 残留标志物:诺龙(nadrolone)。

4.3.7.2 动物种类:所有食品动物。

4.3.7.3 靶组织:所有可食组织。

4.3.8 丙酸睾酮(testosterone propinate)

4.3.8.1 残留标志物:睾酮(testosterone)。

4.3.8.2 动物种类:所有食品动物。

4.3.8.3 靶组织:所有可食组织。

4.3.9 赛拉嗪(xylazine)

4.3.9.1 残留标志物:赛拉嗪(xylazine)。

4.3.9.2 动物种类:产奶动物。

4.3.9.3 靶组织:奶。

索　引

兽药英文通用名称索引

A

B

C

H

I

K

L

M

N

O

S

第二部分

检测类标准

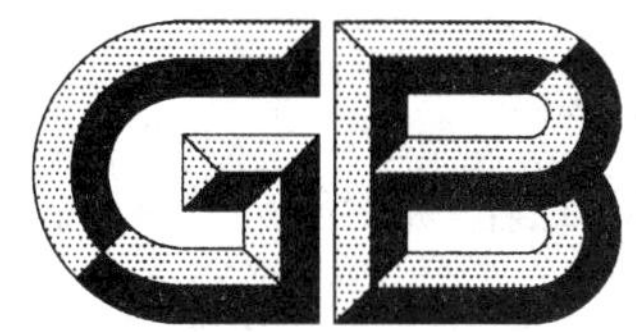

中华人民共和国国家标准

GB 5009.228—2016

食品安全国家标准
食品中挥发性盐基氮的测定

2016-08-31 发布　　　　2017-03-01 实施

中华人民共和国
国家卫生和计划生育委员会　发布

前　言

本标准代替 GB/T 5009.44—2003《肉与肉制品卫生标准的分析方法》、GB/T 5009.45—2003《水产品卫生标准的分析方法》、GB/T 5009.47—2003《蛋与蛋制品卫生标准的分析方法》中的挥发性盐基氮测定部分，代替 SC/T 3032—2007《水产品中挥发性盐基氮的测定》。

本标准与 GB/T 5009.44—2003 相比，主要修改如下：

——标准名称修改为《食品安全国家标准　食品中挥发性盐基氮的测定》；

——修改了标准的适用范围；

——整合了 GB/T 5009.47—2003《蛋与蛋制品卫生标准的分析方法》中皮蛋（松花蛋）挥发性盐基氮的测定方法；

——增加了自动凯氏定氮仪法，作为第二法；

——改进了微量扩散法的操作方法。

食品安全国家标准
食品中挥发性盐基氮的测定

1 范围

本标准规定了食品中挥发性盐基氮的测定方法。

本标准适用于以肉类为主要原料的食品、动物的鲜(冻)肉、肉制品和调理肉制品、动物性水产品和海产品及其调理制品、皮蛋(松花蛋)和咸蛋等腌制蛋制品中挥发性盐基氮的测定。

第一法 半微量定氮法

2 原理

挥发性盐基氮是动物性食品由于酶和细菌的作用,在腐败过程中,使蛋白质分解而产生氨以及胺类等碱性含氮物质。挥发性盐基氮具有挥发性,在碱性溶液中蒸出,利用硼酸溶液吸收后,用标准酸溶液滴定计算挥发性盐基氮含量。

3 试剂和材料

除非另有说明,本方法所用试剂均为分析纯,水为 GB/T 6682 规定的三级水。

3.1 试剂

3.1.1 氧化镁(MgO)。

3.1.2 硼酸(H_3BO_3)。

3.1.3 三氯乙酸($C_2HCl_3O_2$)。

3.1.4 盐酸(HCl)或硫酸(H_2SO_4)。

3.1.5 甲基红指示剂($C_{15}H_{15}N_3O_2$)。

3.1.6 溴甲酚绿指示剂($C_{21}H_{14}Br_4O_5S$)或亚甲基蓝指示剂($C_{16}H_{18}ClN_3S \cdot 3H_2O$)。

3.1.7 95%乙醇(C_2H_5OH)。

3.1.8 消泡硅油。

3.2 试剂配制

3.2.1 氧化镁混悬液(10 g/L):称取 10 g 氧化镁,加 1 000 mL 水,振摇成混悬液。

3.2.2 硼酸溶液(20 g/L):称取 20 g 硼酸,加水溶解后并稀释至 1 000 mL。

3.2.3 三氯乙酸溶液(20 g/L):称取 20 g 三氯乙酸,加水溶解后并稀释至 1 000 mL。

3.2.4 盐酸标准滴定溶液(0.100 0 mol/L)或硫酸标准滴定溶液(0.100 0 mol/L):按照 GB/T 601 制备。

3.2.5 盐酸标准滴定溶液(0.010 0 mol/L)或硫酸标准滴定溶液(0.010 0 mol/L):临用前以盐酸标准滴定溶液(0.100 0 mol/L)或硫酸标准滴定溶液(0.100 0 mol/L)配制。

3.2.6 甲基红乙醇溶液(1 g/L):称取 0.1 g 甲基红,溶于 95%乙醇,用 95%乙醇稀释至 100 mL。

3.2.7 溴甲酚绿乙醇溶液(1 g/L):称取 0.1 g 溴甲酚绿,溶于 95% 用 95%乙醇,用 95%乙醇稀释至 100 mL。

3.2.8 亚甲基蓝乙醇溶液(1 g/L):称取 0.1 g 亚甲基蓝,溶于 95%乙醇,用 95%乙醇稀释至 100 mL。

3.2.9 混合指示液:1 份甲基红乙醇溶液与 5 份溴甲酚绿乙醇溶液临用时混合,也可用 2 份甲基红乙醇溶液与 1 份亚甲基蓝乙醇溶液临用时混合。

4 仪器和设备

4.1 天平:感量为 1 mg。

4.2 搅拌机。

4.3 具塞锥形瓶:300 mL。

4.4 半微量定氮装置:如图 A.1 所示。

4.5 吸量管:10 mL、25.0 mL 、50.0 mL。

4.6 微量滴定管:10 mL,最小分度 0.01 mL。

5 分析步骤

5.1 半微量定氮装置

按图 A.1 安装好半微量定氮装置。装置使用前做清洗和密封性检查。

5.2 试样处理

鲜(冻)肉去除皮、脂肪、骨、筋腱,取瘦肉部分,鲜(冻)海产品和水产品去除外壳、皮、头部、内脏、骨刺,取可食部分,绞碎搅匀。制成品直接绞碎搅匀。肉糜、肉粉、肉松、鱼粉、鱼松、液体样品可直接使用。皮蛋(松花蛋)、咸蛋等腌制蛋去蛋壳、去蛋膜,按蛋∶水=2∶1 的比例加入水,用搅拌机绞碎搅匀成匀浆。鲜(冻)样品称取试样 20 g,肉粉、肉松、鱼粉、鱼松等干制品称取试样 10 g,精确至 0.001 g 液体样品吸取 10.0 mL 或 25.0 mL,置于具塞锥形瓶中,准确加入 100.0 mL 水,不时振摇,试样在样液中分散均匀,浸渍 30 min 后过滤。皮蛋、咸蛋样品称取蛋匀浆 15 g(计算含量时,蛋匀浆的质量乘以 2/3 即为试样质量),精确至 0.001 g,置于具塞锥形瓶中,准确加入 100.0 mL 三氯乙酸溶液,用力充分振摇 1 min,静置 15 min 待蛋白质沉淀后过滤。滤液应及时使用,不能及时使用的滤液置冰箱内 0℃~4℃ 冷藏备用。对于蛋白质胶质多、黏性大、不容易过滤的特殊样品,可使用三氯乙酸溶液替代水进行实验。蒸馏过程泡沫较多的样品可滴加 1 滴~2 滴消泡硅油。

5.3 测定

向接收瓶内加入 10 mL 硼酸溶液,5 滴混合指示液,并使冷凝管下端插入液面下,准确吸取 10.0 mL 滤液,由小玻杯注入反应室,以 10 mL 水洗涤小玻杯并使之流入反应室内,随后塞紧棒状玻塞。再向反应室内注入 5 mL 氧化镁混悬液,立即将玻塞盖紧,并加水于小玻杯以防漏气。夹紧螺旋夹,开始蒸馏。蒸馏 5 min 后移动蒸馏液接收瓶,液面离开冷凝管下端,再蒸馏 1 min。然后用少量水冲洗冷凝管下端外部,取下蒸馏液接收瓶。以盐酸或硫酸标准滴定溶液(0.010 0 mol/L)滴定至终点。使用 1 份甲基红乙醇溶液与 5 份溴甲酚绿乙醇溶液混合指示液,终点颜色至紫红色。使用 2 份甲基红乙醇溶液与 1 份亚甲基蓝乙醇溶液混合指示液,终点颜色至蓝紫色。同时做试剂空白。

6 分析结果的表述

试样中挥发性盐基氮的含量按式(1)计算。

$$X=\frac{(V_1-V_2)\times c\times 14}{m\times (V/V_0)}\times 100 \quad \cdots\cdots (1)$$

式中:

X ——试样中挥发性盐基氮的含量,单位为毫克每百克(mg/100 g)或毫克每百毫升(mg/100 mL);

V_1 ——试液消耗盐酸或硫酸标准滴定溶液的体积,单位为毫升(mL);

V_2 ——试剂空白消耗盐酸或硫酸标准滴定溶液的体积,单位为毫升(mL);

c ——盐酸或硫酸标准滴定溶液的浓度,单位为摩尔每升(mol/L);

14 ——滴定 1.0 mL 盐酸[$c(HCl)=1.000$ mol/L]或硫酸[$c(1/2H_2SO_4)=1.000$ mol/L]标准滴定溶液相当的氮的质量,单位为克每摩尔(g/mol);

m ——试样质量,单位为克(g)或试样体积,单位为(mL);

V ——准确吸取的滤液体积,单位为毫升(mL),本方法中 $V=10$;

V_0 ——样液总体积,单位为毫升(mL),本方法中 $V_0=100$;

100——计算结果换算为毫克每百克(mg/100 g)或毫克每百毫升(mg/100 mL)的换算系数。

实验结果以重复性条件下获得的2次独立测定结果的算术平均值表示,结果保留3位有效数字。

7 精密度

在重复性条件下获得的2次独立测定结果的绝对差值不得超过算术平均值的10%。

第二法 自动凯氏定氮仪法

8 试剂和材料

除非另有说明,本方法所用试剂均为分析纯,水为GB/T 6682规定的三级水。

8.1 试剂

8.1.1 氧化镁(MgO)。

8.1.2 硼酸(H_3BO_3)。

8.1.3 盐酸(HCl)或硫酸(H_2SO_4)。

8.1.4 甲基红指示剂($C_{15}H_{15}N_3O_2$)。

8.1.5 溴甲酚绿指示剂($C_{21}H_{14}Br_4O_5S$)。

8.1.6 95%乙醇(C_2H_5OH)。

8.2 试剂配制

8.2.1 硼酸溶液(20 g/L):同3.2.2。

8.2.2 盐酸标准滴定溶液(0.100 0 mol/L)或硫酸标准滴定溶液(0.100 0 mol/L):同3.2.4。

8.2.3 甲基红乙醇溶液(1 g/L):同3.2.6。

8.2.4 溴甲酚绿乙醇溶液(1 g/L):同3.2.7。

8.2.5 混合指示液:1份甲基红乙醇溶液与5份溴甲酚绿乙醇溶液临用时混合。

9 仪器和设备

9.1 天平:感量为1 mg。

9.2 搅拌机。

9.3 自动凯氏定氮仪。

9.4 蒸馏管:500 mL或750 mL。

9.5 吸量管:10.0 mL。

10 分析步骤

10.1 仪器设定

10.1.1 标准溶液使用盐酸标准滴定溶液(0.100 0 mol/L)或硫酸标准滴定溶液(0.100 0 mol/L)。

10.1.2 带自动添加试剂、自动排废功能的自动定氮仪,关闭自动排废、自动加碱和自动加水功能,设定加碱、加水体积为0 mL。

10.1.3 硼酸接收液加入设定为30 mL。

10.1.4 蒸馏设定:设定蒸馏时间180 s或蒸馏体积200 mL,以先到者为准。

10.1.5 滴定终点设定:采用自动电位滴定方式判断终点的定氮仪,设定滴定终点pH=4.65。采用颜色方式判断终点的定氮仪,使用混合指示液,30 mL的硼酸接收液滴加10滴混合指示液。

10.2 试样处理

鲜(冻)肉去除皮、脂肪、骨、筋腱,取瘦肉部分,鲜(冻)海产品和水产品去除外壳、皮、头部、内脏、骨刺,取可食部分,绞碎搅匀。制成品直接绞碎搅匀。肉糜、肉粉、肉松、鱼粉、鱼松、液体样品等均匀样品可直接使用。皮蛋(松花蛋)、咸蛋等腌制蛋去蛋壳、去蛋膜,按蛋∶水=2∶1 的比例加入水,用搅拌机绞碎搅匀成匀浆。皮蛋、咸蛋样品称取蛋匀浆 15 g(计算含量时,蛋匀浆的质量乘以 2/3 即为试样质量),其他样品称取试样 10 g,精确至 0.001 g,液体样品吸取 10.0 mL,于蒸馏管内,加入 75 mL 水,振摇,使试样在样液中分散均匀,浸渍 30 min。

10.3 测定

10.3.1 按照仪器操作说明书的要求运行仪器,通过清洗、试运行,使仪器进入正常测试运行状态,首先进行试剂空白测定,取得空白值。

10.3.2 在装有已处理试样的蒸馏管中加入 1 g 氧化镁,立刻连接到蒸馏器上,按照仪器设定的条件和仪器操作说明书的要求开始测定。

10.3.3 测定完毕及时清洗和疏通加液管路和蒸馏系统。

11 分析结果的表述

试样中挥发性盐基氮的含量按式(2)计算。

$$X=\frac{(V_1-V_2)\times c\times 14}{m}\times 100 \qquad (2)$$

式中:

X ——试样中挥发性盐基氮的含量,单位为毫克每百克(mg/100 g)或毫克每百毫升(mg/100 mL);

V_1 ——试液消耗盐酸或硫酸标准滴定溶液的体积,单位为毫升(mL);

V_2 ——试剂空白消耗盐酸或硫酸标准滴定溶液的体积,单位为毫升(mL);

c ——盐酸或硫酸标准滴定溶液的浓度,单位为摩尔每升(mol/L);

14 ——滴定 1.0 mL 盐酸或硫酸[$c(HCl)=1.000$ mol/L]或硫酸[$c(1/2H_2SO_4)=1.000$ mol/L]标准滴定溶液相当的氮的质量,单位为克每摩尔(g/mol);

m ——试样质量,单位为克(g)或试样体积,单位为(mL);

100——计算结果换算为毫克每百克(mg/100 g)或毫克每百毫升(mg/100 mL)的换算系数。实验结果以重复性条件下获得的 2 次独立测定结果的算术平均值表示,结果保留 3 位有效数字。

12 精密度

在重复性条件下获得的 2 次独立测定结果的绝对差值不得超过算术平均值的 10% 。

第三法 微量扩散法

13 原理

挥发性盐基氮可在 37℃ 碱性溶液中释出,挥发后吸收于硼酸吸收液中,用标准酸溶液滴定,计算挥发性盐基氮含量。

14 试剂和材料

除非另有说明,本方法所用试剂均为分析纯,水为 GB/T 6682 规定的三级水。

14.1 试剂

14.1.1 硼酸(H_3BO_3)。

14.1.2 盐酸(HCl)或硫酸(H_2SO_4)。

14.1.3 碳酸钾(K_2CO_3)。

14.1.4 阿拉伯胶。

14.1.5 甘油($C_3H_8O_3$)。

14.1.6 甲基红指示剂($C_{15}H_{15}N_3O_2$)。

14.1.7 溴甲酚绿指示剂($C_{21}H_{14}B_4O_5S$)或亚甲基蓝指示剂($C_{16}H_{18}ClN_3S \cdot 3H_2O$)。

14.1.7 95%乙醇(C_2H_5OH)。

14.2 试剂配制

14.2.1 硼酸溶液(20 g/L):同3.2.2。

14.2.2 盐酸标准滴定溶液(0.010 0 mol/L)或硫酸标准滴定溶液(0.010 0 mol/L):同3.2.5。

14.2.3 饱和碳酸钾溶液:称取50 g碳酸钾,加50 mL水,微加热助溶,使用上清液。

14.2.4 水溶性胶:称取10 g阿拉伯胶,加10 mL水,再加5 mL甘油及5 g碳酸钾,研匀。

14.2.5 甲基红乙醇溶液(1 g/L):同3.2.6。

14.2.6 溴甲酚绿乙醇溶液(1 g/L):同3.2.7。

14.2.7 亚甲基蓝乙醇溶液(1 g/L):同3.2.8。

14.2.4 混合指示液:同3.2.9。

15 仪器和设备

15.1 天平:感量为1 mg。

15.2 搅拌机。

15.3 具塞锥形瓶:300 mL 。

15.4 吸量管:1.0 mL、10.0 mL、25.0 mL、50.0 mL 。

15.5 扩散皿(标准型):玻璃质,有内外室,带磨砂玻璃盖。

15.6 恒温箱:(37±1)℃。

15.7 微量滴定管:10 mL,最小分度0.01 mL。

16 分析步骤

16.1 试样处理

鲜(冻)肉去除皮、脂肪、骨、筋腱,取瘦肉部分,鲜(冻)海产品和水产品去除外壳、皮、头部、内脏、骨刺,取可食部分,绞碎搅匀。制成品直接绞碎搅匀。肉糜、肉粉、肉松、鱼粉、鱼松、液体样品可直接使用。皮蛋(松花蛋)、咸蛋等腌制蛋去蛋壳、去蛋膜,按蛋:水=2:1的比例加入水,用搅拌机绞碎搅匀成匀浆。鲜(冻)样品称取试样20 g,肉粉、肉松、鱼粉、鱼松等干制品称取试样10 g,皮蛋、咸蛋样品称取蛋匀浆15 g(计算含量时,蛋匀浆的质量乘以2/3即为试样质量),精确至0.001 g,液体样品吸取10.0 mL或25.0 mL,置于具塞锥形瓶中,准确加入100.0 mL水,不时振摇,试样在样液中分散均匀,浸渍30 min后过滤,滤液应及时使用,不能及时使用的滤液置冰箱内0℃~4℃冷藏备用。

16.2 测定

将水溶性胶涂于扩散皿的边缘,在皿中央内室加入硼酸溶液1 mL及1滴混合指示剂。在皿外室准确加入滤液1.0 mL,盖上磨砂玻璃盖,磨砂玻璃盖的凹口开口处与扩散皿边缘仅留能插入移液器枪头或滴管的缝隙,透过磨砂玻璃盖观察水溶性胶密封是否严密,如有密封不严处,需重新涂抹水溶性胶。然后从缝隙处快速加入1 mL饱和碳酸钾溶液,立刻平推磨砂玻璃盖,将扩散皿盖严密,于桌子上以圆周运动方式轻轻转动,使样液和饱和碳酸钾溶液充分混合,然后于(37±1)℃ 温箱内放置2 h,放凉至室温,揭去盖,用盐酸或硫酸标准滴定溶液(0.010 0 mol/L)滴定。使用1份甲基红乙醇溶液与5份溴甲酚绿乙醇溶液混合指示液,终点颜色至紫红色。使用2份甲基红乙醇溶液与1份亚甲基蓝乙醇溶液混合指示液,终点颜色至蓝紫色。同时做试剂空白。

17 分析结果的表述

试样中挥发性盐基氮的含量按式(3)计算。

$$X=\frac{(V_1-V_2)\times c\times 14}{m\times(V/V_0)}\times 100 \quad\cdots\cdots(3)$$

式中：

X ——试样中挥发性盐基氮的含量，单位为毫克每百克(mg/100 g)或毫克每百毫升(mg/100 mL)；

V_1 ——试液消耗盐酸或硫酸标准滴定溶液的体积，单位为毫升(mL)；

V_2 ——试剂空白消耗盐酸或硫酸标准滴定溶液的体积，单位为毫升(mL)；

c ——盐酸或硫酸标准滴定溶液的浓度，单位为摩尔每升(mol/L)；

14 ——滴定 1.0 mL 盐酸[$c(HCl)=1.000$ mol/L]或硫酸[$c(1/2H_2SO_4)=1.000$ mol/L]标准滴定溶液相当的氮的质量，单位为克每摩尔(g/mol)；

m ——试样质量，单位为克(g)或试样体积，单位为(mL)；

V ——准确吸取的滤液体积，单位为毫升(mL)，本方法中 $V=1$；

V_0 ——样液总体积，单位为毫升(mL)，本方法中 $V_0=100$；

100——计算结果换算为毫克每百克(mg/100 g)或毫克每百毫升(mg/100 mL)的换算系数。

实验结果以重复性条件下获得的 2 次独立测定结果的算术平均值表示，结果保留 3 位有效数字。

18 精密度

在重复性条件下获得的 2 次独立测定结果的绝对差值不得超过算术平均值的 10%。

19 检出限

本标准第一法中，当称样量为 20.0 g 时，检出限为 0.18 mg/100 g；当称样量为 10.0 g 时，检出限为 0.35 mg/100 g；液体样品取样 25.0 mL 时，检出限为 0.14 mg/100 mL；液体样品取样 10.0 mL 时，检出限为 0.35 mg/100 mL。

本标准第二法中，当称样量为 10.0 g 时，检出限为 0.04 mg/100 g；液体样品取样 10.0 mL 时，检出限为 0.04 mg/100 mL。

本标准第三法中，当称样量为 20.0 g 时，检出限为 1.75 mg/100 g；当称样量为 10.0 g 时，检出限为 3.50 mg/100 g；液体样品取样 25.0 mL 时，检出限为 1.40 mg/100 mL；液体样品取样 10.0 mL 时，检出限为 3.50 mg/100 mL。

附 录 A
食品类别及测定部位

半微量定氮蒸馏装置图见图 A.1。

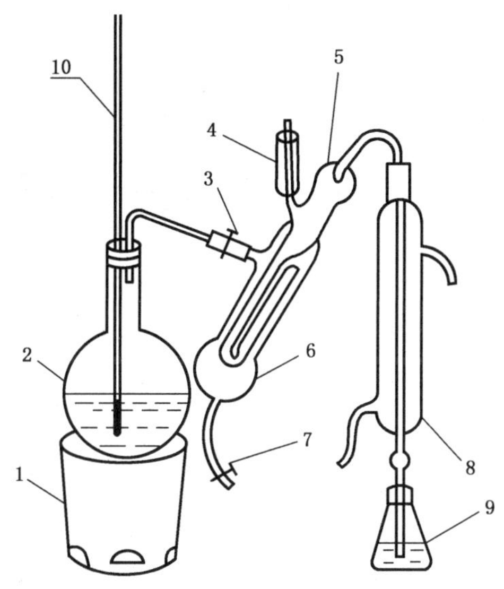

说明：
1 ——电炉；
2 ——水蒸气发生器(2 L 烧瓶)；
3 ——螺旋夹；
4 ——小玻杯及棒状玻塞；
5 ——反应室；
6 ——反应室外层；
7 ——橡皮管及螺旋夹；
8 ——冷凝管；
9 ——蒸馏液接收瓶；
10——安全玻璃管。

图 A.1 半微量定氮蒸馏装置图

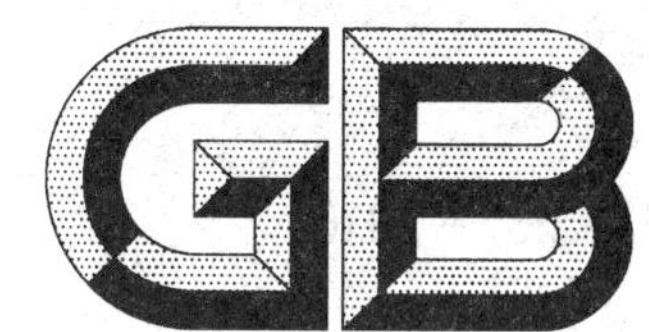

中华人民共和国国家标准

GB 5009.231—2016

食品安全国家标准
水产品中挥发酚残留量的测定

2016-08-31 发布　　　　2017-03-01 实施

中华人民共和国
国家卫生和计划生育委员会　发布

前　言

本标准代替 SC/T 3031—2006《水产品中挥发酚残留量的测定　分光光度法》。

本标准与 SC/T 3031—2006 相比，主要变化如下：

——将处理方法中的搅拌改为恒温磁力搅拌；

——增加水蒸气蒸馏仪为处理方法中的提取装置。

食品安全国家标准
水产品中挥发酚残留量的测定

1 范围

本标准规定了水产品中挥发酚残留量的分光光度测定方法。

本标准适用于水产品中可食部分挥发酚残留量的测定。

2 原理

用碱性溶液破坏样品组织结构，在酸性条件下用水蒸气蒸馏出挥发酚类化合物，在铁氰化钾存在下，与4-氨基安替比林反应生成橙红色的安替比林染料，用三氯甲烷萃取，在460 nm波长测定吸光度定量。

3 试剂和材料

除非另有说明，本方法所用试剂均为分析纯，水为GB/T 6682规定的三级水。

3.1 试剂

3.1.1 三氯甲烷($CHCl_3$)。

3.1.2 氨水($NH_3 \cdot H_2O$)。

3.1.3 硫酸(H_2SO_4)。

3.1.4 氢氧化钠(NaOH)。

3.1.5 铁氰化钾($K_3[Fe(CN)_6]$)。

3.1.6 硫酸铜($CuSO_4 \cdot 5H_2O$)。

3.1.7 甲基橙($C_{14}H_{15}N_3NaO_3S$)。

3.1.8 氯化铵(NH_4Cl)。

3.1.9 4-氨基安替比林($C_{11}H_{13}N_3O$)。

3.1.10 活性炭粉末(粒径0.1 mm～0.5 mm)。

3.2 试剂配制

3.2.1 无酚水：取实验用水，每升水中加入0.2 g经200℃烘干30 min的活性炭粉末，充分振摇后，放置过夜，用双层中速滤纸过滤后即可使用；或向实验用水中加氢氧化钠(NaOH)使水呈强碱性，并滴加高锰酸钾溶液至紫红色，移入全玻璃蒸馏器中加热蒸馏，取馏出液备用。无酚水应储于玻璃瓶中，取用时应避免与硅胶制品(橡皮塞或乳胶管等)接触。

3.2.2 50%硫酸溶液：将浓硫酸在搅拌下缓缓加入等体积的实验用水中。

3.2.3 10%氢氧化钠溶液：称取10 g氢氧化钠溶于水中，稀释至100 mL，混匀。

3.2.4 8%铁氰化钾溶液：称取8 g铁氰化钾($K_3[Fe(CN)_6]$)溶于水中，稀释至100 mL，混匀，4℃冷藏，可使用1周。

3.2.5 10%硫酸铜溶液：称取10 g硫酸铜($CuSO_4 \cdot 5H_2O$)溶于水中，稀释至100 mL，混匀。

3.2.6 0.05%甲基橙指示液：称取甲基橙0.05 g溶于水中，稀释至100 mL，混匀。

3.2.7 缓冲溶液：称取20 g氯化铵(NH_4Cl)溶于100 mL氨水($NH_3 \cdot H_2O$)中，pH约10.7，4℃冷藏。

3.2.8 2% 4-氨基安替比林溶液：称取2 g 4-氨基安替比林($C_{11}H_{13}N_3O$)溶于水中，稀释至100 mL，4℃冷藏，可使用1周。

3.3 标准品

苯酚标准品(C_6H_6O)，纯度≥99%。

3.4 标准溶液配制

3.4.1 标准储备溶液：称取苯酚 0.01 g(精确至 0.1 mg)于 50 mL 小烧杯中，加无酚水溶解，再转移到 100 mL 容量瓶中，定容，混匀，于 4℃保存，苯酚质量浓度为 100 μg/mL，有效期为 7 d。

3.4.2 标准工作液：取适量苯酚标准溶液，用无酚水稀释至每毫升含 1.00 μg 苯酚，配制后要在 2 h 内使用。

4 仪器和设备

4.1 水蒸气蒸馏仪或 500 mL 玻璃水蒸气蒸馏装置(见附录 A)。

4.2 天平：感量为 0.1 mg 和 0.01 g。

4.3 500 mL(梨形)分液漏斗。

4.4 磁力搅拌器。

4.5 分光光度计。

4.6 调温电炉或调温电加热套。

4.7 组织捣碎机。

5 分析步骤

5.1 试样制备及保存

水产品取可食部分用组织捣碎机匀浆后，搅拌均匀，分装，密闭冷藏或冷冻保存。

5.2 试样处理

5.2.1 蒸馏提取

称取预处理的样品 10 g～20 g(精确至 0.01 g，同时做空白试验)放烧杯中，加入氢氧化钠溶液 75 mL，用磁力搅拌器搅拌 10 min。再加 3 滴～5 滴甲基橙溶液，用硫酸溶液调节 pH≤4(溶液呈橙红色)，再加硫酸铜溶液 5 mL，混匀后，置于水蒸气蒸馏仪提取瓶或 500 mL 蒸馏瓶中，用少量无酚水洗净烧杯，洗涤液并入水蒸气蒸馏仪提取瓶或蒸馏瓶中并加数粒玻璃珠。

使用玻璃水蒸气蒸馏装置(或水蒸气蒸馏仪)进行蒸馏，应连接好水蒸气蒸馏装置，确保严密不漏气，取 250 mL 锥形瓶接收馏出液，中速蒸馏 60 min～90 min，至馏出液约 240 mL 时，停止蒸馏，并用 10 mL 无酚水冲洗冷凝管，洗涤液并入馏出液中(蒸馏过程中保持酸性)。蒸馏液应尽量避免与橡胶制品接触(橡皮塞、橡胶管和乳胶管里含有酚类化合物添加剂)，如需使用时用硅胶管(塞)代替。

5.2.2 显色

将馏出液移入分液漏斗中，加 2.0 mL 缓冲溶液，混匀。加 1.5 mL 4-氨基安替比林溶液，混匀，再加 1.5 mL 铁氰化钾溶液，充分混匀后，放置 10 min。

5.2.3 萃取

准确加入 10.0 mL 三氯甲烷，密塞，剧烈振摇 2 min，静置分层，彻底澄清透明后(不能存有气泡)，用干脱脂棉拭干分液漏斗颈管内壁，于颈管内塞入一小团干脱脂棉，将三氯甲烷通过干脱脂棉团，弃去最初滤出的数滴萃取液，直接放入光程为 1 cm 的比色皿中。安替比林染料用三氯甲烷萃取后，需 6 h 以内测定。

5.2.4 测定

于 460 nm 波长下，以空白三氯甲烷萃取液为参比，用分光光度计测量吸光度。

5.2.5 标准曲线绘制

取 8 个分液漏斗，分别加入 100 mL 水，依次加入 0 mL、0.5 mL、1.0 mL、3.0 mL、5.0 mL、7.0 mL、10.0 mL、15.0 mL 苯酚标准溶液，再分别加无酚水至 250 mL，显色、萃取后，测定吸光度绘制标准曲线。

6 分析结果的表述

试样中挥发酚的含量按式(1)计算。

$$X=\frac{m_1-m_0}{m} \quad \cdots\cdots (1)$$

式中：

X ——试样中挥发酚的含量(以苯酚计)，单位为毫克每千克(mg/kg)；

m_1 ——由标准曲线求得试样溶液中苯酚的量，单位为微克(μg)；

m_0 ——空白的苯酚量，单位为微克(μg)；

m ——试样质量，单位为克(g)。

计算结果以重复性条件下获得的 2 次独立测定结果的算术平均值表示，结果保留 2 位有效数字。

7 精密度

在重复性条件下获得的 2 次独立测定结果的绝对差值不得超过算术平均值的 10%。

8 检出限

本方法检出限：0.05 mg/kg。

附 录 A
水蒸气蒸馏装置参考示意图

水蒸气蒸馏装置参考示意图见图 A.1。

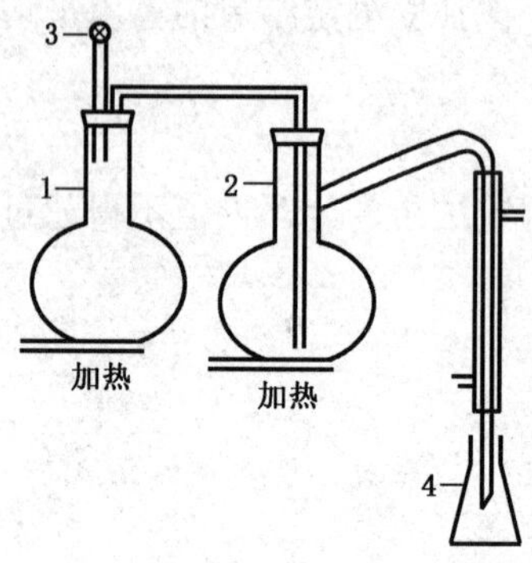

说明：
1——水蒸气发生瓶；
2——样品蒸馏瓶；
3——阀门；
4——锥形瓶。

图 A.1 水蒸气蒸馏装置参考示意图

ICS 67.120.30
B 50

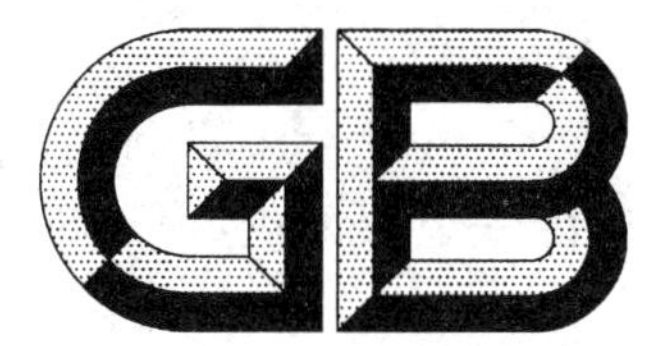

中华人民共和国国家标准

GB/T 19857—2005

水产品中孔雀石绿和结晶紫残留量的测定

Determination of malachite green and crystal violet residues in aquatic product

2005-09-05 发布　　　　2005-09-05 实施

中华人民共和国国家质量监督检验检疫总局
中国国家标准化管理委员会　发布

前　言

本标准的附录 A 为资料性附录。

本标准由全国水产标准化技术委员会归口。

本标准起草单位：中华人民共和国上海出入境检验检疫局、厦门出入境检验检疫局、广东出入境检验检疫局、福建出入境检验检疫局、江苏出入境检验检疫局、北京出入境检验检疫局、宁波出入境检验检疫局。

本标准主要起草人：郭德华、施冰、杨惠琴、林峰、李波、张志刚、林海丹、王传现、陈鹭平、盛永刚、李耀平、杨芳、陈惠兰、张朝晖、殷居易、林立毅、袁辰刚。

本标准系首次发布的国家标准。

水产品中孔雀石绿和结晶紫残留量的测定

1 范围

本标准规定了水产品中孔雀石绿及其代谢物隐色孔雀石绿(leucomalachite green)、结晶紫及其代谢物隐色结晶紫(leucocrystal violet)残留量的液相色谱-串联质谱和高效液相色谱的测定方法。

本标准适用于鲜活水产品及其制品中孔雀石绿及其代谢物隐色孔雀石绿、结晶紫及其代谢物隐色结晶紫残留量的检验。

2 液相色谱-串联质谱法

2.1 原理

试样中的残留物用乙腈-乙酸铵缓冲溶液提取,乙腈再次提取后,液液分配到二氯甲烷层,经中性氧化铝和阳离子固相柱净化后用液相色谱-串联质谱法测定,内标法定量。

2.2 试剂和材料

除另有规定外,所有试剂均为分析纯,水为重蒸馏水。

2.2.1 乙腈:液相色谱纯。

2.2.2 甲醇:液相色谱纯。

2.2.3 二氯甲烷。

2.2.4 无水乙酸铵。

2.2.5 5 mol/L 乙酸铵缓冲溶液:称取 38.5 g 无水乙酸铵溶解于 90 mL 水中,冰乙酸调 pH 到 7.0,用水定容至 100 mL。

2.2.6 0.1 mol/L 乙酸铵缓冲溶液:称取 7.71 g 无水乙酸铵溶解于 1 000 mL 水中,冰乙酸调 pH 到 4.5。

2.2.7 5 mmol/L 乙酸铵缓冲溶液:称取 0.385 g 无水乙酸铵溶解于 1 000 mL 水中,冰乙酸调 pH 到 4.5,过 0.2 μm 滤膜。

2.2.8 冰乙酸。

2.2.9 0.25 g/mL 盐酸羟胺溶液。

2.2.10 1.0 mol/L 对-甲苯磺酸溶液:称取 17.2 g 对-甲苯磺酸,用水溶解并定容至 100 mL。

2.2.11 体积分数为 2%的甲酸溶液。

2.2.12 体积分数为 5%的乙酸铵甲醇溶液:量取 5 mL 乙酸铵缓冲溶液(2.2.5)用甲醇定容至 100 mL。

2.2.13 阳离子交换柱:MCX,60 mg/3 mL,使用前依次用 3 mL 乙腈、3 mL 甲酸溶液(2.2.11)活化。

2.2.14 中性氧化铝柱:1 g/3 mL,使用前用 5 mL 乙腈活化。

2.2.15 标准品:孔雀石绿(MG)、隐色孔雀石绿(LMG)、结晶紫(CV)、隐色结晶紫(LCV)、同位素内标氘代孔雀石绿(D_5-MG)、同位素内标氘代隐色孔雀石绿(D_6-LMG),纯度大于 98%。

2.2.16 标准储备溶液:准确称取适量的孔雀石绿、隐色孔雀石绿、结晶紫、隐色结晶紫、氘代孔雀石绿、氘代隐色孔雀石绿标准品,用乙腈分别配制成 100 μg/mL 的标准储备液。

2.2.17 混合标准储备溶液(1 μg/mL):分别准确吸取 1.00 mL 孔雀石绿、结晶紫、隐色孔雀石绿和隐色结晶紫的标准储备溶液(2.2.16)至 100 mL 容量瓶中,用乙腈稀释至刻度,1 mL 该溶液分别含 1 μg 的孔雀石绿、结晶紫、隐色孔雀石绿和隐色结晶紫。−18℃避光保存。

2.2.18 混合标准储备溶液(100 ng/mL):用乙腈稀释混合标准储备溶液(2.2.17),配制成每毫升含孔雀石绿、隐色孔雀石绿、结晶紫、隐色结晶紫均为 100 ng 的混合标准储备溶液。－18℃避光保存。

2.2.19 混合内标标准溶液：用乙腈稀释标准溶液（2.2.16），配制成每毫升含氘代孔雀石绿和氘代隐色孔雀石绿各 100 ng 的内标混合溶液。－18℃避光保存。

2.2.20 混合标准工作溶液：根据需要，临用时吸取一定量的混合标准储备溶液（2.2.18）和混合内标标准溶液（2.2.19），用乙腈＋ 5 mmol/L 乙酸铵溶液（1＋1）稀释配制适当浓度的混合标准工作液，每毫升该混合标准工作溶液含有氘代孔雀石绿和氘代隐色孔雀石绿各 2 ng。

2.3 仪器和设备

2.3.1 高效液相色谱-串联质谱联用仪：配有电喷雾（ESI）离子源。

2.3.2 匀浆机。

2.3.3 离心机：4 000 r/min。

2.3.4 超声波水浴。

2.3.5 涡旋振荡器。

2.3.6 KD 浓缩瓶：25 mL。

2.3.7 固相萃取装置。

2.3.8 旋转蒸发仪。

2.4 样品制备

2.4.1 鲜活水产品

2.4.1.1 提取

称取 5.00 g 已捣碎样品于 50 mL 离心管中，加入 200 μL 混合内标标准溶液（2.2.19），加入 11 mL 乙腈，超声波振荡提取 2 min，8 000 r/min 匀浆提取 30 s，4 000 r/min 离心 5 min，上清液转移至 25 mL 比色管中；另取一 50 mL 离心管加入 11 mL 乙腈，洗涤匀浆刀头 10 s，洗涤液移入前一离心管中，用玻棒捣碎离心管中的沉淀，涡旋振荡器上振荡 30 s，超声波振荡 5 min，4 000 r/min 离心 5 min，上清液合并至 25 mL比色管中，用乙腈定容至 25.0 mL，摇匀备用。

2.4.1.2 净化

移取 5.00 mL 样品溶液加至已活化的中性氧化铝柱（2.2.14）上，用 KD 浓缩瓶接收流出液，4 mL 乙腈洗涤中性氧化铝柱，收集全部流出液，45℃旋转蒸发至约 1 mL，残液用乙腈定容至 1.00 mL，超声波振荡 5 min，加入 1.0 mL 5 mmol/L 乙酸铵，超声波振荡 1 min，样液经 0.2 μm 滤膜过滤后供液相色谱-串联质谱测定。

2.4.2 加工水产品

2.4.2.1 提取

称取 5.00 g 已捣碎样品于 100 mL 离心管中，加入 200 μL 混合内标标准溶液（2.2.19），依次加入 1 mL 盐酸羟胺（2.2.9）、2 mL 对-甲苯磺酸（2.2.10）、2 mL 乙酸铵缓冲溶液（2.2.6）和 40 mL 乙腈，匀浆 2 min（10 000 r/min），离心 3 min（3 000 r/min），将上清液转移到 250 mL 分液漏斗中，用 20 mL 乙腈重复提取残渣一次，合并上清液。于分液漏斗中加入 30 mL 二氯甲烷、35 mL 水，振摇 2 min，静置分层，收集下层有机层于 150 mL 梨形瓶中，再用 20 mL 二氯甲烷萃取一次，合并二氯甲烷层，45℃旋转蒸发近干。

2.4.2.2 净化

将中性氧化铝柱（2.2.14）串接在阳离子交换柱（2.2.13）上方。用 6 mL 乙腈分 3 次（每次 2 mL），用涡旋振荡器涡旋溶解上述提取物，并依次过柱，控制阳离子交换柱流速不超过 0.6 mL/min，再用 2 mL 乙腈淋洗中性氧化铝柱后，弃去中性氧化铝柱。依次用 3 mL 体积分数为 2％的甲酸溶液、3 mL 乙腈淋洗阳离子交换柱，弃去流出液。用 4 mL 体积分数为 5％的乙酸铵甲醇溶液（2.2.12）洗脱，洗脱流速为 1 mL/min，用 10 mL 刻度试管收集洗脱液，用水定容至 10.0 mL，样液经 0.2 μm 滤膜过滤后供液相色谱-串联质谱测定。

2.5 测定

2.5.1 液相色谱-串联质谱条件

a) 色谱柱：C_{18}柱，50 mm×2.1 mm(内径)，粒度 3 μm；

b) 流动相：乙腈+5 mmol/L 乙酸铵=75+25(体积比)；

c) 流速：0.2 mL/min；

d) 柱温：35℃；

e) 进样量：10 μL；

f) 离子源：电喷雾 ESI，正离子；

g) 扫描方式：多反应监测 MRM；

h) 雾化气、窗帘气、辅助加热气、碰撞气均为高纯氮气，使用前应调节各气体流量以使质谱灵敏度达到检测要求；

i) 喷雾电压、去集簇电压、碰撞能等电压值应优化至最优灵敏度；

j) 监测离子对：孔雀石绿 m/z 329/313(定量离子)、329/208；隐色孔雀石绿 m/z 331/316(定量离子)、331/239；结晶紫 m/z 372/356(定量离子)、372/251；隐色结晶紫 m/z 374/359(定量离子)、374/238；氘代孔雀石绿 m/z 334/318(定量离子)；氘代隐色孔雀石绿 m/z 337/322(定量离子)。

2.5.2 液相色谱-串联质谱测定

按照 2.5.1 液相色谱-串联质谱条件测定样品和混合标准工作溶液(2.2.20)，以色谱峰面积按内标法定量，孔雀石绿和结晶紫以氘代孔雀石绿为内标物计算，隐色孔雀石绿和隐色结晶紫以氘代隐色孔雀石绿为内标物计算。在上述色谱条件下孔雀石绿、氘代孔雀石绿、结晶紫、氘代隐色孔雀石绿、隐色孔雀石绿和隐色结晶紫的参考保留时间分别为 2.27 min、2.30 min、2.88 min、5.21 min、5.31 min、5.61 min，标准溶液的离子流图参见附录 A 中图 A.1。

2.5.3 液相色谱-串联质谱确证

按照 2.5.1 液相色谱-串联质谱条件测定样品和标准工作溶液，分别计算样品和标准工作溶液中非定量离子对与定量离子对色谱峰面积的比值，仅当两者数值的相对偏差小于 25%时方可确定两者为同一物质。

2.6 空白试验

除不加试样外，均按 2.4、2.5 步骤进行。

2.7 结果计算和表述

按式(1)计算样品中孔雀石绿、隐色孔雀石绿、结晶紫和隐色结晶紫残留量。计算结果需扣除空白值。

$$X=\frac{c\times c_i\times A\times A_{si}\times V}{c_{si}\times A_i\times A_s\times m} \quad \cdots\cdots (1)$$

式中：

X ——样品中待测组分残留量，单位为微克每千克(μg/kg)；

c ——孔雀石绿、隐色孔雀石绿、结晶紫或隐色结晶紫标准工作溶液的浓度，单位为微克每升(μg/L)；

c_{si} ——标准工作溶液中内标物的浓度，单位为微克每升(μg/L)；

c_i ——样液中内标物的浓度，单位为微克每升(μg/L)；

A_s ——孔雀石绿、隐色孔雀石绿、结晶紫或隐色结晶紫标准工作溶液的峰面积；

A ——样液中孔雀石绿、隐色孔雀石绿、结晶紫或隐色结晶紫的峰面积；

A_{si} ——标准工作溶液中内标物的峰面积；

A_i ——样液中内标物的峰面积；

V ——样品定容体积，单位为毫升(mL)；

m ——样品称样量,单位为克(g)。

本方法孔雀石绿的残留量测定结果系指孔雀石绿和它的代谢物隐色孔雀石绿残留量之和,以孔雀石绿表示。

本方法结晶紫的残留量测定结果系指结晶紫和它的代谢物隐色结晶紫残留量之和,以结晶紫表示。

2.8 方法检测限

本方法孔雀石绿、隐色孔雀石绿、结晶紫、隐色结晶紫的检测限均为 0.5 μg/kg。

3 离效液相色谱法

3.1 原理

试样中的残留物用乙腈-乙酸盐缓冲混合液提取,乙腈再次提取后,液液分配到二氯甲烷层并浓缩,经酸性氧化铝柱净化后,高效液相色谱-二氧化铅柱后衍生测定,外标法定量。

3.2 试剂和材料

除另有规定外,试剂均为分析纯,水为重蒸馏水。

3.2.1 乙腈:液相色谱纯。

3.2.2 二氯甲烷。

3.2.3 甲醇:液相色谱纯。

3.2.4 乙酸盐缓冲液:溶解 4.95 g 无水乙酸钠及 0.95 g 对-甲苯磺酸于 950 mL 水中,用冰乙酸调节溶液 pH 到 4.5,最后用水稀释到 1 L。

3.2.5 20%盐酸羟胺溶液。

3.2.6 1.0 mol/L 对-甲苯磺酸:称取 17.2 g 对-甲苯磺酸,并用水稀释至 100 mL。

3.2.7 50 mmol/L 乙酸铵缓冲溶液:称取 3.85 g 无水乙酸铵溶解于 1 000 mL 水中,冰乙酸调 pH 到 4.5。

3.2.8 二甘醇。

3.2.9 酸性氧化铝:80 目～120 目。

3.2.10 二氧化铅。

3.2.11 硅藻土 545:色谱层析级。

3.2.12 标准品:孔雀石绿(MG)、隐色孔雀石绿(LMG)、结晶紫(CV)、隐色结晶紫(LCV),纯度大于 98%。

3.2.13 标准溶液:准确称取适量的孔雀石绿、隐色孔雀石绿、结晶紫、隐色结晶紫,用乙腈分别配制成 100 μg/mL 的标准储备液,再用乙腈稀释配制 1 μg/mL 的标准溶液。−18℃避光保存。

3.2.14 混合标准工作溶液:用乙腈稀释标准溶液(3.2.13),配制成每毫升含孔雀石绿、隐色孔雀石绿、结晶紫、隐色结晶紫均为 20 ng 的混合标准溶液。−18℃避光保存。

3.3 仪器和设备

3.3.1 高效液相色谱仪:配有紫外-可见光检测器。

3.3.2 匀浆机。

3.3.3 离心机:4 000 r/min。

3.3.4 固相萃取装置。

3.3.5 25%二氧化铅氧化柱:不锈钢预柱管[5 cm×4 mm(内径)],两端附 2 μm 过滤板,抽真空下,填装含有 25%二氧化铅的硅藻土,添加数滴甲醇压实,旋紧。临用前用甲醇冲洗。并将二氧化铅氧化柱连接在紫外-可见光检测器与液相色谱柱之间。

3.3.6 酸性氧化铝柱:1 g/3 mL,使用前用 5 mL 乙腈活化。

3.4 样品制备

3.4.1 提取

称取5.00 g样品于50 mL离心管内，加入1.5 mL 20%的盐酸羟胺溶液、2.5 mL 1.0 mol/L的对-甲苯磺酸溶液、5.0 mL乙酸盐缓冲溶液，用匀浆机以10 000 r/min的速度均质30 s，加入10 mL乙腈剧烈振摇30 s。加入5 g酸性氧化铝，再次振荡30 s。3 000 r/min离心10 min。把上清液转移至装有10 mL水和2 mL二甘醇的100 mL离心管中。然后在50 mL离心管中加入10 mL乙腈，重复上述操作，合并乙腈层。

3.4.2 净化

在离心管中加入15 mL二氯甲烷，振荡10 s，3 000 r/min离心10 min，将二氯甲烷层转移至100 mL的梨形瓶中，再用5 mL乙腈、10 mL二氯甲烷重复上述操作一次，合并二氯甲烷层于100 mL梨形瓶中。45℃旋转蒸发至约1 mL，用2.5 mL乙腈溶解残渣。

将酸性氧化铝柱(3.3.6)安装在固相萃取装置上，将梨形瓶中的溶液转移到柱上，再用乙腈洗涤瓶2次，每次2.5 mL，把洗涤液依次通过柱，控制流速不超过0.6 mL/min，收集全部流出液，45℃旋转蒸发至近干，残液准确用0.5 mL乙腈溶解，过0.45 μm滤膜，滤液供液相色谱测定。

3.5 测定

3.5.1 液相色谱条件

a) 色谱柱：C_{18}柱，250 mm×4.6 mm(内径)，粒度5 μm，在C_{18}色谱柱和检测器之间连接25%二氧化铅氧化柱；

b) 流动相：乙腈和乙酸铵缓冲溶液(3.2.7)，梯度洗脱参数见表1；

c) 流速：1.0 mL/min；

d) 柱温：室温；

e) 检测波长：618 nm(孔雀石绿)，588 nm(结晶紫)；

f) 进样量：50 μL。

表1 流动相梯度表

时间，min	乙腈，%	乙酸铵缓冲溶液，%
0	60	40
4	80	20
15	80	20
15.1	95	5
17	95	5
17.1	60	40
20	60	40

3.5.2 液相色谱测定

根据样液中被测孔雀石绿、隐色孔雀石绿、结晶紫或隐色结晶紫含量情况，选定峰高相近的标准工作溶液。标准工作溶液和样液中孔雀石绿、隐色孔雀石绿、结晶紫和隐色结晶紫响应值均应在仪器检测线性范围内。对标准工作溶液和样液等体积参插进样测定。在上述色谱条件下，孔雀石绿、结晶紫、隐色孔雀石绿和隐色结晶紫的保留时间约为6.10 min、7.88 min、17.77 min、18.22 min，标准品色谱图参见附录A中图A.2。

3.6 空白试验

除不加试样外，均按3.4、3.5步骤进行。

3.7 结果计算和表述

按式(2)计算样品中孔雀石绿、隐色孔雀石绿、结晶紫和隐色结晶紫残留量。计算结果需扣除空白值。

$$X=\frac{c\times A\times V}{A_s\times m} \quad\cdots\cdots(2)$$

式中：

X ——样品中待测组分残留量，单位为毫克每千克(mg/kg)；

c ——待测组分标准工作液的浓度，单位为微克每毫升(μg/mL)；

A ——样品中待测组分的峰面积；

A_s ——待测组分标准工作液的峰面积；

V ——样液最终定容体积，单位为毫升(mL)；

m ——最终样液所代表的试样量，单位为克(g)。

本方法孔雀石绿的残留量测定结果系指孔雀石绿和它的代谢物隐色孔雀石绿残留量之和，以孔雀石绿表示。

本方法结晶紫的残留量测定结果系指结晶紫和它的代谢物隐色结晶紫残留量之和，以结晶紫表示。

3.8 方法检测限

本方法孔雀石绿、隐色孔雀石绿、结晶紫、隐色结晶紫的检测限均为 2.0 μg/kg。

附 录 A
（资料性附录）
标准离子流图及液相色谱谱图

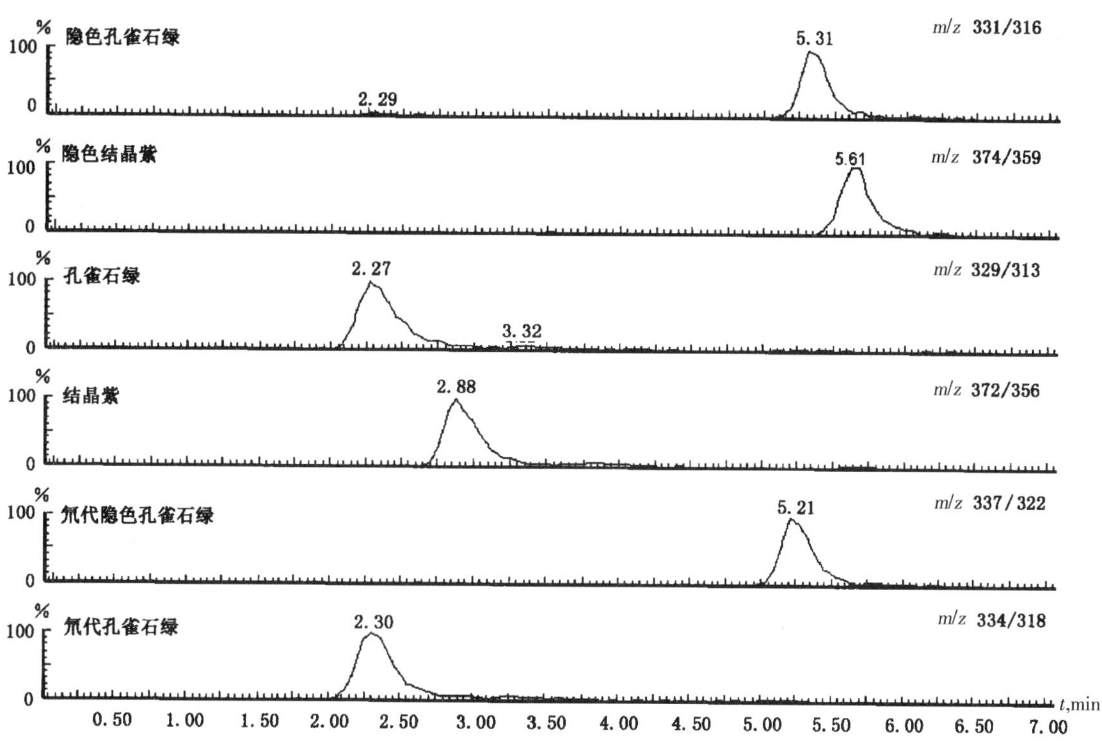

图 A.1 孔雀石绿、隐色孔雀石绿、结晶紫、隐色结晶紫、氚代孔雀石绿和氚代隐色孔雀石绿标准的离子流图

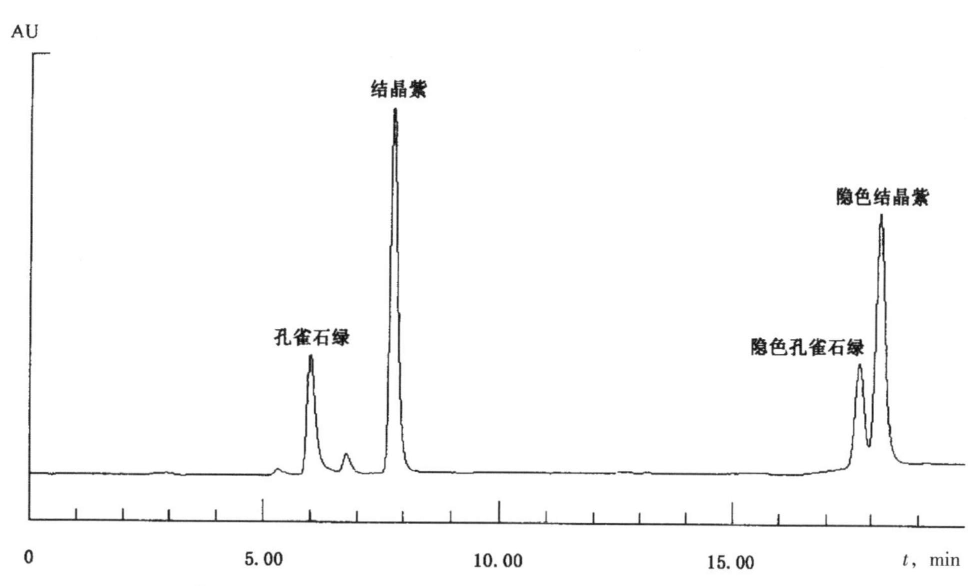

图 A.2 孔雀石绿、隐色孔雀石绿、结晶紫、隐色结晶紫标准的液相色谱图

ICS 67.120.30
B 50

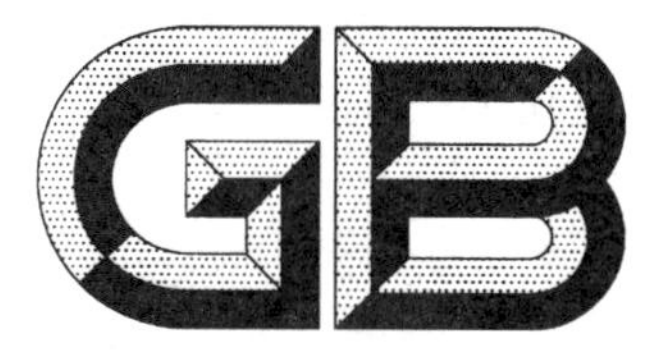

中华人民共和国国家标准

GB 31660.1—2019

食品安全国家标准
水产品中大环内酯类药物残留量的测定
液相色谱-串联质谱法

National food safety standard—
Determination of macrolides residues in fishery products by liquid chromatography-tandem mass spectrometric method

2019-09-06 发布　　2020-04-01 实施

中华人民共和国农业农村部
中华人民共和国国家卫生健康委员会　发布
国家市场监督管理总局

前　　言

本标准按照 GB/T 1.1—2009 给出的规则起草。

本标准系首次发布。

食品安全国家标准
水产品中大环内酯类药物残留量的测定
液相色谱-串联质谱法

1 范围

本标准规定了水产品中竹桃霉素、红霉素、克拉霉素、阿奇霉素、吉他霉素、交沙霉素、螺旋霉素、替米考星、泰乐菌素9种大环内酯类药物残留量检测的制样和液相色谱-串联质谱测定方法。

本标准适用于水产品中鱼、虾、蟹、贝类等的可食组织中竹桃霉素、红霉素、克拉霉素、阿奇霉素、吉他霉素、交沙霉素、螺旋霉素、替米考星、泰乐菌素9种大环内酯类药物残留量的检测。

2 规范性引用文件

下列文件对于本文件的应用是必不可少的。凡是注日期的引用文件，仅注日期的版本适用于本文件。凡是不注日期的引用文件，其最新版本(包括所有的修改单)适用于本文件。

GB/T 6682　分析实验室用水规格和试验方法

3 原理

试样中大环内酯类药物的残留经乙腈提取，正己烷除脂、中性氧化铝柱净化，液相色谱-串联质谱法测定，外标法定量。

4 试剂与材料

除另有规定外，所有试剂均为分析纯，水为符合GB/T 6682规定的一级水。

4.1 试剂

4.1.1 乙腈(CH_3CN)：色谱纯。

4.1.2 甲醇(CH_3OH)：色谱纯。

4.1.3 正己烷(C_6H_{14})：色谱纯。

4.1.4 甲酸(HCOOH)：色谱纯。

4.1.5 乙酸铵(CH_3COONH_4)。

4.1.6 异丙醇[$(CH_3)_2CHOH$]。

4.2 溶液配制

4.2.1 乙腈饱和正己烷：取正己烷200 mL于250 mL分液漏斗中，加入适量乙腈后，剧烈振摇，待分配平衡后，弃去乙腈层即得。

4.2.2 0.05 mol/L乙酸铵溶液：取乙酸铵0.77 g，用水溶解并稀释至200 mL。

4.2.3 0.1%甲酸溶液：取甲酸1 mL，用水溶解并稀释至1 000 mL。

4.2.4 定容液：取乙腈20 mL和乙酸铵溶液80 mL，混合均匀。

4.3 标准品

竹桃霉素、红霉素、克拉霉素、阿奇霉素、交沙霉素、螺旋霉素、替米考星、泰乐菌素含量均≥92.0%，吉他霉素含量≥72.0%，具体内容参见附录A。

4.4 标准溶液制备

4.4.1 标准储备液：取竹桃霉素、红霉素、克拉霉素、阿奇霉素、吉他霉素、交沙霉素、螺旋霉素、替米考星和泰乐菌素标准品各适量(相当于各活性成分10 mg)，精密称定，分别于100 mL棕色量瓶中，用甲醇溶解并稀释至刻度，配制成浓度为100 μg/mL大环内酯类药物标准储备液。红霉素、克拉霉素和泰乐菌素－20℃以下避光保存，竹桃霉素、阿奇霉素、吉他霉素、交沙霉素、螺旋霉素、替米考星4℃以下避光保存，有效期3个月。

4.4.2 混合标准工作液：精密量取标准储备液各1 mL，于10 mL棕色量瓶中，用甲醇溶解并稀释至刻度，配制成浓度为10 μg/mL大环内酯类药物混合标准工作液。4℃以下避光保存，有效期1个月。

4.5 材料

4.5.1 中性氧化铝固相萃取柱：2 g/6 mL，或相当者。

4.5.2 尼龙微孔滤膜：0.22 μm。

5 仪器和设备

5.1 液相色谱-串联质谱仪：配电喷雾离子源。

5.2 分析天平：感量0.000 01 g和0.01 g。

5.3 氮吹仪。

5.4 涡旋振荡器：3 000 r/min。

5.5 移液枪：200 μL、1 mL、5 mL。

5.6 离心机：4 000 r/min。

5.7 梨形瓶：100 mL。

5.8 超声波振荡器。

5.9 旋转蒸发器。

6 试料的制备与保存

6.1 试料的制备

取适量新鲜或解冻的空白或供试组织，绞碎，并使均质：

a) 取均质后的供试样品，作为供试试料；

b) 取均质后的空白样品，作为空白试料；

c) 取均质后的空白样品，添加适宜浓度的标准工作液，作为空白添加试料。

6.2 试料的保存

－18℃以下保存，3个月内进行分析检测。

7 测定步骤

7.1 提取

取试料5 g(准确至±20 mg)，于50 mL塑料离心管中加入乙腈20 mL，于涡旋振荡器上以2 000 r/min涡旋1 min，超声5 min，以3 500 r/min离心6 min，取上清液转移至另一离心管中，残渣再加乙腈15 mL，重复提取一次，合并上清液，备用。

7.2 净化

中性氧化铝固相萃取柱预先用乙腈5 mL活化，取备用液过柱，用乙腈5 mL洗脱，收集洗脱液于梨形瓶中，加入异丙醇4 mL，40℃旋转蒸发至干。精密加入定容液2 mL溶解残余物，加乙腈饱和正己烷2 mL，转至10 mL离心管中，涡旋10 s，以3 000 r/min离心8 min，取下层清液过0.22 μm滤膜，供液相色谱-串联质谱测定。

7.3 基质匹配标准曲线的制备

精密量取混合标准工作液适量，用空白样品提取液溶解稀释，配制成大环内酯类药物浓度为1 ng/mL、5 ng/mL、20 ng/mL、100 ng/mL、250 ng/mL、500 ng/mL和1 000 ng/mL的系列基质标准工作溶液；现配现用。以特征离子质量色谱峰面积为纵坐标、以标准溶液浓度为横坐标，绘制标准曲线。求回归方程和相关系数。

7.4 测定

7.4.1 液相色谱参考条件

a) 色谱柱：C_{18}色谱柱（150 mm×2.0 mm，5 μm）或相当者；

b) 流动相：A 为 0.1%的甲酸水溶液，B 为乙腈，梯度洗脱条件见表 1；

c) 流速：0.2 mL/min；

d) 柱温：30℃；

e) 进样量：10 μL。

表 1 流动相梯度洗脱条件

时间，min	0.1%甲酸水溶液，%	乙腈，%
0	95	5
2	95	5
10	5	95
11	95	5
16	95	5

7.4.2 质谱参考条件

a) 离子源：电喷雾（ESI）离子源；

b) 扫描方式：正离子扫描；

c) 检测方式：多反应监测；

d) 喷雾电压：4 000 V；

e) 离子传输毛细管温度：350℃；

f) 雾化气压力：248 kPa；

g) 辅助气压力：48 kPa；

h) 定性离子对、定量离子对和碰撞能量见表 2。

表 2 定性离子对、定量子离子和碰撞能量

化合物名称	定性离子对（碰撞能量），m/z（eV）	定量离子对（碰撞能量），m/z（eV）
竹桃霉素（OLD）	688.4/158.1（28） 688.4/544.3（16）	688.4/544.3（16）
红霉素（ERM）	734.4/158.2（28） 734.4/576.2（18）	734.4/576.2（18）
克拉霉素（CLA）	748.5/158.1（28） 748.5/590.4（18）	748.5/158.1（28）
阿奇霉素（AZI）	749.5/158.0（36） 749.5/591.4（27）	749.5/158.0（36）
吉他霉素（KIT）	772.4/109.4（33） 772.4/174.3（30）	772.4/174.3（30）
交沙霉素（JOS）	828.3/109.4（35） 828.3/174.1（32）	828.3/174.1（32）
螺旋霉素（SPI）	843.4/174.2（36） 843.4/142.1（40）	843.4/174.2（36）
替米考星（TIL）	869.5/137.7（41） 869.5/696.3（36）	869.5/696.3（36）
泰乐菌素（TYL）	916.4/174.2（36） 916.4/772.2（29）	916.4/174.2（36）

7.4.3 测定法

7.4.3.1 定性测定

在同样测试条件下，试样溶液中大环内酯类药物的保留时间与标准工作液中大环内酯类药物的保留时间之比，偏差在±5%以内，且检测到的离子的相对丰度，应当与浓度相当的校正标准溶液相对丰度一致。其允许偏差应符合表3要求。

表3 定性确证时相对离子丰度的允许偏差

单位为百分率

相对离子丰度	允许偏差
>50	±20
20～50	±25
10～20	±30
≤10	±50

7.4.3.2 定量测定

按7.4.1和7.4.2设定仪器条件，以基质标准工作溶液浓度为横坐标、以峰面积为纵坐标，绘制标准工作曲线，作单点或多点校准，按外标法计算试样中药物的残留量，定量离子采用丰度最大的二级特征离子碎片。标准溶液特征离子质量色谱图参见附录B。

7.5 空白试验

除不加试料外，均按上述测定步骤进行。

8 结果计算和表述

试样中待测药物的残留量按式(1)计算。

$$X=\frac{C_s \times A \times V}{A_s \times m} \quad \cdots\cdots (1)$$

式中：

X ——试样中被测组分的残留量，单位为微克每千克(μg/kg)；

C_s ——标准工作液测得的被测组分溶液浓度，单位为纳克每毫升(ng/mL)；

A ——试样溶液中被测组分峰面积；

A_s ——标准工作液被测组分峰面积；

V ——试样溶液定容体积，单位为毫升(mL)；

m ——试料质量，单位为克(g)。

计算结果需扣除空白值。测定结果用2次平行测定的算术平均值表示，保留3位有效数字。

9 方法灵敏度、准确度和精密度

9.1 灵敏度

本方法的检测限为1.0 μg/kg；红霉素、替米考星定量限为2.0 μg/kg，竹桃霉素、克拉霉素、阿奇霉素、吉他霉素、交沙霉素、螺旋霉素、泰乐菌素定量限为4.0 μg/kg。

9.2 准确度

红霉素、替米考星在2.0 μg/kg～40 μg/kg添加浓度的回收率为70%～120%；竹桃霉素、克拉霉素、阿奇霉素、吉他霉素、交沙霉素、螺旋霉素、泰乐菌素在4.0 μg/kg～40 μg/kg添加浓度的回收率为70%～120%。

9.3 精密度

本方法的批内相对标准偏差≤15%，批间相对标准偏差≤15%。

附 录 A
(资料性附录)
9 种大环内酯类药物中英文通用名称、化学分子式和 CAS 号

9 种大环内酯类药物中英文通用名称、化学分子式和 CAS 号见表 A.1。

表 A.1 9 种大环内酯类药物中英文通用名称、化学分子式和 CAS 号

中文通用名称	英文通用名称	化学分子式	CAS 号
竹桃霉素	oleandomycin	$C_{35}H_{61}NO_{12}$	2751-09-9
红霉素	erythromycin	$C_{37}H_{67}NO_{3}$	114-07-8
克拉霉素	clarithromycin	$C_{38}H_{69}NO_{13}$	81103-11-9
阿奇霉素	azithromycin	$C_{38}H_{72}N_{2}O_{12}$	83905-01-5
吉他霉素	kitasamycin	$C_{40}H_{67}NO_{14}$	1392-21-8
交沙霉素	josamycin	$C_{42}H_{69}NO_{15}$	16846-24-5
螺旋霉素	spiramycin	$C_{43}H_{74}N_{2}O_{14}$	8025-81-8
替米考星	tilmicosin	$C_{46}H_{80}N_{2}O_{13}$	108050-54-0
泰乐菌素	tylosin	$C_{46}H_{77}NO_{17}$	1401-69-0

附 录 B
(资料性附录)
标准溶液特征离子质量色谱图

标准溶液特征离子质量色谱图见图 B.1。

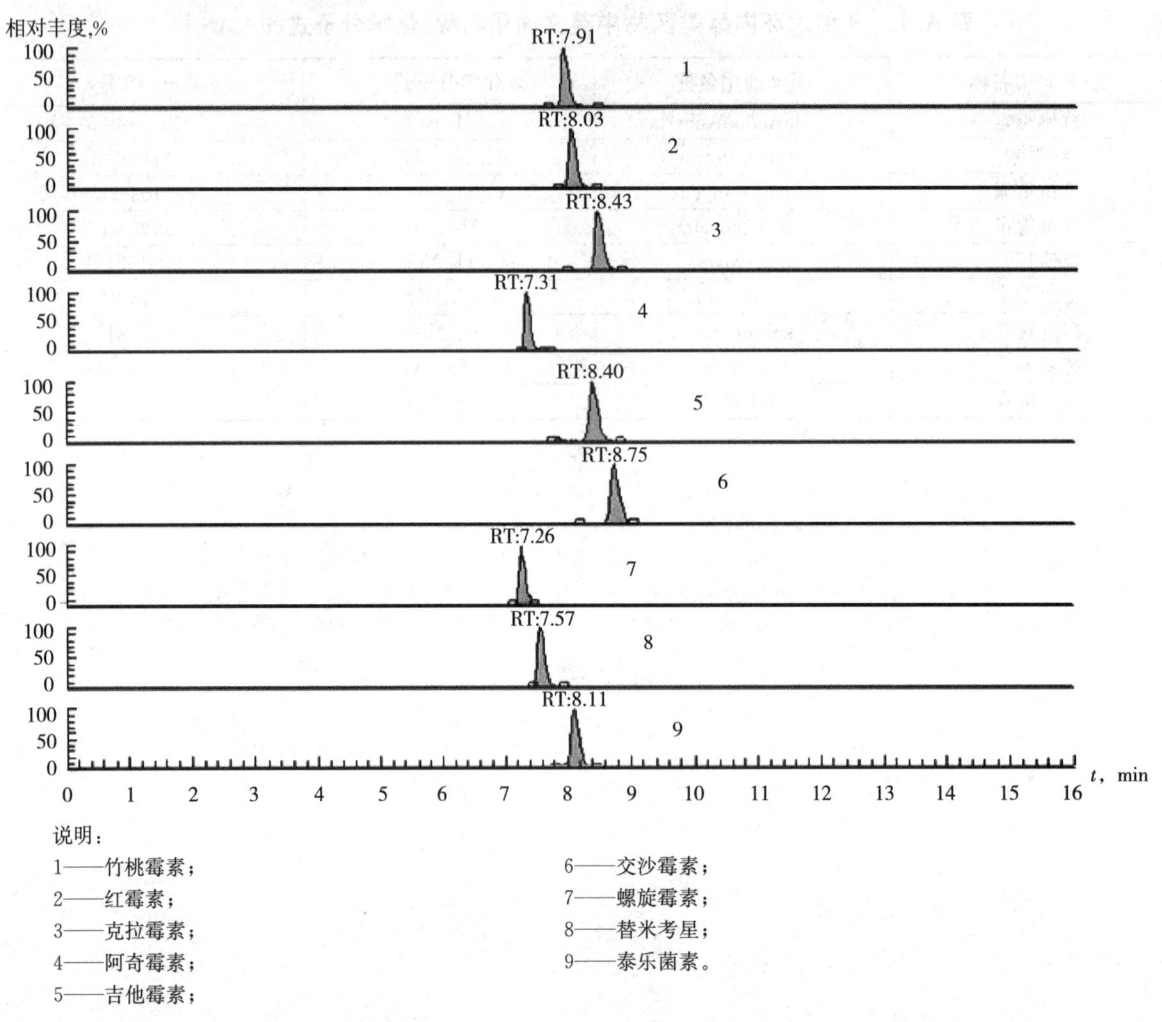

图 B.1 大环内酯类药物混合标准溶液(1 ng/mL)的特征离子质量色谱图

ICS 67.120.30
B 50

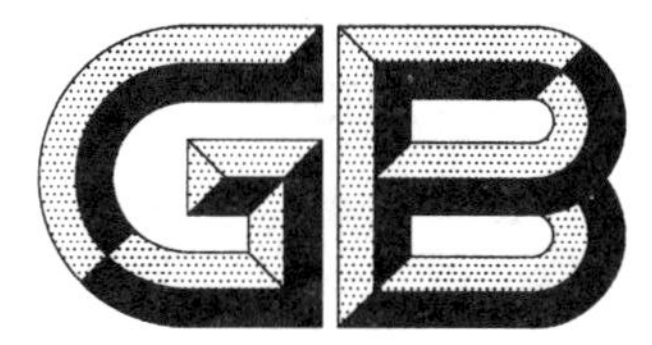

中华人民共和国国家标准

GB 31660.2—2019

食品安全国家标准 水产品中辛基酚、壬基酚、双酚A、己烯雌酚、雌酮、17α-乙炔雌二醇、17β-雌二醇、雌三醇残留量的测定 气相色谱-质谱法

National food safety standard—
Determination of octylphenol, nonylphenol, bisphenolA, diethylstilbestrol, estrone, 17α-ethinylestradiol, 17β- estradiol and estriol residues in fishery products by gas chromatography mass spectrometry

2019-09-06 发布 2020-04-01 实施

中华人民共和国农业农村部
中华人民共和国国家卫生健康委员会 发布
国家市场监督管理总局

前　言

本标准按照 GB/T 1.1—2009 给出的规则起草。

本标准系首次发布。

食品安全国家标准
水产品中辛基酚、壬基酚、双酚 A、己烯雌酚、雌酮、17α-乙炔雌二醇、17β-雌二醇、雌三醇残留量的测定　气相色谱-质谱法

1　范围

本标准规定了水产品中辛基酚、壬基酚、双酚 A、己烯雌酚、雌酮、17α-乙炔雌二醇、17β-雌二醇、雌三醇残留量检测的制样和气相色谱-质谱测定方法。

本标准适用于鱼、虾、蟹、贝类、海参、鳖等水产品可食组织中辛基酚、壬基酚、双酚 A、己烯雌酚、雌酮、17α-乙炔雌二醇、17β-雌二醇、雌三醇残留量的检测。

2　规范性引用文件

下列文件对于本文件的应用是必不可少的。凡是注日期的引用文件，仅注日期的版本适用于本文件。凡是不注日期的引用文件，其最新版本(包括所有的修改单)适用于本文件。

GB/T 6682　分析实验室用水规格和试验方法

3　原理

试样中辛基酚、壬基酚、双酚 A、己烯雌酚、雌酮、17α-乙炔雌二醇、17β-雌二醇、雌三醇残留经乙酸乙酯提取，凝胶渗透色谱及固相萃取净化，七氟丁酸酐衍生，气相色谱-质谱法测定，外标法定量。

4　试剂与材料

除另有规定外，所有试剂均为分析纯，水为符合 GB/T 6682 规定的一级水。

4.1　试剂

4.1.1　乙酸乙酯($CH_3COOC_2H_5$)：色谱纯。

4.1.2　丙酮(CH_3COCH_3)：色谱纯。

4.1.3　正己烷(C_6H_{14})：色谱纯。

4.1.4　甲醇(CH_3OH)：色谱纯。

4.1.5　环己烷(C_6H_{12})：色谱纯。

4.1.6　七氟丁酸酐($C_8F_{14}O_3$)。

4.1.7　碳酸钠(Na_2CO_3)。

4.2　溶液制备

4.2.1　碳酸钠溶液：称取碳酸钠 10 g，用水溶解并稀释至 100 mL，混匀。

4.2.2　50%环己烷乙酸乙酯溶液：环己烷与乙酸乙酯等体积混合。

4.2.3　50%甲醇溶液：甲醇与水等体积混合。

4.3　标准品

辛基酚、壬基酚、双酚 A、己烯雌酚、雌酮、17α-乙炔雌二醇、17β-雌二醇、雌三醇含量均≥98.0%，具体内容参见附录 A。

4.4　标准溶液制备

4.4.1　标准储备液：取辛基酚、壬基酚、双酚 A、己烯雌酚、雌酮、17α-乙炔雌二醇、17β-雌二醇、雌三醇标准品各 10 mg，精密称定，于 10 mL 棕色量瓶中，用甲醇溶解并稀释至刻度，配成浓度为 1 mg/mL 的标准

储备液。－18℃以下保存,有效期6个月。

4.4.2 混合标准工作液:分别精密量取标准储备液适量,用甲醇稀释,配成浓度为辛基酚 50 μg/L,壬基酚、双酚 A 30 μg/L,己烯雌酚 50 μg/L,雌酮、17α-乙炔雌二醇、17β-雌二醇、雌三醇 100 μg/L 的混合标准工作液。2℃～8℃避光保存,有效期1周。

4.5 材料

4.5.1 聚苯乙烯凝胶填料:Bio-Beads S-X3,200目～400目。

4.5.2 HLB固相萃取柱:60 mg/3 mL,或相当者。

4.5.3 凝胶净化柱:长 25 cm,内径 2 cm,具活塞玻璃层析柱。将50%环己烷乙酸乙酯溶液浸泡过夜的聚苯乙烯凝胶填料以湿法装入柱中,柱床高 20 cm。柱床始终保持在50%环己烷乙酸乙酯溶液中。

5 仪器和设备

5.1 气相色谱质谱联用仪:配EI源。

5.2 分析天平:感量 0.000 01 g 和 0.01 g。

5.3 均质机。

5.4 离心机:4 000 r/min。

5.5 涡旋振荡器。

5.6 氮吹仪。

5.7 固相萃取装置。

5.8 聚丙烯离心管:50 mL。

5.9 具塞玻璃离心管:10 mL。

5.10 梨形瓶:100 mL。

6 试料的制备与保存

6.1 试料的制备

取适量新鲜或解冻的空白或供试组织,绞碎,并使均质:

a) 取均质后的供试样品,作为供试试料;

b) 取均质后的空白样品,作为空白试料;

c) 取均质后的空白样品,添加适宜浓度的标准工作液,作为空白添加试料。

6.2 试料的保存

－18℃以下保存。

7 测定步骤

7.1 提取

取试料5 g(准确至±20 mg),于 50 mL 离心管中加碳酸钠溶液 3 mL、乙酸乙酯 20 mL,涡旋混匀,超声提取 10 min,4 000 r/min 离心 10 min,取上清液至 100 mL 梨形瓶中。残渣用乙酸乙酯 10 mL 重复提取一次,合并上清液,于40℃旋转蒸发至干,用50%环己烷乙酸乙酯溶液 5 mL 溶解残留物,备用。

7.2 净化

7.2.1 凝胶净化

将备用液转至凝胶净化柱上,用50%环己烷乙酸乙酯溶液 110 mL 淋洗,根据凝胶净化洗脱曲线确定收集淋洗液的体积,40℃旋转蒸干,残渣用甲醇 1 mL 溶解,加水 9 mL 稀释,备用。

凝胶净化柱洗脱曲线的绘制:将 5 mL 混合标准溶液上柱,用50%环己烷乙酸乙酯溶液淋洗,收集淋洗液,每 10 mL 收集一管,于40℃水浴中氮吹至干。按7.3的方法衍生,气相色谱-质谱法测定,根据淋洗体积与回收率的关系确定需要收集的淋洗液体积。

7.2.2 固相萃取净化

固相萃取柱依次用甲醇 5 mL、水 5 mL 活化，取备用液过柱，控制流速不超过 2 mL/min，用 50%甲醇水溶液 10 mL 淋洗，抽干，用甲醇 10 mL 洗脱，控制流速不超过 2 mL/min。收集洗脱液于 10 mL 具塞玻璃离心管中，于 40℃水浴中氮气吹干。

7.3 衍生

于上述具塞玻璃离心管中加入七氟丁酸酐 30 μL、丙酮 70 μL，盖紧盖，涡旋混合 30 s，于 30℃恒温箱中衍生 30 min，氮气吹干，精密加入正己烷 0.5 mL，涡旋混合 10 s，溶解残余物，供 GC-MS 分析。

7.4 标准曲线的制备

取混合标准工作溶液 50 μL、100 μL、200 μL、500 μL、1 000 μL 于 1.5 mL 样品反应瓶中，40℃水浴中氮吹至干，按 7.3 方法衍生，制成辛基酚、己烯雌酚浓度均为 5 μg/L、10 μg/L、25 μg/L、50 μg/L、100 μg/L的梯度系列，壬基酚、双酚 A 浓度均为 3 μg/L、6 μg/L、15 μg/L、30 μg/L、60 μg/L 的梯度系列，雌酮、17α-乙炔雌二醇、17β-雌二醇、雌三醇浓度均为 10 μg/L、20 μg/L、50 μg/L、100 μg/L、200 μg/L 的梯度系列。分别取 1 μL 进样，以定量离子峰面积为纵坐标、以浓度为横坐标，绘制标准曲线。

7.5 测定

7.5.1 色谱参考条件

a) 色谱柱：HP-5ms 石英毛细管柱(30 m×0.25 mm×0.25 μm)，或相当者；
b) 载气：高纯氦气，纯度≥99.999%，流速 1.0 mL/min；
c) 进样方式：无分流进样；
d) 进样量：1 μL；
e) 进样口温度：250℃；
f) 柱温：初始柱温 120℃，保持 2 min，以 15℃/min 升至 250℃，再以 5℃/min 升至 300℃，保持 5 min。

7.5.2 质谱参考条件

a) 离子源：EI 源；
b) 离子源温度：230℃；
c) 四极杆温度：150℃；
d) 接口温度：280℃；
e) 溶剂延迟：7 min；
f) 选择离子监测(SIM)：辛基酚、壬基酚、双酚 A、己烯雌酚、雌酮、17α-乙炔雌二醇、17β-雌二醇、雌三醇衍生物的监测离子见表 1。

表 1 待测物衍生物的监测离子

化合物	定性离子	定量离子
辛基酚	402、345、303、275	303
壬基酚	416、345、303、275	303
双酚 A	620、605、331、315	605
己烯雌酚	660、631、341、447	660
17α-乙炔雌二醇	474、459、446、353	474
雌酮	466、409、422、356	466
17β-雌二醇	664、409、451、356	664
雌三醇	449、663、409、356	449

7.5.3 测定法

7.5.3.1 定性测定

在同样测试条件下，试样液中待测物的保留时间与标准工作液中待测物的保留时间偏差在±0.10 min以内，并且在扣除背景后的样品质谱图中，所选择的特征离子均应出现，且检测到的离子的相对丰度，应当与浓度相当的校正标准溶液相对丰度一致。其允许偏差应符合表 2 要求。

表 2　定性确证时相对离子丰度的允许偏差

单位为百分率

相对离子丰度	允许偏差
＞50	±10
20～50	±15
10～20	±20
≤10	±50

7.5.3.2　定量测定

按 7.5.1 和 7.5.2 设定仪器条件，以标准工作溶液浓度为横坐标、以峰面积为纵坐标，绘制标准曲线，作单点或多点校准，按外标法计算试样中药物的残留量，定量离子见表 1。标准溶液衍生物的特征离子质量色谱图参见附录 B。

7.6　空白试验

除不加试料外，均按上述测定步骤进行。

8　结果计算和表述

试料中待测药物残留量按式(1)计算。

$$X=\frac{C_s \times A \times V}{A_s \times m} \quad \cdots\cdots (1)$$

式中：

X ——试样中被测组分的残留量，单位为微克每千克(μg/kg)；

C_s ——标准溶液中被测组分的浓度，单位为纳克每毫升(ng/mL)；

A ——试样溶液中被测组分的峰面积；

A_s ——标准溶液中被测组分的峰面积；

V ——试样溶液定容体积，单位为毫升(mL)；

m ——试料质量，单位为克(g)。

计算结果需扣除空白值。测定结果用 2 次平行测定的算术平均值表示，保留 3 位有效数字。

9　检测方法的灵敏度、准确度和精密度

9.1　灵敏度

本方法的检测限：辛基酚、己烯雌酚分别为 0.2 μg/kg，壬基酚、双酚 A 分别为 0.1 μg/kg，雌酮、17α-乙炔雌二醇、17β-雌二醇、雌三醇分别为 0.3 μg/kg；定量限：辛基酚、己烯雌酚分别为 0.5 μg/kg，壬基酚、双酚 A 分别为 0.3 μg/kg，雌酮、17α-乙炔雌二醇、17β-雌二醇、雌三醇分别为 1.0 μg/kg。

9.2　准确度

辛基酚、己烯雌酚在 0.5 μg/kg～10 μg/kg 添加浓度范围内，回收率为 70%～110%；壬基酚、双酚 A 在 0.3 μg/kg～6 μg/kg 添加浓度范围内，回收率为 70%～110%；雌酮、17α-乙炔雌二醇、17β-雌二醇、雌三醇在 1.0 μg/kg～20 μg/kg 添加浓度范围内，回收率为 70%～110%。

9.3　精密度

本方法的批内相对标准偏差≤15%，批间相对标准偏差≤20%。

附　录　A
（资料性附录）
8 种药物中英文通用名称、化学分子式和 CAS 号信息

8 种药物中英文通用名称、化学分子式、CAS 号信息见表 A.1。

表 A.1　8 种药物中英文通用名称、化学分子式、CAS 号信息

中文通用名称	英文通用名称	化学分子式	CAS 号
辛基酚	octylphenol	$C_{14}H_{22}O$	140-66-9
壬基酚	nonylphenol	$C_{15}H_{24}O$	25154-52-3
双酚 A	bisphenol A	$C_{15}H_{16}O_2$	80-05-7
己烯雌酚	diethylstilbestrol	$C_{18}H_{20}O_2$	6898-97-1
雌酮	estrone	$C_{18}H_{22}O_2$	53-16-7
17α-乙炔雌二醇	17α-ethinylestradiol	$C_{20}H_{24}O_2$	57-63-6
17β-雌二醇	17β-estradiol	$C_{18}H_{24}O_2$	50-28-2
雌三醇	estriol	$C_{18}H_{24}O_3$	50-27-1

附 录 B
(资料性附录)
特征离子质量色谱图

特征离子质量色谱图见图 B.1。

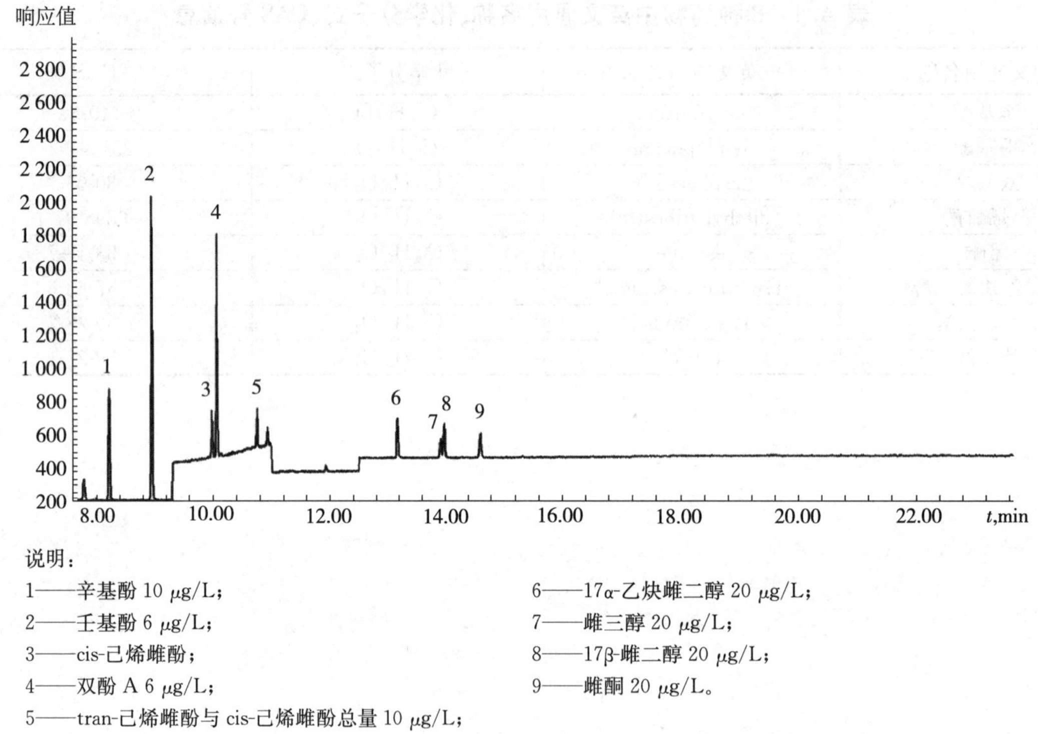

说明:

1——辛基酚 10 μg/L;

2——壬基酚 6 μg/L;

3——cis-己烯雌酚;

4——双酚 A 6 μg/L;

5——tran-己烯雌酚与 cis-己烯雌酚总量 10 μg/L;

6——17α-乙炔雌二醇 20 μg/L;

7——雌三醇 20 μg/L;

8——17β-雌二醇 20 μg/L;

9——雌酮 20 μg/L。

图 B.1 标准溶液衍生物特征离子质量色谱图

ICS 67.120.30
B 50

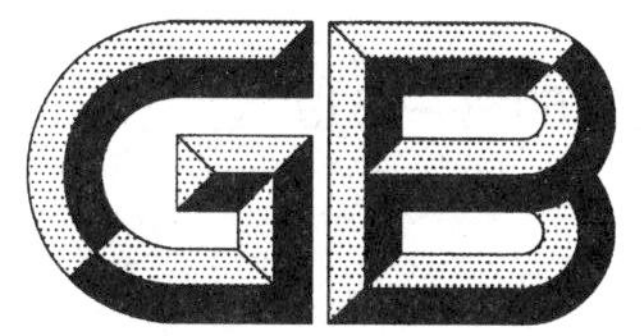

中华人民共和国国家标准

GB 31660.3—2019

食品安全国家标准
水产品中氟乐灵残留量的测定
气相色谱法

**National food safety standard—
Determination of trifluralin residues in aquatic products
by gas chromatography method**

2019-09-06 发布　　2020-04-01 实施

中华人民共和国农业农村部
中华人民共和国国家卫生健康委员会　发布
国家市场监督管理总局

前　　言

本标准按照 GB/T 1.1—2009 给出的规则起草。

本标准系首次发布。

食品安全国家标准
水产品中氟乐灵残留量的测定　气相色谱法

1　范围

本标准规定了水产品中氟乐灵残留量检测的制样和气相色谱测定方法。

本标准适用于鱼、虾、蟹、鳖、贝类等水产品的可食组织中氟乐灵残留量的检测。

2　规范性引用文件

下列文件对于本文件的应用是必不可少的。凡是注日期的引用文件，仅注日期的版本适用于本文件。凡是不注日期的引用文件，其最新版本(包括所有的修改单)适用于本文件。

GB/T 6682　分析实验室用水规格和试验方法。

3　原理

试样中氟乐灵残留经丙酮提取，正己烷液-液萃取，弗罗里硅土柱净化后，气相色谱电子捕获检测器测定，外标法定量。

4　试剂与材料

除另有规定外，所有试剂均为分析纯，水为符合 GB/T 6682 规定的一级水。

4.1　试剂

4.1.1　丙酮(CH_3COCH_3)：色谱纯。

4.1.2　正己烷(C_6H_{14})：色谱纯。

4.1.3　二氯甲烷(CH_2Cl_2)：色谱纯。

4.1.4　无水硫酸钠(Na_2SO_4)。

4.2　溶液配制

4.2.1　2%硫酸钠溶液：称取无水硫酸钠 2 g，加水溶解并稀释至 100 mL。

4.2.2　10%二氯甲烷正己烷溶液：取二氯甲烷 10 mL，加正己烷溶解并稀释至 100 mL，混匀。

4.3　标准品

氟乐灵(trifluralin，$C_{13}H_{16}F_3N_3O_4$，CAS 号：1582-09-8)，含量≥98.0%。

4.4　标准溶液的制备

4.4.1　标准储备液(100 μg/mL)：取氟乐灵 10 mg，精密称定，于 100 mL 棕色量瓶中，用正己烷溶解并稀释至刻度，配制成浓度为 100 μg/mL 的标准储备液。4℃以下避光保存，有效期 6 个月。

4.4.2　标准工作液(1 μg/mL)：精密量取标准储备液 1 mL，于 100 mL 棕色量瓶中，用正己烷溶解并稀释至刻度，配制成浓度为 1 μg/mL 的氟乐灵标准工作液。4℃以下避光保存，有效期 3 个月。

4.4.3　标准工作液(0.1 μg/mL)：精密量取 1 μg/mL 标准储备液 1 mL，于 10 mL 棕色量瓶中，用正己烷溶解并稀释至刻度，配制成浓度为 0.1 μg/mL 的氟乐灵标准工作液。4℃以下避光保存，有效期 2 周。

4.5　材料

弗罗里硅土固相萃取柱：1 g/6 mL，或相当者。

5　仪器和设备

5.1　气相色谱仪：配电子捕获检测器。

5.2　分析天平：感量 0.000 01 g 和 0.01 g。

5.3 氮吹仪。

5.4 均质机。

5.5 涡旋振荡器。

5.6 离心机:4 000 r/min。

5.7 超声波振荡器。

5.8 旋转蒸发器。

5.9 固相萃取装置。

5.10 具塞聚丙烯离心管:50 mL 和 100 mL。

5.11 玻璃离心管:10 mL。

5.12 棕色鸡心瓶:100 mL。

6 试料的制备与保存

6.1 试料的制备

取适量新鲜或解冻的空白或供试组织,绞碎,并使均质:

a) 取均质后的供试样品,作为供试试料;

b) 取均质后的空白样品,作为空白试料;

c) 取均质后的空白样品,添加适宜浓度的标准工作液,作为空白添加试料。

6.2 试料的保存

−18℃以下保存,3 个月内进行分析检测。

7 测定步骤

7.1 提取

取试样 2 g(准确至±20 mg),于 50 mL 具塞聚丙烯离心管中,加丙酮 10 mL,涡旋 1 min,4 000 r/min 离心 10 min,取上清液,残渣加丙酮 10 mL,重复提取一次,合并上清液,加正己烷 30 mL、2%硫酸钠溶液 10 mL,涡旋 1 min,4 000 r/min 离心 10 min,取上清液于 100 mL 棕色鸡心瓶中,下层液体再加正己烷 20 mL重复提取一次,合并上清液,于 40℃旋转蒸发至近干,加正己烷 2 mL 使溶解,转移至 10 mL 玻璃离心管中,鸡心瓶用正己烷 2 mL 洗涤一次,洗涤液合并入 10 mL 玻璃离心管中,用氮气吹至约 1 mL,备用。

7.2 净化

固相萃取柱用二氯甲烷 5 mL 预洗,吹干,再用正己烷 5 mL 淋洗;取备用液过柱,用正己烷 3 mL 分 3 次洗玻璃离心管,洗液一并上柱,弃流出液;用 10%二氯甲烷正己烷溶液 5 mL 洗脱,收集洗脱液,氮气吹至近干。准确加正己烷 5 mL 溶解残余物,供气相色谱测定。

7.3 标准曲线的制备

精密量取氟乐灵标准工作液(0.1 μg/mL)适量,用正己烷稀释,配制成浓度为 0.25 ng/mL、1.0 ng/mL、5.0 ng/mL、10 ng/mL、20 ng/mL 的系列标准工作溶液;现用现配。以峰面积为纵坐标、以标准溶液浓度为横坐标,绘制标准曲线。求回归方程和相关系数。

7.4 测定

7.4.1 色谱参考条件

a) 色谱柱:HP-5ms 石英毛细管柱(30 m×0.25 mm×0.25 μm),或相当者;

b) 载气:高纯氮气,纯度≥99.999%;流速为 1.2 mL/min;

c) 进样方式:无分流进样;

d) 进样量:1 μL;

e) 进样口温度:230℃;

f) 柱温:初始柱温 70℃,保持 1 min,以 30℃/min 升至 185℃,保持 2.5 min,再以 25℃/min 升至

280℃,保持 5 min;

g) 检测器:ECD;检测器温度为 300℃。

7.4.2 测定法

在 7.4.1 规定的色谱条件下,以标准工作溶液浓度为横坐标、以峰面积为纵坐标、绘制标准工作曲线,作单点或多点校准,按外标法计算试样中药物的残留量,标准工作液和试样液中待测物的响应值均应在仪器检测线性范围内。在上述色谱-质谱条件下,标准溶液色谱图参见附录 A。

7.5 空白试验

除不加试料外,均按上述测定步骤进行。

8 结果计算和表述

试样中氟乐灵的残留量按式(1)计算。

$$X = \frac{C_s \times A \times V}{A_s \times m} \quad \cdots\cdots (1)$$

式中:

X ——试样中氟乐灵的残留量,单位为微克每千克(μg/kg);

C_s ——标准溶液中氟乐灵的浓度,单位为纳克每毫升(ng/mL);

A ——试样溶液中氟乐灵峰面积;

V ——试样溶液定容体积,单位为毫升(mL);

A_s ——标准溶液中氟乐灵峰面积;

m ——试料质量,单位为克(g)。

计算结果需扣除空白值。测定结果用 2 次平行测定的算术平均值表示,保留 3 位有效数字。

9 检测方法的灵敏度、准确度和精密度

9.1 灵敏度

本方法检测限为 0.5 μg/kg;定量限为 1.0 μg/kg。

9.2 准确度

氟乐灵在 1 μg/kg～10 μg/kg 添加浓度的回收率为 70%～110%。

9.3 精密度

本方法的批内相对标准偏差≤15%,批间相对标准偏差≤15%。

附　录　A
（资料性附录）
标准溶液色谱图

标准溶液色谱图见图 A.1。

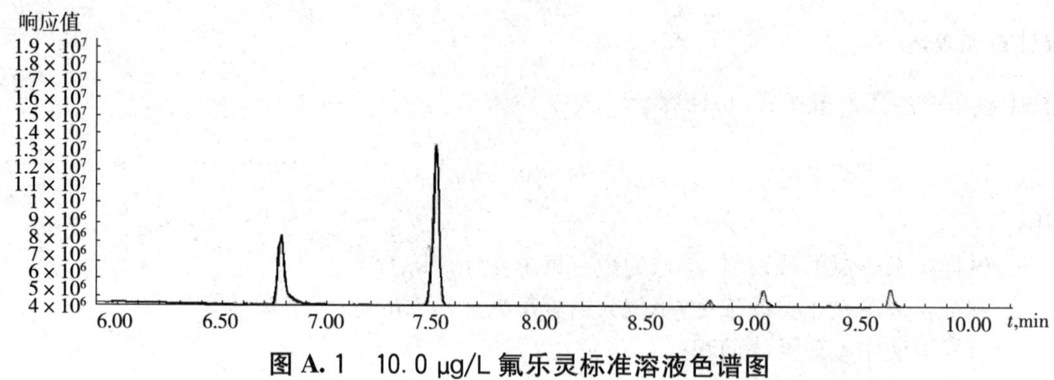

图 A.1　10.0 μg/L 氟乐灵标准溶液色谱图

ICS 67.050
B 50

中华人民共和国国家标准

农业部783号公告—3—2006

水产品中敌百虫残留量的测定 气相色谱法

Determination of trichlorfon residues in fishery products Gas chromatography

2006-12-19 发布

2006-12-19 实施

中华人民共和国农业部 发布

前　言

本标准的附录A为资料性附录。

本标准由中华人民共和国农业部提出。

本标准由全国水产标准化技术委员会水产品加工分技术委员会归口。

本标准由中国水产科学研究院黑龙江水产研究所负责起草。

本标准主要起草人：卢彤岩、刘永、刘红柏、赵吉伟、刘芳萍、刘玉芹。

水产品中敌百虫残留量的测定
气相色谱法

1 范围

本标准规定了水产品及水产加工品中敌百虫残留量气相色谱测定方法。

本标准适用于水产品及水产加工品可食部分中敌百虫残留量的检测。

2 规范性引用文件

下列文件中的条款通过本标准的引用而成为本标准的条款。凡是注日期的引用文件，其随后所有的修改单(不包括勘误的内容)或修订版均不适用于本标准，然而，鼓励根据本标准达成协议的各方研究是否可使用这些文件的最新版本。凡是不注日期的引用文件，其最新版本适用于本标准。

GB/T 6682 分析实验室用水规格和试验方法

3 原理

样品中的敌百虫用乙腈提取，乙酸锌去脂，三氯甲烷萃取，用配有火焰光度检测器的气相色谱仪测定，敌百虫分解成亚磷酸二甲酯和三氯乙醛，以亚磷酸二甲酯外标法定量。

4 试剂

本标准所用试剂在亚磷酸二甲酯出峰处应无干扰峰。除另有说明外，所用试剂均为分析纯；试验用水应符合 GB/T 6682 一级水的要求。

4.1 乙腈：优级纯。

4.2 三氯甲烷：优级纯。

4.3 乙酸乙酯：优级纯。

4.4 乙酸锌。

4.5 无水硫酸钠：经 650℃灼烧 4 h，置于干燥器内备用。

4.6 20 g/L 硫酸钠溶液：将 2 g 无水硫酸钠溶于 100 mL 去离子水中。

4.7 敌百虫标准品：纯度≥98.0%。

4.8 敌百虫标准溶液：准确称取适量的敌百虫标准品，用乙酸乙酯配成浓度为 100 μg/mL 的标准储备液，根据需要再用乙酸乙酯稀释成适当浓度的标准工作液。

4.9 1+9 乙腈溶液：将 1 份水加入到 9 份乙腈中。

4.10 2+9 乙腈溶液：将 2 份水加入到 9 份乙腈中。

5 仪器和设备

5.1 气相色谱仪：配有火焰光度检测器(具 526 nm 磷滤光片)。

5.2 均质器。

5.3 离心机。

5.4 旋转蒸发器。

5.5 振荡器。

5.6 离心管：5 mL、50 mL。

5.7 涡旋混合器。

5.8 分液漏斗:250 mL。

5.9 梨形瓶:250 mL。

5.10 无水硫酸钠柱:8.0 cm×1.5 cm(内径)玻璃柱,内装2 cm高无水硫酸钠。

6 色谱条件

气相色谱条件包括:

6.1 色谱柱:DB-225毛细管柱,30 m ×0.25 μm×0.32 mm;或与之性能相当者。

6.2 柱温:70℃(保持1 min),10℃/min升至180℃(保持2 min),30℃/min升至230℃(保持2 min)。

6.3 进样口温度:280℃,不分流进样(使用分流/不分流衬管,衬管中带玻璃纤维)。

6.4 检测器温度:250℃。

6.5 载气:高纯氮,纯度≥99.999%,1.8 mL/min。

6.6 氢气:纯度99.9%。

6.7 进样方式:不分流进样。

6.8 进样量:1 μL。

7 测定步骤

7.1 样品预处理

鱼去鳞、去皮沿背脊取肌肉;虾去头、去壳取可食肌肉部分;蟹、甲鱼等取可食部分。所取样品切为不大于0.5 cm×0.5 cm×0.5 cm的小块后混匀。将样品于−18℃以下冷冻保存。

7.2 提取

称取样品5 g(精确至0.01 g)于50 mL离心管中,加入0.5 g乙酸锌,再加入20 mL 1+9乙腈水溶液(干制样品加入2+9乙腈水溶液),均质器均质1 min,以4 000 r/min离心3 min,将上清液转移至250 mL分液漏斗中。离心管中残渣再加入20 mL乙腈,均质1 min,以4 000 r/min离心3 min,合并提取液于同一250 mL分液漏斗中。

7.3 净化

在盛有提取液的250 mL分液漏斗中加入100 mL硫酸钠水溶液,振荡混匀,加入30 mL三氯甲烷,剧烈振荡混匀3 min,静止分层,将下层三氯甲烷通过无水硫酸钠柱,上层再加入30 mL三氯甲烷,再重复提取2次,萃取液合并至250 mL梨形瓶中,用旋转蒸发器浓缩至干,定量加入1.0 mL乙酸乙酯溶解残留物,供气相色谱测定。

7.4 色谱测定

根据样液中敌百虫的含量情况,选定浓度与样液相近的标准工作溶液。标准工作溶液和样液中敌百虫响应值均应在仪器检测线性范围内。标准工作溶液和样液等体积参差进样测定。在上述色谱条件下,敌百虫热分解产物亚磷酸二甲酯的保留时间约为4.6 min。敌百虫分解产物亚磷酸二甲酯色谱图见附录A。

7.5 空白试验

除不加试样外,均按上述步骤进行。

8 结果计算和表达

样品中敌百虫残留量按式(1)计算。计算结果须扣除空白。

$$X=\frac{A\times c\times V}{A_s\times m} \quad \cdots\cdots (1)$$

式中:

X ——试样中敌百虫残留量，单位为毫克每千克(mg/kg)；
A ——样液中敌百虫热分解产物亚磷酸二甲酯的峰面积；
A_s——标准工作液中敌百虫热分解产物亚磷酸二甲酯的峰面积；
c ——标准工作液中敌百虫的浓度，单位为微克每毫升(μg/mL)；
V ——样液最终定容体积，单位为毫升(mL)；
m ——最终样液所代表的试样质量，单位为克(g)。

9 方法回收率

标准添加浓度为0.04 mg/kg～1.00 mg/kg时，回收率≥75%。

10 方法检出限

本方法检出限为0.04 mg/kg。

11 方法精密度

本方法精密度≤10%。

12 方法线性范围

本方法线性范围：0.4 μg/mL～25.0 μg/mL。

附 录 A
（资料性附录）
敌百虫分解产物亚磷酸二甲酯标准色谱图

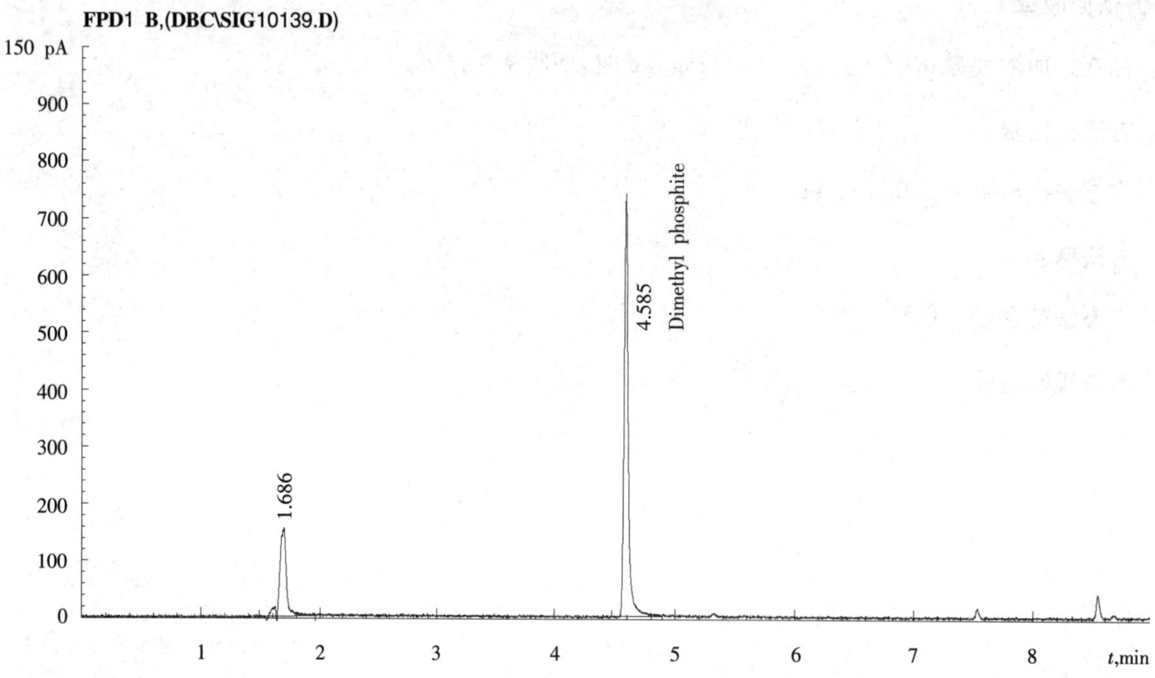

图 A.1 敌百虫分解产物亚磷酸二甲酯标准色谱图

ICS 67.050
B 50

中华人民共和国国家标准

农业部958号公告—10—2007

水产品中雌二醇残留量的测定 气相色谱－质谱法

Determination of estradiol residues in fishery products Gas chromatography–mass spectrometry method

2007-12-18 发布

2008-03-01 实施

中华人民共和国农业部 发布

前　言

本标准附录 A 为资料性附录。

本标准由中华人民共和国农业部渔业局提出。

本标准由全国水产标准化技术委员会水产品加工分技术委员会归口。

本标准起草单位:中国海洋大学。

本标准主要起草人:林洪、江洁、徐杰、邹龙、曹立民。

水产品中雌二醇残留量的测定
气相色谱-质谱法

1 范围

本标准规定了水产品中β-雌二醇残留量的气相色谱-质谱测定方法。

本标准适用于水产品可食部分中β-雌二醇残留量的测定。

2 规范性引用文件

下列文件中的条款通过本标准的引用而成为本标准的条款。凡是注日期的引用文件，其随后所有的修改单(不包括勘误的内容)或修订版均不适用于本标准，然而，鼓励根据本标准达成协议的各方研究是否可使用这些文件的最新版本。凡是不注日期的引用文件，其最新版本适用于本标准。

GB/T 6682 分析实验室用水规格和试验方法

3 原理

酸性条件下，以乙腈提取样品中的β-雌二醇，经过正己烷脱脂，C_{18}固相萃取柱净化，硅烷化试剂衍生化后，用气相色谱-质谱仪测定，内标法定量。

4 试剂

4.1 所有试剂应无干扰峰，除另有规定外，所用试剂均为分析纯，水符合GB/T 6682一级水指标。

4.2 β-雌二醇标准品：纯度≥97%。

4.3 β-雌二醇-D_2标准品：纯度≥98%。

4.4 乙腈：色谱纯。

4.5 甲醇：色谱纯。

4.6 正己烷：色谱纯。

4.7 正丙醇。

4.8 乙酸钠缓冲溶液(0.2 mol/L，pH 5.2)：取0.2 mol/L 乙酸钠溶液237 mL和0.2 mol/L 乙酸溶液63 mL，混匀，用冰乙酸调至pH 5.2。

4.9 乙酸溶液(0.1%)：取0.25 mL冰乙酸，加水溶解，定容至250 mL。

4.10 β-雌二醇标准储备溶液：准确称取β-雌二醇0.01 g，用甲醇溶解，定容于100 mL容量瓶中，使成浓度为100 μg/mL的标准溶液，−18℃存放，存放时间不超过6个月。

4.11 β-雌二醇-D_2内标储备溶液：准确称取β-雌二醇-D_2 0.01 g，用甲醇溶解，定容于50 mL容量瓶中，使成浓度为200 μg/mL的标准溶液，−18℃存放，存放时间不超过6个月。

4.12 β-雌二醇标准工作溶液：临用前，准确吸取β-雌二醇标准储备溶液，用甲醇稀释成浓度为0.005 μg/mL～0.25 μg/mL标准工作液，4℃暂时存放。

4.13 β-雌二醇-D_2内标工作溶液：临用前，准确吸取内标标准储备溶液，用甲醇稀释成浓度为0.05 μg/mL标准工作液，4℃暂时存放。

4.14 衍生化试剂：准确称取0.01 g二硫赤藓糖醇(DTE)，溶解于5 mL N-甲基三甲基硅基三氟乙酰胺(MSTFA)，然后在液面下加入10 μL三甲基碘硅烷(TMIS)，混匀，4℃放置过夜后使用，避光防潮密封保存。衍生化试剂应是无色，如果发生棕红色等颜色变化，表明试剂失效。

5 仪器

5.1 气相色谱单四极杆质谱联用仪:配备电子轰击电离(EI)离子源。

5.2 电子天平:感量 0.000 1 g。

5.3 涡旋混合器。

5.4 高速冷冻离心机:最大转速 10 000 r/min。

5.5 固相萃取仪。

5.6 氮吹仪。

5.7 具塞离心管:50 mL。

5.8 鸡心瓶:50 mL。

5.9 具塞刻度玻璃管:10 mL。

5.10 C_{18}固相萃取柱:填料 500 mg/3 mL,选用 Cleanert ODS C_{18}(封端),或相当者。

5.11 样品反应瓶:2 mL,去活,螺纹口。

6 测定步骤

6.1 样品预处理

取水产品可食部分,切为不大于 0.5 cm×0.5 cm×0.5 cm 的小块后混匀,充分匀浆,冷冻保存备用。

6.2 提取

称取样品 5 g(精确至 0.01 g)于 50 mL 具塞离心管中,加入 100 μL 内标工作溶液,再加入 5 mL 乙酸钠缓冲溶液(4.8),均质 1 min 后,加入 10 mL 乙腈,涡旋混合 1 min,超声提取 15 min。取出离心管,10 000 r/min 4℃离心 10 min,上清液倒入另一 50 mL 具塞离心管中。残渣中加入 10 mL 乙腈,按上述方法再提取一次,上清液合并于 50 mL 离心管中。

注:均质机清洗方法,先用大量水浸洗,再用乙腈浸洗,最后用蒸馏水浸洗。

6.3 脱脂

向盛装上清液的离心管中加入 10 mL 正己烷,加塞剧烈振荡 1 min~2 min,10 000 r/min 4 ℃离心 5 min,用滴管吸弃上层正己烷层。再加入 10 mL 正己烷,按上述方法重复洗涤一次,所得溶液转移至鸡心瓶,加入 0.5 mL 正丙醇,摇匀,于 45℃水浴条件下减压旋转蒸发至干。

残渣中加入 1 mL 乙腈,超声波清洗瓶壁 1 min 后,用 5 mL 注射器吸取,重复上述操作,合并乙腈至5 mL注射器,用针头过滤器经有机系滤膜过滤至 10 mL 具塞刻度玻璃管中,加水至 10 mL,涡旋混匀。

6.4 C_{18}柱净化

C_{18}固相萃取柱,顺序用 6 mL 甲醇、3 mL 乙酸溶液(4.9)和 3 mL 水清洗并活化,弃掉洗涤液。吸取待测溶液(6.3)过柱,弃掉流出液。用 3 mL 水洗涤 C_{18}柱,弃掉流出液。再用 9 mL 乙腈洗脱,将洗脱液接收至 10 mL 玻璃管中,于 50℃下氮气吹至约 1 mL,用滴管吸至样品反应瓶中,用 0.5 mL 乙腈洗玻璃管,合并至同一样品反应瓶中,氮气吹干,应防潮。

注:以上步骤应连续做完,不应让吸附剂变干,过柱的流速保持 1 mL/min~2 mL/min。

6.5 衍生化

6.5.1 试样的衍生化

向吹干的残留物中准确加入 100 μL 衍生化试剂(4.14),盖紧塞子并涡旋混合 1 min,在 60℃烘箱中反应 30 min,冷却至室温,于 48 h 内进行气相色谱-质谱分析。

6.5.2 标准溶液的衍生化

吸取一定量的β-雌二醇标准工作溶液和 100 μL 内标标准工作溶液于样品反应瓶中,氮气吹干,以下按 6.5.1 的步骤操作。

6.6 测定

6.6.1 色谱条件

色谱柱：DB-5MS石英毛细管柱，固定相(5%苯基)-甲基聚硅氧烷，25 m×0.32 mm×0.52 μm；或与之相当的色谱柱。

载气：高纯氦气，纯度≥99.999%，流速1.0 mL/min。

进样口温度：250℃。

进样方式及进样量：不分流进样，1 μL。

升温程序：初始柱温120℃，保持2 min，然后以15℃/min，升至250℃，再以5℃/min升至300℃，保持5 min。

6.6.2 质谱条件

离子源：EI源，电离能量70 eV。

离子源温度：230℃。

四极杆温度：150℃。

接口温度：280℃。

溶剂延迟：3 min。

扫描质量范围：40 amu～500 amu。

选择离子监测(SIM)：β-雌二醇衍生物(*m/z*)：416、326、285、232；β-雌二醇-D_2衍生物(*m/z*)：418、328、287、234。

6.6.3 气相色谱-质谱分析

6.6.3.1 定性方法

样品峰与标准的保留时间之差不多于0.10 min，并且在扣除背景后的样品质谱图中，所选择的特征离子均出现，并且样品峰的各选择离子相对强度与标准相应选择离子相对强度相一致时(参见附录图A.1、A.2)，可以判断检出β-雌二醇。在6.6.1和6.6.2规定的条件下，β-雌二醇和内标β-雌二醇-D_2衍生物的特征离子、特征离子相对强度和允许相对偏差应符合表1要求。

表1 β-雌二醇和β-雌二醇-D_2衍生物的特征离子、特征离子相对强度和允许相对偏差

名称	特征离子 *m/z*	相对强度 %	允许相对偏差 %
β-Estradiol-$(OTMS)_2$	416	100	—
	285	74	±10
	232	24	±15
	326	12	±20
β-Estradiol-D_2-$(OTMS)_2$	418	100	—
	287	80	±10
	234	22	±15
	328	10	±20

6.6.3.2 定量方法

以β-雌二醇衍生物定量离子(*m/z* 416)与β-雌二醇-D_2衍生物定量离子(*m/z* 418)质量色谱图(见附录图A.3)的峰面积比单点或多点校准定量。当单点校准定量时根据样品溶液中β-雌二醇含量情况，选择峰面积相近的标准工作溶液进行定量，同时标准工作溶液和样品液中β-雌二醇响应值均应在仪器检测的线性范围之内。

7 计算

样品中β-雌二醇的含量按式(1)计算。

$$X=\frac{A\times C_s\times V\times 1000}{A_s\times m} \quad \cdots\cdots (1)$$

式中：

X ——样品中β-雌二醇含量，单位为微克每千克(μg/kg)；

C_s ——标准工作溶液中β-雌二醇含量，单位为微克每毫升(μg/mL)；

A ——试样液中β-雌二醇与β-雌二醇-D_2衍生物定量离子的峰面积比值；

V ——样品最终体积，单位为毫升(mL)；

A_s ——标准工作溶液中β-雌二醇与β-雌二醇-D_2衍生物定量离子的峰面积比值；

m ——样品质量，单位为克(g)。

8 方法回收率

本方法的回收率≥60％。

9 方法检测限

本方法检测限：0.5 μg/kg。

10 方法精密度

本方法相对标准偏差≤15％。

11 方法的线性范围

本方法的线性范围：0.005 μg/mL～0.25 μg/mL。

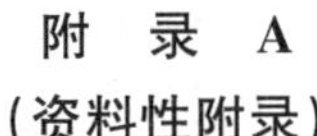

附 录 A
(资料性附录)

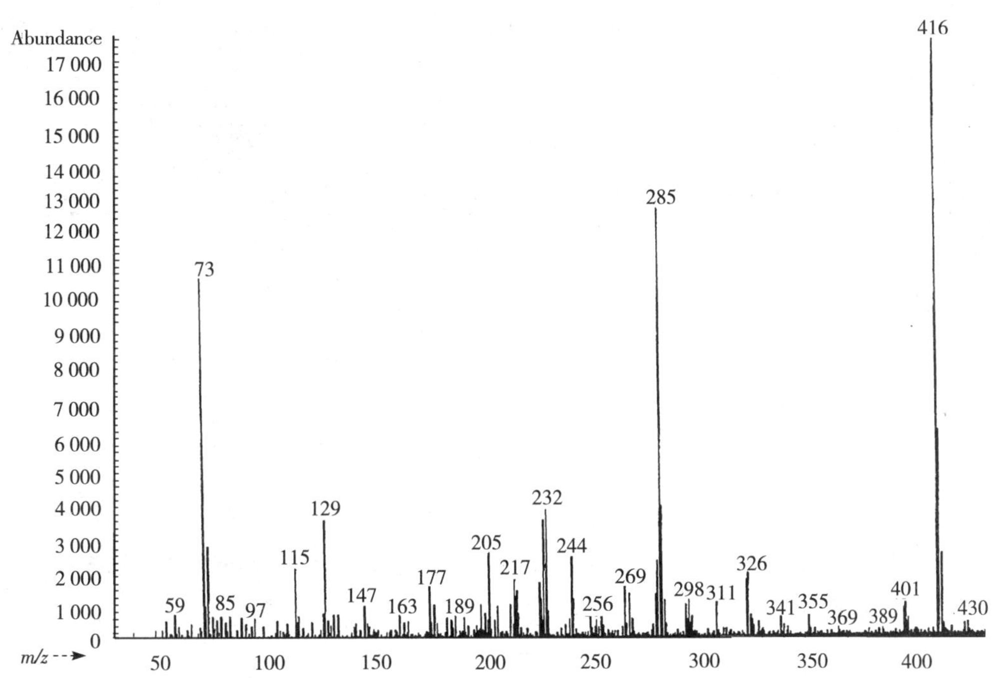

图 A.1　β-雌二醇全扫描质谱图(特征离子 *m*/*z*:416,326,285,232;定量离子 *m*/*z*:416)

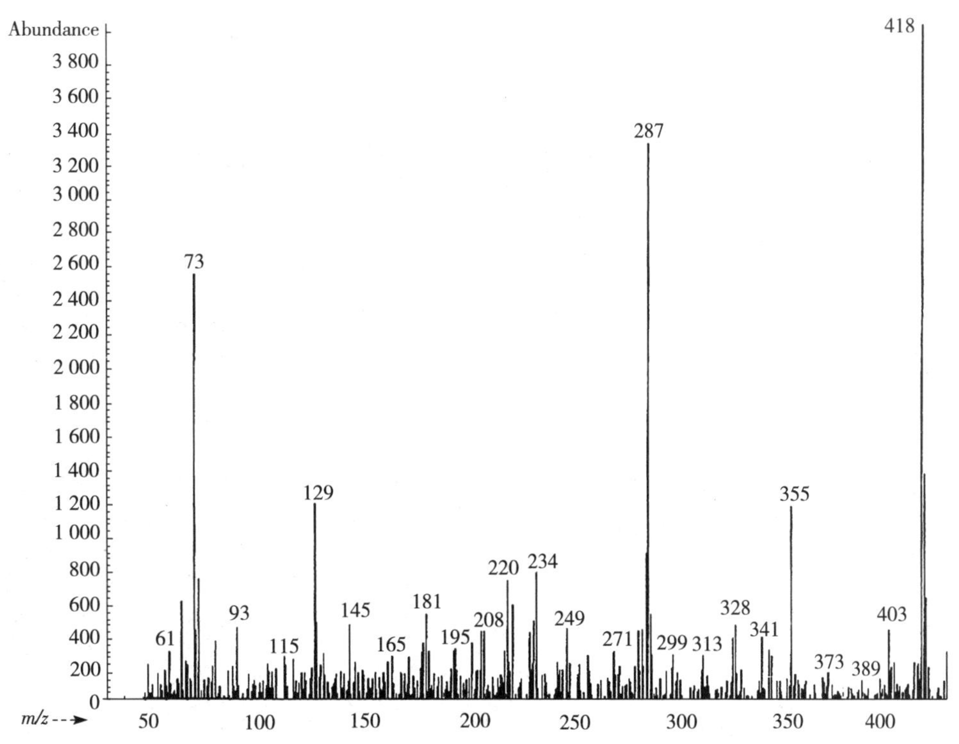

图 A.2　β-雌二醇-D_2 全扫描质谱图(特征离子 *m*/*z*:418,328,287,234;定量离子 *m*/*z*:418)

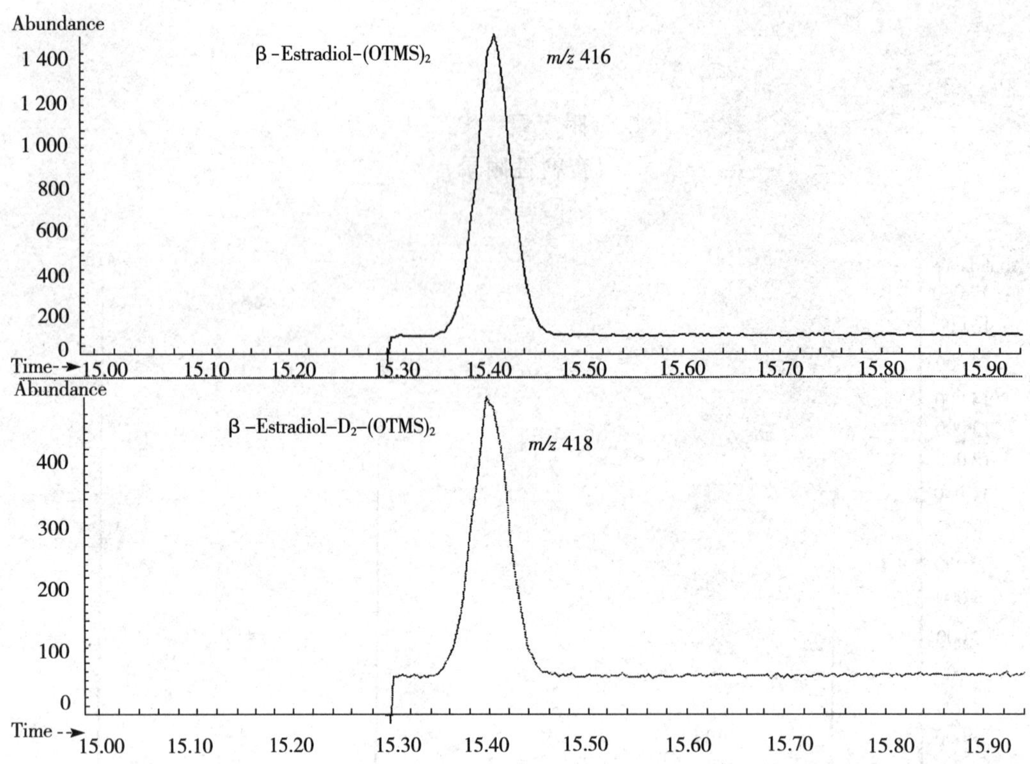

图 A.3 β-雌二醇(0.25 μg/mL)与β-雌二醇-D_2标准溶液(0.05 μg/mL)衍生物的定量离子的质量色谱图

ICS 67.050
B 50

中华人民共和国国家标准

农业部958号公告—11—2007

水产品中吡喹酮残留量的测定 液相色谱法

**Determination of praziquantel residues in fishery products
High performance liquid chromatography**

2007-12-18 发布　　2008-03-01 实施

中华人民共和国农业部　发布

前 言

本标准附录A为资料性附录。

本标准由中华人民共和国农业部提出。

本标准由全国水产标准化技术委员会水产品加工分技术委员会归口。

本标准起草单位：中国水产科学研究院东海水产研究所。

本标准主要起草人：于慧娟、沈晓盛、蔡友琼、毕士川、黄冬梅。

水产品中吡喹酮残留量的测定
液相色谱法

1 范围

本标准规定了水产品中吡喹酮残留量的液相色谱测定方法。

本标准适用于水产品可食部分中吡喹酮残留量的测定。

2 规范性引用文件

下列文件中的条款通过本标准的引用而成为本标准的条款。凡是注日期的引用文件，其随后所有的修改单(不包括勘误的内容)或修订版均不适用于本标准，然而，鼓励根据本标准达成协议的各方研究是否可使用这些文件的最新版本。凡是不注日期的引用文件，其最新版本适用于本标准。

GB/T 6682 分析实验室用水规格和试验方法

3 原理

以乙酸乙酯提取样品中的吡喹酮，经硅胶柱净化后，用反相色谱柱分离，紫外检测器检测，外标法定量。

4 试剂和材料

所有试剂应在吡喹酮出峰处无干扰峰。试验用水应符合GB/T 6682一级水的要求。

4.1 吡喹酮标准品：纯度大于99%。

4.2 正己烷：色谱纯。

4.3 丙酮：色谱纯。

4.4 乙醚：色谱纯。

4.5 乙酸乙酯：色谱纯。

4.6 乙腈：色谱纯。

4.7 吡喹酮标准溶液：准确称取吡喹酮0.010 0 g，乙腈溶解，定容至100 mL，此液浓度为100 μg/mL。－18℃避光保存，保存期2个月。临用前用乙腈配制成所需浓度。

4.8 乙醚-正己烷混合溶液：量取60 mL乙醚，加入到40 mL正己烷中。

4.9 丙酮-正己烷混合溶液：量取60 mL丙酮，加入到40 mL正己烷中。

4.10 层析用碱性氧化铝：100目～200目。

4.11 固相萃取柱：500 mg/6 mL LC-Si柱或性能相当的硅胶柱。

5 仪器

5.1 高效液相色谱仪：具紫外检测器。

5.2 电子天平：感量0.000 1 g和0.01 g各一台。

5.3 均质机。

5.4 离心机：4 000 r/min。

5.5 旋转蒸发器。

5.6 固相萃取装置。

5.7 氮吹仪。

6 测定步骤

6.1 样品处理

6.1.1 制样

鱼,去鳞、去皮,沿脊背取肌肉;虾,去头、去壳、去肠腺,取肌肉部分;蟹、甲鱼等取可食部分,样品均质混匀。−18℃以下冷冻保存备用。

6.1.2 提取

将样品解冻,称取3 g样品(准确至0.01 g)置于50 mL离心管中,加入20 mL乙酸乙酯,均质30 s,加入10 g碱性氧化铝,振荡10 min,4 000 r/min离心10 min,将乙酸乙酯层移入100 mL梨形瓶中,残渣备用。另取一50 mL离心管,加入20 mL乙酸乙酯,清洗均质机30 s,将此液倒入上述残渣中振荡提取10 min,4 000 r/min离心10 min,将乙酸乙酯层合并至100 mL梨形瓶中,于30℃减压蒸干乙酸乙酯,用10 mL正己烷溶解残渣。

6.1.3 净化

将6.1.2中的正己烷溶液加入到硅胶柱中(硅胶柱临用前用6 mL丙酮、6 mL正己烷依次进行活化),流速控制为每秒一滴,然后用2 mL正己烷洗梨形瓶并将溶液加入到柱中,用6 mL乙醚-正己烷混合溶液(4.8)洗硅胶柱,弃去流出液,将柱子吹干,用8 mL丙酮-正己烷混合溶液(4.9)洗脱,将洗脱液接收至离心管中,于50℃下氮气吹干。用1 mL乙腈溶解残渣,涡旋混合1 min,过0.45 μm滤膜后,供液相色谱分析。

6.2 样品测定

6.2.1 测定条件

6.2.1.1 色谱柱:ZORBAX-SB C_{18}柱(250 mm×4.6 mm,5 μm)或性能相当的色谱柱。

6.2.1.2 流动相:乙腈+水,梯度洗脱程序见表1。

6.2.1.3 流速:0.9 mL/min。

6.2.1.4 柱温:25℃。

6.2.1.5 进样量:30 μL。

6.2.1.6 检测波长:214 nm。

表1 流动相梯度洗脱程序

时间 min	乙腈 %	水 %
0.0	50	50
11.0	50	50
11.1	100	0
15.0	100	0
15.1	50	50
21.0	50	50

6.2.2 色谱分析

分别注入30 μL吡喹酮标准工作溶液及样品溶液于液相色谱仪中,按上述色谱条件进行分析,记录峰面积或峰高,响应值均应在仪器检测的线性范围之内。根据吡喹酮标准品的保留时间定性,外标法定量。标准品色谱图参见附录A。

7 空白试验

除不加试样外,均按上述测定步骤进行。

8 结果计算

样品中吡喹酮的残留量按式(1)计算,计算结果需扣空白值。

$$X = \frac{C_s \times A \times V \times 1000}{A_s \times m} \quad \cdots\cdots (1)$$

式中:

X ——样品中吡喹酮的残留量,单位为微克每千克(μg/kg);

C_s ——吡喹酮标准溶液浓度,单位为微克每毫升(μg/mL);

A ——样品中吡喹酮的峰面积或峰高;

V ——样品定容体积,单位为毫升(mL);

A_s ——吡喹酮标准溶液的峰面积或峰高;

m ——样品称样量,单位为克(g)。

9 方法回收率

方法回收率≥70%。

10 方法检出限

方法检出限:10 μg/kg。

11 精密度

2次平行测定结果相对标准偏差≤15%。

12 方法线性范围

方法线性范围:0.02 μg/mL~20 μg/mL。

附　录　A
（资料性附录）
色　谱　图

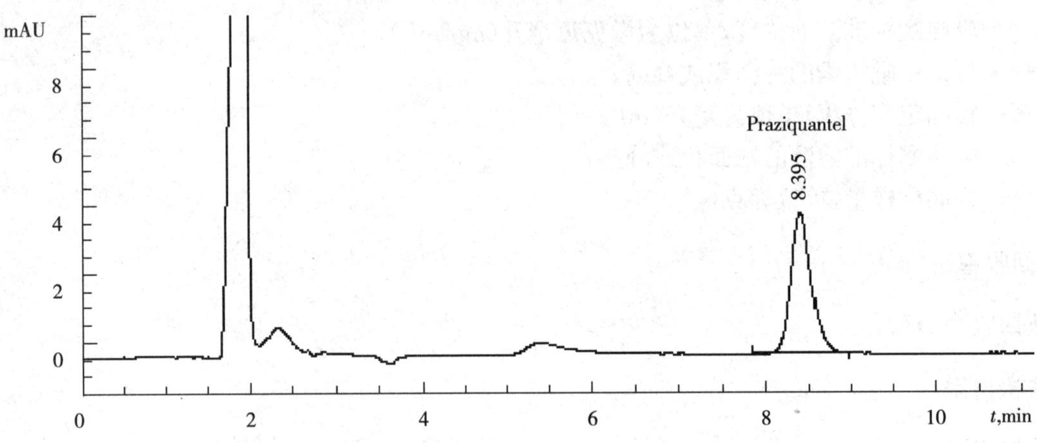

图A.1　吡喹酮(Praziquantel)液相色谱分离谱图(吡喹酮:8.395 min)

ICS 67.050
B 50

中华人民共和国国家标准

农业部 1077 号公告—1—2008

水产品中 17 种磺胺类及 15 种喹诺酮类药物残留量的测定　液相色谱-串联质谱法

Simultaneou determination of 17 sulfonamides and 15 quinolones residues in aquatic products by LC-MS/MS method

2008-08-11 发布　　2008-08-11 实施

中华人民共和国农业部　发布

前　言

本标准的附录 A 为资料性附录。

本标准由中华人民共和国农业部提出。

本标准由全国水产标准化技术委员会水产品加工分技术委员会归口。

本标准起草单位:国家水产品质量监督检验中心。

本标准主要起草人:冷凯良、王志杰、孙伟红、翟毓秀。

水产品中 17 种磺胺类及 15 种喹诺酮类药物残留量的测定　液相色谱-串联质谱法

1　范围

本标准规定了水产品中 17 种磺胺(SAs)及 15 种喹诺酮(QNs)类药物残留量的液相色谱-串联质谱测定法。

本标准适用于水产品中 17 种磺胺(磺胺二甲异噁唑、磺胺二甲异嘧啶、磺胺噻唑、磺胺吡啶、磺胺间甲氧嘧啶、磺胺甲氧哒嗪、磺胺甲噁唑、磺胺甲噻二唑、磺胺二甲基嘧啶、磺胺对甲氧嘧啶、磺胺甲基嘧啶、磺胺胍、磺胺邻二甲氧嘧啶、磺胺间二甲氧嘧啶、磺胺嘧啶、磺胺氯哒嗪、磺胺喹噁啉)和 15 种喹诺酮(氟罗沙星、氧氟沙星、诺氟沙星、依诺沙星、环丙沙星、恩诺沙星、洛美沙星、丹诺沙星、奥比沙星、双氟沙星、沙拉沙星、司帕沙星、噁喹酸、氟甲喹、培氟沙星)残留量的测定。

2　规范性引用文件

下列文件中的条款通过本标准的引用而成为本标准的条款。凡是注日期的引用文件，其随后所有的修改单(不包括勘误的内容)或修订版均不适用于本标准，然而，鼓励根据本标准达成协议的各方研究是否可使用这些文件的最新版本。凡是不注日期的引用文件，其最新版本适用于本标准。

GB/T 6682　分析实验室用水规格和试验方法

SC/T 3016　水产品抽样方法

3　原理

样品采用酸化乙腈提取并浓缩，经正己烷液-液萃取净化后，液相色谱-串联质谱仪测定，内标法定量。

4　试剂

除另有规定外，所用试剂均为分析纯。

4.1　水：试验用水符合 GB/T 6682 一级水指标。

4.2　甲醇：色谱纯。

4.3　乙腈：色谱纯。

4.4　醋酸铵：色谱纯。

4.5　甲酸：色谱纯。

4.6　无水硫酸钠：650℃灼烧 4 h，冷却后储于密闭容器中备用。

4.7　酸化乙腈：99 mL 乙腈中加入 1 mL 甲酸。

4.8　0.1%甲酸溶液(含 5.0 mmol/L 醋酸铵)：取 0.19 g 醋酸铵、0.5 mL 甲酸，用水溶解并定容至 500 mL。

4.9　20%甲醇溶液：取甲醇 20 mL 用水稀释至 100 mL。

4.10　标准储备液：1 mg/mL，分别称取氟罗沙星、氧氟沙星、诺氟沙星、依诺沙星、环丙沙星、恩诺沙星、洛美沙星、丹诺沙星、奥比沙星、双氟沙星、沙拉沙星、司帕沙星、噁喹酸、氟甲喹、培氟沙星对照品约 10 mg，于各自的 10 mL 量瓶中，加甲酸 0.2 mL，用甲醇溶解并稀释至刻度。配制成浓度为 1 mg/mL 的标准储备液，避光−18℃下保存，有效期 6 个月。

分别称取磺胺二甲异噁唑、磺胺二甲异嘧啶、磺胺噻唑、磺胺吡啶、磺胺间甲氧嘧啶、磺胺甲氧哒嗪、磺胺甲噁唑、磺胺甲噻二唑、磺胺二甲基嘧啶、磺胺对甲氧嘧啶、磺胺甲基嘧啶、磺胺胍、磺胺邻二甲氧嘧啶、磺胺间二甲氧嘧啶、磺胺嘧啶、磺胺氯哒嗪、磺胺喹噁啉对照品约10 mg，于各自的10 mL量瓶中，用甲醇溶解并稀释至刻度。配制成浓度为1 mg/mL的标准储备液，避光−18℃下保存，有效期6个月。

4.11 氘代同位素内标标准储备液：0.5 mg/mL，分别称取氘代磺胺邻二甲氧嘧啶、氘代磺胺间二甲氧嘧啶内标对照品约5 mg，于各自的10 mL量瓶中，用甲醇溶解并稀释至刻度。配制成浓度为0.5 mg/mL的同位素内标标准储备液，避光−18℃下保存，有效期6个月。

分别称取氘代诺氟沙星、氘代环丙沙星、氘代恩诺沙星内标对照品约5 mg，于各自的10 mL量瓶中，加甲酸0.2 mL，用甲醇溶解并稀释至刻度。配制成浓度为0.5 mg/mL的同位素内标标准储备液，避光−18℃下保存，有效期6个月。

4.12 混合标准工作液：准确吸取各磺胺和喹诺酮标准储备液适量，用甲醇稀释分别配成1.0 μg/mL和0.1 μg/mL混合标准工作液，避光4℃冷藏保存，有效期1个月。

4.13 混合内标标准工作液：准确吸取各氘代同位素内标标准储备液适量，用甲醇稀释配成1.0 μg/mL的混合内标标准工作液，避光4℃下保存，有效期1个月。

5 仪器和设备

5.1 液相色谱-串联四极杆质谱仪：配备电喷雾离子源(ESI)。

5.2 均质机。

5.3 分析天平：感量0.000 01 g。

5.4 天平：感量0.01 g。

5.5 涡旋混合器。

5.6 超声波清洗仪。

5.7 离心机：4 000 r/min。

5.8 旋转蒸发仪。

6 测定步骤

6.1 样品处理

6.1.1 试样制备

按SC/T 3016的规定执行。

6.1.2 提取净化

称取(5±0.02) g试样，于50 mL具塞离心管中，准确加入50 μL混合内标标准工作液(4.13)，涡旋混合30 s，避光放置10 min。加入10 g无水硫酸钠，涡旋混匀，再加入20 mL酸化乙腈(4.7)，涡旋混合1 min，超声波提取10 min。4 000 r/min离心5 min，取上清液于50 mL梨形瓶中。残渣中加20 mL酸化乙腈(4.7)，重复提取一次，合并2次提取液，于40℃水浴旋转蒸发至干。加1.0 mL甲醇溶液(4.9)涡旋溶解残留物，再加入2.0 mL正己烷涡旋混合30 s，转入5 mL具塞离心管中，以4 000 r/min离心5 min，弃上层液，取下层清液，过0.2 μm滤膜，供液相色谱-串联质谱仪测定。

6.2 标准工作曲线制作

准确量取适量混合标准工作液(4.12)，用甲醇溶液(4.9)稀释成浓度分别为0.010 μg/mL、0.020 μg/mL、0.050 μg/mL、0.100 μg/mL和0.200 μg/mL的混合标准工作液，供液相色谱-串联质谱仪测定。

6.3 测定

6.3.1 色谱条件

色谱柱：C_{18}柱，MGⅡ，2.1 mm×150 mm，5 μm；或相当者；

柱温：室温；

进样量：10 μL；

流动相：A为0.1%甲酸溶液(含5.0 mmol/L醋酸铵)，B为甲醇，C为乙腈；梯度洗脱程序见表1。

表 1　流动相梯度洗脱程序

时间,min	A,%	B,%	C,%	流速,mL/min
0	78	20	2	0.20
3.0	75	20	5	0.20
6.0	70	20	10	0.20
8.0	40	20	40	0.20
13.0	40	20	40	0.20
13.1	78	20	2	0.20
16.0	78	20	2	0.20

6.3.2　质谱条件

离子化模式:电喷雾离子源(ESI),正离子模式;

喷雾电压:4 500 V;

雾化气压力:12 L/min;

辅助气流量:2 L/min;

离子传输管温度:350℃;

源内碰撞诱导解离电压:10 V;

扫描模式:选择反应监测(SRM),选择反应监测母离子、子离子和碰撞能量见表 2;

Q1 半峰宽:0.7 Da;

Q3 半峰宽:0.7 Da;

碰撞气压力:氩气,1.5 mTorr。

表 2　选择反应监测母离子、子离子和碰撞能量

目标化合物	母离子 m/z	子离子 m/z	碰撞能量 eV
磺胺二甲异噁唑 Sulfisoxazole	268	108	22
		156*	13
磺胺二甲异嘧啶 Sulfisomidin	279	186	17
		156*	19
磺胺噻唑 Sulfathiazole	256	108	22
		156*	16
磺胺吡啶 Sulfapyridine	250	184	18
		156*	16
磺胺间甲氧嘧啶 Sulfamonomethoxine	281	215	17
		156*	17
磺胺甲氧哒嗪 Sulfamethoxypyridazine	281	215	17
		156*	17
磺胺甲噁唑 Sulfamethoxazole	254	108	22
		156*	16
磺胺甲噻二唑 Sulfamethizol	271	107	30
		156*	14
磺胺二甲基嘧啶 Sulfamethazine	279	186	17
		156*	19
磺胺对甲氧嘧啶 Sulfameter	281	215	17
		156*	17
磺胺甲基嘧啶 Sulfamerazine	265	172	17
		156*	17

表 2（续）

目标化合物	母离子 m/z	子离子 m/z	碰撞能量 eV
磺胺胍 Sulfaguanidine	215	108	22
		156*	12
磺胺邻二甲氧嘧啶 Sulfadoxine	311	108	29
		156*	19
磺胺间二甲氧嘧啶 Sulfadimethoxine	311	108	29
		156*	19
磺胺嘧啶 Sulfadiazine	251	108	25
		156*	16
磺胺氯哒嗪 Sulfachloropyridazine	285	108	24
		156*	15
磺胺喹噁啉 Sulfachinoxalin	301	108	25
		156*	17
氟罗沙星 Fleroxacin	370	269	26
		326*	19
氧氟沙星 Ofloxacin	362	261	27
		318*	18
诺氟沙星 Norfloxacin	320	233	24
		276*	16
依诺沙星 Enoxacin	321	232	34
		303*	21
环丙沙星 Ciprofloxacin	332	245	22
		288*	17
恩诺沙星 Enrofloxacin	360	245	26
		316*	9
洛美沙星 Lomefloxacin	352	265	22
		308*	16
丹诺沙星 Danofloxacin	358	283	22
		340*	22
奥比沙星 Orbifloxacin	396	295	24
		352*	17
双氟沙星 Difloxacin	400	299	28
		356*	19
沙拉沙星 Sarafloxacin	386	299	26
		342*	18
司帕沙星 Sparfloxacin	393	292	25
		349*	19
噁喹酸 Oxolinic acid	262	216	29
		244*	18

表 2（续）

目标化合物	母离子 m/z	子离子 m/z	碰撞能量 eV
氟甲喹 Flumequin	262	202	32
		244*	18
培氟沙星 Pefloxacin	334	290	18
		316*	20
氘代磺胺邻二甲氧嘧啶 Sulfadoxine-D3	314	156*	17
氘代磺胺间二甲氧嘧啶 Sulfadimethoxine-D6	317	156*	20
氘代诺氟沙星 Norfloxacin-D5	325	307*	22
氘代环丙沙星 Ciprofloxacin-D8	340	322*	21
氘代恩诺沙星 Enrofloxacin-D5	365	321*	19
注：* 为定量碎片离子。			

6.3.3 定性依据

在同样测试条件下，阳性样品保留时间与标准物质保留时间相对偏差在±5%以内，且检测到的离子的相对丰度，应当与浓度相当的校正标准品相对丰度一致。基峰与次强碎片离子丰度比应符合表 3 要求。标准溶液、空白样品及添加样品的离子流图参见附录 A。

表 3　基峰与次强碎片离子丰度比要求

次强碎片离子相对丰度，%	允许相对偏差，%
>50	±20
20～50(不含 20)	±25
10～20(不含 10)	±30
≤10	±50

6.3.4 定量测定

按 6.3.1 和 6.3.2 仪器的色谱、质谱条件，将混合标准工作液和样品液等体积进样测定，氟罗沙星、氧氟沙星、培氟沙星、依诺沙星和诺氟沙星以氘代诺氟沙星为内标；洛美沙星、奥比沙星、丹诺沙星、双氟沙星和环丙沙星以氘代环丙沙星为内标；恩诺沙星、沙拉沙星、司帕沙星、噁喹酸和氟甲喹以氘代恩诺沙星为内标；磺胺二甲异噁唑、磺胺喹噁啉和磺胺间二甲氧嘧啶以氘代磺胺间二甲氧嘧为内标；磺胺二甲异嘧啶、磺胺噻唑、磺胺吡啶、磺胺间甲氧嘧啶、磺胺甲氧哒嗪、磺胺甲噁唑、磺胺甲噻二唑、磺胺二甲基嘧啶、磺胺对甲氧嘧啶、磺胺甲基嘧啶、磺胺胍、磺胺邻二甲氧嘧啶、磺胺嘧啶和磺胺氯哒嗪以氘代磺胺邻二甲氧嘧啶为内标，内标法定量，定量离子采用丰度最大的二级特征离子碎片(见表 2)。

6.4 空白试验

除不加试样外，均按上述测定条件和步骤进行。

7 结果计算

样品中磺胺及喹诺酮类药物残留量按式(1)计算，计算结果需扣除空白值，保留 3 位有效数字。

$$X_i = \frac{C_i \times V}{m} \qquad (1)$$

式中：

X_i ——样品中磺胺及喹诺酮类药物残留的含量，单位为微克每千克(μg/kg)；

C_i ——样品制备液中磺胺及喹诺酮类药物残留的浓度，单位为纳克每毫升(ng/mL)；
V ——最终定容体积，单位为毫升(mL)；
m ——样品质量，单位为克(g)。

8 方法灵敏度、准确度和精密度

8.1 灵敏度

本方法的最低检出限均为 1.0 μg/kg，最低定量限均为 2.0 μg/kg。

8.2 准确度

本方法添加浓度为 2.0 μg/kg～10.0 μg/kg 时，回收率为 70%～120%。

8.3 精密度

本方法的批内相对标准偏差≤15%，批间相对标准偏差≤15%。

附　录　A
（资料性附录）
标准溶液、空白样品及添加样品的离子流图

A.1　磺胺及喹诺酮混合标准溶液的总离子流图

磺胺及喹诺酮混合标准溶液(0.02 μg/mL)的总离子流图见图 A.1。

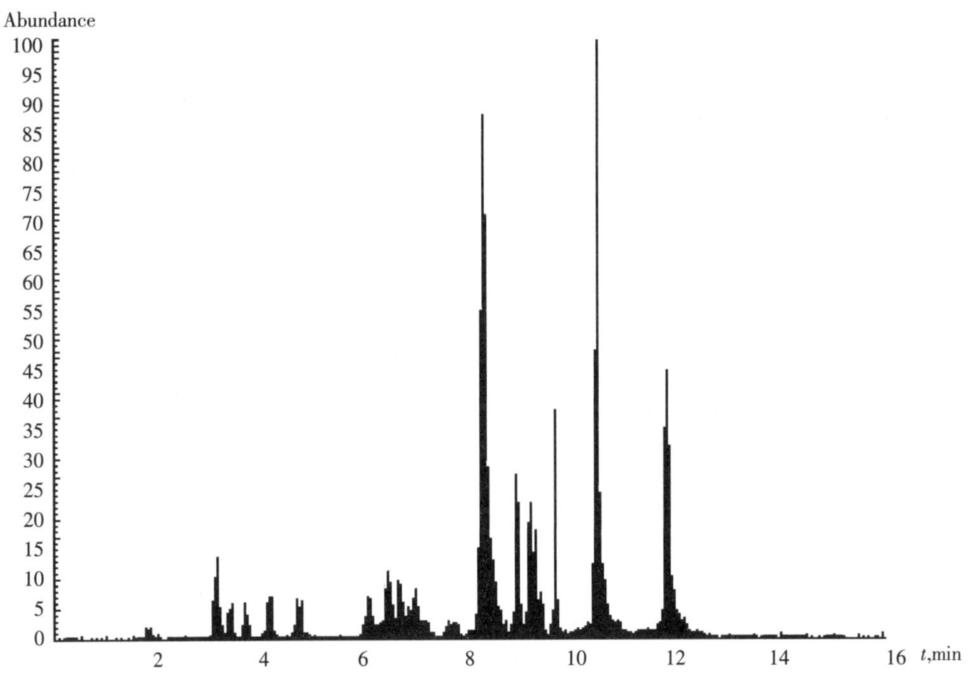

图 A.1　磺胺及喹诺酮混合标准溶液(0.02 μg/mL)的总离子流图

A.2 磺胺及喹诺酮混合标准溶液的选择离子流图

磺胺及喹诺酮混合标准溶液(0.02 μg/mL)的选择离子流图见图 A.2。

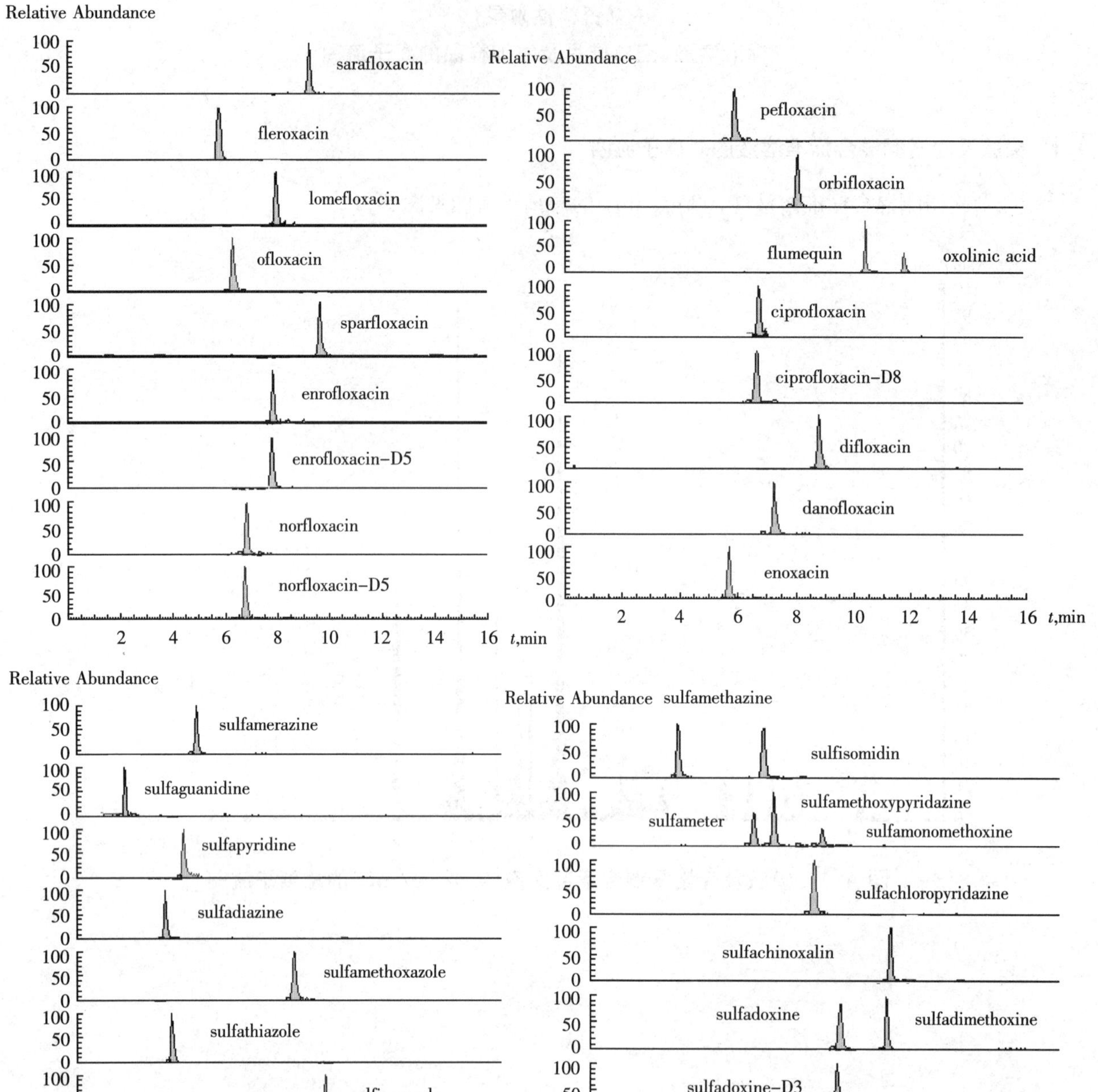

图 A.2 磺胺及喹诺酮混合标准溶液(0.02 μg/mL)的选择离子流图

A.3 空白鳗鱼的选择离子流图

空白鳗鱼的选择离子流图见图A.3。

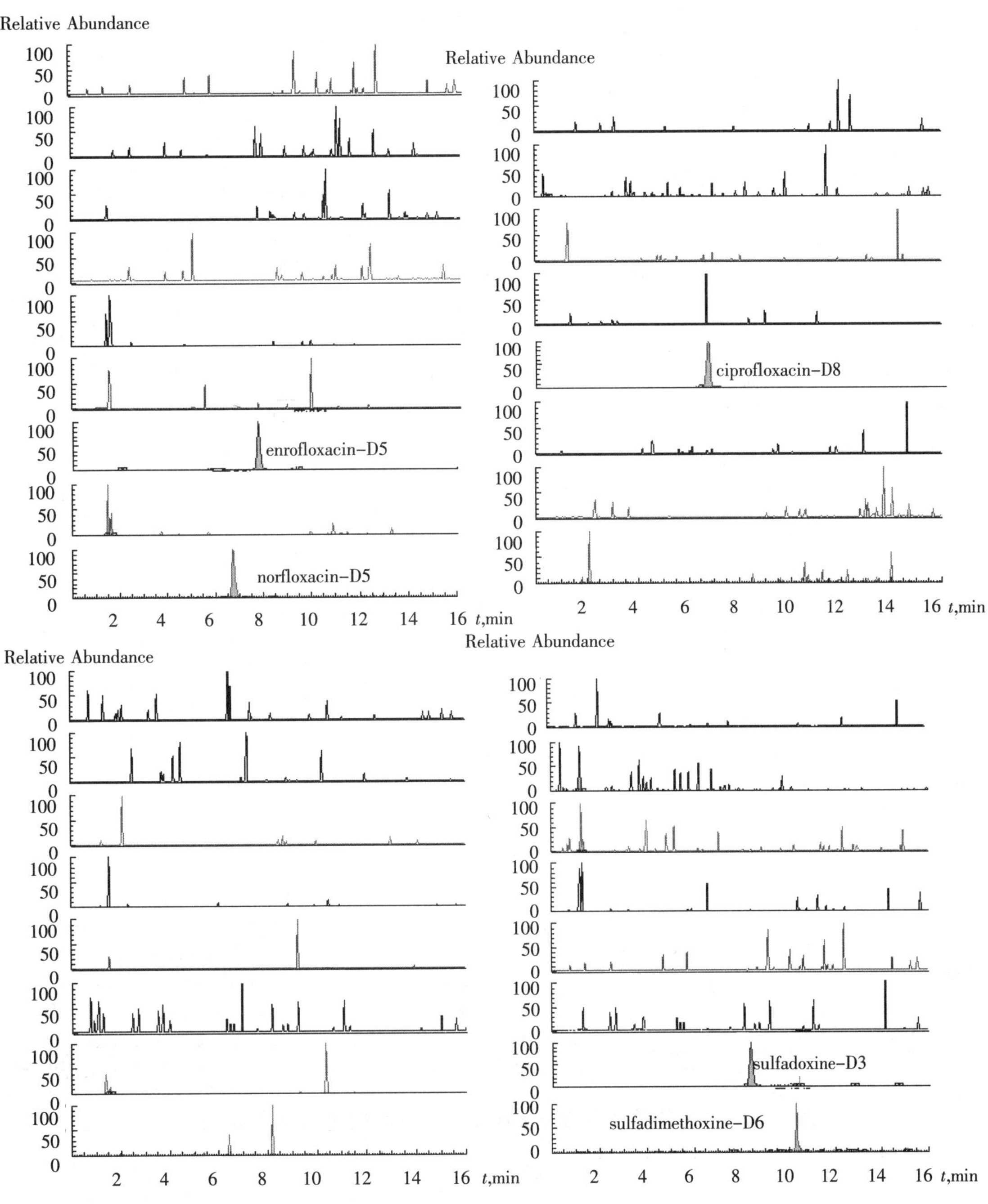

图A.3 空白鳗鱼的选择离子流图

A.4 空白鳗鱼添加样品的选择离子流图

空白鳗鱼中添加样品(5.0 μg/kg)的选择离子流图见图 A.4。

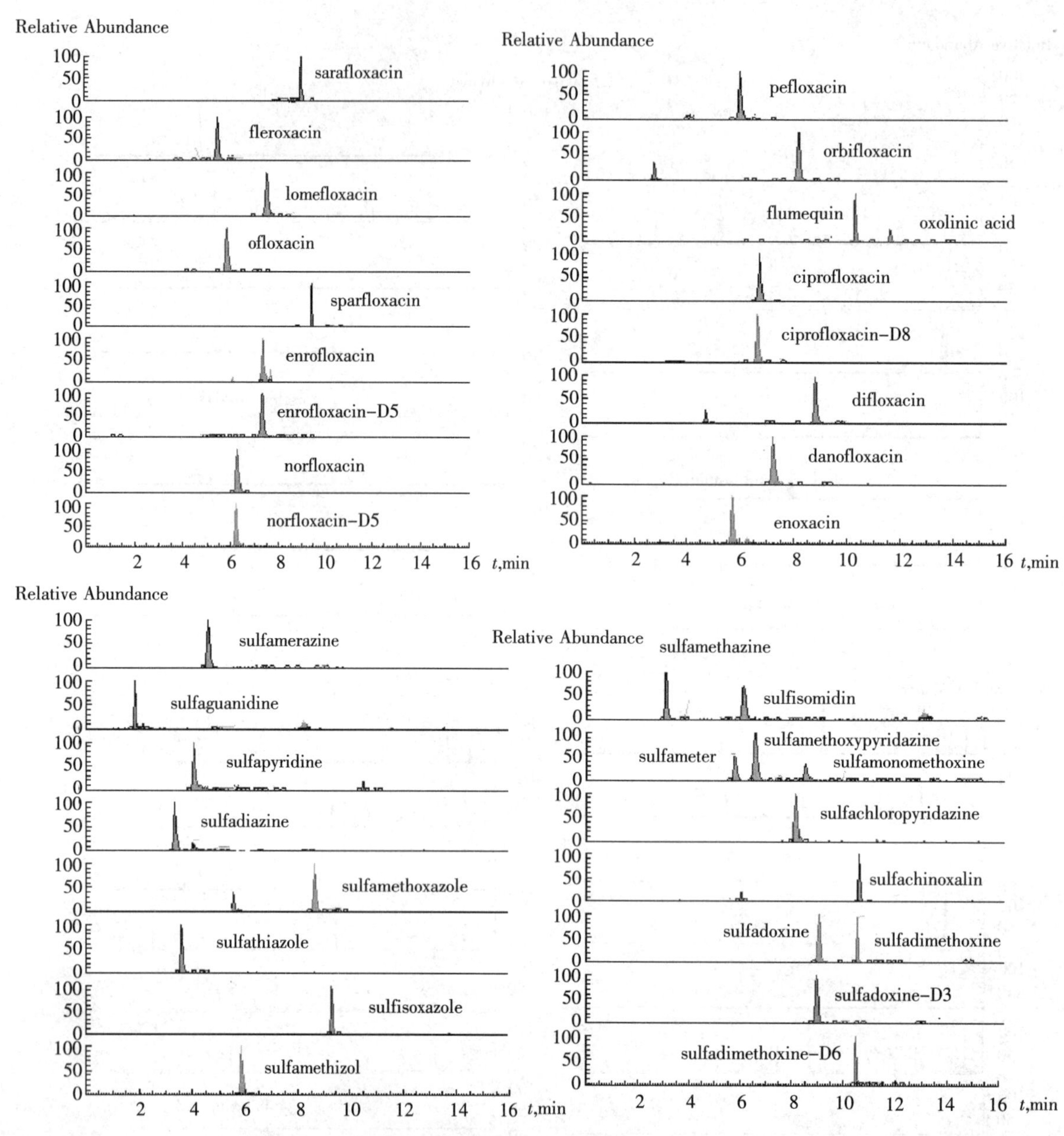

图 A.4 空白鳗鱼中添加样品(5.0 μg/kg)的选择离子流图

ICS 67.050
B 50

中华人民共和国国家标准

农业部1077号公告—2—2008

水产品中硝基呋喃类代谢物残留量的测定 高效液相色谱法

Determination of nitrofuran metabolites residues in fishery products by high performance liquid chromatography

2008-08-11发布　　2008-08-11实施

中华人民共和国农业部　发布

前　言

本标准附录 A 为资料性附录。

本标准由中华人民共和国农业部渔业局提出。

本标准由全国水产标准化技术委员会水产品加工分技术委员会归口。

本标准起草单位:农业部水产品质量监督检验测试中心(上海)、中国水产科学研究院东海水产研究所。

本标准主要起草人:蔡友琼、王媛、贾东芬、于慧娟、黄冬梅、钱蓓蕾、史志霞、徐捷。

水产品中硝基呋喃类代谢物残留量的测定 高效液相色谱法

1 范围

本标准规定了水产品中呋喃唑酮代谢物3-氨基-2-唑烷基酮(AOZ)、呋喃它酮代谢物5-甲基吗啉-3-氨基-2-唑烷基酮(AMOZ)、呋喃西林代谢物氨基脲(SEM)和呋喃妥因代谢物1-氨基-2-内酰脲(AHD)残留量的高效液相色谱测定方法。

本标准适用于水产品中呋喃唑酮代谢物、呋喃它酮代谢物、呋喃西林代谢物和呋喃妥因代谢物残留量的测定。

2 规范性引用文件

下列文件中的条款通过本标准的引用而成为本标准的条款。凡是注日期的引用文件,其随后所有的修改单(不包括勘误的内容)或修订版均不适用于本标准,然而,鼓励根据本标准达成协议的各方研究是否可使用这些文件的最新版本。凡是不注日期的引用文件,其最新版本适用于本标准。

GB/T 6682 分析实验室用水规格和试验方法

SC/T 3016 水产品抽样方法

3 原理

试样中残留的硝基呋喃类代谢物用三氯乙酸-甲醇溶液提取,经衍生、乙酸乙酯萃取、固相萃取柱净化后,用紫外检测器进行检测,外标法定量。

4 试剂和材料

4.1 本标准所用试剂应无干扰峰。除另有特别说明外,所用试剂均为分析纯。试验用水应符合GB/T 6682一级水的要求。

4.2 乙腈:色谱纯。

4.3 乙腈溶液:30 mL乙腈与70 mL水混合溶解。

4.4 甲醇:色谱纯。

4.5 5%甲醇溶液:5 mL甲醇与95 mL水混合溶解。

4.6 乙酸乙酯:色谱纯。

4.7 异丙醇:色谱纯。

4.8 庚烷磺酸钠:色谱级。

4.9 异辛烷:色谱纯。

4.10 冰乙酸:色谱纯。

4.11 酸性氧化铝:100目~200目。

4.12 硅胶C_{18}键合材料:100目~200目。

4.13 吸附型离子交换树脂:100目~200目。

4.14 提取剂1:酸性氧化铝、硅胶C_{18}键合材料和吸附型离子交换树脂按30∶40∶30比例混合。

4.15 三氯乙酸:优级纯。

4.16 提取剂2:三氯乙酸-甲醇溶液,称取55.4 g三氯乙酸溶于500 mL水中,加入500 mL甲醇混合。

4.17 邻氯苯甲醛:色谱纯。

4.18 衍生化试剂:吸取 100 μL 邻氯苯甲醛,溶解于 5 mL 冰乙酸和 20 mL 甲醇混合液中。

4.19 氢氧化钠。

4.20 10 mol/L 氢氧化钠:称取固体氢氧化钠 40 g,加水溶解冷却后,定容至 100 mL。

4.21 1 mol/L 氢氧化钠:称取固体氢氧化钠 4 g,加水溶解冷却后,定容至 100 mL。

4.22 净化柱:C_{18}-CN 混合柱,200 mg/3 mL;或性能相当者。

4.23 0.05%庚烷磺酸钠溶液:称取 0.500 g 庚烷磺酸钠,加 1 000 mL 水溶解。

4.24 标准品:氨基脲(SEM)、3-氨基-2-唑烷基酮(AOZ)、5-甲基吗啉-3-氨基-2-唑烷基酮(AMOZ)、1-氨基-2-内酰脲(AHD),纯度≥99%。

4.25 标准储备溶液:准确称量 AMOZ、AHD、AOZ、SEM 各 10 mg,用甲醇分别定容于 100 mL 容量瓶中,配制成 100 μg/mL 的标准储备液。−18℃冰箱中保存,有效期 6 个月。

4.26 混合标准工作溶液:使用前取 4.25 标准储备溶液,用甲醇稀释成所需浓度。

5 仪器

5.1 高效液相色谱仪:配紫外检测器。

5.2 天平:感量 0.01 g。

5.3 分析天平:感量 0.000 01 g。

5.4 离心机:6 000 r/min。

5.5 旋转蒸发仪。

5.6 可水浴加热超声波清洗机或恒温水浴摇床。

5.7 氮吹仪。

5.8 涡旋混合器。

5.9 固相萃取仪。

5.10 匀浆机。

6 色谱条件

6.1 色谱柱:SB-CN 柱,250 mm×4.6 mm(内径),粒度 5 μm;或性能相当者。

6.2 流动相:乙腈+异丙醇+乙酸乙酯+冰乙酸+0.05%庚烷磺酸钠溶液(5+10+5+0.1+80)。

6.3 流速:1.0 mL/min。

6.4 柱温:30℃。

6.5 检测波长:280 nm。

6.6 进样量:50 μL。

7 测定步骤

7.1 样品处理

7.1.1 试样制备

按照 SC/T 3016 的规定执行。

7.1.2 提取

准确称取已捣碎的样品(10±0.05)g,置于 50 mL 离心管中,加入 7 g 提取剂 1(4.14)及 10 mL 提取剂 2(4.16),涡旋混合后于 40℃摇床振摇或超声 30 min,于 6 000 r/min 离心 10 min,取出上清液于另一 50 mL 离心管中;再加入 10 mL 提取剂 2(4.16),重复提取一遍,合并提取液。

7.1.3 衍生化

于 7.1.2 提取液中，加入衍生化试剂(4.18)0.5 mL 混匀后，于 40℃摇床振摇或超声 60 min，取出冷至室温。

7.1.4 萃取

将冷却后的上清液用 10 mol/L 和 1 mol/L 的氢氧化钠调 pH 到 7.0±0.1，加入 15 mL 乙酸乙酯萃取，4 000 r/min 离心 10 min 后，取出乙酸乙酯层于梨形瓶中，再加入 10 mL 乙酸乙酯，重复上述操作 2 次，合并乙酸乙酯层，于 35℃水浴中减压旋转蒸发至干，加入 5%的甲醇溶液(4.5)5 mL 溶解残渣。

7.1.5 净化

将净化柱(4.22)依次用 5 mL 甲醇、5 mL 水活化后，加入 7.1.4 最终溶液以 1 mL/min～2 mL/min 速度过柱，待样液全部过完后加 5 mL 水淋洗，抽干，弃去流出液，用 2 mL 甲醇以 1 mL/min～2 mL/min 速度洗脱，接收全部洗脱液，40℃氮气吹干。残留物用 1.0 mL 乙腈溶液(4.3)及 2 mL 异辛烷溶解，振荡混匀，6 000 r/min 离心 10 min，取下层乙腈水层过 0.22 μm 有机相微孔滤膜，供高效液相仪器测定。

7.2 工作曲线

移取适量 AMOZ、AHD、AOZ、SEM 混合标准溶液，添加到 10 mL 提取剂 2(4.16)中，使其浓度分别为 0.5 ng/mL、1.0 ng/mL、5.0 ng/mL、10.0 ng/mL 和 50.0 ng/mL，按 7.1.3～7.1.5 测定步骤处理，用高效液相色谱仪测定，绘制标准工作曲线。或采用与待测物相近浓度的标样进行单点测定。

7.3 色谱测定

标准工作溶液和样液中的 AMOZ、AHD、AOZ、SEM 响应值均应在线性范围之内。在上述条件下，空白试样、标准溶液和加标样品的色谱图参见附录 A。

8 计算

样品中 AMOZ、AHD、AOZ、SEM 的含量按式(1)计算。计算结果需扣除空白值，结果保留 3 位有效数字。

$$C=\frac{A\times C_s\times V}{A_s\times m} \quad \cdots\cdots (1)$$

式中：

C ——样品中被测物含量，单位为微克每千克(μg/kg)；

C_s——上机测定时的标准溶液中被测物的含量，单位为纳克每毫升(ng/mL)；

A ——被测样品的峰面积；

A_s——标准的峰面积；

V ——样品最终定容体积，单位为毫升(mL)；

m ——样品质量，单位为克(g)。

9 方法灵敏度、准确度和精密度

9.1 灵敏度

本方法 AMOZ、AHD、AOZ、SEM 的检出限为 0.5 μg/kg，最低定量限均为 1.0 μg/kg。

9.2 准确度

本方法在 0.5 ng/mL～50 ng/mL 范围内，AMOZ、AHD、AOZ、SEM 的回收率均为 70%～110%。

9.3 精密度

本方法批内和批间相对标准偏差≤15%。

附 录 A
（资料性附录）
液相色谱图

A.1 硝基呋喃类代谢物混合标准溶液色谱图

100 ng/mL 硝基呋喃类代谢物混合标准溶液色谱图见图 A.1。

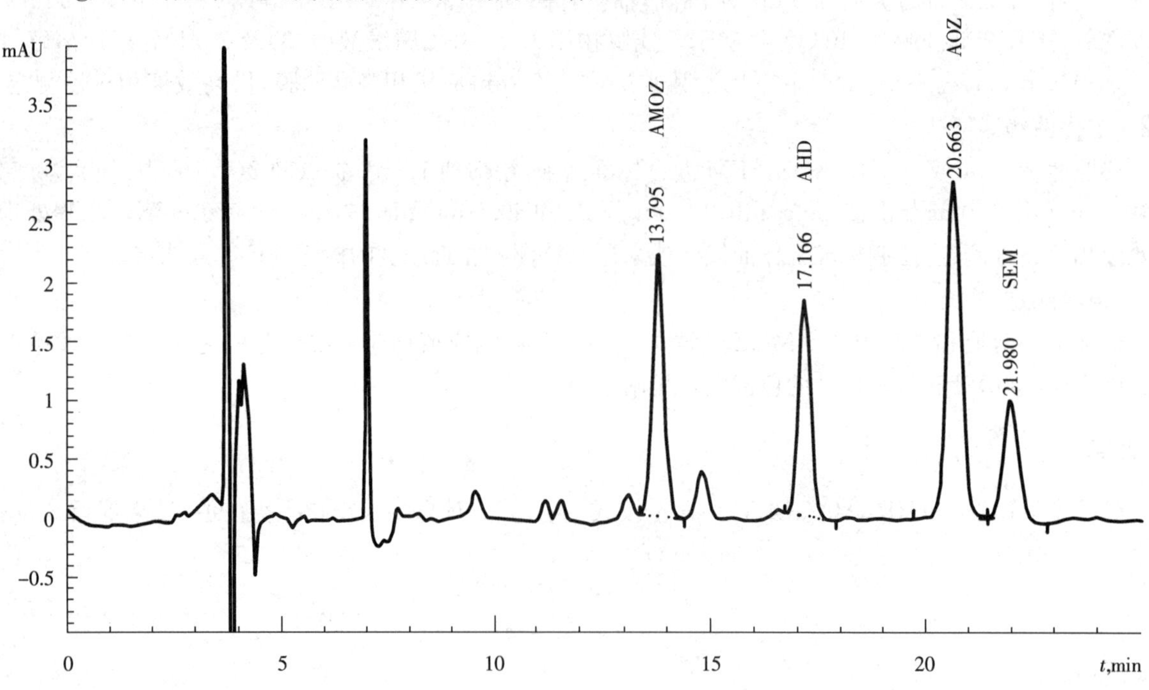

图 A.1 100 ng/mL 硝基呋喃类代谢物混合标准溶液色谱图

A.2 空白虾样品色谱图

空白虾样品色谱图见图 A.2。

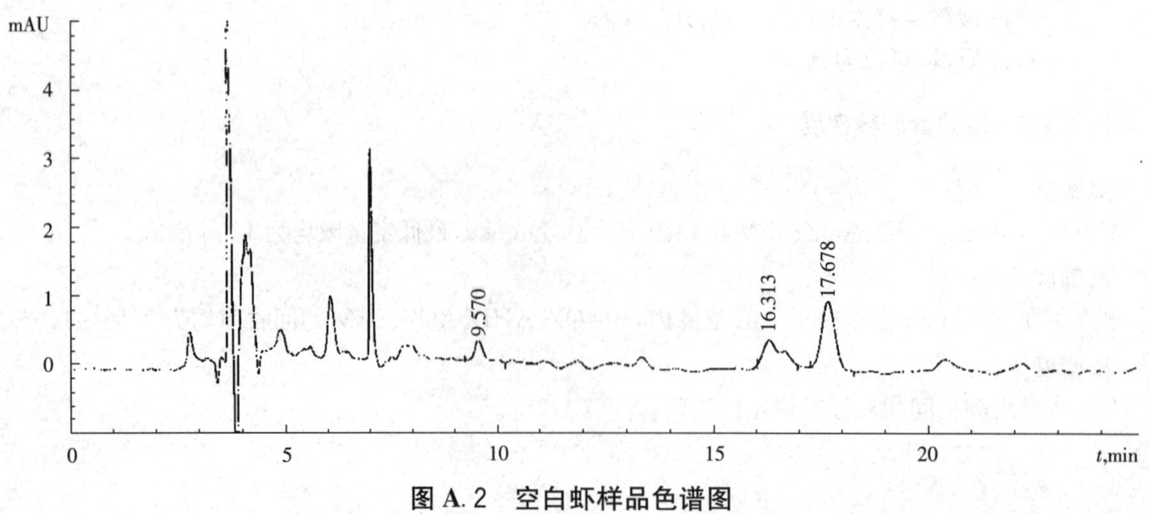

图 A.2 空白虾样品色谱图

A.3 空白虾样品添加 10 μg/kg 硝基呋喃类代谢物色谱图

空白虾样品添加 10 μg/kg 硝基呋喃类代谢物色谱图见图 A.3。

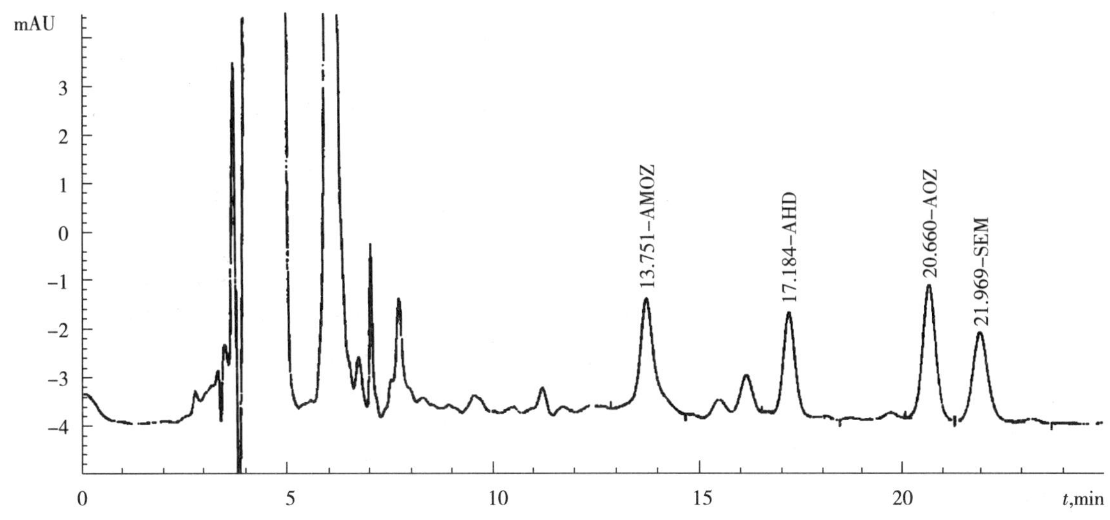

图 A.3 空白虾样品添加 10 μg/kg 硝基呋喃类代谢物色谱图

ICS 67.050
B 50

中华人民共和国国家标准

农业部1077号公告—3—2008

水产品中链霉素残留量的测定 高效液相色谱法

Determination of streptomycin residues in fish and fishery products by high performance liquid chromatography

2008-08-11发布　　　　2008-08-11实施

中华人民共和国农业部　发布

前　言

本标准附录 A 为资料性附录。

本标准由中华人民共和国农业部提出。

本标准由全国水产标准化技术委员会水产品加工分技术委员会归口。

本标准起草单位:中国海洋大学。

本标准主要起草人:林洪、江洁、王立、徐杰、王静雪。

水产品中链霉素残留量的测定
高效液相色谱法

1 范围

本标准规定了水产品中链霉素残留量的高效液相色谱荧光测定方法。

本标准适用于水产品中链霉素残留量的测定。

2 规范性引用文件

下列文件中的条款通过本标准的引用而成为本标准的条款。凡是注日期的引用文件，其随后所有的修改单(不包括勘误的内容)或修订版均不适用于本标准，然而，鼓励根据本标准达成协议的各方研究是否可使用这些文件的最新版本。凡是不注日期的引用文件，其最新版本适用于本标准。

GB/T 6682 分析实验室用水规格和试验方法

SC/T 3016 水产品抽样方法

3 原理

以三氯乙酸提取样品中的链霉素，经过 C_{18} 固相萃取柱净化，在碱性条件下柱后衍生，高效液相色谱荧光检测器测定，外标法定量。

4 试剂

所有试剂在给定的色谱条件下应无干扰峰，除标明纯度外，均为分析纯。

4.1 试验用水应符合 GB/T 6682 一级水的要求。

4.2 链霉素标准品：硫酸链霉素，纯度≥98%。

4.3 甲醇：色谱纯。

4.4 叔丁基甲醚：色谱纯。

4.5 正己烷：色谱纯。

4.6 庚烷磺酸钠：色谱纯。

4.7 萘醌磺酸钠：1,2-萘醌-4-磺酸钠，色谱纯。

4.8 乙腈：色谱纯。

4.9 三氯乙酸：分析纯。

4.10 氢氧化钠：优级纯。

4.11 10%三氯乙酸溶液：称取三氯乙酸 27.7 g，用 250 mL 水溶解。

4.12 0.5 mol/L 庚烷磺酸钠溶液：准确称取 5.05 g 庚烷磺酸钠，用水溶解，定容至 50 mL。

4.13 叔丁基甲醚-正己烷溶液：叔丁基甲醚＋正己烷(4＋1)。

4.14 0.2 mol/L 氢氧化钠溶液：称取 8.00 g NaOH，用 1 000 mL 水溶解，使用前过 0.45 μm 微孔滤膜过滤并脱气。

4.15 乙腈溶液：乙腈＋水(3＋7)。

4.16 庚烷磺酸钠-萘醌磺酸钠溶液：准确称取 1.10 g 庚烷磺酸钠、0.052 g 萘醌磺酸钠，用乙腈溶液(4.15)溶解，定容至 500 mL，用乙酸调节至 pH 3.3±0.1，避光。

4.17 0.01 mol/L 庚烷磺酸钠溶液：准确称取 1.10 g 庚烷磺酸钠，用乙腈溶液(4.15)溶解，定容至 500 mL，用乙酸调节至 pH 3.3±0.1。

4.18 链霉素标准储备液:准确称取链霉素标准品 0.100 g,用水溶解定容至 100 mL,配制成 1 mg/mL 的储备液,−4℃密封避光存放,存放时间不超过 15 d。

4.19 链霉素标准工作液:使用前将链霉素标准储备液用庚烷磺酸钠溶液(4.17)稀释成一系列标准工作液,现用现配。

5 仪器

5.1 高效液相色谱仪:配荧光检测器。

5.2 柱后衍生仪:PCX5200,Pickering;或性能相当者。

5.3 固相萃取仪。

5.4 分析天平:感量 0.000 1 g。

5.5 天平:感量 0.01 g。

5.6 离心机:最大转速 5 000 r/min。

5.7 均质机。

5.8 旋转蒸发器。

5.9 容量瓶:5 mL、25 mL。

5.10 鸡心瓶:50 mL。

5.11 离心管:50 mL。

5.12 C_{18}固相萃取柱:500 mg/3 mL,AccuBOND C_{18},Agilent;或性能相当者。

注:提及公司的信息及标识,除非做了说明,并不意味推荐使用该公司的产品。

6 色谱条件

6.1 色谱柱:Hypersil C_{18}柱,150 mm×4.6 mm,5 μm,或性能相当者。

6.2 色谱柱温度:45℃。

6.3 流动相:庚烷磺酸钠-萘醌磺酸钠溶液(4.16)。

6.4 流动相流速:0.8 mL/min。

6.5 进样量:50 μL。

6.6 检测波长:激发波长 263 nm,发射波长 438 nm。

6.7 衍生试剂:0.2 mol/L 氢氧化钠溶液(4.14)。

6.8 反应温度:50℃。

6.9 衍生试剂流速:0.3 mL/min。

6.10 反应管:10 m×2.8 mm。

7 操作方法

7.1 试样制备

按照 SC/T 3016 的要求制备试样。

7.2 提取

称取试样(5±0.02)g 于 50 mL 离心管中,加入 10 mL 三氯乙酸溶液,10 000 r/min 均质 1 min,振荡 5 min,4 500 r/min 离心 15 min,上清液转移至烧杯中,残渣用 10 mL 三氯乙酸溶液同上述方法再提取一次,所得上清液合并过滤,收集到 25 mL 容量瓶中,加入 2 mL 庚烷磺酸钠溶液(4.12),用水定容至25 mL,摇匀。

7.3 固相萃取净化

依次用 5 mL 甲醇和 10 mL 水预洗 C_{18}固相萃取柱。将 7.2 步骤的提取液以约 1.5 mL/min 流速通过固相萃取柱。依次用10 mL水和4 mL叔丁基甲醚-正己烷溶液洗柱，弃去洗出液。用5 mL甲醇以约1.5 mL/min流速进行洗脱，收集洗脱液于鸡心瓶中，加入2 mL水，45℃减压浓缩至液体剩余1 mL～2 mL，转移至5 mL容量瓶，用2 mL庚烷磺酸钠溶液(4.17)洗瓶，合并于容量瓶，用庚烷磺酸钠溶液(4.17)定容至5 mL，经0.45 μm微孔滤膜过滤，待上机分析。

注：固相萃取柱的预处理和净化过程保持柱子湿润。

7.4 标准工作曲线的制作

准确取标准储备液(4.18)，用庚烷磺酸钠溶液(4.17)稀释成浓度为0.1 μg/mL、0.5 μg/mL、1.0 μg/mL、2.5 μg/mL、5.0 μg/mL系列标准工作液，供高效液相色谱仪分析。

7.5 色谱分析

分别注入50 μL标准工作液和试样提取液于高效液相色谱仪中，按上述色谱条件进行色谱分析，记录峰面积，响应值均应在仪器检测的线性范围之内。在第6章规定的条件下，链霉素保留时间约为6.4 min。根据标准品的保留时间定性，外标法定量。色谱图参见附录A。

7.6 空白试验

除不加试样外，均按上述测定条件和步骤进行。

8 计算

试样中链霉素的含量按式(1)计算。计算结果需扣除空白值，结果保留3位有效数字。

$$X = \frac{A \times C_s \times V \times 1000}{A_s \times m} \quad \cdots\cdots (1)$$

式中：

X ——试样中链霉素含量，单位为微克每千克(μg/kg)；

C_s——标准溶液中链霉素含量，单位为微克每毫升(μg/mL)；

A ——试样液中链霉素的峰面积；

V ——试样提取液最终定容体积，单位为毫升(mL)；

A_s——标准溶液中链霉素的峰面积；

m ——试样质量，单位为克(g)。

9 方法灵敏度、准确度和精密度

9.1 灵敏度

本方法最低定量限100 μg/kg，最低检出限20 μg/kg。

9.2 准确度

本方法加标浓度为100 μg/kg～5 000 μg/kg时，回收率为70%～120%。

9.3 精密度

本方法批内和批间相对标准偏差≤15%。

附 录 A
(资料性附录)
链霉素液相色谱图

A.1 链霉素标准品液相色谱图

1.0 μg/mL 链霉素标准品液相色谱图见图 A.1。

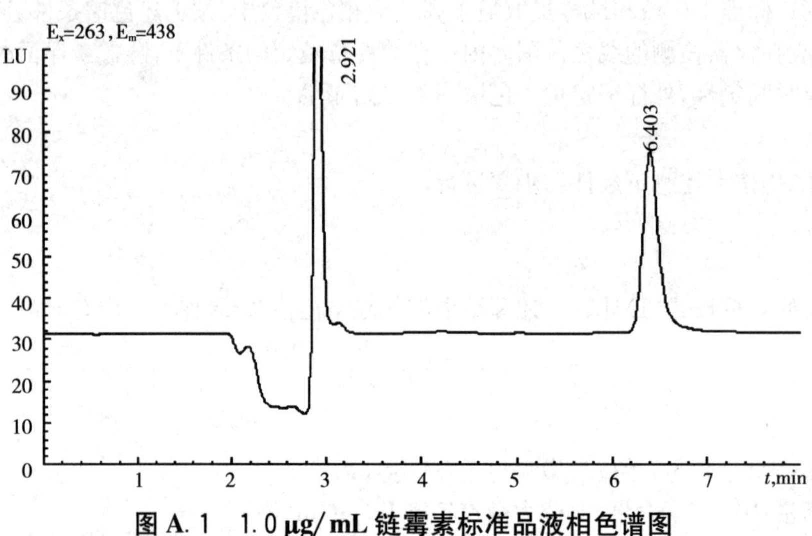

图 A.1 1.0 μg/mL 链霉素标准品液相色谱图

A.2 空白鲫鱼试样液相色谱图

空白鲫鱼试样液相色谱图见图 A.2。

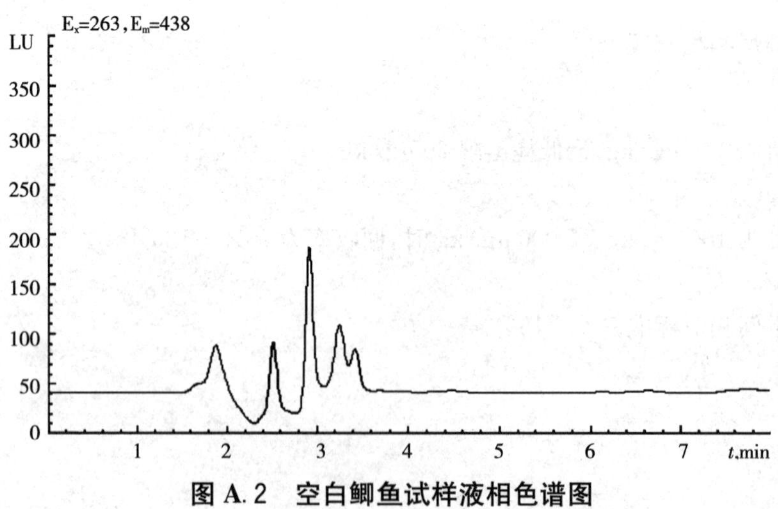

图 A.2 空白鲫鱼试样液相色谱图

A. 3 链霉素加标鲫鱼试样液相色谱图

链霉素加标鲫鱼试样液相色谱图见图 A. 3。

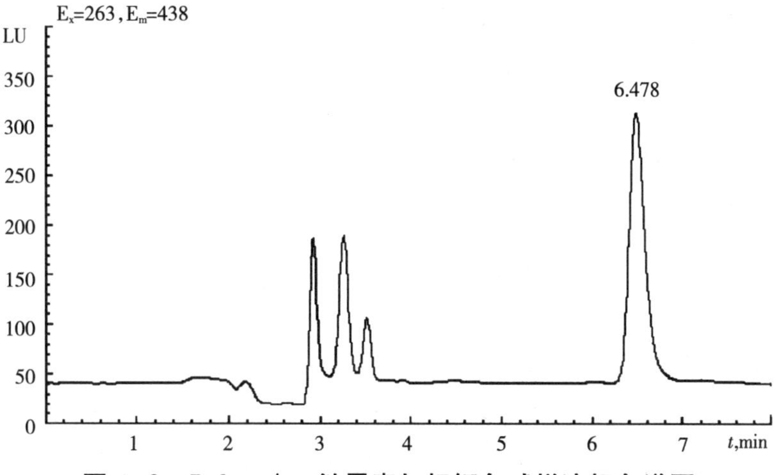

图 A. 3　5. 0 μg/kg 链霉素加标鲫鱼试样液相色谱图

ICS 67.050
B 50

中华人民共和国国家标准

农业部1077号公告—4—2008

水产品中喹烯酮残留量的测定 高效液相色谱法

Determination of quinocetone residue in fishery products by high performance liquid chromatography method

2008-08-11 发布　　　　2008-08-11 实施

中华人民共和国农业部　发布

前　言

本标准的附录 A 为资料性附录。

本标准由中华人民共和国农业部渔业局提出。

本标准由全国水产标准化技术委员会水产品加工分技术委员会归口。

本标准起草单位:农业部水产种质监督检验测试中心(广州)、中国水产科学研究院珠江水产研究所。

本标准主要起草人:郑光明、吴仕辉、戴晓欣、朱新平、史燕、陈昆慈、潘德博、谢文平。

水产品中喹烯酮残留量的测定 高效液相色谱法

1 范围

本标准规定了水产品中喹烯酮残留量测定的高效液相色谱法。

本标准适用于水产品中喹烯酮残留量的测定。

2 规范性引用文件

下列文件中的条款通过本标准的引用而成为本标准的条款。凡是注日期的引用文件，其随后所有的修改单（不包括勘误的内容）或修订版均不适用于本标准，然而，鼓励根据本标准达成协议的各方研究是否可使用这些文件的最新版本。凡是不注日期的引用文件，其最新版本适用于本标准。

GB/T 6682 分析实验室用水规格和试验方法

SC/T 3016 水产品抽样方法

3 原理

以乙酸乙酯提取样品中残留的喹烯酮，旋转蒸发浓缩，流动相溶解，正己烷脱脂，用液相色谱仪-紫外检测法检测，外标法定量。

4 试剂

本标准所用试剂除标明外，其他均为分析纯或更高纯度。

4.1 水：符合 GB/T 6682 一级纯水的要求。

4.2 乙酸乙酯。

4.3 正己烷。

4.4 乙腈：色谱纯。

4.5 喹烯酮标准品：纯度≥99.0%。

4.6 喹烯酮标准储备液：准确称取标准品 10 mg，加少量乙腈溶解，用乙腈定容至 100 mL 棕色容量瓶中，保存于 2℃～8℃冰箱中（保存期不超过 1 个月）。该喹烯酮标准储备溶液浓度为 100 μg/mL。

4.7 喹烯酮系列标准工作液：用乙腈将标准储备液稀释至 10 μg/mL 作为标准中间液，准确量取喹烯酮标准中间液，用流动相稀释成 0.02 μg/mL、0.05 μg/mL、0.1 μg/mL、0.2 μg/mL、0.5 μg/mL、1.0 μg/mL系列标准工作液，现配现用。

5 仪器和设备

5.1 液相色谱仪，具紫外检测器。

5.2 高速匀浆机。

5.3 旋转蒸发仪。

5.4 分析天平，感量 0.000 1 g。

5.5 天平，感量 0.01 g。

5.6 离心机：5 000 r/min。

5.7 离心机：14 000 r/min。

5.8　涡旋混合器。

5.9　具塞离心管:50 mL。

5.10　离心管:2.5 mL。

5.11　鸡心瓶:100 mL。

6　试样制备

6.1　样品预处理

水产品取可食肌肉部分,样品切成小块后混匀,均质成肉糜,置于0℃～4℃冰箱中备用,若不能及时检测时,放置−18℃冰箱中储存备用。

6.2　提取

准确称取试样(5±0.02)g肉糜样品于50 mL具塞玻璃离心管中,加入8 mL水,匀浆30 s,加入乙酸乙酯15 mL,涡旋混合3 min,4 500 r/min离心5 min,取上清液于100 mL鸡心瓶中。

另取一50 mL离心管加入15 mL乙酸乙酯,清洗匀浆机刀头,清洗液移入前一离心管中,用玻璃棒捣散离心管中的沉淀,涡旋混合3 min,4 500 r/min离心5 min,上清液并入100 mL鸡心瓶中。在50 mL离心管中继续加入15 mL乙酸乙酯,重复上述操作一次。合并3次提取液备用。

6.3　净化

备用液于40℃水浴旋转蒸发至干,加1.0 mL流动相溶解,再加入1 mL正己烷,涡旋混合1 min,转入2.5 mL离心管中,10 000 r/min离心5 min,弃去正己烷层,上清液经0.45 μm有机微孔滤膜过滤后供液相色谱分析。

6.4　色谱条件

6.4.1　色谱柱:苯基柱,250 mm×4.6 mm,5 μm,或性能相当者。

6.4.2　流动相:乙腈+水=50+50(*V*+*V*)。

6.4.3　流速:1.0 mL/min。

6.4.4　柱温:30℃。

6.4.5　检测器波长:312 nm。

6.4.6　进样量:20 μL。

6.5　样品测定

将20 μL喹烯酮系列标准工作液及样品液分别注入液相色谱仪中,按上述色谱条件进行色谱分析,记录峰面积,响应值均应在仪器检测的线性范围之内。根据标准样品的保留时间定性,外标法定量。喹烯酮液相色谱图见附录A。

6.6　空白对照试验

除不加试样外,均按上述测定步骤进行。

7　计算

根据标准工作液峰面积和浓度做工作曲线,根据样品提取液的峰面积,从工作曲线计算样品提取液中喹烯酮的残留量,按式(1)计算样品中喹烯酮残留量。计算结果需扣除空白值。

$$X=\frac{C\times V}{m}\times 1000 \quad (1)$$

式中:

X ——试样中的喹烯酮的残留量,单位为微克每千克(μg/kg);

C ——样品提取液中喹烯酮的残留量,单位为微克每毫升(μg/mL);

V ——最终定容体积,单位为毫升(mL);

m ——样品质量,单位为克(g)。

结果保留 3 位有效数字。

8 方法灵敏度、准确度、精密度

8.1 灵敏度

本方法检出限为 20 μg/kg,定量限为 50 μg/kg。

8.2 准确度

标准添加浓度为 50 μg/kg～200 μg/kg 时,喹烯酮回收率为 70%～120%。

8.3 精密度

本方法批内相对标准偏差≤10%,批间相对标准偏差≤15%。

附　录　A
(资料性附录)
液相色谱图

A.1　喹烯酮标准溶液液相色谱图

0.25 μg/mL 喹烯酮标准溶液液相色谱图见图 A.1。

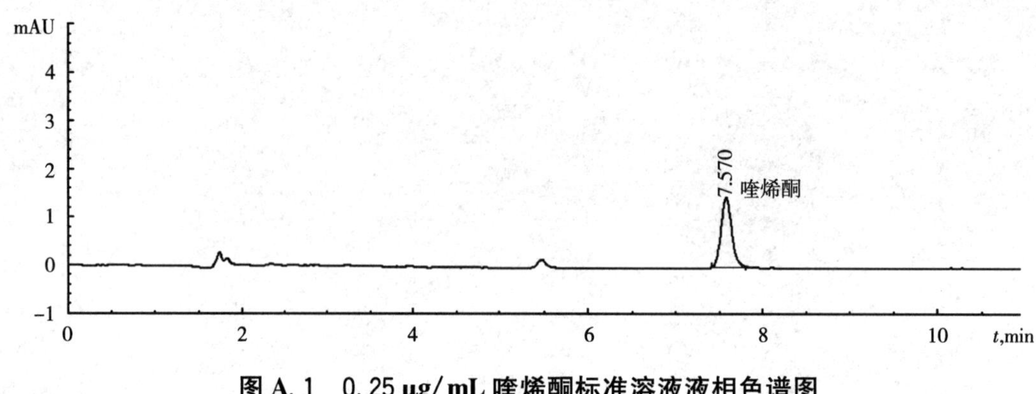

图 A.1　0.25 μg/mL 喹烯酮标准溶液液相色谱图

A.2　空白样品液相色谱图

空白样品液相色谱图见图 A.2。

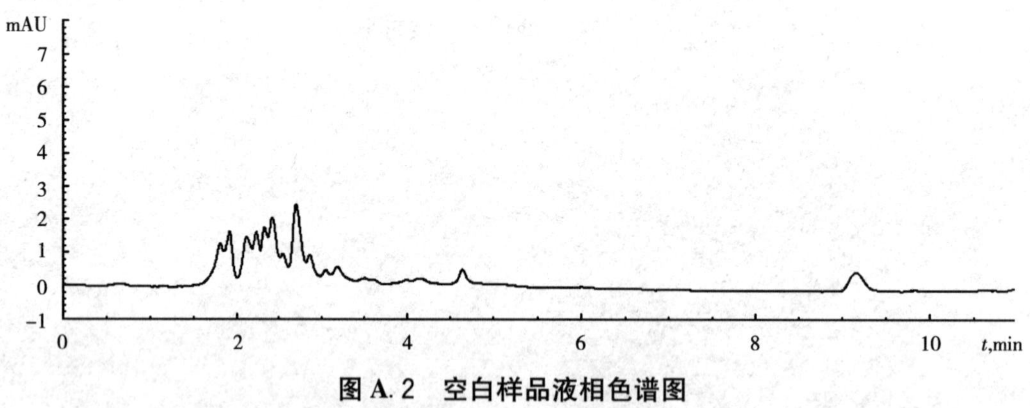

图 A.2　空白样品液相色谱图

A.3 添加喹烯酮的加标液相色谱图

添加 50 μg/kg 喹烯酮的加标液相色谱图见 A.3。

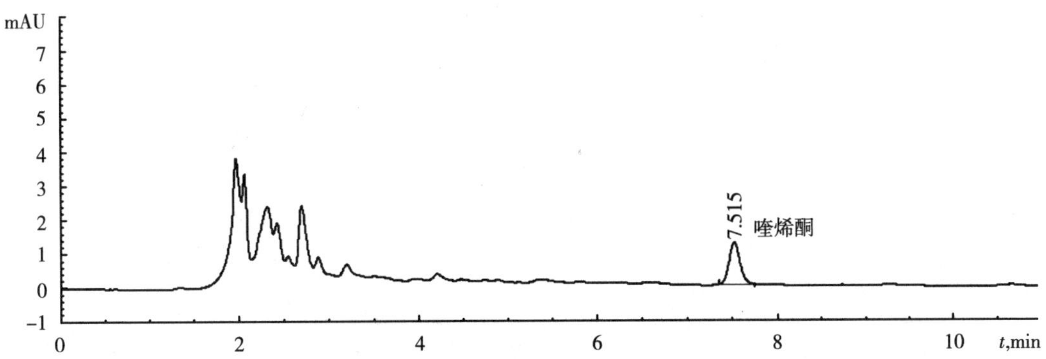

图 A.3 添加 50 μg/kg 喹烯酮的加标液相色谱图

ICS 67.050
B 50

中华人民共和国国家标准

农业部1077号公告—6—2008

水产品中玉米赤霉醇类残留量的测定 液相色谱-串联质谱法

Determination of zeranols residues in aquatic products by LC-MS/MS metho

2008-08-11 发布　　2008-08-11 实施

中华人民共和国农业农村部 发布

前　言

本标准的附录 A 为资料性附录。

本标准由中华人民共和国农业部提出。

本标准由全国水产标准化技术委员会水产品加工分技术委员会归口。

本标准起草单位:农业部渔业环境及水产品质量监督检验测试中心(哈尔滨)、哈尔滨市食品工业研究所。

本标准主要起草人:战培荣、孙言春、杨桂玲、陈忠祥、杨旭、覃东立、孙娜、卢玲、王海涛、赵彩霞、陆九韶。

水产品中玉米赤霉醇类残留量的测定
液相色谱-串联质谱法

1 范围

本标准规定了水产品中玉米赤霉醇类残留量液相色谱-串联质谱测定方法。

本标准适用于水产品中 α-玉米赤霉醇、β-玉米赤霉醇、α-玉米赤霉烯醇、β-玉米赤霉烯醇、玉米赤霉酮、玉米赤霉烯酮单个或多个混合物残留量的液相色谱-串联质谱检测。

2 规范性引用文件

下列文件中的条款通过本标准的引用而成为本标准的条款。凡是注日期的引用文件，其随后所有的修改单(不包括勘误的内容)或修订版均不适用于本标准，然而，鼓励根据本标准达成协议的各方研究是否可使用这些文件的最新版本。凡是不注日期的引用文件，其最新版本适用于苯标准。

GB/T 6682　分析实验室用水规格和试验方法

SC/T 3016　水产品抽样方法

3 原理

用乙腈提取试样中的 6 种玉米赤霉醇类，用正己烷脱脂，经过氨基固相萃取柱净化后，用液相色谱-串联质谱仪测定，色谱保留时间和质谱特征离子共同定性，外标法定量。

4 试剂

以下所用试剂，除特殊注明外均为分析纯试剂，试验用水符合 GB/T 6682 一级水要求。

4.1　α-玉米赤霉醇、β-玉米赤霉醇、α-玉米赤霉烯醇、β-玉米赤霉婦醇、玉米赤霉酮、玉米赤霉烯酮标准品，纯度均大于 97%。

4.2　乙腈：色谱纯。

4.3　正己烷：色谱纯。

4.4　乙酸乙酯：色谱纯。

4.5　甲醇：色谱纯。

4.6　无水硫酸钠：640℃烘干 4 h，干燥保存。

4.7　正己烷-乙酸乙酯(60+40)：准确量取正己烷 60 mL 和乙酸乙酯 40 mL，混匀。

4.8　正己烷-乙酸乙酯(20+80)：准确量取正己烷 20 mL 和乙酸乙酯 80 mL，混匀。

4.9　乙腈溶液(20%)：取 20 mL 乙腈，加水溶解，定容至 100 mL。

4.10　乙腈饱和的正己烷溶液：乙腈 100 mL 中加入 15 mL 正己烷，混匀，备用。

4.11　标准储备液(100 μg/mL)：精确称取适量的 α-玉米赤霉醇、β-玉米赤霉醇、α-玉米赤霉婦醇、β-玉米赤霉烯醇、玉米赤霉酮、玉米赤霉烯酮，用甲醇分别配成浓度为 100 μg/mL 的标准储备液，－18℃冰箱中保存，储存期 1 年。

4.12　混合标准储备液(1.00 μg/mL)：分别准确吸取 1.0 mL 的 α-玉米赤霉醇、β-玉米赤霉醇、α-玉米赤霉烯醇、β-玉米赤霉烯醇、玉米赤霉酮、玉米赤霉烯酮标准储备液至 100 mL 容量瓶中，用甲醇稀释定容，－18℃冰箱中保存，储存期 6 个月。

4.13　混合标准工作溶液：准确吸取混合标准储备液，用乙腈溶液(4.9)稀释成浓度为 0.50 ng/mL～100.00 ng/mL 系列标准工作液，4℃暂时存放。

5 仪器和设备

5.1 液相色谱-串联质谱联用仪(配电喷雾离子源)。

5.2 涡旋混合器。

5.3 离心机:4 000 r/min。

5.4 分析天平:感量为 0.01 g。

5.5 分析天平:感量为 0.000 01 g。

5.6 组织匀浆机。

5.7 旋转蒸发仪。

5.8 固相萃取装置。

5.9 氮吹仪。

5.10 鸡心瓶:100 mL。

5.11 具塞聚丙烯离心管:50 mL。

5.12 具塞刻度玻璃管:10 mL。

5.13 氨基固相萃取柱:规格为 500 mg/3 mL。

6 测定步骤

6.1 试样预处理

按 SC/T 3016 的规定执行。

6.2 提取净化

称取(5.00±0.02) g 试样于 50 mL 离心管中,加入 3 g 无水硫酸钠(4.6),涡动 20 s,加乙腈(4.2) 15 mL,充分均质混匀,4 000 r/min 离心 10 mm,取上清液于另一离心管中。另取一 50 mL 离心管,加入 10 mL乙腈(4.2),清洗刀头。清洗液用来溶解上一步的残余物,重复提取一次,合并 2 次提取液。提取液中加入乙腈饱和的正己烷溶液(4,10)15 mL,充分振荡,3 000 r/min 离心 5 min,弃上层正己烷。再加乙腈饱和的正己烷溶液(4.10) 10 mL 重复脱脂一次。下层转至 100 mL 鸡心瓶中,50℃旋蒸至近干,加乙酸乙酯 5 mL,涡动 1 min,静置30 s,上清液转移至 50 mL 离心管。鸡心瓶中加正己烷 10 mL,涡动 30 s,静置 30 s,上清液转移至同一个离心管。再用正己烷 10 mL 洗涤鸡心瓶一次,合并 3 次残余物溶解液,备用。

氨基固相萃取柱依次用乙酸乙酯和正己烷各 5 mL 活化,取备用液全部过柱(流速不超过 1 mL/min),再依次用正己烷、正己烷-乙酸乙酯(4.7)各 5 mL 淋洗。依次用正己烷-乙酸乙酯(4.8)和乙酸乙酯各 4 mL 洗脱,合并 2 次洗脱液,50℃氮气吹干。

残余物用乙腈溶液(4.9)1.0 mL 溶解,涡动混匀,过 0.2 μm 滤膜,供液相色谱-串联质谱仪测定。

6.3 空白添加标准曲线的制备

分别精确取 6 种玉米赤霉醇类药物混合标准储备液适量,添加到 5.00 g 空白试样中,制得浓度在 0 μg/kg~100.00 μg/kg 范围内的 5 个~7 个不同添加浓度的试样,按 6.2 步骤操作,供液相色谱-串联质谱仪测定。

6.4 测定

6.4.1 色谱条件

a) 色谱柱:BEH C_{18}(2.1 mm×50 mm,粒径 1.7 μm);或相当者。

b) 流动相:A 相:水;B 相:乙腈。

c) 流速:0.3 mL/min。

d) 柱温:35℃。

e) 进样体积 10 μL。

f) 流动相梯度洗脱程序见表1。

表1 流动相梯度洗脱程序

时间,min	A相,%	B相,%
0	85	25
3	15	85
3.5	10	90
4	10	90
4.3	85	15
5.5	85	15

6.4.2 质谱参考条件

a) 离子源:电喷雾离子源。

b) 扫描方式:负离子扫描。

c) 检测方式:多反应监测(MRM)。

d) 电离电压:2.6 kV。

e) 离子源温度:110℃。

f) 雾化温度:380℃。

g) 雾化气流速:600 L/h。

h) 药物保留时间、定性离子对、定量离子对、锥孔电压和碰撞能量见表2。

表2 玉米赤霉醇类药物的保留时间、定性离子对、定量离子对、锥孔电压和碰撞能量

药物名称	保留时间 min	定性离子对 m/z	定量离子对 m/z	锥孔电压 V	碰撞能量 eV
α-玉米赤霉醇	2.15	321>277 321>303	321>277	40 40	20 23
β-玉米赤霉醇	1.99	321>277 321>303	321>277	40 40	20 23
α-玉米赤霉烯醇	2.20	319>275 319>301	319>275	40 40	20 22
β-玉米赤霉烯醇	2.20	319>275 319>301	319>275	40 40	20 22
玉米赤霉酮	2.48	319>275.2 319>205	319>275	40 40	20 20
玉米赤霉烯酮	2.51	317>273 317>175	317>273	40 40	18 18

6.4.3 定性依据

在同样的测试条件下,阳性样品保留时间与标准物质保留时间之间的相对标准偏差应在±5%以内,且监测到的离子的相对丰度,用与最强离子基峰的强度百分比表示,应当与浓度相当的校正标准相对丰度一致,校正标准可以是标准品溶液,也可以是添加了标准物质的样品。基峰与次强碎片离子相对丰度比符合表3的要求。空白添加标准溶液的质量色谱图和玉米赤霉醇类药物子离子的质谱图见附录A中的图A.1~图A.7。

表3 基峰与次强碎片离子丰度比的要求

相对丰度,%	允许偏差,%
>50	±20
>20~50	±25
>10~20	± 30
≤10	± 50

6.4.4 定量测定

按 6.4.1 和 6.4.2 设定仪器条件，待仪器稳定后，取样品制备液和空白添加混合标准工作溶液进行测定，作单点或多点校准，外标法计算样品中药物的残留量，定量离子采用丰度最大的二级特征离子碎片。样品溶液及空白添加混合标准工作溶液中 α-玉米赤霉醇、β-玉米赤霉醇、α-玉米赤霉烯醇、β-玉米赤霉烯醇、玉米赤霉酮、玉米赤霉烯酮的峰面积均应在仪器检测的线性范围之内。

6.5 空白试验

除不加标样外，按照上述测定条件和步骤进行平行操作。

7 结果计算

试样中玉米赤霉醇类的残留量按式(1)计算，测定结果扣除空白值，保留 3 位小数。

单点校准：

$$X=\frac{X_s A m_s}{A_s m} \quad \cdots\cdots\cdots\cdots (1)$$

或空白添加标准曲线校准：由 $A_s=aX_s+b$，求得 a 和 b，代入式(1)。

式中：

X —— 测试样品中玉米赤霉醇类的残留量，单位为微克每千克(μg/kg)；

X_s —— 空白添加样品中相应玉米赤霉醇类的浓度，单位为微克每千克(μg/kg)；

A —— 待测样品溶液中相应玉米赤霉醇类的峰面积；

A_s —— 空白添加样品溶液中相应的玉米赤霉醇类的峰面积；

m_s —— 空白添加样品质量，单位为克(g)；

m —— 待测样品质量，单位为克(g)。

8 方法灵敏度、准确度和精密度

8.1 灵敏度

6 种玉米赤霉醇类残留的检测限均为 0.50 μg/kg，定量限均为 1.00 μg/kg。

8.2 准确度

本方法在添加浓度范围为 1.00 μg/kg～20.00 μg/kg 时，回收率为 60%～120%。

8.3 精密度

本方法批间相对标准偏差＜15%。批内相对标准偏差＜15%。

附 录 A
(资料性附录)
玉米赤霉醇类特征离子质量色谱图和质谱图

A.1 玉米赤霉醇类标准溶液特征离子质量色谱图

玉米赤霉醇类标准溶液特征离子质量色谱图见图 A.1。

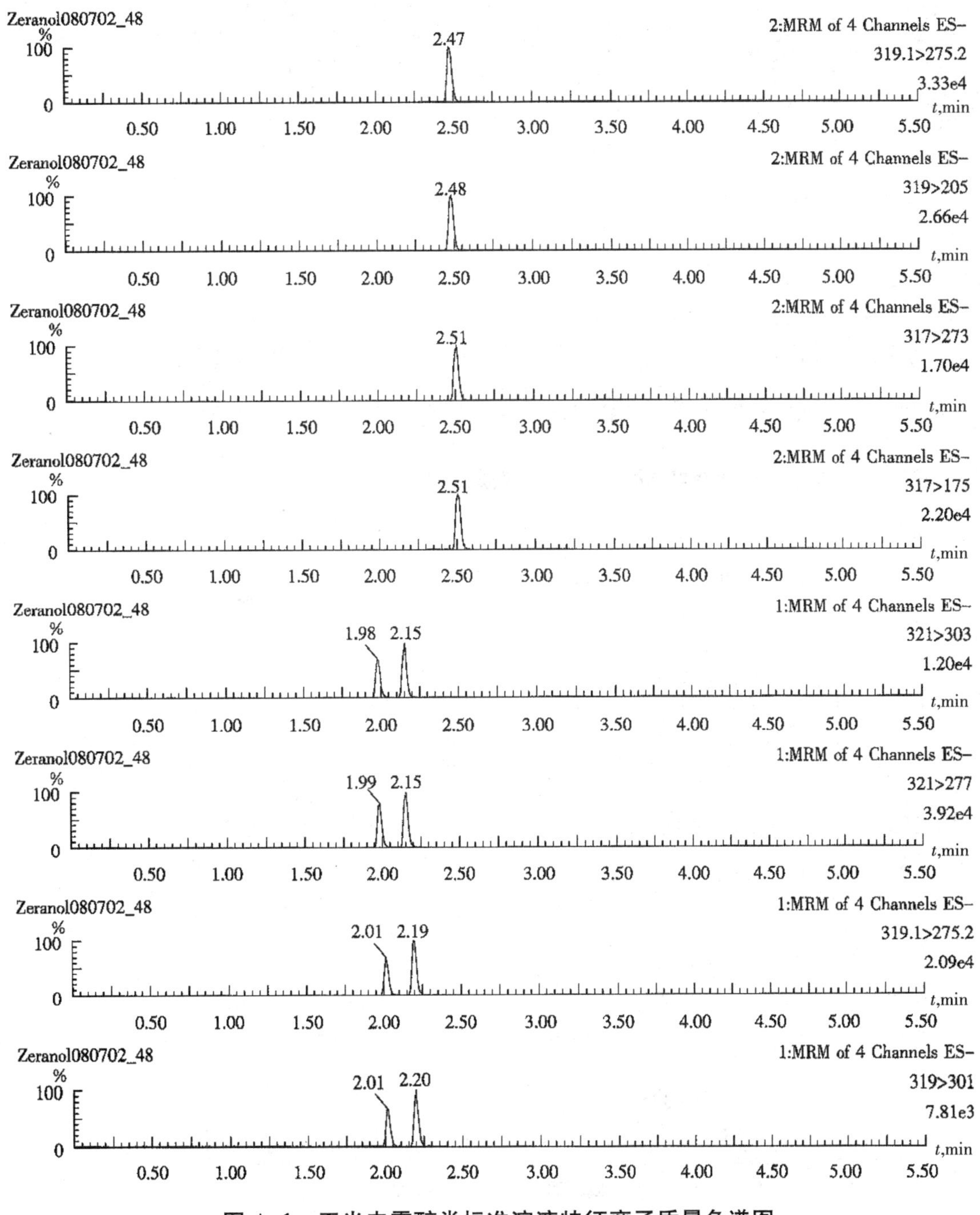

图 A.1 玉米赤霉醇类标准溶液特征离子质量色谱图

A.2 β-玉米赤霉醇与 α-玉米赤霉醇子离子扫描质谱图

β-玉米赤霉醇与 α-玉米赤霉醇子离子扫描质谱图见图 A.2。

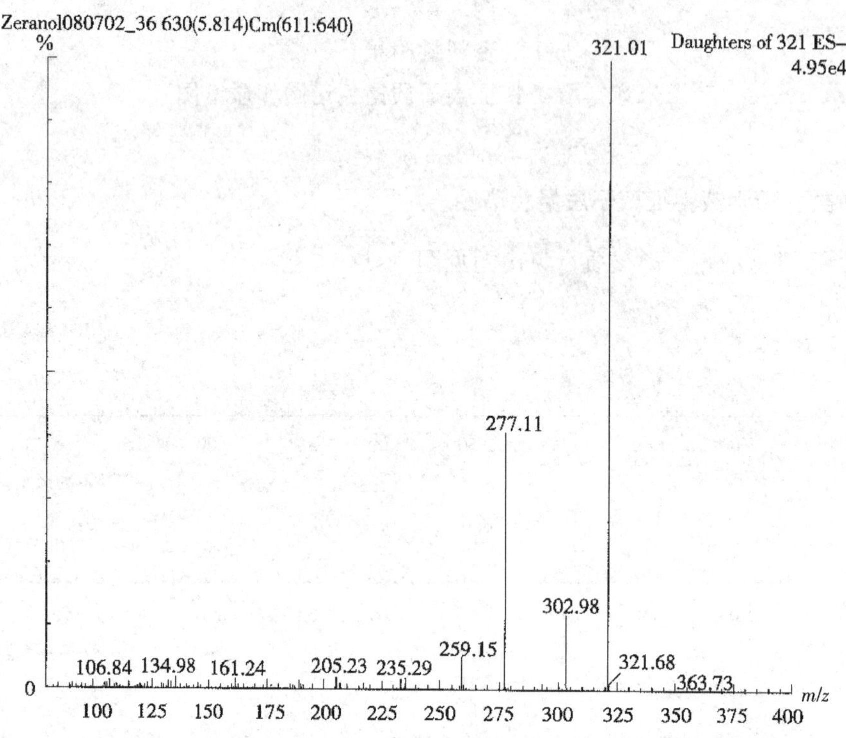

图 A.2 β-玉米赤霉醇与 α-玉米赤霉醇子离子扫描质谱图

A.3 β-玉米赤霉烯醇与 α-玉米赤霉烯醇子离子扫描质谱图

β-玉米赤霉烯醇与 α-玉米赤霉烯醇子离子扫描质谱图见图 A.3。

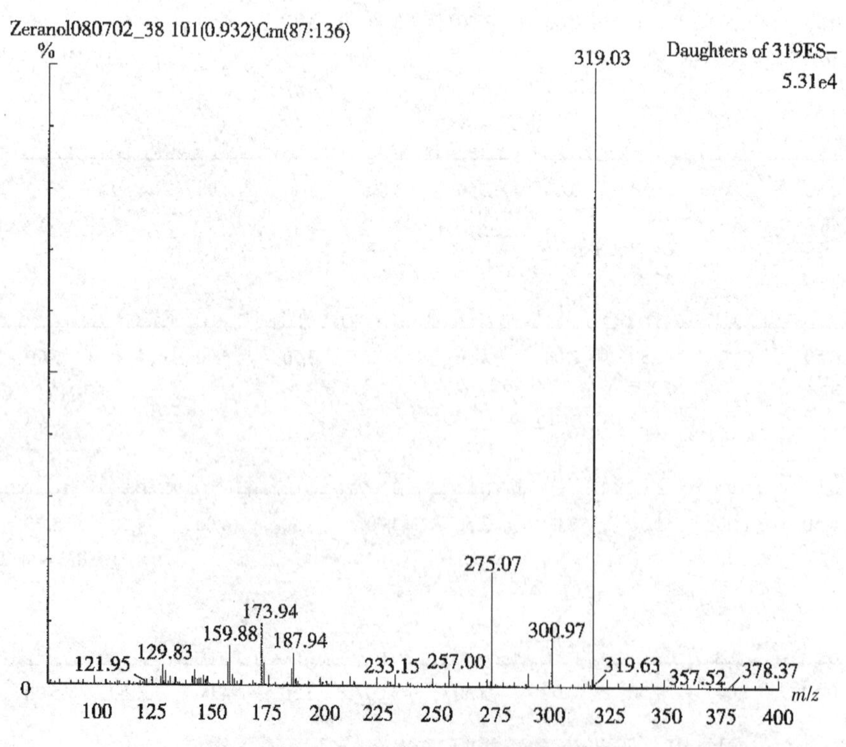

图 A.3 β-玉米赤霉烯醇与 α-玉米赤霉烯醇子离子扫描质谱图

A.4 玉米赤霉酮子离子扫描质谱图

玉米赤霉酮子离子扫描质谱图见图 A.4。

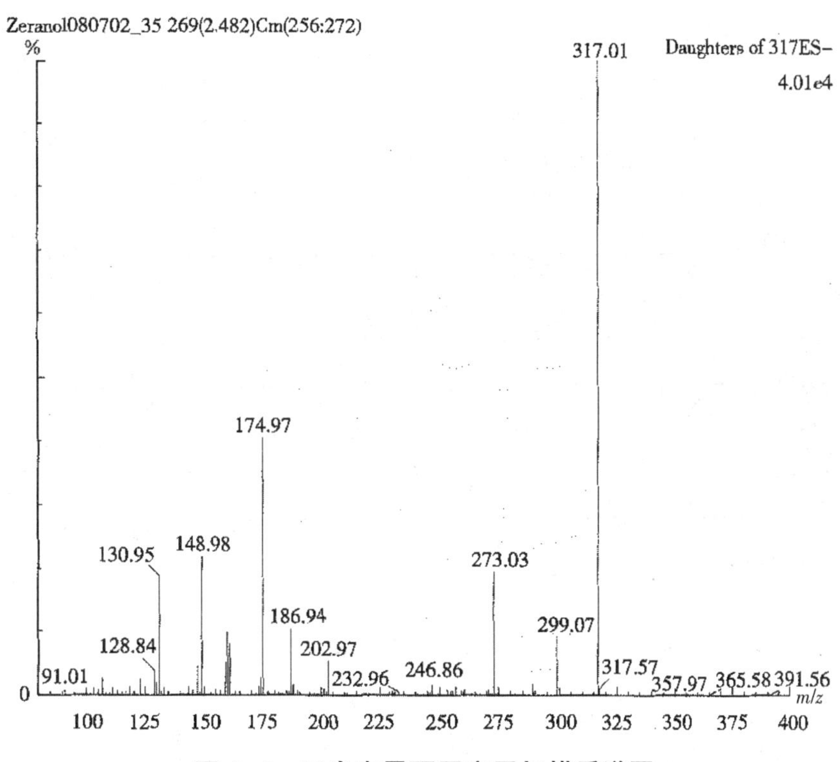

图 A.4 玉米赤霉酮子离子扫描质谱图

A.5 玉米赤霉烯酮子离子扫描质谱图

玉米赤霉烯酮子离子扫描质谱图见图 A.5。

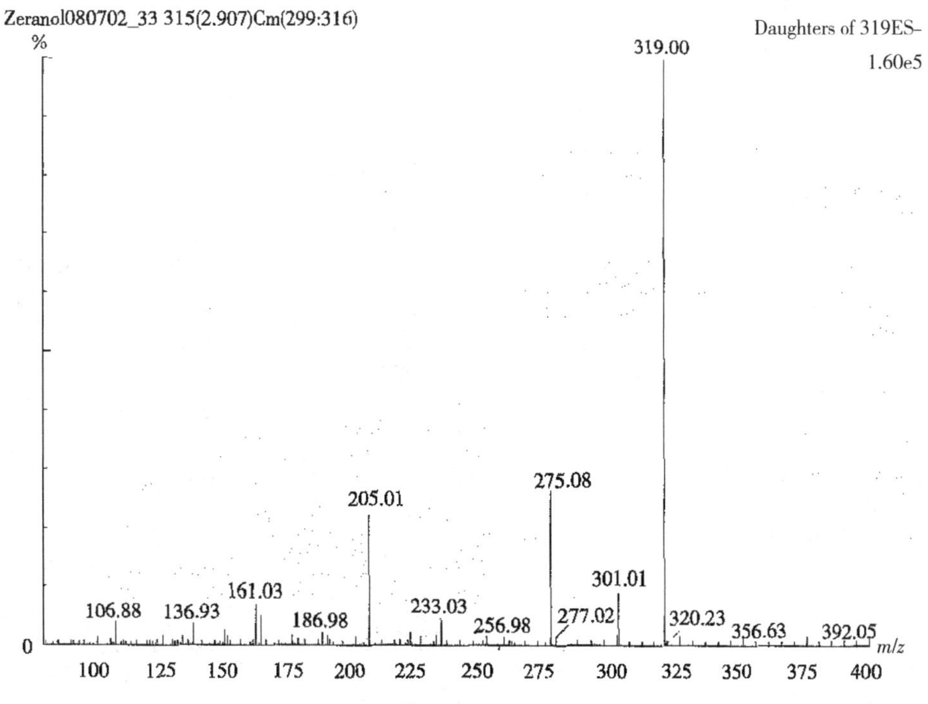

图 A.5 玉米赤霉烯酮子离子扫描质谱图

A.6 基质(鱼)加标回收率色谱图

基质(鱼)加标回收率色谱图(0.5 μg/kg)见图 A.6。

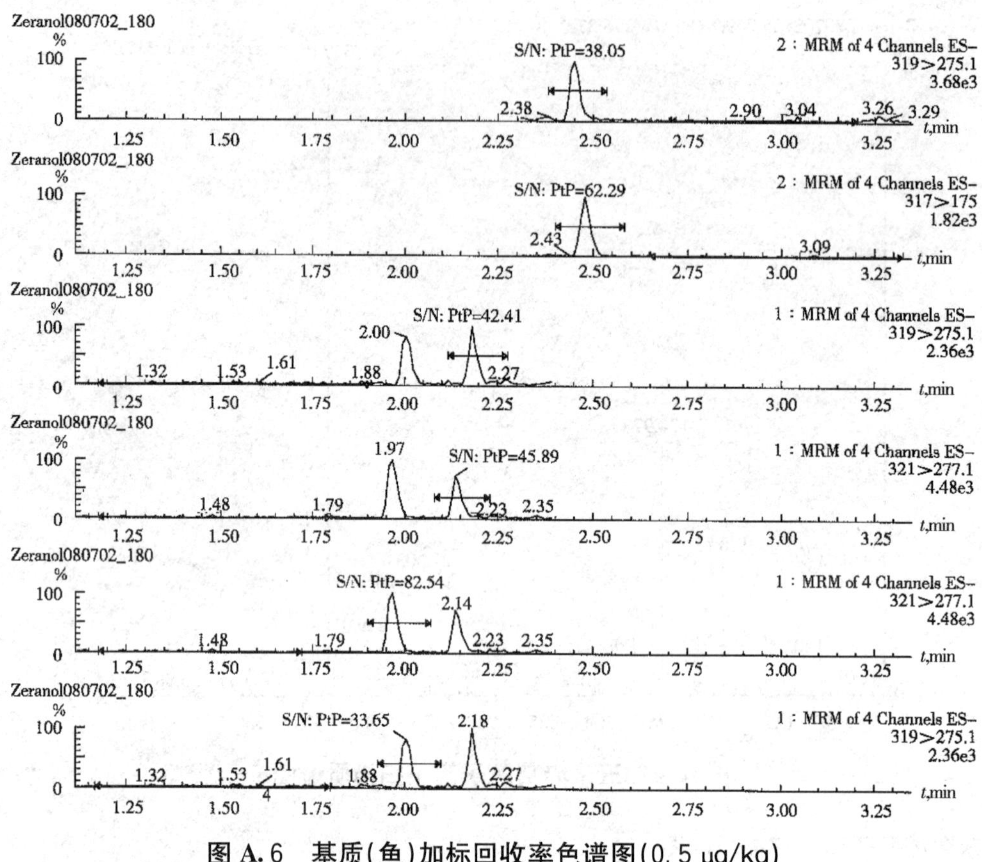

图 A.6　基质(鱼)加标回收率色谱图(0.5 μg/kg)

A.7 鱼空白色谱图

鱼空白色谱图见图 A.7。

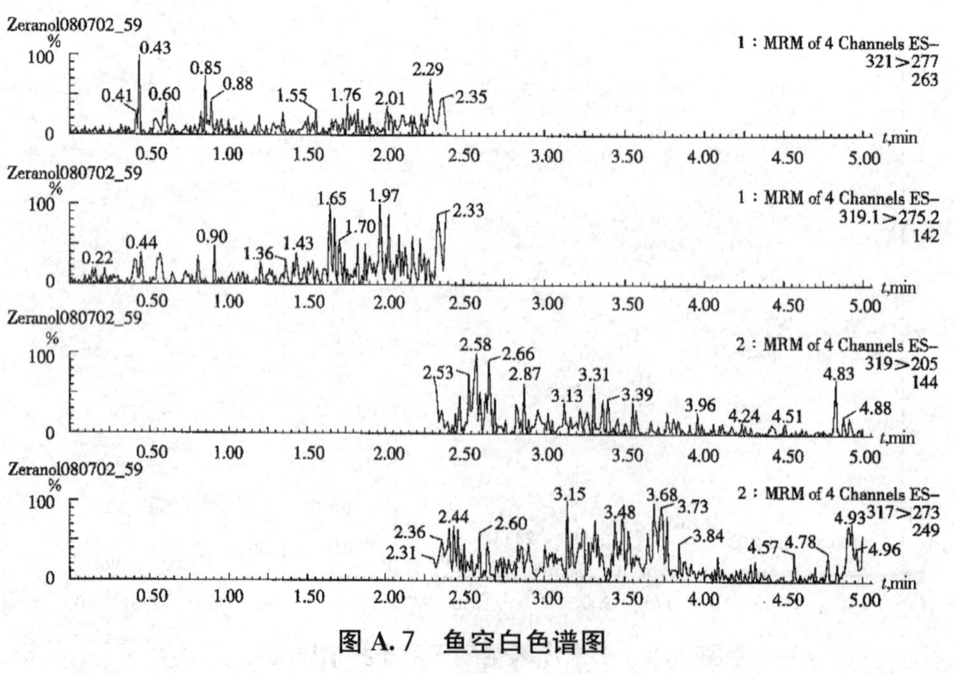

图 A.7　鱼空白色谱图

ICS 67.050
B 50

中华人民共和国水产行业标准

SC/T 3018—2004

水产品中氯霉素残留量的测定
气相色谱法

**Determination of chloramphenicol residues in fishery products
Gas chromatography**

2004-01-07 发布

2004-03-01 实施

中华人民共和国农业部 发布

前　　言

本标准由中华人民共和国农业部提出。

本标准起草单位：国家水产品质量监督检验中心。

本标准主要起草人：冷凯良、李兆新、李晓川、王联珠、翟毓秀、陈远惠。

水产品中氯霉素残留量的测定　气相色谱法

1　范围

本标准规定了水产品中氯霉素残留量的气相色谱测定方法。

本标准适用于水产品可食部分中氯霉素残留量的检测。

2　规范性引用文件

下列文件中的条款通过本标准的引用而成为本标准的条款。凡是注日期的引用文件，其随后所有的修改单（不包括勘误的内容）或修订版均不适用于本标准，然而，鼓励根据本标准达成协议的各方研究是否可使用这些文件的最新版本。凡是不注日期的引用文件，其最新版本适用于本标准。

GB/T 6682　分析实验室用水规格和试验方法

3　原理

样品经乙酸乙酯提取并浓缩，提取物溶于水，用正己烷脱脂，C_{18}固相萃取柱净化，硅烷化试剂衍生化后，用配有电子捕获检测器的气相色谱仪测定，外标法定量。

4　试剂

所有试剂在氯霉素出峰处应无干扰峰，最好选择优级纯或色谱纯试剂。

4.1　氯霉素标准品：纯度≥99%。

4.2　甲醇：色谱纯。

4.3　乙酸乙酯：色谱纯。

4.4　正己烷：优级纯。

4.5　氯仿：分析纯。

4.6　乙腈：色谱纯。

4.7　无水硫酸钠：分析纯，650℃灼烧 4 h，冷却后储于密闭容器中备用。

4.8　氯化钠：分析纯。

4.9　4%氯化钠溶液：称取氯化钠 20 g，加水溶解，稀释到 500 mL。

4.10　氯霉素标准溶液：准确称取氯霉素标准品 0.025 0 g，用甲醇溶解并定容至 50 mL，配成浓度为 500 μg/mL的标准储备液，置 4℃冰箱中保存，保存期不超过 3 个月。临用前，取此储备液，用甲醇稀释成浓度为 0.100 μg/mL 的标准工作液。

注：通常的玻璃器皿洗涤程序对于从玻璃表面除去痕量氯霉素不总是很有效的，建议使用甲醇淋洗所有玻璃器皿，以避免污染问题。

4.11　衍生化试剂：N,O-双（三甲基硅烷基）三氟乙酰胺（BSTFA）/三甲基氯硅烷（TMCS）体积比 99∶1。

4.12　水：实验用水应符合 GB/T 6682 一级水标准。

5　仪器

实验室常规仪器、设备及下列各项。

5.1　气相色谱仪：配^{63}Ni 电子捕获检测器。

5.2　电子天平：感量 0.000 1 g。

5.3　均质机。

5.4 离心机。

5.5 涡旋混合器。

5.6 电热恒温水浴锅。

5.7 旋转蒸发器。

5.8 鸡心瓶:50 mL、100 mL,细口。

5.9 玻璃离心管:50 mL。

5.10 刻度离心管:5 mL,具塞。

5.11 氮吹仪。

5.12 C_{18}固相萃取柱,填料 300 mg。

5.13 SPE 固相萃取装置。

5.14 无水硫酸钠柱:砂芯玻璃层析柱中装无水硫酸钠 5 g。

6 色谱条件

6.1 色谱柱:DB-5 石英毛细管柱,固定相:SE-54(聚甲基苯基乙烯基硅氧烷),30 m×0.53 mm×0.5 μm;或与之相当的色谱柱。

6.2 载气:氮气,线速度 29 cm/s。

6.3 进样口温度:260℃。

6.4 温度程序:初始柱温 150℃,维持 1 min,15℃/min 升至 260℃,维持 10 min 或直到氯霉素已经流出,然后设定 30℃/min 升至 280℃,维持 5 min,以确保所有的样品已经流出。

6.5 检测器温度:300℃。

6.6 进样方式及进样量:无分流方式进样,1 μL。

6.7 检测器:^{63}Ni 电子捕获检测器。

7 测定步骤

7.1 样品预处理

鱼去鳞、皮,沿背脊取肌肉身;虾去头、壳、附肢,取可食肌肉部分;蟹、中华鳖等取可食肌肉部分;样品切为不大于 0.5 cm×0.5 cm×0.5 cm 的小块后混匀,放置冰箱中冷冻储存备用。

7.2 提取

将样品解冻,称取样品 5 g(精确至 0.001 g),置于 50 mL 玻璃离心管中,加入乙酸乙酯 20 mL,均质机均质 1 min,分散均匀,提取氯霉素,4 000 r/min 离心 3 min,将乙酸乙酯层转移到 100 mL 细口鸡心瓶中。再向离心管中加乙酸乙酯 10 mL,用原均质机均质混合 1 min,4 000 r/min 离心 3 min,合并乙酸乙酯提取液于 100 mL 细口鸡心瓶中,于 40℃水浴中减压旋转蒸发至干。

注:均质机清洗方法,先用大量水浸洗,再用甲醇浸洗,最后用蒸馏水浸洗。

7.3 脱脂净化

向鸡心瓶中加 1 mL 甲醇涡旋混合溶解残留物,再加入 15 mL 正己烷和 25 mL 4%氯化钠溶液,盖塞振荡混合 1 min,充分混合提取脂肪,转移到另一 50 mL 离心管中,4 000 r/min 的速度离心 2 min,除去上层正己烷相并弃去。再向水相中加 10 mL 正己烷,重复提取一遍,弃去正己烷相。

水相中加入 15 mL 乙酸乙酯,涡旋混合器混合 2 min,3 000 r/min 离心 3 min,吸取乙酸乙酯层,经过无水硫酸钠柱脱水过滤于 50 mL 鸡心瓶中。再向水相中加入 5 mL 乙酸乙酯,重复上述操作。用少量乙酸乙酯淋洗无水硫酸钠柱,合并提取液于 50 mL 鸡心瓶中,在 40℃水浴中减压旋转蒸发至干。对于大部分样品,到此步骤净化效果已可达到要求,对于净化不完全的样品可经 C_{18} 固相萃取柱进一步净化。

加入 2 mL 乙酸乙酯溶解提取物并转移于 5 mL 具塞离心管中,用 1 mL 乙酸乙酯洗涤鸡心瓶,合并乙酸乙酯，于50℃～55℃的砂浴中吹氮蒸发至近干，再用1 mL乙酸乙酯洗涤离心管壁并吹干。注意防潮。

7.4 C_{18}柱净化

注意：以下步骤必须连续做完，切莫让吸附剂变干。

给每个样品准备一根C_{18}柱，顺序用5 mL甲醇、5 mL氯仿、5 mL甲醇和5 mL水淋洗活化C_{18}柱，弃掉洗涤液。用5 mL体积分数为5%的乙腈水溶液溶解7.3中在40℃水浴中减压旋转蒸发至干的提取物，吸取水溶液装入C_{18}柱过柱，弃掉流出液。注意流速保持每秒一滴，否则净化效果和回收率都较差。用1 mL水淋洗鸡心瓶2遍，并将淋洗液加入C_{18}柱过柱，弃掉流出液。用5 mL水淋洗C_{18}柱，让洗涤液完全流出C_{18}柱，用微氮吹干。用乙腈将C_{18}柱中的氯霉素洗脱，洗脱2次，每次1.5 mL，合并洗脱液于5 mL具塞离心管中。在温度50℃～55℃的砂浴中，用氮气吹除乙腈至近干，再用1 mL乙腈洗涤离心管壁并用氮气吹干。注意防潮。

7.5 衍生化

7.5.1 试样的衍生化

向干的残留物中加100 μL衍生化试剂，盖塞并涡旋混合10 s，在70℃烘箱中反应30 min。再在50℃～55℃砂浴中，用氮气流吹除多余的试剂，至样品管刚好吹干为止(**注意：**此步过长的吹干时间可导致丢失分析物)。加入0.5 mL正己烷，涡旋混合10 s，供气相色谱分析用。

7.5.2 标准工作液的衍生化

取适量标准工作液于5 mL具塞离心管中，在温度50℃～55℃的砂浴中，用氮气吹除溶剂至干。以下按7.5.1的步骤操作。

7.6 样品测定

分别注入1 μL适当浓度的氯霉素标准硅烷化衍生物溶液及样品提取物硅烷化衍生物溶液于气相色谱仪中，按上述色谱条件进行色谱分析，记录峰面积，响应值均应在仪器检测的线性范围之内。根据标准样品的保留时间定性，外标法定量。

7.7 计算

样品中氯霉素的含量按式(1)计算。

$$X=\frac{A\times C_s\times V}{A_s\times m} \qquad (1)$$

式中：

X ——样品中氯霉素含量，单位为微克每千克(μg/kg)；

C_s ——标准衍生物溶液相当氯霉素含量，单位为纳克每毫升(ng/mL)；

A ——试样液中氯霉素衍生物的峰面积或峰高，单位为微伏秒或毫米(μV·s或mm)；

V ——样品提取物衍生化溶液体积，单位为毫升(mL)；

A_s ——氯霉素标准衍生物的峰面积或峰高，单位为微伏秒或毫米(μV·s或mm)；

m ——样品质量，单位为克(g)。

注：计算结果需扣除空白值。

8 方法回收率

标准添加浓度为0.1 μg/kg～20.0 μg/kg时，回收率≥70%。

9 方法检测限

本方法检测限：0.3 μg/kg。

10 允许差

2次平行测定结果相对偏差≤15%。

11 方法的线性范围

本方法的线性范围:标准衍生物溶液相当氯霉素浓度为 0.5 ng/mL～250 ng/mL。

ICS 67.050
B 50

中华人民共和国水产行业标准

SC/T 3019—2004

水产品中喹乙醇残留量的测定 液相色谱法

Determination of olaquindox residues in fishery products High-performance of liquid chromatography

2004-01-07 发布 2004-03-01 实施

中华人民共和国农业部 发布

前　　言

本标准的附录 A 为资料性附录。

本标准由中华人民共和国农业部提出。

本标准起草单位:中国水产科学研究院东海水产研究所、国家水产品质量监督检验中心。

本标准主要起草人:杨宪时、李兆新、王联珠。

水产品中喹乙醇残留量的测定　液相色谱法

1 范围

本标准规定了水产品中喹乙醇残留量的测定方法,给出了最低检出浓度。

本标准适用于水产品可食部分中喹乙醇残留量的测定。

2 规范性引用文件

下列文件中的条款通过本标准的引用而成为本标准的条款。凡是注日期的引用文件,其随后所有的修改单(不包括勘误的内容)或修订版均不适用于本标准,然而,鼓励根据本标准达成协议的各方研究是否可使用这些文件的最新版本。凡是不注日期的引用文件,其最新版本适用于本标准。

GB/T 6682　分析实验室用水规格和试验方法

3 原理

水产品中的喹乙醇用乙腈提取,用无水硫酸钠脱水,正己烷脱脂。将乙腈层蒸干,用甲醇溶解残渣,用液相色谱紫外检测器检测,外标法定量。

4 试剂与材料

4.1　乙腈:色谱级。

4.2　正己烷:色谱级,用乙腈饱和。

4.3　甲醇:色谱级。

4.4　无水硫酸钠:分析纯,650℃干燥 4 h,冷却后储存于密封容器中备用。

4.5　喹乙醇标准品:纯度大于 99%。

4.6　喹乙醇标准溶液:精确称取喹乙醇标准品 10.0 mg,用少量水溶解,用甲醇稀释至 100 mL。取此液 10 mL,再用甲醇稀释至 100 mL。此标准液需置于棕色容量瓶内避光冷藏保存。保存期为 1 个月。

4.7　喹乙醇标准使用液:分别取喹乙醇标准溶液 1.0 mL、2.0 mL、5.0 mL、10.0 mL,再用 15%甲醇水溶液稀释至 100 mL,配成浓度分别为 0.1 μg/mL、0.2 μg/mL、0.5 μg/mL、1.0 μg/mL 的标准使用液,此溶液现用现配。

4.8　实验用水:应符合 GB/T 6682 一级水指标。

4.9　助滤剂:Celite545,使用前用甲醇洗净烘干。

5 仪器和设备

5.1　玻璃砂芯漏斗。

5.2　高速匀质器。

5.3　旋转蒸发器。

5.4　离心机。

5.5　高效液相色谱,配有紫外检测器。

6 色谱条件

6.1　色谱柱:ODS-C_{18},5 μm,4.6 mm×250 mm。

6.2　流动相:15%的甲醇水溶液(V/V),1.0 mL/min。

6.3 色谱柱温度:35℃。

6.4 检测器波长:380 nm。

6.5 进样量:20 μL。

7 测定步骤

喹乙醇遇光易分解,因此在测定过程中要避开光线的直射。

7.1 工作曲线

在上述工作条件下,分别取标准使用溶液各 20 μL 进样,以峰面积为纵坐标、以标准样品中喹乙醇含量为横坐标,绘制工作曲线。喹乙醇保留时间约为 7.3 min(参见附录 A)。

7.2 样品测定

7.2.1 样品处理

鱼去鳞沿背脊取肌肉;虾去头、壳,取肌肉部分;蟹、中华鳖等取可食部分;样品切为不大于 0.5 cm×0.5 cm×0.5 cm 的小块后混匀。

7.2.2 提取

称取试样 10 g(精确至 0.01 g)于 100 mL 均质杯中,加入助滤剂 1 g,乙腈 30 mL,均质 1 min,以 4 000 r/min 离心 10 min,将上清液倒入 150 mL 锥形瓶中,再向残留物中加入 20 mL 乙腈,同上均质,离心,合并上清液。

7.2.3 净化

向乙腈提取液中加入正己烷 10 mL,振荡 5 min,静置分层。弃去正己烷相,再加入正己烷 10 mL,振荡5 min,静置分层,将乙腈层转移到茄形瓶中,在 45℃水浴中旋转蒸发除去溶剂:用 1 mL 15%甲醇水溶液溶解残留物,经 0.45 μm 微孔滤膜过滤后,供液相色谱测定。

7.2.4 色谱测定

取试样滤液 20 μL 进样,记录峰面积,从工作曲线查得样品提取液中喹乙醇的含量。

7.2.5 计算

样品中喹乙醇含量按式(1)计算。

$$X = C \times V / m \quad \cdots\cdots (1)$$

式中:

X——试样中喹乙醇含量,单位为毫克每千克(mg/kg);

C——试样溶液中喹乙醇含量,单位为微克每毫升(μg/mL);

m——试样质量,单位为克(g);

V——试样溶液体积,单位为毫升(mL)。

8 方法回收率

本方法的回收率≥70%。

9 方法批间变异系数

本方法批间变异系数≤15%。

10 方法检测限

本方法检测限为 0.05 mg/kg。

附 录 A
（资料性附录）
喹乙醇标准色谱图

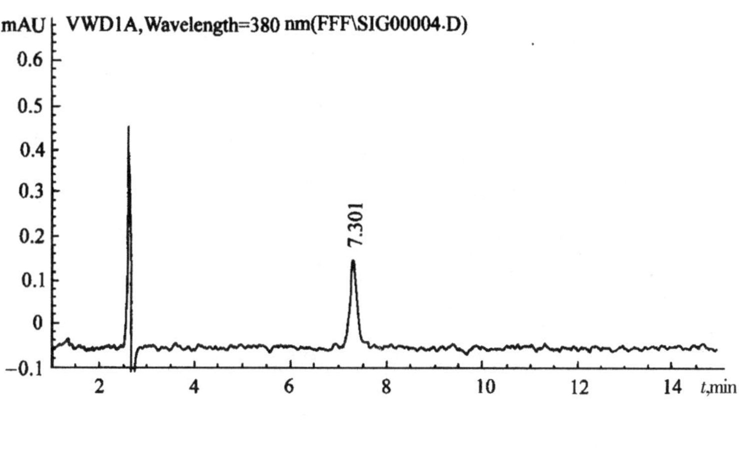

ICS 67.050
B 50

中华人民共和国水产行业标准

SC/T 3020—2004

水产品中己烯雌酚残留量的测定 酶联免疫法

Determination of diethylstilbestrol residues in fishery products Enzyme linked immuno sorbent assay

2004-01-07 发布 2004-03-01 实施

中华人民共和国农业部 发布

前　　言

本标准的附录A和附录B均为资料性附录。

本标准由中华人民共和国农业部提出。

本标准起草单位：中国水产科学研究院长江水产研究所、农业部淡水鱼类种质监督检验测试中心。

本标准主要起草人：艾晓辉、刘长征、邹世平、徐忠法、李荣。

水产品中己烯雌酚残留量的测定　酶联免疫法

1　范围

本标准规定了水产品中己烯雌酚残留量的酶联免疫测定方法。

本标准适用于水产品肌肉中己烯雌酚的测定。

2　规范性引用文件

下列文件中的条款通过本标准的引用而成为本标准的条款。凡是注日期的引用文件,其随后所有的修改单(不包括勘误的内容)或修订版均不适用于本标准,然而,鼓励根据本标准达成协议的各方研究是否可使用这些文件的最新版本。凡是不注日期的引用文件,其最新版本适用于本标准。

GB/T 6682　分析实验室用水规格和试验方法

3　原理

测定的基础是竞争性酶联免疫抗原抗体反应,所有的免疫反应都在微孔中进行,加入己烯雌酚标准或样品溶液、己烯雌酚酶标记物、己烯雌酚抗体后,己烯雌酚与己烯雌酚酶标记物相互竞争己烯雌酚抗体的结合位点。结合的己烯雌酚酶标记物可以将无色的发色剂转化为蓝色的产物,在 450 nm 处检测,吸收光强度与样品中的己烯雌酚浓度成反比,按校正曲线定量。

4　试剂和材料

本标准所用试剂除标明外,其他均为分析纯及其更高纯度,试验用水符合 GB/T 6682 一级水标准。

4.1　叔丁基甲基醚:色谱纯。

4.2　石油醚。

4.3　二氯甲烷。

4.4　甲醇:色谱纯。

4.5　氢氧化钠:1 mol/L。

4.6　磷酸:6 mol/L。

4.7　20%甲醇的 20 mmol/L 三羟基甲基氨基甲烷(Tris)缓冲液(pH 8.5),40%、70%、80%的甲醇溶液,此溶液现用现配。

4.8　67 mmol/L 磷酸盐缓冲液(pH 7.2):9.61 g 磷酸氢二钠,1.79 g 磷酸二氢钠溶解于蒸馏水,定容至 1 000 mL,此溶液现用现配。

4.9　己烯雌酚酶联免疫定量测定试剂盒,参见附录 A。

5　仪器与设备

5.1　酶标仪:波长 450 nm。

5.2　离心机:转速 4 000 r/min。

5.3　氮吹仪。

5.4　电热恒温水浴锅。

5.5　高速匀浆机。

5.6　C_{18}固相提取柱:长 6.5 cm,内径 0.7 cm。

5.7　固相萃取器。

5.8 微型涡漩混合仪。

5.9 振荡器。

5.10 微量加样器：20 μL、50 μL、100 μL、250 μL、1 000 μL。

5.11 微量多通道加样器：50 μL、100 μL。

6 样品处理

6.1 试样提取

取出鱼、虾、蟹、鳖等水产品肌肉部分，除净脂肪和结缔组织，样品切成不大于 0.5 cm×0.5 cm×0.5 cm的小块后混匀，置冰箱中冷冻备用。

将样品解冻，取 5 g(精确至 0.01 g)样品于匀浆机的玻璃管中，加 10 mL 67 mmol/L 磷酸盐缓冲液(pH 7.2)，充分匀浆，称取 3 g(精确至 0.01 g)匀浆组织于 20 mL 玻璃离心管中，加入 8 mL 叔丁基甲基醚，强烈振荡 20 min，4 000 r/min 离心 10 min，转移出上清液至 20 mL 玻璃离心管中，再用 8 mL 叔丁基甲基醚重复提取沉淀物，将 2 次提取的醚相合并，70℃水浴蒸发至干。

取 70%的甲醇 1 mL 溶解干燥的残留物，加 3 mL 石油醚洗涤甲醇溶液，涡旋混合 1 min，4 000 r/min 离心 1 min，吸除石油醚，置水浴锅中蒸发甲醇溶液，用 1 mL 二氯甲烷溶解，加 1 mol/L 氢氧化钠溶液 3 mL，涡旋振荡后静置，取出上层氢氧化钠溶液，加入 6 mol/L 磷酸 300 μL 中和提取液，用 C_{18}固相提取柱进一步纯化。

6.2 样品纯化

将 C_{18}固相提取柱垂直固定，用 3 mL 无水甲醇洗涤柱子，再用 2 mL 20%甲醇的 20 mmol/L Tris 缓冲液(pH 8.5)平衡柱子，紧接着将上述用磷酸中和后的氢氧化钠提取液用 1 000 μL 微量加样器全部加入柱中，过柱，然后用 2 mL 20%甲醇的 20 mmol/L Tris 缓冲液(pH 8.5)洗涤柱子，接着用 3 mL 40%的甲醇洗涤柱子，弃去过柱的溶液，用正压去除残留的液体并且用空气或氮气吹 2 min 以干燥柱子。

用 2 mL 80%的甲醇洗脱样品(以上溶液洗柱、平衡柱和提取液过柱的流速皆为 1 滴/s 左右，可用固相萃取器抽真空控制)，收集洗脱液，向洗脱液中加入 2 mL 水，取 20 μL 进行酶联免疫测定。

7 酶联免疫测定

检查试剂盒中所有试剂是否齐全完好(参见附录 A)。控制室温至 20℃～24℃，取出足够数量的微孔条插入微孔架中，加入 20 μL 的标准液和处理好的样品到各自的微孔底部，记录各标准液和样品的位置，标准和样品做 2 个平行实验。每个微孔中加入 50 μL 稀释后的己烯雌酚抗体，微旋振荡混合，置 2℃～8℃冰箱中孵育 20 h。

取出微孔架，回复到室温 20℃～24℃，洗板(甩出孔中的液体，将微孔架倒置在吸水纸上每行拍打 3 次，以保证完全除去孔中的液体。用 250 μL 蒸馏水充入孔中，再次倒掉微孔中液体，再重复操作 2 次)，加入 50 μL 稀释的酶标记物到微孔底部，微旋振荡充分混合后，置室温孵育 1 h，再洗板后(同上述洗板方法)，每个微孔中加入 50 μL 基质和 50 μL 发色试剂，充分混合，并在室温暗处孵育 30 min，每个微孔中再加入 100 μL 反应停止液，混合后在 60 min 内测量并记录每个微孔 450 nm 处的吸光度值。

8 结果计算

8.1 计算相对吸光度值

计算每个己烯雌酚标准液和样液的平均吸光度值，按式(1)求出己烯雌酚标准液和样液的相对吸光度值。

$$R_i = A_i / A_0 \times 100 \quad \cdots\cdots (1)$$

式中：

R_i——相对吸光度值，单位为百分率(%)；

A_0——空白标准的吸光度值；

A_i——标准或样品的平均吸光度值。

8.2 绘制校正曲线

以计算的标准液相对吸光度值为纵坐标、以己烯雌酚浓度的对数为横坐标，绘制出己烯雌酚标准液相对吸光度值与己烯雌酚浓度的校正曲线(参见附录 B)，校正曲线在 0.05 μg/L～0.4 μg/L 范围内应当成为线性，相对应每一个样品的己烯雌酚浓度可以从校正曲线上读出。每次试验均应重新绘制校正曲线。

8.3 结果计算

在 8.2 绘制的校正曲线上读出的相对应每一个样品的己烯雌酚浓度乘以相对应的稀释系数(本标准所采用的稀释系数为 4)，即为试样中的己烯雌酚残留量。

9 检测限、回收率

9.1 检测限

本方法的检测限为 0.6 μg/kg。

9.2 回收率

本方法的回收率≥70％。

附 录 A
(资料性附录)
己烯雌酚酶联免疫定量测定试剂盒

A.1 己烯雌酚酶联免疫定置测定试剂盒

己烯雌酚测定试剂盒由德国 R-Biopharm 公司制造[1)],可用于肌肉、尿、胆汁、粪便及肝脏中的己烯雌酚残留检测。试剂盒应保存在 2℃～8℃的干燥避光环境中,并在有效期内使用,试剂变质应当弃掉[2)]。所有试剂应达到室温 20℃～24℃后使用。每个试剂盒包括:

1×框架,96 孔板(12 条×8 孔)包被有兔抗己烯雌酚的抗体(兔 IgG 抗体)。

6×标准液(1.3 mL/瓶),为 40%的己烯雌酚甲醇水溶液:0 μg/L、0.025 μg/L、0.05 μg/L、0.1 μg/L、0.2 μg/L、0.4 μg/L。

1×己烯雌酚过氧化物酶标记物浓缩液(0.7 mL)。

1×己烯雌酚抗体浓缩液(0.7 mL)。

1×酶基质(7 mL):含有过氧化脲。

1×发色剂(7 mL):四甲基联苯胺。

1×反应停止液(14 mL):1 mol/L 硫酸。

1×缓冲液(25 mL)

A.2 己烯雌酶酶标记物的稀释

用试剂盒提供的缓冲液以 1:11 的比例,在玻璃试管中稀释酶标记物浓缩液,轻轻地振摇,充分混匀后使用(由于稀释的酶标记物稳定性不好,所以只稀释实际需用量的酶标记物)。

A.3 己烯雌酚抗体的稀释

用试剂盒提供的缓冲液以 1:11 的比例,在玻璃试管中稀释抗体浓缩液,轻轻地振摇,充分混匀后使用(由于稀释的抗体稳定性不好,所以只稀释实际需用量的抗体)。

---

1) 德国 R-Biophann 公司生产的己烯雌酚测定试剂盒是适合的市售产品的实例。给出这一信息是为了方便本标准的使用者,并不排除运用同等性能的其他产品。

2) 发色试剂有任何颜色,表明发色剂已变质;空白标准的吸光度值小于 0.6 个单位(A_{450}nm<0.6)时,表示试剂可能变质。

附 录 B
(资料性附录)
己烯雌酚的标准曲线

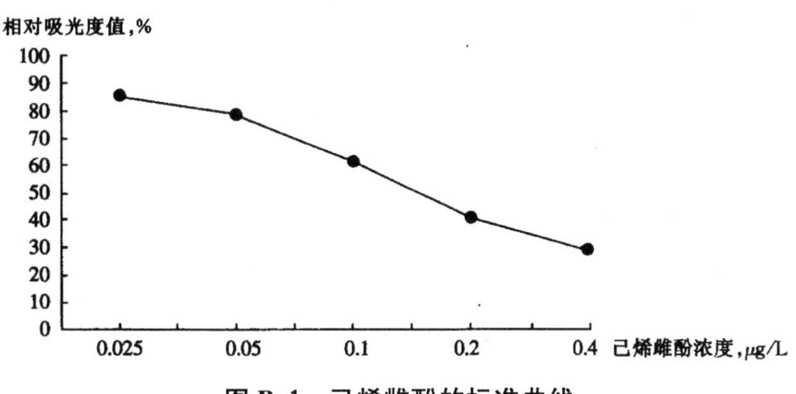

图 B.1 己烯雌酚的标准曲线

ICS 67.050
B 50

中华人民共和国水产行业标准

SC/T 3021—2004

水产品中孔雀石绿残留量的测定 液相色谱法

Determination of malachite green residues in fishery products High-performance of liquid chromatography

2004-01-07 发布 2004-03-01 实施

中华人民共和国农业部 发布

前　言

本标准附录 A、附录 B 为资料性附录。

本标准由中华人民共和国农业部提出。

本标准起草单位：中国海洋大学、国家水产品质量监督检验中心。

本标准主要起草人：林洪、李兆新、王联珠、江洁、邱续建、李晓川。

水产品中孔雀石绿残留量的测定　液相色谱法

1　范围

本标准规定了水产品中孔雀石绿和无色孔雀石绿残留量的液相色谱测定方法。

本标准适用于水产品可食部分中孔雀石绿和无色孔雀石绿残留量的检测。

2　规范性引用文件

下列文件中的条款通过本标准的引用而成为本标准的条款。凡是注日期的引用文件，其随后所有的修改单(不包括勘误的内容)或修订版均不适用于本标准，然而，鼓励根据本标准达成协议的各方研究是否可使用这些文件的最新版本。凡是不注日期的引用文件，其最新版本适用于本标准。

GB/T 6682　分析实验室用水规格和试验方法

3　术语和定义

下列术语和定义适用于本标准。

3.1

孔雀石绿　malachite green

属于三苯甲烷染料类，分子式为 $C_{23}H_{25}ClN_2$，绿色结晶体。

注：孔雀石绿的结构式见附录 A。

3.2

无色孔雀石绿　leucomalachite green

N，N-二甲基苯胺，孔雀石绿在水生生物体中的主要代谢产物，分子式为 $C_{23}H_{26}N_2$。

注：无色孔雀石绿的结构式见附录 A。

4　原理

以乙酸胺盐溶液和乙腈提取样品中的孔雀石绿和无色孔雀石绿后，经过液-液萃取、固相萃取，用接有氧化柱的 C_{18} 柱进行高效液相色谱分析，外标法定量。

5　试剂

5.1　所有试剂应无干扰峰，应选择优级纯或色谱纯的试剂，分析纯试剂应重蒸。

5.2　孔雀石绿及无色孔雀石绿标准品：孔雀石绿纯度≥90%，无色孔雀石绿纯度≥90%。

5.3　乙腈：色谱纯。

5.4　二氯甲烷：分析纯。

5.5　盐酸羟胺溶液：0.25 g/mL。

5.6　二甘醇：分析纯。

5.7　乙酸铵溶液：0.1 mol/L(pH 4.5)、0.125 mol/L(pH 4.5)。

5.8　对甲苯磺酸溶液：0.05 mol/L。

5.9　碱性氧化铝：分析纯，粒度 0.071 mm～0.150 mm。

5.10　中性氧化铝：分析纯，粒度 0.071 mm～0.150 mm。

5.11　丙基磺酸阳离子树脂：PRS(propylsulfonic acid)，40 μm。

5.12　孔雀石绿标准溶液：准确称取孔雀石绿 0.100 0 g，用乙腈溶解，定容于 100 mL 容量瓶中，使成浓度为 1 mg/mL 的标准溶液，再用乙腈稀释成 0.1 μg/mL 的工作溶液。该溶液应避光保存。

5.13 无色孔雀石绿标准溶液:准确称取无色孔雀石绿0.100 0 g,用乙腈溶解,定容于100 mL容量瓶中,使成浓度为1 mg/mL的标准溶液,再用乙腈稀释成0.1 μg/mL的工作溶液。该溶液应避光保存。

5.14 二氧化铅:分析纯。

5.15 硅藻土:精制工业硅藻土。

5.16 水:应符合GB/T 6682的要求。

6 仪器

6.1 高效液相色谱仪:配可变波长检测器。

6.2 电子天平:感量0.000 1 g。

6.3 匀浆机。

6.4 离心机。

6.5 振荡器。

6.6 旋转蒸发器。

6.7 固相萃取柱:PRS柱,中性氧化铝柱。

6.8 色谱柱:C_{18}柱。

6.9 柱后氧化柱:柱内填料:二氧化铅∶硅藻土=1∶1。

7 操作方法

7.1 样品处理

7.1.1 取样

鱼去鳞、皮,沿背脊取肌肉;虾去头、壳,取可食肌肉部分;蟹、甲鱼等取可食部分。所取样品切为不大于0.5 cm×0.5 cm×0.5 cm的小块后混匀。

7.1.2 称取样品10 g～20 g(精确至0.001 g),置于匀浆杯中,向杯中依次加3 mL盐酸羟胺溶液、5 mL对甲苯磺酸溶液和20 mL 0.1 mol/L的乙酸铵溶液,匀浆2 min,转移到250 mL三角瓶中,用60 mL乙腈洗涤匀浆杯,洗涤液合并到三角瓶中,加入20 g碱性氧化铝,用振荡器振荡5 min,转移至4支50 mL离心管内,30 mL乙腈洗涤三角瓶后转移到离心管中,4 000 r/min离心15 min。

7.2 分离纯化

7.2.1 液-液萃取

7.2.1.1 将离心管上清液移入分液漏斗中,向离心管中加入乙腈,洗涤,离心(4 000 r/min,15 min),合并上清液到分液漏斗中,并加入100 mL水、50 mL二氯甲烷和2 mL二甘醇,剧烈振摇分液漏斗,静置1 h。

7.2.1.2 用蒸发瓶收集下层液体后,再往分液漏斗加入50 mL二氯甲烷,振摇,静置约10 min,待其分层后收集下层液体于同一蒸发瓶。将收集液在35℃下减压旋转蒸发(**注意**:开始时温度不要直接升到35℃,以免爆沸)至体积2 mL～3 mL。

7.2.2 固相柱萃取

7.2.2.1 固相柱制备

采用中性氧化铝(1 g)、PRS填料(0.5 g)分别装填2只固相萃取柱,按中性氧化铝柱在前、PRS柱在后的顺序将两柱串联。

7.2.2.2 上样

使用前用5 mL乙腈预洗两柱,然后将7.2.1.2浓缩液体加入5 mL乙腈混匀后,缓慢加入中性氧化铝柱内(**注意**:不要引起柱表面填料浮动)。再用5 mL乙腈洗涤蒸发瓶2次,2次洗涤液均加入柱内,最后用5 mL乙腈洗涤两柱。

7.2.2.3 洗脱收集

弃去中性氧化铝柱，用 2 mL 水洗 PRS 柱，洗脱液弃去；加入 0.5 mL 乙腈：乙酸铵溶液（0.1 mol/L，pH 4.5）=1：1，洗脱液弃去；再加入 2 mL 乙腈：乙酸铵溶液（0.1 mol/L，pH 4.5）=1：1，收集该洗脱组分，定容至 2 mL，经聚四氟乙烯膜（孔径 0.45 μm）过滤，待上机分析。

7.3 样品测定

7.3.1 测定条件

7.3.1.1 色谱柱：C_{18} 柱，250 mm×4.6 mm；柱后氧化柱：35 mm×4.6 mm。

7.3.1.2 流动相：乙腈：乙酸铵溶液（0.125 mol/L，pH 4.5）=80：20；流速：2 mL/min。

7.3.1.3 柱温：35℃。

7.3.1.4 进样量：50 μL。

7.3.1.5 检测波长：588 nm 或 618 nm。

7.3.2 色谱分析

分别注入 50 μL 浓度为 0.1 μg/mL 的孔雀石绿溶液、无色孔雀石绿工作溶液及样品提取溶液于液相色谱仪中，按上述色谱条件进行色谱分析，记录峰面积，响应值均应在仪器检测的线性范围之内。根据标准样品的保留时间定性，外标法定量。标准品色谱图见附录 B。

8 结果

8.1 计算

样品中孔雀石绿、无色孔雀石绿的含量按式（1）计算。

$$X=\frac{A\times C_s\times V}{A_s\times m\times 1000} \quad \cdots\cdots (1)$$

式中：

X ——样品中孔雀石绿（无色孔雀石绿）含量，单位为微克每千克（μg/kg）；

C_s ——标准溶液中孔雀石绿（无色孔雀石绿）含量，单位为微克每毫升（μg/mL）；

A ——试样液中孔雀石绿（无色孔雀石绿）的峰面积；

V ——样品提取物溶液体积，单位为毫升（mL）；

A_s ——标准溶液中孔雀石绿（无色孔雀石绿）的峰面积；

m ——样品重量，单位为克（g）。

8.2 方法回收率

本方法的回收率≥70%。

8.3 方法检测限

本方法检测限：孔雀石绿为 2 μg/kg；无色孔雀石绿为 4 μg/kg。

8.4 批间方法变异系数

本方法变异系数≤15%。

8.5 方法的线性范围

本方法的线性范围：孔雀石绿标准液 0.01 μg/mL～0.40 μg/mL；无色孔雀石绿标准液 0.02 μg/mL～0.40 μg/mL。

附 录 A
（资料性附录）
孔雀石绿和无色孔雀石绿的结构式

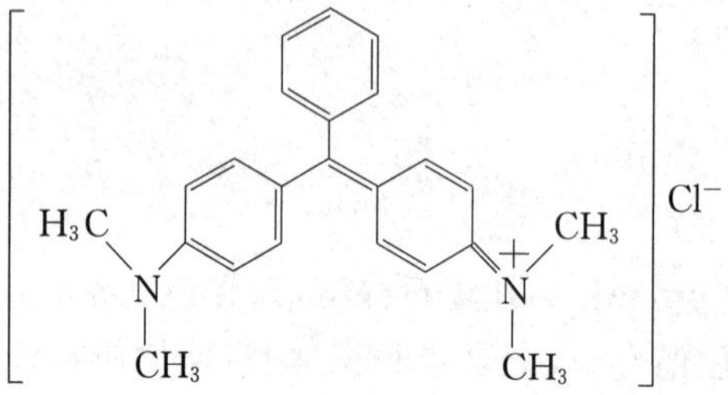

图 A.1　孔雀石绿（盐酸盐）结构式

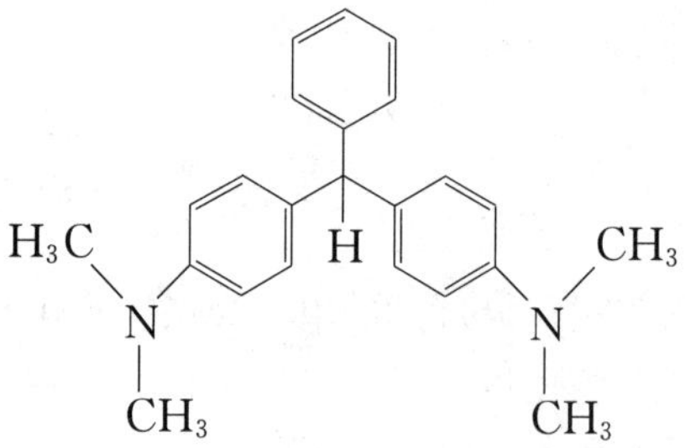

图 A.2　无色孔雀石绿结构式

附　录　B
（资料性附录）
孔雀石绿和无色孔雀石绿标准品的液相色谱图

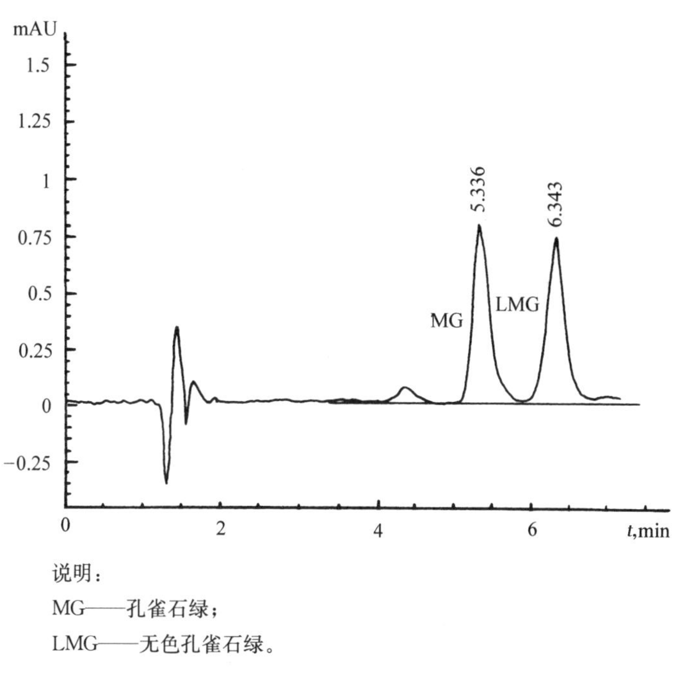

说明：

MG——孔雀石绿；

LMG——无色孔雀石绿。

ICS 67.050
B 50

中华人民共和国水产行业标准

SC/T 3025—2006

水产品中甲醛的测定

Determination of formaldehyde in aquatic products

2006-01-26 发布 2006-04-01 实施

中华人民共和国农业部 发布

前　　言

本标准附录A、附录B为资料性附录。

本标准由中华人民共和国农业部渔业局提出。

本标准由全国水产标准化技术委员会水产品加工分技术委员会归口。

本标准起草单位:国家水产品质量监督检验中心。

本标准主要起草人:周德庆、马敬军、李晓川、翟毓秀、王联珠。

水产品中甲醛的测定

1 范围

本标准规定了水产品中甲醛含量的测定方法:定性方法、分光光度法、高效液相色谱法。

本标准适用于水产品中甲醛含量的定性筛选和定量测定。

2 规范性引用文件

下列文件中的条款通过本标准的引用而成为本标准的条款。凡是注日期的引用文件,其随后所有的修改单(不包括勘误的内容)或修订版均不适用于本标准,然而,鼓励根据本标准达成协议的各方研究是否可使用这些文件的最新版本。凡是不注日期的引用文件,其最新版本适用于本标准。

GB/T 602 化学试剂 杂质测定用标准溶液的制备

GB/T 5009.1 食品卫生检验方法 理化部分总则

GB/T 6682 分析实验室用水规格和试验方法

3 定性筛选方法

3.1 原理

利用水溶液中游离的甲醛与某些化学试剂的特异性反应,形成特定的颜色进行鉴别。

3.2 仪器

3.2.1 组织捣碎机。

3.2.2 10 mL 纳氏比色管。

3.3 试剂

3.3.1 下列所用试剂均为分析纯,所用化学试剂应符合 GB/T 602 的要求。实验用水应符合 GB/T 6682 的要求。

3.3.2 1%间苯三酚溶液:称取固体间苯三酚 1 g,溶于 100 mL 12%氢氧化钠溶液中。此溶液临用时现配。

3.3.3 4%盐酸苯肼溶液。此溶液临用时现配。

3.3.4 盐酸溶液(1+9):量取盐酸 100 mL,加到 900 mL 的水中。

3.3.5 5%亚硝酸亚铁氰化钠溶液。此溶液临用时现配。

3.3.6 10%氢氧化钾溶液。

3.4 操作步骤

3.4.1 取样

3.4.1.1 鲜活水产品

鲜活水产品取肌肉等可食部分测定。鱼类去头、去鳞,取背部和腹部肌肉;虾去头、去壳、去肠腺后取肉;贝类去壳后取肉;蟹类去壳、去性腺和肝脏后取肉。

3.4.1.2 冷冻水产品

冷冻水产品经半解冻直接取样,不可用水清洗。

3.4.1.3 水发水产品

水发水产品可取其水发溶液直接测定。或将样品沥水后,取可食部分测定。

3.4.1.4 干制水产品

干制水产品取肌肉等可食部分测定。

3.4.2　试样的制备

可直接取用水发水产品的水发溶液，进行定性筛选实验。将取得的样品用组织捣碎机捣碎，称取10 g于三角瓶中，加入20 mL蒸馏水，振荡30 min，离心后取上清液作为制备液进行定性测定。

3.4.3　测定

3.4.3.1　间苯三酚法

a)　取样品制备液5 mL于10 mL纳氏比色管中，然后加入1 mL 1%间苯三酚溶液，2 min内观察颜色变化。溶液若呈橙红色，则有甲醛存在，且甲醛含量较高；溶液若呈浅红色，则含有甲醛，且含量较低；溶液若无颜色变化，甲醛未检出。

b)　该方法操作时显色时间短，应在2 min内观察颜色的变化。水发鱿鱼、水发虾仁等样品的制备液因带浅红色，不适合此法。

3.4.3.2　亚硝基亚铁氰化钠法

a)　取样品制备溶液5 mL于10 mL纳氏比色管中，然后加入1 mL 4%盐酸苯肼，3滴～5滴新配的5%亚硝基亚铁氰化钠溶液，再加入3滴～5滴10%氢氧化钾溶液，5 min内观察颜色变化。溶液若呈蓝色或灰蓝色，说明有甲醛，且甲醛含量高；溶液若呈浅蓝色，说明有甲醛，且甲醛含量低；溶液若呈淡黄色，甲醛未检出。

b)　该方法显色时间短，应5 min内观察颜色的变化。

3.4.3.3　以上两种方法中任何一种方法都可作为甲醛的定性测定方法，必要时两种方法同时使用。

4　定量测定方法

4.1　分光光度法

4.1.1　原理

水产品中的甲醛在磷酸介质中经水蒸气加热蒸馏，冷凝后经水溶液吸收，蒸馏液与乙酰丙酮反应，生成黄色的二乙酰基二氢二甲基吡啶，用分光光度计在413 nm处比色定量，甲醛分光光度计吸收光谱参见附录A。

4.1.2　仪器

4.1.2.1　分光光度计：波长范围为360 nm～800 nm。

4.1.2.2　圆底烧瓶：1 000 mL、2 000 mL、250 mL；容量瓶：200 mL；纳氏比色管：20 mL。

4.1.2.3　调温电热套或电炉。

4.1.2.4　组织捣碎机。

4.1.2.5　蒸馏液冷凝、接收装置。

4.1.3　试剂

4.1.3.1　磷酸溶液（1+9）：取100 mL磷酸，加到900 mL的水溶液，混匀。

4.1.3.2　乙酰丙酮溶液：称取乙酸铵25 g，溶于100 mL蒸馏水中，加冰乙酸3 mL和乙酰丙酮0.4 mL，混匀，储存于棕色瓶，在2℃～8℃冰箱内可保存一个月。

4.1.3.3　0.1 mol/L碘溶液：称取40 g碘化钾，溶于25 mL水中，加入12.7 g碘，待碘完全溶解后，加水定容至1 000 mL，移入棕色瓶中，暗处储存。

4.1.3.4　1 mol/L氢氧化钠溶液。

4.1.3.5　硫酸溶液（1+9）。

4.1.3.6　0.1 mol/L硫代硫酸钠标准溶液：按GB/T 5009.1中规定的方法标定。

4.1.3.7　0.5%淀粉溶液：此液应当日配置。

4.1.3.8　甲醛标准储备溶液：吸取0.3 mL含量为36%～38%甲醛溶液于100 mL容量瓶中，加水稀释至刻度，为甲醛标准储备溶液，冷藏保存2周。按本标准4.1.5.1条规定的碘量法标定。

4.1.3.9　甲醛标准溶液（5 μg/mL）：根据甲醛标准储备液的浓度，精密吸取适量于100 mL容量瓶中，用水定容至刻度，配置甲醛标准溶液(5 μg/mL)，混匀备用，此液应当日配置。

4.1.4 样品处理

将按3.4.1要求取得样品，用组织捣碎机捣碎，混合均匀后称取10.00 g于250 mL圆底烧瓶中，加入20 mL蒸馏水，用玻璃棒搅拌混匀，浸泡30 min后加10 mL磷酸(1+9)溶液后立即通入水蒸气蒸馏。接收管下口事先插入盛有20 mL蒸馏水且置于冰浴的蒸馏液接收装置中。收集蒸馏液至200 mL，同时做空白对照实验。

4.1.5 操作方法

4.1.5.1 甲醛标准储备溶液的标定

精密吸取4.1.3.8制备的溶液10.00 mL，置于250 mL碘量瓶中，加入25.00 mL 0.1 mol/L碘溶液，7.50 mL 1 mol/L氢氧化钠溶液，放置15 min；再加入10.00 mL(1+9)硫酸，放置15 min；用浓度为0.1 mol/L的硫代硫酸钠标准溶液滴定，当滴至淡黄色时，加入1.00 mL 0.5%淀粉指示剂，继续滴定至蓝色消失，记录所用硫代硫酸钠体积(V_1) mL。同时用水作试剂空白滴定，记录空白滴定所用硫代硫酸钠体积(V_0) mL。

甲醛标准储备液的浓度按式(1)计算。

$$X_1=\frac{(V_0-V_1)\times C\times 15\times 1000}{10} \quad\cdots\cdots(1)$$

式中：

X_1 ——甲醛标准储备溶液中甲醛的浓度，单位为毫克每升(mg/L)；

V_0 ——空白滴定消耗硫代硫酸钠标准溶液的体积数，单位为毫升(mL)；

V_1 ——滴定甲醛消耗硫代硫酸钠标准溶液的体积数，单位为毫升(mL)；

C ——硫代硫酸钠溶液准确的摩尔浓度，单位为摩尔每升(mol/L)；

15 ——1 mL 1 mol/L碘相当甲醛的量，单位为毫克(mg)；

10 ——所用甲醛标准储备溶液的体积，单位为毫升(mL)。

4.1.5.2 标准曲线的绘制

精密吸取5 μg/mL甲醛标准液0 mL、2.0 mL、4.0 mL、6.0 mL、8.0 mL、10.0 mL于20 mL纳氏比色管中，加水至10 mL；加入1 mL乙酰丙酮溶液，混合均匀，置沸水浴中加热10 min，取出用水冷却至室温；以空白液为参比，于波长413 nm处，以1 cm比色皿进行比色，测定吸光度，绘制标准曲线。

4.1.5.3 样品测定

根据样品蒸馏液中甲醛浓度高低，吸取蒸馏液1 mL～10 mL，补充蒸馏水至10 mL，测定过程同4.1.5.2，记录吸光度。每个样品应作2个平行测定，以其算术平均值为分析结果。

4.1.6 结果计算

试样中甲醛的含量按式(2)计算，计算结果保留2位小数。

$$X_2=\frac{C_2\times 10}{m_2\times V_2}\times 200 \quad\cdots\cdots(2)$$

式中：

X_2 ——水产品中甲醛含量，单位为毫克每千克(mg/kg)；

C_2 ——查曲线结果，单位为微克每毫升(μg/mL)；

10 ——显色溶液的总体积，单位为毫升(mL)；

m_2 ——样品质量，单位为克(g)；

V_2 ——样品测定取蒸馏液的体积，单位为毫升(mL)；

200——蒸馏液总体积，单位为毫升(mL)。

4.1.7 回收率

回收率≥60%。

4.1.8 检出限

样品中甲醛的检出限为0.50 mg/kg。

4.1.9 **精密度**

在重复性条件下获得2次独立测定结果：

样品中甲醛含量≤5 mg/kg时，相对偏差≤10%；

样品中甲醛含量>5 mg/kg时，相对偏差≤5%。

4.2 **高效液相色谱法**

4.2.1 **原理**

甲醛在酸性条件下与2,4-二硝基苯肼在60℃水浴衍生化生成2,4-二硝基苯腙，经二氯甲烷反复分离提取后，经无水硫酸钠脱水，水浴蒸干，甲醇溶解残渣。ODS-C_{18}柱分离，紫外检测器338 nm检测，以保留时间定性，根据峰面积定量，测定甲醛含量，甲醛溶液高效液相色谱图见附录B。

4.2.2 **仪器**

4.2.2.1 高效液相色谱，附紫外检测器。

4.2.2.2 高速离心机。

4.2.2.3 10 mm×150 mm具塞玻璃层析柱。

4.2.2.4 恒温水浴锅。

4.2.2.5 涡旋混合器。

4.2.2.6 移液器：1 mL；微量进样器：20 μL；5 mL具塞比色管。

4.2.2.7 0.22 μm滤膜。

4.2.3 **试剂**

4.2.3.1 甲醇：色谱纯，经过滤、脱气后使用。

4.2.3.2 二氯甲烷。

4.2.3.3 2,4-二硝基苯肼溶液：称取100 mg 2,4-二硝基苯肼溶解于24 mL浓盐酸中，加水定容至100 mL。

4.2.3.4 甲醛标准储备溶液：配制及标定见本标准4.1.3.8条，临用时稀释至20 μg/mL。

4.2.3.5 无水硫酸钠：经550℃高温灼烧，干燥器中储存冷却后使用。

4.2.4 **测定步骤**

4.2.4.1 **样品处理**

取4.1.4制备水蒸气蒸馏液0.1 mL～1.0 mL，置于5 mL具塞比色管中，补充蒸馏水至1.0 mL，加入0.2 mL 2,4-二硝基苯肼溶液，置60℃水浴15 min，然后在流水中快速冷却，加入2 mL二氯甲烷，涡旋混合器振荡萃取1 min，3 000 r/min，离心2 min，取上清液再用1 mL二氯甲烷萃取2次，合并3次萃取的下层黄色溶液，将萃取液经无水硫酸钠柱脱水，60℃水浴蒸干，放冷，取1.0 mL色谱纯甲醇溶解残渣，经孔径0.22 μm滤膜过滤后做液相色谱分析用。

4.2.4.2 **色谱条件**

4.2.4.2.1 色谱柱：ODS-C_{18}柱，5 μm，4.6 nm×250 nm。

4.2.4.2.2 色谱柱温度：40℃。

4.2.4.2.3 流动相：甲醇+水(60+40)，0.5 mL/min。

4.2.4.2.4 检测器波长：338 nm。

4.2.4.3 **标准曲线的绘制**

分别取20 μg/mL的甲醛应用液0 mL、0.1 mL、0.25 mL、0.5 mL、0.75 mL、1.0 mL(相当于0 μg、2 μg、5 μg、10 μg、15 μg、20 μg)于5 mL具塞比色管中，加蒸馏水至1.0 mL，按4.2.4.1处理后取20 μL进样。根据出现时间定性(5.1 min)，峰面积定量，每个浓度做2次，取平均值，用峰面积与甲醛含量作图，绘制标准曲线。取样品处理液20 μL注入液相色谱测得积分面积后从标准曲线查出相应的浓度。

4.2.5 结果计算

样品中甲醛的含量按式(3)计算,计算结果保留2位小数。

$$X_3=\frac{C_3}{M_3\times V_3}\times 200 \quad (3)$$

式中:

X_3——水产品中甲醛含量,单位为毫克每千克(mg/kg);

C_3——查曲线结果,单位为微克每毫升(μg/mL);

M_3——样品质量,单位为克(g);

V_3——样品测定取蒸馏液的体积,单位为毫升(mL);

200——蒸馏液总体积,单位为毫升(mL)。

4.2.6 回收率

样品蒸馏液中添加甲醛标准溶液计算得到的回收率>90%。

4.2.7 精密度

在重复性条件下获得2次独立测定结果:

当样品中甲醛含量≤5 mg/kg时,相对偏差≤10%;

当样品中甲醛含量>5 mg/kg时,相对偏差≤5%。

4.2.8 检出限

样品中甲醛的检出限为0.20 mg/kg。

附　录　A
（资料性附录）
甲醛分光光度计吸收光谱扫描图

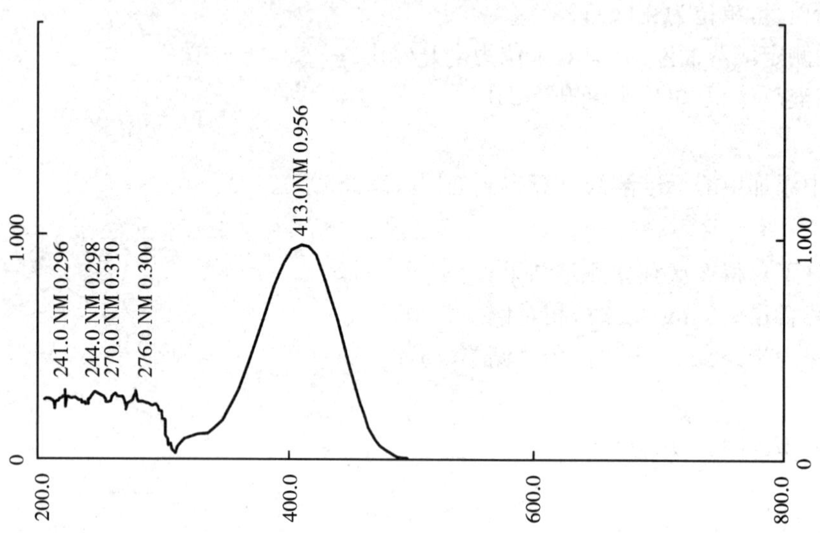

附　录　B
（资料性附录）
甲醛标准溶液高效液相色谱图

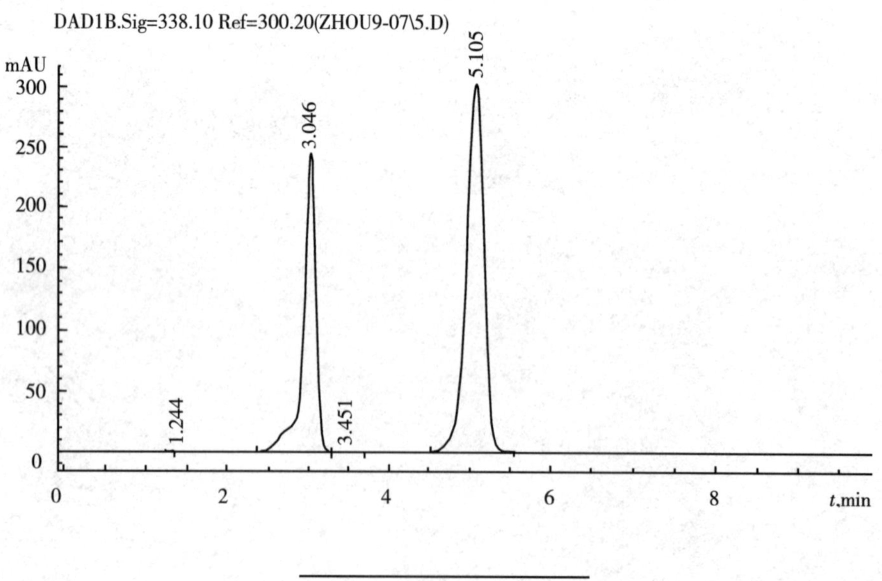

ICS 67.050
B 50

中华人民共和国水产行业标准

SC/T 3028—2006

水产品中噁喹酸残留量的测定 液相色谱法

Determination of oxolinic acid residues in aquatic products Liquid chromatography method

2006-07-10 发布　　2006-10-01 实施

中华人民共和国农业部　发布

前 言

本标准附录 A 为资料性附录。

本标准由中华人民共和国农业部提出。

本标准由全国水产标准化技术委员会水产品加工分技术委员会归口。

本标准起草单位：国家水产品质量监督检验中心。

本标准主要起草人：李兆新、耿霞、冷凯良、王慧、刘晋湘、王联珠、李晓川。

水产品中噁喹酸残留量的测定
液相色谱法

1 范围

本标准规定了水产品中噁喹酸残留量的液相色谱测定方法。

本标准适用于水产品可食部分中噁喹酸残留量的测定。

2 规范性引用文件

下列文件中的条款通过本标准的引用而成为本标准的条款。凡是注日期的引用文件，其随后所有的修改单(不包括勘误的内容)或修订版均不适用于本标准，然而，鼓励根据本标准达成协议的各方研究是否可使用这些文件的最新版本。凡是不注日期的引用文件，其最新版本适用于本标准。

GB/T 6682 分析实验室用水规格和试验方法

3 原理

水产品样品中噁喹酸用乙酸乙酯提取，浓缩后，用流动相溶解残渣，正己烷脱去脂肪，利用噁喹酸的荧光性质，采用具有荧光检测器的液相色谱仪检测，外标法定量。

4 试剂

除另有规定外，所有试剂均为分析纯，试验用水符合 GB/T 6682 一级水要求。

4.1 乙酸乙酯：取无水硫酸钠 25 g 于 500 mL 乙酸乙酯中，摇匀，放置清晰即可。

4.2 正己烷。

4.3 乙腈：色谱纯。

4.4 四氢呋喃：色谱纯。

4.5 无水硫酸钠：650℃灼烧 4 h，冷却后储存于密封容器中。

4.6 0.03 mol/L 氢氧化钠溶液：取 1.2 g 氢氧化钠于烧杯中，加水 1 000 mL 溶解。

4.7 0.02 mol/L 磷酸：取 85%磷酸(优级纯)1.36 mL，用水稀释至 1 000 mL。

4.8 噁喹酸标准品：纯度大于 99%。

4.9 噁喹酸标准储备液：准确称取噁喹酸标准品 50.0 mg，用 0.03 mol/L 氢氧化钠溶液溶解并稀释至浓度为 1.0 mg/mL，4℃保存。有效使用期为一个月。

4.10 噁喹酸系列标准使用液：用乙腈将标准储备液稀释至 1.0 μg/mL 作为标准工作液。准确量取噁喹酸标准工作液，配成浓度分别为 0.01 μg/mL、0.02 μg/mL、0.05 μg/mL、0.1 μg/mL、0.2 μg/mL 的标准使用液，此溶液临用时配制。

5 仪器和设备

5.1 匀浆机。

5.2 旋转蒸发仪。

5.3 分析天平，感量 0.000 1 g。

5.4 天平，感量 0.01 g。

5.5 离心机：4 000 r/min。

5.6 涡旋混合器。

5.7 液相色谱仪,具荧光检测器。

5.8 离心管:50 mL、25 mL。

5.9 鸡心瓶:50 mL。

5.10 刻度离心管:5 mL。

6 样品制备

6.1 样品预处理

将鱼去鳞,去皮,沿背脊取肌肉;虾去头、去壳,取可食肌肉部分;其他水产样品取可食部分,切为不大于 0.5 cm×0.5 cm×0.5 cm 的小块,充分匀浆,备用。

6.2 样品提取

称取样品 2 g(精确至 0.01 g)于 50 mL 离心管中,加入乙酸乙酯 15 mL,无水硫酸钠 2 g,10 000 r/min~12 000 r/min 匀浆提取 30 s,4 000 r/min 离心 5 min,上清液转入 50 mL 鸡心瓶中;另取一 25 mL 离心管加入 10 mL 乙酸乙酯,清洗匀浆机刀头,清洗液移入上述 50 mL 离心管中,用玻璃棒捣碎离心管中的沉淀,涡旋混匀 1 min,4 000 r/min 离心 5 min,上清液合并至 50 mL 鸡心瓶中。

6.3 样品净化及浓缩

提取液 40℃~50℃下真空浓缩至近干,立即精确加入 2.0 mL 流动相溶解,再加入 1 mL 正己烷,涡旋混匀 1 min,转入 5 mL 离心管中,4 000 r/min 离心 10 min,弃去正己烷层(如脂肪较多,可用正己烷重复提取一次)。提取液经 0.45 μm 滤膜过滤后供液相色谱分析。

7 测定

7.1 色谱条件

色谱柱:C_{18}反相柱,250 mm×4.6 mm,5 μm,或其他性能相当的色谱柱。

流动相:0.02 mol/L 磷酸:乙腈:四氢呋喃=65:20:15,流速为 1.0 mL/min。

检测器波长:激发波长 325 nm,发射波长 369 nm。

7.2 色谱分析

7.2.1 工作曲线测定

分别取标准使用溶液 20 μL 进样,以峰面积为纵坐标、以标准溶液中噁喹酸含量为横坐标,绘制工作曲线。

7.2.2 样品测定

样品提取液 20 μL 进样,记录峰面积,从工作曲线查得样品提取液中噁喹酸的含量。

8 空白试验

除不加试样外,均按上述测定步骤进行。

9 结果

9.1 计算

按式(1)计算样品中噁喹酸残留量。计算结果需扣除空白值。

$$X=\frac{C\times V}{m} \quad (1)$$

式中:

X——试样中的噁喹酸的含量,单位为毫克每千克(mg/kg);

C——样品提取液中噁喹酸的含量,单位为微克每毫升(μg/mL);

V——最终定容体积,单位为毫升(mL);

m——样品质量,单位为克(g)。

9.2 方法回收率

本方法的回收率≥75%。

9.3 方法检出限

本方法检出限为 0.01 mg/kg。

9.4 精密度

在重复性条件下获得的 2 次独立测定结果的差值不得超过算术平均值的 10%。

附 录 A
（资料性附录）
噁喹酸标准品的液相色谱图

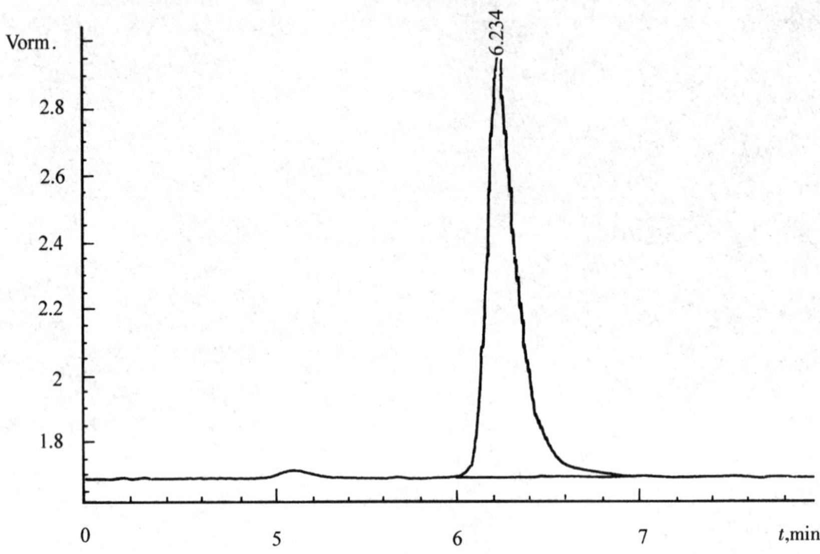

图 A.1 噁喹酸标准品的液相色谱图

ICS 67.050
B 50

中华人民共和国水产行业标准

SC/T 3029—2006

水产品中甲基睾酮残留量的测定 液相色谱法

Determination of methyltestosterone residues in fishery products Liquid chromatography method

2006-07-10 发布　　2006-10-01 实施

中华人民共和国农业部　发布

前　言

本标准附录A为资料性附录。

本标准由中华人民共和国农业部提出。

本标准由全国水产标准化技术委员会水产品加工分技术委员会归口。

本标准起草单位:中国海洋大学、国家水产品质量监督检验中心。

本标准主要起草人:林洪、江洁、李兆新、曹立民、付晓婷。

水产品中甲基睾酮残留量的测定 液相色谱法

1 范围

本标准规定了水产品中甲基睾酮残留量的液相色谱测定方法。

本标准适用于水产品可食部分中甲基睾酮残留量的测定。

2 规范性引用文件

下列文件中的条款通过本标准的引用而成为本标准的条款。凡是注日期的引用文件，其随后所有的修改单(不包括勘误的内容)或修订版均不适用于本标准，然而，鼓励根据本标准达成协议的各方研究是否可使用这些文件的最新版本。凡是不注日期的引用文件，其最新版本适用于本标准。

GB/T 6682 分析实验室用水规格和试验方法

3 原理

以乙醚提取样品中的甲基睾酮，经过液-液萃取，用 C_{18} 柱进行色谱分离，利用甲基睾酮具有紫外特征吸收，外标法定量。

4 试剂

所有试剂应无干扰峰，分析纯试剂应重蒸。水应符合 GB/T 6682 一级水的要求。

4.1 甲基睾酮标准品：纯度≥98%。

4.2 甲醇：色谱纯。

4.3 甲醇溶液：甲醇∶水=4∶1。

4.4 石油醚：分析纯。

4.5 无水乙醚：分析纯。

4.6 甲基睾酮标准储备液：准确称取甲基睾酮 0.001 0 g，用甲醇溶解，定容于 50 mL 容量瓶中，使成浓度为 20 μg/mL 的标准溶液，－18℃存放，存放时间不超过 6 个月。

4.7 甲基睾酮标准工作液：使用前用甲醇稀释成 1 μg/mL 工作液，可 4℃暂时存放。

5 仪器

5.1 液相色谱仪：配紫外检测器。

5.2 电子天平：感量 0.000 1 g。

5.3 匀浆机。

5.4 磁力搅拌器。

5.5 离心机：最大转速 5 000 r/min。

5.6 振荡器。

5.7 减压旋转蒸发器。

5.8 鸡心瓶：50 mL。

5.9 具塞玻璃离心管：10 mL。

5.10 离心管：50 mL。

5.11 聚四氟乙烯膜：孔径 0.45 μm。

6 操作方法

6.1 样品处理

取水产品可食部分，切为不大于 0.5 cm×0.5 cm×0.5 cm 的小块后混匀，充分匀浆，取 5.00 g(精确至 0.01 g)于 50 mL 烧杯中。

6.2 分离纯化

6.2.1 提取

向烧杯中加入 15 mL 乙醚，磁力搅拌 15 min，转移至 50 mL 离心管中，用 5 mL 乙醚洗净烧杯，合并至离心管，5 000 r/min 离心 10 min，所得上清液转移至鸡心瓶；残渣用 15 mL 乙醚按上述方法再提取一次，所得上清液合并至鸡心瓶，在 40℃左右水浴条件下减压旋转蒸发至干，残渣中加入 5 mL 甲醇溶液清洗瓶壁，溶液转移至 10 mL 具塞玻璃离心管中。

6.2.2 纯化

加入 4 mL 的石油醚至上述离心管中，加塞剧烈振荡 1 min～2 min，4 000 r/min 离心 10 min，用滴管吸弃上层石油醚层；下层加入 4 mL 的石油醚按上述方法再洗涤一次。下层甲醇溶液在 40℃左右水浴条件下减压旋转蒸发至约 0.5 mL，转移至 10 mL 具塞离心管。加入 2 mL 水清洗瓶壁，合并水溶液，加入 4 mL的乙醚，振荡 1 min～2 min，混匀，4 000 r/min 离心 10 min，吸取上层乙醚层于鸡心瓶中；下层用 4 mL乙醚再提取一遍，吸取上层，合并至鸡心瓶中。在 40℃左右水浴条件下减压旋转蒸发至干，准确加入 1 mL流动相溶解残渣。经聚四氟乙烯膜过滤，待上机分析。

6.3 测定

6.3.1 测定条件

6.3.1.1 色谱柱：C_{18}柱，250 mm×4.6 mm，柱填料粒径 5 μm；或相当者。

6.3.1.2 流动相：甲醇：水＝70：30；流速：0.8 mL/min。

6.3.1.3 柱温：30℃。

6.3.1.4 进样量：20 μL。

6.3.1.5 检测波长：254 nm。

6.3.2 色谱分析

分别注入 20 μL 浓度为 1 μg/mL 标准工作溶液和样品提取溶液于液相色谱仪中，按上述色谱条件进行色谱分析，记录峰面积，响应值均应在仪器检测的线性范围之内。根据标准样品的保留时间定性，外标法定量。标准品色谱图参见附录 A。

7 结果

7.1 计算

样品中甲基睾酮的含量按式(1)计算。

$$X=\frac{A\times C_s\times V\times 1000}{A_s\times m} \quad \cdots\cdots (1)$$

式中：

X ——样品中甲基睾酮含量，单位为微克每千克(μg/kg)；

C_s——标准溶液中甲基睾酮含量，单位为微克每毫升(μg/mL)；

A ——试样液中甲基睾酮的峰面积；

V ——样品提取物溶液体积，单位为毫升(mL)；

A_s——标准溶液中甲基睾酮的峰面积；

m ——样品重量，单位为克(g)。

7.2 方法回收率

本方法的回收率≥75%。

7.3 方法检测限

本方法检测限：10 μg/kg。

7.4 方法重复性

本方法重复性小于10%。

7.5 方法的线性范围

本方法的线性范围：0.05 μg/mL～10 μg/mL。

附　录　A
（资料性附录）
甲基睾酮标准品的液相色谱图

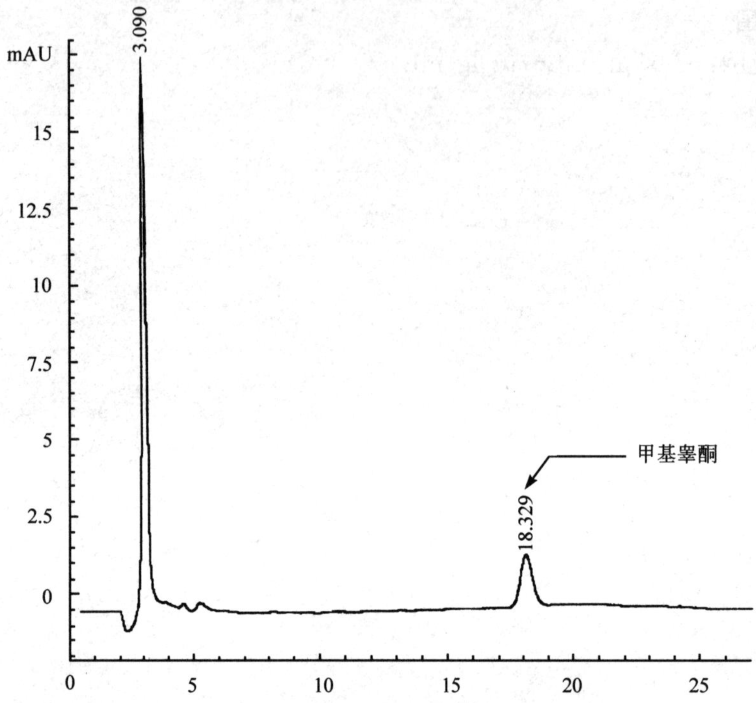

图 A.1　1 μg/mL 甲基睾酮标准品的液相色谱图

ICS 67.050

中华人民共和国水产行业标准

SC/T 3030—2006

水产品中五氯苯酚及其钠盐残留量的测定 气相色谱法

Determination of pentachlorophenol and its sodium salt residues in fishery products Gas chromatography method

2006-07-10 发布 2006-10-01 实施

中华人民共和国农业部 发布

前　言

本标准的附录A为资料性附录。

本标准由中华人民共和国农业部提出。

本标准由全国水产标准化技术委员会水产品加工分技术委员会归口。

本标准起草单位:江苏省水产质量检测中心、江苏省淡水水产研究所。

本标准主要起草人:葛家春、费志良、吴光红、朱晓华、杨洪生、张美琴、王静、吴蓓琦、刘畅。

水产品中五氯苯酚及其钠盐残留量的测定　气相色谱法

1　范围

本标准规定了水产品中五氯苯酚及其钠盐残留量的气相色谱测定方法。

本标准适用于水产品中五氯苯酚及其钠盐残留量的测定。

2　规范性引用文件

下列文件中的条款通过本标准的引用而成为本标准的条款。凡是注日期的引用文件,其随后所有的修改单(不包括勘误的内容)或修订版均不适用于本标准,然而,鼓励根据本标准达成协议的各方研究是否可使用这些文件的最新版本。凡是不注日期的引用文件,其最新版本适用于本标准。

GB/T 6682　分析实验室用水规格和试验方法

3　原理

酸性条件下将样品中的五氯酚钠转化为五氯苯酚,用正己烷萃取,碳酸钾溶液反萃取,加乙酸酐与五氯酚盐反应生成五氯苯乙酸酯,用配有电子捕获检测器的气相色谱仪测定,外标法定量。

4　试剂

除另有规定外,所用试剂均为分析纯,试验用水应符合 GB/T 6682 一级水指标。

4.1　正己烷:色谱纯。

4.2　乙酸酐。

4.3　无水硫酸钠:650℃灼烧 4 h,储于干燥器中备用。

4.4　碳酸钾溶液[$c(K_2CO_3)$=0.1 mol/L]:取 13.8 g 无水碳酸钾溶于水中,加水至 1 000 mL。

4.5　50%硫酸溶液:浓硫酸缓慢加入等体积蒸馏水中,配制成 50%硫酸溶液。

4.6　五氯苯酚:标准品,纯度≥99%。

4.7　五氯苯酚标准储备液:准确称取 0.050 0 g 五氯苯酚标准品,用碳酸钾溶液定容至 100 mL,配制成浓度为 500 μg/mL 的标准储备液。4℃保存,有效使用期为 3 个月。

4.8　五氯苯酚标准工作液:以碳酸钾溶液稀释标准储备液,配制成 0.3 μg/L、1 μg/L、5 μg/L、10 μg/L、50 μg/L、100 μg/L 系列浓度的标准工作液。

5　仪器

5.1　气相色谱仪:配有电子捕获检测器。

5.2　微量注射器:10 μL。

5.3　离心机:4 000 r/min。

5.4　匀浆机。

5.5　涡旋混合器。

5.6　分析天平:感量 0.000 1 g。

5.7　25 mL、50 mL 具磨口塞离心管。

5.8　10 mL 离心管。

6 测定步骤

6.1 样品预处理

6.1.1 制样

取水产品可食部分，切成不大于 0.5 cm×0.5 cm×0.5 cm 的小块，打成肉糜混匀备用。

6.1.2 提取

称取约 1 g(精确至 0.01 g)的试样于 50 mL 具塞离心管中，加入 8 mL 50%硫酸溶液，用匀浆机分散成悬浊液。80℃水浴 30 min。冷却后加 10 mL 正己烷，涡旋混匀 2 min，4 000 r/min 离心 5 min，抽取上层正己烷置于另一 50 mL 具塞离心管中，再加 10 mL 正己烷抽提一次，合并提取液。

6.1.3 净化

在提取液中加入 4 mL 碳酸钾溶液，涡旋混匀 2 min，4 000 r/min 离心 3 min，吸取碳酸钾提取液于 25 mL 具塞离心管，再加 4 mL 碳酸钾溶液重复提取一次，合并碳酸钾提取液。

6.1.4 衍生

碳酸钾提取液中加入 0.2 mL 乙酸酐，振摇 3 min 并不断放气，加 2.5 mL 正己烷萃取，正己烷萃取液移于 5 mL 容量瓶中，再加 2.0 mL 正己烷重复萃取一次，合并正己烷萃取液，定容至 5 mL，再加入约 2 g 无水硫酸钠脱水，溶液移入进样瓶，待测。

6.2 标准工作液的衍生

准确吸取 0.3 μg/L、1 μg/L、5 μg/L、10 μg/L、50 μg/L、100 μg/L 的标准工作液各 5.0 mL，分别置于 25 mL 具塞试管中，加 3 mL 碳酸钾溶液，按 6.1.4 步骤操作。

6.3 测定

6.3.1 气相色谱条件

色谱柱：毛细管柱，填料：35%聚二苯基二甲基硅氧烷，[(35% Phenyl) methylpolysiloxane，如 DB 35MS]，规格：30 m×0.25 mm×0.25 μm，或相当者。

进样口温度：250℃。

检测器温度：300℃。

柱温：起始温度 140℃，保持 2 min；以 10℃/min 升温至 200℃，保持 7 min；升温至 260℃，保持 3 min。

载气：氮气，纯度≥99.999%，流量 1.2 mL/min，线速度 29 cm/s；或氦气，纯度≥99.999%，流量 1.5 mL/min，线速度 38 cm/s。

尾吹气：氮气，60.0 mL/min。

进样量：1 μL。

进样方式：不分流进样。

吹扫放空流量：60.0 mL/min，吹扫放空时间：0.75 min。

6.3.2 标准曲线

衍生后的标准工作液进样，以峰面积为纵坐标、以对应五氯苯酚浓度为横坐标，进行一元线性回归峰面积-浓度标准曲线方程。

6.3.3 样品测定

样品提取液进样，记录峰面积，从标准曲线方程计算样品待测溶液中五氯苯酚浓度。样品待测溶液中五氯苯酚浓度应在标准曲线浓度范围内。五氯苯乙酸酯的气相色谱图参见附录 A。

6.4 计算

试样中的五氯苯酚的含量按照式(1)计算。

$$X=\frac{c\times V}{m} \qquad (1)$$

式中：

X ——样品中五氯苯酚及其钠盐含量(以五氯苯酚计)，单位为微克每千克(μg/kg)；

c ——由标准曲线方程计算所得样品提取溶液中五氯苯酚浓度，单位为微克每升(μg/L)；
V ——样品提取溶液体积，单位为毫升(mL)；
m ——样品质量，单位为克(g)。

7 线性范围、检测限、回收率、精密度

7.1 线性范围

0.3 μg/L～100 μg/L。

7.2 检出限

本方法最低检出限为 1.0 μg/kg。

7.3 回收率

在样品中添加 2 μg/kg～10 μg/kg 五氯苯酚时，回收率为 70%～110%。

7.4 重复性

样品中五氯苯酚浓度＞10 μg/kg 时，重复性相对标准偏差≤10%。
样品中五氯苯酚浓度≤10 μg/kg 时，重复性相对标准偏差≤20%。

附 录 A
(资料性附录)
五氯苯乙酸酯气相色谱图

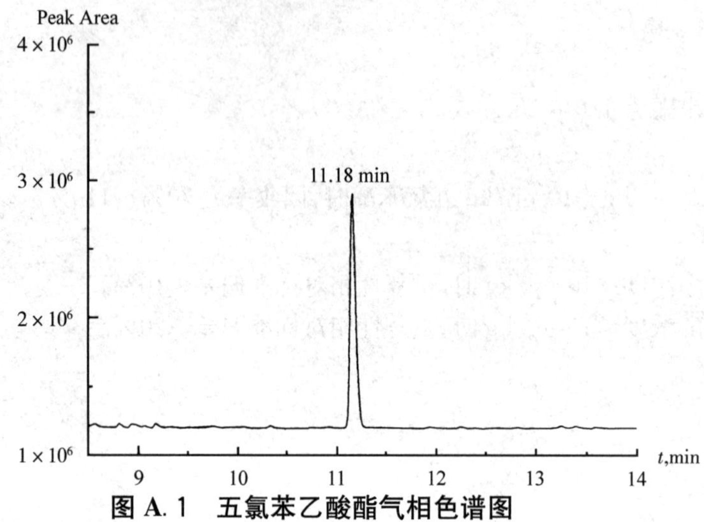

图 A.1 五氯苯乙酸酯气相色谱图

ICS 67.050
B 50

中华人民共和国水产行业标准

SC/T 3034—2006

水产品中三唑磷残留量的测定
气相色谱法

Determination of triazophos in fishery product
Gas Chromatography

2006-12-06 发布　　　　2007-02-01 实施

中华人民共和国农业部　发布

前　言

本标准附录 A 为资料性附录。

本标准由中华人民共和国农业部提出。

本标准由全国水产标准化技术委员会水产品加工分技术委员会归口。

本标准起草单位：农业部水产品质量监督检验测试中心(上海)。

本标准主要起草人：蔡友琼、黄冬梅、于慧娟、钱蓓蕾、李庆、沈晓盛、毕士川。

水产品中三唑磷残留量的测定　气相色谱法

1　范围

本标准规定了水产品中三唑磷残留量的气相色谱测定方法。

本标准适用于水产品可食部分中三唑磷残留量的测定。

2　规范性引用文件

下列文件中的条款通过本标准的引用而成为本标准的条款。凡是注日期的引用文件，其随后所有的修改单(不包括勘误的内容)或修订版均不适用于本标准，然而，鼓励根据本标准达成协议的各方研究是否可使用这些文件的最新版本。凡是不注日期的引用文件，其最新版本适用于本标准。

GB/T 6682　分析实验室用水规格和试验方法

3　原理

样品中的三唑磷以二氯甲烷提取，经净化、反相萃取、浓缩后，用配有氮磷检测器(或火焰光度检测器)的气相色谱仪测定，外标法定量。

4　试剂

本标准所用试剂在三唑磷出峰处应无干扰峰。除另有说明外，所用试剂均为分析纯；试验用水应符合 GB/T 6682 一级水的要求。

4.1　二氯甲烷：色谱纯。

4.2　正己烷。

4.3　正己烷：色谱纯。

4.4　甲醇：色谱纯。

4.5　80%甲醇溶液：80 mL 甲醇加 20 mL 水。

4.6　5%氯化钠溶液：25 g 氯化钠，加水 500 mL 溶解。

4.7　三唑磷标准溶液：100 μg/mL 丙酮溶液。

4.8　三唑磷标准工作液：使用前，取三唑磷标准溶液用正己烷(4.3)稀释成所需浓度。

5　仪器

5.1　气相色谱仪：配氮磷检测器或火焰光度检测器(具 526 nm 磷滤光片)。

5.2　电子天平：感量 0.000 1 g。

5.3　均质机。

5.4　离心机：0 r/min～5 000 r/min。

5.5　旋转蒸发仪。

5.6　电热恒温水浴锅。

5.7　氮吹仪。

5.8　涡旋混合器。

6　色谱条件

6.1　色谱柱：DB-5 毛细管柱，30 m×0.25 mm×0.25 μm；或与之相当色谱柱。

6.2 载气:高纯氮,流速 1.5 mL/min。

6.3 进样口温度:250℃。

6.4 柱温:

6.4.1 氮磷检测器:初始柱温 150℃,10℃/min 升至 220℃,维持 8 min,40℃/min 升至 280℃,维持 10 min。

6.4.2 火焰光度检测器:初始温度 150℃,以 10℃/min 升温至 250℃,保持 6 min。

6.5 检测器:选择下列一种检测器。

6.5.1 氮磷检测器:氢气 3.0 mL/min,空气 60 mL/min,尾吹气 5.0 mL/min。

6.5.2 火焰光度检测器:尾吹气 60 mL/min,氢气 75 mL/min,空气 100 mL/min。载气流速 1.5 mL/min。

6.5.3 检测器温度:

6.5.3.1 氮磷检测器:300℃。

6.5.3.2 火焰光度检测器:250℃。

6.6 进样方式及进样量:不分流进样,1 μL。

7 测定步骤

7.1 样品处理

7.1.1 取样

鱼,去鳞、去皮,沿脊背取肌肉;虾,去头、去壳,取肌肉部分;贝类,去壳,取可食部分(包括体液)。样品均质混匀,备用。

7.1.2 提取

称取样品 10 g(精确至 0.01 g),置于 50 mL 玻璃离心管中,加入 30 mL 二氯甲烷,均质机均质 1 min,4 000 r/min 离心 5 min,将二氯甲烷层转移至 100 mL 梨形瓶中,再用 20 mL 二氯甲烷重复提取 2 次,合并二氯甲烷提取液于梨形瓶中,35℃水浴中减压旋转蒸发至近干。

7.1.3 净化

向梨形瓶中加入 5 mL 80%甲醇溶液(4.5)溶解残留物,转移至 50 mL 离心管中,再向梨形瓶中加入 5 mL甲醇溶液重复操作;向离心管中加 10 mL 正己烷(4.2),振荡混合 1 min,4 000 r/min 离心 5 min,去除上层正己烷相,再向离心管中加 10 mL 正己烷(4.2),重复去脂一次。将下层溶液转移至梨形瓶中,于 40℃水浴中减压旋转缓慢蒸发至无馏出液为止。

7.1.4 反萃

向梨形瓶中加入 10 mL 5%氯化钠溶液(4.6)溶解残留物,并转移至 50 mL 离心管中,再用 5 mL 5%氯化钠溶液重复一次,合并至离心管中;向梨形瓶中加入 20 mL 正己烷(4.3),清洗梨形瓶,并转移至离心管中,振荡 5 min,用 4 000 r/min 离心 5 min,吸取正己烷层至梨形瓶中,再向离心管中加入 20 mL 正己烷(4.3)重复提取 2 次,合并正己烷层,35℃水浴中减压旋转缓慢蒸发,浓缩至 3 mL~4 mL。将梨形瓶中残留溶液移至 8 mL 离心管中,用 1 mL 正己烷(4.3)清洗梨形瓶,并入上述离心管中,于 50℃砂浴氮吹至干,加 1 mL 正己烷(4.3),于涡旋混合中混合溶解,供气相色谱分析用。

7.2 色谱测定

分别注入 1 μL 适当浓度的三唑磷标准使用液及样品溶液于气相色谱仪中,按色谱条件进行分析,记录峰面积或峰高,响应值应在仪器检测的线性范围之内。根据标准溶液的保留时间定性,外标法定量。

8 计算

样品中三唑磷的含量按式(1)计算。

$$X=\frac{C_s \times A \times V}{A_s \times m} \quad \cdots\cdots (1)$$

式中：

X ——样品中三唑磷含量，单位为微克每千克（μg/kg）；

C_s——标准溶液含量，单位为纳克每毫升（ng/mL）；

A ——样品中三唑磷的峰面积或峰高；

V ——样品经提取和净化后的定容体积，单位为毫升（mL）；

A_s——标准溶液的峰面积或峰高；

m ——样品质量，单位为克（g）。

结果保留小数点后2位。

9 方法回收率

标准添加浓度为10 μg/kg～100 μg/kg时，回收率≥70%。

10 方法检出限

本方法检出限：10 μg/kg。

11 精密度

2次平行测定结果相对标准偏差≤15%。

12 方法的线性范围

本方法的线性范围：三唑磷标准溶液浓度为0.1 μg/mL～10 μg/mL。

附 录 A
(资料性附录)
色 谱 图

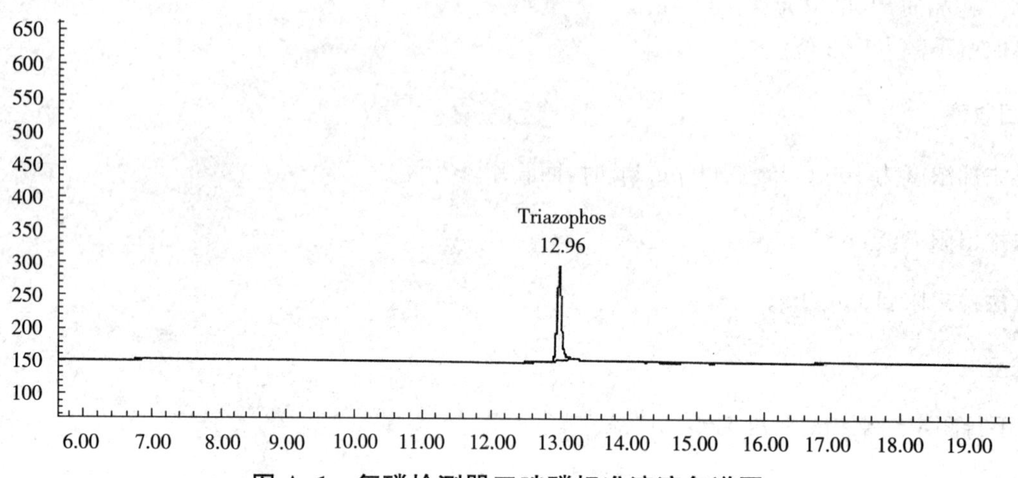

图 A.1 氮磷检测器三唑磷标准溶液色谱图

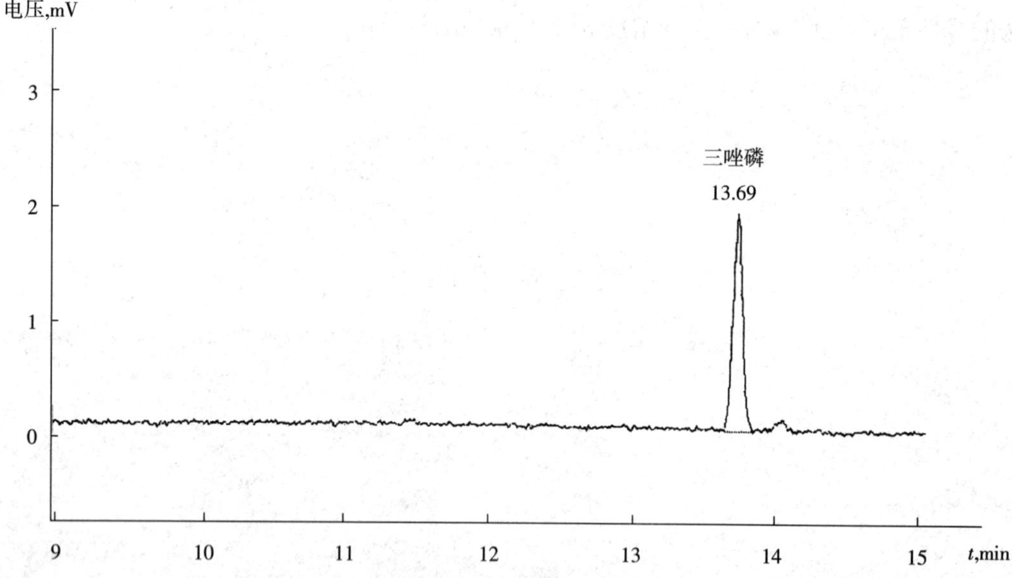

图 A.2 火焰光度检测器三唑磷标准溶液色谱图

ICS 67.050
B 50

中华人民共和国水产行业标准

SC/T 3036—2006

水产品中硝基苯残留量的测定 气相色谱法

Determination of nitrobenzene residues in fishery products Gas chromatography

2006-12-06 发布　　2007-02-01 实施

中华人民共和国农业部　发布

前　言

本标准的附录 A 为资料性附录。

本标准由中华人民共和国农业部提出。

本标准的技术归口单位:全国水产品标准化技术委员会水产品加工分技术委员会。

本标准起草单位:农业部渔业环境及水产品质量监督检验测试中心(哈尔滨)、中国水产科学研究院黄海水产研究所、东北师范大学、吉林省水产科学研究院。

本标准主要起草人:战培荣、冷凯良、陈中祥、丁蕴铮、王海涛、赵彩霞、卢玲、郭军、周明莹、孙伟红。

水产品中硝基苯残留量的测定　气相色谱法

1　范围

本标准规定了测定水产品中硝基苯残留量的气相色谱法。

本标准适用于水产品可食部分中硝基苯残留量的检测。

2　规范性引用文件

下列文件中的条款通过本标准的引用而成为本标准的条款。凡是注日期的引用文件，其随后所有的修改单（不包括勘误的内容）或修订版均不适用于本标准，然而，鼓励根据本标准达成协议的各方研究是否可使用这些文件的最新版本。凡是不注日期的引用文件，其最新版本适用于本标准。

GB/T 6682　分析实验室用水规格和试验方法

3　原理

样品经丙酮提取，水蒸气蒸馏，苯萃取，脱水净化后，用配有电子捕获检测器的气相色谱仪测定，外标法定量。

4　试剂

所有试剂在硝基苯出峰处应无干扰峰。

4.1　丙酮：分析纯。

4.2　苯：色谱纯。

4.3　无水硫酸钠：分析纯，600℃灼烧 4 h，冷却后储于密闭容器中备用。

4.4　氯化钠：分析纯。

4.5　水：实验用水应符合 GB/T 6682 一级水标准。

4.6　2%氯化钠溶液：20 g 氯化钠溶于 1 000 mL 水中。

4.7　硝基苯标准溶液：1 000 μg/mL 甲醇标准溶液或相当试剂。

4.8　硝基苯标准工作液：准确取适量的硝基苯标准溶液（4.7），用苯（4.2）稀释配成浓度为 500 ng/mL 的标准储备溶液，置 4℃冰箱中保存。用时取此储备液，用苯（4.2）逐级稀释成适当浓度的标准工作液。

5　仪器

5.1　气相色谱仪：配 ^{63}Ni 电子捕获检测器。

5.2　匀质机。

5.3　离心机，4 000 r/min。

5.4　涡旋混合器。

5.5　分液漏斗：500 mL。

5.6　离心管：50 mL，具塞。

5.7　电加热套或电炉。

5.8　全玻璃水蒸气蒸馏装置：500 mL 蒸馏瓶和与之配套的冷凝管及磨口弯管接口（参见附录 A）。

6　色谱条件

6.1　色谱柱：DB-1701 石英毛细管柱，30 m×0.32 mm×0.25 μm；或与之相当的色谱柱。

6.2　载气：高纯氮气；载气流量：0.8 mL/min。

6.3　进样口温度：240℃。

6.4　柱箱温度：初始柱温 50℃，维持 1 min，8℃/min 程序升温至 120℃，维持 2 min 或直到硝基苯已经流出，然后设定 35℃/min 程序升温至 250℃，维持 8 min。

6.5　检测器：^{63}Ni 电子捕获检测器；温度：300℃。

6.6　进样方式及进样量：无分流方式进样，1 μL。

7　测定步骤

7.1　样品预处理

鱼去鳞、去皮沿背脊取肌肉；虾去头、去壳、去附肢，取可食肌肉部分；蟹、中华鳖等取可食肌肉部分；样品切为不大于 0.5 cm×0.5 cm×0.5 cm 的小块后混匀，放置冰箱中－18℃冷冻储存备用。

7.2　提取

将样品解冻，称取样品 10 g（精确至 0.01 g），置于 50 mL 离心管中，加入丙酮（4.1）25 mL，匀质 1 min，分散均匀，提取硝基苯，4 000 r/min 离心 5 min，收集上清液。再向离心管中加丙酮（4.1）20 mL，用原匀质机再匀浆 1 min，4 000 r/min 离心 5 min，合并丙酮提取液于 500 mL 蒸馏瓶中，水蒸气蒸馏出 250 mL；馏出液置于 500 mL 分液漏斗中，加入氯化钠（4.4）20 g，加入苯（4.2）10 mL，剧烈振摇萃取 3 min～5 min，静止 30 min 分层，弃去下层水相，加入 2%氯化钠溶液（4.6）20 mL，洗涤苯萃取液，静止分层，弃去下层水相，取苯层 2 mL～3 mL 置于预先装有少许无水硫酸钠（4.3）的 5 mL 具塞离心管中，脱水，备色谱分析用。

7.3　样品测定

根据样品液中硝基苯含量情况，选定峰高相近的标准工作溶液，分别注入硝基苯标准溶液（4.7）1 μL 及样品液于气相色谱仪中，按上述色谱条件进行色谱分析；响应值均应在仪器检测线性范围之内。根据标准样品的保留时间定性，外标法定量。

7.4　空白试验

除不加试样外，均按上述测定步骤进行。

8　结果计算

样品中硝基苯的含量按式（1）计算。

$$X=\frac{A\times C_s\times 10}{A_s\times m} \quad \cdots\cdots (1)$$

式中：

X ——样品中硝基苯含量，单位为微克每千克（μg/kg）；

C_s——标准溶液中硝基苯含量，单位为纳克每毫升（ng/mL）；

A ——试样液中硝基苯的峰面积或峰高；

10——样品苯提取物溶液体积，单位为毫升（mL）；

A_s——硝基苯标准溶液的峰面积或峰高；

m ——样品质量，单位为克（g）。

注：计算结果需扣除空白值。

9　方法回收率

标准添加浓度为 3.0 μg/kg～500.0 μg/kg 时，回收率为 75%～110%。

10　方法检出限

本方法检出限 3.0 μg/kg。

11 重现性

2 次平行测定结果相对偏差≤15%。

12 方法的线性范围

本方法的线性范围:1.0 ng/mL～500.0 ng/mL。

附　录　A
（资料性附录）

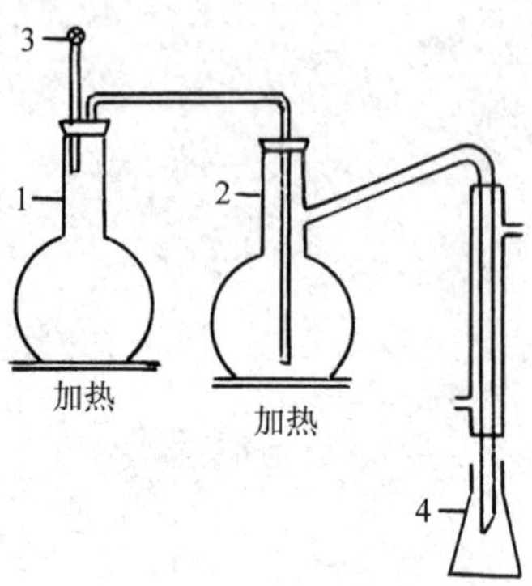

说明：

1——水蒸气发生瓶；

2——样品蒸馏瓶；

3——阀门；

4——三角瓶。

图 A.1　水蒸气蒸馏装置参考示意图

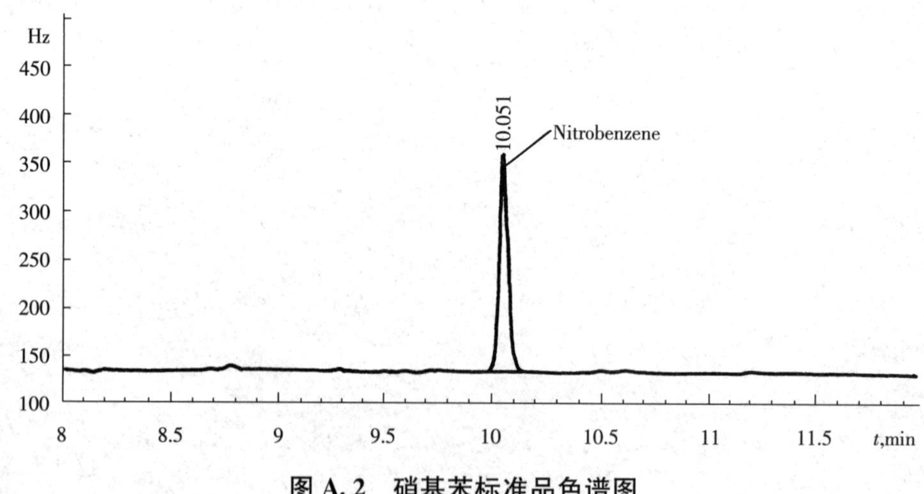

图 A.2　硝基苯标准品色谱图

ICS 67.050
B 50

中华人民共和国水产行业标准

SC/T 3039—2008

水产品中硫丹残留量的测定 气相色谱法

Determination of endosulfan residues in aquatic products by gas chromatography

2008-08-07 发布 2008-08-07 实施

中华人民共和国农业部 发布

前　言

本标准的附录 A 为资料性附录。

本标准由中华人民共和国农业部渔业局提出。

本标准由全国水产标准化技术委员会水产品加工分技术委员会归口。

本标准起草单位:农业部渔业环境及水产品质量监督检验测试中心(广州)、中国水产科学研究院南海水产研究所。

本标准主要起草人:甘居利、林钦、柯常亮、陈洁文、李刘冬、王增焕、古小莉、黎智广。

水产品中硫丹残留量的测定　气相色谱法

1　范围

本标准规定了水产品中硫丹残留量的气相色谱测定方法。

本标准适用于水产品中硫丹残留量的测定。

2　规范性引用文件

下列文件中的条款通过本标准的引用而成为本标准的条款。凡是注日期的引用文件，其随后所有的修改单(不包括勘误的内容)或修订版均不适用于本标准，然而，鼓励根据本标准达成协议的各方研究是否可使用这些文件的最新版本。凡是不注日期的引用文件，其最新版本适用于本标准。

GB/T 6682　分析实验室用水规格和试验方法

SC/T 3016　水产品抽样方法

3　原理

试样用乙腈/乙酸乙酯混合液和超声波提取，经低温除脂、中性氧化铝和弗罗里硅土净化，用配电子捕获检测器的气相色谱仪测定 α-硫丹、β-硫丹的残留量，保留时间定性，外标法定量。

4　试剂与材料

4.1　水：符合 GB/T 6682 一级水的要求。

4.2　标准物质：α-硫丹、β-硫丹，纯度均≥99%。

4.3　乙酸乙酯：色谱纯。

4.4　弗罗里硅土：层析用，60 目～100 目，400℃加热 4 h，冷却至室温，于干燥器中储存备用。

4.5　中性氧化铝：100 目～200 目，400℃加热 4 h，冷却后按每 100 g 加纯水 4 mL，振荡 4 h，密闭储存或储于乙酸乙酯中。

4.6　无水硫酸钠：分析纯，650℃加热 4 h，冷却至室温，于干燥器中储存备用。

4.7　玻璃层析柱：柱身长 200 mm，内径 10 mm，底部带砂芯滤层和磨口玻璃或聚四氟乙烯旋塞用 6 mL 乙酸乙酯(4.3)湿法装柱，自下而上依次装填弗罗里硅土(4.4)40 mm、中性氧化铝(4.5)30 mm、无水硫酸钠(4.6)30 mm。

4.8　乙腈：色谱纯，室温存放。

4.9　乙腈-乙酸乙酯混合溶液：乙腈＋乙酸乙酯＝4＋1，室温存放。

4.10　乙腈：色谱纯，－18℃保存。

4.11　硫丹标准溶液

4.11.1　混合标准储备液

称取 α-硫丹、β-硫丹标准物质各 0.025 0 g，置于同一烧杯内，在室温下用乙酸乙酯(4.3)溶解，转入容量瓶定容至 50 mL，摇匀，配成浓度各为 500 μg/mL 的标准储备液，5℃以下避光保存。

4.11.2　混合标准中间液

在室温下取标准储备液 1.00 mL，在 25 mL 容量瓶中用乙酸乙酯(4.3)稀释定容，摇匀，配成浓度各为 20.0 μg/mL 的标准中间液。

4.11.3　混合标准使用液

在室温下取标准中间液 1.00 mL，在 20 mL 容量瓶中用乙酸乙酯(4.3)稀释定容，摇匀，配成浓度各为

1.00 μg/mL 的标准使用液。

4.11.4 混合标准系列溶液

在室温下分别取标准使用液 0 mL、0.10 mL、0.20 mL、0.40 mL、0.80 mL、1.20 mL、1.60 mL、2.00 mL,分别在 10 mL 容量瓶中用乙酸乙酯(4.3)稀释定容,摇匀,配成浓度各为 0 μg/mL、0.001 μg/mL、0.002 μg/mL、0.004 μg/mL、0.008 μg/mL、0.120 μg/mL、0.160 μg/mL、0.200 μg/mL 的标准系列溶液。

5 仪器设备

5.1 气相色谱仪:配^{63}Ni 微电子捕获检测器。

5.2 分析天平:感量 0.000 1 g、0.01 g。

5.3 低温离心机:5℃～10℃,4 000 r/min 以上。

5.4 涡旋混合器。

5.5 旋转蒸发浓缩器。

5.6 超声振荡器。

5.7 均质机。

5.8 氮吹仪:水浴加热控温精度为±1℃。

5.9 鸡心瓶:100 mL,配磨口塞。

5.10 离心管:10 mL、50 mL(配磨口塞)。

6 测定步骤

6.1 试样制备

按 SC/T 3016 的规定。

6.2 提取

称取均质试样 3 g(准确至 0.01 g),放入 50 mL 具塞离心管中,加无水硫酸钠 2 g,用玻棒搅拌混匀,加乙腈-乙酸乙酯混合溶液(4.9)15 mL 淋洗玻棒后浸泡试样 30 min 后,超声波提取 10 min,于 5℃～10℃以 4 000 r/min 离心 5 min,将上层澄清提取液转入鸡心瓶,立即用玻棒引流上层澄清液入鸡心瓶。加乙腈-乙酸乙酯混合溶液(4.9)10 mL 浸泡离心管中残渣 10 min,重复提取一次,合并提取液,在 35℃水浴中旋转蒸发至近干。

6.3 低温除脂

向鸡心瓶内加入 3 mL 乙腈(4.8),涡旋混合 10 s～20 s,于－18℃放置 30 min 以上,使脂类杂质在低温下冷凝在鸡心瓶内壁。

6.4 柱层析净化

调节玻璃层析柱(4.7)底部旋塞,将柱内乙酸乙酯液面调整到硫酸钠层上方 3 mm～5 mm,取出低温鸡心瓶,并立即将鸡心瓶内的乙腈溶液转入层析柱,另用 3 mL－18℃乙腈(4.10)洗涤鸡心瓶内壁后转入层析柱,用 50 mL 乙腈-乙酸乙酯混合溶液(4.9)以 1 mL/min～1.2 mL/min 流速淋洗层析柱。洗脱液的前 10 mL 弃去,其余收集入鸡心瓶。

6.5 浓缩

将鸡心瓶在 35℃水浴中旋转蒸发至近干,用 3 mL 乙酸乙酯(4.3)立即洗涤鸡心瓶内壁,洗涤液转入 10 mL 离心管。将离心管置 50℃～55℃水浴中,用氮气吹干管内溶液,最后加入 1.00 mL 乙酸乙酯(4.3),涡旋混合 10 s～20 s,洗涤离心管内壁。洗涤液转入色谱进样瓶,密封,及时进行气相色谱测定。

6.6 测定

6.6.1 色谱条件

6.6.1.1 石英毛细管色谱柱:HP-5 型,规格 30 m×0.32 mm×0.25 μm,或性能相当者。

6.6.1.2 柱箱升温程序:初始柱温 160℃保持 1 min,然后以 20℃/min 速率升至 220℃后保持 7 min,再以 30℃/min 速率升至 280℃后保持 2 min。

6.6.1.3 进样口温度:260℃。

6.6.1.4 检测器温度:310℃。

6.6.1.5 进样方式:不分流。

6.6.1.6 进样量:2.0 μL。

6.6.1.7 载气:高纯氮气(纯度≥99.999%),流速 2.0 mL/min。

6.6.1.8 吹扫气:高纯氮气(纯度≥99.999%),流速 60 mL/min。

6.6.2 标准曲线绘制

向气相色谱仪中注入混合标准系列溶液(4.11.4),记录峰面积。以 α-硫丹色谱峰面积为纵坐标、以 α-硫丹浓度为横坐标,绘制 α-硫丹的标准曲线。以 β-硫丹色谱峰面积为纵坐标、以 β-硫丹浓度为横坐标,绘制 β-硫丹的标准曲线。α-硫丹、β-硫丹标准溶液的气相色谱图参见附录 A 中的图 A.1。

6.6.3 试样溶液测定

向气相色谱仪中注入试样溶液,记录峰面积,α-硫丹的响应值应在标准曲线的线性范围 0.001 μg/mL~0.2 μg/mL 之内,β-硫丹的响应值应在标准曲线的线性范围 0.001 μg/mL~0.2 μg/mL 之内,根据色谱峰的保留时间定性,用外标法定量。鳗鲡加标试样、鳗鲡试样的气相色谱图参见附录 A 中的图 A.2 和图 A.3。

6.7 空白试验

在相同试验条件下,与试样测定的同批做空白试验,除不加试样外,按 6.2~6.6.3 步骤进行。

6.8 计算

试样中硫丹含量按式(1)计算,计算结果需扣除空白值,并保留 3 位有效数字。

$$X=\frac{A_1\times C_{s1}\times V}{A_{s1}\times m}+\frac{A_2\times C_{s2}\times V}{A_{s2}\times m} \qquad (1)$$

式中:

X ——试样中硫丹含量,单位为毫克每千克(mg/kg);

A_1 ——试样溶液中 α-硫丹的峰面积,单位为赫兹·秒(Hz·s);

A_2 ——试样溶液中 β-硫丹的峰面积,单位为赫兹·秒(Hz·s);

C_{s1} ——标准溶液中 α-硫丹的浓度,单位为微克每毫升(μg/mL);

C_{s2} ——标准溶液中 β-硫丹的浓度,单位为微克每毫升(μg/mL);

A_{s1} ——标准溶液中 α-硫丹的峰面积,单位为赫兹·秒(Hz·s);

A_{s2} ——标准溶液中 β-硫丹的峰面积,单位为赫兹·秒(Hz·s);

V ——试样溶液定容体积,单位为毫升(mL);

m ——试样质量,单位为克(g)。

7 方法灵敏度、准确度和精密度

7.1 灵敏度

本方法最低检出限为 α-硫丹 0.000 3 mg/kg、β-硫丹 0.000 3 mg/kg,最低定量限为 α-硫丹 0.001 mg/kg、β-硫丹 0.001 mg/kg。

7.2 准确度

本方法 α-硫丹添加浓度为 0.001 mg/kg~0.05 mg/kg 时,回收率为 70%~120%;本方法 β-硫丹添加浓度为 0.001 mg/kg~0.05 mg/kg 时,回收率为 70%~120%。

7.3 精密度

本方法批内相对标准偏差<15%,批间相对标准偏差<10%。

附　录　A
（资料性附录）
硫丹气相色谱图

A.1　硫丹标准溶液气相色谱图

见图 A.1。

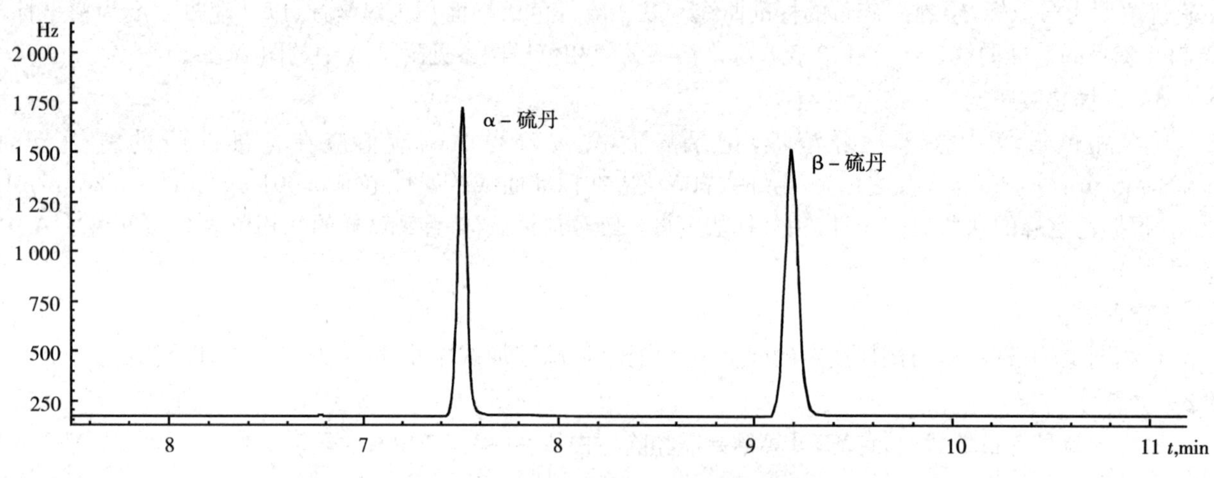

图 A.1　硫丹标准溶液气相色谱图

A.2　鳗鲡硫丹加标试样气相色谱图

见图 A.2。

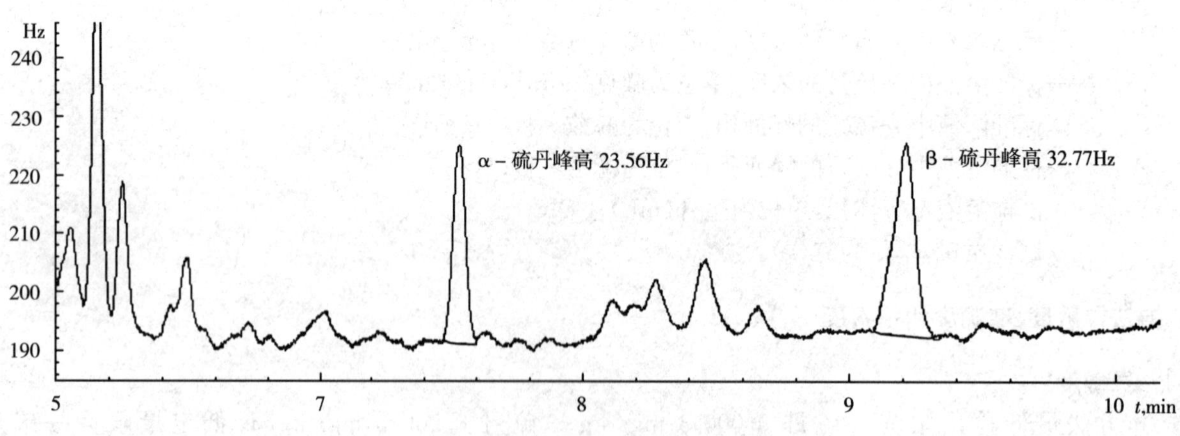

注：α-硫丹、β-硫丹添加量各为 0.001 mg/kg。

图 A.2　鳗鲡硫丹加标试样气相色谱图

A.3　鳗鲡试样气相色谱图

见图 A.3。

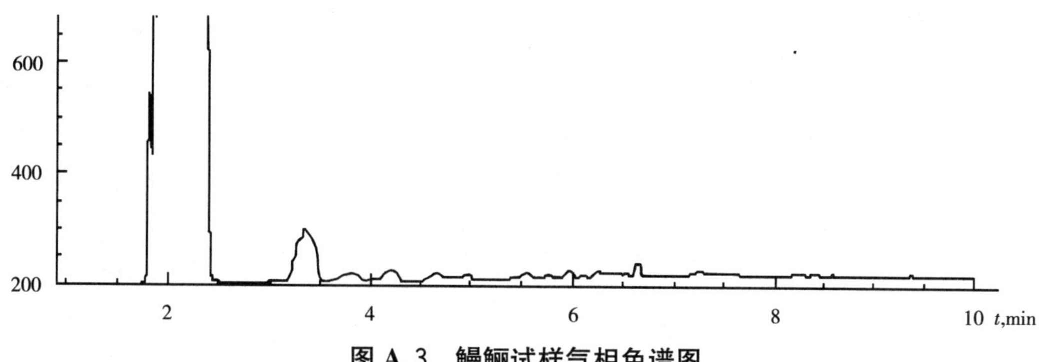

图 A.3 鳗鲡试样气相色谱图

ICS 67.050
B 50

中华人民共和国水产行业标准

SC/T 3040—2008

水产品中三氯杀螨醇残留量的测定 气相色谱法

Determination of dicofol residues in aquatic products by gas chromatography

2008-08-07 发布

2008-08-07 实施

中华人民共和国农业部 发布

前　言

本标准的附录 A 为资料性附录。

本标准由中华人民共和国农业部渔业局提出。

本标准由全国水产标准化技术委员会水产品加工分技术委员会归口。

本标准起草单位:农业部渔业环境及水产品质量监督检验测试中心(广州)、中国水产科学研究院南海水产研究所。

本标准主要起草人:甘居利、林钦、陈洁文、柯常亮、李刘冬、陈培基、杨美兰、王许诺。

水产品中三氯杀螨醇残留量的测定 气相色谱法

1 范围

本标准规定了水产品中三氯杀螨醇残留量的气相色谱测定方法。

本标准适用于水产品中三氯杀螨醇残留量的测定。

2 规范性引用文件

下列文件中的条款通过本标准的引用而成为本标准的条款。凡是注日期的引用文件，其随后所有的修改单(不包括勘误的内容)或修订版均不适用于本标准，然而，鼓励根据本标准达成协议的各方研究是否可使用这些文件的最新版本。凡是不注日期的引用文件，其最新版本适用于本标准。

GB/T 6682 分析实验室用水规格和试验方法

SC/T 3016 水产品抽样方法

3 原理

试样加正己烷经超声波提取，硫酸和弗罗里硅土净化，用配电子捕获检测器的气相色谱仪测定三氯杀螨醇残留量，保留时间定性，外标法定量。

4 试剂与材料

4.1 水：符合 GB/T 6682 一级水的要求。

4.2 正己烷：色谱纯。

4.3 弗罗里硅土：层析用，60 目～100 目，400℃加热 4 h，冷却至室温，于干燥器中储存备用。

4.4 无水硫酸钠：分析纯，650℃加热 4 h，冷却至室温，于干燥器中储存备用。

4.5 玻璃层析柱：柱长 200 mm，内径 10 mm，底部带砂芯滤层、磨口玻璃或聚四氟乙烯旋塞。用 6 mL 正己烷(4.2)湿法装柱，自下而上依次装填弗罗里硅土(4.3)60 mm、无水硫酸钠(4.4)30 mm。

4.6 甲醇：色谱纯。

4.7 浓硫酸：优级纯。

4.8 二氯甲烷：色谱纯。

4.9 正己烷-二氯甲烷混合溶液：正己烷＋二氯甲烷＝4＋1。

4.10 三氯杀螨醇标准物质：纯度≥99%。

4.11 三氯杀螨醇标准溶液

4.11.1 标准储备液

称取三氯杀螨醇标准物质 0.025 0 g，置于烧杯内，在室温下用甲醇(4.6)溶解，转入容量瓶定容至 50 mL，摇匀，配成浓度为 500 μg/mL 的标准储备液，5℃以下避光保存。

4.11.2 标准中间液

在室温下取标准储备液 1.00 mL，在 25 mL 容量瓶中用甲醇(4.6)稀释定容，摇匀，配成浓度各为 20.0 μg/mL 的标准中间液。

4.11.3 标准使用液

在室温下取标准中间液 1.00 mL，在 20 mL 容量瓶中用正己烷(4.2)稀释定容，摇匀，配成浓度为

1.00 μg/mL 的标准使用液。

4.11.4 标准系列溶液

在室温下分别取标准使用液 0 mL、0.10 mL、0.20 mL、0.40 mL、0.80 mL、1.20 mL、2.00 mL、4.00 mL，分别在 10 mL 容量瓶中用正己烷(4.2)稀释定容，摇匀，配成浓度为 0 μg/mL、0.001 μg/mL、0.002 μg/mL、0.004 μg/mL、0.008 μg/mL、0.120 μg/mL、0.200 μg/mL、0.400 μg/mL 的标准系列溶液。

5 仪器设备

5.1 气相色谱仪：配^{63}Ni 微电子捕获检测器。

5.2 分析天平：感量 0.000 1 g、0.001 g。

5.3 离心机：5 000 r/min 以上。

5.4 涡旋混合器。

5.5 旋转蒸发器。

5.6 超声波振荡器。

5.7 均质机。

5.8 鸡心瓶：50 mL、100 mL，均配磨口塞。

5.9 离心管：10 mL，配磨口塞。

6 测定步骤

6.1 试样制备

按 SC/T 3016 的规定。

6.2 提取

称取均质试样 1 g(准确至 0.001 g)，放入 10 mL 离心管底部，加入正己烷(4.2)5 mL 浸泡 30 min 后，超声波提取 15 min，4 000 r/min 离心 5 min，将上层澄清提取液转入 50 mL 鸡心瓶；另用正己烷(4.2)5 mL浸泡离心管中残渣 10 min，重复提取一次；合并上层澄清提取液转入 50 mL 鸡心瓶，于 45℃水浴减压旋转蒸发至近干。

6.3 硫酸净化

用 3 mL 正己烷(4.2)分 3 次洗涤鸡心瓶内壁，洗涤液转移至另一 10 mL 离心管。向离心管内滴加 3 mL浓硫酸(4.7)，用玻棒上下搅拌 50 次～60 次，5 000 r/min 离心 10 min，至上层正己烷澄清。用玻璃吸管小心吸除下层硫酸，再次滴加 3 mL 浓硫酸(4.7)净化正己烷层，直到硫酸层基本无色。

6.4 柱层析净化

调节玻璃层析柱(4.5)底部旋塞，将柱内正己烷液面调整到无水硫酸钠层上方 3 mm～5 mm，至少分 3 次转移经硫酸净化的正己烷澄清液入层析柱，每次转移后将柱内液面调整到无水硫酸钠层上方3 mm～5 mm。用 50 mL 正己烷-二氯甲烷混合溶液(4.9)，以 1 mL/min～1.2 mL/min 的流速淋洗净化柱。洗脱液的前 10 mL 弃去，其余收集入 100 mL 鸡心瓶。

6.5 浓缩

将鸡心瓶置于 45℃水浴减压旋转蒸发至干。迅速用 3.00 mL 正己烷洗涤鸡心瓶内壁，洗涤液转入气相色谱进样瓶，密封，及时进行气相色谱测定。

6.6 测定

6.6.1 色谱条件

6.6.1.1 石英毛细管色谱柱：HP-5 型，规格 30 m×0.32 mm×0.25 μm，或性能相当者。

6.6.1.2 柱箱升温程序：初始柱温 170℃，维持 1 min，然后以 20℃/min 速度升至 210℃，维持 1 min，再以 10℃/min 速度升至 240℃，维持 5 min。

6.6.1.3 进样口温度:210℃。

6.6.1.4 检测器温度:250℃。

6.6.1.5 进样方式:不分流。

6.6.1.6 进样量:1.0 μL。

6.6.1.7 载气:高纯氮气(纯度≥99.999%),流速 1.5 mL/min。

6.6.1.8 吹扫气:高纯氮气(纯度≥99.999%),流速 60 mL/min。

6.6.2 标准曲线绘制

向气相色谱仪中注入标准系列溶液(4.11.4),记录峰面积。以三氯杀螨醇色谱峰面积为纵坐标、以三氯杀螨醇浓度为横坐标,绘制标准曲线。三氯杀螨醇标准溶液的气相色谱图参见附录 A 中的图 A.1。

6.6.3 试样溶液测定

向气相色谱仪中注入试样溶液,记录峰面积,仪器响应值应在标准曲线的线性范围 0.001 μg/mL~0.4 μg/mL 之内,根据色谱峰的保留时间定性,用外标法定量。鳗鲡加标试样、鳗鲡试样的气相色谱图参见附录 A 中的图 A.2 和图 A.3。

6.7 空白试验

在相同试验条件下,与试样测定的同批做空白试验,除不加试样外,按 6.2~6.6.3 步骤进行。

6.8 计算

试样中三氯杀螨醇含量按式(1)计算。计算结果需扣除空白值,并保留 3 位有效数字。

$$X = \frac{A \times C_s \times V}{A_s \times m} \quad \cdots\cdots (1)$$

式中:

X ——试样中三氯杀螨醇含量,单位为毫克每千克(mg/kg);

A ——试样溶液中三氯杀螨醇的峰面积,单位为赫兹·秒(Hz·s);

C_s ——标准溶液中三氯杀螨醇浓度,单位为微克每毫升(μg/mL);

V ——试样溶液定容体积,单位为毫升(mL);

A_s ——标准溶液中三氯杀螨醇的峰面积,单位为赫兹·秒(Hz·s);

m ——试样质量,单位为克(g)。

7 方法灵敏度、准确度和精密度

7.1 灵敏度

本方法最低检出限为 0.003 mg/kg,最低定量限为 0.01 mg/kg。

7.2 准确度

本方法三氯杀螨醇添加浓度为 0.01 mg/kg~0.5 mg/kg 时,回收率为 70%~120%。

7.3 精密度

本方法批内相对标准偏差<15%,批间相对标准偏差<10%。

附　录　A
(资料性附录)
三氯杀螨醇气相色谱图

A.1　三氯杀螨醇标准溶液气相色谱图

见图A.1。

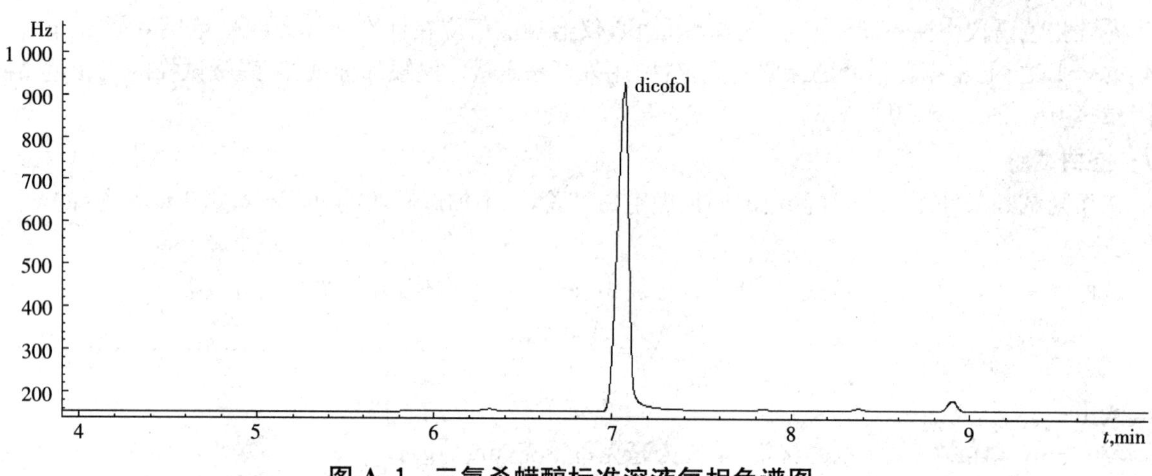

图A.1　三氯杀螨醇标准溶液气相色谱图

A.2　鳗鲡三氯杀螨加标试样气相色谱图(添加量为0.01 mg/kg)

见图A.2。

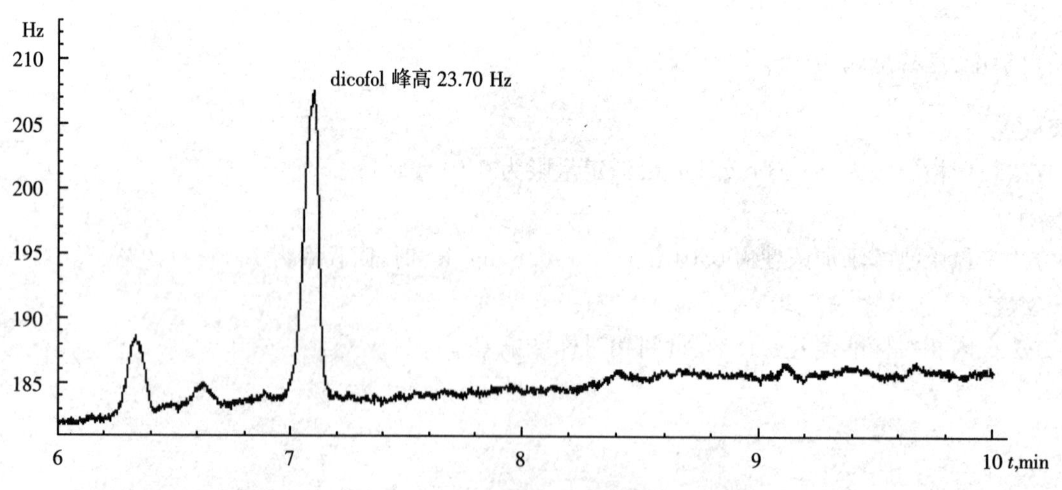

图A.2　鳗鲡三氯杀螨醇加标试样气相色谱图(添加量为0.01 mg/kg)

A.3　鳗鲡空白试样气相色谱图

见图A.3。

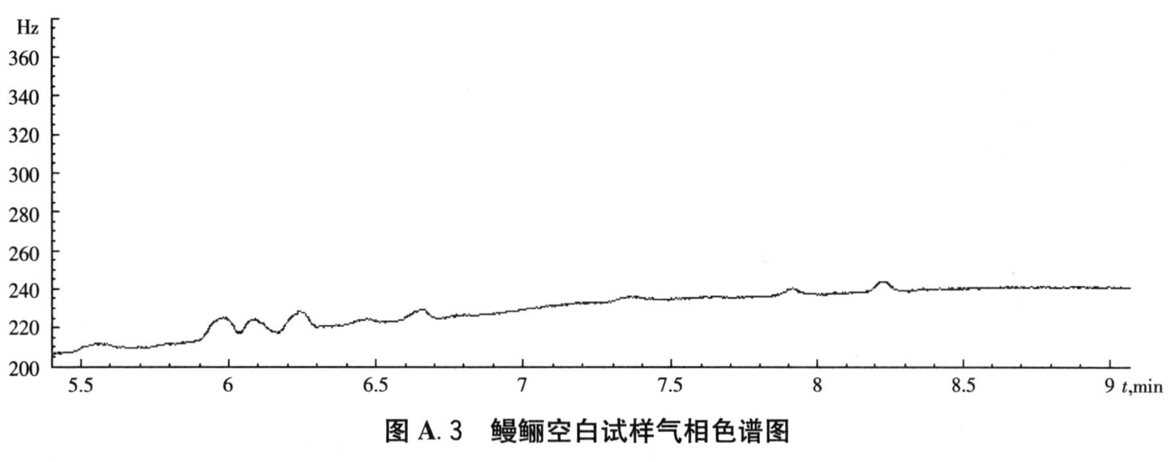

图 A.3 鳗鲡空白试样气相色谱图

ICS 67.050
B 50

中华人民共和国水产行业标准

SC/T 3041—2008

水产品中苯并(a)芘的测定 高效液相色谱法

Determination of benzo(a)pyrene in aquatic products High performance liquid chromatography

2008-08-07 发布　　2008-08-07 实施

中华人民共和国农业部　发布

前　言

本标准的附录 A 为资料性附录。

本标准由中华人民共和国农业部渔业局提出。

本标准由全国水产标准化技术委员会水产品加工分技术委员会归口。

本标准起草单位:中国水产科学研究院南海水产研究所。

本标准主要起草人:杨贤庆、陈胜军、李来好、岑剑伟、郝淑贤、戚勃、马海霞。

水产品中苯并(a)芘的测定 高效液相色谱法

1 范围

本标准规定了水产品中苯并(a)芘的高效液相色谱测定方法。

本标准适用于水产品及水产加工品中苯并(a)芘的测定。

2 规范性引用文件

下列文件中的条款通过本标准的引用而成为本标准的条款。凡是注日期的引用文件,其随后所有的修改单(不包括勘误的内容)或修订版均不适用于本标准,然而,鼓励根据本标准达成协议的各方研究是否可使用这些文件的最新版本。凡是不注日期的引用文件,其最新版本适用于本标准。

GB/T 6682 分析实验室用水规格和试验方法

SC/T 3016 水产品抽样方法

3 方法原理

试样经氢氧化钾皂化后用正己烷提取,通过固相柱净化,用正己烷二氯甲烷溶液洗脱,旋转蒸发器蒸干,残渣用乙腈溶解,经反相色谱柱分离,荧光检测器检测,外标法定量。

4 试剂

除特别说明外,所用试剂均为分析纯。

4.1 水:符合 GB/T 6682 一级水的要求。

4.2 乙腈:色谱纯。

4.3 甲醇。

4.4 正己烷。

4.5 二氯甲烷。

4.6 无水硫酸钠:650℃下灼烧 4 h,冷却至室温,储存于干燥器中备用。

4.7 固相萃取柱:弗罗里柱(Florisil),250 mg/3 mL,使用前活化。

4.8 50%氢氧化钾溶液:称取 50.0 g 氢氧化钾加适量蒸馏水溶解,冷却后,用蒸馏水稀释定容至100 mL,摇匀即可。

4.9 正己烷-二氯甲烷溶液:将 2 mL 二氯甲烷加入到 6 mL 正己烷溶液中。

4.10 苯并(a)芘标准品:纯度≥98.0%。

4.11 标准储备液:准确称取苯并(a)芘标准品 0.010 0 g,置于 100 mL 容量瓶中,加乙腈定容至刻度,该储备液浓度为 100 μg/mL。置 4℃冰箱中密封保存(保存时间不超过 3 个月)。

4.12 标准工作液:准确吸取 1.00 mL 的标准储备液,置于 100 mL 容量瓶中,用乙腈稀释至刻度。分别准确吸取一定体积的该溶液,制成浓度为 0.5 ng/mL、5.0 ng/mL、10.0 ng/mL、50.0 ng/mL、100.0 ng/mL、150.0 ng/mL、200.0 ng/mL 的标准工作液。

5 仪器设备

5.1 高效液相色谱仪:配荧光检测器。

5.2 离心机:5 000 r/min。

5.3 超声波振荡器。

5.4 旋转蒸发器。

5.5 涡旋振荡器。

5.6 分析天平:感量 0.01 g 和 0.000 1 g。

5.7 氮吹仪。

5.8 高速组织捣碎机。

5.9 无水硫酸钠柱:砂芯玻璃层析柱中装无水硫酸钠 25 g。

5.10 固相萃取装置。

5.11 圆底烧瓶:50 mL 和 100 mL。

5.12 试管:10 mL。

5.13 聚丙烯离心管:100 mL。

5.14 微孔过滤膜:孔径 0.45 μm。

6 测定步骤

6.1 试样制备

6.1.1 鲜活水产品的试样制备:按 SC/T 3016 的规定执行。

6.1.2 水产加工品的试样制备:抽取至少 3 个包装件,取试样 200 g 绞碎混合均匀后分为 2 份,一份用于检验,另一份作为留样。

6.2 提取

称取试样 5 g(精确至 0.01 g),加入 250 mL 三角瓶中,加入 25 mL 甲醇和 50%的氢氧化钾溶液(4.8) 10 mL,在 60℃水浴中浸提 30 min,不时振摇。然后再超声振荡 10 min,转移至 100 mL 聚丙烯离心管中,加入 20 mL 正己烷,涡旋混匀 5 min,4 000 r/min 离心 10 min 分层,取上层正己烷相经无水硫酸钠柱滤入 100 mL 圆底烧瓶中,再用 15 mL 正己烷按上述操作重复提取水相一次。将提取液在 50℃水浴中旋转蒸发,当圆底烧瓶中剩下约 1 mL 液体时,取下圆底烧瓶,将液体移入试管中,再加入 2 mL 正己烷清洗,合并到试管中,重复清洗一次,收集的液体留过柱用。

6.3 净化

先使用 3 mL 二氯甲烷、5 mL 正己烷活化固相萃取柱(4.7),流速约为 2 mL/min。将提取液用 10 mL 正己烷洗入柱子中,再用 8 mL 的正己烷-二氯甲烷溶液(4.9)洗脱,用 50 mL 圆底烧瓶收集洗脱液。将洗脱液在 50℃水浴中旋转蒸发浓缩,待瓶中剩下约 1 mL 时,取下圆底烧瓶,将液体移入试管中,再加入 2 mL正己烷清洗圆底烧瓶 2 次,合并至试管中,氮气吹干,准确加入 1.00 mL 乙腈,超声溶解后,用 0.45 μm的微孔滤膜过滤,供高效液相色谱仪测定。

6.4 试样测定

6.4.1 色谱条件

6.4.1.1 色谱柱:反相 C_{18},250 mm×4.6 mm,粒度 5 μm;或与之相当的色谱柱。

6.4.1.2 流动相:乙腈+水(75+25)。

6.4.1.3 流速:1.0 mL/min。

6.4.1.4 柱温:35℃。

6.4.1.5 检测器波长:激发波长 297 nm,发射波长 405 nm。

6.4.1.6 进样量:20 μL。

6.4.2 色谱分析:分别取标准工作液(4.12)和试样提取液于液相色谱仪中,按上述色谱条件进行色谱分析,记录分析结果,响应值均应在仪器检测的线性范围之内,根据标准品的保留时间定性,外标法定量。标准品色谱图参见附录 A。

6.5 空白试验

不加试样，在相同试验条件下，与试样测定的同批进行空白试验。

7 计算

试样中苯并(a)芘的含量按式(1)计算。计算结果需扣除空白值。结果保留3位有效数字。

$$X=\frac{C\times V}{m}\times 1000 \qquad (1)$$

式中：

X——试样中苯并(a)芘的含量，单位为微克每千克(μg/kg)；

C——试样中苯并(a)芘的含量，单位为微克每毫升(μg/mL)；

m——试样质量，单位为克(g)；

V——试样定容的体积，单位为毫升(mL)。

8 方法灵敏度、准确度和精密度

8.1 灵敏度

本方法最低检出限为0.1 μg/kg，最低定量限为0.5 μg/kg。

8.2 准确度

本方法添加浓度为0.5 μg/kg～40 μg/kg时，回收率为75%～110%。

8.3 精密度

本方法批内和批间的相对标准偏差<15%。

附　录　A
（资料性附录）
苯并(a)芘液相色谱图

A.1　浓度为5 μg/L苯并(a)芘的标准液相色谱图

见图A.1。

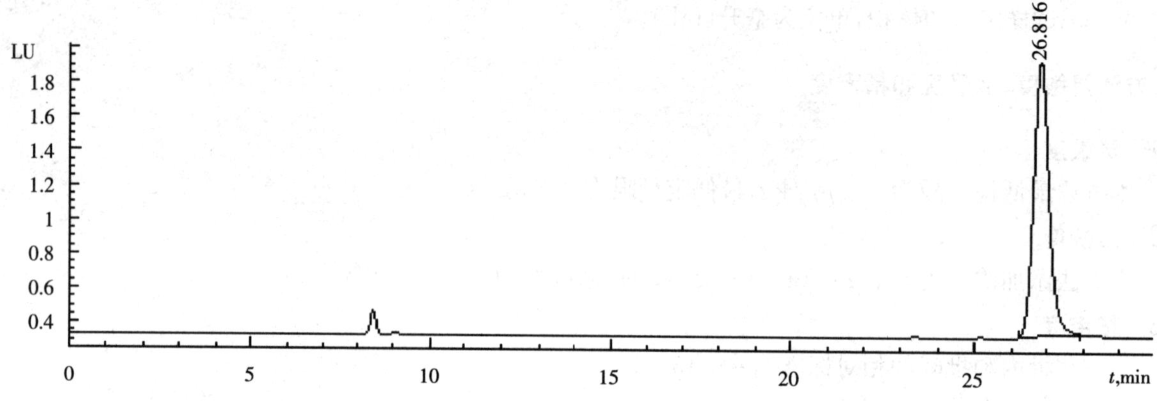

图A.1　浓度为5 μg/L苯并(a)芘的标准液相色谱图

A.2　试样空白色谱图

见图A.2。

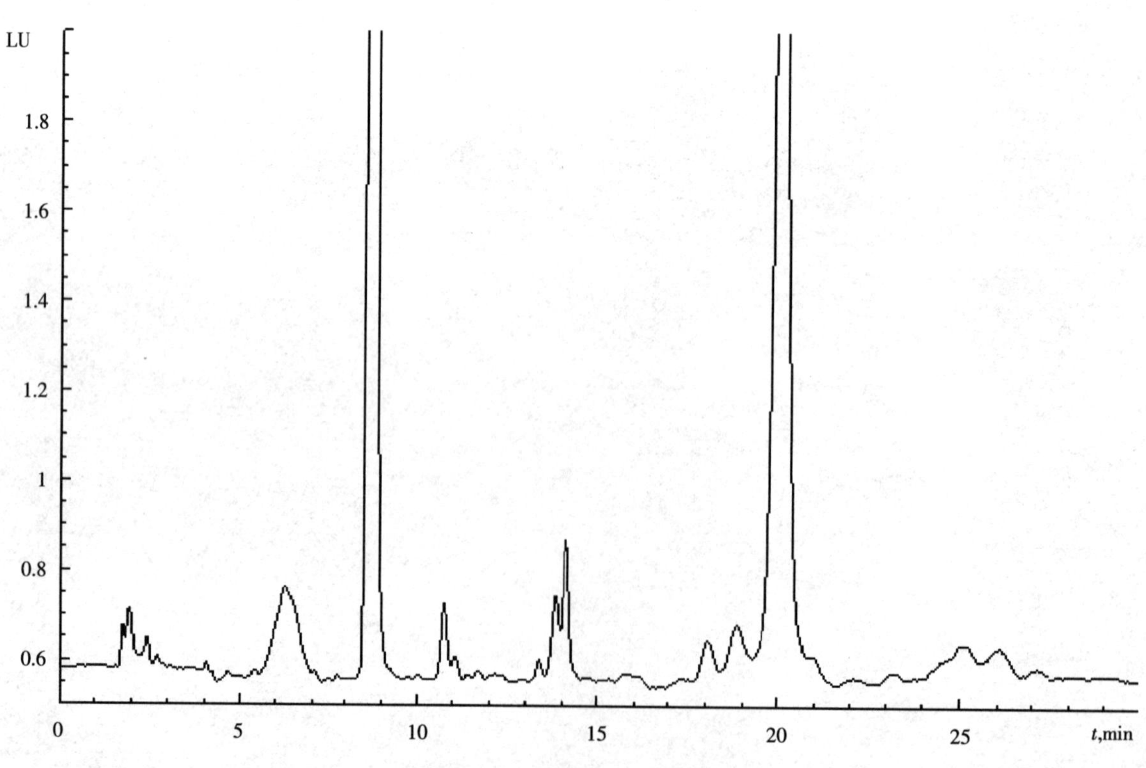

图A.2　试样空白色谱图

A.3 试样中苯并(a)芘色谱图

见图 A.3。

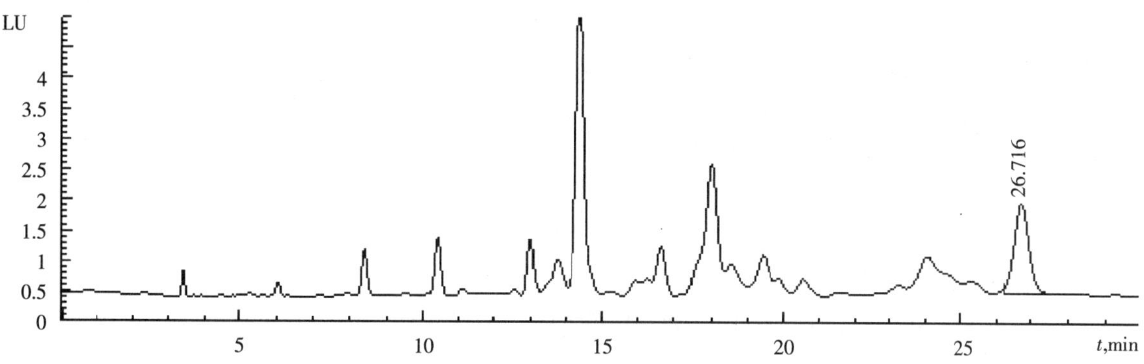

图 A.3 试样中苯并(a)芘色谱图

ICS 67.050
B 50

中华人民共和国水产行业标准

SC/T 3042—2008

水产品中16种多环芳烃的测定 气相色谱-质谱法

Determination of specified sixteen polycyclic aromatic hydrocarbons in aquatic products by gas chromatography–mass spectrum

2008-08-07 发布　　2008-08-07 实施

中华人民共和国农业部 发布

前　言

本标准附录 A、附录 B 为规范性附录，附录 C、附录 D 为资料性附录。

本标准由中华人民共和国农业部渔业局提出。

本标准由全国水产标准化技术委员会水产品加工分技术委员会归口。

本标准起草单位：宁波市海洋与渔业研究院。

本标准主要起草人：钟惠英、郑丹、杨家锋、段青源、朱励华、卓华龙。

水产品中16种多环芳烃的测定 气相色谱-质谱法

1 范围

本标准规定了水产品中16种多环芳烃(PAHs)的气相色谱-质谱测定法。

本标准适用于水产品及水产加工品中萘、苊烯、苊、芴、菲、蒽、荧蒽、芘、苯并[a]蒽、䓛、苯并[b]荧蒽、苯并[k]荧蒽、苯并[a]芘、茚酚[1,2,3-cd]芘、二苯并[a,h]蒽、苯并[g,h,i]苝共16种多环芳烃的测定。16种多环芳烃的中英文名称及缩写见附录A。

2 规范性引用文件

下列文件中的条款通过本标准的引用而成为本标准的条款。凡是注日期的引用文件,其随后所有的修改单(不包括勘误的内容)或修订版均不适用于本标准,然而,鼓励根据本标准达成协议的各方研究是否可使用这些文件的最新版本。凡是不注日期的引用文件,其最新版本适用于本标准。

GB/T 6682 分析实验室用水规格和试验方法

SC/T 3016 水产品抽样方法

3 原理

试样用氢氧化钾-甲醇溶液皂化,环己烷萃取,甲醇溶液清洗,硫酸溶液处理,硅胶柱净化,用气相色谱-质谱联用仪测定,内标法定量。

4 试剂和材料

除另有说明外,所用试剂均为分析纯。所有试剂经气相色谱-质谱联用仪检验不得检出多环芳烃。

4.1 水:GB/T 6682规定的一级水。

4.2 正己烷:农残级。

4.3 环己烷:农残级。

4.4 甲醇。

4.5 氢氧化钾。

4.6 二甲基甲酰胺。

4.7 硫酸:优级纯。

4.8 2 mol/L氢氧化钾-甲醇溶液:称取112 g氢氧化钾(4.5)用100 mL水溶解后,用甲醇(4.4)稀释至1 000 mL。

4.9 50%甲醇溶液:甲醇+水(50+50)。

4.10 二甲基甲酰胺溶液:二甲基甲酰胺+水(90+10)。

4.11 60%硫酸溶液:量取60 mL硫酸(4.7)缓缓加入40 mL水中,搅匀。

4.12 无水硫酸钠:400℃烘4 h,冷却后装瓶、密封,干燥器中保存。

4.13 超纯硅胶:粒径60 μm~200 μm,130℃烘4 h,冷却至50℃以下装瓶、密封,干燥器中保存。

4.14 环己烷-二氯甲烷溶液:环己烷+二氯甲烷(80+20)。

4.15 多环芳烃混合标准储备溶液(2 000 mg/L):以二氯甲烷-苯溶液(1+1)为溶剂,萘、苊烯、苊、芴、菲、蒽、荧蒽、芘、苯并[a]蒽、䓛、苯并[b]荧蒽、苯并[k]荧蒽、苯并[a]芘、茚酚[1,2,3-cd]芘、二苯并[a,h]蒽、苯并[g,h,i]苝 16 种多环芳烃的浓度均为 2 000 mg/L。有效期 1 年。

4.16 多环芳烃混合标准使用溶液(20.0 mg/L):准确吸取适量体积的混合标准储备溶液(4.15),用正己烷(4.2)稀释至所需浓度,2℃~8℃密封避光保存,保存期 3 个月。

4.17 多环芳烃内标储备溶液(500 mg/L):以二氯甲烷为溶剂,苊-D_{10}(AC-D_{10})、菲-D_{10}(PHE-D_{10})、䓛-D_{12}(CHR-D_{12})、苝-D_{12}(PE-D_{12})浓度均为 500 mg/L。

4.18 多环芳烃内标使用溶液(10.0 mg/L):吸取 200 μL 内标储备溶液(4.17),在 10 mL 容量瓶中用正己烷配制成 10.0 mg/L 的多环芳烃内标使用溶液,2℃~8℃密封避光保存,保存期 3 个月。

4.19 多环芳烃混合标准工作溶液:吸取适量混合标准使用溶液(4.16)和适量内标使用溶液(4.18)用正己烷配制成多环芳烃浓度为 0.050 mg/L、0.100 mg/L、0.500 mg/L、1.00 mg/L、5.00 mg/L、10.0 mg/L 和含内标物浓度为 2.00 mg/L 的混合标准工作溶液,2℃~8℃密封避光保存,保存期 1 周。

5 仪器和设备

5.1 气相色谱-质谱联用仪(EI 源)。

5.2 分析天平:感量 0.000 1 g。

5.3 天平:感量 0.01 g。

5.4 旋转蒸发仪。

5.5 氮吹仪。

5.6 离心机:转速 4 000 r/min。

5.7 恒温水浴锅。

5.8 皂化装置:250 mL 圆底烧瓶,上接 300 mm 蛇型冷凝管和 150 mm 分馏管。

5.9 玻璃层析柱:内径 20 mm,长 300 mm,带聚四氟乙烯塞和 2# 石英砂芯滤板。

5.10 分液漏斗:250 mL,带聚四氟乙烯塞。

5.11 圆底烧瓶:250 mL。

5.12 具塞刻度试管:5 mL。

5.13 组织捣碎机。

6 试样制备

6.1 鲜活水产品的试样制备:按 SC/T 3016 的规定执行。

6.2 水产加工品的试样制备:抽取至少 3 个包装件,取试样 400 g 捣碎混合均匀后分为 2 份,一份用于检验,另一份作为留样。

7 分析步骤

7.1 皂化

准确称取已制成均匀肉糜的试样 50 g,准确到 0.1 g,置于 250 mL 圆底烧瓶中,加入 2 mol/L 氢氧化钾-甲醇溶液(4.8)100 mL,接好皂化装置,用 80℃恒温水浴锅加热回流 2 h~4 h。加热时,注意不要爆沸。

7.2 提取

将冷至室温的皂化液转移到 250 mL 离心瓶中,4 000 r/min 离心 5 min,上清液转移到 250 mL 分液漏斗中,用 100 mL 环已烷(4.3)分 2 次清洗回流瓶,并转移到上述离心瓶中振摇 1 min,4 000 r/min 离心 5 min 后,环已烷层转移到装皂化液的分液漏斗中。振摇分液漏斗 1 min,静置分层后,将下层皂化液转移到另一 250 mL 分液漏斗中,并加入 50 mL 环已烷,振摇 1 min,静置分层后弃去下层液体,合并环已烷层。

7.3 萃取净化

7.3.1 依次用 100 mL 50%甲醇溶液(4.9,分 2 次)、200 mL 水(分 2 次)和 25 mL 60%硫酸溶液(4.11)分别清洗提取液。每次振摇 1 min,静置分层后弃去下层液体。上层环已烷用 300 mL 水分 3 次洗至中性。环己烷经无水硫酸钠(4.12)脱水后转移到 250 mL 圆底烧瓶中,40℃水浴旋转蒸发浓缩至约 30 mL。

7.3.2 对于经酸洗后色泽较深的样品,可采用如下净化方法:浓缩液转移到 250 mL 分液漏斗中,加入 30 mL 二甲基甲酰胺溶液(4.10),振摇 1 min,静置分层,下层转移到另一 250 mL 分液漏斗中。再次加入 30 mL 二甲基甲酰胺溶液重复操作,合并二甲基甲酰胺溶液到同一分液漏斗中,加入 50 mL 水、100 mL 环己烷,振摇 1 min,静置分层,下层(二甲基甲酰胺-水)再次用 50 mL 环己烷萃取后弃去。合并环己烷层,经无水硫酸钠脱水后于 250 mL 圆底烧瓶中,40℃水浴旋转蒸发浓缩至约 30 mL。

7.4 硅胶柱净化

7.4.1 装柱

称取 6 g 超纯硅胶(4.13),用环己烷湿法装入玻璃层析柱中,待硅胶完全沉降后,加入 2 g 无水硫酸钠。打开活塞,将环己烷液面放至接近无水硫酸钠平面。

7.4.2 洗脱

将 7.3 浓缩好的试样液加入硅胶柱中,用 10 mL 环己烷分 2 次清洗浓缩瓶,清洗液一并加入柱中。打开活塞,弃去流出液,当液面降至无水硫酸钠平面时,再加入 40 mL 环己烷,当层析柱液面再次降至无水硫酸钠平面时,关闭活塞,加 50 mL 环己烷-二氯甲烷溶液(4.14)淋洗柱子,用圆底烧瓶收集洗脱液。

7.5 浓缩

在经硅胶柱净化的试样液中加入内标使用溶液(4.18)100 μL,40℃水浴旋转蒸发浓缩至 1 mL,转移至 5 mL 刻度试管中,用氮吹仪浓缩,并用正己烷定容至 0.50 mL。

注:低分子量的多环芳烃容易挥发,浓缩时不能蒸干提取液。

7.6 测定

7.6.1 仪器条件

a) 色谱柱:DB-17MS 石英毛细管柱,30 m×0.25 mm×0.25 μm,或性能相当的色谱柱;

b) 柱箱升温程序:初始温度 60℃,保持 1 min,以 15℃/min 升至 110℃,保持 1 min,再以 20℃/min 升至 180℃,然后以 2℃/min 升至 203℃,5℃/min 升至 250℃,2℃/min 升至 310℃,保持 2 min;

c) 进样口温度:260℃;

d) 传输线温度:250℃;

e) 离子源温度:230℃;

f) 载气:氦气,纯度≥99.999%,流速 1.0 mL/min;

g) 电离方式:EI;

h) 电子能量:70 eV;

i) 测定方式:选择离子(SIM)监测方式,选择离子序列见表 1;

j) 进样方式:无分流进样,0.75 min 后开阀;

k) 进样量:2.0 μL;

l) 溶剂延迟:7.0 min。

表 1 SIM 模式下的选择离子序列

离子序列组编号	开始时间,min	选择离子,*m*/*z*
1	7	127,128,129
2	10	151,152,153,154,160,162,164
3	12	165,166,167
4	17	80,94,188,176,178,179
5	24	101,200,202,203
6	29	120,236,240,226,228,229
7	41	125,252,253,260,264,265
8	54	138,276,277,278,279

7.6.2 定性测定

根据色谱峰的保留时间并按照附录 B 中多环芳烃的定性离子进行定性分析，定性依据为：

a) 在相同的测试条件下被测样品色谱峰的保留时间与标准工作液相比，变化必须在±0.08 min 以内；

b) 每个组分至少要选择监测 3 个特征离子，被测样品的监测离子的相对丰度与标准工作溶液的相对丰度两者之差应符合表 2 要求。

表 2　定性确证时相对离子丰度的最大允许偏差

单位为百分率

相对离子丰度	允许的最大偏差
>50	±10
>20～50	±15
>10～20	±20
≤10	±50

7.6.3　定量测定

按 7.6.1 仪器条件对混合标准工作溶液(4.19)和待测溶液(7.5)进行分析，按照附录 B 中的定量离子和指定的内标物质，以标准溶液中被测组分峰面积和内标物质峰面积的比值为纵坐标、以标准溶液中被测组分浓度和内标物质浓度的比值为横坐标绘制标准曲线，用标准曲线对试样进行定量，试样溶液中待测物的响应值均应在本方法线性范围内。选择离子监测色谱图参见附录 C。

7.7　空白试验

不加试样，其余均按试样步骤操作，与试样测定同步进行。

8　结果计算

测试溶液中多环芳烃含量由仪器工作站按内标法自动计算。试样中多环芳烃的含量按式(1)计算，计算结果需扣除空白值，保留 3 位有效数字。

$$X_i = \frac{C_i \times V}{m} \times 1000 \qquad (1)$$

式中：

X_i ——试样中多环芳烃 i 组分的含量，单位为微克每千克(μg/kg)；

C_i ——测试溶液中多环芳烃 i 组分的含量，单位为微克每毫升(μg/mL)；

V ——试样液最终定容体积，单位为毫升(mL)；

m ——试样液所代表试样的质量，单位为克(g)。

9　方法灵敏度、准确度和精密度

9.1　灵敏度

本方法 16 种多环芳烃的线性范围和最低定量限见表 3。

表 3　16 种多环芳烃的线性范围和最低定量限

序号	化合物名称	最低定量限，μg/kg
1	萘	0.5
2	苊烯	0.5
3	苊	0.5
4	芴	0.5
5	菲	1.0
6	蒽	1.0
7	荧蒽	1.0
8	芘	1.0

表 3（续）

序号	化合物名称	最低定量限，μg/kg
9	苯并[a]蒽	1.0
10	䓛	1.0
11	苯并[b]荧蒽	2.0
12	苯并[k]荧蒽	2.0
13	苯并[a]芘	2.0
14	茚酚[1,2,3-cd]芘	2.0
15	二苯并[a,h]蒽	2.0
16	苯并[g,h,i]苝	2.0

9.2 准确度

添加量为 2.0 μg/kg～100 μg/kg 时，本方法 16 种多环芳烃的回收率为 60%～110%。

9.3 精密度

本方法批间和批内相对标准偏差均为<15%。

附　录　A
（规范性附录）
16 种多环芳烃的中英文名称及缩写

序号	中文名称	缩写	英文名称	分子式	相对分子质量	CAS 号
1	萘	NA	Naphthalene	$C_{10}H_{8}$	128	91-20-3
2	苊烯	ACL	Acenaphthylene	$C_{12}H_{8}$	152	208-96-8
3	苊	AC	Acenaphthene	$C_{12}H_{10}$	154	83-32-9
4	芴	FL	Fluorene	$C_{13}H_{10}$	166	86-73-7
5	菲	PHE	Phenanthrene	$C_{14}H_{10}$	178	85-01-8
6	蒽	AN	Anthracene	$C_{14}H_{10}$	178	120-12-7
7	荧蒽	FA	Fluoranthene	$C_{16}H_{10}$	202	206-44-0
8	芘	PY	Pyrene	$C_{16}H_{10}$	202	129-00-0
9	苯并[a]蒽	BaA	Benzo(a)anthracene	$C_{18}H_{12}$	228	56-55-3
10	䓛	CHR	Chrysene	$C_{18}H_{12}$	228	218-01-9
11	苯并[b]荧蒽	BbFA	Benzo(b)fluoranthene	$C_{20}H_{12}$	252	205-99-2
12	苯并[k]荧蒽	BkFA	Benzo(k)fluoranthene	$C_{20}H_{12}$	252	207-08-9
13	苯并[a]芘	BaP	Benzo(a)pyrene	$C_{20}H_{12}$	252	50-32-8
14	茚酚[1,2,3-cd]芘	IP	Indeno(1,2,3-cd)pyrene	$C_{22}H_{12}$	276	193-39-5
15	二苯并[a,h]蒽	DBahA	Dibenzo(a,h)anthracene	$C_{22}H_{14}$	278	53-70-3
16	苯并[g,h,i]芘	BghiP	Benzo(g,hi)perylene	$C_{22}H_{14}$	276	191-24-2

附 录 B
(规范性附录)
16 种多环芳烃和内标物的保留时间、定性离子和定量离子

序号	化学名称	保留时间	特征碎片离子		定量内标物
			定性	定量	
1	萘	7.81	128,127,129	128	苊-D_{10}
2	苊烯	10.76	152,151,153	152	
3	苊	11.07	154,153,152	154	
4	芴	12.45	166,165,167	166	
5	苊-D_{10}	10.96	164,162,160	164	/
6	菲	17.25	178,179,176	178	菲-D_{10}
7	蒽	17.42	178,179,176	178	
10	菲-D_{10}	17.09	188,94,80	288	/
8	荧蒽	25.23	202,203,101	202	䓛-D_{12}
9	芘	26.91	202,200,203	202	
11	苯并[a]蒽	34.27	228,226,229	228	
12	䓛	34.84	228,226,229	228	
13	䓛-D_{12}	34.62	240,236,120	240	/
14	苯并[b]荧蒽	42.84	252,253,125	252	苝-D_{12}
15	苯并[k]荧蒽	43.05	252,253,125	252	
16	苯并[a]芘	46.27	252,253,125	252	
17	茚酚[1,2,3-cd]芘	55.39	276,138,277	276	
18	二苯并[a,h]蒽	55.62	278,279,138	278	
19	苯并[g,h,i]苝	58.06	276,138,277	276	
20	苝-D_{12}	47.09	264,265,260	264	/

附　录　C
（资料性附录）
16 种多环芳烃和内标物的气相色谱-质谱选择离子色谱图

C.1　16 种多环芳烃标准物质和内标物的选择离子色谱图

见图 C.1。

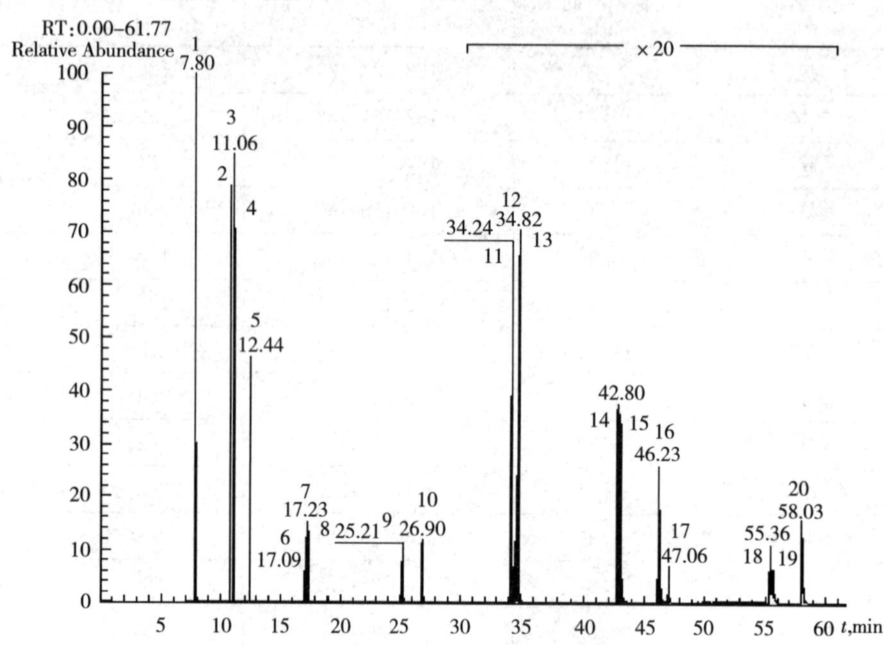

图 C.1　16 种多环芳烃标准物质和内标物的选择离子色谱图

C.2　加标量为 20 μg/kg 南美白对虾样品的选择离子色谱图

见图 C.2。

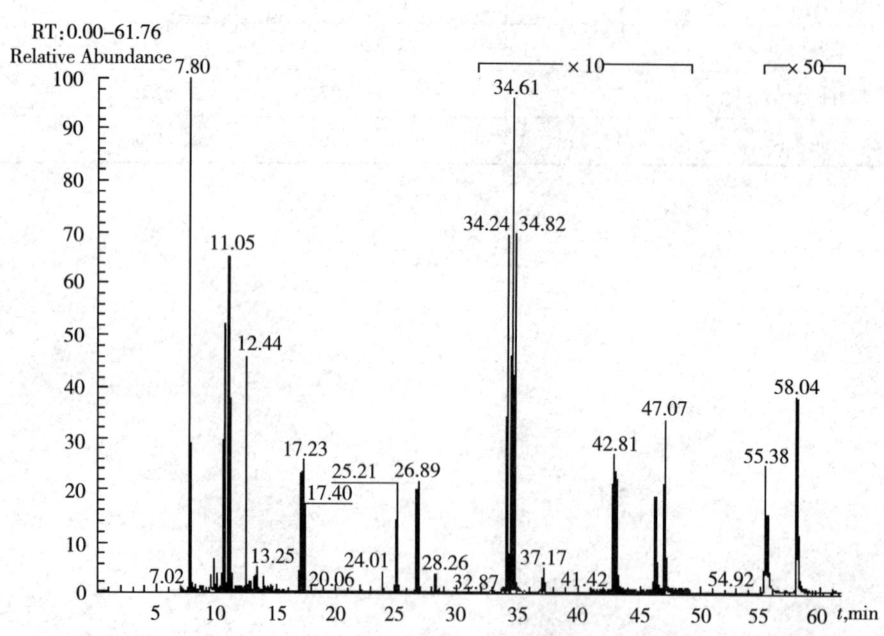

图 C.2　加标量为 20 μg/kg 南美白对虾样品的选择离子色谱图

C.3 南美白对虾样品的选择离子色谱图

见图 C.3。

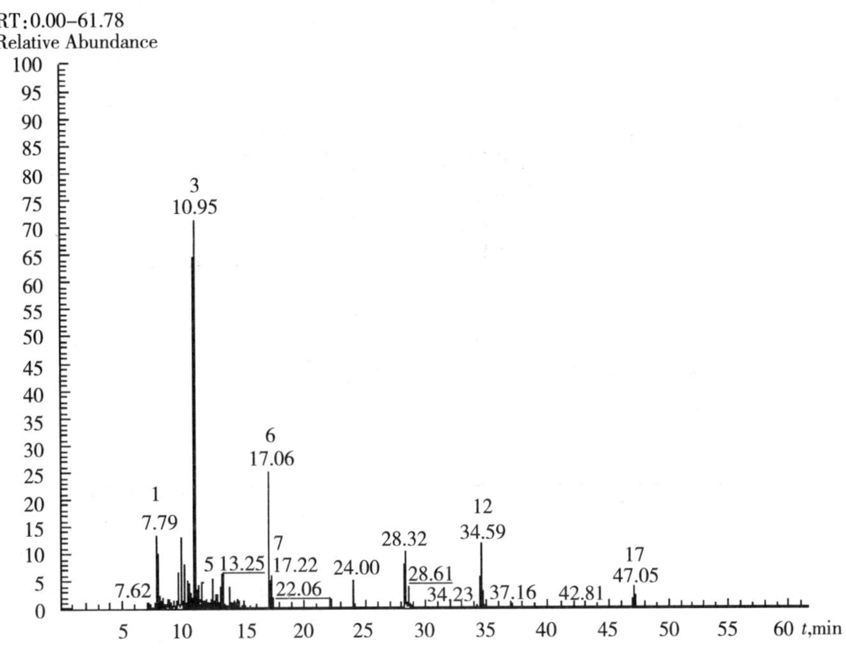

图 C.3 南美白对虾样品的选择离子色谱图

C.4 16 种多环芳烃和内标物的选择离子色谱图

见图 C.4。

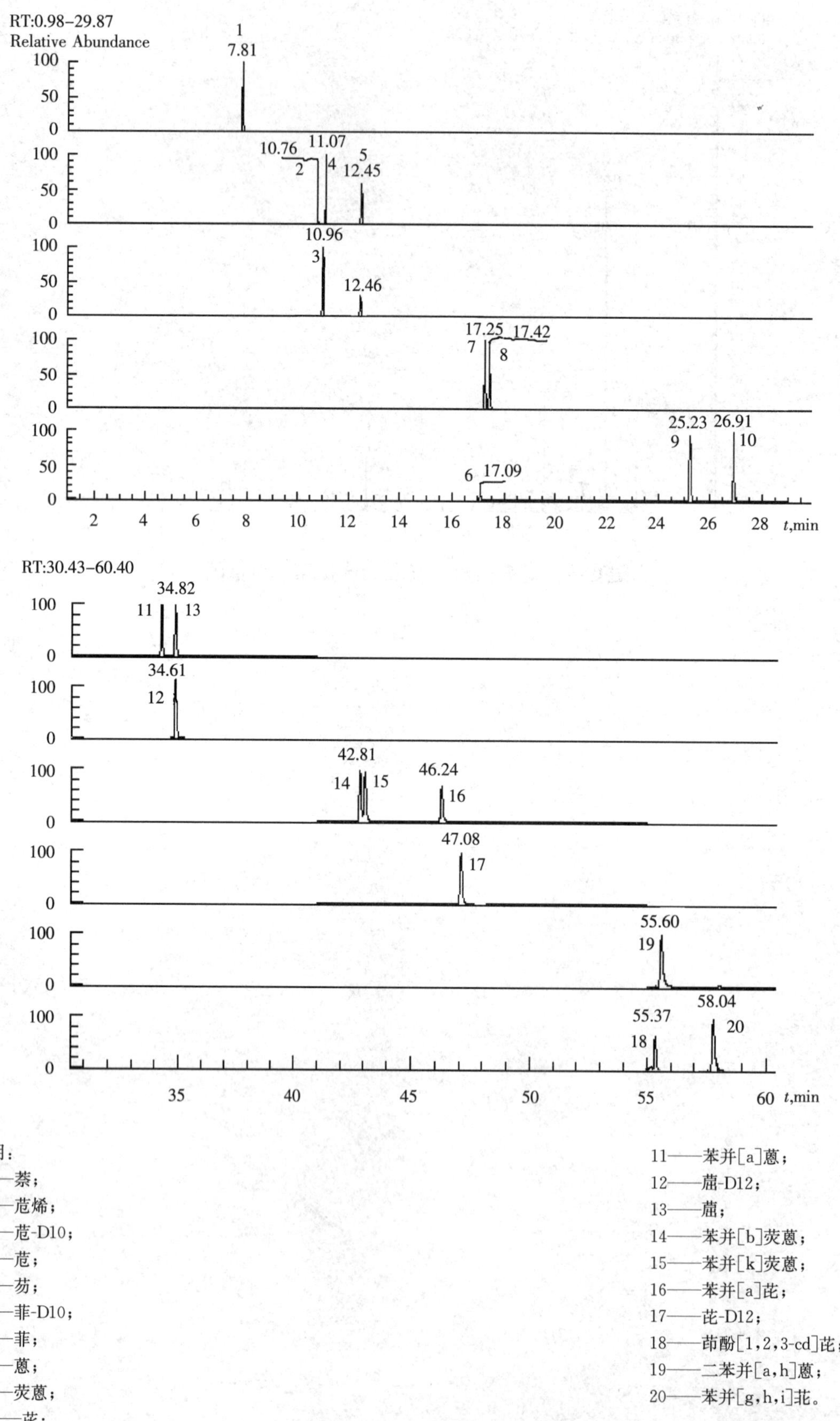

说明：

1——萘；
2——苊烯；
3——苊-D10；
4——苊；
5——芴；
6——菲-D10；
7——菲；
8——蒽；
9——荧蒽；
10——芘；
11——苯并[a]蒽；
12——䓛-D12；
13——䓛；
14——苯并[b]荧蒽；
15——苯并[k]荧蒽；
16——苯并[a]芘；
17——苝-D12；
18——茚酚[1,2,3-cd]芘；
19——二苯并[a,h]蒽；
20——苯并[g,h,i]苝。

图 C.4 16 种多环芳烃和内标物的选择离子色谱图

附 录 D
（资料性附录）
16 种多环芳烃的结构和质谱图

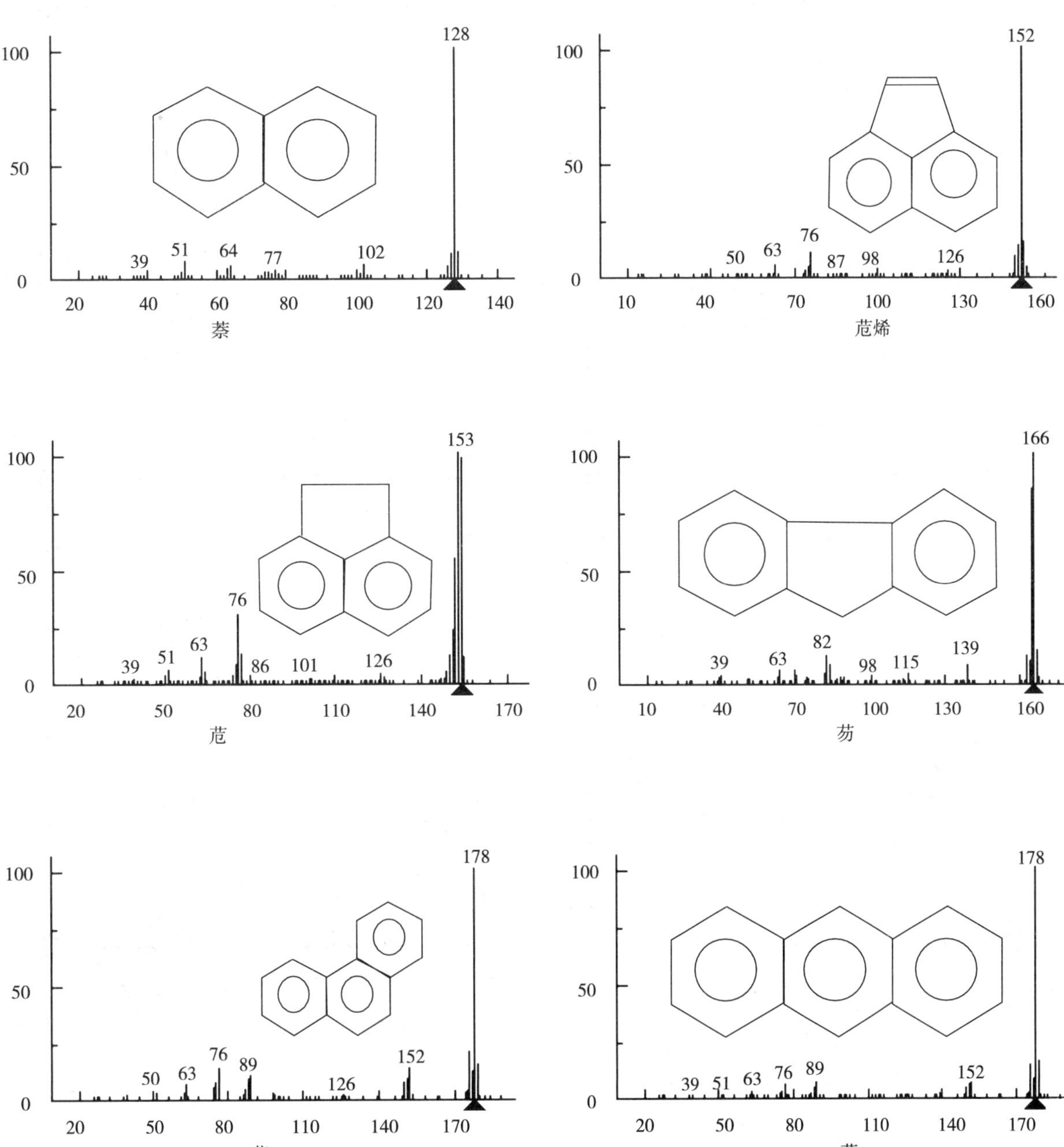

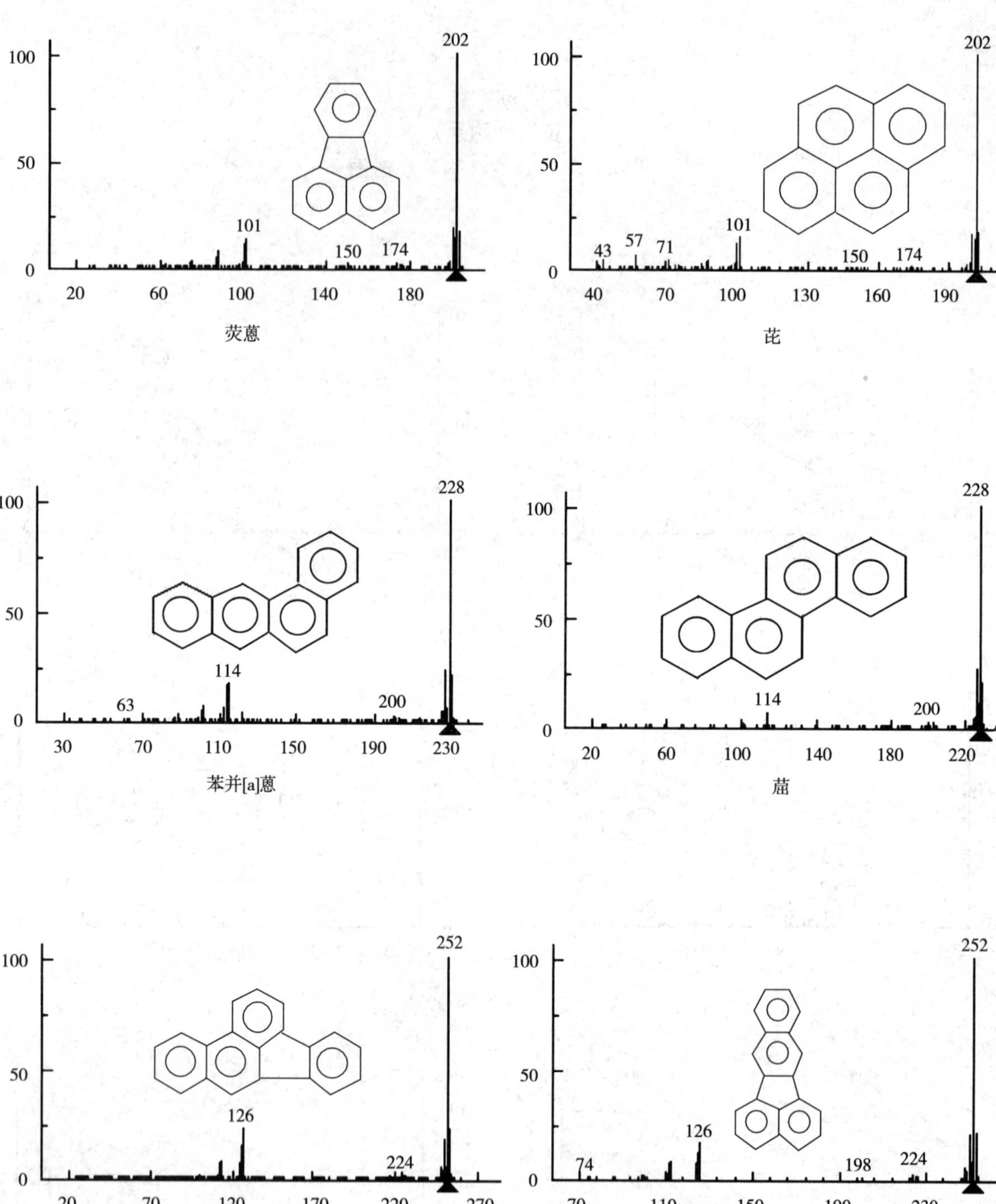

202
100
50
0
101
150
174
20
60
100
140
180
荧蒽
202
43
57
71
101
150
174
40
70
100
130
160
190
芘
228
114
63
200
30
70
110
150
190
230
苯并[a]蒽
228
114
200
20
60
100
140
180
220
䓛
252
126
224
20
70
120
170
220
270
苯并[b]荧蒽
252
74
126
198
224
70
110
150
190
230
苯并[k]荧蒽

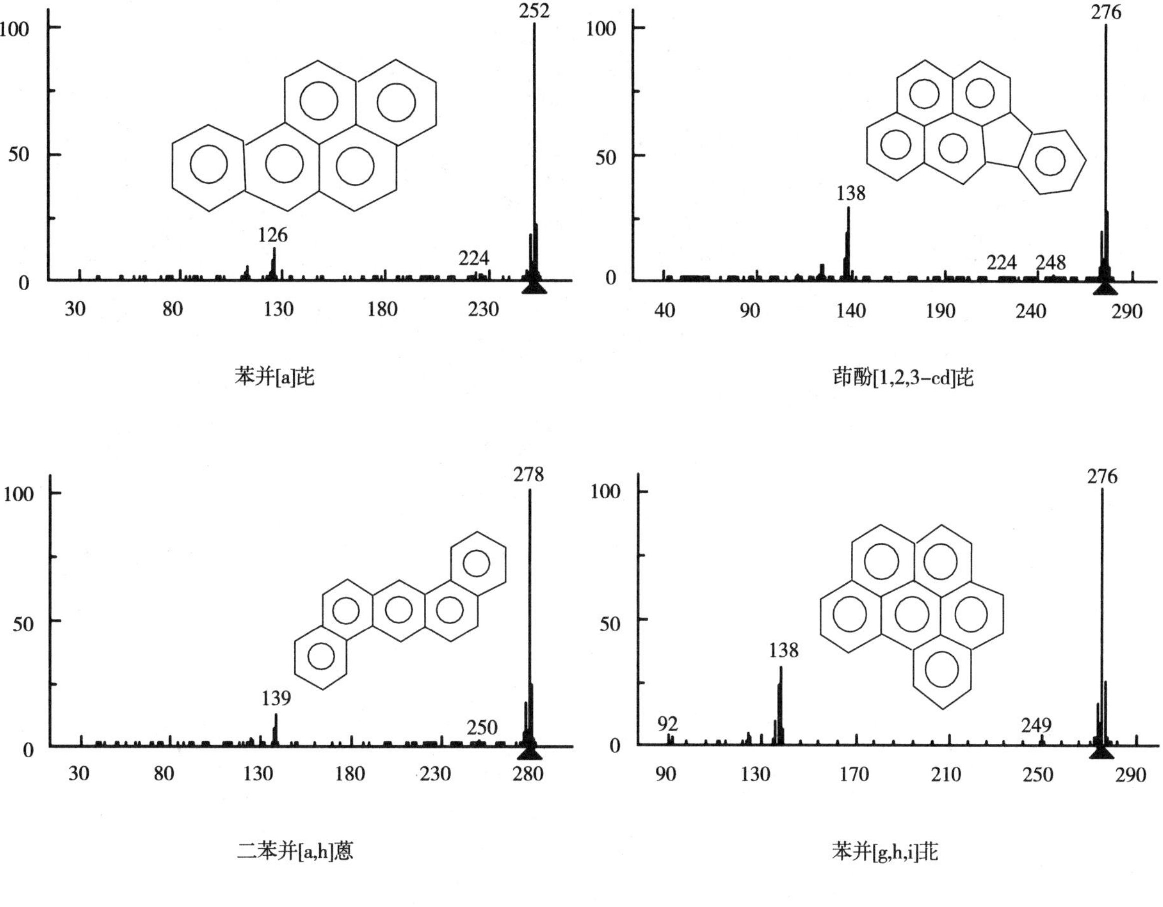

100
50
0
252
126
224
30
80
130
180
230
苯并[a]芘
100
50
0
276
138
224
248
40
90
140
190
240
290
茚酚[1,2,3-cd]芘
100
50
0
278
139
250
30
80
130
180
230
280
二苯并[a,h]蒽
100
50
0
276
138
92
249
90
130
170
210
250
290
苯并[g,h,i]苝

ICS 65.150
B 50

中华人民共和国水产行业标准

SC/T 9435—2019

水产养殖环境(水体、底泥)中孔雀石绿的测定 高效液相色谱法

Determination of malachite green in water and sediment from the aquaculture environment—High performance liquid chromatography

2019-08-01 发布 2019-11-01 实施

中华人民共和国农业农村部 发布

前　言

本标准按照 GB/T 1.1—2009 给出的规则起草。

请注意本文件的某些内容可能涉及专利。本文件的发布机构不承担识别这些专利的责任。

本标准由农业农村部渔业渔政管理局提出。

本标准由全国水产标准化技术委员会渔业资源分技术委员会(SAC/TC 156/SC 10)归口。

本标准起草单位:中国水产科学研究院南海水产研究所。

本标准主要起草人:邓建朝、李来好、岑剑伟、杨贤庆、魏涯、杨少玲。

水产养殖环境(水体、底泥)中孔雀石绿的测定　高效液相色谱法

1　范围

本标准规定了水产养殖环境(水体、底泥)中孔雀石绿的高效液相色谱测定方法的原理、试剂和材料、仪器和设备、分析步骤、结果计算、精密度和定量限。

本标准适用于水产养殖环境(水体、底泥)中孔雀石绿的测定。

2　规范性引用文件

下列文件对于本文件的应用是必不可少的。凡是注日期的引用文件,仅注日期的版本适用于本文件。凡是不注日期的引用文件,其最新版本(包括所有的修改单)适用于本文件。

GB/T 6682　分析实验室用水规格和试验方法

GB 17378.5　海洋监测规范　第5部分:沉积物分析

3　原理

孔雀石绿经硼氢化钾还原为其代谢产物隐色孔雀石绿后,水样经过滤,底泥试样经乙腈和二氯甲烷混合溶剂提取,所得样液加入甲酸酸化,经固相萃取柱富集、净化,反相色谱柱分离,荧光检测器检测,外标法定量。

4　试剂和材料

4.1　试剂

4.1.1　水:符合 GB/T 6682 一级水的要求。

4.1.2　乙腈(C_2H_3N):色谱纯。

4.1.3　甲醇(CH_3OH):色谱纯。

4.1.4　二氯甲烷(CH_2Cl_2):色谱纯。

4.1.5　甲酸(CH_2O_2):分析纯。

4.1.6　冰乙酸(CH_3COOH):分析纯。

4.1.7　硼氢化钾(KBH_4):分析纯。

4.1.8　乙酸铵(CH_3COONH_4):分析纯。

4.2　溶液配制

4.2.1　3%甲酸溶液:移取 3 mL 甲酸,用水定容至 100 mL。

4.2.2　硼氢化钾溶液(0.03 mol/L):称取 0.081 g 硼氢化钾,用水溶解,定容至 50 mL,现用现配。

4.2.3　硼氢化钾溶液(0.2 mol/L):称取 0.54 g 硼氢化钾,用水溶解,定容至 50 mL,现用现配。

4.2.4　乙酸铵溶液(5 mol/L):称取 38.5 g 无水乙酸铵,用水溶解,定容至 100 mL。

4.2.5　乙酸铵甲醇溶液(0.25 mol/L):移取 5 mL 乙酸铵溶液用甲醇定容至 100 mL。

4.2.6　乙酸铵缓冲溶液(0.125 mol/L):称取 9.64 g 无水乙酸铵溶解于 1 L 水中,用冰乙酸调 pH 至 4.5。

4.2.7　80%乙腈水:量取 80 mL 乙腈与 20 mL 水混合。

4.3　标准品

孔雀石绿草酸盐标准品[Malachite green oxalate salt,$2(C_{23}H_{25}N_2)\cdot 2(C_2HO_4)\cdot C_2H_2O_4$,CAS 号:

2437-29-8]:纯度≥98%。

4.4 标准溶液配制

4.4.1 孔雀石绿标准储备溶液:准确称取标准品,用乙腈稀释配制成 100 μg/mL 的标准储备液,-18℃避光保存,有效期 3 个月。

4.4.2 孔雀石绿标准中间溶液(1 μg/mL):吸取 1.00 mL 孔雀石绿的标准储备溶液至 100 mL 容量瓶,用乙腈稀释至刻度,-18℃避光保存。

4.4.3 孔雀石绿标准工作溶液:根据检测需要移取一定体积的标准中间溶液,加入 0.4 mL 0.03 mol/L 硼氢化钾溶液,用乙腈准确稀释至 2.00 mL,配置适当浓度的标准工作溶液。标准工作溶液需现配现用。

4.5 材料

4.5.1 酸性氧化铝:粒度为 100 目~200 目(75 μm~150 μm)。

4.5.2 MCX 混合型阳离子交换柱:3 mL/60 mg。使用前,依次用 3 mL 乙腈、3 mL 甲酸溶液预淋洗。

4.5.3 微孔滤膜:0.22 μm,通用型。

5 仪器和设备

5.1 高效液相色谱仪:配荧光检测器。

5.2 电子天平:感量 0.000 1 g、感量 0.01 g。

5.3 涡旋振荡器。

5.4 超声波清洗器:频率 40 kHz。

5.5 离心机:≥3 000 r/min。

5.6 固相萃取装置:12 孔或 24 孔。

5.7 pH 计。

5.8 可控温氮吹浓缩仪。

5.9 注射器:50 mL 或 100 mL。

6 分析步骤

6.1 样品处理

6.1.1 水样处理

水样经 0.45 μm 滤膜过滤后,准确移取 100 mL 水样于三角瓶中,加入 1 mL 0.2 mol/L 硼氢化钾溶液,充分振荡 1 min~2 min,再加入 3 mL 甲酸调节水样 pH,待净化。

6.1.2 底泥处理

准确称取 10.00 g 于 50 mL 离心管内,依次加入 5 g 酸性氧化铝、10 mL 乙腈和 10 mL 二氯甲烷、1 mL 0.2 mol/L 硼氢化钾溶液,涡旋振荡 1 min,超声提取 10 min,4 000 r/min 离心 10 min,将上清液移至 100 mL 的三角瓶。底泥用 10 mL 乙腈和 10 mL 二氯甲烷,重复提取一次,合并上清液。收集液加入适量甲酸,使甲酸所占样液体积分数为 3%(*V*/*V*),待净化。

另取 10.00 g 底泥样品,按照 GB 17378.5 中规定的方法进行含水率测定。

6.2 净化

将已活化的 MCX 固相萃取小柱连接到固相萃取仪,将注射器通过 SPE 转接头连接到固相萃取柱上端,然后将水样或底泥样液加载到注射器,让样液以小于 3 mL/min 流速通过小柱。样品过柱后,以 5 mL 乙腈清洗三角瓶,转入小柱,弃去流出液,减压抽干。用 5 mL 0.25 mol/L 乙酸铵甲醇溶液洗脱,减压抽干。将洗脱液氮吹浓缩近干,用 2.00 mL 80%乙腈水溶液溶解残渣,经过 0.22 μm 滤膜过滤,供液相色谱分析。

6.3 测定

6.3.1 色谱参考条件

a) 色谱柱：C_{18}柱，250 mm×4.6 mm(内径)，5 μm，或性能相当者；

b) 色谱柱温：35℃；

c) 流动相：乙腈+乙酸铵缓冲溶液(0.125 mol/L，pH4.5)=(80+20，V/V)；

d) 荧光检测器：激发波长 265 nm，发射波长 360 nm；

e) 流速：1.5 mL/min；

f) 进样量：50 μL。

6.3.2 色谱测定与确证

将标准工作溶液和待测溶液分别注入高效液相色谱中，以保留时间定性，以待测液峰面积代入标准曲线中定量，样品中孔雀石绿质量浓度应在标准工作曲线质量浓度范围内。标准溶液和试样溶液色谱图参见附录 A。

6.4 空白实验

除不加试样外，均按 6.1～6.3 测定步骤进行。

7 结果计算

水样中孔雀石绿的含量按式(1)计算，测试结果需扣除空白值，并保留 3 位有效数字。

$$X_1 = \frac{c_s \times A \times V}{A_s \times V_0} \quad \cdots\cdots (1)$$

式中：

X_1——水样中待测组分的含量，单位为毫克每升(mg/L)；

c_s——待测组分标准工作液的浓度，单位为微克每毫升(μg/mL)；

A_s——待测组分标准工作液的峰面积；

A——样品中待测组分的峰面积；

V——样液最终定容体积，单位为毫升(mL)；

V_0——样品体积，单位为毫升(mL)。

底泥试样中孔雀石绿的含量按式(2)计算，测试结果需扣除空白值，并保留 3 位有效数字。

$$X_2 = \frac{c_s \times A \times V}{A_s \times m \times (1-W)} \quad \cdots\cdots (2)$$

式中：

X_2——样品中待测组分的残留量，单位为毫克每千克(mg/kg)；

m——样品质量，单位为克(g)；

W——样品含水率，单位为质量分数(%)。

8 精密度

在重复性条件下获得的 2 次独立测定结果的绝对差值与其算术平均值的比值(百分率)，应符合附录 B 的要求。

在再现性条件下获得的 2 次独立测定结果的绝对差值与其算术平均值的比值(百分率)，应符合附录 C 的要求。

9 定量限

水体中孔雀石绿的定量限为 0.1 μg/L；底泥中孔雀石绿的定量限为 1.0 μg/kg。

附 录 A
(资料性附录)
标准溶液和试样溶液色谱图

A.1 孔雀石绿标准溶液色谱图

见图 A.1。

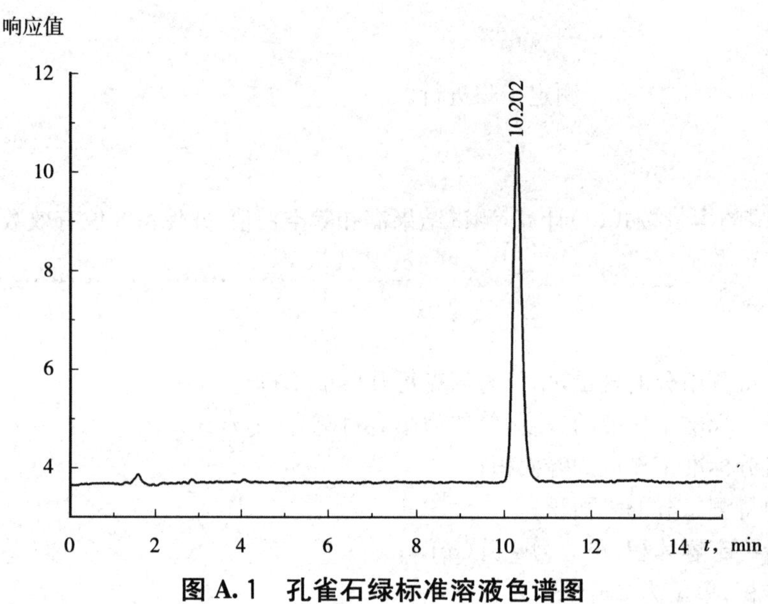

图 A.1 孔雀石绿标准溶液色谱图

A.2 水体空白样品色谱图

见图 A.2。

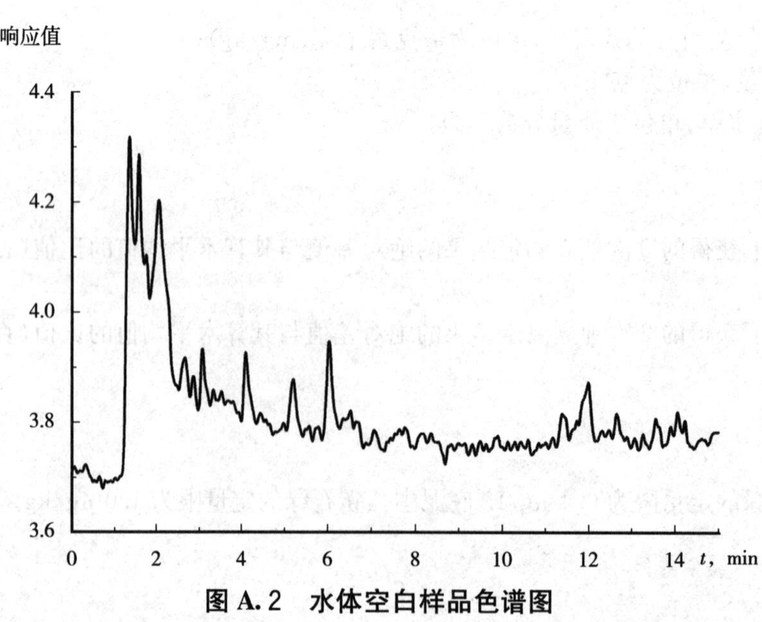

图 A.2 水体空白样品色谱图

A.3 水体添加 0.1 μg/L 孔雀石绿色谱图

见图 A.3。

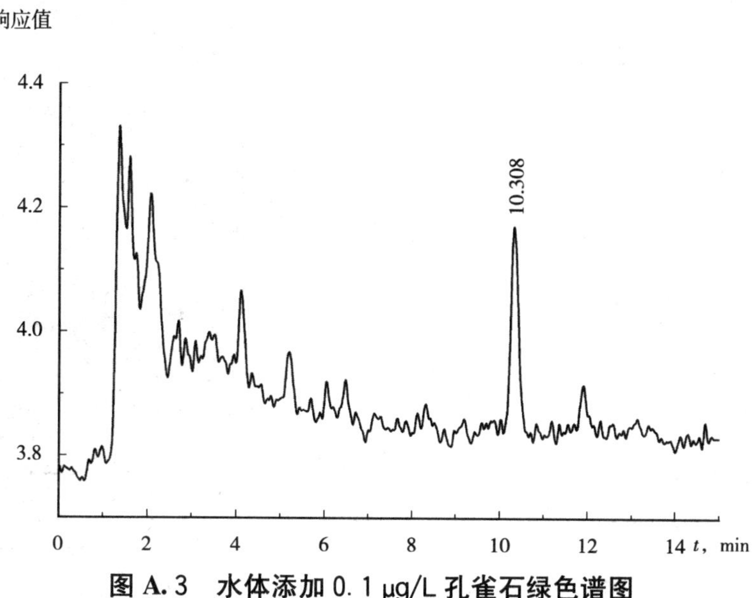

图 A.3 水体添加 0.1 μg/L 孔雀石绿色谱图

A.4 水体添加 1 μg/L 孔雀石绿色谱图

见图 A.4。

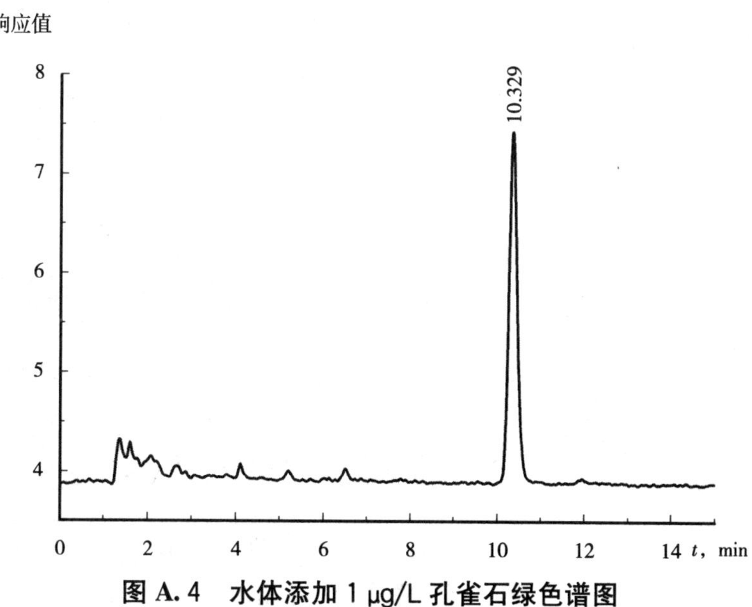

图 A.4 水体添加 1 μg/L 孔雀石绿色谱图

A.5 水体添加 2 μg/L 孔雀石绿色谱图

见图 A.5。

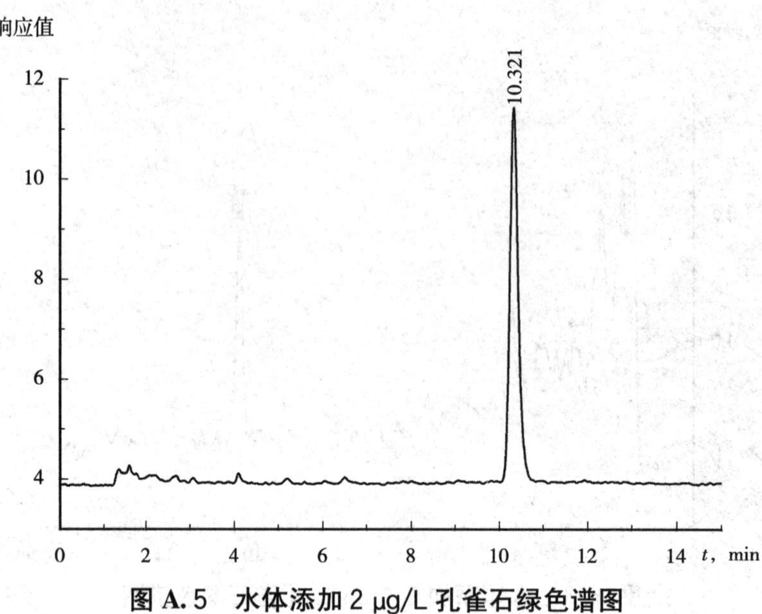

图 A.5 水体添加 2 μg/L 孔雀石绿色谱图

A.6 底泥空白色谱图

见图 A.6。

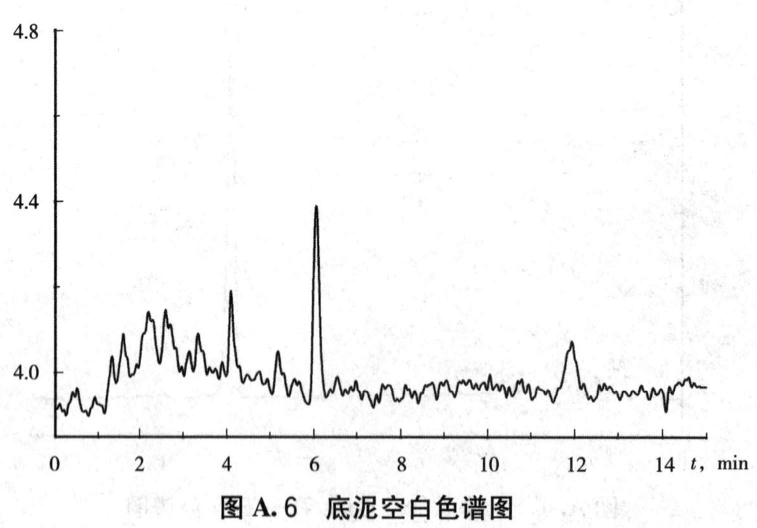

图 A.6 底泥空白色谱图

A.7 底泥添加 1 μg/kg 孔雀石绿色谱图

见图 A.7。

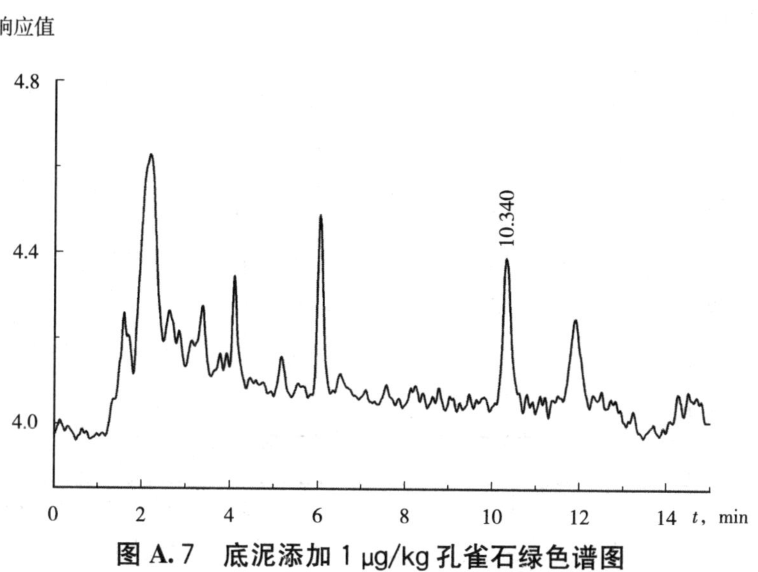

图 A.7 底泥添加 1 μg/kg 孔雀石绿色谱图

A.8 底泥添加 10 μg/kg 孔雀石绿色谱图

见图 A.8。

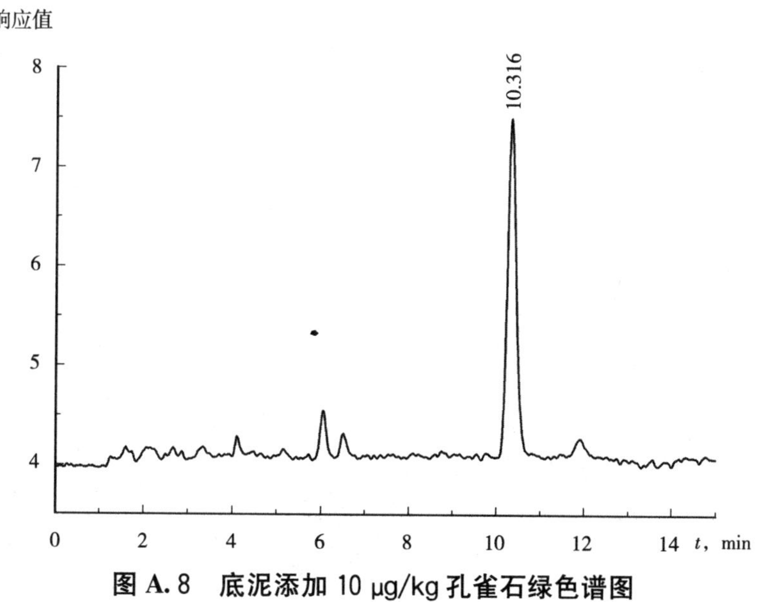

图 A.8 底泥添加 10 μg/kg 孔雀石绿色谱图

A.9 底泥添加 50 μg/kg 孔雀石绿色谱图

见图 A.9。

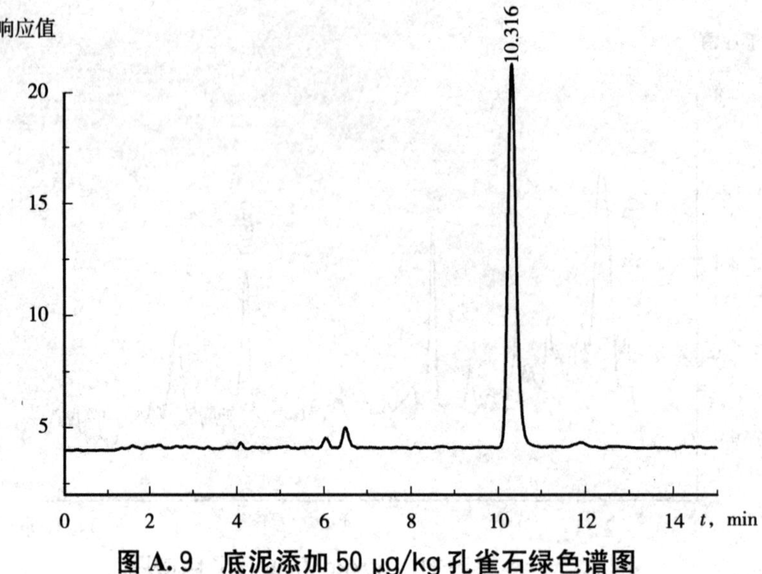

图 A.9 底泥添加 50 μg/kg 孔雀石绿色谱图

附 录 B
(规范性附录)
实验室内重复性要求

实验室内重复性要求见表 B. 1。

表 B. 1 实验室内重复性要求

被测组分含量(X) mg/L(水样)或 mg/kg(底泥)	精密度 %
$X \leqslant 0.001$	36
$0.001 < X \leqslant 0.01$	32
$0.01 < X \leqslant 0.1$	22
$0.1 < X \leqslant 1$	18
$X > 1$	14

附 录 C
(规范性附录)
实验室间再现性要求

实验室间再现性要求见表C.1。

表C.1 实验室间再现性要求

被测组分含量(X) mg/L(水样)或mg/kg(底泥)	精密度 %
$X \leqslant 0.001$	54
$0.001 < X \leqslant 0.01$	46
$0.01 < X \leqslant 0.1$	34
$0.1 < X \leqslant 1$	25
$X > 1$	19

第三部分

养殖及用药规范类标准

ICS 65.150
B 50

中华人民共和国农业行业标准

NY/T 755—2013
代替 NY/T 755—2003

绿色食品　渔药使用准则

Green food—Fishery drug application guideline

2013-12-13 发布　　2014-04-01 实施

中华人民共和国农业部 发布

前　言

本标准按照GB/T 1.1—2009给出的规则起草。

本标准代替NY/T 755—2003《绿色食品　渔药使用准则》，与NY/T 755—2003相比，除编辑性修改外主要技术变化如下：

——修改了部分术语和定义；

——删除了允许使用药物的分类列表；

——重点修改了渔药使用的基本原则和规定；

——用列表将渔药划分为预防用渔药和治疗用渔药；

——本标准的附录A和附录B是规范性附录。

本标准由农业部农产品质量安全监管局提出。

本标准由中国绿色食品发展中心归口。

本标准起草单位：中国水产科学研究院黄海水产研究所、江苏溧阳市长荡湖水产良种科技有限公司、青岛卓越海洋科技有限公司、中国绿色食品发展中心。

本标准主要起草人：周德庆、朱兰兰、潘洪强、乔春楠、马卓、刘云峰、张瑞玲。

本标准的历次版本发布情况为：

——NY/T 755—2003。

引　言

绿色食品是指产自优良生态环境、按照绿色食品标准生产、实行全程质量控制并获得绿色食品标志使用权的安全、优质食用农产品及相关产品。绿色食品水产养殖用药坚持生态环保原则，渔药的选择和使用应保证水资源和相关生物不遭受损害，保护生物循环和生物多样性，保障生产水域质量稳定。

科学规范使用渔药是保证绿色食品水产品质量安全的重要手段，NY/T 755—2003《绿色食品　渔药使用准则》的发布实施规范了绿色食品水产品的渔药使用，促进了绿色食品水产品质量安全水平的提高。但是，随着水产养殖、加工等的不断发展，渔药种类、使用限量和管理等出现了新变化、新规定，原版标准已不能满足绿色食品水产品生产和管理新要求，急需对标准进行修订。

本次修订在遵循现有食品安全国家标准的基础上，立足绿色食品安全优质的要求，突出强调要建立良好养殖环境，并提倡健康养殖，尽量不用或者少用渔药，通过增强水产养殖动物自身的抗病力，减少疾病的发生。本次修订还将渔药按预防药物和治疗药物分别制定使用规范，对绿色食品水产品的生产和管理更有指导意义。

绿色食品　渔药使用准则

1　范围

本标准规定了绿色食品水产养殖过程中渔药使用的术语和定义、基本原则和使用规定。

本标准适用于绿色食品水产养殖过程中疾病的预防和治疗。

2　规范性引用文件

下列文件对于本文件的应用是必不可少的。凡是注日期的引用文件，仅注日期的版本适用于本文件。凡是不注日期的引用文件，其最新版本(包括所有的修改单)适用于本文件。

GB/T 19630.1　有机产品　第1部分:生产

中华人民共和国农业部　中华人民共和国兽药典

中华人民共和国农业部　兽药质量标准

中华人民共和国农业部　进口兽药质量标准

中华人民共和国农业部　兽用生物制品质量标准

NY/T 391　绿色食品　产地环境质量

中华人民共和国农业部公告　第176号　禁止在饲料和动物饮用水中使用的药物品种目录

中华人民共和国农业部公告　第193号　食品动物禁用的兽药及其他化合物清单

中华人民共和国农业部公告　第235号　动物性食品中兽药最高残留限量

中华人民共和国农业部公告　第278号　停药期规定

中华人民共和国农业部公告　第560号　兽药地方标准废止目录

中华人民共和国农业部公告　第1435号　兽药试行标准转正标准目录(第一批)

中华人民共和国农业部公告　第1506号　兽药试行标准转正标准目录(第二批)

中华人民共和国农业部公告　第1519号　禁止在饲料和动物饮水中使用的物质

中华人民共和国农业部公告　第1759号　兽药试行标准转正标准目录(第三批)

兽药国家标准化学药品、中药卷

3　术语和定义

下列术语和定义适用于本文件。

3.1

AA级绿色食品　AA grade green food

产地环境质量符合NY/T 391的要求，遵照绿色食品生产标准生产，生产过程中遵循自然规律和生态学原理，协调种植业和养殖业的平衡，不使用化学合成的肥料、农药、兽药、渔药、添加剂等物质，产品质量符合绿色食品产品标准，经专门机构许可使用绿色食品标志的产品。

3.2

A级绿色食品　A grade green food

产地环境质量符合NY/T 391的要求，遵照绿色食品生产标准生产，生产过程中遵循自然规律和生态学原理，协调种植业和养殖业的平衡，限量使用限定的化学合成生产资料，产品质量符合绿色食品产品标准，经专门机构许可使用绿色食品标志的产品。

3.3

渔药　fishery medicine

水产用兽药。

预防、治疗水产养殖动物疾病或有目的地调节动物生理机能的物质，包括化学药品、抗生素、中草药和生物制品等。

3.4

渔用抗微生物药　fishery antimicrobial agents

抑制或杀灭病原微生物的渔药。

3.5

渔用抗寄生虫药　fishery antiparasite agents

杀灭或驱除水产养殖动物体内、外或养殖环境中寄生虫病原的渔药。

3.6

渔用消毒剂　fishery disinfectant

用于水产动物体表、渔具和养殖环境消毒的药物。

3.7

渔用环境改良剂　environment conditioner

改善养殖水域环境的药物。

3.8

渔用疫苗　fishery vaccine

预防水产养殖动物传染性疾病的生物制品。

3.9

停药期　withdrawal period

从停止给药到水产品捕捞上市的间隔时间。

4　渔药使用的基本原则

4.1　水产品生产环境质量应符合 NY/T 391 的要求。生产者应按农业部《水产养殖质量安全管理规定》实施健康养殖。采取各种措施避免应激、增强水产养殖动物自身的抗病力,减少疾病的发生。

4.2　按《中华人民共和国动物防疫法》的规定,加强水产养殖动物疾病的预防,在养殖生产过程中尽量不用或者少用药物。确需使用渔药时,应选择高效、低毒、低残留的渔药,应保证水资源和相关生物不遭受损害,保护生物循环和生物多样性,保障生产水域质量稳定。在水产动物病害控制过程中,应在水生动物类执业兽医的指导下用药。停药期应满足中华人民共和国农业部公告第 278 号规定、《中国兽药典兽药使用指南化学药品卷》(2010 版)的规定。

4.3　所用渔药应符合中华人民共和国农业部公告第 1435 号、第 1506 号、第 1759 号,应来自取得生产许可证和产品批准文号的生产企业,或者取得进口兽药登记许可证的供应商。

4.4　用于预防或治疗疾病的渔药应符合中华人民共和国农业部《中华人民共和国兽药典》、《兽药质量标准》、《兽用生物制品质量标准》和《进口兽药质量标准》等有关规定。

5　生产 AA 级绿色食品水产品的渔药使用规定

按 GB/T 19630.1 的规定执行。

6　生产 A 级绿色食品水产品的渔药使用规定

6.1　优先选用 GB/T 19630.1 规定的渔药。

6.2　预防用药见附录 A。

6.3　治疗用药见附录 B。

6.4　所有使用的渔药应来自具有生产许可证和产品批准文号的生产企业,或者具有进口兽药登记许可证的供应商。

6.5　不应使用的药物种类。

6.5.1 不应使用中华人民共和国农业部公告第176号、193号、235号、560号和1519号中规定的渔药。

6.5.2 不应使用药物饲料添加剂。

6.5.3 不应为了促进养殖水产动物生长而使用抗菌药物、激素或其他生长促进剂。

6.5.4 不应使用通过基因工程技术生产的渔药。

6.6 渔药的使用应建立用药记录。

6.6.1 应满足健康养殖的记录要求。

6.6.2 出入库记录:应建立渔药入库、出库登记制度,应记录药物的商品名称、通用名称、主要成分、批号、有效期、储存条件等。

6.6.3 建立并保存消毒记录,包括消毒剂种类、批号、生产单位、剂量、消毒方式、消毒频率或时间等。建立并保存水产动物的免疫程序记录,包括疫苗种类、使用方法、剂量、批号、生产单位等。建立并保存患病水产动物的治疗记录,包括水产动物标志、发病时间及症状、药物种类、使用方法及剂量、治疗时间、疗程、停药时间、所用药物的商品名称及主要成分、生产单位及批号等。

6.6.4 所有记录资料应在产品上市后保存2年以上。

附 录 A
(规范性附录)
A级绿色食品预防水产养殖动物疾病药物

A.1 国家兽药标准中列出的水产用中草药及其成药制剂

见《兽药国家标准化学药品、中药卷》。

A.2 生产A级绿色食品预防用化学药物及生物制品

见表A.1。

表A.1 生产A级绿色食品预防用化学药物及生物制品目录

类 别	制剂与主要成分	作用与用途	注意事项	不良反应
调节代谢或生长药物	维生素C钠粉(Sodium Ascorbate Powder)	预防和治疗水生动物的维生素C缺乏症等	1. 勿与维生素 B_{12}、维生素 K_3 合用,以免氧化失效 2. 勿与含铜、锌离子的药物混合使用	
疫苗	草鱼出血病灭活疫苗(Grass Carp Hemorrhage Vaccine, Inactivated)	预防草鱼出血病。免疫期12个月	1. 切忌冻结,冻结的疫苗严禁使用 2. 使用前,应先使疫苗恢复至室温,并充分摇匀 3. 开瓶后,限12 h内用完 4. 接种时,应作局部消毒处理 5. 使用过的疫苗瓶、器具和未用完的疫苗等应进行消毒处理	
	牙鲆鱼溶藻弧菌、鳗弧菌、迟缓爱德华病多联抗独特型抗体疫苗(Vibrio alginolyticus, Vibrio anguillarum, slow Edward disease multiple anti idiotypic antibody vaccine)	预防牙鲆鱼溶藻弧菌、鳗弧菌、迟缓爱德华病。免疫期为5个月	1. 本品仅用于接种健康鱼 2. 接种、浸泡前应停食至少24 h,浸泡时向海水内充气 3. 注射型疫苗使用时应将疫苗与等量的弗氏不完全佐剂充分混合。浸泡型疫苗倒入海水后也要充分搅拌,使疫苗均匀分布于海水中 4. 弗氏不完全佐剂在2℃~8℃储藏,疫苗开封后,应限当日用完 5. 注射接种时,应尽量避免操作对鱼造成的损伤 6. 接种疫苗时,应使用1 mL的一次性注射器,注射中应注意避免针孔堵塞 7. 浸泡的海水温度以15℃~20℃为宜 8. 使用过的疫苗瓶、器具和未用完的疫苗等应进行消毒处理	
	鱼嗜水气单胞菌败血症灭活疫苗(Grass Carp Hemorrhage Vaccine, Inactivated)	预防淡水鱼类特别是鲤科鱼的嗜水气单胞菌败血症,免疫期为6个月	1. 切忌冻结,冻结的疫苗严禁使用,疫苗稀释后,限当日用完 2. 使用前,应先使疫苗恢复至室温,并充分摇匀 3. 接种时,应作局部消毒处理 4. 使用过的疫苗瓶、器具和未用完的疫苗等应进行消毒处理	

表 A.1（续）

类　别	制剂与主要成分	作用与用途	注意事项	不良反应
疫苗	鱼虹彩病毒病灭活疫苗(Iridovirus Vaccine,Inactivated)	预防真鲷、鰤鱼属、拟鲹的虹彩病毒病	1. 仅用于接种健康鱼 2. 本品不能与其他药物混合使用 3. 对真鲷接种时,不应使用麻醉剂 4. 使用麻醉剂时,应正确掌握方法和用量 5. 接种前应停食至少 24 h 6. 接种本品时,应采用连续性注射,并采用适宜的注射深度,注射中应避免针孔堵塞 7. 应使用高压蒸汽消毒或者煮沸消毒过的注射器 8. 使用前充分摇匀 9. 一旦开瓶,一次性用完 10. 使用过的疫苗瓶、器具和未用完的疫苗等应进行消毒处理 11. 应避免冻结 12. 疫苗应储藏于冷暗处 13. 如意外将疫苗污染到人的眼、鼻、嘴中或注射到人体内时,应及时对患部采取消毒等措施	
	鰤鱼格氏乳球菌灭活疫苗(BY1 株)(Lactococcus Garviae Vaccine,Inactivated)(Strain BY1)	预防出口日本的五条鰤、杜氏鰤(高体鰤)格氏乳球菌病	1. 营养不良、患病或疑似患病的靶动物不可注射,正在使用其他药物或停药 4 d 内的靶动物不可注射 2. 靶动物需经 7 d 驯化并停止喂食 24 h 以上,方能注射疫苗,注射 7 d 内应避免运输 3. 本疫苗在 20℃以上的水温中使用 4. 本品使用前和使用过程中注意摇匀 5. 注射器具,应经高压蒸汽灭菌或煮沸等方法消毒后使用,推荐使用连续注射器 6. 使用麻醉剂时,遵守麻醉剂用量 7. 本品不与其他药物混合使用 8. 疫苗一旦开启,尽快使用 9. 妥善处理使用后的残留疫苗、空瓶和针头等 10. 避光、避热、避冻结 11. 使用过的疫苗瓶、器具和未用完的疫苗等应进行消毒处理	
消毒用药	溴氯海因粉(Bromochlorodi Methylhydantoin Powder)	养殖水体消毒;预防鱼、虾、蟹、鳖、贝、蛙等由弧菌、嗜水气单胞菌、爱德华菌等引起的出血、烂鳃、腐皮、肠炎等疾病	1. 勿用金属容器盛装 2. 缺氧水体禁用 3. 水质较清,透明度高于 30 cm 时,剂量酌减 4. 苗种剂量减半	
	次氯酸钠溶液(Sodium Hypochlorite Solution)	养殖水体、器械的消毒与杀菌;预防鱼、虾、蟹的出血、烂鳃、腹水、肠炎、疖疮、腐皮等细菌性疾病	1. 本品受环境因素影响较大,因此使用时应特别注意环境条件,在水温偏高、pH 较低、施肥前使用效果更好 2. 本品有腐蚀性,勿用金属容器盛装,会伤害皮肤 3. 养殖水体水深超过 2 m 时,按 2 m 水深计算用药 4. 包装物用后集中销毁	

表 A.1（续）

类　别	制剂与主要成分	作用与用途	注意事项	不良反应
消毒用药	聚维酮碘溶液(Povidone Iodine Solution)	养殖水体的消毒，防治水产养殖动物由弧菌、嗜水气单胞菌、爱德华氏菌等细菌引起的细菌性疾病	1. 水体缺氧时禁用 2. 勿用金属容器盛装 3. 勿与强碱类物质及重金属物质混用 4. 冷水性鱼类慎用	
	三氯异氰脲酸粉(Trichloroisocyanuric Acid Powder)	水体、养殖场所和工具等消毒以及水产动物体表消毒等，防治鱼虾等水产动物的多种细菌性和病毒性疾病	1. 不得使用金属容器盛装，注意使用人员的防护 2. 勿与碱性药物、油脂、硫酸亚铁等混合使用 3. 根据不同的鱼类和水体的 pH，使用剂量适当增减	
	复合碘溶液(Complex Iodine Solution)	防治水产养殖动物细菌性和病毒性疾病	1. 不得与强碱或还原剂混合使用 2. 冷水鱼慎用	
	蛋氨酸碘粉(Methionine Iodine Podwer)	消毒药，用于防治对虾白斑综合征	勿与维生素 C 类强还原剂同时使用	
	高碘酸钠(Sodium Periodate Solution)	养殖水体的消毒；防治鱼、虾、蟹等水产养殖动物由弧菌、嗜水气单胞菌、爱德华氏菌等细菌引起的出血、烂鳃、腹水、肠炎、腐皮等细菌性疾病	1. 勿用金属容器盛装 2. 勿与强碱类物质及含汞类药物混用 3. 软体动物、鲑等冷水性鱼类慎用	
	苯扎溴铵溶液(Benzalkonium Bromide Solution)	养殖水体消毒，防治水产养殖动物由细菌性感染引起的出血、烂鳃、腹水、肠炎、疖疮、腐皮等细菌性疾病	1. 勿用金属容器盛装 2. 禁与阴离子表面活性剂、碘化物和过氧化物等混用 3. 软体动物、鲑等冷水性鱼类慎用 4. 水质较清的养殖水体慎用 5. 使用后注意池塘增氧 6. 包装物使用后集中销毁	
	含氯石灰(Chlorinated Lime)	水体的消毒，防治水产养殖动物由弧菌、嗜水气单胞菌、爱德华氏菌等细菌引起的细菌性疾病	1. 不得使用金属器具 2. 缺氧、浮头前后严禁使用 3. 水质较瘦、透明度高于 30 cm 时，剂量减半 4. 苗种慎用 5. 本品杀菌作用快而强，但不持久，且受有机物的影响，在实际使用时，本品需与被消毒物至少接触15 min～20 min	
	石灰(Lime)	鱼池消毒、改良水质		
渔用环境改良剂	过硼酸钠(Sodium Perborate Powder)	增加水中溶氧，改善水质	1. 本品为急救药品，根据缺氧程度适当增减用量，并配合充水，增加增氧机等措施改善水质 2. 产品有轻微结块，压碎使用 3. 包装物用后集中销毁	
	过碳酸钠(Sodium Percarborate)	水质改良剂，用于缓解和解除鱼、虾、蟹等水产养殖动物因缺氧引起的浮头和泛塘	1. 不得与金属、有机溶剂、还原剂等解除 2. 按浮头处水体计算药品用量 3. 视浮头程度决定用药次数 4. 发生浮头时，表示水体严重缺氧，药品加入水体后，还应采取冲水、开增氧机等措施 5. 包装物使用后集中销毁	

表 A.1（续）

类　别	制剂与主要成分	作用与用途	注意事项	不良反应
渔用环境改良剂	过氧化钙（Calcium Peroxide Powder）	池塘增氧，防治鱼类缺氧浮头	1. 对于一些无更换水源的养殖水体，应定期使用 2. 严禁与含氯制剂、消毒剂、还原剂等混放 3. 严禁与其他化学试剂混放 4. 长途运输时常使用增氧设备，观赏鱼长途运输禁用	
	过氧化氢溶液（Hydrogen Peroxide Solution）	增加水体溶氧	本品为强氧化剂，腐蚀剂，使用时顺风向泼洒，勿将药液接触皮肤，如接触皮肤应立即用清水冲洗	

附 录 B
（规范性附录）
A 级绿色食品治疗水生生物疾病药物

B.1 国家兽药标准中列出的水产用中草药及其成药制剂

见《兽药国家标准化学药品、中药卷》。

B.2 生产 A 级绿色食品治疗用化学药物

见表 B.1。

表 B.1 生产 A 级绿色食品治疗用化学药物目录

类 别	制剂与主要成分	作用与用途	注意事项	不良反应
抗微生物药物	盐酸多西环素粉（Doxycycline Hyelate Powder）	治疗鱼类由弧菌、嗜水气单胞菌、爱德华菌等细菌引起的细菌性疾病	1. 均匀拌饵投喂 2. 包装物用后集中销毁	长期应用可引起二重感染和肝脏损害
	氟苯尼考粉（Flofenicol Powder）	防治淡、海水养殖鱼类由细菌引起的败血症、溃疡、肠道病、烂鳃病以及虾红体病、蟹腹水病	1. 混拌后的药饵不宜久置 2. 不宜高剂量长期使用	高剂量长期使用对造血系统具有可逆性抑制作用
	氟苯尼考粉预混剂（50%）（Flofenicol Premix-50）	治疗嗜水气单胞菌、副溶血弧菌、溶藻弧菌、链球菌等引起的感染，如鱼类细菌性败血症、溶血性腹水病、肠炎、赤皮病等，也可治疗虾、蟹类弧菌病、罗非鱼链球菌病等	1. 预混剂需先用食用油混合，之后再与饲料混合，为确保均匀，本品须先与少量饲料混匀，再与剩余饲料混匀 2. 使用后须用肥皂和清水彻底洗净饲料所用的设备	高剂量长期使用对造血系统具有可逆性抑制作用
	氟苯尼考粉注射液（Flofenicol Injection）	治疗鱼类敏感菌所致疾病		
	硫酸锌霉素（Neomycin Sulfate Powder）	用于治疗鱼、虾、蟹等水产动物由气单胞菌、爱德华氏菌及弧菌引起的肠道疾病		
驱杀虫药物	硫酸锌粉（Zinc Sulfate Powder）	杀灭或驱除河蟹、虾类等的固着类纤毛虫	1. 禁用于鳗鲡 2. 虾蟹幼苗期及脱壳期中期慎用 3. 高温低压气候注意增氧	
	硫酸锌三氯异氰脲酸粉（Zincsulfate and Trichloroisocyanuric Powder）	杀灭或驱除河蟹、虾类等水生动物的固着类纤毛虫	1. 禁用于鳗鲡 2. 虾蟹幼苗期及脱壳期中期慎用 3. 高温低压气候注意增氧	
	盐酸氯苯胍粉（Robenidinum Hydrochloride Powder）	鱼类孢子虫病	1. 搅拌均匀，严格按照推荐剂量使用 2. 斑点叉尾鮰慎用	
	阿苯达唑粉（Albendazole Powder）	治疗海水鱼类线虫病和由双鳞盘吸虫、贝尼登虫等引起的寄生虫病；淡水养殖鱼类由指环虫、三代虫以及黏孢子虫等引起的寄生虫病		

表 B.1（续）

类　别	制剂与主要成分	作用与用途	注意事项	不良反应
驱杀虫药物	地克珠利预混剂(Diclazuril Premix)	防治鲤科鱼类黏孢子虫、碘泡虫、尾孢虫、四级虫、单级虫等孢子虫病		
消毒用药	聚维酮碘溶液(Povidone Iodine Solution)	养殖水体的消毒，防治水产养殖动物由弧菌、嗜水气单胞菌、爱德华氏菌等细菌引起的细菌性疾病	1. 水体缺氧时禁用 2. 勿用金属容器盛装 3. 勿与强碱类物质及重金属物质混用 4. 冷水性鱼类慎用	
	三氯异氰脲酸粉(Trichloroisocyanuric Acid Powder)	水体、养殖场所和工具等消毒以及水产动物体表消毒等，防治鱼虾等水产动物的多种细菌性和病毒性疾病的作用	1. 不得使用金属容器盛装，注意使用人员的防护 2. 勿与碱性药物、油脂、硫酸亚铁等混合使用 3. 根据不同的鱼类和水体的pH，使用剂量适当增减	
	复合碘溶液(Complex Iodine Solution)	防治水产养殖动物细菌性和病毒性疾病	1. 不得与强碱或还原剂混合使用 2. 冷水鱼慎用	
	蛋氨酸碘粉(Methionine Iodine Podwer)	消毒药，用于防治对虾白斑综合征	勿与维生素C类强还原剂同时使用	
	高碘酸钠(Sodium Periodate Solution)	养殖水体的消毒；防治鱼、虾、蟹等水产养殖动物由弧菌、嗜水气单胞菌、爱德华氏菌等细菌引起的出血、烂鳃、腹水、肠炎、腐皮等细菌性疾病	1. 勿用金属容器盛装 2. 勿与强类物质及含汞类药物混用 3. 软体动物、鲑等冷水性鱼类慎用	
	苯扎溴铵溶液(Benzalkonium Bromide Solution)	养殖水体消毒，防治水产养殖动物由细菌性感染引起的出血、烂鳃、腹水、肠炎、疖疮、腐皮等细菌性疾病	1. 勿用金属容器盛装 2. 禁与阴离子表面活性剂、碘化物和过氧化物等混用 3. 软体动物、鲑等冷水性鱼类慎用 4. 水质较清的养殖水体慎用 5. 使用后注意池塘增氧 6. 包装物使用后集中销毁	

ICS 67.120.30
B 50

中华人民共和国农业行业标准

NY/T 3204—2018

农产品质量安全追溯操作规程　水产品

Code of practice for quality and safety traceability of agricultural products—Aquatic product

2018-03-15 发布　　2018-06-01 实施

中华人民共和国农业部　发布

前　言

本标准按照 GB/T 1.1—2009 给出的规则起草。

本标准由农业部农垦局提出并归口。

本标准起草单位:中国农垦经济发展中心、农业部乳品质量监督检验测试中心、中国热带农业科学院农产品加工研究所。

本标准主要起草人:韩学军、苏子鹏、张宗城、王洪亮、王春天、刘亚兵、郑维君、刘证。

农产品质量安全追溯操作规程　水产品

1　范围

本标准规定了水产品质量安全追溯术语和定义、要求、追溯码编码、追溯精度、信息采集、信息管理、追溯标识、体系运行自查和质量安全问题处置。

本标准适用于水产品质量安全追溯操作和管理。

2　规范性引用文件

下列文件对于本文件的应用是必不可少的。凡是注日期的引用文件，仅注日期的版本适用于本文件。凡是不注日期的引用文件，其最新版本(包括所有的修改单)适用于本文件。

GB/T 22213　水产养殖术语

GB/T 29568　农产品追溯要求　水产品

NY/T 755　绿色食品　渔药使用准则

NY/T 1761　农产品质量安全追溯操作规程　通则

3　术语和定义

GB/T 22213、NY/T 755 和 NY/T 1761 界定的术语和定义适用于本文件。

4　要求

4.1　追溯目标

建立追溯体系的水产品应通过追溯码查询各养殖(或捕捞)、加工、流通环节的追溯信息，实现产品可追溯。

4.2　机构和人员

建立追溯体系的水产品生产企业(组织或机构)应指定机构或人员负责追溯的组织、实施、管理，人员应经培训合格，且相对稳定。

4.3　设备和软件

建立追溯体系的水产品生产企业(组织或机构)应配备必要的计算机、网络设备、标签打印机、条码读写设备等，相关软件应满足追溯要求。

4.4　管理制度

建立追溯体系的水产品生产企业(组织或机构)应制定产品质量追溯工作规范、质量追溯信息系统运行及设备使用维护制度、追溯信息管理制度、产品质量控制方案等相关制度，并组织实施。

5　追溯码编码

按 NY/T 1761 的规定执行。二维码内容可由水产品生产企业(组织或机构)自定义。

6　追溯精度

6.1　总则

追溯精度宜确定为生产单元或批次。当追溯精度不能确定为生产单元或批次时，可根据具体实践确定为生产者(或生产者组)。

6.2　捕捞

以捕捞批次作为追溯精度。

6.3 养殖

6.3.1 海水养殖

6.3.1.1 港(塭)养(殖)

以捕捞批次作为追溯精度。

6.3.1.2 网围养殖、筏式养殖

以一次捕捞的网箱、浮动筏架或网箱组、浮动筏架组作为追溯精度。

6.3.1.3 近海池塘、工厂化养殖

依生产方式分为：

a) 全进全出养殖方式的追溯精度宜为池塘或池塘组；

b) 倒池养殖方式的追溯精度宜为池塘组，如贝类；

c) 多品种混养生产的追溯精度宜为轮捕批次，如对虾、海蜇和贝类混养。

6.3.1.4 滩涂养殖

以养殖批次作为追溯精度，如文蛤等贝类。

6.3.2 半咸水养殖

以池塘或池塘组作为追溯精度，如螺旋藻。

6.3.3 淡水养殖

6.3.3.1 网围养殖

以捕捞批次或围网作为追溯精度。

6.3.3.2 池塘养殖或工厂化养殖

池塘养殖包括流动水、半流动水和静水池塘养殖。依生产方式分为：

a) 全进全出养殖方式的追溯精度宜为池塘或池塘组；

b) 倒池养殖方式的追溯精度宜为池塘组，如甲鱼；

c) 多品种混养生产的追溯精度宜为轮捕批次，如鱼、虾、蟹混养。

6.3.3.3 湖泊或水库养殖

单品种养殖或多品种混养宜以捕捞批次或养殖户作为追溯精度。

6.3.3.4 稻田养殖

以稻田地块或地块组作为追溯精度。

6.4 加工

以加工批次为追溯精度，应尽可能保留捕捞或养殖追溯精度。

7 信息采集

7.1 信息采集点设置

宜在捕捞、养殖、加工、投入品购入、投入品使用、检验(自行检验或委托检验)、包装、销售、储运等环节设立信息采集点。

7.2 信息采集要求

7.2.1 真实、及时、规范

信息应按实际操作同时或过后即刻记录。信息应以表格形式记录，表格中不留空项，空项应填“—”；上下栏信息内容相同时不应用“··”，改填“同上”或具体内容；更改方法不用涂改，应用杠改。

7.2.2 可追溯

下一环节的信息中具有与上一环节信息的唯一性对接的信息。

示例：渔药使用表中的通用名、生产企业、产品批次号/生产日期，能与渔药购入表唯一性对接。

7.3 信息采集内容

7.3.1 基本信息

基本信息应包括生产、加工、检验、投入品购入、投入品使用、储存运输、包装销售等环节信息和记录的时间、地点、责任人等责任信息，如果涉及相关环节，可按照GB/T 29568的要求执行。至少应包括如下信息内容：

a） 储存运输：起止日期、温度、储运场地或车船编号等；
b） 产品检验：追溯码、产品标准、检验结果等；
c） 产品销售：追溯码、售货日期、售货量、运货方式、车牌号、收货人名称/代码等；
d） 标签打印使用：追溯码、打印日期、打印量、使用量、销毁量、销毁方式等。

7.3.2 扩展信息

7.3.2.1 饲料购入

饲料原料来源、饲料添加剂来源、通用名、生产企业、生产许可证号、批准文号、产品批次号/生产日期、购入日期、领用人等。

7.3.2.2 饲料使用

投饲（饵）量、施用方法、使用日期/使用起止日期等。

7.3.2.3 渔药购入

通用名、生产企业、生产许可证号、批准文号/进口兽药为注册证号、产品批次号/生产日期、剂型、有效成分及含量、购入日期、领用人等。

7.3.2.4 渔药使用

通用名、生产企业、产品批次号/生产日期、稀释倍数、施用量、施用方式、使用频率和日期、休药期、不良反应等。若渔药的购入和渔药使用为同一部门或同一个人操作，则该两记录表格宜合并。

注：疫苗、消毒剂、催产剂、渔用诊断制品属于渔药，但不记录休药期。

7.3.2.5 农药购入

通用名、生产企业、生产许可证号、登记证号、产品批次号/生产日期、剂型、有效成分及含量、购入日期、领用人等。如用于水体的杀虫剂、杀菌剂或除草剂。

7.3.2.6 农药使用

通用名、生产企业、产品批次号/生产日期、稀释倍数、施用量、施用方式、使用频率和日期、安全间隔期等。若农药的购入和农药使用为同一部门或同一个人操作，则该两记录表格宜合并。

7.3.2.7 饵料、渔用环境改良及人工海水用试剂

成分及其含量、投放后浓度、配制日期、投放日期等。

7.3.2.8 养殖池及净化池水质

成分及其含量等。

7.3.2.9 食品添加剂

通用名、生产企业、生产许可证号、批准文号、产品批次号/生产日期、投放量等。

8 信息管理

8.1 信息存储

纸制记录及其他形式的记录应及时归档，并采取相应的安全措施保存。所有信息档案在生产周期结束后应至少保存2年。

8.2 信息审核和录入

信息审核无误后方可录入。信息录入应专机专用、专人专用，并遵守信息安全规定。

8.3 信息传输

上一环节操作结束时应及时将信息传输给下一环节。

8.4 信息查询

建立追溯体系的水产品生产企业（组织或机构）应建立或纳入相应的追溯信息公共查询技术平台，应至少包括生产者、产品、产地、批次、产品标准等内容。

9 追溯标识

按 NY/T 1761 的规定执行。

10 体系运行自查

按 NY/T 1761 的规定执行。

11 质量安全问题处置

按 NY/T 1761 的规定执行。召回产品应按相关规定处理,召回及处置应有记录。

ICS 11.120.10
B 42

中华人民共和国农业行业标准

NY 5071—2002
代替 NY 5071—2001

无公害食品　渔用药物使用准则

2002-07-25 发布　　2002-09-01 实施

中华人民共和国农业部 发布

前　言

本标准是对NY 5071—2001《无公害食品　渔用药物使用准则》的修订。修订中，将原标准中的附录A和附录B合并为表1，附录C改为表2，直接放在标准正文中，并对其内容作了调整、修改与补充。同时也对部分章、条内容作了修改与补充。

本标准由中华人民共和国农业部提出。

本标准由全国水产标准化技术委员会归口。

本标准起草单位：中国水产科学研究院珠江水产研究所、上海水产大学、广东出入境检验检疫局。

本标准主要起草人：邹为民、杨先乐、姜兰、吴淑勤、宜齐、吴建丽。

本标准所代替标准的历次版本发布情况为：NY 5071—2001。

无公害食品　渔用药物使用准则

1　范围

本标准规定了渔用药物使用的基本原则、渔用药物的使用方法以及禁用渔药。

本标准适用于水产增养殖中的健康管理及病害控制过程中的渔药使用。

2　规范性引用文件

下列文件中的条款通过本标准的引用而成为本标准的条款。凡是注日期的引用文件，其随后所有的修改单（不包括勘误的内容）或修订版均不适用于本标准，然而，鼓励根据本标准达成协议的各方研究是否可使用这些文件的最新版本。凡是不注日期的引用文件，其最新版本适用于本标准。

NY 5070　无公害食品　水产品中渔药残留限量

NY 5072　无公害食品　渔用配合饲料安全限量

3　术语和定义

下列术语和定义适用于本标准。

3.1

渔用药物　fishery drugs

用以预防、控制和治疗水产动植物的病、虫、害，促进养殖品种健康生长，增强机体抗病能力以及改善养殖水体质量的一切物质，简称“渔药”。

3.2

生物源渔药 biogenic fishery medicines

直接利用生物活体或生物代谢过程中产生的具有生物活性的物质或从生物体提取的物质作为防治水产动物病害的渔药。

3.3

渔用生物制品 fishery biopreparate

应用天然或人工改造的微生物、寄生虫、生物毒素或生物组织及其代谢产物为原材料，采用生物学、分子生物学或生物化学等相关技术制成的、用于预防、诊断和治疗水产动物传染病和其他有关疾病的生物制剂。它的效价或安全性应采用生物学方法检定并有严格的可靠性。

3.4

休药期 withdrawal time

最后停止给药日至水产品作为食品上市出售的最短时间。

4　渔用药物使用基本原则

4.1　渔用药物的使用应以不危害人类健康和不破坏水域生态环境为基本原则。

4.2　水生动植物增养殖过程中对病虫害的防治，坚持“以防为主，防治结合”。

4.3　渔药的使用应严格遵循国家和有关部门的有关规定，严禁生产、销售和使用未经取得生产许可证、批准文号与没有生产执行标准的渔药。

4.4　积极鼓励研制、生产和使用“三效”（高效、速效、长效）、“三小”（毒性小、副作用小、用量小）的渔药，提倡使用水产专用渔药、生物源渔药和渔用生物制品。

4.5　病害发生时应对症用药，防止滥用渔药与盲目增大用药量或增加用药次数、延长用药时间。

4.6 食用鱼上市前，应有相应的休药期。休药期的长短，应确保上市水产品的药物残留限量符合 NY 5070 要求。

4.7 水产饲料中药物的添加应符合 NY 5072 要求，不得选用国家规定禁止使用的药物或添加剂，也不得在饲料中长期添加抗菌药物。

5 渔用药物使用方法

各类渔用药物的使用方法见表 1。

表 1 渔用药物使用方法

渔药名称	用途	用法与用量	休药期，d	注意事项
氧化钙 （生石灰） calcii oxydum	用于改善池塘环境，清除敌害生物及预防部分细菌性鱼病	带水清塘：200 mg/L～250 mg/L（虾类：350 mg/L～400 mg/L） 全池泼洒：20 mg/L～25 mg/L（虾类：15 mg/L～30 mg/L）		不能与漂白粉、有机氯、重金属盐、有机络合物混用
漂白粉 bleaching powder	用于清塘、改善池塘环境及防治细菌性皮肤病、烂鳃病、出血病	带水清塘：20mg/L 全池泼洒：1.0 mg/L～1.5 mg/L	≥5	1. 勿用金属容器盛装 2. 勿与酸、铵盐、生石灰混用
二氯异氰尿酸钠 sodium dichloroisocyanurate	用于清塘及防治细菌性皮肤溃疡病、烂鳃病、出血病	全池泼洒：0.3 mg/L～0.6 mg/L	≥10	勿用金属容器盛装
三氯异氰尿酸 trichloroisocyanuric acid	用于清塘及防治细菌性皮肤溃疡病、烂鳃病、出血病	全池泼洒：0.2 mg/L～0.5 mg/L	≥10	1. 勿用金属容器盛装 2. 针对不同的鱼类和水体的 pH，使用量应适当增减
二氧化氯 chlorine dioxide	用于防治细菌性皮肤病、烂鳃病、出血病	浸浴：20 mg/L～40 mg/L，5 min～10 min 全池泼洒：0.1 mg/L～0.2 mg/L，严重时 0.3 mg/L～0.6 mg/L	≥10	1. 勿用金属容器盛装 2. 勿与其他消毒剂混用
二溴海因	用于防治细菌性和病毒性疾病	全池泼洒：0.2 mg/L～0.3 mg/L		
氯化钠（食盐） sodium chioride	用于防治细菌、真菌或寄生虫疾病	浸浴：1%～3%，5 min～20 min		
硫酸铜 （蓝矾、胆矾、石胆） copper sulfate	用于治疗纤毛虫、鞭毛虫等寄生性原虫病	浸浴：8 mg/L（海水鱼类：8 mg/L～10 mg/L），15 min～30 min 全池泼洒：0.5 mg/L～0.7 mg/L（海水鱼类：0.7 mg/L～1.0 mg/L）		1. 常与硫酸亚铁合用 2. 广东鲂慎用 3. 勿用金属容器盛装 4. 使用后注意池塘增氧 5. 不宜用于治疗小瓜虫病
硫酸亚铁 （硫酸低铁、绿矾、青矾） ferrous sulphate	用于治疗纤毛虫、鞭毛虫等寄生性原虫病	全池泼洒：0.2 mg/L（与硫酸铜合用）		1. 治疗寄生性原虫病时需与硫酸铜合用 2. 乌鳢慎用
高锰酸钾 （锰酸钾、灰锰氧、锰强灰） potassium permanganate	用于杀灭锚头鳋	浸浴：10 mg/L～20 mg/L，15 min～30 min 全池泼洒：4 mg/L～7 mg/L		1. 水中有机物含量高时药效降低 2. 不宜在强烈阳光下使用

表 1（续）

渔药名称	用途	用法与用量	休药期，d	注意事项
四烷基季铵盐络合碘（季铵盐含量为 50%）	对病毒、细菌、纤毛虫、藻类有杀灭作用	全池泼洒：0.3 mg/L（虾类相同）		1. 勿与碱性物质同时使用 2. 勿与阴性离子表面活性剂混用 3. 使用后注意池塘增氧 4. 勿用金属容器盛装
大蒜 crown's treacle, garlic	用于防治细菌性肠炎	拌饵投喂：10 g/kg 体重～30 g/kg 体重，连用 4 d～6 d（海水鱼类相同）		
大蒜素粉（含大蒜素 10%）	用于防治细菌性肠炎	0.2 g/kg 体重，连用 4 d～6 d（海水鱼类相同）		
大黄 medicinal rhubarb	用于防治细菌性肠炎、烂鳃	全池泼洒：2.5 mg/L～4.0 mg/L（海水鱼类相同） 拌饵投喂 5 g/kg 体重～10 g/kg 体重，连用 4 d～6 d（海水鱼类相同）		投喂时常与黄芩、黄柏合用（三者比例为 5∶2∶3）
黄芩 raikai skullcap	用于防治细菌性肠炎、烂鳃、赤皮、出血病	拌饵投喂：2 g/kg 体重～4 g/kg 体重，连用 4 d～6 d（海水鱼类相同）		投喂时需与大黄、黄柏合用（三者比例为 2∶5∶3）
黄柏 amur corktree	用于防治细菌性肠炎、出血	拌饵投喂：3 g/kg 体重～6 g/kg 体重，连用 4 d～6 d（海水鱼类相同）		投喂时需与大黄、黄芩合用（三者比例为 3∶5∶2）
五倍子 chinese sumac	用于防治细菌性烂鳃、赤皮、白皮、疖疮	全池泼洒：2 mg/L～4 mg/L（海水鱼类相同）		
穿心莲 common andrographis	用于防治细菌性肠炎、烂鳃、赤皮	全池泼洒：15 mg/L～20 mg/L 拌饵投喂：10 g/kg 体重～20 g/kg 体重，连用 4 d～6 d		
苦参 lightyellow sophora	用于防治细菌性肠炎，竖鳞	全池泼洒：1.0 mg/L～1.5 mg/L 拌饵投喂：1 g/kg 体重～2 g/kg 体重，连用 4 d～6 d		
土霉素 oxytetracycline	用于治疗肠炎病、弧菌病	拌饵投喂：50 mg/kg 体重～80 mg/kg 体重，连用 4 d～6 d（海水鱼类相同，虾类：50 mg/kg 体重～80 mg/kg 体重，连用 5 d～10 d）	≥30（鳗鲡） ≥21（鲶鱼）	勿与铝、镁离子及卤素、碳酸氢钠、凝胶合用
噁喹酸 oxolinic acid	用于治疗细菌性肠炎病、赤鳍病，香鱼、对虾弧菌病，鲈鱼结节病，鲱鱼疖疮病	拌饵投喂：10 mg/kg 体重～30 mg/kg 体重，连用 5 d～7 d（海水鱼类：1 mg/kg 体重～20 mg/kg 体重；对虾：6 mg/kg 体重～60 mg/kg 体重，连用 5 d）	≥25（鳗鲡） ≥21（鲤鱼、香鱼） ≥16（其他鱼类）	用药量视不同的疾病有所增减
磺胺嘧啶（磺胺哒嗪） sulfadiazine	用于治疗鲤科鱼类的赤皮病、肠炎病，海水鱼链球菌病	拌饵投喂：100 mg/kg 体重，连用 5 d（海水鱼类相同）		1. 与甲氧苄氨嘧啶（TMP）同用，可产生增效作用 2. 第一天药量加倍

表 1（续）

渔药名称	用途	用法与用量	休药期，d	注意事项
磺胺甲噁唑（新诺明、新明磺）sulfamethoxazole	用于治疗鲤科鱼类的肠炎病	拌饵投喂：100 mg/kg 体重，连用 5 d～7 d	≥30	1. 不能与酸性药物同用 2. 与甲氧苄氨嘧啶（TMP）同用，可产生增效作用 3. 第一天药量加倍
磺胺间甲氧嘧啶（制菌磺、磺胺-6-甲氧嘧啶）sulfamonomethoxine	用于治疗鲤科鱼类的竖鳞病、赤皮病及弧菌病	拌饵投喂：50 mg/kg 体重～100 mg/kg 体重，连用 4 d～6 d	≥37（鳗鲡）	1. 与甲氧苄氨嘧啶（TMP）同用，可产生增效作用 2. 第一天药量加倍
氟苯尼考 florfenicol	用于治疗鳗鲡爱德华氏病、赤鳍病	拌饵投喂：10.0 mg/kg 体重，连用 4 d～6 d	≥7（鳗鲡）	
聚维酮碘（聚乙烯吡咯烷酮碘、皮维碘、PVP-1、伏碘）（有效碘 1.0%）povidone-iodine	用于防治细菌性烂鳃病、弧菌病、鳗鲡红头病。并可用于预防病毒病：如草鱼出血病、传染性胰腺坏死病、传染性造血组织坏死病、病毒性出血败血症	全池泼洒：海、淡水幼鱼、幼虾：0.2 mg/L～0.5 mg/L 海、淡水成鱼、成虾：1 mg/L～2 mg/L 鳗鲡：2 mg/L～4 mg/L 浸浴： 草鱼种：30 mg/L，15 min～20 min 鱼卵：30 mg/L～50 mg/L（海水鱼卵：25 mg/L～30 mg/L），5 min～15 min		1. 勿与金属物品接触 2. 勿与季铵盐类消毒剂直接混合使用
注 1：用法与用量栏未标明海水鱼类与虾类的均适用于淡水鱼类。 注 2：休药期为强制性。				

6 禁用渔药

严禁使用高毒、高残留或具有三致毒性（致癌、致畸、致突变）的渔药。严禁使用对水域环境有严重破坏而又难以修复的渔药，严禁直接向养殖水域泼洒抗生素，严禁将新近开发的人用新药作为渔药的主要或次要成分。禁用渔药见表 2。

表 2 禁用渔药

药物名称	化学名称（组成）	别名
地虫硫磷 fonofos	0-2 基-S 苯基二硫代磷酸乙酯	大风雷
六六六 BHC（HCH）benzem，bexachloridge	1,2,3,4,5,6-六氯环己烷	
林丹 lindane，gammaxare，gamma-BHC gamma-HCH	γ-1,2,3,4,5,6-六氯环己烷	丙体六六六
毒杀芬 camphechlor（ISO）	八氯莰烯	氯化莰烯

表 2（续）

药物名称	化学名称(组成)	别名
滴滴涕 DDT	2,2-双(对氯苯基)-1,1,1-三氯乙規	
甘汞 calomel	氯化汞	
硝酸亚汞 mercurous nitrate	硝酸亚汞	
醋酸汞 mercuric acetate	醋酸汞	
呋喃丹 carbofuran	2,3-二氢-2,2-二甲基-7-苯并呋喃基-甲基氨基甲酸酯	克百威、大扶农
杀虫脒 chlordimeform	N-(2-甲基-4-氯苯基)N′,N′-二甲基甲脒盐酸盐	克死螨
双甲脒 anitraz	1,5-双-(2,4-二甲基苯基)-3-甲基-1,3,5-三氮戊二烯-1,4	二甲苯胺脒
氟氯氰菊酯 cyfluthrin	α-氰基-3-苯氧基-4-氟苄基(1R,3R)-3-(2,2-二氯乙烯基)-2,2-二甲基环丙烷羧酸酯	百树菊酯、百树得
氯氰戊菊酯 flucythrinate	(R,S)-a 氰基-3-苯氧苄基-(R,S)-2-(4-二氟甲氧基)-3-甲基丁酸酯	保好江乌、氟氰菊酯
五氯酚钠 PCP-Na	五氧酚钠	
孔雀石绿 malachite green	$C_{23}H_{25}CIN_2$	碱性绿、盐基块绿、孔雀绿
锥虫胂胺 tryparsamlde		
酒石酸锑钾 antimonyl potassium tartrate	酒石酸锑钾	
磺胺噻唑 sulfathiazolum ST ,norsultazo	2-(对氨基苯磺酰胺)-噻唑	消治龙
磺胺脒 sulfaguanidine	N_1-脒基磺胺	磺胺胍
呋喃西林 furacillinum,nitrofurazone	5-硝基呋喃醛缩氨基脲	呋喃新
呋喃唑酮 furazolidonum,nifulidone	3-(5-硝基糠叉胺基)-2-噁唑烷酮	痢特灵
呋喃那斯 furanace,nifurpirinol	6-羟甲基-2-[-(5-硝基-2-呋喃基乙烯基)]吡啶	P-7138（实验名）
氯霉素 （包括其盐、酯及制剂） chloramphennicoi	由委内瑞拉链霉素产生或合成法制成	
红霉素 erythromycin	属微生物合成,是 *Streptomyces eyythreus* 产生的抗生素	
杆菌肽锌 zinc bacitracin premin	由枯草杆菌 *Bacillus subtilis* 或 *B. leicheniformis* 所产生的抗生素,为一含有噻唑环的多肽化合物	枯草菌肽
泰乐菌素 tylosin	*S. fradiae* 所产生的抗生素	
环丙沙星 ciprofloxacin(CIPRO)	为合成的第三代喹诺酮类抗菌药,常用盐酸盐水合物	环丙氟哌酸
阿伏帕星 avoparcin		阿伏霉素

表 2（续）

药物名称	化学名称(组成)	别名
喹乙醇 olaquindox	喹乙醇	喹酰胺醇羟乙喹氧
速达肥 fenbendazole	5-苯硫基-2-苯并咪唑	苯硫哒唑氨甲基甲酯
己烯雌酚 （包括雌二醇等其他类似合成等雌性激素） diethylstilbestrol，stilbestrol	人工合成的非甾体雌激素	乙烯雌酚，人造求偶素
甲基睾丸酮 （包括丙酸睾丸素、去氢甲睾酮以及同化物等雄性激素） methyltestosterone，metandren	睾丸素 C_{17} 的甲基衍生物	甲睾酮甲基睾酮

ICS 65.120
B 46

中华人民共和国农业行业标准

NY 5072—2002
代替 NY 5072—2001

无公害食品　渔用配合饲料安全限量

2002-07-25 发布　　　2002-09-01 实施

中华人民共和国农业部 发布

前　　言

本标准是对 NY 5072—2001《无公害食品　渔用配合饲料安全限量》的修订，本次修订主要内容为：

——规范性引用文件中增加：NY 5071《无公害食品　渔用药物使用准则》、《饲料药物添加剂使用规范》〔中华人民共和国农业部公告(2001)第[168]号〕、《禁止在饲料和动物饮用水中使用的药物品种目录》〔中华人民共和国农业部(2002)公告第[176]号〕、《食品动物禁用的兽药及其他化合物清单》〔中华人民共和国农业部公告(2002)第[193]号〕；

——在 3.2 条中，铅限量改为≤5 mg/kg；

——在 3.2 条中，镉(以 Cd 计)限量改为海水鱼类、虾类配合饲料隔≤3 mg/kg，其他渔用配合饲料中镉≤0.5 mg/kg；

——在 3.2 条中，取消对喹乙醇的规定。

本标准由中华人民共和国农业部提出。

本标准由全国水产标准化技术委员会归口。

本标准起草单位：国家水产品质量监督检验中心。

本标准主要起草人：李晓川、王联珠、翟毓秀、李兆新、冷凯良、陈远惠。

本标准所代替标准的历次版本发布情况为：NY 5072—2001。

无公害食品　渔用配合饲料安全限量

1　范围

本标准规定了渔用配合饲料安全限量的要求、试验方法、检验规则。

本标准适用于渔用配合饲料的成品，其他形式的渔用饲料可参照执行。

2　规范性引用文件

下列文件中的条款通过本标准的引用而成为本标准的条款。凡是注日期的引用文件，其随后所有的修改单(不包括勘误的内容)或修订版均不适用于本标准，然而，鼓励根据本标准达成协议的各方研究是否可使用这些文件的最新版本。凡是不注日期的引用文件，其最新版本适用于本标准。

GB/T 5009.45—1996　水产品卫生标准的分析方法

GB/T 8381—1987　饲料中黄曲霉素 B_1 的测定

GB/T 9675—1988　海产食品中多氯联苯的测定方法

GB/T 13080—1991　饲料中铅的测定方法

GB/T 13081—1991　饲料中汞的测定方法

GB/T 13082—1991　饲料中镉的测定方法

GB/T 13083—1991　饲料中氟的测定方法

GB/T 13084—1991　饲料中氰化物的测定方法

GB/T 13086—1991　饲料中游离棉酚的测定方法

GB/T 13087—1991　饲料中异硫氰酸酯的测定方法

GB/T 13088—1991　饲料中铬的测定方法

GB/T 13089—1991　饲料中噁唑烷硫酮的测定方法

GB/T 13090—1999　饲料中六六六、滴滴涕的测定方法

GB/T 13091—1991　饲料中沙门氏菌的检验方法

GB/T 13092—1991　饲料中霉菌的检验方法

GB/T 14699.1—1993　饲料采样方法

GB/T 17480—1998　饲料中黄曲霉毒素 B_1 的测定　酶联免疫吸附法

NY 5071　无公害食品　渔用药物使用准则

SC 3501—1996　鱼粉

SC/T 3502　鱼油

《饲料药物添加剂使用规范》〔中华人民共和国农业部公告(2001)第[168]号〕

《禁止在饲料和动物饮用水中使用的药物品种目录》〔中华人民共和国农业部公告(2002)第[176]号〕

《食品动物禁用的兽药及其他化合物清单》〔中华人民共和国农业部公告(2002)第[193]号〕

3　要求

3.1　原料要求

3.1.1　加工渔用饲料所用原料应符合各类原料标准的规定，不得使用受潮、发霉、生虫、腐败变质及受到石油、农药、有害金属等污染的原料。

3.1.2　皮革粉应经过脱铬、脱毒处理。

3.1.3　大豆原料应经过破坏蛋白酶抑制因子的处理。

3.1.4　鱼粉的质量应符合 SC 3501 的规定。

3.1.5 鱼油的质量应符合 SC/T 3502 中二级精制鱼油的要求。

3.1.6 使用的药物添加剂种类及用量应符合 NY 5071、《饲料药物添加剂使用规范》、《禁止在饲料和动物饮用水中使用的药物品种目录》、《食品动物禁用豹兽药及其他化合物清单》的规定;若有新的公告发布,按新规定执行。

3.2 安全指标

渔用配合饲料的安全指标限量应符合表 1 规定。

表 1 渔用配合饲料的安全指标限量

项目	限量	适用范围
铅(以 Pb 计),mg/kg	≤5.0	各类渔用配合饲料
汞(以 Hg 计),mg/kg	≤0.5	各类渔用配合饲料
无机砷(以 As 计),mg/kg	≤3	各类渔用配合饲料
镉(以 Cd 计),mg/kg	≤3	海水鱼类、虾类配合饲料
	≤0.5	其他渔用配合饲料
铬(以 Cr 计),mg/kg	≤10	各类渔用配合饲料
氟(以 F 计),mg/kg	≤350	各类渔用配合饲料
游离棉酚,mg/kg	≤300	温水杂食性鱼类、虾类配合饲料
	≤150	冷水性鱼类、海水鱼类配合饲料
氰化物,mg/kg	≤50	各类渔用配合饲料
多氯联苯,mg/kg	≤0.3	各类渔用配合饲料
异硫氰酸酯,mg/kg	≤500	各类渔用配合饲料
噁唑烷硫酮,mg/kg	≤500	各类渔用配合饲料
油脂酸价(KOH),mg/g	≤2	渔用育苗配合饲料
	≤2	渔用育成配合饲料
	≤6	渔用育成配合饲料
	≤3	鳗鲡育成配合饲料
黄曲霉毒素 B_1,mg/kg	≤0.01	各类渔用配合饲料
六六六,mg/kg	≤0.3	各类渔用配合饲料
滴滴涕,mg/kg	≤0.2	各类渔用配合饲料
沙门氏菌,CFU/25 g	不得检出	各类渔用配合饲料
霉菌,CFU/g	≤3×10^4	各类渔用配合饲料

4 检验方法

4.1 铅的测定

按 GB/T 13080—1991 规定执行。

4.2 汞的测定

按 GB/T 13081—1991 规定执行。

4.3 无机砷的测定

按 GB/T 5009.45—1996 规定执行。

4.4 镉的测定

按 GB/T 13082—1991 规定执行。

4.5 铬的测定

按 GB/T 13088—1991 规定执行。

4.6 氟的测定

按 GB/T 13083—1991 规定执行。

4.7 游离棉酚的测定

按 GB/T 13086—1991 规定执行。

4.8 氰化物的测定

按 GB/T 13084—1991 规定执行。

4.9 多氯联苯的测定

按 GB/T 9675—1988 规定执行。

4.10 异硫氰酸酯的测定

按 GB/T 13087—1991 规定执行。

4.11 噁唑烷硫酮的测定

按 GB/T 13089—1991 规定执行。

4.12 油脂酸价的测定

按 SC3501—1996 规定执行。

4.13 黄曲霉毒素 B_1 的测定

按 GB/T 8381—1987、GB/T 17480—1998 规定执行,其中 GB/T 8381—1987 为仲裁方法。

4.14 六六六、滴滴涕的测定

按 GB/T 13090—1991 规定执行。

4.15 沙门氏菌的检验

按 GB/T 13091—1991 规定执行。

4.16 霉菌的检验

按 GB/T 13092—1991 规定执行,注意计数时不应计入酵母菌。

5 检验规则

5.1 组批

以生产企业中每天(班)生产的成品为一检验批,按批号抽样。在销售者或用户处按产品出厂包装的标示批号抽样。

5.2 抽样

渔用配合饲料产品的抽样按 GB/T 14699.1—1993 规定执行。

批量在 1 t 以下时,按其袋数的四分之一抽取。批量在 1 t 以上时,抽样袋数不少于 10 袋。沿堆积立面以“X”形或“W”型对各袋抽取。产品未堆垛时应在各部位随机抽取,样品抽取时一般应用钢管或铜制管制成的槽形取样器。由各袋取出的样品应充分混匀后按四分法分别留样。每批饲料的检验用样品不少于 500 g。另有同样数量的样品作留样备查。

作为抽样应有记录,内容包括:样品名称、型号、抽样时间、地点、产品批号、抽样数量、抽样人签字等。

5.3 判定

5.3.1 渔用配合饲料中所检的各项安全指标均应符合标准要求。

5.3.2 所检安全指标中有一项不符合标准规定时,允许加倍抽样将此项指标复验一次,按复验结果判定本批产品是否合格。经复检后所检指标仍不合格的产品则判为不合格品。

ICS 65.150
B 52

中华人民共和国水产行业标准

SC/T 1083—2007

诺氟沙星、恩诺沙星水产养殖使用规范

Specifications for the Application of Norfloxacin and Enrofloxcin in Aquaculture

2007-04-17 发布　　2007-07-01 实施

中华人民共和国农业部　发布

前　言

本标准的附录 A 为规范性附录。

本标准由中华人民共和国农业部渔业局提出。

本标准由全国水产标准化技术委员会淡水养殖分技术委员会归口。

本标准起草单位:吉林省水产科学研究院。

本标准主要起草人:张雅斌、刘艳辉、张祚新、吴永奎、郑伟。

诺氟沙星、恩诺沙星水产养殖使用规范

1 范围

本标准规定了氟喹诺酮类药物诺氟沙星、恩诺沙星在水产养殖中的作用与用途、使用原则、用法与用量、注意事项和休药期。

本标准适用于水产养殖中细菌性败血症、肠炎病、赤皮病、打印病、白皮病、白头白嘴病、烂鳃病等相关细菌性疾病的治疗。

2 规范性引用文件

下列文件中的条款通过本标准的引用而成为本标准的条款。凡是注日期的引用文件,其随后所有的修改单(不包括勘误的内容)或修订版均不适用于本标准,然而,鼓励根据本标准达成协议的各方研究是否可使用这些文件的最新版本。凡是不注日期的引用文件,其最新版本适用于本标准。

兽药管理条例 2004-03-24 国务院

《饲料药物添加剂使用规范》 2001-07-29 农业部

3 术语和定义

下列术语和定义适用于本标准。

休药期 withdrawal time

停止给药日至水产品作为安全食品上市时所间隔的时间。

4 作用与用途

诺氟沙星、恩诺沙星具有抗菌谱广、抗菌能力强、无交叉耐药性等特点,可广泛应用于细菌性疾病和支原体感染的治疗。对水产动物的嗜水气单胞菌(*Aeromonas hydrophila*)、温和气单胞菌(*Aeromonas sobria*)、杀鲑气单胞菌(*Aeromonas salmonicida*)、点状产气单胞菌(*Aeromonas punctata*)、鳗弧菌(*Vibrio anguillarum*)、荧光假单胞菌(*Pseudomonas fluorescens*)、柱状嗜纤维菌(*Cytophage columnaris*)等大多数鱼类病原菌均具有良好的抗菌活性。

主要用于治疗鱼类细菌性败血症、烂鳃病、赤皮病、肠炎病、白头白嘴病、打印病、弧菌病等细菌性疾病及甲鱼溃疡病等。

5 使用原则

5.1 经临床和实验室确诊后,允许在技术人员指导下或按照产品使用说明书,使用本类药物对相应疾病进行及时治疗。

5.2 用于治疗水产动物疾病的诺氟沙星、恩诺沙星必须来自具有兽药生产许可证和产品批准文号的生产企业,或者具有进口兽药许可证的供应商。所用兽药的标签应符合《兽药管理条例》的规定。

5.3 药物的使用应遵循《饲料药物添加剂使用规范》规定。原料药不得直接加入饲料中使用,必须制成预混剂后方可添加到饲料中。

5.4 药物的使用要按照规范的用法、用量、使用注意事项等规定,在本标准规定的范围内,根据水生动物品种、规格、病情等因素适当调整。

5.5 休药期不得少于规定时间。

5.6 不得在水体中以泼洒形式用药。

5.7 使用药物时应填写水产养殖用药记录表,并保存至该批水产品全部售出后 2 年以上。水产养殖用药记录表见附录 A。

6 用法与用量

6.1 内服法

诺氟沙星:按每天每千克鱼体重 30 mg～50 mg 剂量给药,6 h～12 h 给药 1 次,连续给药 5 d。

恩诺沙星:按每天每千克鱼体重 10 mg～20 mg 剂量给药, 6 h～12 h 给药 1 次,连续给药 5 d。

6.2 药浴、注射法

药浴或注射,可用于特殊水产动物或特殊需要。药浴浓度为 10 mg/L～20 mg/L,时间为 30 min;注射剂量为每千克鱼体重 10 mg～20 mg,每天注射 1 次～2 次,3 d～5 d 为一个疗程。

7 注意事项

7.1 给药方案依病情、病程而定。

7.2 内服投喂时,水产动物体重为全池所有摄食药饵的水产动物总重量。

7.3 使用本类药物内服防治细菌性疾病时,一般情况下应用水质消毒剂进行水质消毒。

7.4 本类药物不可长期使用,连用 5 d 无效时应改换其他抗菌药物,避免可能引起的细菌耐药性。

7.5 为保护环境,药浴后的废水应做无害化处理。

7.6 本类药物应避免与氢氧化铝等碱性物质同时使用。

7.7 储存于干燥处,避免阳光直射。

8 休药期

水温在 18℃以上时,鲤休药期为 10 d;水温在 18℃以下、10℃以上时,鲤休药期为 20 d。

附 录 A
（规范性附录）
水产养殖用药记录表

水产养殖用药记录表见表 A.1。

表 A.1 水产养殖用药记录表

序 号				
时 间				
池 号				
用药名称				
用量/浓度				
平均体重/总重量				
病害发生情况				
主要症状				
处 方				
处方人				
施药人员				
备 注				

ICS 65.150
B 52

中华人民共和国水产行业标准

SC/T 1084—2006

磺胺类药物水产养殖使用规范

Specification for the application of sulfanilamides in aquaculture

2006-12-06 发布　　2007-02-01 实施

中华人民共和国农业部 发布

前　言

本标准的附录 A 为规范性附录。

本标准由中华人民共和国农业部提出。

本标准由全国水产标准化技术委员会淡水养殖分技术委员会归口。

本标准起草单位:中国水产科学研究院珠江水产研究所。

本标准主要起草人:黄志斌、吴淑勤、石存斌、潘厚军。

磺胺类药物水产养殖使用规范

1 范围

本标准规定了磺胺类药物(如磺胺嘧啶、磺胺甲噁唑、磺胺二甲嘧啶、磺胺间二甲氧嘧啶和磺胺间甲氧嘧啶等)在水产养殖中的作用与用途、使用原则、用法与用量、注意事项和休药期。

本标准适用于水产养殖中疾病的治疗。

2 规范性引用文件

下列文件中的条款通过本标准的引用而成为本标准的条款。凡是注日期的引用文件,其随后所有的修改单(不包括勘误的内容)或修订版均不适用于本标准,然而,鼓励根据本标准达成协议的各方研究是否可使用这些文件的最新版本。凡是不注日期的引用文件,其最新版本适用于本标准。

兽药管理条例　2004-03-24　国务院

3 术语和定义

下列术语和定义适用于本标准。

3.1

休药期　withdrawal time

停止给药日至水产品作为安全食品上市的间隔时间。

4 作用与用途

4.1 磺胺类药物为广谱抑菌剂,对大多数革兰氏阳性菌和革兰氏阴性菌有抑制作用,可用于治疗由嗜水气单胞菌(*Aeromonas hydrophila*)、温和气单胞菌(*Aeromonas sobria*)、荧光假单胞菌(*Pseudonas fluorescens*)、迟缓爱德华菌(*Edwardsiella tarda*)、鳗弧菌(*Vibrio anguillarum*)、副溶血弧菌(*Vibrio parahaemolyticus*)、杀鱼巴斯德氏菌(*Pasteurella piscicida*)、诺卡菌(*Nocardia kampachi*)、链球菌(*Streptococcus* spp)等引起的水产动物的细菌性疾病。部分磺胺类药物也适用于鞭毛虫、球虫等一些原虫引起的病害治疗。

4.2 磺胺类药物的主要用途为:

a) 磺胺嘧啶[N-2-嘧啶基-4-氨基苯磺酰胺]:主要用于水产动物全身性以及脑部细菌性疾病治疗;

b) 磺胺二甲嘧啶[N-(4,6-二甲基-2-嘧啶基)-4-氨基苯磺酰胺]:主要用于鱼类赤鳍病、疖疮病、竖鳞病和副溶血弧菌病等对磺胺药敏感菌引起的细菌性鱼病以及由鞭毛虫、球虫等一些原虫引起的疾病的治疗;

c) 磺胺甲噁唑[N-(5-甲基-3-异噁唑基)-4-氨基苯磺酰胺]:主要用于水产动物嗜水气单胞菌、温和气单胞菌、荧光假单胞菌、巴斯德氏菌和诺卡氏菌等对磺胺药敏感菌引起的细菌性疾病治疗;

d) 磺胺间二甲氧嘧啶[4-(对氨基苯磺酰胺基)-2,6-二甲氧基嘧啶]:主要用于鱼类疖疮病、竖鳞病、鳗弧菌病、副溶血弧菌病等对磺胺药敏感菌引起的细菌性鱼病的治疗;

e) 磺胺间甲氧嘧啶[N-(6-甲氧基-4-嘧啶基)-4-氨基苯磺酰胺]:用于由嗜水气单胞菌、温和气单胞菌、荧光假单胞菌、迟缓爱德华菌、鳗弧菌、副溶血弧菌、杀鱼巴斯德氏菌、诺卡氏菌和链球菌等引起的水产动物细菌性疾病的治疗。也可用于一些原虫引起的疾病治疗。

5 使用原则

5.1 经临床和实验室准确诊断后,允许在技术人员指导下或根据产品说明书使用本类药物对水产养殖动物相应疾病进行及时治疗。

5.2　所用本类药物必须来自具有兽药生产许可证和产品批准文号的生产企业；或者具有进口兽药许可证的供应商。

5.3　所用本类药物的标签必须符合《兽药管理条例》的规定，并注意药物的使用方法及剂量、治疗时间、疗程、生产单位、批号及有效期。

5.4　使用时应根据品种、个体差异、水质、气候、病情等因素，在本标准规定的范围内对用法、用量适当调整。

5.5　不得添加本类药物用于促进水产动物生长或预防水产动物疾病。

5.6　本类药物与其他药物联合应用时，应尽可能争取协同作用，避免无关作用和拮抗作用。

5.7　不得以全池泼洒的方式使用本类药物。

5.8　休药期按第8章规定执行。作为食品出售时，须符合药物残留限量等有关标准。

5.9　使用后应及时填写水产养殖用药记录表，并保存至该批水产品全部售出后2年以上。

水产养殖用药记录表见附录A。

6　用法与用量

6.1　内服

磺胺嘧啶：每日用药量为100 mg/kg～150 mg/kg体重，视病情连用3 d～6 d。首次用量加倍。

磺胺二甲嘧啶：每日用药量为100 mg/kg～200 mg/kg体重，连用3 d～6 d。首次用量加倍。

磺胺甲噁唑：每日用药量为150 mg/kg体重～200 mg/kg体重，拌料投喂，连用5 d～7 d。首次用量加倍。

磺胺间二甲氧嘧啶：每日用药量为100 mg/kg体重，连用3 d～6 d。首次用量加倍。

磺胺间甲氧嘧啶：虹鳟、银大麻哈鱼、香鱼等鲱形目鱼类每日用药量为100 mg/kg体重；真鲷、鲈、军曹鱼、罗非鱼等鲈形目以及鳗鲡目鱼类每日用药量为200 mg/kg体重，连喂3 d～6 d。首次用量加倍。

6.2　药浴

磺胺间甲氧嘧啶钠盐：1 g/m^3～5 g/m^3 于1%食盐水中，药浴0.5 h～1 h。根据病鱼种类、症状酌情增减。

7　注意事项

7.1　在应用本类药物时，应有针对性地选药，并给予足够的剂量和疗程。首次剂量加倍。待症状消失后还应以维持量继续投喂2 d～3 d，以达到彻底治愈。

7.2　本类药物与中药乌梅、山楂、五味子、硼砂、神曲等中药合用，易引起毒、副反应和降低疗效。

7.3　肝脏病、肾脏病和重症溶血性贫血等，应慎用或禁用本类药物。

7.4　体弱、幼小的鱼大量及长期给药时，本类药物可能对肝、肾、血液循环系统、排泄系统以及机体免疫系统功能造成损害。磺胺嘧啶、磺胺甲噁唑内服时宜同服等量碳酸氢钠。

7.5　在一般情况下，连用3 d～5 d本类药物疗效不显著时，应及时改用其他合适的抗菌药物。

7.6　鳗鱼养殖生产中除磺胺间甲氧嘧啶外，禁用其他磺胺类药物，并禁用药浴方法。鳗鱼使用磺胺间甲氧嘧啶时，体重为100 g以下；体重超过100 g时，上市前30 d宜饲养在日平均水交换率大于40%的条件下。

8　休药期

休药期应按以下规定执行；没有规定的，按500度·日执行。

磺胺嘧啶：500度·日。

磺胺二甲嘧啶：鲫鱼休药期为15 d。

磺胺间二甲氧嘧啶：虹鳟休药期为 30 d。

磺胺甲嗯唑：草鱼、鲤、罗非鱼、鲈和鰤等休药期不少于 10 d；中国对虾休药期不少于 15 d。

磺胺间甲氧嘧啶：香鱼和真鲷、鲈、军曹鱼、罗非鱼等鲈形目鱼类休药期为 15 d；虹鳟、银大麻哈鱼等鲑形目鱼类以及鳗鲡目鱼类休药期为 30 d，磺胺间甲氧嘧啶与 TMP 合用时鳗鲡目鱼类休药期为 37 d；中国对虾休药期不少于 10 d。

附 录 A
(规范性附录)
水产养殖用药记录表

A.1 用药记录

水产养殖用药记录表见表A.1。

表A.1 水产养殖用药记录表

序　号				
时间				
池号				
用药名称				
用量/浓度				
平均体重/总重量				
病害发生情况				
主要症状				
处方				
处方人				
施药人员				
备注				

ICS 65.150
B 52

中华人民共和国水产行业标准

SC/T 1085—2006

四环素类药物水产养殖使用规范

Specification for the application of tetracyclines in aquaculture

2006-12-06 发布　　　　2007-02-01 实施

中华人民共和国农业部　发布

前 言

本标准的附录A为规范性附录。

本标准由中华人民共和国农业部提出。

本标准由全国水产标准化技术委员会淡水养殖分技术委员会归口。

本标准起草单位:中国水产科学研究院珠江水产研究所。

本标准主要起草人:石存斌、吴淑勤、黄志斌、潘厚军、李凯彬。

四环素类药物水产养殖使用规范

1 范围

本标准规定了四环素类药物(如土霉素、四环素、金霉素)在水产养殖中的作用与用途、使用原则、用法与用量、注意事项和休药期。

本标准适用于水产养殖中细菌性疾病的防治。

2 规范性引用文件

下列文件中的条款通过本标准的引用而成为本标准的条款。凡是注日期的引用文件,其随后所有的修改单(不包括勘误的内容)或修订版均不适用于本标准,然而,鼓励根据本标准达成协议的各方研究是否可使用这些文件的最新版本。凡是不注日期的引用文件,其最新版本适用于本标准。

兽药管理条例　2004-03-24　国务院

3 术语和定义

下列术语和定义适用于本标准。

3.1

休药期　withdrawal time

最后停止给药日至水产品作为安全食品上市的间隔时间。

4 作用与用途

4.1　四环素类药物为广谱抗生素,可作用于多数革兰氏阴性菌和革兰氏阳性敏感菌,对水产动物的嗜水气单胞菌(*Aeromonas hydrophila*)、温和气单胞菌(*Aeromonas sobria*)、杀鲑气单胞菌(*Aeromonas salmonicida*)、迟缓爱德华菌(*Edwardsiella tarda*)、荧光假单胞菌(*Pseudonas fluorescens*)、柱状黄杆菌(*Flavobacterium columnare*)、链球菌(*Streptococcus* spp.)、鳗弧菌(*Vibrio anguillarum*)、副溶血弧菌(*Vibrio parahaemolyticus*)等病原菌有效。

4.2　土霉素主要防治鱼类肠炎病、赤皮病和烂鳃病,蛙类红腿病,鳗鲡爱德华菌病、赤鳍病、红点病等细菌性疾病;四环素主要用于防治鱼类肠炎病、赤皮病和烂鳃病等细菌性疾病以及鳗鲡爱德华菌病、赤鳍病、红点病等;金霉素主要用于防治鲑鳟鱼类疖疮病,也可用于防治白皮病、白头白嘴病、打印病、弧菌病、鳗赤鳍病等。

5 使用原则

5.1　经临床和实验室准确诊断后,允许在技术人员指导下或根据产品说明书使用本类药物对水产养殖动物相应细菌性疾病进行及时治疗。

5.2　所用本类药物必须来自具有兽药生产许可证和产品批准文号的生产企业;或者具有进口兽药许可证的供应商。

5.3　所用本类药物的标签必须符合《兽药管理条例》的规定,并注意使用方法及剂量、治疗时间、疗程、生产单位、批号及有效期。

5.4　使用时应根据品种、个体差异、水质、气候、病情等因素,在本标准规定的范围内对用法、用量适当调整。

5.5　不得以全池泼洒的方式使用本类药物。

5.6　水温低于 9℃时不得使用本类药物。

5.7 休药期应遵守本标准第8章的规定。作为食品出售时,须符合药物残留限量等有关标准。

5.8 使用后应及时填写水产养殖用药记录表,并保存至该批水产品全部售出后2年以上。

水产养殖用药记录表见附录A。

6 用法与用量

6.1 内服投喂法

土霉素:1 kg体重每天50 mg～80 mg(效价),连续投喂5 d～10 d;

四环素:1 kg体重每天75 mg ～100 mg(效价),连续投喂5 d～10 d;

金霉素:1 kg体重每天10 mg～20 mg(效价),连续投喂3 d～5 d。

6.2 药浴法

土霉素:浓度25 mg/L～50 mg/L,浸泡20 min～30 min;

金霉素:浓度10 mg/L～20 mg/L,浸泡30 min～60 min。

7 注意事项

7.1 须避光保存;应避免与碳酸氢钠等碱性物质接触。

7.2 不宜与青霉素、头孢菌素和链霉素等类药物同时使用。

7.3 作为药饵使用时,勿与含钙、镁、铝、铁、铋的药物及含钙量高的饲料混用;浸泡时,避免在海水中使用,以免影响疗效。

7.4 在采用本类药物防治细菌性疾病时,一般情况下还应使用外用消毒剂消毒水体。

7.5 内服投喂时,鱼体重的计算应以全池中所有摄食药饵的水产动物的总重量为准。

7.6 连续使用时间,应以病情缓急和轻重而定,疗程一般不宜超过5 d～10 d。长期使用本类药物可引起细菌的抗药性,并容易导致二重感染。

7.7 如使用本类药物5 d以上无明显效果时,应考虑改用其他种类抗菌药物。

8 休药期

土霉素的休药期:鳗鲡不少于30 d,鲶鱼不少于21 d,对虾类不少于25 d,鲈形目、鲱形目不少于30 d,鲽形目不少于40 d。

四环素、金霉素的休药期参照土霉素的休药期执行。

附　录　A
（规范性附录）
水产养殖用药记录表

A.1　用药记录

水产养殖用药记录表见表 A.1。

表 A.1　水产养殖用药记录表

序号				
时间				
池号				
用药名称				
用量/浓度				
平均体重/总重量				
病害发生情况				
主要症状				
处方				
处方人				
施药人员				
备注				

ICS 11.220
B 50

中华人民共和国水产行业标准

SC/T 1106—2010

渔用药物代谢动力学和残留试验技术规范

Test technical specification of pharmacokinetics and residues for fishery drugs

2010-05-20 发布　　2010-09-01 实施

中华人民共和国农业部　发布

前　　言

本标准附录 A 为资料性附录。

本标准由中华人民共和国农业部渔业局提出。

本标准由全国水产标准化技术委员会淡水养殖分技术委员会归口。

本标准起草单位:中国水产科学研究院黄海水产研究所。

本标准主要起草人:李健、王群、刘淇、陈萍。

渔用药物代谢动力学和残留试验技术规范

1 范围

本标准规定了渔用药物代谢动力学和残留试验的实验设计的基本要求、样品分析方法的选择、确证技术要求、药物代谢动力学曲线的拟合、模型的确定及参数估算等。

本标准适用于渔用药物在鱼虾体内的代谢动力学和残留试验;其他水产动物的药物代谢动力学和残留试验可参考使用。

2 试验设计的基本要求

2.1 实验渔用药物

应给出渔用药物通用名称、含量、剂型、生产厂家、批号及保存条件、配制方法等。实验所用的渔用药物应与药效学和毒理学研究使用的药物相一致。

2.2 实验动物

2.2.1 基本要求

应给出实验动物中文名称、拉丁文名称和数量、规格(体重、体长)、来源等;个体大小应根据试验目的确定,如试验目的是制定休药期,则应采用接近上市规格的动物进行试验。同时,实验动物要注明健康状况。

2.2.2 数量

每个采样时间点的平行样不少于8尾,已有性别分化的动物雌雄比例应为1∶1。

2.2.3 饲养管理

采用接近自然或养殖环境,水温应保持基本稳定,饲料、养殖环境(包括水温、盐度、溶氧、无机氮、水体大小等)等应满足实验动物正常生理需要。

2.3 给药剂量

渔用药物代谢动力学研究所采用的剂量为药效学研究中所用的有效剂量,也可设置高、中、低3个剂量组,高剂量接近最小中毒剂量,中剂量相当于有效剂量,低剂量为中剂量的1/2。

2.4 给药途径

可采用口灌、混饲、药浴、肌肉注射及静脉注射等方式,给药前应停食12 h以上。

2.5 给药次数

可采用单次给药或多次给药的形式,多次给药要满足一个治疗周期。

2.6 采样

2.6.1 采样时间点的确定

采样时间点的设计应包括药物的吸收相、平衡相(峰浓度附近)和消除相。一般在吸收相至少需要2个~3个采样点,对于吸收快的血管外给药的药物,应避免第一个点为峰浓度(Cmax);在Cmax附近至少需要3个采样点;消除相需要4个~6个采样点,整个采样时间至少应持续到3个~5个半衰期,或持续到血药峰浓度Cmax的1/20~1/10;药物残留研究的采样时间点至少包括10个,整个采样时间至少持续到8个~10个半衰期,或持续到最高残留限量MRL以下。

2.6.2 采样组织的确定

药物代谢动力学和残留研究的采样组织包括血液、肌肉、肝脏、肾脏、皮肤和鳃等;肌肉组织可采肌肉和皮肤的自然比例。

2.6.3 采样方法

采集血液样本时,鱼血可采取断尾取血或尾静脉抽血的方法;虾血可采取心脏和血窦抽血的方法。鱼肉可取背部肌肉,虾肉可取第一至第七腹节肌肉。所有采样个体要保持取样部位的一致性,肌肉注射给药要避开注射部位取样。鱼虾个体较小时，肝脏、肾脏及鳃可采全部组织。

2.6.4 样品保存条件

所取的组织样品封装后冷冻保存，血液样品保存前应制备成血清或血浆，保存温度－20℃以下，存放时间6个月以内。

3 样品分析方法的选择

生物样品的药物分析方法包括色谱法、放射性核素标记法、免疫学和微生物学方法，应根据实验动物的性质，选择特异性好、灵敏度高的测定方法。优先选用国家标准和行业标准规定的方法。分析方法必须具有足够的灵敏度、特异性、精确性和可靠性，并对方法进行确证，以确保生物样品测定结果的准确性和可靠性。对于前体药物或有活性（药效学或毒理学活性）代谢产物的药物，建立方法时应考虑采用能同时测定原型药和代谢物的方法。药物分析方法参考标准参考附录A。

4 样品分析方法确证技术要求

4.1 特异性

对于色谱法，至少要考察6个不同个体来源的空白生物样品色谱图、空白生物样品外加对照物质色谱图（注明浓度）及用药后的生物样品色谱图，反映分析方法的特异性。对于质谱法，则应着重考察分析过程中的介质效应。

4.2 标准曲线和定量范围

根据所测定物质的浓度与响应的相关性，用回归分析方法获得标准曲线，提供标准曲线的线性方程和相关系数。标准曲线高低浓度范围为定量范围，必须用至少6个浓度建立标准曲线，应使用与待测样品相同的生物介质制备标准曲线，定量范围要能覆盖全部待测样品浓度。建立标准曲线时，应随行空白生物样品，但计算时不包括该点。

4.3 精密度与准确度

一般要求选择3个～5个浓度样品同时进行方法的精密度和准确度考察。低浓度选择在定量限附近，其浓度在定量限的3倍以内；高浓度接近于标准曲线的上限；中间选一个浓度。每一浓度每批至少测定5个样品，为获得批间精密度应至少连续测定3个分析批。精密度用质控样品的批内和批间相对标准差（RSD）表示，RSD一般应小于15％，在最低检测限附近RSD应小于20％。准确度一般应在85％～115％范围内，在最低检测限附近应在80％～120％范围内。

4.4 最低检测限

一般要求残留分析方法的最低检测限（LOD）满足：MRL＞0.5 mg/kg时，最低检测限为0.1 mg/kg；当MRL在0.5 mg/kg～0.05 mg/kg时，最低检测限为0.1 mg/kg～0.02 mg/kg；当MRL＜0.05 mg/kg时，最低检测限为0.5 MRL。

4.5 回收率

一般要求考查高、中、低3个浓度的提取回收率，其结果可重现。

4.6 方法学质控

对于未知浓度样品的测定应在生物样品分析方法确证完成以后开始。每个未知浓度样品一般测定一次，必要时可进行复测。每个分析批生物样品测定时应建立新的标准曲线，并随行测定高、中、低3个浓度的质控样品。质控样品测定结果的偏差一般小于20％，每个浓度质控样品至少双样本，并应均匀分布在未知样品测试顺序中。当一个分析批中未知浓度样品数目较多时，应增加各浓度质控样品数，使质控样品数大于未知浓度样品总数的5％，质控样品测定的偏差一般应小于15％，低浓度点偏差一般应小于20％，最多允许1/3不在同一浓度的质控样品结果超限。如质控样品测定结果不符合上述要求，则该分析批样品测试结果作废。浓度高于定量上限的样品，应采用相应的空白介质稀释后重新测定。整个分析过程应当遵从预先制定的试验室标准操作程序以及良好实验室操作原则。

4.7 微生物学和免疫学分析方法确证技术要求

上述分析方法确证的很多指标和原则也适用于微生物学或免疫学分析，但在方法确证中应考虑到它们的一些特殊之处。微生物学或免疫学分析的标准曲线本质上是非线性的，所以应采用比化学分析更多的浓度点来建立标准曲线。

5 药物代谢动力学曲线的拟合、模型的确定及参数估算

5.1 药时曲线的拟合及模型确定

根据药物性质和动物特点选择合适的数据处理软件，可采用 Win Nonlin、Kinetica、3p87(3p97)、PK-BP-N1、BAPP、MCPKP、DNS 等；注明软件名称、版本和来源。根据不同时间点所对应的血液等组织样品药物浓度，作药时曲线图，采用最小二乘法拟合出药物代谢动力学方程，根据血药浓度与时间的函数关系确定所属的模型。

5.2 药物代谢动力学参数的估算

根据试验中测得的受试动物的血药浓度-时间数据，求得受试药物的主要代谢动力学参数。对于静脉注射给药的药物，应提供消除半衰期 $t_{1/2}$、表观分布容积 Vd、血药浓度-时间曲线下面积 AUC、清除率 CL 等参数值；对于血管外给药的药物，除提供上述参数外，还应提供峰浓度 Cmax、达峰时间 Tmax 等参数值。

附 录 A
(资料性附录)
药物分析方法参考标准

药　物	药物分析方法标准
孔雀石绿与结晶紫	GB/T 20361　水产品中孔雀石绿和结晶紫残留量的测定　高效液相色谱荧光检测法
硝基呋喃类代谢物	农业部 783 号公告—1—2006　水产品中硝基呋喃类代谢物残留量的测定　液相色谱-串联质谱法 农业部 1077 号公告—2—2008　水产品中硝基呋喃类代谢物残留量的测定　高效液相色谱法
诺氟沙星、盐酸环丙沙星、恩诺沙星	农业部 783 号公告—2—2006　水产品中诺氟沙星、盐酸环丙沙星、恩诺沙星残留量的测定　液相色谱法
敌百虫	农业部 783 号公告—3—2006　水产品中敌百虫残留量的测定　气相色谱法
雌二醇	农业部 958 号公告—10—2007　水产品中雌二醇残留量的测定　气相色谱-质谱法
吡喹酮	农业部 958 号公告—11—2007　水产品中吡喹酮残留量的测定　液相色谱法
磺胺类、喹诺酮药物	农业部 958 号公告—12—2007　水产品中磺胺类药物残留量的测定　液相色谱法 农业部 1077 号公告—1—2008　水产品中 17 种磺胺类及 15 种喹诺酮类药物残留量的测定　液相色谱-串联质谱法
氯霉素、甲砜霉素、氟甲砜霉素	农业部 958 号公告—13—2007　水产品中氯霉素、甲砜霉素、氟甲砜霉素残留量的测定　气相色谱法 农业部 958 号公告—14—2007　水产品中氯霉素、甲砜霉素、氟甲砜霉素残留量的测定　气相色谱-质谱法
链霉素	农业部 1077 号公告—3—2008　水产品中链霉素残留量的测定　高效液相色谱法
喹烯酮	农业部 1077 号公告—4—2008　水产品中喹烯酮残留量的测定　高效液相色谱法
喹乙醇代谢物	农业部 1077 号公告—5—2008　水产品中喹乙醇代谢物残留量的测定　高效液相色谱法
噁喹酸	SC/T 3028　水产品中噁喹酸残留量的测定　液相色谱法
甲基睾酮	SC/T 3029　水产品中甲基睾酮残留量的测定　液相色谱法
五氯苯酚及其钠盐	SC/T 3030　水产品中五氯苯酚及其钠盐残留量的测定　气相色谱法
硫丹	SC/T 3039　水产品中硫丹残留量的测定　气相色谱法
三氯杀螨醇	SC/T 3040　水产品中三氯杀螨醇残留量的测定　气相色谱法

ICS 65.150
B 50

中华人民共和国水产行业标准

SC/T 1132—2016

渔药使用规范

Fishery drug use standard

2016-12-23 发布　　2017-04-01 实施

中华人民共和国农业部　发布

前　言

本标准按照 GB/T 1.1—2009 给出的规则起草。

请注意本文件的某些内容可能涉及专利。本文件的发布机构不承担识别这些专利的责任。

本标准由农业部渔业渔政管理局提出。

本标准由全国水产标准化技术委员淡水养殖分技术委员会(SAC/TC 156/SC 1)归口。

本标准起草单位:中国水产科学研究院长江水产研究所。

本标准主要起草人:艾晓辉、刘永涛、杨秋红、杨移斌、胥宁、董靖。

渔药使用规范

1 范围

本标准规定了水产养殖生产过程中渔药的术语和定义、购买与鉴别、运输与储藏及使用。

本标准适用于食用水生动物养殖过程。

2 规范性引用文件

下列文件对于本文件的应用是必不可少的。凡是注日期的引用文件，仅注日期的版本适用于本文件。凡是不注日期的引用文件，其最新版本(包括所有的修改单)适用于本文件。

中华人民共和国主席令第 71 号　中华人民共和国动物防疫法

中华人民共和国农业部第 2 号令　兽用处方药与非处方药管理办法

中华人民共和国农业部公告第 176 号　禁止在饲料和动物饮用水中使用的药物品种目录

中华人民共和国农业部公告第 193 号　食品动物禁用的兽药与化合物清单

中华人民共和国农业部公告第 235 号　动物性食品中兽药最高残留限量

中华人民共和国农业部公告第 278 号　停药期规定

中华人民共和国农业部公告第 1126 号　饲料添加剂品种目录

中华人民共和国农业部公告第 1435 号　标准目录及对应的《兽药国家标准汇编》(第一册)

中华人民共和国农业部公告第 1506 号　标准目录及对应的《兽药国家标准汇编》(第二册)

中华人民共和国农业部公告第 1519 号　禁止在饲料和动物饮水中使用的物质

中华人民共和国农业部公告第 1759 号　标准目录及对应的《兽药国家标准汇编》(第三册)

中华人民共和国兽药典

兽用生物制品质量标准

进口兽药质量标准

3 术语和定义

下列术语和定义适用于本文件。

3.1

渔药　fishery drug

又称水产用兽药或水产养殖用药、水产药。

用于预防、治疗和诊断水产养殖动物疾病或有目的地调节其生理机能的物质。包括抗微生物药、抗寄生虫药、消毒与环境改良剂、生理调节剂、中草药、疫苗、诊断制剂及麻醉剂等。

3.2

休药期　withdrawal period

又称停药期。

从停止用药至水产养殖对象作为食品允许上市出售的间隔时间。

3.3

度·日　temperature·day

渔药的休药期单位，水产养殖动物停药后的时间(单位为日)和在此期间日平均水温(单位为摄氏度)的乘积。

3.4

最高残留限量　maximum residue limits

MRLs

对水产养殖动物用药后产生的允许存在于水产品表面或内部的该药原型物及其主要代谢物残留的最高含量(以鲜重计,表示为 μg/kg)。

3.5

处方药　veterinary prescription drugs

凭执业兽医处方方可购买和使用的渔药。

3.6

非处方药　non prescription drugs for animals

由国务院兽医行政管理部门公布的、不需要凭执业兽医处方就可以自行购买并按照说明书使用的渔药。

4　渔药购买与鉴别

4.1　购买地点和品种

应到持有兽药经营许可证并通过兽药 GSP 验收的渔(兽)药经营药店购买有兽药生产许可证号和批准文号的渔药。

应购买《中华人民共和国兽药典》、中华人民共和国农业部公告第 1435 号、第 1506 号、第 1759 号及第 1126 号的标准目录、《兽用生物制品质量标准》《进口兽药质量标准》及国家有关部门批准使用的渔药和药物饲料添加剂品种,严禁购买中华人民共和国农业部公告第 235 号、第 176 号、第 1519 号及第 193 号中规定的禁用渔药,也不得购买农药、兽用原料药、人用药、化工产品以及在"适应证"中无针对水产养殖动物用途的兽药作为渔药使用。

4.2　遵守处方制度

购买渔药应遵守中华人民共和国农业部第 2 号令的规定,而对于表 A.1 规定的水产养殖用处方药,在购买时须凭水产执业兽医开具的处方。购买渔药应索取渔药处方笺、发票等凭据。

4.3　购买渔药时应检查包装标识

4.3.1　包装识别

购买时应认准包装上标明的注册商标(图案、图画、文字等)或注册标记,按规定印有或者贴有标签,附具说明书,并在显著位置注明"兽用"字样的渔药。

4.3.2　标签或说明书的要求

兽药的标签或者说明书,应当以中文注明兽药通用名称、成分及其含量、规格、生产企业、GMP 证号、产品批准文号(进口兽药注册证号)、产品批号或生产日期、有效期、适应证或功能主治、用法、用量、休药期、禁忌、不良反应、注意事项、运输与储存保管条件及其他应当说明的内容。有商品名称的,还应当注明商品名称。

兽用处方药的标签或者说明书还应当印有国务院兽医行政管理部门规定的警示内容,其中兽用麻醉药品、精神药品、毒性药品和放射性药品还应当印有国务院兽医行政管理部门规定的特殊标志;兽用非处方药的标签或者说明书还应当印有国务院兽医行政管理部门规定的非处方药标志。

4.4　购买渔药时应进行目测鉴别

外包装应完整,字迹及标识清楚,装量符合要求,无渗漏现象;产品色泽一致,无异味。粉剂应无胀气现象,干燥疏松,细度应达到产品要求,无潮解、霉变、结块、发黏、虫蛀等情况;液体制剂应澄清无异物,无沉淀或混浊,混悬液振摇后无凝块,个别产品在冬季允许析出少量结晶;片剂或颗粒剂应有适宜的硬度;激素、疫苗等注射剂性状应符合规定,无变色,无异样物;冻干制品药物不失真空或瓶内无疏松团块与瓶粘连的现象。

4.5　产品质量

产品质量应符合其质量标准规定的相关要求。若发现质量问题或出现纠纷,应封存已购买的同批次的渔药样品供有资质的专业鉴定机构鉴别。

5 渔药的运输与储藏

5.1 运输

5.1.1 应符合渔药产品使用说明书或标签中的运输要求。

5.1.2 运输或携带渔药前，应了解渔药的理化性质，不得将液体制剂与粉剂、强氧化剂与强还原剂、强酸性药物与强碱性药物混装混运，不宜与食品及对其产生不良影响的物品混运。注意防雨、防暴晒、防剧烈颠簸、防碰撞等。

5.1.3 运输生物制剂时应注意运输途中的保存温度，一般要求灭活菌苗、血清、诊断试剂在2℃～15℃条件下运输；活菌苗和弱毒疫苗在不超过10℃下运输；避免阳光照射，即使是短途运输，也应将疫苗在低温下存放。

5.2 储藏

5.2.1 应符合渔药产品使用说明书或标签的储藏条件要求。

5.2.2 储藏时注意渔药理化性质及其成分与环境因素（如温度、湿度、空气、光线等）对药品质量的影响，根据不同类别药物，可采取密闭、密封、遮光或干燥、阴凉、低温及上架、入柜分类储藏等措施，避免药物失效，消除安全隐患。

5.2.3 渔药产品应分类储藏。外用药与内服药分别储存，处方药与非处方药分别储存，性质相抵触及名称易混淆的药均宜分别储存。

5.2.4 活菌苗和弱毒疫苗在2℃～8℃冰箱中保存。

6 渔药使用

6.1 应遵循的原则

6.1.1 渔药的使用应以不危害人类健康和不破坏水域生态环境为基本原则。

6.1.2 应加强水产养殖动物的饲养管理及水环境调控，供给均衡的营养，增强水产养殖动物自身抗病力；遵守中华人民共和国主席令第71号的规定，加强水产养殖动物的防疫工作，减少发病率，降低用药频次。

6.1.3 必须使用渔药进行疾病的预防、治疗时，应在水产执业兽医师或有一定水产养殖动物疾病防治经验的专业技术人员指导下进行。应正确诊断疾病，对症使用高效低毒低残留药物。

6.1.4 抗微生物药应根据药敏试验数据对症、合理使用，能用窄谱抗菌药的，不使用广谱抗菌药；为了防止耐药性产生，应避免长期使用同一种药物，可采取间歇用药或不同类的其他药物交替使用；抗微生物药不宜作为预防药物使用；禁止直接向养殖水域泼洒抗生素。

6.1.5 渔用饲料中药物的添加应符合中华人民共和国农业部公告第1126号的要求，不得选用国家规定禁止使用的药物或添加剂，也不得在饲料中长期添加抗微生物药。

6.1.6 渔药的使用应遵循中华人民共和国农业部公告第278号的相关停药期规定，水产养殖动物在起捕前，其可食性组织中渔药残留量应符合中华人民共和国农业部公告第235号的相关要求。具体应用时，可参照表B.1的规定。

6.2 用药技术要求

6.2.1 病害发生时，应按照表C.1～表C.5所列出的及国家相关管理部门规定的渔药品种、靶动物、适应证范围、用法与用量及疗程等技术要求使用渔药，不得超出渔药品种、靶动物及适应证范围使用渔药，防止盲目增大用药量或增加用药次数、延长用药时间或改变给药途径。

6.2.2 内服药应准确测算水产养殖动物重量后再均匀拌饵投喂，必要时加入适量的黏合剂，使药物黏附在颗粒饲料表面。测算其重量应考虑同水体中可能摄食饵料的混养品种，但投饲量要适中，避免剩余。

6.2.3 外用药应注意准确测量和计算养殖水体体积，并将药物充分溶解稀释后均匀施用；室外池塘泼洒药物一般在晴天上午进行，泼药时一般不投喂饲料，最好先投喂饲料后再用药；泼洒药物应在上风处逐渐向下风处泼洒，以保障操作人员安全；用完后的盛器应妥善处理，不得随意丢弃和堆放。

6.2.4 混养池塘中使用渔药时不仅要注意患病对象的安全性，同时也要考虑选择的药物对未患病种类是否安全，注意不同养殖种类、年龄和生长阶段的水生动物对渔药敏感性的差异。如发现用药后有异常反应，应及时报告有关技术人员或采取相应的应急措施，如加注新水、增氧等。

6.2.5 使用疫苗免疫防病时，要注意菌(毒)株的血清型、疫苗对免疫鱼类的免疫临界温度、环境对免疫鱼类的影响以及鱼类免疫时机(一般鱼类在孵出仔鱼后 4 周～6 周，免疫系统才发育完善)等。

6.3 用药效果评价

6.3.1 评价指标

不同类别的渔药使用效果可以通过测定发病率、死亡率、摄食量、抗体效价、增重率、饵料系数等指标和观察游动状态、症状、组织病理等变化情况进行综合评价。

6.3.2 发病率或死亡率

在使用抗微生物药、抗寄生虫药或消毒剂等药物后 3 d～5 d 内，如果选用的药物适当，患病水产养殖动物每天的发病率或死亡率会逐渐下降而显示出药物的治疗效果，有效程度可通过对发病率或死亡率结果进行统计分析后判定。若是用药 5 d 后死亡率仍然未出现下降的趋势，即可判定用药无效。

6.3.3 抗体效价

在使用疫苗、免疫增强剂等药物预防疾病或患病的水产养殖动物痊愈后，其体内会存在引起该疾病的病原体的抗体，通过测定这种抗体的效价，可对用药效果做出判定。

6.3.4 摄食量

患病后的水产动物摄食量一般都会下降，用药后摄食量应该逐渐恢复到健康时的摄食水平，通过测定摄食量的变化，可评价用药效果。

6.3.5 增重率或饵料系数

某些具有改变水产养殖动物生长性能的药物，可通过测定增重率或饵料系数判定其用药效果。

6.3.6 游动状态

健康的水产养殖动物往往是集群游动，而患病后的水产养殖动物大多是离群独游或者是静卧在池底不动。通过观察患病水产养殖动物的游动状态改善程度可评价用药效果。

6.3.7 症状

不同的疾病具有各自不同的典型症状，用药后其症状得到改善或者消失，即可判定药物治疗有效。

6.3.8 组织病理图谱

通过组织切片，比较正常与患病组织的差异，可判断药物治疗的效果。

6.4 用药记录

6.4.1 渔药使用后，应认真做好用药记录，并附上处方笺，水产养殖用药记录表格式参见表 D.1。用药记录至少应包括：用药的养殖品种、规格、数量、发病情况及主要症状、处方中药物名称及主要成分、使用方法及用量、用药时间、疗程，使用外用药还应记录用药时水体的面积、水深以及水温、酸碱度、溶解氧、氨氮、亚硝酸盐等理化指标。

6.4.2 渔药使用后，应注意观察或检查用药效果，并做好记录。

6.4.3 渔药使用后，应按所用药物的休药期测算好允许起捕上市的时间，并做好记录。

6.4.4 使用渔药的单位或个人应建立用药记录档案，用药记录应当保存至该批水产品全部销售后 2 年以上。

附 录 A
（规范性附录）
水产养殖用处方药品种目录

水产养殖用处方药品种目录见表A.1。

表A.1 水产养殖用处方药品种目录

序号	类别	名称
1	抗微生物药	硫酸新霉素粉（水产用）
2		盐酸多西环素粉（水产用）
3		氟苯尼考粉、预混剂及注射剂（水产用）
4		甲砜霉素粉（水产用）
5		复方磺胺嘧啶粉及混悬液（水产用）
6		磺胺间甲氧嘧啶钠粉（水产用）
7		复方磺胺二甲嘧啶粉（水产用）
8		复方磺胺甲噁唑粉（水产用）
9		噁喹酸散、溶液及混悬液
10		氟甲喹粉
11	抗寄生虫药	恩诺沙星粉（水产用）
12		地克珠利预混剂
13		盐酸氯苯胍粉
14		阿苯达唑粉
15		吡喹酮预混剂
16		甲苯咪唑溶液（水产用）
17		复方甲苯咪唑粉
18		精制敌百虫粉及敌百虫溶液（水产用）
19		辛硫磷溶液（水产用）
20		溴氰菊酯溶液（水产用）
21		高效氯氰菊酯溶液（水产用）

附　录　B
（资料性附录）
渔药最高残留限量及休药期

渔药最高残留限量及休药期见表 B.1。

表 B.1　渔药最高残留限量及休药期

药物名称	标志残留物	动物种类	靶组织	残留限量，μg/kg	制剂名称	休药期	备　注
多西环素 Doxycycline	多西环素 Doxycycline	鱼	肌肉＋皮	100	盐酸多西环素粉（水产用）	750 度・日	标志残留物与最高残留限量参照牛、猪、禽肌肉
甲砜霉素 Thiamphenicol	甲砜霉素 Thiamphenicol	鱼	肌肉＋皮	50	甲砜霉素粉（水产用）	500 度・日	
氟苯尼考 Florfenicol	氟苯尼考胺 Florfenicol-amine	鱼	肌肉＋皮	1 000	氟苯尼考粉（水产用）	375 度・日	
					氟苯尼考预混剂	375 度・日	
					氟苯尼考注射液	375 度・日	
新霉素 Neomycin	新霉素 B Neomycin B	鱼	肌肉＋皮	500	硫酸新霉素粉（水产用）	500 度・日	标志残留物与最高残留限量参照牛、羊、猪肌肉
磺胺类 Parent	磺胺类总量 Parent drug	鱼	肌肉＋皮	100	磺胺间甲氧嘧啶钠粉（水产用）	500 度・日	
					复方磺胺甲噁唑粉（水产用）	500 度・日	
					复方磺胺嘧啶粉（水产用）	500 度・日	
					复方磺胺嘧啶混悬液	500 度・日	
					复方磺胺二甲嘧啶粉（水产用）	500 度・日	
甲氧苄啶 Trimethoprim	甲氧苄啶 Trimethoprim	鱼	肌肉＋皮	50	同磺胺类中 4 种复方制剂	500 度・日	

表 B.1（续）

药物名称	标志残留物	动物种类	靶组织	残留限量,μg/kg	制剂名称	休药期	备注
噁喹酸 Oxolinic Acid	噁喹酸 Oxolinic Acid	鱼	肌肉+皮	300	噁喹酸散	鳗鲡 25 d,香鱼 21 d,鲤 21 d	
					噁喹酸混悬液	25 d	
					噁喹酸溶液	25 d	
氟甲喹 Flumequine	氟甲喹 Flumequine	鱼	肌肉+皮	500	氟甲喹粉	500 度·日	
恩诺沙星 Enrofloxacin	恩诺沙星和环丙沙星 Enrofloxacin+Ciprofloxacin	鱼	肌肉+皮	100	恩诺沙星粉(水产用)	500 度·日	标志残留物与最高残留限量参照牛、羊肌肉
阿苯达唑 Albendazole	阿苯达唑、阿苯达唑亚砜、阿苯达唑砜和阿苯达唑 2-氨基砜 Albendazole+$ABZSO_2$+ABZSO+$ABZNH_2$	鱼	肌肉+皮	100	阿苯达唑粉(水产用)	500 度·日	标志残留物与最高残留限量参照牛、羊肌肉
吡喹酮 Praziquantel		水产养殖动物	可食组织		吡喹酮预混剂(水产用)	500 度·日	
地克珠利 Diclazuril	地克珠利 Diclazuril	鱼	肌肉+皮	500	地克珠利预混剂(水产用)	500 度·日	标志残留物与最高残留限量参照绵羊、禽、兔肌肉
氯苯胍 Robenidine	氯苯胍 Robenidine	鱼	肌肉+皮	100	盐酸氯苯胍粉(水产用)	500 度·日	标志残留物与最高残留限量参照鸡可食组织
硫酸铜 Cupric Sulfate		水产养殖动物	可食组织	不需制定	硫酸铜硫酸亚铁粉(水产用)	500 度·日	
硫酸亚铁 Ferrous Sulfate		水产养殖动物	可食组织				
硫酸锌 Zinc Sulfate		水产养殖动物	可食组织		硫酸锌粉(水产用)	500 度·日	
					硫酸锌三氯异氰脲酸粉(水产用)	500 度·日	
敌百虫 Trichlorfon	敌百虫 Trichlorfon	鱼	肌肉+皮	50	精制敌百虫粉(水产用)	500 度·日	标志残留物与最高残留限量参照牛肌肉
					敌百虫溶液(水产用)	500 度·日	

表 B.1（续）

药物名称	标志残留物	动物种类	靶组织	残留限量，μg/kg	制剂名称	休药期	备注
辛硫磷 Phoxim	辛硫磷 Phoxim	鱼	肌肉＋皮	50	辛硫磷溶液（水产用）	500 度・日	标志残留物与最高残留限量参照牛、羊、猪肌肉
甲苯咪唑 Mebendazole	甲苯咪唑等效物 Mebendazole equivalent	鱼	肌肉＋皮	60	甲苯咪唑溶液（水产用）	500 度・日	标志残留物与最高残留限量参照牛、马肌肉
					复方甲苯咪唑粉	150 度・日	
溴氰菊酯 Deltamethrin	溴氰菊酯 Deltamethrin	鱼	肌肉	30	溴氰菊酯溶液（水产用）	500 度・日	
高效氯氰菊酯 Beta-Cypermethrin		鱼			高效氯氰菊酯溶液（水产用）	500 度・日	
氰戊菊酯 Fenvalerate	氰戊菊酯 Fenvalerate	鱼	肌肉＋皮	1 000	氰戊菊酯溶液（水产用）	500 度・日	标志残留物与最高残留限量参照牛、羊、猪肌肉
次氯酸钠 Sodium Hypochlorite		水产养殖动物	可食组织	不需制定	次氯酸钠溶液（水产用）	500 度・日	
三氯异氰脲酸 Trichloroisocyanuric Acid		鱼、虾			三氯异氰脲酸粉	10 d	
溴氯海因 Bromochlorodimethylhydantoin		水产养殖动物			溴氯海因粉（水产用）	500 度・日	
聚维酮碘 Povidone Iodine		水产养殖动物	可食组织	不需制定	聚维酮碘溶液（水产用）	500 度・日	
复合碘溶液 Complex Iodine		水产养殖动物	可食组织	不需制定	复合碘溶液（水产用）	500 度・日	
高碘酸钠 Sodium Periodate		水产养殖动物	可食组织	不需制定	高碘酸钠溶液（水产用）	500 度・日	
戊二醛 Glutaraldehyde		水产养殖动物	可食组织	不需制定	稀戊二醛溶液（水产用）	500 度・日	
					浓戊二醛溶液（水产用）	500 度・日	
					戊二醛、苯扎溴铵溶液（水产用）	无	
苯扎溴铵 Benzalkonium Bromide		水产养殖动物			苯扎溴铵溶液（水产用）	500 度・日	

表 B.1（续）

药物名称	标志残留物	动物种类	靶组织	残留限量，μg/kg	制剂名称	休药期	备　注
硫代硫酸钠 Sodium Thiosulfate		水产养殖动物	可食组织	不需制定	硫代硫酸钠粉（水产用）	500 度·日	
硫酸铝钾 Aluminum potassium sulfate		鱼、虾、蟹			硫酸铝钾粉（水产用）	500 度·日	
氯硝柳胺 Niclosamide		水产养殖动物			氯硝柳胺粉（水产用）	500 度·日	
次氯酸钙 Calcium hypochlorite		水产养殖动物			含氯石灰（水产用）	0	
过硼酸钠 Sodium Perborate		水产养殖动物			过硼酸钠粉（水产用）	0	
过碳酸钠 Sodium Percarbonate		鱼、虾、蟹			过碳酸钠（水产用）	0	
过氧化钙 Calcium Peroxide		鱼、虾			过氧化钙粉（水产用）	0	
过氧化氢 Hydrogen Peroxide		水产养殖动物	可食组织	不需制定	过氧化氢溶液（水产用）	0	
蛋氨酸碘 Methionine Iodine		水产养殖动物	可食组织	不需制定	蛋氨酸碘溶液	0	
					蛋氨酸碘粉	0	
维生素 C 钠 Sodium Ascorbate		水产养殖动物	可食组织	不需制定	维生素 C 钠粉（水产用）	无	
甲萘醌 Bisulfite		水产养殖动物	可食组织	不需制定	亚硫酸氢钠甲萘醌粉（水产用）	无	
甜菜碱 Betaine		水产养殖动物	可食组织	不需制定	盐酸甜菜碱预混剂（水产用）	0	
垂体促性腺激素释放激素 Gonadotrophin releasing hormone		水产养殖动物	可食组织	不需制定	注射用复方绒促性素 A 型（水产用）	无	用药后亲鱼禁止食用
					注射用复方绒促性素 B 型（水产用）	无	用药后亲鱼禁止食用
					注射用复方鲑鱼促性腺激素释放激素类似物	0	使用本品的鱼类不得供人食用

表 B.1（续）

药物名称	标志残留物	动物种类	靶组织	残留限量，μg/kg	制剂名称	休药期	备　注
绒促性素 Human chorion gonadotrophin		水产养殖动物	可食组织	不需制定	注射用绒促性素（Ⅰ）	无	
促黄体激素（各种动物天然 FSH 及其化学合成类似物） Luteinising hormone (natural LH from all species and their synthetic analogues)		水产养殖动物	可食组织	不需制定	注射用促黄体素释放激素 A_2	0	
					注射用促黄体素释放激素 A_3	0	

注：参照畜禽动物暂定的标志残留物与最高残留限量，仅作为渔药使用与残留监控时的资料参考。

附　录　C
（规范性附录）
国标渔药制剂及使用方法

国标渔药制剂及使用方法见表 C.1～表 C.5。

表 C.1　抗微生物药

序号	药物名称（中英文通用名）	主要成分及规格	适用的养殖对象	适应证	一次用量	疗程	使用方法	注意事项
1	盐酸多西环素粉（水产用） Doxycycline Hydrochloride Powder	盐酸多西环素，100 g：2 g（200 万 U），100 g：5 g（500 万单位），100 g：10 g（1 000 万 U）	鱼类	弧菌、嗜水气单胞菌、爱德华氏菌等引起的细菌性疾病	以多西环素计，20 mg/kg	1 d 1 次，连用 3 d～5 d	拌饵投喂	长期应用可引起二重感染和肝脏损害
2	甲砜霉素粉（水产用） Thiamphenicol Powder	甲砜霉素，100 g：5 g	淡水鱼、鳖等水产养殖动物	气单胞菌、假单胞菌、弧菌等引起的细菌性败血症、肠炎、烂鳃、烂尾和赤皮病等	以本品计，350 mg/kg	1 d 1 次～2 次，连用 3 d～5 d	拌饵投喂	不宜高剂量长期使用
3	氟苯尼考粉（水产用） Florfenicol Powder	氟苯尼考，50 g：5 g	淡、海水养殖鱼类及甲壳类	细菌引起的败血症、溃疡、肠道病、烂鳃病，以及虾红体病、蟹腹水病	以氟苯尼考计，10 mg/kg～15 mg/kg	1 d 1 次，连用 3 d～5 d	拌饵投喂	拌好的药饵不宜久置；不宜高剂量长期使用
4	氟苯尼考预混剂 Florfenicol Premix	氟苯尼考，50%	鱼、虾、蟹	嗜水气单胞菌、副溶血弧菌、溶藻弧菌、链球菌等引起的感染	以本品计，20 mg/kg	1 d 1 次，连用 3 d～5 d	拌饵投喂	本品须先与少量饲料预混，再与剩余的饲料混匀；使用后须彻底洗净配饲料所用的设备
5	氟苯尼考注射液 Florfenicol Injection	氟苯尼考，5 mL：0.25 g，100 mL：5 g	鱼类	治疗敏感菌所致疾病	以本品计，0.5 mg/kg～1 mg/kg	1 d 1 次	肌肉注射	用无菌生理盐水稀释到适宜浓度再使用

表 C.1（续）

序号	药物名称（中英文通用名）	主要成分及规格	适用的养殖对象	适应证	一次用量	疗程	使用方法	注意事项
6	硫酸新霉素粉（水产用） Neomycin Sulfate Powder	硫酸新霉素，100 g：5 g（500 万单位），100 g：50 g（5 000 万单位）	鱼、虾、河蟹等水产养殖动物	气单胞菌、爱德华氏菌及弧菌等引起的肠道疾病	以新霉素计，5 mg/kg	1 d 1 次，连用 4 d～6 d	拌饵投喂	长期使用，敏感菌易产生耐药性
7	复方磺胺二甲嘧啶粉（水产用） Compound Sulfadimidine Powder	250 g：（磺胺二甲嘧啶 10 g ＋甲氧苄啶 2 g）	水产养殖动物	嗜水气单胞菌、温和气单胞菌等引起的赤鳍、疖疮、赤皮、肠炎、溃疡、竖鳞等疾病	以本品计，鱼 1.5 g/kg	1 d 2 次，连用 6 d	拌饵投喂	肝脏病变、肾脏病变的水生动物慎用；为减轻对肾脏的毒性，建议与 $NaHCO_3$ 合用
8	复方磺胺甲噁唑粉（水产用） Compound Sulfamethoxazole Powder	100 g：（磺胺甲噁唑 8.33 g ＋甲氧苄啶 1.67 g）	淡水养殖鱼类、鲈和大黄鱼	气单胞菌、荧光假单胞菌等引起的肠炎、败血症、赤皮病、溃疡等疾病	以本品计，鱼 450 mg/kg～600 mg/kg	1 d 2 次，连用 5 d～7 d。首次量加倍	拌饵投喂	患有肝脏、肾脏疾病的水生动物慎用；鳗鱼不宜使用本品；为减轻对肾脏毒性，建议与 $NaHCO_3$ 合用
9	复方磺胺嘧啶粉（水产用） Compound Sulfadiazine Powder	100 g：（磺胺嘧啶 16 g＋甲氧苄啶 3.2 g）	草鱼、鲢、鲈、石斑鱼等	嗜水气单胞菌、荧光假单胞菌、副溶血弧菌、鳗弧菌等引起的出血症、赤皮病、肠炎、腐皮病等疾病	以本品计，鱼 300 mg/kg	1 d 2 次，连用 3 d～5 d。首次量加倍	拌饵投喂	肝脏病变、肾脏病变的水生动物慎用；为减轻对肾脏的毒性，建议与 $NaHCO_3$ 合用
10	复方磺胺嘧啶混悬液 Compound Sulfadiazine Suspension	100 mL：（磺胺嘧啶 10 g＋甲氧苄啶 2 g），100 mL：（磺胺嘧啶 25 g＋甲氧苄啶 5 g），100 mL：（磺胺嘧啶 80 g＋甲氧苄啶 16 g）	淡水鱼	气单胞菌、假单胞菌、弧菌、爱德华氏菌等引起细菌性疾病，如细菌性败血症	以磺胺嘧啶计，鱼，31.25 mg/kg～50 mg/kg	1 d 1 次，连用 3 d～5 d	拌饵投喂	肝脏病变、肾脏病变的水生动物慎用；为减轻对肾脏的毒性，建议与 $NaHCO_3$ 合用
11	磺胺间甲氧嘧啶钠粉（水产用） Sulfamonomethoxine Sodium Powder	磺胺间甲氧嘧啶钠，10%	养殖鱼类	气单胞菌、荧光假单胞菌、迟缓爱德华氏菌、鳗弧菌、副溶血弧菌等引起的细菌性疾病	以磺胺间甲氧嘧啶钠计，鱼 80 mg/kg～160 mg/kg	1 d 2 次，连用 4 d～6 d。首次量加倍	拌饵投喂	肝脏病变、肾脏病变的水生动物慎用；为减轻对肾脏的毒性，建议与 $NaHCO_3$ 合用

表 C.1（续）

序号	药物名称(中英文通用名)	主要成分及规格	适用的养殖对象	适应证	一次用量	疗程	使用方法	注意事项
12	噁喹酸散 Oxolinic Acid Powder	噁喹酸，1 000 g∶50 g，1 000 g∶100 g	鳗鲡、鲤科、鲈形目、鲱形目等鱼类及对虾	鳗鲡的赤鳍病、赤点病和溃疡病，香鱼弧菌病，鲤科鱼类的肠炎，鲈形目鱼类的类结节病及对虾的弧菌病等	以噁喹酸计，鳗鲡赤鳍病 5 mg/kg～20 mg/kg，赤点病 1 mg/kg～5 mg/kg，溃疡病 20 mg/kg；香鱼弧菌病 2 mg/kg～5 mg/kg；鲤科鱼类肠炎病 5 mg/kg～10 mg/kg；鲈形目类结节病 10 mg/kg～30 mg/kg；对虾弧菌病 6 mg/kg～60 mg/kg	鳗鲡：1 d 1 次，连用 5 d；香鱼：1 d 1 次，连用 3 d～7 d；鲤科、鲈形目鱼类：1 d 1 次，连用 5 d～7 d；对虾：1 d 1 次，连用 5 d	拌饵投喂	鳗鲡使用本品时，上市前 25 d 停止用药，并加大饲养用水日交换率，平均交换量应在 50% 以上
13	噁喹酸混悬液 Oxolinic Acid Suspension	噁喹酸，10%	鱼、虾	鱼类及虾细菌性疾病	以本品计，鱼爱德华氏菌病 0.4 g/kg，红点病 0.02 g/kg～0.1 g/kg；虾红鳃病 0.1 g/kg～0.4 g/kg	1 d 1 次，连用 5 d	拌饵投喂	鳗鲡使用本品时，上市前 25 d 停止用药，并加大饲养用水日交换率，平均交换量应在 50% 以上
14	噁喹酸溶液 Oxolinic Acid Solution	噁喹酸，5%	鱼、虾	鳗鲡的赤鳍病、赤点病和溃疡病，香鱼弧菌病，鲤科鱼类的肠炎，鲈形目鱼类的类结节病及对虾的弧菌病等	以本品计，鱼、虾 100 mL/m^3 水体	18 h～24 h 后换水	浸浴	鳗鲡使用本品时，上市前 25 d 停止用药，并加大饲养用水日交换率，平均交换量应在 50% 以上
15	氟甲喹粉 Flumequine Powder	氟甲喹，100 g∶10 g，50 g∶5 g，10 g∶1 g	鱼、蛙、虾	由细菌引起的鱼疖疮病、竖鳞病、红点病、烂鳃病、烂尾病和溃疡病；蛙红腿病、腹水病、肠炎病和烂肤病；虾腐鳃病	以氟甲喹计，25 mg/kg～50 mg/kg	1 d 1 次，连用 3 d～5 d	拌饵投喂	本品水溶液遇光易变色分解，应避光保存；比噁喹酸有更好抗菌活性和生物利用度

表 C.1（续）

序号	药物名称（中英文通用名）	主要成分及规格	适用的养殖对象	适应证	一次用量	疗程	使用方法	注意事项
16	恩诺沙星粉（水产用） Enrofloxacin Powder	恩诺沙星，5%，10%	水产养殖动物	由细菌感染引起的出血性败血症、烂鳃病、打印病、肠炎病、赤鳍病和爱德华氏菌病等疾病	以恩诺沙星计，10 mg/kg～20 mg/kg	1 d 1 次，连用 5 d～7 d	拌饵投喂	避免与含阳离子（Al^{3+}、Mg^{2+}、Ca^{2+}、Fe^{2+}、Zn^{2+}）物质等同时内服；避免与四环素、利福平、甲砜霉素和氟苯尼考等有拮抗作用的药物配伍
17	蛋氨酸碘粉 Methionine Iodine powder	蛋氨酸碘，100 g，500 g，1 000 g	对虾	白斑综合征	以本品计，每 1 000 kg饲料，100 g～200 g	1 d 1 次～2 次，连用 2 d～3 d	拌饵投喂	勿与维生素 C 类等强还原剂同时使用

表 C.2　抗寄生虫药

序号	药物名称（中英文通用名）	主要成分及规格	适用的养殖对象	适应证	一次用量	疗程	使用方法	注意事项
1	阿苯达唑粉（水产用） Albendazole Powder	阿苯达唑，6%	鱼类	由双鳞盘吸虫、贝尼登虫引起的海水养殖鱼类寄生虫病，由指环虫、三代虫等引起的淡水养殖鱼类寄生虫病	以本品计，鱼 200 mg/kg	1 d 1 次，连用 5 次～7 次	拌饵投喂	
2	吡喹酮预混剂（水产用） Praziquantel Premix	吡喹酮，2%	鱼类	由棘头虫、绦虫等引起的寄生虫病	以本品计，鱼 50 mg/kg～100 mg/kg	每 3 d～4 d 1 次，连续 3 次	拌饵投喂	用药前停食 1 d；团头鲂慎用
3	地克珠利预混剂（水产用） Diclazuril Premix	地克珠利，100 g：0.2 g，100 g：0.5 g	鲤科鱼类	由黏孢子虫、碘泡虫、尾孢虫、四极虫、单极虫等引起的孢子虫病	以地克珠利计，鱼 2.0 mg/kg～2.5 mg/kg	1 d 1 次，连用 5 d～7 d	拌饵投喂	药料应充分混匀，否则影响疗效
4	盐酸氯苯胍粉（水产用） Robenidine Hydrochloride Powder	盐酸氯苯胍，50%	鱼类	孢子虫病	以本品计，鱼 40 mg/kg	1 d 1 次，连用 3 d～5 d，苗种减半	拌饵投喂	搅拌均匀，严格按照推荐剂量使用；斑点叉尾鮰慎用

表 C.2（续）

序号	药物名称（中英文通用名）	主要成分及规格	适用的养殖对象	适应证	一次用量	疗程	使用方法	注意事项
5	硫酸铜硫酸亚铁粉（水产用） Cupric Sulfate and Ferrous Sulfate Powder	1 000 g：（492.5 g 五水硫酸铜＋209.0 g 七水硫酸亚铁）	草鱼、鲢、鳙、鲫、鲤、鲈、鳜、鳗鲡、胡子鲶等	鳃隐鞭虫、车轮虫、斜管虫、固着类纤毛虫等引起的寄生虫病	以本品计，10 g/m^3	15 min～30 min	浸浴	不能长期使用，以免影响有益藻类生长；勿与生石灰等碱性物质同时使用；鲟、鲂、长吻鮠等鱼慎用；瘦水塘、鱼苗塘、低硬度水适当减少用量；用药后注意增氧，缺氧时勿用；勿用金属容器盛装
					以本品计，水温低于 30℃时 1 g/m^3，水温超过 30℃时0.6 g/m^3～0.7 g/m^3	长期	遍洒	
6	硫酸锌粉（水产用） Zinc Sulfate Powder	七水硫酸锌，60％	河蟹、虾类等水产养殖动物	固着类纤毛虫病	以本品计，治疗，0.75 g/m^3～1 g/m^3	每日 1 次，病情严重可连用 1 次～2 次	用水溶解并充分稀释后，全池遍洒	禁用于鳗鱼；幼苗期及脱壳期慎用；高温低压气候注意增氧。水过肥，换水后使用；有丝状藻类、污物附着时，隔日重复使用一次
					以本品计，预防，0.2 g/m^3～0.3 g/m^3	每 15 d～20 d 1 次		
7	硫酸锌三氯异氰脲酸粉（水产用） Zinc Sulfate and Trichloroisocyanuric Acid Powder	100 g：[一水硫酸锌 70 g＋三氯异氰脲酸 30 g（含有效氯 7.5 g）]	河蟹、虾类等水产养殖动物	固着类纤毛虫病	以本品计，0.3 g/m^3	每日 1 次，病情严重可连用 1 次～2 次	用水溶解并充分稀释后，全池均匀泼洒	禁用于鳗鱼；幼苗期及脱壳期慎用；高温低压气候注意增氧。水过肥，换水后使用；有丝状藻类、污物附着时，隔日重复使用一次
8	精制敌百虫粉（水产用） Purified Trichlorphon Powder	敌百虫，20％，30％，80％	淡水养殖鱼类	中华鳋、锚头鳋、鲺、三代虫、指环虫、线虫、吸虫等引起的寄生虫病	以敌百虫计，0.18 g/m^3～0.45 g/m^3，鱼苗用量减半	长期药浴	用水溶解并充分稀释后，均匀泼洒	虾、蟹、鳜、淡水白鲳、无鳞鱼、海水鱼禁用，特种水产养殖动物慎用；不得与碱性药物同用；水中溶氧低时不得使用；使用者中毒时可用阿托品或碘解磷定等解毒

表 C.2（续）

序号	药物名称（中英文通用名）	主要成分及规格	适用的养殖对象	适应证	一次用量	疗程	使用方法	注意事项
9	敌百虫溶液（水产用） Metrifonate Solution	敌百虫，30%	淡水养殖鱼类	中华鳋、锚头鳋、鱼虱、三代虫、指环虫、线虫等引起的寄生虫病	以敌百虫计，0.1 g/m^3～0.2 g/m^3 水体	长期药浴	用水充分稀释后，全池均匀泼洒	禁与强氧化剂、碱性药物合用；虾、蟹、鳜、淡水白鲳、无鳞鱼、海水鱼禁用，特种水产养殖动物慎用；在水体缺氧时不得使用；春秋季水温较低或水质较瘦，透明度高于 30 cm 时，按低限剂量使用，苗种按低限剂量减半；水深超 1.8 m 时，应慎用，以免用药后池底药物浓度过高
10	辛硫磷溶液（水产用） Phoxim Solution	辛硫磷，100 mL∶10 g，100 mL∶20 g，100 mL∶40 g	青鱼、草鱼、鲢、鳙、鲫、鳊、黄鳝、鳜和鲇等鱼类	水体及鱼体表锚头鳋、中华鳋、鱼虱、鲺、三代虫、指环虫等寄生虫	以辛硫磷计，0.01 g/m^3～0.012 g/m^3 水体	长期药浴	用水充分稀释后，全池均匀泼洒	禁与强氧化剂、碱性药物合用；虾、蟹、鳜、淡水白鲳、无鳞鱼、海水鱼禁用，特种水产养殖动物慎用；在水体缺氧时不得使用；春秋季水温较低或水质较瘦，透明度高于 30 cm 时，按低限剂量使用，苗种按低限剂量减半；水深超 1.8 m 时，应慎用，以免用药后池底药物浓度过高
11	甲苯咪唑溶液（水产用） Mebendazole Solution	甲苯咪唑，10%	鱼类	治疗由指环虫、伪指环虫、三代虫等引起的单殖吸虫病	以本品计，青鱼、草鱼、鲢、鳙、鳜，0.1 g/m^3～0.15 g/m^3，欧洲鳗、美洲鳗，0.25 g/m^3～0.5 g/m^3	长期药浴	加 2 000 倍水稀释均匀后泼洒	斑点叉尾鮰、大口鲶禁用，特殊养殖品种慎用

表 C.2（续）

序号	药物名称(中英文通用名)	主要成分及规格	适用的养殖对象	适应证	一次用量	疗程	使用方法	注意事项
12	复方甲苯咪唑粉 Compound Mebendazole Powder	1 000 g∶(甲苯咪唑 400 g＋盐酸左旋咪唑 100 g)	鳗鲡	指环虫、三代虫、车轮虫等引起的感染	以本品计，2 g/m^3～5 g/m^3 水体(使用前经过甲酸预溶)	20 min～30 min	浸浴	水温高时宜采用低剂量;本品禁用于养殖贝类、螺类、斑点叉尾鮰及大口鲶，日本鳗鲡等特种养殖品种慎用
13	溴氰菊酯溶液(水产用) Deltamethrin Solution	溴氰菊酯，100 g∶1 g，100 g∶2.5 g，100 g∶3.8 g	青鱼、草鱼、鲢、鳙、鲫、鳊、黄鳝、鳜和鲇等鱼类	水体及鱼体表锚头鳋、中华鳋、鱼虱、鲺、三代虫、指环虫等寄生虫	以溴氰菊酯计，0.15 mg/m^3～0.22 mg/m^3 水体	长期药浴	将本品用水充分稀释后全池均匀泼洒	缺氧水体禁用;虾、蟹和鱼苗禁用;使用本品前 24 h 和用药后 72 h 内不得使用消毒剂;严禁同其他药物合用
14	高效氯氰菊酯溶液(水产用) Beta-Cypermethrin Solution	高效氯氰菊酯，4.5%	青鱼、草鱼、鲢、鳙、鲫、鳊等鱼类	水体及鱼体表中华鳋、锚头鳋、鲺、三代虫、指环虫等寄生虫	以本品计，0.02 mL/m^3～0.03 mL/m^3 水体	长期药浴	使用前用 2 000 倍水稀释后全池均匀泼洒	当水温较低时，按低剂量使用;水体溶氧低时不得用药;虾蟹及鱼苗禁用;严禁同碱性或强氧化性药物混合使用
15	氰戊菊酯溶液(水产用) Fenvalerate Solution	氰戊菊酯，100 mL∶2 g，100 mL∶8 g，100 mL∶14 g	青鱼、草鱼、鲢、鳙、鲫、鳊、黄鳝、鳜和鲇等鱼类	水体及鱼体表中华鳋、锚头鳋、鲺、三代虫、指环虫等寄生虫	以氰戊菊酯计，水温 15℃～25℃ 时，1.5 mg/m^3 水体;水温 25℃ 以上时，3 mg/m^3 水体	长期药浴，病情严重可隔日重复使用一次	将本品用水充分稀释后全池均匀泼洒	缺氧水体禁用;虾、蟹和鱼苗禁用;使用本品前 24 h 和用药后 72 h 内不得使用消毒剂;严禁同其他药物合用

表 C.3　消毒与环境改良剂

序号	药物名称(中英文通用名)	主要成分及规格	适用的养殖对象	适应证	一次用量	疗程	使用方法	注意事项
1	含氯石灰(水产用) Chlorinated Lime	有效氯(Cl)≥25.0%	水产养殖动物	养殖水体消毒。防治由弧菌、嗜水气单胞菌、爱德华氏菌等引起的细菌性疾病	以本品计,1.0 g/m^3～1.5 g/m^3	1 d 1 次,连用 1 次～2 次	用水溶解并稀释1 000～3 000 倍后全池泼洒	缺氧、浮头前后严禁使用;水质较瘦、透明度高于 30cm 时,剂量减半;苗种慎用;本品杀菌不持久,且受有机物的影响,使用时,需与被消毒物至少接触 15 min～20 min;勿用金属器具盛装
2	次氯酸钠溶液(水产用) Sodium Hypochlorite Solution	次氯酸钠,有效氯(Cl)≥5.0%	鱼、虾、蟹等水产养殖动物	养殖水体消毒。防治由细菌感染引起的出血、烂鳃、腹水、肠炎、疖疮及腐皮等疾病	以本品计,1.0 mL/m^3～1.5 mL/m^3	预防:每隔 15 d一次;治疗:每 2 d～3 d 一次,连用 2 次～3 次	用水稀释 300～500 倍后,全池泼洒	本品在水温偏高、pH 较低、施肥前使用效果较好;养殖水体,水深超过 2m 时,按 2m 水深计算用药;有腐蚀性,注意不要伤害皮肤;勿用金属器具盛装
3	三氯异氰脲酸粉(水产用) Trichloroisocyanuric Acid Powder	有效氯,30%,50%	鱼、虾	养殖水体消毒。防治鱼、虾细菌性疾病	以有效氯计,治疗:0.09 g/m^3～0.135 g/m^3;清塘:0.3 g/m^3	治疗:每日 1 次,连用 1 次～2 次	用水溶解并稀释1 000～3 000 倍后全池泼洒	缺氧、浮头前后严禁使用;水质较瘦、透明度高于 30 cm 时,剂量酌减;苗种剂量减半;无鳞鱼的溃烂、腐皮病慎用;勿用金属器具盛装
4	溴氯海因粉(水产用) Bromochlorodimethylhydantoin Powder	溴氯海因,8%,24%,30%,40%,50%	鱼、虾、蟹、鳖、贝、蛙等	养殖水体消毒。由弧菌、嗜水气单胞菌、爱德华氏菌等引起的出血、烂鳃、腐皮、肠炎等疾病	以溴氯海因计,0.03 g/m^3～0.04 g/m^3	预防:每 15 d 1 次;治疗:每日 1 次,连用 2 次	用水溶解并稀释 1 000 倍以上后全池泼洒	缺氧水体禁用;水质较清,透明度高于 30 cm 时,剂量酌减;苗种剂量减半;勿用金属容器盛装

表 C.3（续）

序号	药物名称(中英文通用名)	主要成分及规格	适用的养殖对象	适应证	一次用量	疗程	使用方法	注意事项
5	聚维酮碘溶液(水产用) Povidone Iodine Solution	聚维酮碘，1%，2%，5%，7.5%，10%	水产养殖动物	养殖水体的消毒。由弧菌、嗜水气单胞菌、爱德华氏菌等引起的细菌性疾病	以聚维酮碘计，45 mg/m^3～75 mg/m^3	治疗，隔日1次，连用2次～3次；预防，每隔7 d 1次	用水稀释300～500倍后，全池遍洒	水体缺氧时禁用；勿用金属容器盛装；勿与强碱类物质及重金属物质混用；冷水鱼慎用
6	复合碘溶液(水产用) Complex Iodine Solution	活性碘，1.8%～2.0%	水产养殖动物	细菌性和病毒性疾病	以本品计，0.1 mL/m^3	治疗，隔日1次，连用2次～3次；预防，每隔7 d 1次	用水稀释后全池遍洒	不得与强碱或还原剂混合使用；冷水鱼慎用
7	高碘酸钠溶液(水产用) Sodium Periodate Solution	高碘酸钠，1%(g/g)，5%(g/g)，10%(g/g)	鱼、虾、蟹	用于养殖水体的消毒，防治由弧菌、嗜水气单胞菌、爱德华氏菌等引起的出血、烂鳃、腹水、肠炎、疖疮、腐皮等细菌性疾病	以高碘酸钠计，0.015 g/m^3～0.02 g/m^3	治疗，每2 d～3 d 1次，连用2次～3次；预防，每15 d 1次	用300～500倍水稀释后全池泼洒	勿与强碱类物质及含汞类药物混用；软体动物、鲑等冷水性鱼类慎用；对皮肤有刺激性；勿用金属容器盛装
8	蛋氨酸碘溶液 Methionine Iodine Solution	有效碘，4.5%～6.0%	对虾、鱼	养殖水体和对虾体外消毒，防治白斑综合征	以本品计，虾池水体：0.06 mL/m^3～0.1 mL/m^3，虾体表：6 mL/m^3；鱼体表：1 000 mL/m^3	虾池水体长期浸泡；鱼虾体表消毒，浸浴20 min	稀释1 000倍后全池泼洒	勿与维生素C类强还原剂同时使用
9	稀戊二醛溶液(水产用) Dilute Glutaral Solution	戊二醛，5%，10%	水产养殖动物	用于水体消毒，防治由弧菌、嗜水气单胞菌、爱德华氏菌等引起的细菌性疾病	以戊二醛计，40 mg/m^3	治疗，每2 d～3 d 1次，连用2次～3次；预防，每隔15 d 1次	用水稀释300～500倍后，全池遍洒	勿与强碱类物质混用；水质清瘦时慎用；池塘使用后注意增氧；避免接触皮肤和黏膜；勿用金属容器盛装
10	浓戊二醛溶液(水产用) Strong Glutaral Solution	戊二醛，20%(g/g)	水产养殖动物	用于水体消毒，防治由弧菌、嗜水气单胞菌、爱德华氏菌等引起的细菌性疾病	以戊二醛计，40 mg/m^3	治疗，每2 d～3 d 1次，连用2次～3次；预防，每隔15 d 1次	用水稀释300～500倍后，全池遍洒	勿与强碱类物质混用；水质清瘦时慎用；池塘使用后注意增氧；避免接触皮肤和黏膜；勿用金属容器盛装

表 C.3 (续)

序号	药物名称(中英文通用名)	主要成分及规格	适用的养殖对象	适应证	一次用量	疗程	使用方法	注意事项
11	苯扎溴铵溶液(水产用) Benzalkonium Bromide Solution	苯扎溴铵,5%,10%,20%,45%	水产养殖动物	用于养殖水体的消毒,防治由细菌感染引起的出血、烂鳃、腹水、肠炎、疖疮、腐皮等疾病	以苯扎溴铵计,0.1 mL/m^3 ~0.15 mL/m^3	治疗,每隔2 d~3 d用一次,连用2次~3次;预防,每隔15 d一次	用水稀释300~500倍后,全池泼洒	禁与阴离子表面活性剂、碘化物和过氧化物等混用;软体动物、鲑等冷水性鱼类慎用;水质较清养殖水体慎用;使用后注意池塘增氧;勿用金属容器盛装
12	戊二醛、苯扎溴铵溶液(水产用) Glutaral and Benzalkonium Bromide Solution	100 g:(戊二醛5 g+苯扎溴铵5 g),100 g:(戊二醛10 g+苯扎溴铵10 g)	水产养殖动物	用于水产养殖动物、养殖器具的消毒	以戊二醛计,150 mg/m^3	10 min	药浴	勿与阴离子类活性剂及无机盐类消毒剂混用;软体动物和鲑等冷水鱼类慎用
13	过硼酸钠粉(水产用) Sodium Perborate Powder	大包650 g:[过硼酸钠($NaBO_3 \cdot 4H_2O$)325 g+无水硫酸钠325 g],小包沸石粉350 g	鱼、虾	用于养殖水体增氧,改善水质	以本品计,预防,0.4 g/m^3。治疗,0.75 g/m^3	根据缺氧程度适当增减用量与次数	使用前在干燥容器中将大、小包混合均匀后直接洒撒在鱼虾浮头集中处	使用本品时可配合充水,使用增氧机等措施改善水质;产品有轻微结块,压碎使用
14	过碳酸钠(水产用) Sodium Percarbonate	过碳酸钠,有效氧[O]≥10.5%	鱼、虾、蟹等水产养殖动物	用于缓解和解除因缺氧引起的浮头和泛塘	以本品计1.0 g/m^3~1.5 g/m^3,严重浮头时用量加倍	视浮头程度决定用药次数	在浮头处泼洒	不得与金属、有机溶剂、还原剂等接触;按浮头处水体计算药品用量;浮头严重时还应配合充水,使用增氧机等措施,防止水生生物大量死亡

表 C.3（续）

序号	药物名称(中英文通用名)	主要成分及规格	适用的养殖对象	适应证	一次用量	疗程	使用方法	注意事项
15	过氧化钙粉(水产用) Calcium Peroxide Powder	过氧化钙,50%	鱼类	用于鱼池增氧,防治鱼类缺氧浮头	以本品计,预防,0.4 g/m^3～0.8 g/m^3,鱼浮头急救,0.8 g/m^3～1.6 g/m^3;长途运输预防浮头,8 g/m^3～15 g/m^3	视浮头程度决定泼洒用药次数;长途运输,每5 h～6 h(或酌情缩短间隔时间)1次	先在鱼、虾集中处施撒,剩余部分全池施撒	严禁与含氯制剂、消毒剂、还原剂等混放;严禁与其他化学试剂混放;观赏鱼长途运输禁用
16	过氧化氢溶液(水产用) Hydrogen Peroxide Solution	过氧化氢,26.0%～28.0%	水产养殖动物	用于增加水体溶解氧及抗菌消毒	以本品计,0.3 mL/m^3～0.4 mL/m^3	视浮头程度决定泼洒用药次数	用水稀释至少100倍后泼洒	强氧化剂、腐蚀剂,使用时顺风泼洒,勿将药液接触皮肤,如接触皮肤应立即用清水洗净
17	硫代硫酸钠粉(水产用) Sodium Thiosulfate Powder	五水硫代硫酸钠,90%	水产养殖动物	用于池塘水质改良,降低水体中氨氮、亚硝酸盐、硫化物等有害物质的含量	以本品计,1.5 g/m^3	每10 d一次	用水充分溶解后稀释1 000倍,全池泼洒	用于海水可能出现混浊或变黑,属正常现象;使用后注意水体增氧;禁与强酸性物质混存、混用
18	硫酸铝钾粉(水产用) Aluminium potassium sulfate Powder	硫酸铝钾,10%	鱼、虾、蟹等	用于养殖水体的净化	以本品计,0.5 g/m^3	视具体情况确定用药次数	用水溶解后稀释300倍,全池泼洒	勿与强酸强碱类物质混合;勿用金属器皿盛装;避免雨淋受潮
19	氯硝柳胺粉(水产用) Niclosamide Powder	氯硝柳胺,25%	水产养殖动物	用于杀灭养殖池塘内钉螺、椎实螺和野杂鱼等	以本品计,1.25 g/m^3	一次性彻底清除,若未达理想效果,重复1次	使用前用适量水溶解后,全池泼洒	不能与碱性药物混用;用药清塘7 d～10 d后试水,在确认无毒性后方可投苗;使用时应现配现用

表 C.4 生理调节剂

序号	药物名称(中英文通用名)	主要成分及规格	适用的养殖对象	适应证	一次用量	疗程	使用方法	注意事项
1	维生素 C 钠粉(水产用) Sodium Ascorbate Powder	维生素 C 钠,10%	水产养殖动物	预防和治疗维生素 C 缺乏症	以维生素 C 钠计,鱼 3.5 mg/kg～7.5 mg/kg,虾蟹 7.5 mg/kg～15 mg/kg,龟、鳖、蛙 7.5 mg/kg～10.0 mg/kg	可长期添加,也可根据实际需要灵活掌握	拌饵投喂	勿与维生素 B_{12}、维生素 K_3 合用,以免氧化失效;勿与含铜、锌离子的药物混合使用
2	亚硫酸氢钠甲萘醌粉(水产用) Menadione Sodium Bisulfite Powder	亚硫酸氢钠甲萘醌,1%	鱼、鳗、鳖等水产养殖动物	辅助治疗出血、败血症	以亚硫酸氢钠甲萘醌计,1 mg/kg～2 mg/kg	1 d 1 次～2 次,连用 3 d	拌饵投喂	本品遇光、遇酸易分解;勿与维生素 C 合用以免失效
3	盐酸甜菜碱预混剂(水产用) Betaine Hydrochloride Premix	盐酸甜菜碱,10%,30%,50%	鱼、虾	用于促生长	以盐酸甜菜碱计,每 1 000 kg 饵料,5 kg	可长期添加,也可根据实际需要灵活掌握	拌饵投喂	拌饵要均匀
4	注射用复方绒促性素 A 型(水产用) Compound Chorionic Gonadotrophin A Type for Injection	绒促性素 5 000 单位+促黄体素释放激素 A_2 50 μg	鲢、鳙	促进亲鱼性腺发育成熟,用于催产	以绒促性素计,雌鱼 400 U/kg 鱼体重;雄鱼剂量减半	单次	腹腔注射	使用本品后一般不能再用其他类激素;剂量过大时可致催产失败
5	注射用复方绒促性素 B 型(水产用) Compound Chorionic Gonadotrophin B Type for Injection	绒促性素 5 000 单位+促黄体素释放激素 A_3 50 μg	鲢、鳙	促进亲鱼性腺发育成熟,用于催产	以绒促性素计,雌鱼 400 U/kg 鱼体重;雄鱼剂量减半	单次	腹腔注射	使用本品后一般不能再用其他类激素;剂量过大时可致催产失败
6	注射用促黄体素释放激素 A_2 Luteinizing Hormone Releasing Hormone A_2 for Injection	注射用促黄体素释放激素 A_2,25 μg,50 μg,125 μg,250 μg	鱼类	诱发排卵	每 1 kg 鱼体重,一次量,草鱼 5 μg;二次量,鲢、鳙 5 μg,第一次 1 μg,经 12 h 后注射余量。三次量,第一次,提前 15 d 左右每尾鱼注射 1 μg～2.5 μg;第二次,注射 2.5 μg;第三次,20 d 后,注射 5 μg 和鱼脑垂体 1 mg～2 mg。雄鱼剂量为雌鱼的一半		腹腔注射	使用本品后一般不能再用其他激素。对未完成性腺发育的鱼类诱导无效。使用剂量过大,可能导致催产失败、亲鱼成熟率下降、被催产鱼眼睛失明等;不能减少剂量多次使用,以免引起免疫耐受、性腺萎缩退化等不良反应,降低效果

表 C.4（续）

序号	药物名称（中英文通用名）	主要成分及规格	适用的养殖对象	适应证	一次用量	疗程	使用方法	注意事项
7	注射用促黄体素释放激素 A_3 Luteinizing Hormone Releasing Hormone A_3 for Injection	注射用促黄体素释放激素 A_3，25 μg，50 μg，100 μg	鱼类	诱发排卵	每 1 kg 鱼体重，草鱼 2 μg～5 μg，鲢、鳙 3 μg～5 μg	单次	腹腔注射	同注射用促黄体素释放激素 A_2
8	注射用绒促性素（Ⅰ） Chorionic Gonadotrophin for Injection	绒促性素，500 U、1 000 U、2 000 U、5 000 U、10 000 U、50 000 U	鱼类	促进亲鱼性腺成熟，用于鲢、鳙亲鱼的催产	雄性鲢、鳙亲鱼 1 000 U～2 000 U，雄性减半	单次	胸鳍或腹鳍基部腹腔注射	本品溶液极不稳定，且不耐热，应在短时间内用完
9	注射用复方鲑鱼促性腺激素释放激素类似物 Compound S-GnRHa for Injection	鲑鱼促性腺激素释放激素类似物 0.2 mg 与多潘立酮 100 mg	鱼类	诱发排卵和排精	每 1 瓶加注射用水 10 mL 制成混悬液，草鱼、鲢、鳙、鳜 0.5 mL，团头鲂、翘嘴红鲌 0.3 mL，雄鱼剂量酌减	二次注射，青鱼，第一次 0.2 mL，第二次 0.5 mL，间隔 24 h～48 h	胸鳍腹侧腹腔注射	使用本品的鱼类不得供人食用

表 C.5　中草药

序号	药物名称	主要成分	适用的养殖对象	功能与主治	一次用量	疗程	使用方法	注意事项
1	百部贯众散	百部、绵马贯众、樟脑、苦参和食盐	淡水鱼	杀虫，止血。主治黏孢子虫病	3 g/m^3 水体	连用 5 d	全池泼洒	
2	板黄散	板蓝根、大黄	鱼类	保肝利胆。主治肝胆综合征	0.2 g/kg	1 d 3 次，连用 5 d～7 d	拌饵投喂	
3	板蓝根大黄散	板蓝根、大黄、穿心莲、黄连、黄柏等	鱼	清热解毒。主治鱼类细菌性败血症、细菌性肠炎	1 g/kg～1.5 g/kg	1 d 2 次，连用 3 d～5 d	拌饵投喂	病情严重时酌情加量使用；拌料投喂时，适当添加粘合剂
4	板蓝根末	板蓝根	鱼类	清热解毒。主治细菌性肠炎、烂鳃和败血症	0.5 g/kg～1 g/kg	连用 3 d～5 d	拌饵投喂	

表 C.5（续）

序号	药物名称	主要成分	适用的养殖对象	功能与主治	一次用量	疗程	使用方法	注意事项
5	蚌毒灵散	黄芩、黄柏、大黄、大青叶	三角帆蚌	清热解毒。用于三角帆蚌瘟病	挟袋：每 10 个手术蚌，5 g；泼洒：1 g/m^3 水体		挟袋法	
6	苍术香连散（水产用）	黄连、木香和苍术	鱼类	清热。主治细菌性肠炎	0.3 g/kg～0.4 g/kg	连用 7 d	拌饵投喂	
7	柴黄益肝散	柴胡、大青叶、大黄、益母草	鱼类	保肝利胆。主治肝肿大，肝出血和脂肪肝	1 g/kg～2 g/kg	连用 5 d～7 d	拌饵投喂	
8	川楝陈皮散	川楝子、陈皮、柴胡	淡水鱼	驱虫，消食。主治肠道绦虫病，线虫病	0.1 g/kg	连用 3 d	拌饵投喂	
9	穿梅三黄散	大黄、黄芩、黄柏、穿心莲、乌梅	鱼类	清热解毒。主治细菌性败血症、肠炎、烂鳃与赤皮病	0.6 g/kg	连用 3 d～5 d，必要时 15 d 后重复给药	拌饵投喂	
10	大黄解毒散	大黄、苦参、玄参、鹤虱、黄柏等	鱼类	清热。主治细菌性出血病、败血症	1 g/kg～1.5 g/kg 饲料	—	拌饵投喂	
11	大黄末（水产用）	大黄	鱼类	健胃消食，泻热通肠，解毒。主治：细菌性烂鳃、赤皮、腐皮和烂尾病	内服：5 g/kg～10 g/kg；外用：2.5 g/m^3～4 g/m^3	连用 3 d	拌饵投喂或全池泼洒	
12	大黄芩蓝散	大黄、大青叶、地榆、板蓝根、黄芩	鱼类	清热解毒、止血。主治细菌性出血、烂鳃、肠炎与赤皮	0.5 g/kg	连用 5 d	拌饵投喂	每日早晨空腹拌饵均匀投喂
13	大黄芩鱼散	鱼腥草、大黄、黄芩	鱼、虾	清热解毒。主治烂鳃	鱼、虾，1 g/kg	连用 3 d	拌饵投喂	
14	大黄五倍子散	大黄、五倍子	鱼、鳖	清热解毒，敛疮。主治细菌性肠炎、烂鳃、烂肢、疖疮与腐皮病	鱼、鳖，0.5 g/kg～1 g/kg	连用 5 d～7 d	拌饵投喂	
15	地锦草末	地锦草	鱼类	清热解毒，止血。主治弧菌、气单胞菌引起肠炎和败血症	5 g/kg～10 g/kg	连用 5 d～7 d	拌饵投喂	
16	地锦鹤草散	地锦草、仙鹤草、辣蓼	鱼类	清热解毒，止血止痢。主治烂鳃、赤皮、肠炎、白头白嘴等细菌性疾病	预防：0.5 g/kg；治疗：0.5 g/kg～1 g/kg	预防：隔 15 d 重复投喂 1 次；治疗：连用 3 d～5 d	拌饵投喂	

表 C.5（续）

序号	药物名称	主要成分	适用的养殖对象	功能与主治	一次用量	疗程	使用方法	注意事项
17	扶正解毒散(水产用)	板蓝根、黄芪、淫羊藿	鱼类	清热解毒。用于鱼类感染性疾病的辅助性防治	预防：0.2 g/kg；治疗：0.3 g/kg～0.4 g/kg	预防：连用 2 d；治疗：连用 7 d	拌饵投喂	
18	肝胆利康散	茵陈、大黄、郁金、连翘、柴胡等	鱼类	清肝利胆。主治肝胆综合征	0.1 g/kg	连用 10 d	拌饵投喂	
19	根莲解毒散	板蓝根、黄芪、穿心莲、甘草、鱼腥草等	鱼、虾、蟹	清热解毒。主治鱼、虾、蟹细菌性败血症、赤皮和肠炎	5 g/kg～10 g/kg 饲料		拌饵投喂	
20	虎黄合剂	虎杖、贯众、黄芩和青黛	蟹	清热解毒。主治嗜水气单胞菌感染	0.25 mL/kg～0.5 mL/kg	连用 7 d	拌饵投喂	
21	黄连解毒散(水产用)	黄连、黄芩、黄柏与栀子	鱼类	解毒。用于鱼类细菌性、病毒性疾病的辅助性防治	预防：0.2 g/kg；治疗：0.3 g/kg～0.4 g/kg	预防：连用 1 d～2 d；治疗：连用 7 d	拌饵投喂	
22	加减消黄散(水产用)	大黄、玄明粉、知母、浙贝母、黄药子等	鱼类	清热，消肿解毒。主治细菌性肠炎、赤皮、出血与烂鳃	预防：0.1 g/kg；治疗：0.2 g/kg	预防：连用 2 d；治疗：连用 5 d～7 d	拌饵投喂	
23	苦参末	苦参	鱼类	清热，驱虫杀虫。主治车轮虫病，指环虫病，三代虫病以及细菌性肠炎、出血败血症	内服：1 g/kg～2 g/kg，外用：1 g/m^3～1.5 g/m^3	内服：连用 5 d～7 d，外用：连用 5 d～7 d	拌饵投喂，全池泼洒	
24	雷丸槟榔散	槟榔、雷丸、木香、贯众与苦楝皮等	鱼类	驱虫杀虫。主治车轮虫病和锚头鳋病	0.3 g/kg～0.5 g/kg	隔日 1 次，连用 2 次～3 次	拌饵投喂	
25	利胃散	龙胆、肉桂、干酵母、碳酸氢钠与硅酸铝	鱼类	健胃。用于增强食欲，辅助消化，促进生长	3.2 g/kg 饲料	—	拌饵投喂	
26	连翘解毒散	连翘、黄芩、知母、半夏、金银花等	黄鳝、鳗鲡	清热解毒。主治发狂病	黄鳝 7.5 g/m^3 水体；鳗鱼 0.3 g/m^3 水体	—	全池泼洒	不得与偏酸或偏碱性产品同时泼洒使用，间隔为前后 3 d～5 d
27	六味地黄散(水产用)	熟地黄、山茱萸(制)、山药、牡丹皮、茯苓等	水产养殖动物	滋补肝肾。用于增强机体抵抗力	0.1 g/kg	连用 5 d	拌饵投喂	

表 C.5（续）

序号	药物名称	主要成分	适用的养殖对象	功能与主治	一次用量	疗程	使用方法	注意事项
28	六味黄龙散	龙胆、黄柏、陈皮、厚朴、大黄等	虾	清热，健胃。预防虾白斑综合征	2 g/m³	连用 3 d	全池泼洒	
29	龙胆泻肝散（水产用）	龙胆、车前子、柴胡、当归、栀子等	鱼、虾、蟹	主治脂肪肝，肝肿大，胆囊肿大	1 g/kg～2 g/kg	连用 5 d～7 d	拌饵投喂	
30	蒲甘散	黄连、黄柏、大黄、甘草、蒲公英等	鱼类	清热解毒。主治细菌感性败血症、肠炎、烂鳃、竖鳞、腐皮	0.3 g/kg	连用 3 d～5 d	拌饵投喂	拌饵要均匀
31	七味板蓝根散	板蓝根、穿心莲、黄芪、大黄、地榆等	鳖	清热解毒。主治鳖白底板病，腮腺炎	0.4 g/kg～0.8 g/kg	连用 5 d～7 d	拌饵投喂	
32	芪参散	黄芪、人参、甘草	水产养殖动物	扶正固本。用于增强免疫功能，提高抗应激能力	0.7 g/kg～1.4 g/kg	连用 5 d～7 d	拌饵投喂	
33	青板黄柏散	板蓝根、黄芩、黄柏、五倍子、大青叶	鱼类	清热解毒。主治细菌性败血症、肠炎、烂鳃、竖鳞与腐皮	0.3 g/kg	连用 3 d～5 d	拌饵投喂	
34	清健散	柴胡、黄芪、连翘、山楂、麦芽等	鱼类	清热解毒，健胃。主治细菌性肠炎	0.4 g/kg	连用 6 d	拌饵投喂	拌饵要均匀
35	青连白贯散	大青叶、白头翁、绵马贯众、大黄、黄连等	鱼类	清热解毒，止血。主治细菌性败血症、肠炎、赤皮病、打印病与烂尾病	0.4 g/kg	1 d 2 次，连用 3 d～5 d	拌饵投喂	
36	青莲散	鱼腥草、大青叶、穿心莲、黄柏	鱼类	清热解毒。防治细菌性肠炎、出血与败血症	0.1 g/kg	1 d 2 次，连用 5 d～7 d	拌饵投喂	拌饵要均匀
37	清热散（水产用）	大青叶、板蓝根、石膏、大黄和玄明粉	草鱼、青鱼	清热解毒，消斑。主治病毒性出血病	0.3 g/kg～0.4 g/kg	连用 7 d	拌饵投喂	
38	驱虫散（水产用）	鹤虱、使君子、槟榔、芜荑、雷丸等	鱼类	驱虫。用于寄生虫病的辅助性防治	0.2 g/kg	1 d 2 次，连用 5 d～7 d	拌饵投喂	
39	三黄散（水产用）	黄芩、黄柏、大黄与大青叶	鱼类	清热解毒。主治细菌性败血症、烂鳃、肠炎和赤皮	0.5 g/kg	连用 4 d～6 d	拌饵投喂	

表 C.5（续）

序号	药物名称	主要成分	适用的养殖对象	功能与主治	一次用量	疗程	使用方法	注意事项
40	山青五黄散	山豆根、青蒿、大黄、黄芪、黄芩等	鱼类	清热，活血。主治细菌性烂鳃、肠炎、赤皮病与败血症	2.5 g/kg	连用 5 d	拌饵投喂	
41	石知散（水产用）	石膏、知母、黄芩、黄柏、大黄等	鲤科鱼类	解毒，清热。主治细菌性败血病	0.5 g/kg～1 g/kg	连用 3 d～5 d	拌饵投喂	
42	双黄白头翁散	白头翁、大黄、黄芩	鱼类	清热解毒，止痢。主治细菌性肠炎	0.8 g/kg	连用 5 d	拌饵投喂	
43	双黄苦参散	大黄、黄芩、苦参	鱼类	清热解毒。主治细菌性肠炎、烂鳃与赤皮	2 g/kg	连用 3 d～5 d	拌饵投喂	
44	脱壳促长散	蜕皮激素、黄芪、甘草、山楂、酵母等	虾、蟹	促脱壳，促生长。主治虾、蟹脱壳迟缓	2 g/kg 饲料	—	拌饵投喂	
45	五倍子末	五倍子	水产养殖动物	敛疮止血。主治水产养殖动物水霉病、鳃霉病	拌饵：0.1 g/kg～0.2 g/kg；泼洒：0.3 g/m^3；浸浴：2 g/m^3～4 g/m^3	拌饵：1 d 3 次，连用 5 d～7 d；泼洒：连用 2 d；浸泡：30 min	拌饵投喂，泼洒，浸泡	
46	虾蟹脱壳促长散	露水草、龙胆、泽泻、沸石、夏枯草、筋骨草、酵母、稀土	虾、蟹	促脱壳促生长。用于虾、蟹脱壳迟缓	1 g/kg 饲料		拌饵投喂	
47	银翘板蓝根散	板蓝根、金银花、黄芪、连翘、黄柏等	对虾、河蟹	清热解毒。主治对虾白斑病，河蟹抖抖病	0.16 g/kg～0.24 g/kg	连用 4 d～6 d	拌饵投喂	

注：兽药典中收载的十大功劳、大黄、大蒜、山银花、马齿苋、五倍子、筋骨草、石榴皮、白头翁、半边莲、地锦草、关黄柏、苦参、板蓝根、虎杖、金银花、穿心莲、黄芩、黄连、黄柏、绵马贯众、槟榔、辣蓼及墨旱莲 24 种水产养殖用中药材，尚需要炮制，做成制剂后才能使用，未列入上表中。

表 C.6 疫苗

序号	名称(通用名)及标型	适用的养殖对象	适应证	一次用量	使用方法	贮藏与有效期	注意事项
1	草鱼出血病灭活疫苗(ZV8909株)	草鱼	预防草鱼出血病。免疫期12个月	0.5 mL/尾	肌肉或腹腔注射	2℃～8℃保存,有效期为10个月	仅用于接种健康鱼,不能与其他药物混合使用,接种前应停食至少24 h,使用前应充分振摇,一旦开瓶,应1次用完,应避免冻结
2	鱼嗜水气单胞菌败血症灭活疫苗(J-1株)	鲢、鲫、鳙、鳊等淡水鱼类	嗜水气单胞菌败血症。免疫期6个月	0.5 mL/尾	肌肉或腹腔注射	2℃～8℃保存,有效期为10个月	
3	牙鲆溶藻弧、鳗弧菌、迟缓爱德华氏菌病多联抗独特型抗体疫苗(1B2株、2F4株、1E10株、1D1株、1E11株)	牙鲆	牙鲆溶藻弧菌、鳗弧菌、迟缓爱德华氏菌病。免疫期6个月	0.5 mL/尾	肌肉或腹腔注射	2℃～8℃保存,有效期为10个月	
4	草鱼出血病活疫苗(GCHV-892株)	草鱼	预防草鱼出血病	0.3 mL/尾～0.5 mL/尾	肌肉或腹腔注射	2℃～8℃保存,有效期为10个月	
5	鱼虹彩病毒病灭活疫苗(GF14株)	真鲷、鰤鱼属、拟鲹	预防虹彩病毒病	真鲷5 g～20 g,鰤鱼10 g～100 g,拟鲹10 g～70 g,0.1 mL/尾	腹腔注射	2℃～8℃保存,有效期为18个月	
6	鰤鱼格氏乳球菌灭活疫苗(BY1株)	五条鰤、杜氏鰤(高体鰤)	预防格氏乳球菌病	体重30 g～300 g,0.1 mL/尾	腹腔注射	2℃～8℃保存,有效期为36个月	
7	大菱鲆迟钝爱德华氏菌活疫苗(EIBAV1株)	大菱鲆	预防由迟钝爱德华氏菌引起的大菱鲆腹水病。免疫期为3个月	体重30 g左右,0.1 mL/尾	腹腔注射	2℃～8℃保存,有效期为9个月;－15℃以下保存,有效期为15个月	仅用于接种健康大菱鲆,免疫接种前及接种后10 d内不可使用抗生素,免疫前后48 h禁食

附 录 D
（资料性附录）
水产养殖用药记录表格式

水产养殖用药记录表格式见表D.1。

表D.1 水产养殖用药记录表格式

序　　号				
池　　号				
面积/水深				
水温、pH等理化指标				
养殖品种/数量				
平均体重/总重量				
发病情况				
主要症状				
用药名称/批号				
生产厂家				
规定休药期				
用法/用量				
用药时间/疗程				
用药后的效果				
最后一次用药时间				
水产品最早上市时间				
施药人员				
记录人				
备　　注				

图书在版编目（CIP）数据

水产品兽药残留限量及检测方法查询手册/全国水产技术推广总站组编．—北京：中国农业出版社，2020.8

基层农产品质量安全检测人员指导用书

ISBN 978-7-109-27055-8

Ⅰ．①水… Ⅱ．①全… Ⅲ．①水产品—兽用药—残留量测定—技术手册 Ⅳ．①TS254.7-62

中国版本图书馆 CIP 数据核字（2020）第 122336 号

水产品兽药残留限量及检测方法查询手册

SHUICHANPIN SHOUYAO CANLIU XIANLIANG JI JIANCE FANGFA CHAXUN SHOUCE

中国农业出版社出版

地址：北京市朝阳区麦子店街 18 号楼

邮编：100125

责任编辑：刘 伟 冀 刚

版式设计：韩小丽　　责任校对：周丽芳

印刷：北京通州皇家印刷厂

版次：2020 年 8 月第 1 版

印次：2020 年 8 月北京第 1 次印刷

发行：新华书店北京发行所

开本：880mm×1230mm　1/16

印张：44.5

字数：1500 千字

定价：320.00 元